△美国爱国者地空导弹系统

△美国爱国者地空导弹系统新型雷达

△欧洲MBDA公司阿斯特-30 Block 1NT导弹

△国际合作迈兹地空导弹系统

俄罗斯C-300地空导弹系统▷

◁俄罗斯C-400地空导弹系统

俄罗斯C-350▷
地空导弹系统

△俄罗斯铠甲-C1弹炮结合系统

△美国正在研发的过渡型机动近程防空系统

△美国复仇者地空导弹系统

△法国采用西北风导弹的ALBI系统

◁美国毒刺便携式
地空导弹系统

俄罗斯针-C便携▷
式地空导弹系统

△英国星爆便携式地空导弹系统

△俄罗斯施基里-1舰空导弹系统

△改进型海麻雀舰空导弹系统

△美国拉姆Block 2舰空导弹

△美国海拉姆舰空导弹系统

△英国海上拦截者系统与CAAM导弹

△美国标准-6导弹从宙斯盾舰上发射

△美国爱国者-3反导导弹系统

△美国萨德反导导弹系统

◁美国陆基宙斯盾弹道导弹防御系统

美国海基宙斯盾弹道导弹防御系统发射标准-3导弹▷

△ 美国地基中段防御系统拦截弹发射场景

△ 美国地基中段防御系统的地基拦截弹（在发射井中）

△ 俄罗斯A-135反导系统使用的低层拦截导弹53T6

△ 美国地基拦截弹的外大气层动能杀伤器

△ 俄罗斯A-135反导系统使用的高层拦截导弹

航天科工出版基金资助出版

世界防空反导导弹手册
（第2版）

北京航天情报与信息研究所　组织编写

中国宇航出版社
·北京·

内 容 简 介

本手册是介绍世界防空反导导弹系统的工具书,内容包括地空导弹系统、舰空导弹系统和反导导弹系统三部分,共收录了当前世界防空反导导弹系统 215 个,按照概述、主要战术技术性能、系统组成、作战过程、发展与改进等方面对所收录的型号做了详细描述。为便于读者查找和使用,正文后以附录形式列出主要型号的战术技术性能表、从事防空反导导弹系统研制的主要承包商表,以及索引和缩略语。

本手册的读者对象为从事相关领域研究、设计、生产、管理和决策的人员,以及有关高等院校师生和广大军事爱好者。

版权所有 侵权必究

图书在版编目(CIP)数据

世界防空反导导弹手册 / 北京航天情报与信息研究所组织编写. -- 2 版. -- 北京:中国宇航出版社,2020.12 (2022.1 重印)

ISBN 978-7-5159-1816-7

Ⅰ. ①世… Ⅱ. ①北… Ⅲ. ①防空导弹-反导弹导弹-世界-手册 Ⅳ. ①TJ761.7-62

中国版本图书馆 CIP 数据核字(2021)第 008584 号

责任编辑	侯丽平	封面设计	宇星文化

出版发行	中国宇航出版社		
社 址	北京市阜成路 8 号	邮 编	100830
	(010)60286808 (010)68768548	版 次	2020 年 12 月第 2 版 2022 年 1 月第 2 次印刷
网 址	www.caphbook.com	规 格	787×1092
经 销	新华书店	开 本	1/16
发行部	(010)60286888 (010)68371900 (010)60286887 (010)60286804(传真)	印 张	49.5 彩 插 20 面
		字 数	1205 千字
零售店	读者服务部 (010)68371105	书 号	ISBN 978-7-5159-1816-7
承 印	天津画中画印刷有限公司	定 价	480.00 元

本书如有印装质量问题,可与发行部联系调换

《世界防空反导导弹手册（第2版）》编审委员会

顾　问	于本水	李　陟	张志鸿	张福安	孙连举
主　任	李啸龙				
副主任	吴　锋	张海峰	葛长刚	李晓红	段彦君
	辜　璐	曹建中			
委　员	梅丽华	马　晴	李　辉	高　宁	郭　霖
	刘树文	赵　屹	马　芳	赵晓霞	彭建军
	王鑫馨	吴宝梁	杨　莉	牛新宇	张　晶
	董潇潇	谭吉伟	宋晓阳		

《世界防空反导导弹手册（第2版）》审稿人员

（按姓氏音序排列）

曹国辉	冯庆堂	葛爱东	李向阳	李业惠	李兆平
彭艳萍	齐润东	屈晓光	王三勇	王毅增	肖安琪
薛　林	岳松堂	张慧军	郑　斌	郑学合	智　慧

《世界防空反导导弹手册（第2版）》编写人员

主　　编　高雁翎　吴　勤

编写人员　（按姓氏音序排列）

陈　兢　　陈雅萍　郭凯丽　郭彦江　韩妍娜
胡彦文　　贾晨阳　姜　源　雷朝阳　李　莉
刘丽华　　刘　秀　罗冲凌　佘晓琼　谭立忠
王开源　　谢露茜　张丽平　张　萌　张梦湉
赵　飞　　赵重今　朱风云

《世界防空反导导弹手册（第2版）》编写办公室成员

孙雯超　林　涛　李可民　曹梦楠　张皓月　张　晓

序

  空天袭击是现代战争的重要形式，我国面临最现实、最紧迫的威胁来自空天，未来发展最为迅猛、复杂的威胁依然来自空天。防空反导导弹以拦截作战飞机、巡航导弹和弹道导弹等各类空天威胁为首要任务，兼具威慑与实战双重使命，是保卫国土领空安全、抵御敌方空中打击、支撑取得空中优势的关键作战要素，是保护我国战略目标和人民安全的坚实盾牌，也是支撑我国由大国向强国迈进的战略基石。防空反导导弹已成为世界各国重点发展的武器装备。

  战争中的空袭与防空是一对矛盾。空袭武器的"矛"尖锐了，就要求防空武器的"盾"更加坚固；反之，防空武器能力的提升必然引起空袭武器的更新换代。两者在斗争中得到不断发展和提高。第一代防空导弹诞生于第二次世界大战末期，至今已有70多年的发展历史。目前国际上大量使用的是第三代防空导弹，第四代防空导弹正在大力发展中，已形成高、中、低空，远、中、近程和陆、海、空基的完备配套体系，向着多任务、高精度、大威力和一体化作战方向发展；反导导弹起步于20世纪50年代冷战时期的"以核反导"，经过多年的发展，世界各国逐渐强化导弹防御的地位和作用，持续推进空天一体的体系建设与装备技术发展。

  未来战争将是攻防双方体系之间的对抗，进攻方将集结多种武器进行体系化的空袭，防御方则形成自身的防御体系予以应对。近年来，在军事需求和技术进步的推动下，战争模式与武器装备正在发生重大变革。未来防空面临不断演进的空天威胁，以高技术武器为载体、多种进攻样式混合的体系化作战成为主要特征。为应对威胁，防空反导导弹正在向智能化、自主化、一体化、平台化、通用化、多用化、协同化、跨域化、体系化方向发展。

  目前，临近空间助推滑翔高超声速飞行器和高超声速巡航导弹技术的发展也对防空反导导弹提出了更高的要求，各军事发达国家正在积极进行对策研究。

《世界防空反导导弹手册》自 2010 年首次发行以来，以其信息全面、专业性强、数据可信度高等特点，广泛使用于部队和国防工业有关单位，成为国内从事防空反导导弹发展规划、综合论证、研制生产和科研管理等方面重要的参考工具书。《世界防空反导导弹手册（第 2 版）》充分继承了上一版的成果，更全面、更系统、更客观地介绍了新时期世界防空反导导弹的现状。全书收录 215 个型号，按国别、用途进行了分类，并建立了中/英/俄文索引，每个型号不仅介绍了导弹的相关技术信息，同时，也深入浅出地介绍了其用途、发展历程与现状、系统组成等情况，是一部内容全面、重点突出、数据准确、新颖实用的工具书。

本书出版后可供从事防空反导导弹武器系统研制生产、使用和管理等部门的领导、专家和从业人员查阅借鉴，必将对我国防空反导导弹武器系统发展规划、综合论证、研制生产、项目管理及作战研究起到重要的支撑作用；同时也可为相关高等院校师生和对防空反导导弹感兴趣的广大军事爱好者提供参考。

北京航天情报与信息研究所的编写团队为编写本书做了大量艰苦的情报搜集、信息和数据分析及总结工作，希望该团队继续密切跟踪世界防空反导导弹武器的发展动态，及时梳理并进行总结分析，形成更多的、类似的情报产品，为我国国防建设做出更大的贡献。

2020 年 11 月 10 日

前　言

　　防空反导导弹系统在历次局部战争和武装冲突中发挥了重要作用，对国家安全具有重大的战略意义。当前，空天作战环境日趋复杂，空天威胁装备发展呈现远程化、高速化、精确化、无人化、隐身化、智能化和低成本的特点。为应对空天威胁快速发展的挑战，世界主要国家加速发展防空反导导弹系统，作战任务从防御传统的作战飞机拓展至防御弹道导弹、巡航导弹及其他精确打击武器，并将在作战空域、对付目标种类等方面进一步发展。随着前沿技术在防空反导导弹系统中的应用，以及预警探测、指挥控制装备和技术的支持，防空反导导弹系统的作战能力进一步增强，形成了多系统融合、跨地域分布的体系作战能力。

　　当前，世界主要国家正加快防空反导导弹系统的升级换代。美国爱国者-3系统、萨德系统，俄罗斯改进型铠甲-C1、布克-M3、C-400、C-500和A-235系统等新一代防空反导导弹系统逐渐成熟并开始大量部署使用。英国、法国、德国、以色列、印度等国围绕各自军事需求，发展了通用模块化防空导弹（CAMM）、阿斯特导弹、铁穹、大卫投石器、箭-3、巴拉克-8等新型防空导弹和反导系统。随着信息网络技术、通信技术和人工智能等的发展与应用，防空反导导弹系统信息化、网络化水平将进一步提升，智能化和体系化作战能力将得到广泛应用，在任务能力和实战能力方面实现新的突破。

　　为使更多读者全面了解当今世界防空反导导弹系统的发展现状和趋势，迫切需要对2010年出版的《世界防空反导导弹手册》（以下简称《手册》）中的导弹型号信息进行补充、更新。在航天科工出版基金的支持下，北京航天情报与信息研究所组织对《手册》进行了全面修订。

　　2020年修订出版的《世界防空反导导弹手册（第2版）》（以下简称《手

册（第 2 版）》），在继承 2010 版《手册》整体性的基础上，重点突出"新"和"全"。"新"体现在增补新研发型号，更新已有型号信息，反映型号最新技术发展。"全"体现在保留反映各国防空反导导弹发展脉络的老型号，全面覆盖当前在研与在役的型号。2020 年修订出版的《手册（第 2 版）》共收录世界 24 个国家和地区研制的地空导弹、舰空导弹和反导导弹系统，总计 215 个型号（不包括中国大陆研制的型号）。

《手册（第 2 版）》按地空导弹系统、舰空导弹系统和反导导弹系统 3 大类别分类，每一类别中的型号按国家和地区的名称排序，每一个国家或地区的导弹系统按作战任务、作战空域和研发时间顺序排列。每一个导弹系统介绍包括 5 个部分，即概述、主要战术技术性能、系统组成、作战过程和发展与改进，具体内容有所取舍。为便于读者使用，正文后附有防空反导导弹系统主要战术技术性能表与主要承包商表，以及索引和缩略语。

《手册（第 2 版）》是集体劳动的结晶，北京航天情报与信息研究所负责修订工作，来自部队与国防工业部门的多位领导、专家对《手册（第 2 版）》内容进行了审查把关，在此表示衷心的感谢。

为全面翔实地反映世界防空反导导弹系统的发展，在《手册（第 2 版）》修订过程中参考了近年来国内外出版的年鉴、手册、会议录、文集、报告、期刊、产品样本和互联网信息等资料。由于参考资料繁多，引用的部分图片与资料不能一一注明出处，敬请有关人员谅解。

由于编者水平有限，加之时间仓促，疏漏之处在所难免，敬请广大读者批评指正。

凡　例

《世界防空反导导弹手册（第2版）》（以下简称《手册（第2版）》）是在2010年出版的《世界防空反导导弹手册》（以下简称《手册》）基础上修订而成的，力求信息全面、新颖、准确、实用。《手册（第2版）》基本结构与《手册》基本相同，增加了综述、型号名称索引和缩略语。《手册（第2版）》增补了近年来世界新研制的防空反导导弹系统，对有新改进发展的型号进行了补充与更新，对部分型号进行了修订。

一、收录

1. 按防空反导导弹系统收录，分为地空导弹系统、舰空导弹系统和反导导弹系统3类。个别型号以导弹为主体收录。每类导弹系统的型号按所属国家或地区分别介绍。

2. 收录型号为1950—2019年世界主要国家和地区研制的防空反导导弹系统，包括已退役的系统，涉及24个主要国家和地区的215个型号。其中地空导弹系统149个，舰空导弹系统48个，反导导弹系统18个。

3. 增补了朝鲜、伊朗、土耳其等9个国家研制装备的防空反导导弹系统，增补了俄罗斯С-500、А-235系统，美国陆基宙斯盾、宙斯盾弹道导弹防御系统和过渡型机动近程防空系统，英国通用模块化防空导弹，以色列铁穹等近年来新研制的防空反导导弹系统型号。

4. 对沿用基本型系列化发展的部分型号，技术状态或任务能力有重要变化的，采用拆分方式收录。如美国爱国者防空反导导弹系统按2个型号收录，分别为爱国者地空导弹系统和爱国者-3反导导弹系统。对系列化、通用化发展为多个型号的系统，按多个型号收录，以清晰表现发展历程和特点。如美国的标准系列导弹，拆分为标准-1、标准-2、标准-3和标准-6。

二、排序

1. 每一类防空反导导弹系统按所属国家或地区排序。凡属苏联的型号归入俄罗斯；凡属多国合作研制型号归入国际合作。

2. 型号按照"国别、作战任务、时间先后"的方式排序。不同国家按照国家名称的汉语拼音排序，同一国家导弹型号先按照作战任务以及射程从远到近进行排序，再按型号研发的时间顺序撰述。

3. 开篇设有"综述"，介绍世界防空反导导弹的发展历程、现状和趋势。

三、型号条目

1. 每个条目包含条目名称、正文以及图表。

2. 条目正文包括概述、主要战术技术性能、系统组成、作战过程、发展与改进等5部分，具体内容有所取舍。系统组成部分又包括导弹、探测与跟踪、指控与发射等。

3. 条目名称采用"中文名称＋外文名称"的形式。俄罗斯型号采用"俄罗斯名称的中文＋俄文/北约名称中文＋北约名称英文"。

四、事实数据表

1. 世界防空反导导弹系统主要战术技术性能。《手册（第2版）》以附录形式列出地空导弹、舰空导弹和反导导弹系统的战术技术性能表。其中，附录1为"地空导弹系统主要战术技术性能表"；附录2为"舰空导弹系统主要战术技术性能表"；附录3为"反导导弹系统主要战术技术性能表"。

2. 世界防空反导导弹系统主要承包商。《手册（第2版）》附录4为"世界从事防空反导导弹系统研制的主要承包商"，列出世界从事防空反导导弹系统的主要承包商简况。

五、索引

《手册（第2版）》给出型号名称中文索引、英文索引和俄文索引。附录5

为"中文索引",按型号中文名称的汉语拼音顺序排序;附录6为"英文索引",按英文字母顺序排序;附录7为"俄文索引",按名称的俄文字母顺序排序。

六、缩略语

《手册(第2版)》新增专业词汇缩略语(见附录8),给出缩略语的外文全称及中文译名。

综 述

防空反导导弹系统通常由导弹、探测制导装备、指控系统与发射装备等组成,用于拦截各种作战飞机、战术空地导弹、反舰导弹、巡航导弹等空气动力目标,以及弹道导弹,是现代战争中空天防御作战的主要装备。为应对先进气动目标、弹道式目标和即将出现的高超声速武器,世界各国积极推动防空反导导弹系统升级换代,实现多任务能力和体系化作战,以应对复杂的战场环境,掌握制胜权。

一、发展历程

防空导弹系统伴随着空袭武器的发展而不断演进。地空导弹系统是最早出现的防空导弹系统,诞生在第二次世界大战中后期。纳粹德国为对付美英轰炸机群,研制了龙胆草、莱茵女儿、蝴蝶和瀑布等地空导弹,美国为对付日本的神风自杀飞机,研制了云雀和小兵等地空导弹,但均未投入使用战争就结束了。

第二次世界大战后,美、苏等国开始有计划地发展防空导弹系统。20世纪50年代末,美、苏、英等国成功研制并装备了第一代防空导弹系统,主要用于对付当时的高空轰炸机和侦察机。典型型号为美国的波马克、奈基地空导弹系统和小猎犬、黄铜骑士舰空导弹系统;苏联的金雕C-25、德维纳C-75和维加C-200地空导弹系统;英国的雷鸟和警犬地空导弹系统;瑞士的奥利康地空导弹系统。由于第一代防空导弹系统庞大笨重、地面机动能力和抗干扰能力差、使用维护复杂,目前已基本退役,个别仍在服役的型号也历经多次改进。

20世纪50年代中后期至70年代初,美、苏、英、法等多个国家开始研制并装备了第二代防空导弹系统。典型型号包括美国的霍克和小槲树地空导弹系统；苏联的涅瓦、箭－1和立方地空导弹系统；英国的长剑、法国的响尾蛇、德国和法国联合研制的罗兰特近程地空导弹系统等。第二代防空导弹系统主要对付低空突防的作战飞机，在制导精度、抗干扰能力、自动化程度和可靠性方面，较第一代防空导弹系统有明显提高。

20世纪60年代中后期，美、苏开始发展具有全空域作战能力的第三代防空导弹系统，到20世纪80年代后期陆续开始装备使用。典型代表型号包括美国的爱国者地空导弹系统和标准－2舰空导弹；苏联的C－300地空导弹系统等。第三代防空导弹系统大多采用复合制导体制、多功能相控阵雷达、多目标通道和垂直发射技术，具有全空域作战、同时对付多目标和抗饱和攻击能力，命中精度高，火力密度大，其系统机动性、生存能力、可靠性和可维护性进一步提高。第三代防空导弹系统经改进升级后，具有一定的反近程弹道导弹目标的能力。

20世纪80年代中后期至90年代，以具有防空和反弹道导弹能力为主要特征的第四代防空导弹系统进入快速发展时期。典型型号包括美国的爱国者－3防空反导系统、萨德反导系统、标准－3导弹，俄罗斯的C－400和C－500地空导弹系统等。第四代防空导弹系统在动能杀伤、直接力气动力复合控制、定向战斗部、固态有源相控阵雷达以及红外成像和毫米波末制导等关键技术上取得了突破性进展，具有作战距离更远、目标通道数更多、飞行速度更快、制导精度更高、毁伤能力更强等特点。美国和俄罗斯的第四代防空导弹系统已投入使用，成为当今及未来一段时间世界防空反导作战的主战装备。

二、发展现状

为应对日益复杂、多样化的空袭威胁，尤其是飞行速度更快、隐身性能更好、智能化程度更高的作战飞机以及各类战术导弹等目标，美国、俄罗斯等国研发与部署了第四代防空导弹系统，构建了高低搭配、全空域覆盖、射程衔接、任务划分清晰的新型防空反导装备体系。

（一）防空导弹装备体系射程衔接且覆盖全空域

美国、俄罗斯、欧洲等国家和地区引领世界防空导弹系统发展，防空导弹装备体系射程覆盖远、中、近程，空域覆盖高、中、低空。

世界主要国家的地空导弹装备体系由中远程地空导弹系统、中程地空导弹系统、近程地空导弹系统和末端地空导弹系统等4大系列组成。中远程地空导弹系统主要用于拦截预警机、远程作战飞机和近程弹道导弹，代表型号为美国的爱国者-3防空反导系统、俄罗斯的C-400和C-500地空导弹系统等；中程地空导弹系统主要用于拦截作战飞机和巡航导弹等目标，代表型号为美国的爱国者-2地空导弹系统、俄罗斯的C-300和C-350地空导弹系统、法国的阿斯特-30导弹、韩国的铁鹰-2地空导弹系统等；近程地空导弹系统主要用于拦截直升机、固定翼飞机、无人机、火箭等，代表型号为俄罗斯的道尔-M2地空导弹系统和铠甲-C1弹炮结合系统、法国的阿斯特-15导弹等；末端防御系统主要用于自卫防御，代表型号为美国的毒刺、俄罗斯的针-C、以色列的铁穹系统等。俄罗斯拥有世界上最完善的地空导弹系统，目前正在发展C-500地空导弹系统，用于拦截有人和无人机、中近程弹道导弹、低轨卫星以及高超声速武器，与C-400、C-350和铠甲-C1系统共同构成俄新型空天防御作战力量。

舰空导弹系统用于舰队防御，主要舰空导弹代表型号包括：配置在宙斯盾作战系统中的标准-2、标准-6导弹，改进型海麻雀、拉姆、里夫等。美国拥有完整的舰队防空作战体系，由3层构成。其中，舰队远程防空为配置在宙斯盾系统上的标准-6和标准-2导弹，主要用于拦截远程作战飞机、反舰巡航导弹和弹道导弹；中近程防空为改进型海麻雀舰空导弹系统，主要用于拦截反舰导弹和飞机等目标；末端防御主要采用拉姆和海拉姆系统，用于舰艇自卫防御。

（二）反导导弹系统技术已成熟并可体系化作战

以弹道导弹为防御目标的反导导弹系统在经历了20世纪以核战斗部和破片战斗部2种毁伤方式的发展阶段后，进入新的发展阶段。美国于20世纪80年代后期开始研发的直接碰撞动能杀伤技术，现已经成熟，分别用于爱国者-3反导系统、萨德反导系统、地基拦截弹和标准-3导弹。美国已构建了由预警探测、指挥控制和拦截系统组成的弹道导弹防御作战体系，部署了地基中段防御系统、配置标准-3导弹的宙斯盾弹道导弹防御系统、萨德系统和爱国者-3系统,初步具备以本土防御为核心,覆盖亚太、欧洲、中东地区的全球一体化弹道导弹防御能力,可防御近程、中程、中远程、远程和部分洲际弹道导弹。地基中段防御系统主要用于美国本土防御,采用地基拦截弹,自2004年开始部署,至今已部署44枚,具备有限洲际弹道导弹防御能力。区域导弹防御系统主要由爱国者-3系统、萨德系统和配置标准-3导弹的宙斯盾弹道导弹防御系统组成。在欧洲,美国已完成在罗马尼亚的陆基宙斯盾系统部署,正在波兰建造第二个陆基宙斯盾系统阵地,4艘宙斯盾导弹防御舰部署在西班牙;在亚太,美国部署了配置标准-3导弹的宙斯盾弹道导弹防御舰、萨德系统、爱国者-3系统和前置型X波段AN/TPY-2雷达,向日本出售爱国者-3和配置标准-3导弹的宙斯盾弹道导弹防御舰;在中东,部署了爱国者-3和前置型X波段AN/TPY-2雷达,支持以色列研发、试验和部署箭-2、箭-3和大卫投石器系统,向海湾国家出售爱国者-3和萨德系统。

俄罗斯把发展反导导弹系统作为空天防御力量建设的重要内容,协调发展战略反导和非战略反导系统。在战略反导系统发展方面,升级A-135战略反导系统,研发试验A-235新型战略反导系统,建设由天基预警卫星和地基预警雷达组成的新型导弹预警系统。在非战略反导系统发展方面,发展新型系统,配置不同型号拦截导弹,分别完成防空任务和反导任务。其中,C-500新一代防空反导系统现已进入研发试验的最后阶段,2021年完成研发开始部署;C-400系统正在加速部署。

以色列构建了由箭-3、箭-2、大卫投石器和铁穹系统组成的4层防御系统,可防御弹道导弹和火箭弹等目标。采用动能杀伤技术的箭-3反导系统是最新研发的拦截系统,可在外大气层拦截弹道导弹,是以色列导弹防御系统的最高层拦截武器。

日本通过采购美国的反导系统,构建了双层拦截的反导系统,由爱国者-3系统和配置标准-3导弹的宙斯盾弹道导弹防御舰组成,初步具备作战能力。

印度也正在研制采用动能杀伤技术的反导拦截导弹,构建由PAD和AAD系统组成的双层拦截反导系统。

（三）先进技术支撑防空反导导弹性能大幅提升

俄罗斯、美国和欧洲国家新型防空导弹大量采用先进技术，大幅提升导弹飞行性能、机动能力和制导精度，提升武器系统探测能力、快速响应能力和抗干扰能力。

俄罗斯大力发展新一代远、中、近分层拦截防空导弹体系。新一代防空导弹体系由 C-500、C-400、C-350 和铠甲-C1 等系统组成。俄罗斯新一代防空导弹采用的先进技术包括：高效气动设计技术，通过无翼尾舵式气动布局，实现较优的升阻比和高速飞行性能；大攻角飞行技术，提升导弹可用过载；大推力、快响应直接力控制技术，提升导弹过载响应速度。

美国地面防空反导导弹系统发展的重点是萨德系统和爱国者-3系统，海上防空反导导弹以标准导弹系列为骨干型号，最突出的技术特点是：采用气动力直接力复合控制技术，实现导弹的快速机动，脱靶量趋零；大威力、高精度探测技术，支撑实现武器系统的高制导精度；采用破片式杀伤战斗部、直接碰撞动能杀伤技术，实现对气动目标和弹道导弹的高效毁伤。

欧洲阿斯特系列导弹采用相同的设计概念，气动外形完全一致，通过共用主发动机、配属不同的助推器实现射程的全覆盖，完成不同的作战需求。另一个技术特点是采用气动力直接力复合控制技术，在末制导段提升弹体的快速响应能力，降低脱靶量。

（四）系列化、通用化、模块化成为主要发展模式

美国、俄罗斯、英国、法国等国的防空导弹系统采用系列化、通用化和模块化发展思路，不以研发全新型号为主，根据作战需求持续改进升级现有型号，精简了型号种类，降低了研发、生产和维护保障费用。美国地面防空主要型号为爱国者地空导弹系统，爱国者系统在基本型基础上，经过升级改进和换用新型导弹，先后发展了爱国者-2系统和爱国者-3系统，在较短时间内形成了对近程弹道导弹、先进巡航导弹的拦截能力，并经过了实战检验。为进一步提升爱国者-3系统防空反导作战能力，美国雷声公司正在研制新型雷达，新雷达还可降低系统使用和维护成本，提升可靠性和可维护性。

美国海军标准系列导弹先后发展了标准-1、标准-2、标准-3和标准-6，通过共用发动机、增加发动机级数、改进导引头等关键部件，实现系列化发展和能力拓展。标准-2导弹具备反飞机能力，标准-3导弹具备反中程、远程弹道导弹能力，标准-6导弹具备防御近程弹道导弹、反舰导弹和对舰攻击等多任务能力。

俄罗斯以系统模块化、通用化和导弹系列化为指导原则，通过持续改进升级导弹，提升应对不断增长的威胁的能力。如С-300地空导弹系统的导弹经过多次改进升级，已有5B55P、48H6E和48H6E2几种型号，使系统反飞机、反巡航导弹能力不断提升，最新改进型С-300PMU-2系统的48H6E导弹具备一定反近程弹道导弹能力。在此基础上，俄罗斯又发展了С-400和С-500地空导弹系统。

法国、意大利采用系列化设计、模块化发展的思路，发展了阿斯特-15和阿斯特-30导弹，与各自国家制导雷达和发射装置配套，形成满足各自国家需求的陆基和海基防空系统。阿斯特-15和阿斯特-30导弹采用相同的气动外形设计，通过共用主发动机和配备不同的助推器实现射程的全覆盖。

三、发展趋势

防空反导导弹系统是未来复杂战场环境下体系对抗的重要支柱，为应对未来战争空袭装备隐身化、精确化、高速化和无人化，空袭作战体系化、多维化和跨域化的挑战，防空反导导弹系统发展呈现出任务多样化、作战一体化、导弹跨域化和系统智能化的趋势。

（一）任务需求牵引防空反导导弹系统发展

随着技术和作战概念的发展，新型作战空间不断形成，临近空间、外层空间、深海空间和网电空间成为新兴作战域，具有隐身、高速和高机动性的作战飞机，集群与蜂群攻击的无人机，防区外远程精确打击的巡航导弹、空地导弹、反辐射导弹等战术导弹，火箭弹、炮弹及迫击炮弹，弹道导弹以及高超声速武器成为主要威胁目标。

未来防空反导导弹系统作战空间将横跨空、天、网电作战域，既用于战略威慑，又贯穿于局部战争和武装冲突。作战任务将从防空、反导拓展至反临近空间高超声速武器，覆盖空域从超低空到太空，覆盖区域从末端到远程、超远程。

为弥补现有装备在跨域作战、应对先进空袭武器方面的不足，各国正在升级改进现有系统和发展新型防空反导导弹系统。美国为弥补反无人机等目标的能力不足，正在研发轻型机动近程防空系统，创新发展低成本的微型拦截导弹；为扩大末段高层反导拦截覆盖区域，同时获得临近空间防御高超声速武器能力，研发增程型萨德导弹，为导弹加装一级发动机；为实现对洲际弹道导弹多层防御，升级标准－3 Block 2A 导弹，已成功完成拦截洲际弹道导弹试验；为应对带有突防措施的远程和洲际弹道导弹，增强战略威慑能力，启动下一代拦截弹（NGI）、多目标杀伤器（MOKV）等先进系统和技术研发。俄罗斯在 2020 年已初步建成由末端、近程、中程、远程四层拦截系统构成的新一代空天防御体系，并开始研制 A－235 战略反导系统。

在高超声速武器拦截方面，美国重点发展高速大机动的拦截导弹，满足高超声速武器防御在拦截速度、机动能力和毁伤能力等方面的要求。美国启动了高超声速防御武器系统（HDWS）、高超声速防御区域滑翔段拦截武器系统（RPGWS）和滑翔破坏者计划。导弹防御局的高超声速防御区域滑翔段拦截武器系统用于防御中程弹道导弹携带的高超声速滑翔弹头。国防高级研究计划局（DARPA）的滑翔破坏者计划旨在开发和演示高超声速防御武器组件技术，2020 年 2 月，DARPA 向航空喷气·洛克达因公司授出推进技术研发合同。在武器发展方面，导弹防御局将率先发展海基反高超声速武器，基于高超声速防御区域滑翔段拦截武器系统计划，发展海基拦截导弹，满足美国在印太地区反高超声速武器的需求。

（二）完善多系统协同一体化防空反导作战体系

构建防空反导体系，形成高效指挥控制系统，管控和实时调度预警探测装备、拦截武器等资源，完成防御作战，是未来防空反导导弹系统发展的主要趋势。

随着现代防御技术的快速发展，预警探测系统和指控系统为防空反导导弹系统作战提供快速感知与决策支持，可以有效利用多信息源主/被动探测信息，对战场环境进行快速的态势感知和威胁判断，为导弹系统在复杂战场环境下的作战选择提供辅助决策，在对抗环境下支持协同作战，提升防空反导导弹系统在复杂战场环境下的作战能力。

未来防空反导作战更趋向体系化，根据不同作战任务选择系统和装备，打破传统火力单元作战模式。防空反导体系采用开放体系架构，具备即插即用功能，导弹系统及预警探测装备能够灵活嵌入作战体系。在防空体系中，根据战场作战环境及任务需求，选用防空导弹及发射车以及多功能雷达。美国陆军正在研发一体化防空反导作战指挥系统（IBCS），由系统软硬件、一体化火力控制网络、武器和传感器的即插即用结构等部分组成，可将萨德系统、爱国者系统、改进型哨兵雷达等防空反导装备接入作战体系中，实现互联互通和互操作，通过协同定位确定目标并将目标数据传递给最佳方位的打击系统以实施快速精准高效打击，实现了防空与反导作战任务的一体化，增强了防空反导系统的战术使用灵活性和有效性。IBCS已完成有限用户测试，并将开始部署。俄罗斯正推进形成多个防空导弹系统一体化联合作战能力。С-500系统采用"向下兼容"的设计理念，指控系统可指控С-400和С-300系统，降低装备更新换代的成本，增强防空反导系统的火力密度。

（三）防空反导导弹跨域发展

按照防空导弹系列化、通用化发展思路，未来更多国家的防空导弹采用系列化发展途径，在基本型导弹基础上发展多种改进型导弹。中远程防空导弹既能够拦截飞机，又能够拦截巡航导弹、战术导弹，还可拦截弹道导弹类目标。美国爱国者-3导弹的改进型爱国者-3 MSE导弹，具有拦截近程弹道导弹的能力，并已多次在试验中成功验证其拦截巡航导弹的能力。欧洲MBDA公司正在对阿斯特-30导弹进行改进，改进后的导弹为阿斯特-30 Block 1NT，在具备反飞机能力的同时具备反弹道导弹能力。英国发展的CAMM既可用于地面防空，防御飞机和战术导弹，还可用于海上防空，对付反舰导弹。美国标准系列导弹，在标准-2导弹基础上，发展了具有海基中段反导能力的标准-3导弹，具有反巡航导弹、海基末段反导和对舰攻击的多任务能力的标准-6导弹，未来还计划研发具有防御高超声速武器的标准导弹。

俄罗斯新一代防空反导系统采用一种系统中配置多种导弹的思路,具有跨域多任务能力。远程防空导弹杀伤空域进一步扩大,对付目标包括轰炸机以及预警机等作战支援飞机;中近程防空导弹用于拦截突防进入防区并投放弹药的载机、防区外发射的巡航导弹、精确制导武器;近程/末端防空导弹系统用于拦截突防进入防区的作战飞机、无人机等。

C-400 系统配备有 40H6、48H6 和 9M96 等 3 种导弹,可应对从低空到高空、从近程到远程的空中目标,具有多层拦截能力。C-500 系统配备 40H6M、77H6-H 和 77H6-H1 导弹,防御目标包括作战飞机、弹道导弹和空间目标。

(四)前沿技术促进防空反导作战能力提升

随着前沿技术不断取得突破,各国都正加速防空反导系统的研发应用,未来将使防空反导导弹系统作战能力大幅提升。在导弹发展方面,组合动力、燃烧可控固体推进剂等先进动力技术,可有效提升导弹速度、机动能力与灵活性等;激光主动成像制导、弹载相控阵雷达、微型导航定位、原子陀螺、太赫兹制导等技术,将显著提升导弹的目标探测识别、制导精度与抗干扰能力;活性材料战斗部、毁伤效应可调战斗部和高功率微波战斗部等新杀伤机理技术,突破传统杀伤方式发展技术路线,可大幅提升导弹作战毁伤效能与灵活性。在预警探测方面,涡旋电磁波探测、量子雷达、微波光子雷达、紫外探测等新概念、新原理、新体制不断涌现,开辟了预警探测新的技术途径,太赫兹制导、量子雷达等技术突破反隐身探测难题;在先进制造技术方面,石墨烯、隐身超材料、智能材料等先进材料对导弹性能产生了重要影响,3D 打印、智能制造等方式颠覆了传统导弹生产模式,显著降低了导弹制造成本和周期。

尤其是人工智能技术,将支撑防空反导导弹系统向智能化方向发展。俄罗斯空天军正在利用人工智能技术发展新型防空自动化指挥系统,自主进行空情分析和选用拦截武器系统,统一指挥 C-400、C-300 和铠甲等防空反导系统以及现代化雷达,大幅提升防空系统快速反应能力。未来人工智能将在导弹智能化、指控系统智能化等方面快速发展。在导弹智能化方面,导弹不再完全依赖火力单元及火力单元之间的闭环控制获取信息,通过自身携带的传感器自主感知获取目标信息,形成统一、完整、连续的战场态势,自主决策形成最优任务规划指令,解决复杂战场环境下目标探测与识别难题,实现整体作战效能最大化。在指挥控制智能化方面,防空反导指控系统有效利用外部信息,自主制定拦截决策,自主发射、自主飞行、自主打击,简化导弹系统的复杂程度,提升导弹作战的机动性和即时性,减少作战人员数量;智能化的指控系统还可通过网络控制多个武器平台执行作战任务,实现多系统协同作战、联合作战。

目 录

地空导弹系统

白俄罗斯

广场-M（Kvadrat-M） ······ 3
黄蜂-1T（Osa-1T） ······ 4
锥刺（Stilet） ······ 6

波 兰

涅瓦-SC（Neva-SC） ······ 9
维加-C ······ 10
闪电（Piorun） ······ 11

朝 鲜

闪电-5（Pon'gae-5） ······ 13
朝鲜便携式地空导弹系列（MANPADS） ······ 15

德 国

阿特拉斯近程防空系统（ASRAD） ······ 16
低空防空系统（LLADS） ······ 23
机动防空发射系统（MADLS） ······ 25
三脚架型毒刺（TAS） ······ 28
猎豹-1 A2（Gepard 1 A2） ······ 30
空中盾牌-猎豹（Skyshield-Cheetah） ······ 31
NG leFla ······ 33
HFK/KV 超声速地空导弹 ······ 34

HFK-L2 超声速导弹 ··· 35

俄罗斯

金雕（Беркут）C-25/吉尔德（Guild）SA-1 ································ 36

德维纳（Двина）C-75/盖德莱（Guideline）SA-2 ························· 38

涅瓦（Нева）C-125/果阿（Goa）SA-3 ··· 43

维加（Вега）C-200/甘蒙（Gammon）SA-5 ·································· 47

С-300ПМУ-1/2/滴水兽（Gargoyle）SA-20 ································· 50

勇士 С-350/中程防空导弹系统（MRADS） ····································· 57

凯旋（Триумф）С-400/凯旋（Triumf） ··· 61

普罗米修斯（Прометей）С-500/SA-X-26 ··································· 68

С-300В 9К81/斗士（Gladiator）SA-12A、巨人（Giant）SA-12B ······ 71

安泰-2500（Антей-2500）/安泰-2500（Antey-2500） ················· 77

圆圈（Круг）2К11/加涅夫（Ganef）SA-4 ···································· 80

立方（Куб）2К12/根弗（Gainful）SA-6 ······································· 83

布克（Бук）9К37/牛虻（Gadfly）SA-11 ······································· 87

布克-М1（Бук-М1）9К37-М1/山毛榉-М1/牛虻（Gadfly）SA-11 ······ 90

布克-М2（Бук-М2）9К317/大灰熊（Grizzly）SA-17 ······················ 94

布克-М3（Бук-М3）9К317/维京（Viking） ··································· 98

黄蜂（Оса）9К33/壁虎（Gecko）SA-8 ······································· 102

箭-1（Стрела-1）9К31/灯笼裤（Gaskin）SA-9 ·························· 107

箭-10（Стрела-10）9К35/金花鼠（Gopher）SA-13 ···················· 111

道尔-М1（Тор-М1）9К331/护手（Gauntlet）SA-15 ······················ 114

道尔-М2（Тор-М2）9К332/护手（Gauntlet）SA-15 ······················ 120

通古斯卡-М（Тунгуска-М）2К22М/格森（Grison）SA-19 ·············· 126

松树-Р（Сосна-Р）/索斯纳-R（Sosna-R） ································· 130

铠甲-С1（Панцирь-С1）96К6/潘泽尔-S1（Pantsyr-S1）SA-22 ····· 134

赫尔墨斯（Гермес）/赫尔墨斯（Hermes） ···································· 142

莫尔菲（Морфей）42С6/莫尔菲（Morfey） ·································· 145

箭-2（Стрела-2）9К32/圣杯（Grail）SA-7 ································ 147

箭-3（Стрела-3）9К34/小妖精（Gremlin）SA-14 ······················· 151

针-1（Игла-1）9К310/手钻（Gimlet）SA-16 ····· 153

针（Игла）9К38/松鸡（Grouse）SA-18 ····· 160

针-C（Игла-C）9К338/格里奇（Grinch）SA-24 ····· 165

银柳（Верба）9К333/韦尔巴（Verba）····· 168

法　国

响尾蛇（Crotale）····· 171

沙伊纳（Shahine）TSE5100 ····· 175

新一代响尾蛇（Crotale NG）····· 178

米卡垂直发射型（VL-MICA）····· 182

西北风（Mistral）····· 186

ALBI ····· 195

ASPIC ····· 197

国际合作

未来防空导弹系列（FSAF）····· 200

迈兹（MEADS）····· 207

地空型彩虹（IRIS-T-SLM/IRIS-T-SLS）····· 211

21世纪霍克（21 Century HAWK）····· 214

阿达茨（ADATS）····· 216

罗兰特（Roland）····· 221

麦特里（Maitri）····· 225

运动衫（Blazer）····· 227

防空卫士/麻雀（Skyguard/Sparrow）····· 228

韩　国

飞马（Pegasus）····· 231

喀戎（Chiron）····· 233

铁鹰-2（Iron Hawk Ⅱ）····· 234

捷　克

箭-S 10M（Strela-S 10M）····· 238

克罗地亚

里杰拉（Strijela 10 CRO） ………………………………………………… 240

罗马尼亚

C-75 M3/狼-M3（Volkhov） ……………………………………………… 242

CA-94M ……………………………………………………………………… 243

CA-95M ……………………………………………………………………… 245

A-95 …………………………………………………………………………… 247

美　国

波马克（Bomarc） …………………………………………………………… 249

奈基-2（Nike-Hercules） …………………………………………………… 251

霍克（HAWK） ……………………………………………………………… 253

爱国者（Patriot） …………………………………………………………… 257

小榭树（Chaparral） ………………………………………………………… 263

小榭树底盘延寿系统（CCSLEP） ………………………………………… 266

斯拉姆拉姆（SLAMRAAM） ……………………………………………… 268

低成本拦截弹（LCI） ……………………………………………………… 272

红眼睛（Redeye） …………………………………………………………… 272

军刀（Saber） ………………………………………………………………… 276

毒刺（Stinger） ……………………………………………………………… 279

复仇者（Avenger） …………………………………………………………… 287

M6布雷德利/中后卫（Bradley Linebacker） ……………………………… 293

双联装毒刺（DMS） ………………………………………………………… 296

轻型两栖防空车（LAV-AD） ……………………………………………… 298

过渡型机动近程防空系统（IM-SHORAD） ……………………………… 299

微型直接碰撞杀伤导弹（MHTK） ………………………………………… 303

南　非

高速地空导弹（SAHV-3） ………………………………………………… 307

ZA-HVM ……………………………………………………………………… 310

挪 威

挪威霍克（NOAH） ······ 312

国家先进面空导弹系统（NASAMS） ······ 314

日 本

Chu－SAM ······ 321

短萨姆（Tan SAM Type 81） ······ 324

凯科（KeiKo Type 91） ······ 327

近萨姆 93 式（Kin－SAM） ······ 329

瑞 典

RBS 70 ······ 331

Lvrbv 701 RBS 70 ······ 338

RBS 70/M113A2 ······ 339

RBS 70NG ······ 341

RBS 90 ······ 342

火流星（BOLIDE） ······ 346

RBS 23 ······ 348

瑞 士

奥利康（Oerlikon） ······ 352

米康（Micon） ······ 353

土耳其

阿蒂甘（ATILGAN） ······ 355

齐普金（ZIPKIN） ······ 357

毒刺武器系统项目（SWP） ······ 359

希萨尔－A（HiSAR－A） ······ 361

希萨尔－O（HiSAR－O） ······ 362

乌克兰

第聂伯罗（DNIPRO） ······ 364

伊　朗

信仰-373（Bavar-373） 365

科达德-3（Khordad-3） 366

雷电（Ra'ad） 368

伊朗长剑（Rapier Project-Iran） 368

亚扎哈拉（Ya-zahra） 369

米萨格-1（Misagh-1） 371

米萨格-2（Misagh-2） 372

以色列

阿达姆斯（ADAMS） 373

斯拜德尔（SPYDER） 375

红色天空（Red Sky） 379

Machbet 381

鹰眼（Eagle Eye） 382

意大利

靛青（Indigo） 383

斯帕达（Spada） 386

区域多目标拦截系统（ARAMIS） 391

印　度

特里舒尔（Trishul） 393

阿卡什（Akash） 395

英　国

警犬（Bloodhound） 399

雷鸟（Thunderbird） 404

山猫（Tiger Cat） 406

长剑（Rapier） 409

长剑2000（Rapier 2000） 414

通用模块化防空导弹（CAMM） 418

陆地拦截者（Land Ceptor） ———————————————————————— 421

吹管（Blowpipe） ———————————————————————————— 423

标枪（Javelin） —————————————————————————————— 425

星光（Starstreak） ———————————————————————————— 428

星爆（Starburst） ————————————————————————————— 432

雷神（Thor） ——————————————————————————————— 435

低空自行高速导弹系统（SP－HVM） ————————————————— 438

轻型多任务导弹（LMM） —————————————————————— 440

中国台湾

天弓-1（Tien Kung 1） ——————————————————————— 447

天弓-2（Tien Kung 2） ——————————————————————— 450

天弓-3（Tien Kung 3） ——————————————————————— 453

捷羚（Antelope） ————————————————————————— 457

舰空导弹系统

俄罗斯

波浪（Волна）М－1/果阿（Goa）SA－N－1 ———————————————— 463

沃尔霍夫－М（Волхов－М）М－2/盖德莱（Guideline）SA－N－2 ———————— 465

风暴（Шторм）4К60/高脚杯（Goblet）SA－N－3 ———————————————— 466

里夫（Риф）С－300ф/格龙布（Grumble）SA－N－6 ——————————————— 468

黄蜂－М（Оса－М）/壁虎（Gecko）SA－N－4 ———————————————————— 472

剑（Клинок）3К95/克里诺克（Klinok）SA－N－9 ——————————————— 474

嘎什坦（Каштан）/嘎什坦（Kashtan）SA－N－11 ——————————————— 477

施基里（Штиль）М－22/牛虻（Gadfly）SA－N－7 ——————————————— 482

施基里-1（Штиль-1）9К37/大灰熊（Grizzly）SA－N－12 ———————————— 485

箭-2（Стрела-2）/格雷尔（Grail）SA－N－5 ————————————————— 489

箭-3（Стрела-3）9К34/小妖精（Gremlin）SA－N－8 —————————————— 490

盖普卡（Гибка）/手钻（Gimlet）SA－N－10 ————————————————— 491

法 国

萨德拉尔（SADRAL） ... 493

海响尾蛇（Naval Crotale） ... 494

玛舒卡（Masurca） ... 498

国际合作

改进型海麻雀（ESSM） ... 503

潜艇交互式防御系统（IDAS） ... 508

海神（Triton） ... 511

美 国

小猎犬（Terrier） ... 513

鞑靼人（Tartar） ... 515

黄铜骑士（Talos） ... 517

海小檞树（Sea Chaparral） ... 519

海麻雀（Sea Sparrow） ... 521

西埃姆（SIAM） ... 524

拉姆（RAM） ... 525

标准-1（中程）(Standard Missile-1 Medium Range) ... 533

标准-1（增程）(Standard Missile-1 Extended Range) ... 535

标准-2（中程）(Standard Missile-2 Medium Range) ... 536

标准-2（增程）(Standard Missile-2 Extended Range) ... 539

标准-2 Block4（Standard Missile-2 Block 4） ... 541

标准-6（Standard Missile-6） ... 545

宙斯盾（Aegis） ... 548

南 非

矛（Umkhonto） ... 557

以色列

巴拉克（Barak） ... 561

巴拉克-8（Barak-8） ... 566

巴拉克-MX（Barak-MX） 569
C-穹（C-Dome） 571

意大利

海靛青（Sea Indigo） 573
信天翁（Albatros） 575

英　国

海蛇（Seaslug） 578
海猫（Sea Cat） 581
海标枪（Sea Dart） 586
海狼（Seawolf） 589
海上拦截者（Sea Ceptor） 594
斯拉姆（SLAM） 597
海光（Seastreak） 598

中国台湾

天剑-2N（Tien Chien 2N） 600
海羚羊（Sea Oryx） 603

反导导弹系统

俄罗斯

A-35/ABM-1 609
A-135/ABM-3 611
A-235 614

美　国

卫兵（Safeguard） 617
地基中段防御系统（GMD） 622
萨德（THAAD） 635
爱国者-3（PAC-3） 644
标准-3（Standard Missile-3） 650

宙斯盾弹道导弹防御系统（Aegis BMD） ······ 656

陆基宙斯盾（Aegis Ashore） ······ 660

网络中心机载防御单元（NCADE） ······ 664

动能拦截弹（KEI） ······ 666

以色列

箭-2（Arrow-2） ······ 673

箭-3（Arrow-3） ······ 678

大卫投石器（David's Sling） ······ 681

铁穹（Iron Dome） ······ 685

印　度

先进防空导弹（AAD） ······ 689

大地防空导弹（PAD）/大地防御拦截弹（PDV） ······ 691

附　录

附录1　地空导弹系统主要战术技术性能表 ······ 697

附录2　舰空导弹系统主要战术技术性能表 ······ 712

附录3　反导导弹系统主要战术技术性能表 ······ 719

附录4　世界从事防空反导导弹系统研制的主要承包商 ······ 722

附录5　中文索引 ······ 732

附录6　英文索引 ······ 739

附录7　俄文索引 ······ 746

附录8　缩略语 ······ 749

参考文献 ······ 755

地空导弹系统

白俄罗斯

广场-M[①]（Kvadrat - M）

概　述

广场-M是白俄罗斯阿列夫库普股份公司（Alevkurp JSC）研制的自行式地空导弹系统。该系统是在苏联立方（SA-6）导弹系统基础上进行改进的，将3M9M或9M317E地空导弹装载在MZKT-69222轮式装甲车上。广场-M导弹系统的目标跟踪雷达与火控雷达装在同一辆车上，能够探测固定翼飞机、旋翼飞机、巡航导弹及无人机等不同类型的目标。广场-M导弹系统使用了新型数字式动目标选择系统。广场-M导弹系统已完成研制，除装备白俄罗斯部队外，还出口至缅甸。

主要战术技术性能

对付目标类型		固定翼飞机、旋翼飞机、巡航导弹及无人机
最大作战距离/km		35
最小作战距离/km		3.3
最大作战高度/km		12
动力装置		固体冲压组合发动机
战斗部	类型	高爆破片式杀伤战斗部
	质量/kg	70
引信		无线电近炸引信

[①] 本书中的型号名称有中文名称、英文名称、俄文名称，且附录部分提供了相应的索引。有的英文型号名称是英文首字母缩略词，但与专业领域内常用的中文翻译可能并非一一对应，特此说明。——编者注

广场-M 地空导弹系统发射车

黄蜂-1T(Osa-1T)

概 述

　　黄蜂-1T(Osa-1T)近程防空导弹系统是黄蜂-AKM 地空导弹系统的升级版本。2003 年,白俄罗斯杰特拉埃德尔科研生产联合体对黄蜂-AKM 地空导弹系统进行了技术改造,新型号命名为黄蜂-1T。与黄蜂-AKM 相比,黄蜂-1T 提高了整体作战效能及系统可靠性,可应对反辐射导弹、隐身飞机和无人机等目标。黄蜂-1T 于 2003 年 5 月进行了首次试射,2006 年 7 月进行了全系统实弹射击考核,2009 年成功试射 11 枚导弹,2015 年4 月再次进行了试射。目前黄蜂-1T 已完成研制,出口至多个国家。

主要战术技术性能

对付目标	目标类型	反辐射导弹、隐身飞机和无人机等
	目标最大速度/(m/s)	350(尾追),700(迎头)
最大作战距离/km		12(作战飞机),10(直升机),12(导弹)

续表

最小作战距离/km	1.5
最大作战高度/km	8
最小作战高度/km	0.015
杀伤概率/%	60~80(战斗机),60~80(直升机)
反应时间/s	240
发射方式	6联装倾斜发射
系统机动性	系统装在1辆轮式车上,能在各种道路上行驶

系统组成

黄蜂-1T近程防空导弹系统由9M33导弹、车载指控系统、搜索与跟踪雷达和光电跟踪系统等组成。

导弹 9M33导弹弹体为细长圆柱体（鸭式气动布局），弹体前部有4小片梯形控制舵，用于维持导弹的稳定。弹体尾部装有4片尾翼，其后缘与发动机喷口齐平，处于同一平面的控制面与尾翼为弹体提供升力，舵面与尾翼呈X形配置。9M33M2导弹的尾翼是折叠式的。

9M33M2导弹

探测与跟踪 黄蜂-1T采用运动差动控制法及改进的三点法进行制导，提高了导弹的射程和杀伤概率，降低了制导误差；在黄蜂-AKM 基础上升级了特高频接收器通道，采用固态高频放大器替换标准的行波管高频放大器，使系统的目标捕获和跟踪雷达的灵敏度提升了 5 倍。因此，黄蜂-1T 更适合检测和跟踪小型和隐形尺寸的目标。

黄蜂-1T 安装了电视-光学瞄准器和 OЭC-9A33 光电探测跟踪系统（后者由电视系统、热成像系统和激光测距仪组成），使防空导弹系统的探测距离不低于 25 km（能见度为 20 km 的情况下），并具备了全天时探测跟踪空中目标的能力，极大提升了抗干扰性。

锥刺（Stilet）

概 述

T38 锥刺是一种新型陆军用野战防空导弹系统，由白俄罗斯杰特拉埃德尔科研生产联合体与乌克兰光线设计局联合研发。该系统是在黄蜂自行式防空导弹系统基础上进行改进的，具有自动化程度高、杀伤概率大、机动灵活等特点，可防御雷达散射截面（RCS）大于 $0.02~m^2$ 的固定翼飞机、旋翼飞机、无人机及巡航导弹。锥刺系统在移动中可进行目标识别，发射导弹时发射车需停止行进。该系统目前已完成研发并出售。

主要战术技术性能

对付目标	目标类型	固定翼飞机、旋翼飞机、无人机及巡航导弹
	目标最大速度/(m/s)	900
最大作战距离/km		20，10（导弹目标）
最大作战高度/km		10
最小作战高度/km		0.025
平均速度/(m/s)		850
杀伤概率/%		90
发射方式		8 联装倾斜发射，可双发齐射
弹长/m		3.158
弹径/mm		108
发射质量/kg		116
动力装置		两级固体火箭发动机

续表

战斗部	类型	连杆式杀伤战斗部
	质量/kg	18
引信		无线近炸引信

系统组成

T38锥刺防空导弹系统主要由1辆或多辆T381型防空导弹发射车(载有8枚T382型近程防空导弹)、1辆T383型导弹运输车/装填车(可携带24枚T382型导弹)、1辆T384型搜索/跟踪雷达车、1辆T386型跟踪雷达车、1辆T385型维修车及1辆T387综合保障车组成。

导弹 T38锥刺防空导弹系统配备T382型近程防空导弹。导弹从头部开始依次布置有导引头舱、战斗部舱、飞行控制舱与发动机舱。导弹使用两级固体火箭发动机,气动布局为常规或鸭式,弹体前部布置了4片梯形控制舵,中部布置了4片梯形控制舵,尾部有4片前缘后掠的梯形尾翼。

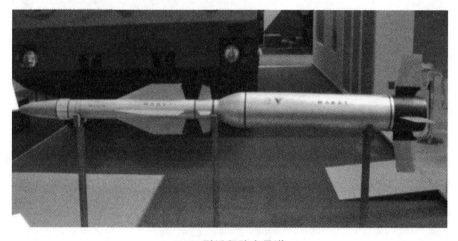

T382型近程防空导弹

探测与跟踪 T38锥刺防空导弹系统的探测与跟踪系统是在黄蜂系统基础上改进的,拥有先进的雷达及电子系统。雷达系统能指控和引导T382型近程防空导弹飞向目标,工作频率为8~18 GHz,探测距离不低于40 km,并能从30 km外对空中目标进行自动跟踪和锁定。C波段目标截获雷达上安装有固态微波放大器,能显著提高雷达灵敏度,增强可靠性并降低噪声。

导弹系统发射车安装有光电探测跟踪系统(由电视系统、热成像系统和激光测距仪等光电仪器组成),使导弹系统具备全天候作战能力,具有一定的抗干扰性和可靠性。光电探测跟踪系统共有两个目标通道,可同时引导两枚T382型近程防空导弹攻击一或两个目标。

发射装置 T38锥刺防空导弹系统的发射装置为8联装倾斜式发射架。载车为T381型轮式装甲车,底盘采用白俄罗斯明斯克轮式牵引车辆厂最新设计生产的具有较强机动性的MZKT 69222T型特种车辆,公路最大速度可达80 km/h,最大行驶距离可超过1 000 km,可在绝大多数地形,特别是普通轮式车辆难以通过的地形上行驶。

T38锥刺防空导弹系统发射车

波 兰

涅瓦-SC（Neva-SC）

概 述

涅瓦-SC 导弹系统是波兰华沙军事科技学院和 WZE 公司在苏联 C-125 导弹系统的基础上研发的地空导弹系统。其武器系统性能基本保持不变，主要改进了跟踪及监视雷达系统，用数字化器件替换了老式电子管器件，并配备了敌我识别器，提高了系统的可靠性，武器系统所需车辆从 19 辆减少至 8 辆，操作人员减少了 75%。

涅瓦-SC 导弹系统的 4 联装导弹发射架安装在 T-55 坦克底盘上，跟踪雷达与指控系统安装在改进的 MAZ-543（8×8）卡车底盘上，提高了系统的机动性和生存能力，使系统能够在 30 min 内完成机动和重新部署。该系统已在波兰防空部队服役。

安装在 T-55 坦克底盘上的涅瓦-SC 导弹发射架

安装在 MAZ-543 (8×8) 卡车底盘上的跟踪雷达与指控系统

维加-C

概　述

　　维加-C是波兰在俄罗斯提供的C-200维加地空导弹系统的基础上改进发展的高空远程地空导弹系统，主要对付高空侦察机、高空远程支援式干扰机、预警指挥机及空地导弹载机等，可在空地导弹载机发射导弹之前对其进行拦截，维加-C地空导弹系统不具备防御弹道导弹的能力。波兰于1998年下半年启动C-200系统升级计划，承包商为华沙军事科技学院，升级后的系统被命名为维加-C，位于姆热日诺的第78独立防空导弹团首先部署了该系统，2003年具备完全作战能力。维加-C地空导弹系统是波兰防空系统持续改进计划的一部分，2005年融入北约一体化防空系统。由于波兰采购和装备了更多的西方先进地空导弹系统，波兰原计划在2015—2016年将维加-C地空导弹系统退役，但实际退役时间推迟。

　　维加-C地空导弹系统的主要战术技术性能、系统组成等可参见C-200维加地空导弹系统。

　　波兰对空军防空部队装备的2个营的C-200维加地空导弹系统进行了升级改进，将之前采用的模拟系统升级为现代化的数字系统，减少了作战人员数量，战术分队人员数量从12人减少到3人。

维加-C地空导弹系统在C-200维加地空导弹系统探测跟踪设备的基础上,对目标跟踪信道进行了升级,可对速度为500～1 500 m/s的目标进行搜索跟踪,目标探测距离达到450 km,无须减弱目标照射雷达的其他功能。此外,维加-C地空导弹系统可在自动化防空网络中工作,接收包括北约E-3预警指挥机(实施Link11B/Link16终端升级之后)和网络化的防空三坐标雷达等外部信息源提供的空情图。

闪电(Piorun)

概　述

闪电是由波兰华沙军事科技学院、Bumar公司和ZM Mesko公司合作研制的便携式地空导弹系统,用于对付近程作战飞机和直升机等目标。该系统于2006年启动研制,2007年5月完成可行性研究,原计划2010年完成研发。但截至2014年2月,该系统仍没有进一步的发展信息。根据波兰《2013—2022年技术现代化计划》文件,计划在2017年交付约400枚闪电导弹,但截至目前还没有该系统发展的报道。

在波兰基尔斯举行的MSPO 2011国防展会上,安装在轻型轮式车辆上的车载式闪电系统首次亮相。在车载式闪电系统中,每辆发射车可携带2个双联装发射装置、4枚导弹和8个冷却氮气罐,从GPS接收器和电子罗盘接收信息,提高了系统的火力和机动性。同时,车载式闪电系统也使导弹与热成像仪和激光测距仪等光电设备连接,提高了系统的探测跟踪能力。

闪电导弹及其发射装置

车载式闪电导弹系统

主要战术技术性能

对付目标	近程作战飞机和直升机等
最大作战距离/km	6
最大作战高度/km	3.6
最小作战距离/km	0.01
最大速度(Ma)	1.9
动力装置	固体火箭发动机
战斗部	破片式杀伤战斗部

朝 鲜

闪电-5（Pon'gae-5）

概 述

闪电-5是朝鲜通过仿制俄罗斯的C-300系统研发的一种中远程地空导弹系统，可对付各种作战飞机和巡航导弹等目标，北约将其命名为KN-06。该系统于2010年10月10日在朝鲜国庆阅兵式中首次公开展示，2016年4月首次试射获得成功，导弹飞行近百千米。2017年5月，闪电-5地空导弹系统开始在朝鲜部队装备使用。

闪电-5地空导弹系统由导弹、制导雷达、目标指示雷达、指控车和发射装置组成。导弹和相控阵雷达装在轮式车上，每辆发射车上配备3枚导弹。闪电-5地空导弹系统的发射筒尺寸比俄罗斯的C-300系统短且粗。

闪电-5地空导弹系统发射车

主要战术技术性能

对付目标	各种作战飞机，巡航导弹
最大作战距离/km	150
发射方式	垂直冷发射
弹长/m	7.25
弹径/mm	500
发射质量/kg	1 700
动力装置	1台固体火箭发动机
战斗部	破片式杀伤战斗部
引信	近炸或触发引信

闪电-5导弹系统发射试验

朝鲜便携式地空导弹系列（MANPADS）

概　述

朝鲜便携式地空导弹系列，是通过仿制国外一系列便携式地空导弹系统而形成的。

20世纪70年代末，朝鲜对从埃及获得的苏联箭-2/2M（北约代号SA-7a/b圣杯）系统进行反向工程设计，随后进行生产，并将其称为华生冲（Hwasung Chong）。20世纪80年代后期，苏联向朝鲜提供了箭-3（北约代号SA-14小妖精）和针-1（北约代号SA-16手钻）系统，并于1993年开始在朝鲜服役，随后朝鲜许可生产了箭-3和针-1导弹系统，并出口至古巴等国。

20世纪90年代中期，朝鲜开始仿制新型单兵便携式地空导弹系统，仿制型号为美国的FIM-92A毒刺便携式地空导弹系统，于1999年装备朝鲜军队。

德 国

阿特拉斯近程防空系统（ASRAD）

概 述

阿特拉斯近程防空系统（Atlas Short-Range Air Defence 或 Advance Short-Range Air Defense）是德国 STN 阿特拉斯电子有限公司研制的一种模块化结构的近程地空导弹系统，可配置多种便携式地空导弹。1995 年，该公司获得首个用户（芬兰）的订购合同。该系统于 1998 年开始批量生产，2000 年年初开始装备部队。该系统的其他用户有德国陆军、希腊陆军和芬兰陆军。

以秃鹰载车为底盘的阿特拉斯近程防空导弹系统

（左侧为 2 枚针-1 导弹，右侧上为西北风导弹，右侧下为毒刺导弹）

主要战术技术性能

武器	主选武器	导弹类型	毒刺、西北风、针-1、星爆、RBS 70 和 RBS 90
		导弹数量/枚	2~4
	次选武器		7.62 mm 轻型机枪
传感器组合			8~12 μm 或 3~5 μm 波段红外热成像仪、电视摄像机和激光测距仪
传感器视场范围（相对于转台）	方位角/(°)		≥±15
	俯仰角/(°)		-16~+4
静态精度（瞄准线）/mrad			优于 0.05
瞄准线精度	基座/(°)		≤0.2
	基座调转速度/[(°)/s]		≥56
接口			数据传输；GPS、惯性和指北导航系统；无线电通信；车辆间通信
基座	方位角/(°)		360
	俯仰角/(°)		-10~+70
电源/V			18~32（车载直流电源）

系统组成

ASRAD 系统由导弹、传感器组合、电子设备（包括导弹接口电子设备）、多用途发射架组合、基座、基座电子设备以及控制与显示设备组合组成，作战时还可配置搜索雷达。

导弹 ASRAD 系统可根据实际需要配置不同国家、不同种类的红外或激光制导导弹，如毒刺（包括基本型毒刺、毒刺 POST、毒刺 RMP）、西北风、针-1、星爆、RBS 70 和 RBS 90 导弹。

探测与跟踪 ASRAD 系统采用带有敌我识别系统的直升机与飞机探测雷达（HARD）。改进的 HARD 采用频率捷变跟踪扫描，并具有低截获概率特征，能自动跟踪 20 多个目标和 5 个干扰发射站，最大探测高度可达 10 km，对低空飞机跟踪距离为 20 km，对直升机的跟踪距离为 10 km。

发射装置 发射装置能够根据雷达提供的信息全方位旋转。发射架装有 4 枚带有发射筒的待发导弹（两侧各 2 枚），此外，还有 4 枚采用手动装填的待装填导弹。

载车可采用多种履带或轮式轻型车辆，比如奔驰 G-Wagen（4×4）轻型车、德国秃鹰（4×4）装甲人员运输车（APC）、法国本哈德（4×4）轻型装甲车（VBL）和美国 M113 履带式装甲人员运输车等，具有很强的机动性。指挥车可指挥协调 5 辆发射车进行作战。

作战过程

在正常操作模式下，ASRAD 系统接收来自排级指挥车上的 HARD 和/或红外搜索与跟踪（IRST）系统——如泰勒斯光电公司的防空警报装置（ADAD）——发送的目标指示数据。

目标的红外或电视监视图像可显示在空情图像显示器上，操作手按下右边操纵杆上的"目标分配"按钮后，基座自动转向目标方向。

如果目标指示数据是通过二坐标雷达给出的，当目标在显示器上出现时，基座只在水平方向转动到目标方向上，操作手要手动操作并在垂直方向寻找目标。

如果目标指示数据是通过三坐标雷达或红外搜索与跟踪系统给出的，那么基座在水平与垂直方向可同时转动，就能立即在红外或电视监视画面中看到目标；平面位置指示器的指针就会指向三角形。

当操作手在显示器上识别目标时，可用操纵杆将跟踪开关移动到目标上，并开启自动跟踪模式。一旦目标被自动跟踪，操作手便可按锁定按钮，ASRAD 系统在激活一个待发导弹的同时开始自动测量和计算对付目标所必需的火力控制方案数据，目标数据随即显示在显示器上。

导弹自动跟踪目标，并以声音提示的方式告知操作手，自动完成附加仰角和前置角设置并显示在显示器中。

当目标进入导弹作战范围时，射手便按下"射击"按钮。导弹发射后射手可以看到导弹拦截的过程，同时也可以对同一目标开始第二次攻击（如果有必要），或者攻击下一个目标。

发展与改进

ASRAD 系统可选用多种导弹，以满足不同用户的需求。

德国 ASRAD 系统　德国陆军将 ASRAD 系统安装在鼬-2 载车底盘上，并在 1996 年将其作为德国的机动型防空系统（Leichtes Flugabwehr System，LeFlaSys），取名为 Ozelot。该防空系统包含 1 个由 3 个炮兵连组成的作战单元，每个炮兵连包括 1 个总部单元和 3 个排（每排有 1 个指挥车和 5 个导弹发射单元）。Ozelot 系统装有 4 枚毒刺导弹，还可发射针-1 导弹（主要用于训练），可装备英国 Pilkington 光电公司的被动防空报警装置；作战时，还可利用爱立信微波系统公司研制的 HARD 三坐标雷达进行目标监视与识别。

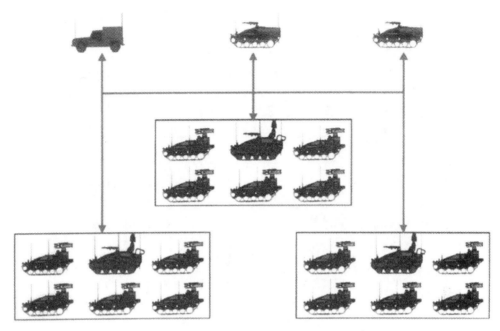

德国陆军 LeFlaSys 的典型配置

装载 4 枚毒刺导弹的 Ozelot 系统（左）和装有 HARD 三坐标雷达的排级指挥车

希腊 ASRAD 系统 2000 年 10 月，希腊陆军订购了 54 套以悍马（4×4）载车为底盘的 ASRAD 系统。

ASRAD-R 系统 ASRAD-R（其词尾的 R 代表 RBS 70）系统是在 1998 年由 STN 阿特拉斯电子有限公司和瑞典萨伯·博福斯动力公司联合研制的 ASRAD 出口型系统。瑞典爱立信微波系统公司为该系统提供了 HARD 三坐标雷达，德国 BGT 公司提供了导弹接口设备。1998 年年底完成了系统样机研制。该系统可使用 Rb 70 MK1、Rb MK2 和 BOLIDE 导弹。

希腊订购的装在悍马载车上的 ASRAD 系统

装在 M113 APC 上的 ASRAD-R 系统

ASRAD-R系统可为野战部队提供昼夜和恶劣天气条件下防御低空飞机和直升机的能力。9套ASRAD-R系统可为80 km远的机动部队提供防护能力,防御范围为500~600 km^2。

ASRAD-R系统保留了ASRAD系统的发射装置、爱立信微波系统公司研制的HARD三坐标搜索雷达和光电传感器,加装了激光波束发射机,以便装备RBS 70地空导弹。发射架上还可安装一个红外搜索与跟踪装置以便"静默"监视。雷达与导弹安装在同一辆车上,固定在基座顶部。ASRAD-R系统的传感器/发射架组合包括1个小型传感器显示器和1个武器控制器,质量为900 kg。ASRAD-R系统的乘员包括1名作战指挥官、1名系统及雷达操作手和1名射手。

基座位于车厢顶部,由电动水平与垂直旋转驱动器、固定式传感器组合和激光波束发射机组成。固定式传感器组合包括用于目标自动捕获与跟踪的红外摄像机、电视摄像机和激光测距仪。基座两侧各装有2枚待发的Rb 70 MK2导弹,另备有6枚导弹用于手动装填;装填4枚导弹的时间小于1 min。

以M113 APC为底盘的ASRAD-R系统

芬兰ASRAD-R系统 芬兰陆军于2002年7月订购了16套ASRAD-R系统和16套RBS 70 MANPADS发射架,装备ItO 2005连,总额为1.43亿美元。该系统在芬兰的名称为ItO 2005。该系统安装在梅赛德斯-奔驰Unimog 5000 L/38(4×4)全地形轻型卡车上,装备4枚BOLIDE导弹;2005年4月完成发射试验,2007年开始交付,2008年完成交付。该系统能够有效对付的目标包括高机动固定翼飞机、武装直升机、雷达散射截面非常小的巡航导弹和超低空飞行的无人机;对飞机、导弹和无人机的拦截距离为0.5~8 km,作战高度达到5 km;可用于保卫行进中的部队或提供要地防御能力。作为要地防御用途时,该系统可遥控作战且具有全天候作战能力。

舰载ASRAD-R系统 该系统由莱茵金属防务电子公司和瑞典萨伯·博福斯动力公司联合研制,可安装在各类战舰上,对付低空飞行的固定翼飞机和直升机。

舰载ASRAD-R系统甲板上的设备包括基座、两个双联装导弹发射架、传感器组合、

芬兰陆军装备的 ItO 2005 系统

芬兰陆军装备的以纳蒂克 P6-300 载车为底盘的 ASRAD-R 系统

水平与垂直伺服机构以及电子设备（包括导弹接口电子设备）；甲板下设备包括多用途 ASRAD 控制台（MPAC），用于显示空情和威胁分析信息，以及执行指挥、控制和通信任务。其超高频（UHF）和/或甚高频（VHF）无线通信链，用于语音和数据传输。

舰上的监视雷达负责捕获目标并显示在雷达和射手控制台上。同时，还可选用正在研制的红外搜索与跟踪（IRST）传感器。目标距离探测和自动跟踪由传感器组合和激光测距仪完成，传感器组合包括前视红外雷达（FLIR）和电视摄像机，可提供双模式跟踪。

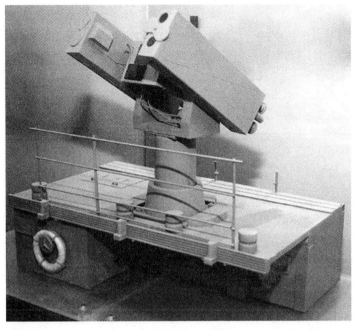

舰载 ASRAD-R 系统的转塔上装有两个双联装火流星导弹发射架

低空防空系统（LLADS）

概　述

低空防空系统（Low-Level Air Defence System，LLADS）是 MBDA 德国 LFK 股份有限公司研制的一种高效费比、轻型、模块化近程点防御防空系统，用于填补便携式低空地空导弹系统与轮式或履带式地空导弹系统作战空域间的空缺。该系统具有全天候和昼夜作战及快速响应能力，可以边行进边发射，保卫地面机动部队。

LLADS 安装在转塔上。转塔装在梅赛德斯-奔驰 GD 250（4×4）型汽车的后部，具有较好的稳定性，且能对发射装置的方位及俯仰进行控制。转塔系统上装有 4 联装毒刺导弹发射装置，质量为 43.6kg，转塔底部可存储 4 枚毒刺导弹。毒刺导弹的发射装置由发射架、机械面板、电气设备及冷却系统组成，通过火控系统进行控制，可使用各种型号的毒刺导弹。

LLADS 的探测系统由微光夜视相机、前视红外仪、激光测距仪、敌我识别器及预分配信息装置等组成，射手能在驾驶室、转塔或者距载车 50 m 范围内通过带监视设备的控制面板进行操作。

此外，LLADS还配备了发电设备，可通过远程控制为该系统供电；运输时该设备可装在载车上。

1993年，对装有GPS以及热成像仪的样机系统进行了发射试验。1994年，对样机进行了改进，使系统可通过无线方式接收防空雷达的目标指示数据。1996年该样机进行了低温环境发射试验，1998年进行了多个防空导弹导引头性能对比试验。LLADS未进行生产和使用。

主要战术技术性能

低空防空系统		
导弹型号		FIM-92C 毒刺
最大作战距离/km		4.5
最小作战距离/km		0.2
最大作战高度/km		3.8
最大速度(Ma)		2.2
制导体制		被动红外寻的制导
弹长/m		1.52
弹径/mm		70
翼展/mm		91
发射质量/kg		10
动力装置		1台固体火箭助推器，1台固体火箭主发动机
战斗部	类型	高爆破片式杀伤战斗部
	质量/kg	1
梅赛德斯-奔驰 GD 250 发射平台		
尺寸	长/m	4.65
	宽/m	2.01
	高/m	2.65
质量/kg		2 850
装载导弹数量/枚		4～8(毒刺导弹)
热成像仪	工作波段/μm	8～12
	视场/(°)	3×4 及 9×12
横向/(°)		360
俯仰速度/[(°)/s]		70
回转速度/[(°)/s]		70

续表

俯仰加速度/[(°)/s²]	110
回转加速度/[(°)/s²]	130
水平方位/(°)	−10～70
系统反应时间/s	<5
再装填时间/min	<2(2人4枚导弹)

机动防空发射系统（MADLS）

概 述

机动防空发射系统（Mobile Air Defence Launching System，MADLS）是在MBDA德国LFK股份有限公司研制的低空地空导弹系统基础上改进的，可用于防御或保护行进中的部队。MADLS实际上是一种通用型发射架，可发射美国生产的毒刺导弹，还可发射其他超近程防空导弹，如俄罗斯的针-1地空导弹，目前该系统只采用毒刺导弹。MADLS易于使用飞机或中型直升机空运，还可安装在路虎、梅赛德斯-奔驰等各种4×4型车上，可发射4枚"发射后不管"地空导弹。该系统于2000年开始研制，2001年开始进行一系列发射试验。该系统未生产，也未投入使用。

机动防空发射系统

主要战术技术性能

MADLS 发射架(未装适配器单元)	
尺寸/cm	159×37×21
质量/kg	58(含 2 枚毒刺导弹和气瓶)
电源/V	24(直流电)
激活次数/次	约 40(1 个气瓶)

基座	
长/m	2.5
宽/m	1.84
高/m	0.4(基座本身),1.28(运输时),1.74(作战时)
总质量/kg	1 250(不包括载车)

梅赛德斯-奔驰 GD 250 发射平台		
尺寸/m		2.65×2.01×4.65
质量/kg		2 850
发射架		2 个 ATAS 标准发射架装有 4 枚待发毒刺导弹
热成像仪	波长/μm	8~12
	视场/(°)	3×4,9×12
方位角/(°)		360
方位转速/[(°)/s]		70
方位加速度/[(°)/s²]		130
俯仰角/(°)		−10~+70
俯仰转速/[(°)/s]		70
俯仰加速度/[(°)/s²]		110
反应时间/s		<5
导弹再装填时间/min		<2(2 人装填 4 枚导弹)

系统组成

MADLS 由基座、电源控制器、无线电设备、火控设备、遥控设备和接口设备组成。当需要隐蔽时,MADLS 可被快速地从载车上卸下并进行遥控操作,遥控板通过长为 100 m 的电缆连接到基座上的火控计算机。

导弹 MADLS可发射毒刺导弹，还可发射其他超近程地空导弹，如俄罗斯的针-1导弹。导弹及其组件放在密封箱内，以免受到机械损伤和环境影响。装备针-1导弹的MADLS已完成研制。

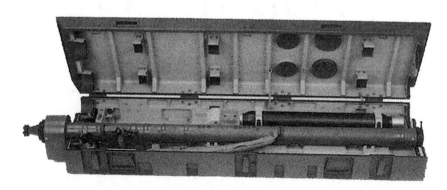

装在密封箱内的针-1导弹

发射装置 基座结构包括火控计算机、遥控板隔间、伺服电子单元、电力转换与分配箱、电源、电缆、通信系统（如放大器、无线电收发机、天线）。基座两侧装有2个垂直固定的标准空空毒刺（ATAS）导弹发射架模块，每个模块质量为43.6 kg，共装有4枚待发毒刺导弹。每个发射架模块集成了发射架、电子设备接口以及冷却系统（压缩气瓶），它们安装在精确跟踪控制器上，并可由远程遥控台操作（也可显示作战状态信息）。该模块可通过电子设备接口由火控系统操作，并可使用各种型号的毒刺导弹。系统另备有4枚再装填毒刺筒装导弹，并将其放在储藏箱内，该储藏箱位于基座下方。利用发射机构组件，可肩射毒刺导弹。

该系统的载车是梅赛德斯-奔驰GD 250（4×4）轻型全地形车。基座安装在车后部，还可安装在其他轻型车上，如标致P4和路虎。基座上装有方位与俯仰方向控制器，还可安装多种传感器，包括用于目标捕获的热成像仪（可在夜间或恶劣天气条件下使用）或微光电视（L-LLTV）（可在弱光条件下使用），以及激光测距仪。激光测距仪安装在目标捕获系统的旁边，用于确定工作范围内目标的距离。载车还装有天线与通信系统，该系统利用C3I网络以及陀螺仪和GPS装置提供精准的位置坐标，以执行预先分配的任务。

作战过程

MADLS有两种作战模式，一种是基座放置在地面（舰船甲板）上，构成固定式作战模式；另一种是基座放置在载车上，形成机动式作战模式。在固定式作战模式下，电力供应来自发电机/电池，可根据光学装置、红外热成像仪或雷达提供的信息完成任务分配，火力控制可通过无线传输方式由指挥控制中心完成，人员可隐蔽后通过遥控发射。在机动式作战模式下，电力供应来自载车发电机/电池，可根据光学装置提供的信息完成任务分配，火力控制以无线传输方式通过指控系统完成，人员可在驾驶室内进行发射操作。

三脚架型毒刺（TAS）

概　述

　　三脚架型毒刺（Tripod Adapted Stinger，TAS）是 MBDA 德国 LFK 股份有限公司研制的采用轻型双联装发射架的超低空近程地空导弹系统。该系统将毒刺导弹发射架集成到一个轻型三脚架上，具有全天候作战能力，可用车辆运输或由 3 人携带。TAS 系统还可以装在舰艇上使用，也可以与地面火炮共同构成弹炮结合防空系统。目前该系统处于准备生产状态，德国空军已拥有 4500 枚导弹，但三角架数量不详。

三脚架型毒刺地空导弹系统

主要战术技术性能

人数		1人（射手）
尺寸	高/m	1.3
	占地直径/m	1.6
质量/kg	三脚架	47
	电子设备（不包括电源）	23
	前视红外仪	6
	2枚毒刺导弹	37（每枚含有发射机构和3个BCU）
导弹数量		2枚待发毒刺导弹
反应时间/s		<5
导弹再装填时间/min		<1（2人装填2枚导弹）

系统组成

TAS系统由导弹、三脚架、电子设备和前视红外仪组成。

TAS系统一般使用毒刺导弹，也可采用俄罗斯的针导弹，可配备2枚装在导弹发射筒内的毒刺导弹并带有发射机构和电源/制冷剂组合（BCU）。三脚架上装有座椅（也可不装）以及带有手柄的仰角轴。电子设备带有微型控制器、方位角编码器和头盔式耳机，还可带有无线电目标数据显示器。前视红外仪的工作波长为8～12 μm，视场为3°×4°和9°×12°。

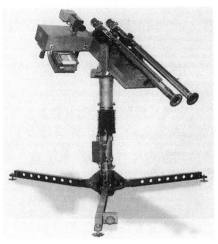

三脚架型毒刺（未装射手座椅）

TAS 系统可自主作战，也可接收其他近程防空系统或雷达及红外搜索与跟踪装置的目标信息，完成作战任务。

作战过程

当 TAS 系统处于作战状态时，射手设置坐标并定北，通过无线电装置接收目标指示数据后，从头盔式耳机听到警告声音，或从显示器获得目标指示数据。射手可利用手柄激活一枚毒刺导弹，转动三脚架到给定的方向上并捕获目标，当毒刺导弹锁定目标后，射手会听到导引头捕获目标的提示声音，利用前视红外仪确定导弹是否锁定了目标。一旦锁定目标，便发射导弹将其摧毁。

猎豹-1 A2（Gepard 1 A2）

概　述

猎豹-1 A2 是德国 Krauss-Maffei Wegmann 公司研制的弹炮结合防空系统。该系统将"发射后不管"地空导弹系统集成到 35mm 口径自行式防空火炮（SPAAG）系统中，以增强作战效能。1999 年年底，Krauss-Maffei Wegmann 公司对外公布了装有 4 枚"发射后不管"地空导弹的猎豹-1 A2 自行式弹炮结合防空系统。

系统组成

猎豹-1 A2 导弹系统由载车、火炮、导弹、导弹发射装置、转塔、搜索与监视雷达等组成。

火炮是两门 35 mm 口径奥利康高炮，射速为 550 发/min，作战距离约为 3.5 km，使用新型弹药时的作战距离超过 4.5 km。

标准毒刺发射系统安装在火炮基座的两侧，该发射系统包含 2 枚待发毒刺导弹及 1 个可再充电的可供 40 次作战使用的制冷剂瓶。导弹发射架与发射平台之间通过一个适配器实现机械连接。接口电子设备单元提供发射架与发射平台火控系统之间的接口。猎豹-1 A2 导弹系统操作员使用现有的监视与跟踪雷达以跟踪和识别目标，并使用顶部安装的光学瞄准具进行实战。

导弹 猎豹-1 A2 导弹系统可发射毒刺导弹、针导弹等"发射后不管"地空导弹。

装备毒刺导弹的猎豹-1 A2 弹炮结合防空系统

发展与改进

2006年5月,德国陆军计划采用一种新型模块化防空系统来代替目前的35 mm口径猎豹自行式双管高炮系统。德国陆军考虑了用多种底盘改进猎豹-1 A2系统,包括Boxer(8×8)和履带式标马底盘,装备部队时间为2012—2013年。武器系统包括将奥利康·康特拉夫斯公司的35 mm口径天空巡逻兵遥控防空转塔集成到皮兰哈(8×8)底盘上。该系统可发射多种武器,包括打击极小目标的高打击效能与破坏弹药,其导弹可能包括德国BGT/LFK公司已研制多年的新一代轻型地空导弹。该导弹采用两级推进系统,装有破片式杀伤与穿甲战斗部,作战距离为10 km,采用惯性导航与红外成像制导。

空中盾牌-猎豹(Skyshield – Cheetah)

空中盾牌-猎豹是德国莱茵金属公司的空中盾牌系统与南非丹尼尔公司研制的猎豹导弹的集成,即采用猎豹导弹替换空中盾牌系统使用的老式35 mm双联装高炮,以使该系统具备反火箭弹、炮弹和迫击炮弹(C-RAM)的能力,主要用于为前方作战基地提供免遭密集来袭火箭弹威胁的能力。

2016年9月，南非丹尼尔公司宣布与德国莱茵金属公司合作开发猎豹系统。具体承包商包括丹尼尔动力公司、莱茵金属丹尼尔弹药公司（RDM）和莱茵金属空中防御公司。根据丹尼尔动力公司的计划，预计将在三年内实现猎豹技术方案演示，之后进入全面开发和生产阶段。

猎豹导弹是一种低成本雷达制导导弹，是猫鼬-3导弹（Mongoose）的增程型，导弹最大作战距离为10 km。系统采用的猫鼬-3导弹弹径为105 mm，由主动雷达导引头、战斗部、近炸引信和伺服系统以及其他部件组成，配备了新的火箭发动机，并采用丹尼尔动力公司其他导弹的相关技术。该导弹可从可运输的垂直发射系统发射，能提供抵御饱和攻击的能力。

猎豹导弹

空中盾牌-猎豹系统包括1个指挥所、1个空中盾牌传感器单元、2个奥利康双联装高炮和2个猎豹导弹垂直发射架。该系统自动化程度很高，只需要少量的操作人员即可进行部署。控制系统最多可以控制4枚导弹发射，每枚导弹可以为半径2.5 km的区域提供有效的防御。拦截目标由地面雷达提示，并使用猎豹导弹的主动雷达导引头进行末制导。操作人员将位置信息输入系统中，系统将计算出火箭弹的弹着点，并且仅拦截将落入防区内的火箭弹。

NG leFla

概　述

　　NG leFla 是 MBDA 德国 LFK 股份有限公司与德国迪尔博登湖机械技术防务（BGT）公司共同研制的一种超近程轻型地空导弹，主要用于拦截飞机、直升机、无人机、巡航导弹以及空地导弹等目标，也可用于打击装甲车辆等地面目标，以提升德国部队机动防空系统的作战能力。由于采用模块化设计，该导弹可以适应各种作战需求，既可以作为空空导弹用于德国虎式攻击直升机，也可作为便携式导弹用于班组作战，或用于保护固定或移动目标。另外，为满足未来德国 MechFlaSys 系统的要求，该导弹还将改用增强型发动机。NG leFla 轻型地空导弹原计划 2010 年定型并装备部队。目前该项目已被取消。

　　NG leFla 轻型地空导弹由空空型彩虹导弹（IRIS-T）衍生而来，采用中波红外成像导引头，具有大视场、高扫描率、高分辨率以及捕获距离远的特点。通过优化设计保证了该导弹能可靠地捕获目标，即使在复杂的条件下也具有较好的特性。由于该导弹选用了具有推力矢量控制的双脉冲固体火箭发动机，因此具有较小的运动耦合效应，并且能在末端攻击时提供较大的机动性。NG leFla 轻型地空导弹可垂直发射，对于攻击超近程目标或者非直瞄目标非常有利。

　　NG leFla 轻型地空导弹攻击集群目标时，采用顶端攻击的方式，其导引头能对装甲车的炮塔进行识别，完成导引过程。

主要战术技术性能

对付目标	飞机、直升机、无人机、巡航导弹、空地导弹等
最大作战距离/km	10
最大速度/（m/s）	780
制导体制	惯导＋红外成像制导
发射方式	垂直发射
弹长/m	1.78
弹径/mm	93
发射质量/kg	21.5
发射筒质量/kg	3～4

续表

动力装置		双脉冲固体火箭发动机
战斗部	类型	高能破片式杀伤和穿透式战斗部
	质量/kg	2.5

HFK/KV 超声速地空导弹

概　述

HFK/KV 超声速地空导弹是德国迪尔博登湖机械技术防务（BGT）公司研制的一种用于未来的近程地空导弹系统的高速导弹方案。该导弹于1990年开始技术验证试验；1993年年底至1994年年初，成功进行了3次马赫数为6的验证型导弹的飞行试验；1995年和1997年，分别进行了2次试验，用以验证导弹的侧向力控制。

1996年，BGT公司启动了 HFK/KV 导弹系统的研制计划；自2000年开始，对一些关键技术先后进行了验证，包括级间分离技术、高速机动技术、导引头整流罩分离技术以及红外成像导引头技术等。

2002年，HFK/KV 导弹进行了红外导引头整流罩分离试验，并获得成功。2002年11月，该型导弹又成功进行了分离试验，验证了在马赫数为5的速度下推进器与动能杀伤器（KV）的分离技术、动能杀伤器保护罩分离技术以及红外导引头温度测量技术；试验中的数据存储于弹载存储器中，同时通过超高频段传输到地面。2003年9月，进行了最后一次导弹飞行试验，在红外成像导引头的导引下导弹对一飞行目标进行了攻击。

HFK/KV 导弹具有替代德国陆军和空军现役的罗兰特自行式地空导弹系统的潜在优势。2010年前处于研发验证阶段，2010年后再无报道且状态不详。

HFK/KV 导弹采用多管火箭发射系统（MLRS）火箭发动机，其设计速度在发射之后 1~2 s 接近马赫数5，当后段推进器点火并燃烧完毕后，在大于 12 km 处与KV分离，分离后的飞行速度可达到马赫数3。

主要战术技术性能

最大速度(Ma)	5
制导体制	惯导＋红外成像制导
弹长/m	2.8

续表

弹径/mm		80
发射质量/kg		60
动力装置	类型	高能固体火箭发动机
	质量/kg	44
战斗部	类型	带杀伤增强装置的碰撞杀伤
	质量/kg	16（总质量），3（杀伤增强装置）

HFK-L2 超声速导弹

概　述

HFK-L2 是 MBDA 德国 LFK 股份有限公司、德国迪尔博登湖机械技术防务公司和 Bayern-Chemie 公司联合研制的一种面向未来的防空及反装甲超声速导弹，2010 年处于研究与开发阶段，2010 年后再无报道且状态不详。

该导弹的研究与开发计划包括试验研究、静态测试以及验证性自由飞行测试等阶段。1997 年，HFK-L2 成功地进行了一次无控飞行试验，完成了闭环控制下微型助推火箭的侧向推力控制测试。此次试验意味着导弹在高推力阶段的末期，即发射 1 s 后，将通过点燃最多 18 台侧向推力发动机完成水平方向的机动过程，侧向加速度可达到 10g；发射 2 s 后，在同样 10g 侧向加速度的情况下，完成轴向的机动过程。测试中获得的飞行力学数据、温度、形变量与振动等参数传输到地面系统。导弹的弹着点距发射点约 11.1 km。1999 年年底，再次进行了 HFK-L2 导弹的飞行试验，验证了导弹在超声速范围内借助侧向力以及气动控制完成制导和控制的过程。

1997—2003 年使用的 HFK-L2 超声速导弹试飞器

俄罗斯

金雕（Беркут）С–25/吉尔德（Guild）SA–1

概　述

金雕是苏联金刚石设计局研制的固定型全天候中程地空导弹系统，系统代号为С-25，导弹代号为В-300，主要用于要地防空和国土防空，对付中高空超声速飞行的各种飞机。北约称该导弹系统为吉尔德，代号为SA-1。

金雕导弹系统是在纳粹德国瀑布地空导弹技术的基础上于1948年开始研制的，1953年4月—5月通过靶场试验，1954年开始装备部队，1960年11月7日首次出现在莫斯科红场阅兵仪式上。该系统只在苏联境内部署，最多时达3 200部发射架。

金雕导弹系统填补了苏联防空导弹系统的空白，为此后各型防空导弹系统的发展奠定了基础；但因其性能落后，虽在20世纪70年代末进行过一些技术改进，但仍无法满足防空作战需要；该系统于20世纪80年代停产，未向国外出售。

1968年5月1日在莫斯科红场参加阅兵仪式的金雕导弹系统

主要战术技术性能

对付目标		中高空超声速飞机
最大作战距离/km		40
最小作战距离/km		32
最大作战高度/km		20
最小作战高度/km		2
最大速度(Ma)		2.5
机动能力/g		2.5(导弹起飞时纵向过载)
制导体制		无线电指令制导
发射方式		固定式垂直发射
弹长/m		12
弹径/mm		710
翼展/mm		2 700
发射质量/kg		3 500
动力装置		1台预储液体火箭发动机,后改装成1台双推力固体火箭发动机
战斗部	类型	破片式杀伤战斗部
	质量/kg	250(装药70 kg)
引信		无线电近炸引信

系统组成

金雕导弹系统由导弹、发射架、跟踪制导雷达、搜索雷达、测高雷达和技术保障设备等组成。

导弹 B-300导弹为一级结构,弹体为圆柱形,头部为尖卵形,采用鸭式气动布局。弹翼在弹体中后部,无尾翼,舵面与弹翼都按×形配置,并处在同一平面上。每个弹翼后缘都装有副翼,用以控制导弹滚动,稳定导弹飞行。

导弹最初采用1台预储液体火箭发动机,略粗于弹体前部,总推力约88.3 kN。20世纪70年代末改装为1台双推力固体火箭发动机。

探测与跟踪 金雕导弹系统采用YO-YO跟踪制导雷达、量规搜索雷达和馅饼测高雷达。YO-YO跟踪制导雷达采用脉冲跟踪体制,工作在S波段(3 GHz),峰值功率为2 MW,作用距离为150 km。该雷达共有6部旋转天线,方位和俯仰扫描范围均为70°,采用扁平波束按锯齿扫描方式跟踪目标,可同时跟踪30多个空中目标并制导导弹飞向目

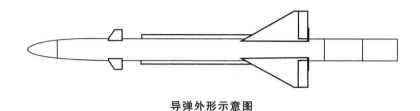

导弹外形示意图

标。量规雷达搜索和探测中高空目标,并给跟踪制导雷达指示目标。该雷达工作在 S 波段 (3 GHz),峰值功率为 2 MW,作用距离为 300 km。它有两个背靠背安装的椭圆形抛物面天线,以形成两个很窄的垂直波束。馅饼雷达是最早的点头式测高雷达,点头频率为 30~40 次/min。工作频率为 2 GHz,峰值功率为 2 MW,作用距离为 200 km,于 20 世纪 70 年代陆续退役。

指控与发射 金雕导弹系统的火控任务主要由 YO-YO 跟踪制导雷达完成,它可向部署在不同地点的导弹发射架发出火控指令,可使该系统与 20 个目标同时交战。金雕导弹系统的导弹发射架为固定式,发射方式为垂直发射。

发展与改进

1947 年 9 月 8 日,苏联组建第一设计局,专门为莫斯科防区研制地空导弹系统,即金雕导弹系统。1948 年金雕导弹系统正式开始研制。1950 年,苏联政府指定第一设计局为莫斯科防区防空系统的抓总研制单位,导弹由拉沃奇金设计局研制。金雕导弹系统获得试验结果之前已经开始部件的批量生产。1951 年夏进行了第一批地空导弹发射试验,1953 年春对第一批空中真实目标实施拦截。金雕导弹系统自 1955 年 5 月开始装备苏联以来,除将原发动机改为双推力固体火箭发动机外,其他改进很少。因其价格、机动性和灵活性等原因,该系统只部署在莫斯科、列宁格勒等几个大城市周围,担任城市防空任务,装备使用时间为 1954—1986 年。

德维纳(Двина)С-75/盖德莱(Guideline)SA-2

概 述

德维纳又称沃尔霍夫(Волхов),是苏联于 20 世纪 50 年代研制的第一代中高空地空导弹系统,由金刚石设计局研制,主要用于对付远程轰炸机、侦察机及其他作战飞机。该系统代号为 С-75,导弹代号为 В-750ВН。北约称该导弹系统为盖德莱,代号为 SA-2。

德维纳导弹系统于1953年开始研制，1957年装备部队。为不断提高该系统的作战能力，在保持总体方案不变的前提下，苏联不断对该系统进行了改进，共发展了6种改进型号。

德维纳导弹系统曾广泛部署在苏联全境，目前已经被С-300（SA-10）所取代。德维纳导弹系统还大量出口到东欧、亚洲、中东等国家，至今仍在多个国家装备使用。

德维纳导弹系统采用的导弹

主要战术技术性能

<table>
<tr><th colspan="2">型号</th><th>SA-2A</th><th>SA-2B</th><th>SA-2C</th><th>SA-2D</th><th>SA-2E</th><th>SA-2F</th></tr>
<tr><td rowspan="3">对付目标</td><td>目标类型</td><td colspan="6">远程轰炸机、侦察机及其他作战飞机</td></tr>
<tr><td>目标速度/(m/s)</td><td>≤420</td><td>≤420</td><td>≤420</td><td>≤420</td><td>≤420</td><td>≤420</td></tr>
<tr><td colspan="7"></td></tr>
<tr><td colspan="2">最大作战距离/km</td><td>30</td><td>30</td><td>43</td><td>43</td><td>43</td><td>58</td></tr>
<tr><td colspan="2">最小作战距离/km</td><td>8</td><td>10</td><td>9.3</td><td>7</td><td>7</td><td>6</td></tr>
<tr><td colspan="2">最大作战高度/km</td><td>22</td><td>30</td><td>30</td><td>30</td><td>30</td><td>30</td></tr>
<tr><td colspan="2">最小作战高度/km</td><td>3</td><td>0.5</td><td>0.4</td><td>0.4</td><td>0.4</td><td>0.1</td></tr>
<tr><td colspan="2">最大速度(Ma)</td><td>3.5</td><td>3.5</td><td>3.5</td><td>3.5</td><td>3.5</td><td>3.5</td></tr>
<tr><td colspan="2">制导体制</td><td colspan="6">无线电指令制导</td></tr>
<tr><td colspan="2">发射方式</td><td colspan="6">倾斜发射</td></tr>
<tr><td colspan="2">弹长/m</td><td>10.6</td><td>10.8</td><td>10.8</td><td>10.8</td><td>11.2</td><td>10.8</td></tr>
<tr><td rowspan="2">弹径/mm</td><td>助推器</td><td>650</td><td>650</td><td>650</td><td>650</td><td>650</td><td>650</td></tr>
<tr><td>弹体</td><td>500</td><td>500</td><td>500</td><td>500</td><td>500</td><td>500</td></tr>
</table>

续表

翼展/mm	尾翼段	2 500	2 500	2 500	2 500	2 500	2 500
	主翼	1 700	1 700	1 700	1 700	1 700	1 700
发射质量/kg		2 287	2 287	2 287	2 450	2 450	2 395
动力装置		1台固体火箭助推器，1台液体火箭主发动机					
战斗部	类型	高能破片式杀伤战斗部				核装药	高能破片式杀伤战斗部
	质量/kg	295	295	295	295	295	195
引信		近炸和触发引信					

系统组成

德维纳导弹系统由导弹、制导雷达、早期预警和目标截获雷达、火力控制中心以及发射车等作战装备和技术保障设备组成。

导弹 德维纳导弹系统采用的导弹均由两级组成，采用正常式气动布局。导弹从头部到尾部依次装配有前翼、主翼、舵和稳定尾翼，均为×形配置。固体火箭助推器上安装了4个大型尾翼，主翼和舵的平面形状均为梯形，两对舵中有一对既作为舵又作为副翼，另一对只作为舵。弹体结构材料大部分采用镁合金或铝合金。

弹上控制系统由无线电控制仪、自动驾驶仪和操纵系统等组成。无线电控制仪主要用于接收制导雷达传来的控制指令，经处理后送往自动驾驶仪，控制导弹飞行；同时，将接收到的制导雷达的一次性指令送往无线电引信，以解除引信最后一级保险。无线电控制仪还接收制导雷达的询问信号并产生应答信号，为制导雷达提供导弹位置坐标。自动驾驶仪用于稳定和控制导弹飞行。操纵系统根据自动驾驶仪送来的信号控制舵的偏转，以控制导弹飞向目标。

固体火箭助推器的燃料采用硝化甘油，壳体采用合金钢，结构质量为400 kg，装药质量为547 kg，最大和最小推力分别为4 807 N和2 595.7 N，燃烧时间为3~4.3 s，总冲不小于980 kN·s。液体火箭发动机采用红烟硝酸（氧化剂）和混胺（燃料）推进剂，额定推力为3 770 N，燃烧室内压力为4 410 kPa，喷口临界截面直径为70.5 mm，喷口出口截面直径为205 mm，发动机点火后0.5~0.7 s达到额定推力。

战斗部位于鼻锥处制导系统的后面，主翼的前面。战斗部在对付高空目标时最大杀伤半径为244 m，对付中低空战斗机类目标时杀伤半径为65 m，达到严重破坏目标的杀伤半径为100~120 m。

探测与跟踪 德维纳导弹系统采用扇歌制导雷达和P-12/Spoon rest早期预警和目标截获雷达。扇歌制导雷达有6种型号，扇歌A型、扇歌B型、扇歌C型、扇歌D型制导雷达通常的工作模式有目标截获和自主跟踪两种，而扇歌 E 型、扇歌 F 型制导雷达有三种工作模式，增加了低空搜索和跟踪模式。制导雷达作用距离依据目标类型、飞行高度和作战条件的不同有所不同。扇歌 A 型、扇歌 B 型、扇歌 F 型制导雷达的最大探测距离为 60～120 km，扇歌 D 型、扇歌 E 型制导雷达的探测距离为 75～145 km。

扇歌 F 型制导雷达

基本型扇歌雷达为扇歌 A 型和扇歌 B 型，为了进一步提高系统的抗干扰能力，在此基础上发展了改进型。扇歌 D 型和扇歌 E 型雷达在方位天线上方分别增加了一部水平极化和一部垂直极化抛物面照射天线，在跟踪目标时，雷达采用照射体制工作，这两部天线只接收目标回波，以此迷惑敌方，使其不能采用角度欺骗电子干扰。扇歌 F 型雷达是最后一个改进型号，在雷达的收发车上增加了一个光学瞄准舱，可用望远镜观测目标，以对抗电子干扰，并于 1968 年开始装备部队。

P-12/Spoon rest 早期预警和目标截获雷达工作在甚高频（VHF）波段，最大探测距离为 275 km。

指控与发射 德维纳导弹系统的指控系统包括显示车、发控车、发射架上的发控设备和加温设备。导弹采用倾斜发射方式，发射架是导轨式可移动的发射装置，行军时由 ZIL-157V（6×6）牵引半拖车牵引。一旦接收到发射指令，发射装置升起到 20°～80°位置，对 1 个目标最多可发射 3 枚导弹进行拦截，导弹的发射间隔时间为 6s。

作战过程

当目标距制导雷达 90 km 时，导弹进入通电准备阶段；当目标距制导雷达 65 km 时，发射架与制导天线同步转动；当目标进入导弹有效作战范围时，固体火箭助推器点火；当助推器燃烧 3～5 s 后，导弹飞离发射点，0.5 s 后助推器脱落。导弹发射后，火控计算机持续接收来自扇歌制导雷达的目标跟踪数据，并产生制导指令，制导导弹飞向目标；弹上

P-12/Spoon rest 早期预警和目标截获雷达

制导装置接收制导指令并通过控制导弹后部的控制翼调整导弹的飞行弹道；当导弹飞到目标附近时，导弹的引信通过指令或触发方式起爆战斗部，击毁目标。

发展与改进

德维纳导弹系统是针对 20 世纪 50 年代空中威胁目标设计的，于 1957 年装备部队，1970—1971 年在越南战争中使用，以后在多次局部战争中使用。

自德维纳导弹系统装备以来，针对目标性能的提高和攻击战术的变化进行了多次改进，共发展了 6 种型号，扩大了该系统的作战空域，增强了抗干扰能力和地面机动能力。SA-2B 系统于 1959 年装备部队，SA-2C 系统于 1961 年装备部队，随后 SA-2D 和 SA-2E 系统也相继装备部队，1968 年 SA-2F 系统装备部队。20 世纪 90 年代中期和后期，对系统组件进行了升级，采用 12 套先进的新型数字系统取代了系统原有的用于数字处理、目标和导弹跟踪、作战人员训练的模拟设备。

目前，德维纳导弹系统已在俄罗斯退役，被 C-300（SA-10）系统所取代；但该系统仍然在阿富汗、阿尔巴尼亚、安哥拉、古巴、捷克、埃及、埃塞俄比亚、匈牙利、印度、伊朗、朝鲜、利比亚、莫桑比克、巴基斯坦、波兰、罗马尼亚、苏丹、叙利亚等国家装备使用。

涅瓦（Нева）С-125/果阿（Goa）SA-3

概 述

涅瓦是苏联金刚石设计局研制的中近程地空导弹系统，主要用于要地防空和野战防空，对付各类中近程、中低空作战飞机。该系统代号为С-125，1993年后出口型称为毕乔拉（Печора/Pechora），导弹代号分别为5В24和5В27。北约称该导弹系统为果阿，代号为SA-3，基本型为SA-3A，改进型为SA-3B（可对付超低空飞机目标）。SA-3A于1956年开始研制，1959年试验样弹，1961年开始装备苏联国土防空军。SA-3B于1964年开始装备苏军。

涅瓦导弹系统曾多次在局部战争中应用，包括海湾战争和科索沃战争。涅瓦导弹系统已在俄罗斯退役并被部分销毁，但俄罗斯没有停止对它的改进。目前，涅瓦导弹系统仍在世界上30多个国家装备使用。

涅瓦地空导弹系统

主要战术技术性能

型号		5B24	5B27
对付目标	目标类型	各类中近程、中低空作战飞机	
	目标速度(m/s)	≤700(迎头)，≤300(尾追)	
最大作战距离/km		15	25
最小作战距离/km		2.5	3.5
最大作战高度/km		10	14
最小作战高度/km		0.2	0.1
最大速度(Ma)		3.5	3.5
杀伤概率/%		>95(2发)	>95(2发)
反应时间/s		30	30
制导体制		全程无线电指令制导	
发射方式		双联装或4联装倾斜发射	
弹长/m		5.88	5.95
弹径/mm	助推器	550	550
	导弹	390	390
翼展/mm		1 220	1 220
发射质量/kg		933	953
动力装置		1台固体火箭助推器，1台固体火箭主发动机	
战斗部	类型	高能破片式杀伤战斗部	
	质量/kg	60	60
引信		雷达脉冲多普勒近炸和触发引信	

系统组成

涅瓦导弹系统由导弹、发射装置、制导站、天线车和指挥车组成，另外还配有1部与制导雷达配合使用的Π-15或Π-12目标指示雷达，2辆100 kW电源车和1辆配电车。1个火力营就是1个火力单元，由23辆车装载，发射连设备包括4部双联装或4联装发射架和8辆运输装填车。

导弹 涅瓦导弹系统使用两种导弹，基本型采用5B24导弹，改进型采用5B27导弹，两种导弹外形相同，只是助推器内药柱数量不同。导弹由两级串联组成，头部为细尖锥形，4个截尖三角形舵面位于弹体的鼻锥部，呈鸭式布局。舵面、弹翼、尾翼均按×形配置，并处在同一平面上。助推器尾部装有4个大型的矩形稳定尾翼，在导弹离开发射架之前折叠平放，当导弹发射后旋转90°以增大翼展，增加导弹的静稳定度。

助推器内装14根药柱（5B27导弹装11根）。药柱内径为34 mm，外径为124 mm，长为1 165 mm，每根质量为20 kg，总冲为588 kN·s，最大推力为303.8 kN，工作时间为2.6 s。主发动机燃烧室内装有1根尾部带槽缝的聚氨酯复合药柱，内径为80 mm，外径为360 mm，长为941 mm，质量为153 kg，总冲为308.7 kN·s，最大推力为9.31 kN，工作时间为18.7 s。在助推器与主发动机连接处装有主发动机点火控制机构，当加速度达到14g时开始工作，当加速度下降到3g时，主发动机点火机构接通并开始工作，同时推动助推器与主发动机分离。此时制动舵面偏转到最大角度，两级发动机迅速分离。

导弹制导按半前置点法或三点导引法，飞行控制设备由自动驾驶仪和无线电控制仪组成。自动驾驶仪由1个控制组合与2类舵机组合组成，有3个回路，其中两个回路结构相同，控制导弹的俯仰和偏航，第三个回路控制导弹的稳定滚动。

战斗部采用高能破片式杀伤战斗部，设置3级安全保险执行机构。5B24导弹战斗部有3 500块预制破片，每片质量为5.4 g。5B27导弹可产生4 500块破片，每片质量为4.7 g。战斗部杀伤半径为12.5 m。引信采用雷达脉冲多普勒近炸和触发引信，有效作用距离为10～50 m。

装在发射架上处于待发状态的 **5B24** 导弹

探测与跟踪 由目标指示雷达对空搜索，发现目标后，通知制导站工作，制导雷达开始搜索、截获目标，粗测目标方位，并适时转入跟踪状态。当目标进入杀伤区，制导雷达将目标的精确信息传送至发射车，发射导弹。制导雷达同时跟踪目标和导弹，不断测定导弹坐标，将导弹引向目标，直至引爆战斗部摧毁目标。制导站采用雷达、光学、光学与雷达混合3种制导体制，以雷达制导为主。

低吹制导雷达

目标指示雷达称为 Π‑15 平面（Flat Face）或 Π‑15M 矮小眼睛（Squat Eye），工作在超高频波段，最大探测距离为210 km。Π‑15M 雷达天线装在距地面 20~30 m 高的桅杆上，具有较好的探测低空目标能力。

制导雷达为 CHP‑125M 低吹（Low Blow）雷达，装在 2 辆拖车上。雷达工作在 I 波段，采用机电扫描，对目标的最大搜索距离为 110 km，跟踪距离为 40~85 km，可同时跟踪 6 个目标，制导 1~2 枚导弹。该雷达共有 4 个天线（1 个收发天线，1 对互成 90°与地面成 45°倾斜配置的接收天线，1 个指令发射天线）。收发天线和指令天线均为笔状波束，接收天线为扇形波束。为提高抗干扰能力，在该雷达目标探测通道应用跳频技术，设置动目标选择，控制指令采用多套调频编码。

制导雷达的改进型在目标通道设置了电视与光学跟踪系统，其最大作用距离为25 km，镜头视场角为 1°×1.5°。

发射与指控 导弹最初采用固定阵地发射，后改用双联装或 4 联装发射架发射，其发射方向的定位通过与制导系统连接的随动系统实现。行军状态的发射车质量为 12.7t，最大行军速度为 35 km/h（公路），25 km/h（土路）。发射俯仰角为 4.5°~64°，发射方位角不限。4 联装导弹再装填时间为 50 min。

发展与改进

涅瓦导弹系统于1956年开始研制，1961年开始装备。1964年重新设计了助推器，改进了制导系统，改进后系统称为 C‑125M（SA‑3B），采用5B27导弹。1999年3月27日，在科索沃战争中，南联盟军队使用涅瓦导弹系统击落了美国的 F‑117 隐身飞机。到2007年涅瓦导弹系统已出口至 30 余个国家，包括阿富汗、阿尔及利亚、安哥拉、亚美尼亚、白俄罗斯、保加利亚、捷克、古巴、埃及、埃塞俄比亚、芬兰、印度、格鲁吉亚、伊拉克、匈牙利、印度、哈萨克斯坦、朝鲜、吉尔吉斯斯坦、利比亚、马里、摩尔多瓦、莫桑比克、秘鲁、波兰、塞尔维亚和黑山国家联盟、索马里、叙利亚、塔吉克斯坦、坦桑尼亚、土库曼斯坦、乌克兰、乌兹别克斯坦、越南、也门、赞比亚等。

为吸引更多国外用户，俄罗斯对涅瓦导弹系统进行过多次升级改进。2000年推出的 C‑125‑2M 导弹系统具有作战距离更远、多目标能力更强、命中概率更高的特点；其发射架装在卡车上，机动能力更强。该导弹系统能够击落巡航导弹。

俄罗斯推出的毕乔拉-2A，将C-300系统组件移到毕乔拉-2A上，后又推出毕乔拉-2M，采用白俄罗斯MZKT-8021型新一代汽车底盘，提高了机动能力；更新了90%的电子设备，发射装置与雷达站可相距很远，提高了系统的生存能力；采用无线电防护系统，可使来袭导弹发生偏移。

白俄罗斯四面体公司推出毕乔拉-2T，将雷达超高频接收系统的行波管放大器换成固态放大器，从而使系统具有发现和跟踪隐身目标的能力。C-125-2TM导弹系统是白俄罗斯在C-125M导弹系统基础上的最新改进型。通过采用新型固态元件取代电子部件，提高了C-125M导弹系统的抗干扰能力和生存能力，并通过将相关设备安装在机动式或拖车平台上，减少了系统车辆，提高了地面机动性。1套完整的C-125-2TM系统包括1部安装在UV-600-2TM拖车上的UNK-2TM天线单元、装备天线设备的MAZ-6317卡车、安装在MAZ-6317载重底盘车上的UNK-2TM指挥控制掩体、4套配备电机系统的5P73-2TM发射装置、1台SAES-2TM发电机或具有相似功能的设备、配备5B27导弹的PR-14运输和装填/补装车、1套备选的用于防御反辐射导弹攻击的SAES-2TM系统。

2001年，波兰推出涅瓦-SC系统，用数字器件替换原来的电子器件，提高了系统的可靠性；将4联装发射架与制导雷达分别安装在T-55坦克底盘上，提高了系统的地面机动能力；增加了敌我识别能力和数据链。

维加（Bera）C-200/甘蒙（Gammon）SA-5

概　述

维加是苏联金刚石设计局研制的一种高空远程地空导弹系统，又称为安加拉（Ангара），其出口型称为维加出口型（Bera-Э），系统代号为C-200，导弹代号为5B28。北约称该导弹系统为甘蒙，代号为SA-5。该导弹系统主要对付SR-71高空侦察机、高空远程支援式干扰机、预警指挥机及空地导弹载机等，可在空地导弹载机发射导弹之前对其进行拦截。维加导弹系统于20世纪60年代初开始研制，共有SA-5A、SA-5B、SA-5C、SA-5D、SA-5E等型号，其相应的苏联代号为C-200、C-200B、C-200BЭ、C-200Д、C-200ДЭ，其中Э表示出口型。安加拉、维加、维加出口型分别于1967年、1970年和1975年装备部队，2001年在俄罗斯的维加导弹系统全部退役。民主德国、捷克、匈牙利、蒙古、叙利亚、印度等国购买并装备了该导弹系统。

主要战术技术性能

对付目标	目标类型	高空侦察机、高空远程支援式干扰机、预警指挥机、空地导弹载机等
	最大速度(m/s)	1 200
最大作战距离/km		300
最小作战距离/km		17
最大作战高度/km		40
最小作战高度/km		0.3
最大速度(Ma)		5
机动能力/g		<10
杀伤概率/%		>70
制导体制		无线电指令+连续波半主动雷达寻的制导
发射方式		半固定阵地、45°固定俯仰角倾斜发射,方位随动
弹长/m		10.8
弹径/mm		860
翼展/mm		2 850
发射质量/kg		7 000
动力装置		4台并联式固体火箭助推器,1台液体火箭主发动机
战斗部	类型	破片式杀伤战斗部
	质量/kg	217
引信		无线电多普勒近炸引信

系统组成

维加导弹系统的基本火力单元(营)包括1部目标照射跟踪雷达、1部发射控制车、6部发射装置、12辆半自动装填车、导弹及相关后勤支援装备。由2~3个营组成导弹团,配有团指控系统和P-35M目标搜索指示雷达。

导弹 维加导弹系统所用的导弹为5B28,由火炬机械制造设计局研制。5B28导弹采用并联式两级火箭发动机,4台并联式固体火箭助推器和1台液体火箭发动机的推力为31.36~96 kN,并可根据目标的高度和距离的不同进行调节。4台固体火箭助推器捆绑在二级弹体周围,在工作完毕后靠头部的气动不对称力向四周分离。导弹的第二级采用×形正常式气动布局,带有4片大后掠弹翼,全动式尾舵。导弹由导引头头罩、仪器舱、战斗部舱、液体燃料舱、发动机和舵机舱共 5 个舱段组成。连续波半主动雷达导引头的作用距离为 15 km。破片式杀伤战斗部的杀伤半径为 60~80 m。

5B28 导弹与发射架

探测与跟踪 导弹防御区域配有 1 部北约称为大背的 L 波段预警雷达,最大作用距离为 500 km。旅(团)级配有 1 部 E/F 波段的 P-35 MBZ 搜索雷达,北约称为锁棍,最大作用距离为 320 km。火力单元(营)配有 1 部制导跟踪和连续波照射跟踪雷达,北约称为方对,负责对目标实施搜索、跟踪、照射和向导弹发送控制指令,发射功率为 10 kW,最大作用距离为 270 km,可同时制导 3 枚导弹拦截 1 个目标。

指控与发射 旅(团)级指控系统采用贝加尔、谢涅什等指挥控制系统,1 个贝加尔系统最多可对 3 个维加导弹营及其他导弹营进行指挥控制。导弹采用半固定阵地式倾斜发射、俯仰角为 45°,方位可在 360°随动。

发展与改进

维加是苏联最庞大的高空远程地空导弹系统。从 20 世纪 60 年代初开始研制,已有多种改型,并出口多个国家。有一段时间曾停止了对该导弹系统的研制与改进,但 20 世纪 80 年代为对付在一般地空导弹防区外攻击的战略轰炸机、预警机、远距离干扰机等空中目标,重新开始了改型研制。维加导弹系统从 20 世纪 80 年代开始逐步淘汰,2001 年俄罗斯境内的维加导弹系统全部退役。

С-300ПМУ-1/2/滴水兽（Gargoyle）SA-20

概　述

　　С-300ПМУ-1由俄罗斯金刚石-安泰空天防御集团研制，是一种中远程地空导弹系统，是С-300П系列地空导弹系统的改进型，主要用于对付高性能作战飞机、巡航导弹、空地导弹等目标，同时具有一定拦截近程弹道导弹的能力，以保卫军事要地和重要的设施。

　　С-300П地空导弹系统，北约称为格龙布（Grumble），代号为SA-10A，是苏联20世纪70年代末开始发展的，系统研制单位是金刚石设计局，其中导弹研制单位为火炬机械制造设计局。С-300П地空导弹系统采用了5B55和48H6两个导弹系列。5B55系列导弹用于С-300П地空导弹系统的早期系统，包括С-300ПТ和С-300ПS。48H6系列导弹用于С-300ПМУ-1和С-300ПМУ-2系统，北约将采用这一导弹系列的系统称为滴水兽，代号为SA-20。С-300П（SA-10A）、С-300ПМУ（SA-10B）、С-300ПМУ-1（SA-20）和С-300ПМУ-2（SA-20），分别于1980年、1985年、1993年和1998年装备部队。截至2020年俄罗斯部署了9个旅的С-300ПМУ-2导弹系统。此外，哈萨克斯坦、斯洛伐克、白俄罗斯等多个国家采购了С-300ПМУ系统，越南、希腊与塞浦路斯等国家采购了С-300ПМУ-1系统。阿尔及利亚与阿塞拜疆等国家采购了С-300ПМУ-2系统。

С-300ПМУ-1地空导弹系统

主要战术技术性能

型号	5B55P	48H6E	48H6E2
对付目标	高性能飞机、飞航导弹、战术弹道导弹及其他空中目标,重点对付巡航导弹、远距离空中预警指挥机及电子干扰机		
最大作战距离/km	90	150	200
最大作战高度/km	25	27	27
最小作战高度/km		0.025	0.01
最大速度(Ma)		8.2	8.2
机动能力/g	25	25	25
杀伤概率/(%)	80(低空巡航导弹)		
反应时间/s	9～11	9～11	9～11
制导体制	无线电指令修正＋末段 TVM 制导		
发射方式	4 联装筒式垂直冷发射		
弹长/m	7.25	7.5	7.5
弹径/mm	508	519	519
翼展/mm	1 124	1 134	1 134
发射质量/kg	1 664	1 800	1 840
动力装置	单级单推力高能固体火箭发动机		
战斗部 类型	破片式杀伤战斗部		
战斗部 质量/kg	130	143	180
引信	无线电近炸引信		

系统组成

С-300ПМУ 导弹系统以营为基本作战单元,以旅(团)为基本战术单元。武器系统主要包括作战装备、作战辅助装备、技术保障装备、自动化指挥装备四大部分。作战装备及其辅助装备配属到营,直接用于作战及辅助作战;技术保障装备配属到旅(团),统一保障所属各营;1 部 83M6E 指挥控制中心配属到旅(团),统一指挥所属各营。

С-300ПМУ-1 导弹系统全营作战装备包括:1 部 30H6E1 照射和制导雷达、1 部 76H6 低空补盲雷达、8～12 辆 5П85TE 发射车、32～48 枚 48H6E 导弹(每辆发射车装 4 枚)、1 部 CT-6YM 目标指示雷达。

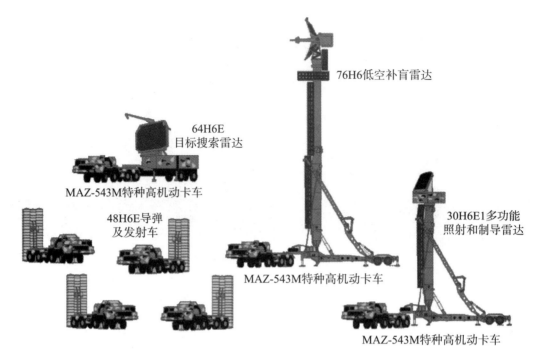

С-300ПМУ-1 导弹营构成

С-300ПМУ-2 又称骄子，是一个多用途、移动式、多目标通道的地空导弹系统，用来保卫最重点区域和军队集结地，以防御在所有作战高度和速度范围内（包括在敌方各种复杂无线电对抗条件下）的飞机、战略巡航导弹、战术导弹和战术战役导弹以及其他空袭武器的大规模袭击。С-300ПМУ-2 系统主要包括：

1) 1 套指挥控制装备：包括 83M6E2 指控中心，54K6E2 作战指挥车和 64H6E2 搜索雷达。

2) 1 个 С-300ПМУ-2 地空导弹战术单元最多可配备 6 个作战单元。每个地空导弹作战单元包括 1 部 30H6E2 多功能照射和制导雷达、1 部 96Л6E 目标指示雷达、12 个装在自行底盘上的 5П85СЕ 发射装置或装在拖车上的 5Л85ТЕ 发射装置，每个发射装置装有 4 枚导弹。

3) 技术支援装备。

导弹 С-300ПМУ 系统采用多种型号的导弹。早期 С-300П 系统采用 5B55K 导弹，采用单纯指令制导，最大射程为 55 km。С-300ПМУ 系统采用 5B55P 导弹，制导体制为 TVM 复合制导，增大了射程。С-300ПМУ-1 系统采用 48H6E 导弹，增加了发动机装药，使射程增大到 150 km。С-300ПМУ-2 系统可配用两种导弹，一种是 48H6E 导弹，最大射程为 150 km；另一种是 48H6E2 导弹，射程可达 200 km。

48H6E 导弹的气动外形为正常式无主翼布局，带 4 片全动式尾舵，舵面为折叠式。最大速度（Ma）可大于 6，带有 143kg 的高能炸药破片式战斗部和近炸引信。导弹储存在密封的发射筒内。

С-300ПМУ 系统导弹发射车

48Н6Е2 导弹

  48Н6Е 导弹弹体分 5 个舱段：头罩舱、仪器舱、战斗部舱、固体火箭发动机舱及尾舱。天线头罩材料为熔石英，具有良好的电磁和耐热性能。仪器设备舱内装有大部弹上仪器，包括引信、导引头、自动驾驶仪等设备。这些设备在结构上为一整体，不存在独立的各仪器壳体、连接电缆和接插头，这样可提高整体的可靠性。仪器舱为一密封舱体，由高强度镁合金精密铸造而成。战斗部舱内装战斗部及安全引爆装置，它与仪器设备舱实际上是一个舱体。固体火箭发动机舱的壳体为高强度铝合金，用反向挤压工艺加工而成。尾舱由镁合金精密铸造而成，舱外装有 4 片全动式气动舵面，气动舵面为折叠式以减小发射筒尺寸。垂直发射转弯时采用的燃气舵装在主发动机喷管内，工作完后就燃烧掉。

导弹采用单级单推力高能固体推进剂火箭发动机,工作时间约 14 s,可将导弹加速到近 1.9 km/s。

导弹为三轴飞行稳定控制,垂直起飞后按与目标可能遭遇的方向先进行滚转,然后用大攻角控制进行转弯,最大攻角约为 30°。导弹的气动静不稳定度较小,有时甚至小于零。自动驾驶仪能保证在静不稳定条件下稳定地飞行,并有快速的操纵性。导弹飞行弹道接近弹道式弹道,有利于减小空气阻力、增大末速和最大射程。

5B55 导弹战斗部质量为 133kg,破片数量约 20 000 块。48H6E 型导弹战斗部质量增大到 143kg,并增大了单枚破片质量。

探测与跟踪　C-300 系统采用多功能制导照射作战雷达对目标进行搜索、跟踪、照射和对导弹进行指令制导,制导体制为无线电指令加末段 TVM 制导,它综合了指令制导和半主动跟踪制导的优点。弹上配有半主动无线电测向仪,它截获和接收从地面跟踪雷达照射的和目标反射回来的雷达信号,测量目标视线的方向,但这些数据不直接用于导弹本身来外推目标的位置和计算所需的修正弹道,而是将原始的数据送给地面雷达站,再转送给系统的中心计算机。

64H6E 相控阵目标搜索雷达可在很远的距离处发现包括飞机和弹道导弹在内的多种目标。64H6E 是一种大型无源相控阵雷达,工作频率为 2 GHz,其机械式雷达天线为双面式,其孔径尺寸与美国海军宙斯盾系统 SPY-1A 相当。该雷达装载于轮式底盘上,展开/撤收时间不超过 5 min,能同时跟踪 100 批目标,目标最大发现距离为 300 km,目标最大速度为 10 000 km/h,并能自动锁定其中威胁最大的目标。

64H6E2 全自动目标搜索雷达

С-300ПМУ-2系统采用64Н6Е2全自动目标搜索雷达，其在保卫空域内搜索目标，发现目标后，自动向作战指挥车传送目标信息。该雷达的搜索距离为300 km。

地面使用的多功能照射和制导雷达30Н6Е，称为唇瓣。该雷达和作战指挥控制站均装于同一车底盘上，车上还载有自备式电源。多功能照射和制导雷达可保证在严重的杂波干扰和电子对抗的条件下对目标的搜索、跟踪、照射，并对导弹进行制导。雷达带有数字控制波束偏转的相控阵天线，工作在X波段，扫描范围为±45°，采用多种抗干扰措施。在工作状态时，天线仰角为58°；在行军状态时，天线折叠下降到车厢的顶棚上。雷达除了按标准状态安装外，还可安装在上升的高塔上。作战指挥控制站内装有操作控制台、多功能计算机、信号处理设备以及机内测试设备。

30Н6Е多功能照射和制导雷达实现对目标的搜索、探测、自动跟踪以及与导弹准备和发射有关的一切操作，并评估其结果。

指控与发射 在火力单元（导弹营）内有一个雷达作战指挥控制舱，当系统未与现有的防空系统预警网联网时，它可以与三坐标搜索雷达36д6连接。

30Н6Е多功能照射和制导雷达

导弹发射装置装在轮式4联装运输发射车上，采用垂直发射，靠小型的燃气发生器先将发射筒前盖打开，然后用另一台燃气发生器作为动力的弹射装置将导弹从发射筒内弹射出筒，火箭发动机在导弹完全离开发射筒后点火。发射筒为密封的导弹运输发射筒，前盖为泡沫塑料结构，筒内装有开盖用和弹射用的燃气发生器、弹射筒及导轨。

作战过程

С-300ПМУ防空导弹系统作战过程为：按目标指示雷达指示信息截获目标或照射制导雷达自主截获目标；照射制导雷达向导弹发射车传送并装定发射参数；按发射命令发射1～2枚导弹，导弹垂直弹射起飞，发动机空中点火，程序转弯，转向射击平面；照射制导雷达截获导弹，导弹按能量节省弹道飞行，照射制导雷达向导弹发射修正指令；照射制导雷达向弹上无线电测向仪传送目标指示信息，使其截获目标；按TVM制导原理将导弹引向目标，在遭遇点引信起爆战斗部。

发展与改进

С-300地空导弹系统的基本型为С-300П,之后相继研制了С-300ПМУ、С-300ПМУ-1和С-300ПМУ-2。

С-300П С-300地空导弹系统的基本型研制工作在20世纪70年代完成,北约称其为SA-10A。系统所有设备都装在半挂车上,由乌拉尔-375系列卡车牵引。

С-300ПМУ С-300ПМУ地空导弹系统于20世纪80年代中期服役。该系统加强了地面战术机动性,所有战斗装备均装于MAZ-543M特种高机动卡车上,系统展开时间减少到5 min。

С-300ПМУ-1 20世纪90年代初,С-300地空导弹系统的进一步改进型С-300ПМУ-1研制成功,并在1993年阿布扎比国际防务展览会上展出,于1993年年底装备俄罗斯防空军。该系统在保留С-300ПМУ地空导弹系统的高机动性特点的同时进行了重要的改进。主要改进如下:

1) 采用48Н6Е导弹,增加了发动机装药,增大了射程,对空气动力目标的拦截距离扩大到150 km,最小拦截距离为5 km,最小拦截高度降低到25 m;高能破片式杀伤战斗部质量增加到143 kg,单枚破片质量为4.5 g;
2) 具有一定拦截战术弹道导弹的能力,拦截距离达40 km;
3) 被拦截的目标速度范围从750 m/s扩大到2 788 m/s;
4) 提高了照射制导雷达发现和跟踪目标的能力;
5) 扫描扇区显著增大,提高了系统自主作战能力;
6) 利用联机训练设备,扩大了战勤训练的可能性。

С-300ПМУ-2 1991年海湾战争后,金刚石科研生产联合体吸取了美国爱国者导弹系统实战效能不高的教训,在С-300ПМУ-1系统和指挥控制中心83М6Е的基础上改进设计,1996年成功研制С-300ПМУ-2系统,并于1998年装备部队。

С-300ПМУ-2是一种全新的地空导弹系统,与С-300ПМУ-1相比,性能有了很大提高:

1) 能在空中摧毁来袭弹道导弹的弹头,提高了杀伤弹道导弹的效率;
2) 提高了对空中飞行目标的杀伤效能,包括在超低空和复杂干扰环境中飞行的目标;
3) 增大了对飞行目标的杀伤区,包括尾追攻击,其射程增大到200km;
4) 提高了83М6Е指挥控制站对弹道导弹的探测和跟踪能力,同时保留了对飞行目标的搜索扇区;
5) 采用96Л6Е新型自主式搜索雷达,提高了火力单元独立作战的能力;
6) 增强了与各类地空导弹系统结合在一起使用的能力。

该系统具有较高的抗干扰能力和低空性能,筒装导弹可靠性高,10年使用期内可不进行测试,导弹采用垂直发射和能量优化弹道,使导弹具有较大射程等优点,使其成为当代俄罗斯国土防空的主要防空导弹系统。

升级型 С-300ПМУ-2　2015 年 8 月，3 套升级型 С-300ПМУ-2 地空导弹系统部署于奥伦堡的俄罗斯防空训练中心。2020 年，俄罗斯将部署 9 个旅的升级型 С-300ПМУ-2 地空导弹系统。

升级型 С-300ПМУ-2 地空导弹系统与原 С-300ПМУ-2 地空导弹系统相比，性能有了进一步提高：

1）升级型 С-300ПМУ-2 地空导弹系统最大作战距离扩大了 3 倍，能够拦截 400 km 外的飞机目标，还可拦截弹道导弹。

2）系统可同时拦截 24 个空气动力学目标或 16 个弹道导弹目标。

3）为满足 400 km 最大作战距离，升级型 С-300ПМУ-2 地空导弹系统配备了新型的 40Н6 导弹，其发射架也进行了改进，与 С-400 地空导弹系统相适应。升级型 С-300ПМУ-2 地空导弹被安装在与 С-300V 地空导弹系统类似的卡车上，每个载车上有两枚筒装导弹。

勇士 С-350/中程防空导弹系统（MRADS）

概　述

С-350 是俄罗斯金刚石-安泰空天防御集团研制的中程地空导弹系统，用于对付巡航导弹、弹道导弹、高性能飞机、无人机与远程火箭弹，保卫政府和行政中心、工业和军事要地、地面作战部队等。С-350 导弹系统于 20 世纪 90 年代初开始研制，目前列装系统的代号为 50П6А，采用 9М96Е2 导弹，用于取代 С-300ПС，布克-М1 和布克-М2 地空导弹系统。2013 年 2 月俄罗斯国防部首次公开披露，2015 年进行了首次飞行试验，2019 年 4 月完成国家试验，12 月在卡普斯京亚尔靶场交付国防部，2020 年 2 月正式列装，部署到位于加特契纳的空天军地空导弹部队教学训练中心。2020 年俄国防部授出采购 4 套 С-350 地空导弹系统的合同，在 2027 年俄联邦国家武器装备规划中计划采购 38 个营的 С-350 地空导弹系统。

С-350 地空导弹系统组成

主要战术技术性能

对付目标		巡航导弹、弹道导弹、高性能飞机、无人机、远程火箭弹
最大作战距离/km		60/120(气动目标)，30(弹道目标)
最小作战距离/km		1.5
最大作战高度/km		30(气动目标)，25(弹道目标)
最小作战高度/km		0.01(气动目标)，2(弹道目标)
平均飞行速度(Ma)		2.6～3.5
制导体制		惯导＋无线电指令修正＋主动雷达寻的
同时杀伤目标数		16个(气动目标)，12个(弹道目标)
同时制导导弹数		最多32枚
弹长/m		5.65
弹径/mm		240
发射质量/kg		420
动力装置		固体火箭发动机
战斗部	类型	定向破片式杀伤战斗部
	质量/kg	24

系统组成

С-350地空导弹系统主要由50К6А作战指挥车、50Н6А多功能雷达、50П6А自行式导弹发射车、9М96Е2导弹组成。一个С-350导弹营编最多有8辆50П6А自行式导弹发射车，每辆车装12枚9М96Е2中程地空导弹；1～2辆50Н6А多功能雷达车，车上装有360°旋转的相控阵天线和雷达控制舱，车头部装有卫星导航系统天线；1辆50К6А作战指挥车，底盘为БАЗ-69092-012，车头部同样装有卫星导航系统天线；以及多部无线电中继站，用于系统装备间的通信；可增配无源雷达和全高度雷达。俄罗斯拟用С-350组建机动导弹旅，实现战区间机动支援作战，节省战备值班资源。

С-350地空导弹系统遵循一个系统多种功能和最佳费效比的发展思路，同时采用最新设计工艺和技术，具有以下5个特点：1)系统组成灵活，1辆搜索雷达车、1辆作战指挥车和1辆发射车即构成基本作战单元，执行作战任务；2)系统配置导弹数量多，1辆发射车的待发导弹数为12枚，营级可配置96枚导弹，为С-300地空导弹系统的2倍，抗饱和攻击能力显著增强；3)可增配无源相控阵雷达和全高度雷达，与С-350地空导弹系统的2部多功能相控阵雷达共同形成多基地雷达工作模式，实现一发多收，增强对低空、隐身、高机动目标连续跟踪能力；4)采用越野性能好的底盘，系统机动能力强，可陆上自行机动,也可水路、铁路和航空运输;5)具有完全独立自主作战能力。C-350地空导弹系统发现、跟踪和拦截目标完全自动化,减少了操作人员数量。

导弹 9M96E2导弹采用鸭式气动布局,4个可折叠的尾翼和4个可转动的前翼舵在出筒后展开。导弹采用冷发射方式,当弹射高度达30 m时就靠燃气喷嘴进行转弯,并点燃发动机。导弹采用厘米波主动雷达导引头。导弹飞行中的机动由空气动力控制与燃气动力侧向力矩控制完成。燃气动力控制根据弹上主动雷达导引头的指令启动。发动机燃烧室压力为12~14 MPa,比冲为2 600 N·s/kg。

导弹采用可控定向破片杀伤战斗部,质量为24 kg,破片飞散方向采用多点偏心起爆控制。当导弹与目标交会,满足无线电引信起爆条件时,近炸引信起爆引炸战斗部。9M96E2导弹为中程地空导弹,最大作用距离为60 km。当系统配置搜索雷达时,作用距离可增大至120 km。

C-350地空导弹系统配置的9M96E2导弹

探测与跟踪 50H6A多功能相控阵雷达采用环扫和扇扫两种扫描方式,全自动进行,车上无操作手。雷达天线方位转速为40 r/min,可跟踪100批目标和16枚地空导弹。当由作战指挥车遥控指挥时,两者最大间距为2 km。

C-350地空导弹系统多功能相控阵雷达车

指控与发射 С-350地空导弹系统作战指挥车代号为50K6A,用于指挥多功能相控阵雷达和发射装置。С-350地空导弹系统可与其他地空导弹系统和上级指挥所协同作战,与其他地空导弹系统的作战指挥车的最大间距为15 km,与上级指挥所最大间距为30 km。

С-350地空导弹系统作战指挥车

С-350地空导弹系统的发射车代号为50П6A,发射装置可装12枚9M96E2导弹,与作战指挥车的最大间距为2 km。导弹采用垂直发射,发射时发射筒不落地,靠车后部撑起的顶架支撑。导弹最小发射间隔为2 s,装填时间为30 min。

С-350地空导弹系统发射车

发展与改进

C-350地空导弹系统于2007年重启研制,借鉴了俄罗斯为韩国研制的铁鹰-2地空导弹系统的成果,至开始列装部队历经多次改型。2010年后再次改进,系统代号从50П6改为50П6A,系统组成也发生改变。在50П6方案中,计划配置2种导弹,一种为最大作战距离为40 km的9M96导弹,另一种为最大射程为15 km的9M100近程地空导弹。武器系统全部装在一辆车上。50П6A系统仅配置了9M96E2导弹,最大射程可增至120～150 km,武器系统装在多辆战车上,主要包括雷达车、作战指挥车和导弹发射车。

C-350地空导弹系统最初的设计方案

凯旋(Триумф)C-400/凯旋(Triumf)

概　述

C-400是俄罗斯金刚石-安泰空天防御集团研制的机动式多通道远程地空导弹系统,代号为40P6,主要用于在复杂对抗条件下对付电子对抗飞机、预警机、侦察机、战略飞机、战术与战区弹道导弹、中程弹道导弹等目标。系统可独立作战,亦可依据上级指挥所或外部雷达信息进行协同作战,信息源包括:友邻远中/近程地空导弹系统的雷达数据,与30K6E指控设备交链的上级指挥所的信息,航迹输出雷达和与30K6E指控设备交链的雷达提供的雷达数据。C-400地空导弹系统于20世纪80年代开始研制,1999年进行首次试验,2007年8月正式装备俄罗斯部队。系统可采用多种导弹,包括原C-300系统采用的48H6E2、48H6E3，以及新研的40H6E导弹和9M96系列导弹。到2020年俄罗斯将部署28个С-400导弹团，每个团通常编有2个营。

主要战术技术性能

型号	9M96E	9M96E2	48H6E2	48H6E3	40H6E
对付目标	战略战术飞机、预警机、隐身飞机、巡航导弹、精确制导武器以及战术弹道导弹等，目标最大飞行速度为4 800 m/s				
最大作战距离/km	40	120	200	250	380（气动目标） 15（中程弹道导弹）
最小作战距离/km	1	1.5	3		5
最大作战高度/km	20	30	27	27	30
最小作战高度/km	0.005	0.01	0.01	0.01	0.01
平均飞行速度（Ma）	2.2	2.6～3.5	5.9（最大）	5.9（最大）	3.5
机动能力/g	20	20	25	25	
制导体制	惯导＋指令修正＋主动雷达寻的		惯导＋指令修正＋末段TVM制导	惯导＋指令修正＋半主动雷达寻的	惯导＋指令修正＋主动和半主动雷达寻的
发射质量	333	420	1 800	1 835	1 893
弹长/m	4.3	5.65	7.5	7.5	8.4
弹径/mm	240	240	519	519	515
战斗部 类型	定向破片式杀伤式战斗部				
战斗部 质量/kg	24	24	180	180	145.5
引信	无线电近炸引信				

系统组成

С-400地空导弹系统由30К6Е指控系统、多种地空导弹、最多6套98Ж6Е火力单元，一套30Ц6Е型维修保障系统及其他辅助设备组成。其中30К6Е指挥控制系统包括55К6指控车和91Н6Е雷达。可选加强装备包括96Л6Е2全高度雷达和1РЛ220ВЕ无线电侦察设备。

一个С-400地空导弹团下辖1个55К6Е作战指挥所、1部91Н6Е目标搜索雷达、6个98Ж6Е地空导弹营，每营下辖1部92Н6Е多功能雷达、12辆运输发射车、运输装填车和若干导弹、技术保障系统，还可增配96Л6Е全高度雷达及其他无线电侦察设备等。

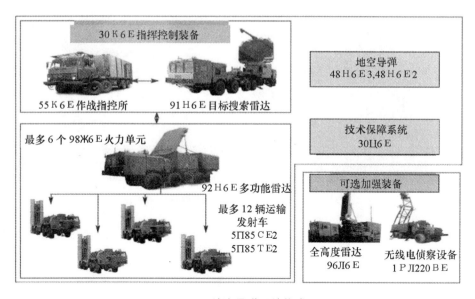

C-400 地空导弹系统构成

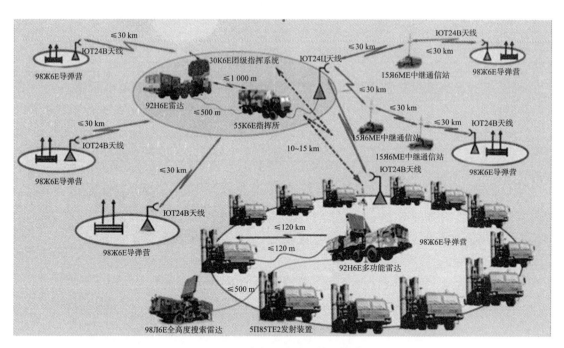

C-400 地空导弹系统阵地配置

导弹 C-400 地空导弹系统采用的导弹包括：9M96E 系列小型化导弹、48H6E 导弹、48H6E2 导弹、48H6E3 导弹，以及最大作战距离为 380 km 的 40H6 远程导弹。

9M96E2 和 9M96E 导弹均有 4 个可折叠的尾翼和 4 个可转动的前翼舵，它们均在出筒后展开。导弹采用鸭式气动布局，即前翼为差动舵面，前翼舵中还带有垂直转弯用的燃气喷嘴。

9M96E、9M96E2 和 48H6E2 导弹外形

9M96E 系列导弹 4 个尾翼装在可转动的环上,以减小鸭式气动布局产生的侧吹效应。导弹发射为冷发射,当弹射高度达 30 m 时就靠燃气喷嘴进行转弯,并点燃发动机。

9M96E 系列导弹采用气动力与直接侧向力复合控制设计,从而保证在与目标遭遇段有更大的快速机动能力。导弹在 15 km 处最大可用过载为 60g,120 km 处最大可用过载为 20g,脱靶量降低到 0.4 m。直接力是通过公共燃烧室生成燃气和装在导弹质心附近的 24 个可控的微型喷管(共 2 圈,每圈 12 个)组成的侧向推力发动机系统产生的。拦截弹被弹出一定高度后,发动机点火,在气动作用下转向目标方向。9M96E2 导弹采用了燃气直接力力矩式姿态控制。

9M96 系列导弹采用复合制导。在飞行的初始段和中段采用抗干扰性能好的惯性制导,中制导靠制导雷达针对目标机动情况进行无线电指令修正,在末段采用主动雷达寻的制导。9M96 系列导弹采用定向破片式杀伤战斗部,战斗部在导弹与目标要害最接近点时引爆,提高了破片的密度和威力。引信采用非触发无线电引信,根据不同目标和交会条件控制战斗部的起爆状态和起爆时刻。

48H6E3 导弹采用了新型制导算法,以及最有利的飞行弹道和新型引战系统。战斗部质量增大到 180 kg,以更有效地杀伤来袭的战术弹道导弹。48H6E3 和 48H6E2 导弹的射程和导引头等有所差别,但其结构和部位安排与 48H6E2 导弹类似。

48H6E3 导弹结构图

40H6E 导弹用于毁伤现代有人驾驶与无人驾驶空袭兵器,包括高精度武器及其投送平台,预警机,高超声速巡航导弹,战役战术弹道导弹,最大速度为 4 800 m/s 的中程弹道导弹。

探测与跟踪 С-400地空导弹系统对目标的探测与跟踪,由团级30К6Е作战指挥系统配备的91Н6Е目标搜索指示雷达、火力单元级92Н6Е多功能雷达实现,同时用于制导导弹。搜索雷达通过30К6Е指挥系统配备的55К6Е指挥车向火力单元提供信息。

55К6Е作战指挥车组成包括Н9К设备舱、Н90底盘和55К6Е-ПО软件等,可采用如下来源的数据:91Н6Е雷达、98Ж6Е地空导弹系统和С-300ПМУ2、С-300ПМУ1地空导弹系统雷达、上级指挥所、友邻30К6Е和83М6Е(Е2)指挥所和雷达网、友邻地空导弹系统林间空地-Д4М1指挥所、航迹输出雷达(96Л6Е2)、电子侦察雷达、近程地空导弹系统雷达、战机指挥所;可指挥的系统包括98Ж6Е、С-300ПМУ1、С-300ПМУ2、道尔地空导弹系统,以及铠甲-С1弹炮结合系统。

91Н6Е为S波段三坐标相控阵雷达,抗干扰能力强,用于向55К6Е指挥所提供数据保障;探测跟踪空气动力目标和弹道目标;识别敌我目标,并向指挥所输出航迹和数据;测定有源干扰源方向;向指挥所发送有关防空导弹系统作战区域内有源和无源干扰信息和雷达监视状态等数据。

91Н6Е雷达组成包括Н6Е接收/发送舱;带导航系统的Н8Е设备舱;7415-9988供电车(带自主供电设备)及备件。

91Н6Е雷达采用双面相控阵天线,可以保证抗干扰能力,进行干扰环境分析、载波频率脉间重调,引入专门的扇区高威力扫描工作状态。天线工作状态有环扫和扇扫两种状态:在环扫状态下,天线进行机械方位旋转,相控车天线阵面做两维电扫;在扇扫状态下,天线轴停转,并倾斜,做两维电扫。雷达探测距离为600 km,探测方位角为360°,常规视界下的俯仰角为13.4°,跟踪时的俯仰角为55°,在扇形区域的俯仰角达75°;发现米格-21类型飞机的距离为260 km;雷达扫描周期在常规视界下为12 s,在目标跟踪时为6~12 s,雷达展开时间为5 min。

91Н6Е目标搜索雷达

Н6Е多功能雷达是98Ж6Е地空导弹系统的火力单元级雷达，主要任务包括：判定目标国籍；选择要拦截的目标；自动决策导弹的准备、发射、截获、跟踪和制导；评估作战效果。由Н1Е天线舱、Н2Е设备舱、Н20Е自行式设备底盘组成。

92Н6Е多功能相控阵雷达工作在X波段，对雷达散射截面为 $16\ m^2$ 的气动目标探测距离为 340 km，对雷达散射截面为 $0.4\ m^2$ 的弹道目标，探测距离为 185 km。雷达俯仰角为 $-3°\sim+85°$，方位角为 $90°$，可跟踪40批目标，同时拦截10个目标，同时制导导弹20枚。雷达阵面由5个天线阵组成，包括1个主阵面和4个旁瓣对消和旁瓣抑制辅助阵面，还有1根垂直的通信天线。该雷达可自动与30К6Е指挥所交换信息，具有多种发射波形以及可变的对目标和导弹发射信号时序。

92Н6多功能相控阵雷达

发射装置 采用3种型号发射装置，分别为5П85ТЕ3、5П85СЕ3和51П6Е。每部发射装置可装载不同类型、不同数量的导弹，均可自动进行发射前准备和发射导弹。5П85ТЕ3和5П85СЕ3发射装置主要用于运输、存储48Н6Е、48Н6Е2和48Н63导弹，51П6Е发射装置用于运输、存储40Н6Е和9М96Е2导弹。这3种型号发射装置分别采用БАЗ-6402轮式底盘、МЗКТ-543М轮式底盘和МЗКТ-7930型轮式底盘。发射装置除底盘外通常还包括液压起重设备、自主供电系统、装填与发射设备、通信设备、成套备件等。

一个С-400地空导弹营通常配备12部发射装置，每部发射装置配备4枚装在贮运发射箱内的导弹（若使用9М96系列小弹，发射装置上可装16枚筒弹）。发射车与制导雷达站之间可以远距离部署，以扩大导弹系统的杀伤空域。与其他系统相比，С-400地空导弹系统发射装置上装有很高的通信天线，以便与指挥控制中心进行通信。

С-400 地空导弹系统发射车

发展与改进

虽然 С-400 地空导弹系统与 С-300ПМУ 系统非常类似，但外在的最明显的区别是 С-400 地空导弹系统所有的车载装置均装在新型车辆上或由新型拖车牵引，这些车辆均由俄罗斯和白俄罗斯研制和生产。此外，С-400 地空导弹系统一些关键的改进包括：

1) 可发射包括近程、中程和远程等多种导弹，构成多层次防空屏障；

2) 采用新型定向破片式杀伤战斗部及相应的引信与战斗部配合技术，加大了战斗部单枚破片质量，杀伤威力提高了 3～5 倍；

3) 采用功率强大的搜索雷达，系统的反导弹能力和对付隐身飞机的能力大大提高；

4) 采用惯性制导加指令修正和末段毫米波主动雷达寻的与半主动寻的结合的复合导引头，提高了制导精度和"发射后不管"的能力，提高了系统对付多目标能力。

在交付使用的最初阶段，С-400 地空导弹系统采用 48Н6Е2 导弹和 48Н6Е3 导弹，48Н6Е2 导弹最初设计用于 С-300ПМУ-2 骄子系统。48Н6Е3 导弹与早期的 48Н6 导弹使用的贮运发射箱完全不同，贮运发射箱底座的垫圈更结实，并采用了大量的加固环。

40Н6Е 远程导弹因多次试验均未取得成功，造成部署时间一再延迟。2010 年 12 月和 2011 年 3 月的两次试验中，均因为导引头导致试验失败。2015 年 4 月 1 日，俄罗斯成功试射了 40Н6 远程导弹，40Н6 在略小于 400 km 处击中了靶标，由于靶场的限制未能进行全程 400 km 的试验。2018 年 7 月俄罗斯军方才接收了 С-400 地空导弹系统的 40Н6 新型远程导弹。

С-400 地空导弹系统的升级改进包括两个方面，一是现有系统的升级，二是试验与其他防空反导系统的协同作战能力。在 2018 年进行的防空反导作战演习中，С-400 地空导弹系统首次与铠甲-С1 系统集成，由一名指挥官控制，成功抵御了两波次大规模的导弹攻击。其中，С-400 地空导弹系统主要负责拦截弹道导弹目标，铠甲-С1 系统主要负责拦截巡航导弹、无人机蜂群等低空小目标。

2015 年 11 月 26 日，安-124 军用运输机将 1 个营的 С-400 地空导弹系统从莫斯科郊区运至俄罗斯驻叙利亚赫梅米姆空军基地，并随即进入 24 h 战斗值班。在叙利亚作战中，С-400 地空导弹系统多次发现并跟踪了美国空军的战略侦察机和轰炸机。

截至 2018 年年底，俄罗斯已装备了 24 个 С-400 导弹团。С-400 地空导弹系统除装备俄罗斯外，还出口至土耳其、阿尔及利亚等国。2018 年，俄罗斯和印度签署了合同，将向印度提供 5 个营的 С-400 地空导弹系统，交易额约 55 亿美元。2019 年 7 月，俄罗斯向土耳其交付了首套 С-400 地空导弹系统。

普罗米修斯（Прометей）С-500/SA-X-26

概　述

С-500 是俄罗斯金刚石-安泰空天防御集团研制的远程防空反导导弹系统，主要用于对付中近程弹道导弹，必要时对洲际弹道导弹进行中段和末段拦截；还用于高超声速巡航导弹、低轨卫星、有人和无人机等目标，保卫莫斯科地区、大城市、工业设施和重要的战略目标。С-500 防空反导系统能灵活地与 С-300、С-350、С-400 和铠甲等系统协同，构建起梯次防空体系，是俄罗斯空天防御体系的核心装备之一。С-500 防空反导系统于 2004 年开始初步设计，2013 年进入系统试验阶段，2014 年夏开始新型拦截弹飞行试验。2019 年 12 月，俄罗斯国防部副部长表示，С-500 防空反导系统计划于 2020 年开始初步测试。2020 年 3 月，俄罗斯金刚石-安泰空天防御集团某负责人表示，С-500 防空反导系统发射架、指挥车底盘、远程雷达运输车等正处于试验最后阶段，将于 2021 年签订采购合同，2025 年开始部署。

主要战术技术性能

型号	40Н6М	77Н6-Н	77Н6-Н1
对付目标	中近程弹道导弹、高超声速巡航导弹、低轨卫星、有人和无人机等		
最大作战距离/km	450（飞机），60（导弹）	150	700

续表

最大作战高度/km	30	165	200
最大速度（Ma）		10.6	
制导体制	惯导＋指令修正＋主动雷达寻的	惯导＋指令修正＋末段雷达制导	惯导＋指令修正＋红外寻的制导
发射方式	倾斜发射	垂直发射	垂直发射
弹长/m	8.7	10.7	10.7
弹径/mm	0.575	1.12	1.12
发射质量/kg	2 500	5 200	5 200
动力装置	固体推进火箭发动机		
战斗部	定向破片式杀伤战斗部		动能战斗部

系统组成

目前还没有官方正式公布 C-500 防空反导系统组成。但从公开的资料分析，C-500 防空反导系统由指控、防空和反导三部分组成。指控部分由 85Ж6-1 作战指挥车、60K6 远程搜索雷达组成；防空部分由 55K6MA 作战指挥车、91H6AM 多功能雷达、51Π6M 发射装置、40H6M 导弹组成；反导部分由 85Ж-2 作战指挥车、77T6 和 76T6 雷达、77Π6 发射装置、77H6-H 和 77H6-H1 导弹组成。

导弹　C-500 防空反导系统采用三型防空反导导弹：40H6M 导弹，77H6-H 导弹和 77H6-H1 导弹。40H6M 导弹是 C-400 地空导弹系统采用的 40H6 导弹的改进型，用于远程防空。导弹尾部进行了加长，在尾翼后增加一段加速发动机舱段。导弹质量为 2 500 kg，战斗部质量为 180 kg，俄罗斯声称 40H6M 导弹具备反导、反高超声速目标能力。77H6-H 和 77H6-H1 导弹是 C-500 防空反导系统的反导武器，在 9M82M 导弹基础上改进而成。77H6-H 和 77H6-H1 导弹外形、尺寸和质量接近，前者采用了定向破片式杀伤战斗部，后者采用了动能杀伤战斗部。77H6-H 导弹主要用于拦截中程弹道导弹，制导方式为惯导＋指令修正＋末段雷达寻的制导；77H6-H1 导弹主要用于拦截中远程弹道导弹和太空目标，制导方式为惯导＋指令修正＋红外成像制导。

探测与跟踪　60K6 为有源相控阵雷达，工作在 X 波段，用于探测弹道目标，探测距离为 2 000 km（有报道为 1 000 km）。天线由数百个发射/接收单元组成，可同时跟踪 5~20 个目标，能在 9 s 内识别来袭目标类型，确定攻击次序，自动绘制出目标航迹，通过数字通信系统传输至机动指挥控制所，指挥控制所通过数字通信系统与上级指挥所和卫星通信。

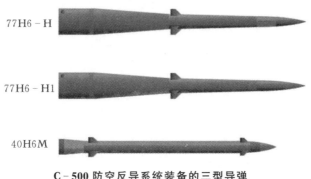

C-500防空反导系统装备的三型导弹

91H6AM雷达工作在S波段,用于对空搜索、目标分配等任务,目标探测距离为600~750 km。

76T6多功能雷达在C-400地空导弹系统所使用的92H6雷达基础上发展而来,采用新的双圆柱状天线,具备探测中、近程弹道导弹的能力。77T6雷达是俄罗斯地面防空反导武器系统首次使用的有源相控阵雷达,采用了砷化镓组件,自适应波束形成和控制、自适应旁瓣抵消、自适应波形和极化、光纤传输等一系列先进技术,最大作用距离为700 km以上。76T6雷达与77T6雷达互相协作,前者覆盖近程、低空目标,后者主要负责中远程目标。

发射装置 77П6发射车使用БАЗ-69096型5轴底盘,可携带2枚77H6反导拦截弹,拦截弹采用筒装冷发射,外形类似C-300B系统的9M82导弹,但体积、重量更大。

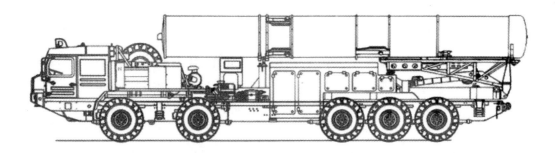

77П6发射车

发展与改进

C-500防空反导系统可用于保卫战略火箭兵阵地、舰队基地、大型工业区,在沿海地区与岸防部队配合,对敌形成拒止区域,是俄罗斯新一代空天防御导弹武器系统。也可以利用C-500防空反导系统协同C-400、C-300、C-350以及铠甲系统,形成防空反导保卫区,梯次抗击各类空袭,保卫最重要的基础设施、军事目标。

2002年金刚石科研生产联合体做出发展第五代防空导弹系统的工程设计报告,给出了 C-500 防空反导系统的主要战术技术特性。2003 年开始该防空导弹系统的概貌设计。2004 年开始进行 C-500 防空反导系统的初步设计。2005 年，金刚石-安泰空天防御集团在 2005 年国家订货框架内完成了掌权者（Властелин）和独裁者-А-А（Самодержец-А-А）预先研究工作。

2006 年，按俄罗斯国防工业系统科技委员会和金刚石-安泰空天防御集团的决议，确定金刚石-安泰空天防御集团作为研制第五代防空反导系统的总体设计单位。2007 年 2 月 27 日俄罗斯国防工业系统科技委员会批准了该总体设计单位作为"一体化地空导弹防御体系"（ЕСЗРО）的总体研制单位。该体系由 C-500 防空反导系统、C-400 地空导弹系统、C-350 中程防空系统、铠甲和莫尔菲等近程与超近程防空系统组成。

2008 年，金刚石-安泰空天防御集团开展了预先研究项目掌权者-ТП（Властелин-ТП）的第四阶段工作，即雷达站 97Л6 产品的预先方案设计工作。2012 年，俄罗斯媒体首次提到 C-500 防空反导系统的名称为普罗米修斯（Прометей），同时报道金刚石-安泰空天防御集团开始新建 C-500 防空反导系统的生产工厂。2014 年 6 月，俄罗斯成功进行 C-500 防空反导系统首次试射。

2018 年，金刚石-安泰空天防御集团在基洛夫和下诺夫哥罗德建成了生产 C-500 防空反导系统的工厂，前者生产导弹，后者生产轮式半挂车，并负责把导弹系统安装在汽车底盘上。2019 年年初 C-500 防空反导系统完成研制，开始进入生产阶段。2020 年进入最后试验阶段，2021 年将交付首批系统，2025 年开始批量交付。根据 2018—2027 年俄联邦国家武器装备规划，到 2027 年前将接收 10 个营的 C-500 防空反导导弹系统，首批 C-500 防空反导系统营将部署在莫斯科附近。

C-300B 9K81/斗士（Gladiator）SA-12A、巨人（Giant）SA-12B

概 述

C-300B 是苏联安泰科研生产联合体研制的机动型地空导弹系统，主要用于拦截飞机、巡航导弹和战术弹道导弹。C-300B 地空导弹系统有两种型号，一种为 C-300B1，北约称之为斗士，代号为 SA-12A；另一种为 C-300B2，北约称之为巨人，代号为 SA-12B。C-300B1 导弹系统主要用于拦截飞机、巡航导弹，还可以拦截部分战术弹道导弹目标。C-300B2 导弹系统主要用于拦截战术弹道导弹。C-300B 地空导弹系统采用 9M82 和 9M83 两种导弹，由革新家设计局研制。1992 年 C-300B 地空导弹系统具备完全的作战能力。

C-300B 地空导弹系统

主要战术技术性能

型号	9M82	9M83
对付目标	射程小于 3 000 km 非核弹头的弹道导弹，高空高速侦察飞机，预警指挥机，远距离干扰飞机，空地导弹的载机等	
最大作战距离/km	100（飞机），40（弹道导弹）	75（飞机），40（弹道导弹）
最小作战距离/km	13	8
最大作战高度/km	30（飞机），25（弹道导弹）	25（飞机），25（弹道导弹）
最小作战高度/km	0.025（飞机），2（弹道导弹）	0.025（飞机）2（弹道导弹）
最大速度（Ma）	7.1	5
机动能力/g	20	20
反应时间/s	10～15	10～15
杀伤概率/%	60（高空），80～90（中低空）	60（高空），80～90（中低空）
制导体制	惯导＋无线电指令修正＋末段半主动雷达寻的制导	
发射方式	4 联装筒式垂直冷发射	
弹长/m	9.918	7.5

续表

型号	9M82	9M83
弹径/mm	850	500
发射筒（直径×长度）/m	1.3×10.5	1.0×8.58
发射质量/kg	4 690	2 318
动力装置	1台固体火箭助推器，1台固体火箭主发动机	
战斗部	定向破片式杀伤战斗部	
引信	无线电近炸引信	

系统组成

C-300B地空导弹系统旅由司令部、指挥与跟踪连和3~4个地空导弹营组成。司令部、指挥与跟踪连的主要装备包括9C15M环形搜索雷达、9C19M2扇形搜索雷达和旅指控站。每个导弹营包括4个导弹连。每个导弹连包括1部9C32多通道跟踪制导雷达、最多6辆照射发射车（照射发射车配备2枚9M82导弹或4枚9M83导弹）和最多6辆发射装填车。C-300B标准火力单元由4辆C-300B1照射发射车和2辆C-300B2照射发射车混编。

导弹 C-300B地空导弹系统采用9M82和9M83两种导弹。这两种导弹助推器不同，第二级相同。导弹弹体为锥度小于10°的锥体，无翼正常式气动布局，尾部带4片气动控制舵面和4个固定小尾翼。导弹前端是战斗部、导引头、无线电近炸引信、弹上计算机及惯导装置，其后是固体火箭发动机及舵舱。导弹第二级长约6 m，最大攻角为30°，侧向可用机动过载为20g。

这两种导弹的动力装置都采用固体火箭助推器和固体火箭主发动机。导弹起飞后先由导弹尾部的冲量发动机点火转弯，然后助推器点火；助推器脱落后，经过一段时间的延迟，固体火箭主发动机点火。

C-300B地空导弹系统采用复合制导体制。初始段采用程序控制，导弹在起飞前需装定目标位置、速度以及导弹初始射向等飞行任务参数；中段采用惯性制导和指令修正，由弹上捷联惯导装置测量导弹位置坐标及其导数，并与目标的位置坐标及其导数相比较，计算出导弹和目标相对速度及视线转动角速度，按最优弹道和比例导引规律制导导弹飞行。导弹飞行过程中，如果目标作机动或雷达测量修正了目标位置坐标，则需向导弹发送修正指令，包括目标新的位置坐标及新的目标速度分量等；末段采用半主动雷达寻的制导，按比例导引规律制导导弹飞行。导引头采用无线电半主动式连续波多普勒体制。

这两种导弹的战斗部为预制破片定向杀伤战斗部，有大小两种破片，总质量为150kg。大破片用来对付战术弹道导弹，采用方位上定向飞散的方式，以增大破片的飞散密度和战斗部的威力半径。为了弥补脱靶量小时定向起爆方位的不准确，在大破片定向的其他方位增加了小破片，使在小脱靶量时各个方位均具有杀伤威力。

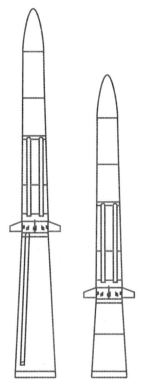

C-300B 地空导弹系统的两种导弹外形示意图

9M83 导弹

探测与跟踪 C-300B 地空导弹系统采用 9C15M 环形搜索雷达、9C19M2 扇形搜索雷达以及 9C32 多通道跟踪制导雷达进行目标探测与跟踪。

9С15М 环形搜索雷达

9С15М 环形搜索雷达为三坐标相控阵雷达，采用机械扫描，最多可以搜索 200 个目标，并将目标信息传送到 9С457 指挥控制站。雷达的有效作用距离为 10～250 km，距离精度为 250 m，仰角为 0°～55°，6～12 s 可完成一次旋转。雷达天线阵面包括主相控阵雷达天线和敌我识别天线阵；天线在行军状态时可折叠。

9С19М2 扇形搜索雷达为三坐标搜索雷达，采用相控阵天线。相控阵天线波束在俯仰和方位方向进行电扫描，方位上还靠天线做机械旋转在给定的扇面内进行搜索。雷达的搜索扇面为 ±45°，最大仰角为 50°，有效作用距离为 20～170 km，通过指挥车向跟踪制导雷达提供目标指示信息。扇扫搜索雷达可以缩短系统发现和跟踪目标的时间，以增强对战术弹道导弹一类目标的搜索能力。

9С32 跟踪制导雷达采用三坐标相控阵雷达，用于完成对目标的跟踪和对导弹的制导。雷达的速度跟踪精度为 0.7～1.4 m/s，距离跟踪精度为 10～15 m。目标跟踪制导雷达的天线阵面包括主相控阵雷达天线阵、3 个旁瓣对消阵、敌我识别天线阵；天线在行军状态时可折叠。雷达采用脉冲线性调频及准连续波两种波形。雷达与照射发射车通过无线通信向发射装置发送目标坐标位置及其导弹数据，并在发射前确定导弹飞行制导的参数。

以上 3 部雷达通过 9С457 指挥控制站进行信息交换。指挥控制站接收环形搜索雷达、扇形搜索雷达和跟踪制导雷达送来的目标信息及上级指挥控制站发送的指挥指令，进行作战单元（导弹营）一级的指挥控制。它与环形搜索雷达、扇形搜索雷达和制导跟踪雷达之间用无线数传进行通信。跟踪制导雷达接收指挥控制站分配的目标指示和指挥控制指令，对多个目标进行跟踪，并向照射发射车传送目标坐标参数。照射发射车与指挥控制站通过无线数传进行通信，两者距离不大于 20 km。

9C32 跟踪制导雷达

指控与发射 C-300B 地空导弹系统的 9C457 指挥控制站装在标准的履带车底盘上，其主要任务包括：

1) 自动采集各主要车辆的定位定向数据；

2) 综合和监视防区的全部空情，包括环扫雷达、扇扫雷达、各制导雷达及上级指控中心传来的空情数据；

3) 进行威胁判断；

4) 控制搜索雷达的工作；

5) 进行目标分配，分配给 4 个跟踪制导雷达，每个跟踪制导雷达最多可同时跟踪 6 个目标，因此 C-300B 地空导弹营最多可同时攻击 24 个目标；

6) 监控发射架状态。

C-300B 地空导弹系统采用的导弹照射发射车为 9A82 导弹照射发射车及 9A83 导弹照射车两种结构相似的发射车，采用 4 联装（双联装）垂直发射。9A82 导弹照射发射车可装 2 枚 9M82 导弹，9A83 导弹照射发射车可装 4 枚 9M83 导弹。导弹发射时，筒内燃气发生器点火将导弹弹射至 50~80 m 高度时，导弹靠助推器尾部的冲量发动机点火进行转弯。每辆照射发射车上装备有导弹、照射天线、指令发射机及指令天线。照射天线接收跟踪制导雷达送来的目标坐标。9A82 导弹照射发射车的照射天线最大仰角可达 110°，以保证对过顶战术弹道导弹等目标进行照射。9A83 导弹照射发射车照射天线可升高至 12 m，以保证对低仰角飞机及巡航导弹等目标的照射。这两种照射发射车的照射天线具有不同结构。

C-300B 地空导弹系统还配有发射装填车，与照射发射车对应，有两种发射装填车，1 型为 9A84，2 型为 9A85，其功能是为照射发射车及自身装填导弹并接收照射发射车的指令控制发射导弹。发射装填车跟随相应的照射发射车，与照射发射车之间采用有线通信，发射装填车总数（1 型和 2 型）最多为 6 辆。

作战过程

C-300B 地空导弹系统对射程约 600 km 的战术弹道导弹目标的典型作战过程为：指挥控制站从外部早期预警信息系统获得战术弹道导弹来袭的信息后，下达作战命令，准备投入战斗。环扫雷达和扇扫雷达指向目标来袭的方向，发现目标并将目标数据传给指挥控制站，对其进行目标识别，并给跟踪制导雷达提供目标告警的信息，使导弹开始做发射准备。指挥控制站指挥 9C32 跟踪制导雷达指向目标方向，使其截获和跟踪目标（约 5 s）。在 9C19M2 扇扫雷达给出目标指示后（约 10 s）连续发射两枚导弹，一枚为 9M82 型导弹，另一枚为 9M83 型导弹。如果第一枚导弹不能杀伤目标，另一枚导弹即对目标实施拦截。如果第一枚和第二枚导弹都不能杀伤目标，经 1 s 的效果判别后，即可发射第二批导弹。对付射程更大（如射程为 1 000 km）的战术弹道导弹时，由于目标的速度更高，因此 C-300B 地空导弹系统对此类目标的杀伤空域就要缩小。

发展与改进

苏联早在 20 世纪 70 年代中期就提出研制一种可以对付如飞毛腿近程弹道导弹及美国潘兴-2 中近程战术弹道导弹的反导弹系统。C-300B 是反飞机以及反战术弹道导弹兼备的地空导弹系统，主要是作为陆军军级以上的野战防空武器，保卫机动的 SS-24 或 SS-25 等战略导弹发射阵地。

C-300B 地空导弹系统反战术弹道导弹能力虽然比较先进，但存在较大缺点，例如：系统设备多，每个目标需要有一部照射雷达；单车及导弹质量较大，大于爱国者导弹和 C-300ПМУ 等同类导弹；导弹作战准备时间较长等。1997 年苏联对 C-300B 地空导弹系统进行了改进，改进后的系统被称为安泰-2500，主要用于对付射程为 2 500～3 000 km 的弹道导弹。

安泰-2500（Антей-2500）/ 安泰-2500（Antey-2500）

概　述

安泰-2500 是俄罗斯安泰科研生产联合体在 C-300B 地空导弹系统基础上研制的新一代反导与反飞机系统，既能有效对付射程约 2 500 km 的弹道导弹，又能拦截各种飞机和巡航导弹。

主要战术技术性能

对付目标	射程小于 2 500 km 的非战略弹道导弹，以及战区弹道导弹、高机动飞机、隐身飞机等
最大作战距离/km	200（气动式目标），40（弹道导弹）
最大作战高度/km	30（气动式目标），30（弹道导弹）
最小作战高度/km	0.025（气动式目标）
制导体制	惯导＋无线电指令修正＋末段半主动雷达寻的制导
可同时拦截目标数/个	24（气动式目标），16（弹道导弹）
战斗部 类型	定向破片式杀伤战斗部
战斗部 质量/kg	150
引信	无线电近炸引信

系统组成

安泰-2500 导弹系统的组成与 C-300B 导弹系统的组成基本相同。每个地空导弹营的作战装备包括 1 部 9C457M 指控站、1 部 9C15M2 环扫雷达、1 部 9C19M 扇扫雷达、4 部 9C32M 多通道导弹制导雷达、24 部 9A83M 导弹发射装置、24 部 9A84M 导弹发射装置、48 枚 9M82M 导弹和 96 枚 9M83M 导弹。支援设备包括修理和技术维护车、配套附件、MCHP 制导雷达操作手电子训练器、运输车辆以及导弹装填设施。

导弹 安泰-2500 导弹系统采用了俄罗斯革新家设计局研制的 9M82M 和 9M83M 导弹，这两种导弹分别是 C-300B 导弹系统使用的 9M82 和 9M83 导弹的改进型，保留了原导弹的质量、外形特性、制导方式及作战模式；但改进型作战距离更远，对付各种战术和战役战术弹道导弹及巡航导弹的效能进一步提高。同时，9M82M 和 9M83M 导弹的机动性也大大提高，因此能摧毁高机动目标。这两种导弹都采用固体推进剂，两者的区别是第一级推进装置的大小不同，飞行速度及作战距离覆盖范围不同。9M83M 导弹用来在较近距离上杀伤空气动力目标和飞毛腿、长矛等弹道导弹；9M82M 导弹用来在较远的距离上杀伤弹道导弹和气动型目标等。

探测与跟踪 安泰-2500 导弹系统对目标的探测由 3 种雷达完成，即 9C15M2 环形扫描雷达、9C19M 扇形扫描雷达、9C32M 多通道导弹制导雷达。

9C15M2 环形扫描雷达负责早期监视与目标搜索，最多可搜索 200 个目标。指挥中心可从它传送的目标信息中选择 70 多个目标进行跟踪，同时决定 9C19M 扇形扫描雷达搜索高速导弹目标的可能通道。指挥中心根据各雷达及其他来源提供的数据对目标威胁程度进行排序，最后锁定最具威胁的目标，并指挥 4 个所属导弹连进行拦截。

定向破片式杀伤战斗部拦截示意图

9C15M2 环形扫描雷达

9C19M 扇形扫描雷达的搜索方式是先确定特别区域，然后以该区域中心点为轴，按一定的方位角和高度对特定区域进行不间断扫描；在锁定可疑目标后开始自动跟踪；同时将测得的目标飞行轨迹与各项参数传到指挥中心。指挥中心进行同一性识别与筛选后，下令继续跟踪，同时准备拦截。

9C32M 多通道制导雷达在接到指挥中心的指令后，开始对特定区域进行搜索，对 9C15M2 雷达锁定的目标进行跟踪，并引导导弹进行拦截。

9C19M 扇形扫描雷达　　　　9C32M 多通道制导雷达

发展与改进

安泰-2500 导弹系统主要用于出口，系统增大了两类导弹的机动过载能力，能对付机动性能更高的目标；改善了雷达系统的性能和信息处理能力，使雷达能跟踪高速的和雷达散射截面更小的目标；提高了作战过程和维修检测工作的自动化程度，减少了系统响应时间和操作人员的数量；使该系统具有战场自动化程度高、抗电子干扰能力好、可自主作战、高机动性等特点。2020 年 8 月底，在俄罗斯举行的军队-2020 国际军事技术论坛上，金刚石-安泰空天防御集团展出安泰-4000 防空系统，较之前安泰-2500 性能进一步提升，不仅能对付各种气动目标，还可以对付中近程弹道导弹。

圆圈（Kpyr）2K11/加涅夫（Ganef）SA-4

概　述

圆圈是苏联安泰设计局研制的全天候中高空地空导弹系统，主要用于要地防空和野战防空，系统代号为 2K11，导弹代号为 3M8。北约称该导弹系统为加涅夫，代号为 SA-4。圆圈导弹系统是 20 世纪 50 年代中期苏联为防御高空威胁和加强师级防空力量而发展的地空导弹系统，作战空域比德维纳（SA-2）导弹系统更大，与它一起构成了高空防空体系。

圆圈地空导弹系统于1958年开始研制，1965年开始装备部队，作战部署型于1967年装备部队；后经不断改进，其导弹共形成3M8、3M8M、3M8M1（SA-4A）和3M8M2（SA-4B）4种型号。其中后两种是装备型号，到20世纪80年代初共装备了50个旅。

1976年，圆圈地空导弹系统开始出口，第一个国家是波兰，之后又陆续出口到捷克斯洛伐克、保加利亚、民主德国、匈牙利、埃及、叙利亚、阿富汗等国。圆圈地空导弹系统现已停产，并逐步被SA-11和SA-12导弹系统取代。

主要战术技术性能

型号		3M8M1	3M8M2
对付目标		高空侦察机和轰炸机	
最大作战距离/km		55	72
最小作战距离/km		8	9.3
最大作战高度/km		27	24
最小作战高度/km		0.3	0.1
最大速度（Ma）		2.5	2.5
制导体制		无线电指令＋末段半主动雷达寻的制导	
发射方式		可旋转360°的双联装发射架倾斜发射	
弹长/m		8.8	8.3
弹径/mm		860	860
翼展/mm		2 300（弹翼）	2 700（尾翼）
发射质量/kg		2 500	2 500
动力装置		4台并联固体火箭助推器，1台液体冲压喷气主发动机	
战斗部	类型	烈性炸药破片式杀伤战斗部	
	质量/kg	135	135
引信		无线电近炸引信	

系统组成

圆圈地空导弹系统由导弹、双联装发射架、拍手跟踪制导雷达、薄皮俯仰测高雷达、长轨迹搜索雷达等系统组成。圆圈地空导弹系统以旅为建制单位，下辖3个地空导弹营和1个技术保障营，共有27部导弹发射架和54枚待发导弹。

导弹 圆圈地空导弹系统所采用的导弹为两级结构，每级安装有运输中可拆的十字翼。导弹气动布局为全动翼式。弹翼为梯形，呈×形配置，安装在导弹中段。尾翼也为梯形，翼展略大于弹翼翼展，呈+形配置，固定在尾部。弹翼和尾翼相差45°角。3M8M1导弹为长头型，弹长为8.8 m；3M8M2导弹为短头型，弹长为8.3 m。弹体呈圆柱形，分为两段，前段的直径和长度都明显小于后段。头部呈锥形，装有战斗部和导引头。弹体后段的前端是主发动机的环形进气口，4台助推器等距安装在主发动机周围，装固体火药，燃烧时间为15 s。主发动机采用液体冲压喷气发动机。由于导弹级间采用并联配置，使导弹的长度缩短、结构紧凑。

装在履带式发射车上的3M8M1导弹

探测与跟踪 长轨迹远程目标搜索雷达工作在S波段（2～3 GHz），最大探测距离约为150 km，最大探测高度约为30 km，通常装在加宽的履带车底盘上，一旦发现并识别目标后，就将目标数据传给制导雷达。

薄皮测高雷达工作在C波段，工作频率约为6～8 GHz，作用距离约为240 km，装在1辆载重卡车上。

装在履带式发射车上的3M8M2导弹

跟踪制导雷达被称为拍手雷达，工作在 C 波段（6～8 GHz），用以截获、跟踪和照射所指示的目标，并通过弹上应答器跟踪导弹，同时向导弹发射中段制导指令，并给弹上半主动雷达导引头提供照射能量，实现末段寻的制导。雷达设备装在 1 辆履带式车上，地面机动能力高，也可以用飞机整体空运。1 部拍手雷达可配备 3 辆导弹发射车。

发射装置 导弹发射车采用履带式装甲底盘，车体中部有一个液压操纵转塔。塔上安装双联装发射架，可旋转 360°，最大仰角为 45°，行军时用框架式锁定装置固定成水平状态，也能由大型运输机空运。备份导弹的运输车为乌拉尔-375（6×6）卡车，导弹再装填时间大约为 10～15 min。

导弹运输车

立方（Куб）2K12/根弗（Gainful）SA-6

概　述

立方是苏联旗帜设计局研制的一种中低空地空导弹系统，系统代号为 2K12，导弹代号为 3M9M，出口型代号为 3M9ME。北约称该导弹系统为根弗，代号为 SA-6。该导弹系统适用于野战防空，能对付亚声速、超声速飞机。

立方地空导弹系统于 1966 年装备部队，1972 年出口埃及，1973 年在第四次中东战争中发挥了很大的作用；但以色列采取相应对抗措施后，该导弹系统在贝卡谷地大部分被摧毁。之后，苏联对其进行了改进，提高了其抗干扰性能，其改进型于 1977—1979 年装备部队。

立方地空导弹系统自 20 世纪 80 年代逐渐退役，俄罗斯陆军仍保留少量系统。该导弹系统主要装备俄罗斯和独联体其他国家，此外还向阿尔及利亚、安哥拉、古巴、埃及、印度、伊拉克、科威特、利比亚、叙利亚、莫桑比克、越南、也门、南斯拉夫等国出售。

主要战术技术性能

对付目标	目标种类	亚声速、超声速飞机
	目标速度/(m/s)	<400
最大作战距离/km		22
最小作战距离/km		6
最大作战高度/km		12
最小作战高度/km		0.1
最大速度(Ma)		2.2
杀伤概率/%		80（单发无干扰）
反应时间/s		26~28
制导体制		全程半主动雷达寻的制导
发射方式		3 联装无发射筒倾斜发射
弹长/m		5.85
弹径/mm		335
翼展/mm		932
发射质量/kg		604
动力装置		固体冲压组合发动机
战斗部	类型	破片式杀伤战斗部
	质量/kg	57
	引信	无线电脉冲式近炸和触发引信

系统组成

立方地空导弹系统以旅为建制单位，下辖 5 个导弹营和 1 个技术营，并配有 2 部目标指示雷达、1 部测高雷达和 1 辆旅指挥车。导弹营为最小火力单元，能独立作战。每个导弹营由 1 辆目标搜索制导雷达车、4 辆导弹发射车、2 辆运输装填车、1 辆电源车和 1 辆运油车组成。

导弹 3M9M 导弹为全动弹翼气动布局，在导弹中部安装 2 对全动弹翼，尾部装有 2 对带有副翼的稳定尾翼，弹翼与尾翼呈××形配置。在弹体中部周围、弹翼之间是冲压发动机的 4 个进气道。导弹弹体共分为 4 个舱段：半主动雷达导引头舱，其头部为整流罩及天线，后部为导引头电子设备；战斗部舱，包括战斗部、安全执行机构及外部的整流罩；仪器舱，内装无线电近炸引信、自动驾驶仪；发动机舱。

3M9M 导弹与发射车

3M9M 导弹采用固体冲压组合发动机，把固体助推器与固体冲压发动机结合成一体，共用一个燃烧室，当固体助推器的推进剂燃尽后，助推器燃烧室即为固冲发动机的燃烧室。助推器工作时间为 2.6~5 s，推力为 68.5~132 kN，总冲为 343 kN·s。主发动机燃烧时间为 20~25 s，推力为 12~15 kN。利用全动弹翼进行导弹的纵向和侧向的稳定和控制，用副翼进行滚动稳定控制。

破片式杀伤战斗部破片数约 3 150 块，单枚破片质量为 7.4~7.9 g，杀伤半径可达 18 m。

探测与跟踪 立方地空导弹系统采用全程半主动雷达寻的制导，地面探测和跟踪设备是一个称为平流的搜索制导雷达站。搜索制导雷达站包括 1 部搜索雷达和 1 部目标跟踪照射雷达及敌我识别系统，2 部雷达都装在 1 辆车上，目标搜索雷达为二坐标圆扫脉冲雷达，矩形抛物面天线，天线以 20 r/min 的速度旋转扫描，波束宽度为 1°×20°，峰值功率为 200~300 kW，工作频率为 4.9~5.0 GHz（高仰角波束）或 6.45~6.75 GHz（低仰角波束），高空探测距离为 40~60 km，低空为 20~28 km。跟踪照射雷达探测支路为脉冲雷达，并装有连续波照射支路，脉冲和连续波支路工作在不同频率，共用一套天线，天线为准卡塞格伦式，反射面直径为 2.1 m；方位角为 360°，俯仰角为 −9°~+87°，工作频率为 7.7~8.0 GHz，脉冲峰值功率为 200kW，重复频率为 3000kHz，低空跟踪距离为 16~25 km，高空跟踪距离为 35~50 km，波束宽度为 1°×1°；照射支路平均功率为 500 W。

发射装置 导弹装在3联装发射架上，在发射车上做随动倾斜发射。发射车底盘为履带式，发射架可在方位为360°、俯仰为0°~48°范围内与跟踪照射雷达天线随动。发射导轨长为0.8 m，由运输装填车装填3枚导弹的时间不超过9 min。

立方地空导弹系统发射车底盘

作战过程

立方地空导弹系统可用旅级的二坐标目标指示雷达与测高雷达进行目标探测，将粗略的目标方位信息传给导弹单元的搜索制导雷达站，该站的搜索雷达也可独立地对空进行搜索和目标识别，向跟踪照射雷达分配要射击的目标；跟踪照射雷达在小范围内搜索和截获目标，测出目标角度和距离信息，控制导弹发射及装定导引头天线指向角，并向目标发射照射电磁波，弹上半主动导引头截获目标后，导弹按比例导引规律飞向目标。

发展与改进

立方地空导弹系统的研制计划于1956年提出，要求能对付具有干扰能力的低空目标。该系统于1966年开始装备部队，后来有多种改型。在吸取中东战争的经验后，8年中对该系统进行了5次改进，提高了其抗干扰性能，改善了近界性能和系统可靠性。北约称改进的系统为SA-6B，苏联称为立方-M。改进后的导弹系统采用3M9M1、3M9M2和3M9M3三种导弹，其最大作战距离增大到25 km，于1977—1979年装备部队。20世纪80年代该导弹系统逐渐被布克（SA-11）导弹系统所代替。

布克（Бук）9K37/牛虻（Gadfly）SA－11

概　述

布克是苏联无线电仪表科学研究所研制的一种中低空地空导弹系统，出口型为甘格（Ганг）。北约称该系统为牛虻，代号为 SA－11。该系统于 20 世纪 70 年代中期开始研制，80 年代中期装备部队，是在立方地空导弹系统的基础上发展而来的，其作战空域更大，火力更强，机动性能与抗干扰能力也更强。南斯拉夫在 20 世纪 80 年代后期曾少量订购了该导弹系统。此外，白俄罗斯、芬兰、叙利亚和乌克兰均装备了该导弹系统。

主要战术技术性能

对付目标		高性能飞机、导弹和武装直升机
最大作战距离/km		35（目标速度为 650m/s） 32（目标速度为 830m/s）
最小作战距离/km		3
最大作战高度/km		22
最小作战高度/km		0.015
机动能力/g		16～19
杀伤概率/%		65～90（作战飞机），40～60（有翼导弹）
反应时间/s		16～24
制导体制		无线电指令修正＋末段半主动雷达寻的制导
发射方式		4 联装无发射筒倾斜发射
弹长/m		5.55
弹径/mm		400
翼展/mm		860
发射质量/kg		690
动力装置		单室双推力固体火箭发动机
战斗部	类型	破片式杀伤战斗部
	质量/kg	70
引信		无线电脉冲式近炸和触发引信

系统组成

典型的布克导弹营包括 1 辆指挥控制车、1 辆目标搜索指示雷达车、6 辆自行火力单元车（每辆车上装 4 枚导弹）和 3 辆发射装填车（每辆车上装有 8 枚导弹）。布克导弹系统采用 9A310M1 自行火力单元车，每辆自行火力单元车包括跟踪照射雷达、火控计算机、敌我识别器、导弹及其发射装置（包括 4 枚导弹及发射架随动系统）、发射控制装置，导航装置，数传及通信系统（包括无线及有线数传通信系统），履带式车底盘，发电及供电设备以及防核、生化、夜视等设备。4 个导弹营和 1 个团级目标识别连组成 1 个导弹团，1 个团级目标识别连包括 2 部远程早期预警搜索雷达。

9A310M1 自行火力单元车

导弹营的指挥控制车控制 3 个导弹连，并配有 1 部目标搜索雷达。指挥控制车和自行火力单元车之间的距离为 1～5 km，自行火力单元与发射装填车之间的距离为 200～500 m。

导弹 出口型导弹代号为 9M38M1Э，导弹采用正常气动布局，弹翼为边条翼，舵面为全动差动型。

导弹弹体分为 4 个舱段：仪器设备舱，包括陶瓷整流罩、半主动雷达导引头、捷联惯性导航和计算机组合、无线电近炸引信等设备；战斗部舱，内装战斗部、安全引爆装置、触发引信等；固体火箭发动机舱；尾舱，内装燃气涡轮发电机及舵机、气压指示器及发动机喷管。

9M38M1Э 导弹采用单室双推力固体火箭发动机，代号为 9Д131，一级推力为 83.3～154.8 kN，工作时间为 4～5 s；二级工作时间为 14～15 s；比冲为 2.65 kN·s/kg。导引头为半主动准连续波单脉冲雷达，工作在 X 波段，视场为 6°。导弹采用比例导引。导弹作战空域分为 5 个区，对不同区选择不同的比例导引参数和视线角速率信号滤波器时间常数，使导弹飞行控制处于最佳状态。低空区由引信进行测高，测高高度为 150 m，并通过自动驾驶仪控制导弹爬升，使导弹在目标上方起爆而避免由于地物反射引起的早爆。

导弹战斗部采用两种破片：一种为工字形大破片，每片破片质量为 8.1 g，破片数约 4 000 片；另一种为菱形小破片，每片破片质量为 2.3 g，破片数为 1 500～2 000 片。战斗部炸药质量约 35 kg，杀伤半径为 15～17 m。

探测与跟踪 探测和跟踪系统包括 1 部目标搜索雷达和多部跟踪照射雷达。目标搜索雷达为三坐标脉冲线性调频体制，采用平面相控阵进行俯仰电扫，方位为机械旋转扫描，用于发现、截获、识别和跟踪目标，通过指挥控制车向火力单元提供目标指示信息。

目标搜索雷达的最大作用距离为 100 km，搜索方位角为 360°，俯仰角为 40°，目标位置指示误差 σ（直角坐标 X, Y, Z）为 1 km，搜索周期为 4.5 s，半自动跟踪目标数为 6 个，全车质量为 35 t。

自行式火力单元车为系统的主要作战装备。车上包括跟踪照射雷达、导弹、发射装置以及履带式车底盘等，本身可以构成独立的作战单元，完成对目标的发现、截获、识别、跟踪、发射导弹、照射及发射无线电指令修正等；也可以成为导弹营的火力单元之一。

跟踪照射雷达发现目标距离为 85 km，雷达截获目标距离为 70 km，搜索扇面为 ±60°，角度跟踪精度为 5 mrad，距离跟踪精度小于 180 m，速度跟踪精度小于 30 m/s，全车质量为 32.34 t（不带导弹，含人员）。

目标搜索雷达

指控与发射 导弹从自行火力单元车上或从发射装填车上倾斜随动发射。每部自行火力单元车上装 4 枚导弹；每部发射装填车上装 8 枚导弹，其中 4 枚可供发射，4 枚待装填。

布克出口型的每个导弹营配 1 辆 9С470М1 指挥控制车，用来指挥控制导弹营的 6 个火力单元协调工作，既可作为营独立工作，也可与上级指挥系统协调作战。指挥控制车的主要技术参数为：自动跟踪航迹数不大于 15，指示目标数不大于 6 个，作战准备时间（从行军到工作）小于 5 min，与自行火力单元车数传通信距离不大于 5 km，总质量为 30 t。全车包括自行履带式底盘 ГМ－579АЭ、数字计算机系统和显示控制系统、编码通信系统、数传装置（用于指挥站与目标搜索雷达或与上级指挥控制所之间的数据通信）、车间话务通信及车内通信系统、导航装置、记录和训练系统等。

9C470M1 指挥控制车

发展与改进

布克出口型的系统设计是在立方导弹系统多年作战使用的基础上改进的，第一步先将单目标跟踪雷达改为双目标跟踪雷达，提高了抗干扰能力和作战空域，但仍采用立方导弹系统的导弹，使该系统具有同时对付两个目标的能力；第二步采用9M38导弹，减小了导弹横向尺寸，使每辆发射车能装载4枚导弹；增加了指挥控制站，目标指示雷达采用三坐标雷达，并与目标跟踪雷达分开，1988—1989年导弹改进为9M38M1型，达到目前的状态。

目前，俄罗斯正在研制Vityaz系统，以便将来替代布克系统。该系统由金刚石-安泰空天防御集团研制。

布克-M1（Бук-M1）9K37-M1/山毛榉-M1/牛虻（Gadfly）SA-11

概　述

布克-M1（也称山毛榉-M1）是苏联无线电仪表科学研究所研制的一种全天候履带式中低空地空导弹系统，主要用于取代SA-4导弹系统，执行要地防空和野战防空任务。北约称该系统为牛虻，代号为SA-11。布克-M1是布克系统的改进型，1980年开始研发，1982年开始试验，1983年开始服役。

主要战术技术性能

对付目标		高性能飞机、有翼导弹和武装直升机
对付目标最大速度/(m/s)		800
最大作战距离/km		32
最小作战距离/km		3
最大作战高度/km		22
最小作战高度/km		0.015
最大速度(Ma)		2.5
机动能力/g		20
反应时间/s		15～18
制导体制		无线电指令修正＋末段半主动雷达寻的制导
发射方式		4联装无发射筒倾斜发射
弹长/m		5.55
弹径/mm		400
翼展/mm		860
发射质量/kg		690
动力装置		单室双推力固体火箭发动机
战斗部	类型	破片式杀伤战斗部
	质量/kg	70
引信		无线电脉冲式近炸和触发引信

系统组成

一个典型的布克导弹营包括1辆指挥控制车、1辆目标搜索指示雷达车、6辆自行火力单元车（每部车上装4枚导弹）和3辆发射装填车（每部车上装有8枚导弹）。布克导弹系统采用9A310M1自行火力单元车，一套自行火力单元车包括跟踪照射雷达、火控计算机、敌我识别器、导弹及其发射装置（包括4发导弹及发射架随动系统），发射控制装置，导航装置，数传及通信系统（包括无线及有线数传通信系统），履带式自行车底盘，发电及供电设备以及防核、生化、夜视等设备。一个布克导弹营可同时应对6个目标。4个导弹营和1个团级目标识别连可组成1个导弹团，1个团级目标识别连包括2部远程早期预警搜索雷达。

9A310M1 自行火力单元车

导弹营的指挥控制车控制 3 个导弹连，并配有 1 部目标搜索雷达。指挥控制车和自行火力单元之间的距离为 1～5 km，自行火力单元与发射装填车之间的距离为 200～500 m。

导弹 导弹代号为 9M38M1，采用单级设计，气动布局为带有小翼展的正常式布局，装配厘米波半主动雷达导引头，使用固体火箭发动机，搭载 70 kg 高爆战斗部，其雷达近炸引信作用范围为 17～20 m。

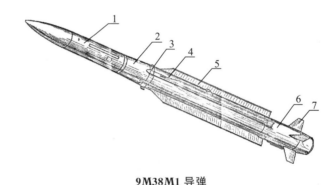

9M38M1 导弹

1—导引头舱；2—战斗部舱；3—过渡框；4—动力装置舱；5—弹翼；6—弹上设备舱；7—方向舵

探测与跟踪 探测和跟踪系统包括 1 部目标搜索雷达和多部跟踪照射雷达。目标搜索雷达代号为 9C18M1，用于捕获潜在威胁目标，处理敌我识别数据，并将数据传送至指控战车。9C18M1 雷达的作用距离为 110～120 km（当目标高度为 30 m 时，作用距离为 45 km），搜索方位角为 360°，俯仰角为 40°，搜索周期为 4.5 s，半自动跟踪目标数为 6 个。该雷达可通过液压装置折叠，以降低战车高度。目标搜索雷达车从行军状态转入作战状态的时间不大于 5 min，从值班状态进入战斗状态的时间不大于 20 s。

目标搜索雷达车

以自行式火力单元车为系统的主要作战装备。车上包括跟踪照射雷达、导弹、发射装置以及履带式自行车底盘等，它自己可以构成独立的作战单元，完成对目标的发现、截获、识别、跟踪，发射导弹、照射及发射无线电指令修正等功能；也可以成为导弹营的一个火力单元。跟踪照射雷达发现目标距离为 85 km，雷达截获目标距离为 70 km，搜索扇面为 ±60°，角度跟踪精度为 5 mrad，距离跟踪精度 <180 m，速度跟踪精度 <30 m/s。

指控与发射 指控车代号为 9C470M1，其数字火控计算机可自动分配目标，处理目标数据，生成导弹发射数据，并为导弹提供制导指令信号。导弹从自行火力单元车上或从发射装填车上倾斜随动发射。每辆自行火力单元车上装 4 枚导弹；而每辆发射装填车上装有 8 枚导弹，其中 4 枚可供发射，4 枚可供装填。

9C470M1 指挥控制车

作战过程

布克导弹连的指控战车从目标捕获雷达接收数据,生成作战指挥数据,并根据战车的部署位置分配作战目标,之后战车自身雷达进入扫描模式,对目标进行跟踪,一般发射2枚导弹进行拦截。导弹对付带有对抗措施的目标的单发杀伤概率为0.6~0.7,对付未带有对抗措施的目标的单发杀伤概率为0.8~0.9。

发展与改进

布克-M1地空导弹系统的海军型号称为牛虻系统,北约代号为SA-N-7,由革新家设计局生产,采用9M38M1导弹,目标探测跟踪、指挥控制和导弹发射系统按舰上作战使用条件设计。

俄罗斯在2004年表示,将对布克-M1地空导弹系统的雷达进行持续改进,以发展一种通用型防空导弹系统。此外,还将为系统的模块化做好准备,经过重新设计结构和模块化改进,系统将能拦截更远距离的目标。

布克-M2(Бук-M2)9K317/大灰熊(Grizzly)SA-17

概述

布克-M2是无线电仪表科学研究所研制的一种中高空地空导弹系统,是布克导弹系统的改进型,系统代号为9K317。北约称该导弹系统为大灰熊,代号为SA-17。布克-M2于20世纪90年代初开始研制,1995年开始生产并装备部队,形成有限作战能力,2003年开始批产,2008年正式服役。

主要战术技术性能

采用导弹	9M317
对付目标	高性能飞机、有翼导弹和武装直升机,弹道目标,地面目标
对付目标最大速度/(m/s)	1200
最大作战距离/km	50

续表

最小作战距离/km	3
最大作战高度/km	25
最小作战高度/km	0.015
最大速度(Ma)	3.5
机动能力/g	24
反应时间/s	15~18
制导体制	无线电指令修正＋末段半主动雷达寻的制导
发射方式	4联装无发射筒倾斜发射
弹长/m	5.55
弹径/mm	400
翼展/mm	860
发射质量/kg	715
动力装置	单室双推力固体火箭发动机
战斗部 类型	高爆破片式杀伤战斗部
战斗部 质量/kg	70
引信	无线电脉冲式近炸和触发引信

系统组成

一个典型的布克-M2导弹营包括1辆指挥控制车、1辆目标搜索指示雷达车，4个Ⅰ型导弹连和2个Ⅱ型导弹连。Ⅰ型导弹连包括1辆自行式战车和1辆导弹发射装填车。Ⅱ型导弹连包括1辆照射制导雷达车和2辆导弹发射装填车。1个布克-M2地空导弹系统的导弹营可同时与12~24个目标交战。

导弹 布克-M2地空导弹系统采用9M317导弹。该导弹采用正常式气动布局，弹翼为边条式，舵面为全动差动型。装配9E240半主动雷达导引头，采用两级固体火箭发动机，最大飞行速度为1200 m/s。

探测与跟踪 探测和跟踪系统包括目标搜索雷达、高架照射制导雷达以及自行火力单元车上的跟踪雷达。布克-M2系统采用9C18M1-3目标搜索雷达，该雷达是9C18M雷达的改进型，最大作用距离为160 km，方位角为360°，俯仰角<50°，搜索周期为4.5~6 s。照射制导雷达的代号为9C36，该雷达采用相控阵技术，可在强电子对抗环境使用。9C36雷达有两种工作状态，当为搜索状态时可对目标进行截获和跟踪，特别是对超低空目标进行跟踪，具有目标识别和空情分析等功能；另一种状态为发射状态，此时可直接控制发射装填车上导弹的发射，并对目标进行照射和向导弹发射修正指令。照射制导雷达目

位于发射架上的 9M317 导弹

标最大截获距离为 120 km，跟踪方位角为 ±60°，俯仰角为 −5°~85°。雷达搜索状态下目标通道数为 10 个，发射状态下目标通道数为 4 个，搜索周期为 4.5~6 s。

自行式火力单元车代号为 9A317，是布克-M2 地空导弹系统的主要作战装备，可搭载 4 枚导弹，既可独立作战，也可以成为导弹营的一个火力单元。自行式火力单元车上的跟踪照射雷达类似于高架照射制导雷达，主要性能参数亦与高架照射制导雷达相同。不同的是装在自行式火力单元车转动部分的头部，其功能为目标截获和跟踪、目标敌我识别和类型识别、空情分析、目标照射、发射控制和向导弹发射修正指令等。

指控与发射 指控车代号为 9C510，主要用于空情监视，为火力单元指派目标，控制火力单元作战。导弹从自行式火力单元车上或从发射装填车上随动倾斜发射。每辆自行式火力单元车上装 4 枚导弹；而每辆发射装填车上装有 8 枚导弹，其中 4 枚可供发射，4 枚可供装填。

照射制导雷达

布克-M2 地空导弹系统自行式火力单元车

发射装填车

作战过程

布克-M2 地空导弹系统的 I 型导弹连可同时拦截 4 个目标,响应时间为 4 s,单个火力单元发射速率为 4 s 发射 1 枚导弹,从行军状态到作战状态的准备就绪时间为 5 min;II 型导弹连可同时拦截 4 个目标,响应时间为 8~10 s,单个火力单元发射速率为 4 s 发射 1 枚导弹,从行军状态到作战状态的准备就绪时间为 10~15 min。

发展与改进

在布克-M2地空导弹系统基础上发展了布克-M1-2、布克-M2E两种出口型号。

布克-M1-2地空导弹系统有国土防空型和舰载型。俄空军装备的布克-M1-2是将两部4联装发射架安装在同一个拖车平台上,既可节约成本,还利于增强防空火力。为了提高对低空目标的捕捉能力,它采用了长颈鹿雷达,就是把跟踪雷达安装在液压驱动的22 m高的桅杆上。这种雷达通常与发射车配合使用,可为系统中8枚导弹指示目标。

布克-M2E地空导弹系统可采用轮式底盘或履带式底盘,能与S-300VM系统相集成。

布克-M3(Бук-M3)9K317/维京(Viking)

概 述

布克-M3是俄罗斯金刚石-安泰空天防御集团研制的一种中程地空导弹系统,系统代号为Бук-M3,出口型名称为维京(Viking),是布克-M2(SA-17)的改进型。布克-M3地空导弹系统主要用于对付无人机、巡航导弹、战术弹道导弹、飞机、直升机等空中目标。与布克-M2系统相比,布克-M3地空导弹系统战车装载导弹的数量由4枚增加至6枚,并改进了指控系统。俄罗斯于2007年披露正在研制布克-M3地空导弹系统,2014—2015年间完成认证试验,2015年开始批量生产,2016年开始装备部队。

布克-M3战车

主要战术技术性能

对付目标		战略战术飞机、战术弹道导弹、飞航导弹、无人机和武装直升机等
最大作战距离/km		70
最小作战距离/km		2.5
最大作战高度/km		25
最小作战高度/km		0.015
最大速度(Ma)		4.6
机动能力/g		24
反应时间/s		4
制导体制		惯导＋无线电指令修正＋末段主动雷达寻的制导
发射方式		6联装带发射筒倾斜发射
弹长/m		5.18
弹径/mm		360
发射质量/kg		581
动力装置		单室双推力固体火箭发动机
战斗部	类型	高爆破片式杀伤战斗部
战斗部	质量/kg	62
引信		无线电脉冲式近炸和触发引信

系统组成

典型的布克-M3导弹连包括1辆9C510M指控车、1辆9C36M目标照射与导弹制导雷达车、2辆9A317M自行式战车（装载6枚9M317M导弹）、1辆9A316M装填/发射车（装载12枚9M317M导弹）、1辆9T243M运输车以及1辆9C18M1目标搜索雷达车等。1个布克-M3导弹营包括1辆指控车、1辆搜索雷达车、6辆自行式战车、3辆装填/发射车等，可同时跟踪36个目标，发射12枚导弹，拦截6个目标。

导弹 布克-M3地空导弹系统采用9M317M导弹。9M317M导弹弹长为5.18 m，弹径为360 mm，发射质量为581 kg，采用质量为62 kg的高爆破片式杀伤战斗部，配有无线电脉冲式近炸和触发引信，制导方式为惯导＋无线电指令修正＋末段主动雷达寻的制导。

探测与跟踪 9C18M1-3目标搜索雷达采用相控阵雷达，为三坐标脉冲线性调频体制，采用平面相控阵进行高低方向电扫，方位为机械旋转扫描，能自动切换工作模式和扫

布克-M3 导弹

描速度,进行目标探测、识别和跟踪,为指控车提供空情图。雷达作用距离为 160 km,探测高度超过 35 km,方位角为 360°,高低角小于 50°,每 4.5~6 s 对防区完成一次环形扫描。布克-M3 地空导弹系统的照射制导雷达采用低空多功能雷达 9C36M。该雷达的相控阵天线可伸缩,液压驱动的伸缩臂可抬高到 60°,最高升至 21 m。雷达有两种工作状态:一种是搜索状态,可对目标进行截获和跟踪;另一种是制导状态,可直接控制导弹的发射,并对目标照射和向导弹传送无线电弹道修正指令。雷达搜索扇区方位角为 ±60°,高低角为 -5°~+85°,最大作用距离达 120 km,可同时发现目标数为 10 个,同时射击目标的通道数为 4 个。

指控与发射 9C510M 指控车主要用于空情分析、目标分配和火力单元控制,可跟踪 60 个目标,指示 36 个目标,控制 6 个发射点,反应时间为 2 s。9C36M 目标照射与导弹制导雷达车采用相控阵雷达,作用距离为 120 km,可同时控制 2 辆 9A316M 装填/发射车。

9A317M 自行式战车为布克-M3 地空导弹系统的主要作战装备,由跟踪照射雷达、导弹、发射装置以及底盘组成。9A317M 自行式战车可同时跟踪 10 个目标,对其中 4 个进行拦截。目标发现距离为 100~120 km,对于选中的打击目标,可从 95 km 处开始重点跟踪,在获得目标识别信息后 14 s 内发射导弹。9A317M 自行式战车既可以构成独立的作战单元,完成对目标的发现、截获、识别、跟踪、发射导弹、照射及发射无线电指令修正等功能,也可以成为导弹营的一个火力单元。

与布克-M2 不同,布克-M3 履带式发射车从原来的旋转导轨发射架改为发射箱垂直发射,发射间隔大大缩短,载弹量从原来 4 枚增至 6 枚。

底盘 布克-M3 地空导弹系统采用 GM-569A 型履带式底盘,乘员 4 人,最大公路行驶速度为 65~70 km/h,最大行程为 500 km,可在 -50~+50℃ 的环境中作战。

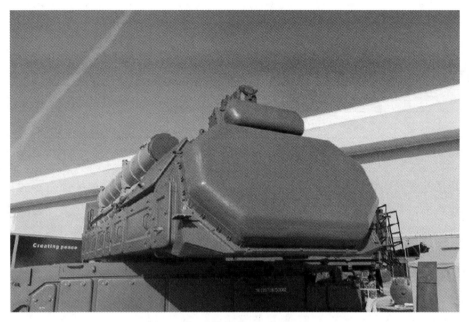

9A317M 自行式战车搭载的跟踪照射雷达

发展与改进

布克-M3地空导弹系统的海军型号名为施基尔-1，代号为 3С90Э.1。与布克-M3相比，减小了最大作战距离，降低了最大和最小作战高度，以保证全方位发射。

施基尔-1系统 导弹采用布克-M3地空导弹系统导弹的改进型，代号为 9M317MФ，减小了导弹尺寸，弹长为 5.18 m，弹径为 360 mm，更适应舰载系统的特点，采用模块化发射装置，可在 1 500 t 以上排水量的舰艇上装载。该导弹采用垂直冷发射方式，发动机点火高度为 40 m。

维京系统 布克-M3地空导弹系统的出口型为维京系统，代号为 9K317E。与布克-M2地空导弹系统的出口型布克-M2E系统相比，维京系统的射程拓展至 65 km，可同时拦截 6 个目标，可在作战就绪后 20 s 内拦截目标。维京系统还可集成安泰-2500系统的发射车，将射程拓展至 130 km。主要由 510ME 指控车、9S36ME 雷达车、9A317ME 自行式战车、9A316ME 装填/发射车组成。9A317ME 自行式战车可搭载 6 枚 9M317ME 导弹。9A316ME 装填/发射车可搭载 12 枚 9M317ME 导弹。维京系统可采用轮式、履带式底盘，可与布克-M2E 和道尔-M2E 相集成。

黄蜂（Oca）9K33/壁虎（Gecko）SA-8

概 述

黄蜂是苏联安泰设计局在 SA-N-4 舰空导弹系统基础上研制的地面机动式低空近程地空导弹系统，系统代号为 9K33，用于野战防空，对付低空和超低空飞行的战斗机和武装直升机。北约称该导弹系统为壁虎，代号为 SA-8。该导弹系统有两个型号，一个是黄蜂，系统代号为 9K33，导弹代号为 9M33，北约代号为 SA-8A；另一个是黄蜂-AK 和黄蜂-AKM，系统代号分别为 9K33M2 和 9K33M3，导弹代号分别为 9M33M2 和 9M33M3，北约代号为 SA-8B。黄蜂导弹系统于 1960 年开始研制（海基型系统于 1967 年开始试验），于 1971 年开始批生产，1972 年装备部队，1975 年 11 月 7 日在莫斯科红场上首次展出。1975 年黄蜂-AK 导弹系统装备部队，1980 年黄蜂-AKM 导弹系统装备部队。该导弹系统自装备部队以来，苏联陆军在不断增加装备量，已达 1 000 多辆发射车。此外，该导弹系统还出口至阿尔及利亚、安哥拉、捷克、匈牙利、印度、伊拉克、约旦、利比亚、波兰、叙利亚和南斯拉夫等国家。

黄蜂地空导弹系统

主要战术技术性能

型号		黄蜂	黄蜂-AK
对付目标	类型	低空和超低空飞行的战斗机和武装直升机	
	最大速度(m/s)	约420	约500
最大作战距离/km		9	10
最小作战距离/km		2	1.5
最大作战高度/km		5	5
最小作战高度/km		0.05	0.025
最大速度(Ma)		1.5	1.6
制导体制		雷达或光学跟踪+无线电指令制导	
发射方式		4联装倾斜发射	6联装倾斜发射
系统机动性		系统装在1辆轮式车上,能在各种道路上行驶	
弹长/m		3.153	3.158
弹径/mm		208	209.6
翼展/mm		650	650
发射质量/kg		127	126
动力装置		1台双推力固体火箭发动机	
战斗部	类型	烈性炸药破片式杀伤战斗部	
	质量/kg	14.5	15
引信		无线电近炸引信	无线电近炸和触发引信
导弹再装填时间/min		5	5
自毁延迟时间/s		25~28	25~28

系统组成

黄蜂导弹系统由导弹、目标搜索雷达、目标跟踪雷达、指令发射机、光学跟踪系统和发射架组成,装在1辆载车上,1辆载车构成1个火力单元。

黄蜂导弹系统装备于摩托化步兵师和坦克师的师属防空团,每个团由司令部(装备2部长轨迹雷达和1部薄皮雷达)和5个黄蜂导弹连组成。每个导弹连装备4个火力单元、2辆导弹运输车,作战时还可以增加2个火力单元。

导弹 9M33导弹弹体为细长圆柱体,鸭式气动布局,弹体前部装有4小片梯形控制舵,用于控制导弹的稳定。导弹尾部装有4片尾翼,其后缘与发动机喷口齐平,处于同一

黄蜂-AK 地空导弹系统

平面的控制面与稳定尾翼为导弹提供必需的升力，舵面与尾翼呈××形配置。9M33M2 导弹的尾翼是折叠式的。

动力装置采用一台双推力固体火箭发动机，有两种推力状态，助推力工作时间为 2 s，主后推力工作时间为 15 s。

9M33 导弹

探测与跟踪　目标搜索雷达安装在载车后部的两个发射架之间，天线呈折叠状态时，载车高度不超过 4.1m，天线展开后，可做 360°圆锥扫描。搜索雷达采用频率捷变技术，单脉冲体制，波段为 6～8 GHz，发射机功率为 80 kW，波束宽度为 0～3°，作用距离为 30 km。

在载车纵向中心线部位安装有目标跟踪雷达，工作波段为 X 波段（8～10 GHz），天线直径为 1.4 m，波束宽度为 1.5°和 1°，天线增益为 48 dB（第一旁瓣约 0.6°），雷达跟踪距离为 20～25 km。该雷达为单脉冲体制，采用频率捷变技术，具有较好的抗角度欺骗干扰和抗瞄准式噪声干扰的能力。馈电系统装在反射器的中心，卡塞格伦反射器（即副反射器）固定在主反射器上。副反射器兼作天线罩，以防止导弹发射时其发动机喷焰烧毁天线。目标跟踪雷达还接收弹上应答器发回地面的应答信号。该系统在干扰条件下用光学系统跟踪。

该系统有 4 部指令发射机，每部都有一矩形喇叭天线，采用频率分集，用不同的频率同时制导两枚导弹。在指令天线正下方各有一圆形喇叭天线，用于导弹发射后的初始飞行段快速截获导弹。该天线的直径为 150 mm，波束宽度为 0°～10°，天线增益为 42 dB。指令发射机工作在 X 波段（13～15 GHz）。

发射装置 黄蜂导弹系统有 2 个双联装发射架，装有 4 枚待发导弹。黄蜂-AK 导弹系统有 2 个 3 联装发射架，6 枚待发导弹。黄蜂导弹系统不能在行进中发射导弹。行军状态时，发射导轨（或为发射筒）与水平面呈 30°角。发射导弹前，发射导轨必须向上、向前移动，直到导弹与目标搜索雷达和目标跟踪雷达的天线几乎呈平齐状态。黄蜂导弹系统的载弹量为 12 枚，黄蜂-AK 导弹系统的载弹量为 14 枚。导弹发射后，向发射架装填导弹的程序是：发射架向后移动一定的距离，然后翻转 120°，进行人工或自动再装填。行军或运输时，发射架呈折叠状态。黄蜂导弹系统的载车为 9Т217БМ2 型运输-起竖-发射-雷达一体化载车，最大行驶速度为 60 km/h，最大行驶距离为 650 km。

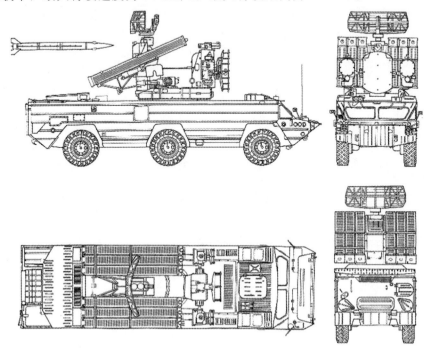

黄蜂导弹系统发射车

作战过程

导弹系统首先根据防空团提供的目标信息,由目标搜索雷达探测目标,并向目标跟踪雷达指示目标的粗略方位、仰角和距离,目标跟踪雷达跟踪目标。然后导弹系统发出询问信号,进行敌我识别和威胁等级判断。当车长在全景显示器上选定某一目标后,目标信息自动或手动传送给目标跟踪雷达或射手。同时,发射架对准目标,做好导弹发射前的准备,使其仰角大于雷达与目标的瞄准线。当目标进入导弹的火力范围时,导弹发射。导弹在飞行过程中根据发射车发出的指令,修正弹道。当导弹接近目标时引信解锁,战斗部起爆并摧毁目标。

黄蜂-AK 导弹系统发射导弹

发展与改进

在黄蜂导弹系统装备部队后,苏联对其进行了改进,1980 年其改进型黄蜂-AK 导弹系统开始装备部队。改进的主要内容包括:

1) 改进了发射方式,将导轨式发射改成箱式发射;
2) 增加了导弹数量,将双联装发射架改成 3 联装发射架,使射击能力提高了 50%;
3) 改进了导弹的动力装置,提高了速度和作战距离。

箭-1（Стрела-1）9К31/灯笼裤（Gaskin）SA-9

概 述

箭-1是苏联努德尔曼精密工程设计局研制的自行式低空近程地空导弹系统，主要用于野战防空，对付低空亚声速飞行的飞机，系统代号为9K31，导弹代号为9M31。北约称该导弹系统为灯笼裤，代号为SA-9。9M31是基本型导弹，改进型为9M31M。该导弹系统于1968年开始装备部队。阿尔及利亚、安哥拉、贝宁、保加利亚、古巴、克罗地亚、捷克、埃及、埃塞俄比亚、匈牙利、印度、伊拉克、利比亚、毛里塔尼亚、莫桑比克、尼加拉瓜、波兰、罗马尼亚、斯洛伐克、叙利亚、乌干达、乌克兰、乌兹别克斯坦、越南、也门及南斯拉夫等国都装备过该导弹系统。

箭-1导弹系统曾多次在局部战争和军事行动中使用，其中包括1981年叙利亚与以色列在黎巴嫩的冲突、两伊战争、海湾战争、安哥拉战乱、科索沃战争及伊拉克战争。1983年11月，叙利亚的1个箭-1导弹连击落了1架美国海军入侵者（A-6）飞机。

箭-1地空导弹系统

主要战术技术性能

型号		9M31	9M31M
对付目标	类型	低空亚声速飞机	
	最大速度/(m/s)	300	300
最大作战距离/km		4.2	8
最小作战距离/km		0.8	0.56
最大作战高度/km		3.5	6.1
最小作战高度/km		0.03	0.01
最大速度(Ma)		1.5	1.5
制导体制		1～3 μm 非制冷硫化铅被动红外寻的制导	1～5 μm 非制冷硫化铅被动红外寻的制导
发射方式		4联装倾斜发射	
弹长/m		1.803	1.803
弹径/mm		120	120
翼展/mm		360	360
发射质量/kg		30	30
动力装置		单级固体火箭发动机	
战斗部	类型	高爆破片式杀伤战斗部	
	质量/kg	6.7(装药2.6)	6.7(装药2.6)
引信		近炸和触发引信	

系统组成

箭-1导弹系统装在一辆 БРДМ-2 型水陆两用车上。车体右侧装有惯性导航装置，用于发射车的定位定向，即使在夜间也能作战。车体中间是导弹发射塔，塔顶是4联装发射架，装有4枚待发9M31导弹，4枚备份导弹，导弹密封包装。车上还有被动无线电探测仪、光学瞄准具等，负责对目标的探测与瞄准。该导弹系统由3人操作，车长坐在车前舱的右侧，驾驶员在左侧，射手在发射塔内。

箭-1导弹系统通常与4管23 mm口径自行式高炮混编为防空连，下辖1个导弹排、1个高炮排和1个保障排。每个箭-1导弹排配有4辆发射车，各发射车间距为150～300 m，每辆车可覆盖90°的空域。

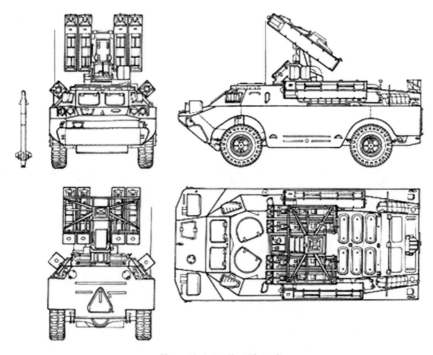

箭-1 地空导弹系统组成

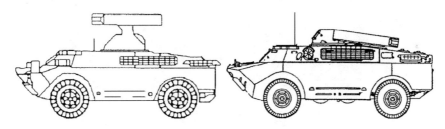

箭-1 导弹系统及其改型

导弹 9M31 导弹为单级结构，其外形是细长圆柱体。该导弹采用鸭式气动布局，头部装有圆形头罩（便于红外导引头捕捉目标）。4 片三角形舵面位于弹体前部，在弹体尾部装有 4 片近似梯形的稳定尾翼，舵面与尾翼呈××形配置。导弹的鸭翼与尾翼可动。制导与控制装置装在弹体前部舱内，弹体后部装有 1 台固体火箭发动机。战斗部杀伤半径为 1.5 m。导弹发射仰角为 20°～80°。

9M31 导弹

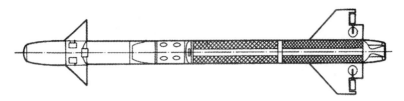

9M31 导弹结构图

发射装置 导弹采用倾斜式发射，发射塔旋转范围为 360°，旋转速度为 22.5 (°)/s。发射架仰角为 $-5°\sim 80°$，发射架装在 БРДМ-2 型载车上。重新装填导弹需手工进行，费时 5min。关闭舱门时驾驶员与车长用潜望镜对外观察。

箭-1 导弹发射车

作战过程

每个导弹连包括 1 辆指挥车、1 辆装有雷达被动探测系统的发射车和 3 辆普通发射车。雷达被动探测系统的代号为 9C16，由安装在载车四周的 4 根探测天线组成，可实现 360°全方位覆盖，当飞机临近告警时可提供辅助光学观瞄设备以截获锁定飞机。导弹系统作战时，先由车上的无线电探测仪不断探测无线电辐射源，一旦发现目标，探测仪便以音响形式向车长报警并指示目标的大致方位；或由其他侦察设备（如地面观察所、警戒雷达等）发现目标后，通过无线电指示车长。车长命令射手选定射击的目标，射手操纵发射塔迅速转向目标方向，选择首枚导弹并遥控打开发射筒的前盖，再通过光学瞄准具，使导弹对准目标。导弹锁定目标后，便发出音响报告射手，射手启动导引头，并估算目标距离，当目标进入火力范围时，即发射导弹。导弹离开发射筒后，采用被动红外寻的制导，红外导引头引导导弹进入目标杀伤区。当导弹用于尾追目标时，由于使用了第一代 1~3 μm 非制冷硫化铅红外导引头，导弹的实际作战距离会更大（至少有 11 km）。导弹距目标 1.5 m 时，引信引爆战斗部，以破片杀伤目标。

作战时，对每个目标可发射两枚导弹以便提高摧毁概率。由于在作战中，射手必须不停旋转转塔以搜索敌机，因此使得箭-1 导弹系统的作战效能较差。

发展与改进

箭-1 导弹系统于 1968 年列装。1970 年苏联研制出改进型号 9K31M 系统，该系统的有效作战距离扩展到 560~8 000 m，有效作战高度为 10~6 100 m，尾追攻击时作战高度为 11 000 m，红外导引头加装了制冷系统。

苏联陆军装备的箭-1 导弹系统都将晴天型改为全天候型，主要通过在发射塔前方加装一部炮瞄雷达（工作在 X 波段）来实现。

箭-1 导弹既可由箭-1 导弹发射车发射，也可由箭-10 导弹发射车发射。俄罗斯军队的箭-1 导弹系统已被箭-10（SA-13）所取代。

箭-10（Стрела-10）9K35/金花鼠（Gopher）SA-13

概　述

箭-10 是苏联努德尔曼精密工程设计局研制的机动式轻型低空近程地空导弹系统，系统代号为 9K35，导弹代号为 9M37，类似于美国的小榭树导弹系统，北约称该导弹系统为金花鼠，代号为 SA-13。该系统于 20 世纪 70 年代初开始研制，1975 年开始装备部队，1982 年 11 月首次在莫斯科红场露面。后来，该系统又发展了几个系列，箭-10M 系统（9K35M），导弹为 9M37M；箭-10M2 系统（9K35M2），导弹为 9M37МД；箭-10M3 系统（9K35M3），导弹为 9M333（也可使用 9M37МД 导弹）；箭-10M4 系统（9K35M4）。其中箭-10M3 导弹系统于 20 世纪 90 年代研制。箭-10 导弹系统主要用于前沿野战防空，对付低空亚声速飞机和直升机，取代箭-1 导弹系统。除本国部署外，该系统已出口至阿富汗、阿尔及利亚、安哥拉、亚美尼亚、阿塞拜疆、保加利亚、克罗地亚、古巴、捷克、波兰、南非、朝鲜、乌克兰等国。

箭-10 地空导弹系统

主要战术技术性能

型号		9M37	9M37M	9M37МД	9M333
对付目标	类型	低空亚声速飞机和直升机			
	最大速度/(m/s)	415（迎头），310（尾追）			
最大作战距离/km		5	5	5	5
最小作战距离/km		0.5	0.5	0.5	0.5
最大作战高度/km		3	3	3	3
最小作战高度/km		0.025	0.025	0.025	0.01
最大速度(Ma)		1.5	1.5	1.6	1.6
最小速度(Ma)		1.0	1.0	1.0	1.0
制导体制		被动红外制导		被动红外和红外寻的双模制导	
发射方式		4联装筒式倾斜发射			
弹长/m		2.19	2.19	2.19	2.223
弹径/mm		120	120	120	120
翼展/mm		360	360	360	360
发射质量/kg		40	40	41	41
动力装置		单级固体火箭发动机			
战斗部	类型	破片式杀伤战斗部			
	质量/kg	3	3	5	5
引信		无线电近炸引信			

系统组成

箭-10 导弹系统包括导弹、发射筒、4 联装发射架、光学瞄准具、测距雷达和被动射频探测器,全部设备装在 1 辆履带式载车上,构成 1 个火力单元,可独立作战。

箭-10 导弹系统装备于摩托化步兵团和坦克团的团属混编防空连。每个防空连有 1 个连指挥所、1 部目标指示雷达、1 个装备 4 辆箭-10 发射车的导弹排和 1 个装备 4 个 ZSU-23-4 高炮的高炮排。苏联共装备 1 200 个箭-10 火力单元。

箭-10 地空导弹系统

导弹 9M37 导弹为单级结构,采用鸭式气动布局,弹体为细长的圆柱体,头部为圆形头罩,中部的舵面近似梯形,无弹翼,在弹体尾部装有 4 片梯形稳定尾翼。舵面与稳定尾翼呈××形配置。

导引头采用制冷式双波段被动红外寻的体制,具有全向攻击和一定的抗红外干扰能力。导引头在测距雷达的配合下可以提前锁定目标。

探测与跟踪 箭-10 导弹系统配有 1 部测距雷达,该雷达安装在 4 联装发射架之间,采用抛物面圆盘天线,探测距离达 20 km,用于测量目标距离,测定目标是否进入导弹的火力范围。

发射装置 发射装置为 4 联装倾斜式发射架。发射架和发射箱的外形与箭-1 导弹系统的相似,发射架的底座直径为 1.5 m。载车为 MT-LB 多用途履带式装甲车。该车越野性能好,能在各种道路上行驶,可通过沙地、沼泽地和雪地,具有两栖作战能力。载车质量为 12.5 t,公路行驶的最大速度为 61.5 km/h,水中行驶的最大速度为 5~6 km/h,载车尺寸为 6.2 m×2.9 m×2.3 m,储油量为 450 L,最大行程为 500 km,载弹量为 12~16 枚,爬坡度为 31°,越壕宽为 2.7 m,越墙高为 0.7 m。

发展与改进

到目前为止，箭-10导弹系统的改进型有4种，即箭-10M、箭-10M2、箭-10M3和箭-10M4。

箭-10M导弹系统 从2000—2001年，俄罗斯对箭-10M导弹系统进行了改进。该系统增加了1个红外探测系统，使用9M37МД导弹，改进了发射车内的计算机，使导弹作战距离有所增加。

箭-10M3导弹系统 是箭-10M导弹系统的未来改进型，主要用于保护机动部队，打击低空来袭目标，如低空飞行的飞机、直升机、精确制导武器和无人飞行器等。该导弹系统对发射车进行了相应的改进，发射车为9A35M3，车上装有用于车辆集中控制和ASPD-U数据处理装置的9V179-1接收机、目标指示器及9V180目标杀伤系统。主要的改进是采用了双模制导系统，即使用了9E425光学和被动红外双波段制导引头。该导弹系统使用9M333导弹。

箭-10M4导弹系统 是箭-10导弹系统的最后改进型，是箭-10M2、箭-10M3和早期型号的一个升级包。箭-10M4导弹系统作战连包括1辆9A35M4连指挥车和3辆9A35M5发射车。9A35M4发射车与9A35M3发射车外部明显的不同是在发射架右上部装有1个夜视仪，可在夜间和不利天气下进行作战，并可对付无人机和巡航导弹。

道尔-M1（Top-M1）9K331/护手（Gauntlet）SA-15

概　述

道尔是俄罗斯金刚石-安泰空天防御集团研制生产的低空超低空近程单车野战地空导弹系统，可防御固定翼飞机、直升机、无人机、制导炸弹和导弹，为要地提供完善的防空保护，是世界上第一个采用垂直发射的近程地空导弹系统。该导弹系统的系统代号为9K330，导弹代号为9M330，后改进为9M331。北约称该导弹系统为护手，代号为SA-15。

道尔导弹系统于1983年2月开始研制，1984年设计定型，1986年开始装备部队。改进型道尔-M1于1986年3月开始研制，1989年3—12月进行了系统试验，1991年开始批量生产装备部队。道尔-M1导弹系统的代号为9K331，采用9M331导弹。

道尔-M1导弹系统除装备俄罗斯陆军外，还出口到希腊、印度、伊朗等多个国家。1998年，希腊订购了道尔-M1导弹系统，包括21辆战车、7辆Ranzer指挥车等，合同额为 5.6 亿美元。为了同北约的敌我识别系统相配合，希腊于 2000 年又订购了 10 辆战车和 4 辆指挥车。2000 年，希腊向塞浦路斯转让了 6 辆道尔-M1 战车，用以交换 C-300 系统，之后又以 7 亿美元订购了 29 套系统。另外，伊朗在 2005 年年底签订了价值 7 亿美元的合同，采购了 29 套道尔-M1 导弹系统，于 2006 年 12 月底完成交付。9M330 导弹价格为 15 万美元。2000 年，10 套道尔-M1 导弹系统的交易额为 3 亿美元。

道尔地空导弹系统

主要战术技术性能

对付目标	目标类型	固定翼飞机、直升机、无人机、制导炸弹和导弹
	机动能力/g	12
最大作战距离/km		12（飞机），6～7（导弹）
最小作战距离/km		1.5
最大作战高度/km		9（飞机），6（导弹）
最小作战高度/km		0.01
最大速度（Ma）		2.5
机动能力/g		30
反应时间/s		5～8
制导体制		无线电指令制导
发射方式		垂直冷发射
弹长/m		2.9

续表

弹径/mm		230
发射质量/kg		165
动力装置		双推力固体火箭发动机
战斗部	类型	高能炸药破片式杀伤战斗部
	质量/kg	15
引信		无线电近炸引信

系统组成

道尔-M1地空导弹系统由作战装备和支援装备组成。作战装备的基本构成是9A331战车，战车上的作战装备包括发射装置、9M331导弹、探测与跟踪系统、专用数字计算机等。支援装备包括运输装填车、运输车、技术维修车、全套备件车、导弹自动测试车、电子训练车、连指挥车等。每辆指挥车可指挥控制4辆战车、1辆运输装填车、1辆技术维修车和1辆导弹自动测试车。

战车由机电科学研究所研制，每辆战车可以独立作战，也可以在连指挥车统一指挥下作战。每辆连指挥车可指挥控制4辆战车协同作战，该指挥车的任务是接收上级命令，收集其他雷达站或直升机警戒系统的空情，为4辆战车进行火力分配和目标指定。连指挥车为轻型装甲车，最大通信距离为12 km，一般为5 km。

导弹　9M330导弹由火炬机械制造设计局研制，采用鸭式气动布局，差动舵面控制。弹翼固定在尾舱上，尾舱可绕弹体纵轴旋转。舵面和翼面在发射箱内呈折叠状，导弹弹射出箱后弹翼伸展。

9M330导弹

弹上主要设备有无线电近炸引信、自动驾驶仪、无线电仪表、战斗部、固体火箭发动机、弹上电源等。导弹的前段集中安置了弹上电气设备，导弹的后段安装了固体火箭发动机。由于电气设备集中安装在前段，易于装配、检查和测试，故提高了导弹的可靠性。

自动驾驶仪的敏感元件包括3个自由陀螺和2个加速度计，导弹的角加速度经积分获得；舵机为燃气舵机，由舵面差动实现导弹滚动稳定。导弹在垂直发射后的转弯采用燃气动力控制；燃气由燃气发生器提供，执行机构由燃气舵和燃气小喷管组成，由舵面偏转改变燃气控制力矩。导弹垂直发射转弯后主发动机点火，导弹弹体操纵控制力转为空气动力。

导弹战斗部的破片数量约 2 000 块,每块质量约 3 g,飞散角约 40°,杀伤半径为 15 m。引信为 X 波段的无线电引信,安装在导弹鼻锥部,采用脉冲体制。引信作用距离为 10～20 m。

动力装置为双推力固体火箭发动机,采用贴壁浇铸方式。其推进剂采用复合推进剂 HTPB(丁羟推进剂)。发动机推进剂质量为 71 kg,壳体质量为 27 kg。发动机总冲为 170 kN·s。一级比冲为 2.45 kN·s/kg,二级比冲为 2.16 kN·s/kg,一级平均推力为 30.87 kN,二级平均推力为 8.134 kN,一级飞行时间为 3.5 s,二级飞行时间为 8 s。

探测与跟踪 探测与跟踪系统由搜索雷达、敌我识别装置、跟踪制导雷达、导弹截获装置、电视跟踪装置和指挥显示控制台组成。

道尔地空导弹系统雷达

目标探测由安装在转塔顶部后方的脉冲多普勒三坐标搜索雷达完成。该搜索雷达采用频扫天线,有 8 个波束,可在方位上进行 360°旋转,能够提供 0°～32°和 32°～64°的俯仰扫描转换,雷达天线转速为 60 r/min,工作在 4～6 GHz(C 波段),可以测量距离在 25 km、最大高度在 23 km 范围的 48 个目标的距离、方位及高度,并自动进行威胁评估。雷达同敌我识别器配合使用,可同时跟踪 10 个最具威胁的目标。指控计算机按照威胁等级对这些目标进行分类,并确定优先打击的目标。

目标跟踪和导弹制导由 Ku 波段多普勒雷达完成。雷达天线为有限扫描的相控阵天线,笔形波束宽度约为 1°,波束在空间扫描范围为 15°×15°。相控阵天线的左上方安装有一个导弹截获天线,用于在导弹垂直发射后迅速捕获导弹,控制导弹适时进入相控阵雷达的主波束。

导弹发射箱

相控阵天线右方安装有一台电视摄像机，可对目标进行自动跟踪，跟踪距离为 20 km。在地杂波混乱和电磁干扰的环境下，电视制导系统可作为雷达跟踪的补充手段。跟踪制导雷达的作用距离为 25 km，能同时跟踪 2 个目标，制导 2 枚导弹，拦截 2 个目标。跟踪制导雷达具有良好的抗干扰性能，在雷达信号处理方面采用了脉冲多普勒、低通滤波等技术，能有效抑制地杂波、气象杂波以及各类消极干扰和积极干扰。

指控与发射 全系统在计算机管理控制下工作，作战高度自动化。在操作显示控制台上有 3 个显示器显示空情，两侧是目标距离和仰角显示器，中间是目标航迹显示器，目标的信息由数字和字符表示。

每个导弹发射箱内装有 4 枚导弹，可整箱运输和装填。发射箱总质量为 930 kg，为铝合金制成的扁平长方形结构，箱内分隔成 4 个单独的部分，装有发射弹射装置及接插件。弹射装置由作动筒、火药、活塞、活塞杆、弹簧、剪切销等部分组成。活塞杆后端顶在导弹的裙部，活塞和作动筒底部之间装有火药，另一端有缓冲弹簧；作动筒的顶部有一固定端与发射箱固联。发射箱为密封结构，导弹装入箱内后充以干燥空气。

系统采用垂直冷发射技术。导弹发射时，点火电路点燃火药，产生高温、高压的燃气，推动活塞向上运动，顶在导弹尾端的活塞杆推动导弹切断销子，推动导弹沿着导轨垂直向上运动，顶破发射箱易碎盖，冲出发射箱。

作战过程

道尔地空导弹系统的作战过程由以下 4 个阶段组成。

(1) 目标搜索、目标指示阶段

战车在行进中搜索雷达对空搜索信号，当搜索雷达检测到信号后，进行敌我识别并开始对目标边搜索边跟踪，经威胁判断建立目标优先等级后把目标数据指示给跟踪制导雷达。

(2) 跟踪制导雷达对目标捕获跟踪阶段

跟踪制导雷达接收到目标指示数据后，战车立即停止行进，转塔在方位上调转到目标方向，相控阵天线在俯仰上转动使天线的法线方向对准目标方向，与此同时相控阵天线波束可做小范围搜索，以便迅速截获目标。一旦捕获目标后，跟踪制导雷达便开始对目标进行自动跟踪。

(3) 导弹发射准备阶段

一旦跟踪制导雷达稳定跟踪目标后，系统给出信号，导弹在发控装置管理控制下进入导弹发射准备阶段，导弹加电、陀螺启动、装定各种参数。

(4) 导弹发射、截获、制导阶段

操作手按下发射钮后，导弹垂直发射，约在 20 m 高度完成转弯；之后发动机点火，导弹开始加速飞行。

导弹发射后由战车上的导弹截获装置捕获导弹。导弹截获天线为宽波束，以被动工作方式测量导弹的角度。地面制导雷达根据初制导规律，通过无线电遥控指令把导弹引入到相控阵天线的窄波束搜索范围中，在此期间导弹遥控应答机处于询问应答工作方式。在完成导弹截获天线宽波束与相控阵天线窄波束交班后，由相控阵雷达实现对导弹跟踪制导，直到把导弹引向目标并击毁目标。

发展与改进

道尔导弹系统在发展改进过程中形成了道尔-M1、道尔导弹系统出口型、道尔-M1改进型和道尔-M2E。

道尔-M1　1991 年，道尔导弹系统经过对相控阵雷达和 9M330 导弹升级后，形成道尔-M1 导弹系统。改进后的系统能够同时拦截两个目标，防空能力更强。

道尔-M1 导弹系统在以下几方面进行了改进。

(1) 改进战车

道尔-M1 导弹系统战车 9A331 引入了第二个目标通道，采用了双处理器计算机系统以提高计算速度，实现了两个目标通道的工作，能同时攻击两个目标。

(2) 改进目标搜索雷达

道尔-M1 导弹系统的目标搜索雷达引入了三通道信号数字处理系统，改善了对无源干扰的抑制，接收机灵敏度得到了提高。

(3) 改进制导雷达

道尔-M1 导弹系统的制导雷达引入了新型探测特性，以确保能够发现和自动跟踪悬停的直升机；在电视光学瞄准具中引入了目标俯仰角自动跟踪电路，提高了对低空飞行目标的跟踪精度。

道尔导弹系统出口型　1996 年，道尔导弹系统的出口型面世。该导弹系统可以装在不同类型的车辆上（轮式车、履带车），也可以空运。

1999 年研制的出口型导弹系统提高了作战距离、导弹飞行速度和飞行高度。该系统置于 TELAR 拖车上，并配有自装填系统。同年研制了道尔-M1T-A 导弹系统、道尔-M1T-B 导弹系统和道尔-M1T-C 导弹系统。道尔-M1T-A 导弹系统的发射架安装在拖车上，控制箱放在一辆卡车上。道尔-M1T-B 导弹系统的发射架和控制箱分别放在两辆拖车上。道尔-M1T-C 导弹系统的火力单元直接放在地面上，控制箱放在方舱中。这三种导弹系统的控制箱都可以通过电缆与火力单元相连，系统还可以同区域防空网络集成。

2001年，设计了带有自动指控系统的出口型导弹系统。该系统主要针对精确制导炸弹和空地导弹等威胁目标，可以为重要目标提供防护。

道尔-M1改进型　2001年，俄罗斯陆军订购了道尔-M1A导弹系统。该系统改进了系统软件，并将最大作战高度扩展到10 km。2005年，具有远程发射能力的道尔-M1B导弹系统研制成功。目前，道尔导弹系统又推出了两个改进型，即道尔-M1G导弹系统、道尔-M1V导弹系统；前者用CCD昼夜两用系统取代了电视传感器，后者改进了电子抗干扰能力。

道尔-M2E　在2007年莫斯科防务展上，俄罗斯展出了轮式底盘车载型道尔-M2E导弹系统。该系统的火力单元采用处理能力更强的新型雷达替换了原有的H波段监视雷达；跟踪和制导雷达采用了新技术，具有30°×30°的扫描范围，超过了原系统15°×15°的扫描范围。导弹发射间隔降低至2 s。

道尔-M2（Top-M2）9K332/护手（Gauntlet）SA-15

概　述

道尔-M2系统为道尔-M1的改进型，代号为9K332，由金刚石-安泰空天防御集团研制，2008年开展了试验，2009年开始装备俄罗斯陆军，2011年开始提供给白俄罗斯装备。道尔-M2系统最初采用了道尔-M1系统的9M331导弹，2016年起采用9M338导弹的新型道尔-M2系统装备俄罗斯陆军。道尔-M2系统主要用于对付固定翼飞机、直升机、无人机、制导炸弹和导弹等目标，为俄罗斯陆军机械化旅和坦克旅在执行作战行动时提供近程对空防御能力。

道尔-M2地空导弹系统战车

主要战术技术性能

导弹	9M331	9M338
对付目标	固定翼飞机、直升机、无人机、制导炸弹和导弹	
最大作战距离/km	12（飞机），6～7（导弹）	16
最小作战距离/km	1.5	1.5
最大作战高度/km	9（飞机），6（导弹）	12
最小作战高度/km	0.01	0.01
最大速度（Ma）	2.5	2.9
机动能力/g	30	30
反应时间/s	5～6	4.8
制导体制	无线电指令制导	无线电指令制导
发射方式	垂直冷发射	垂直冷发射
弹长/m	2.9	2.9
弹径/mm	230	240
发射质量/kg	165	163
动力装置	双推力固体火箭发动机	双推力固体火箭发动机
战斗部 类型	高能炸药破片式杀伤战斗部	高能炸药破片式杀伤战斗部
战斗部 质量/kg	15	15
引信	无线电近炸引信	无线电近炸引信

系统组成

道尔-M2系统主要包括作战装备、辅助支援装备两部分，另外还可配有连级指挥装备。道尔-M2系统作战装备包括战车和导弹模块。道尔-M2系统的战车可装配轮式底盘，代号为9A331MK，也可装配履带式底盘，代号为9A331MУ。道尔-M2战车作为独立的作战单元，其组成包括目标搜索雷达、跟踪和制导雷达、光电跟踪设备、导弹发射模块、导航和地形联测设备。

导弹 9M338导弹质量为163 kg、弹长为2.9 m、弹径为0.24 m，最大作战距离为16 km、最大作战高度为10 km，导弹的最大飞行速度为1000 m/s。9M338导弹采用冷发射方式，通过无线电指令制导，使用数字式自动驾驶仪，具有命中精度高的特点。

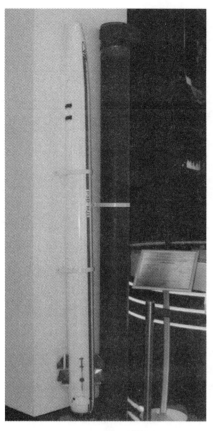

9M338 导弹及其发射筒

探测与跟踪 探测与跟踪系统由目标搜索雷达、跟踪和制导雷达、光电跟踪设备组成。目标搜索雷达采用改进的带频扫缝隙天线阵的雷达,作用距离扩大到 32 km;采用等距离的 8 个按时间改变载频进行波束扫描的分波束,每个分波束宽度为 4°;天线高低角轴分两挡可调,扫描覆盖的高低角范围为 0～32° 或 32°～64°。

跟踪和制导雷达配有稀疏元无源相控阵天线,能保证在 30°×30° 扇区内进行方位和高低角扫描,波束宽度为 0.8°×0.8°,能在上述的扇区内同时跟踪 4 个目标、自动制导 6 枚导弹,具有很高的抗有源和无源干扰的能力。光电跟踪设备能保证在雷达有源干扰条件下道尔-M2 系统的全天时工作。

指控与发射 道尔-M2 系统的战车装有自动指挥控制站,可指挥两个战车形成的战斗节点,还可使道尔-M2 系统战车与其他中程、远程地空导弹系统相互通信,建立稳定的、混合编队的防空火力群。此前,道尔-M2 系统每辆车能携带 8 枚 9M331 导弹,随着 9M338 小型化导弹的出现,该系统携带导弹的数量增加至 16 枚。9M338 导弹的发射筒较为独立,其底部有一个接口,可装备各类平台,具有即插即用的能力。

目标搜索雷达

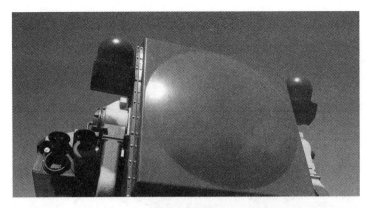

跟踪和制导雷达

光电跟踪设备

作战过程

道尔-M2 系统战车的最大行程为 500 km，最大公路行驶速度为 80 km/h，可在行进中搜索目标，短时间停车后即可发射导弹。与道尔-M1 系统相比，道尔-M2 系统的目标通道数从 2 个提高到 4 个，导弹截获天线从 1 个增加到 2 个，缩短了导弹发射间隔时间；战车能实现"传输带"式作战，在此方式下射击通道在完成对一个目标的制导后，可立即转入对另一个目标的制导，提高了系统在敌空袭武器饱和攻击条件下的作战效能。在俄军编制中，一套道尔-M2 系统就是一个导弹连，包括 1 辆 9C737MK 型连级指挥车和 4 辆战车，战车与连级指挥车的距离为 50～5 000 m。

道尔-M2 系统的辅助支援装备通常包括：9T244 型运输装填车，一个导弹连配 2 辆；9T245 型运输车；9B887M2K 型连级技术维修车和 9B887M2K 型团级技术维修车各 1 辆；1 辆 ЗИП 9Ф399-1M2K 型备件车；1 套 9Ф116 型吊具装备；1 套 9Ф678M 型战车车长和操作手训练设备；1 辆 MTO-AГ3M1 型技术维护车。

9C737MK 型连级指挥车

发展与改进

道尔-M2 系统在发展改进过程中形成了道尔-M2KM、道尔-M2U、道尔-M2DT。

道尔-M2KM 该系统是一个能自主独立作战的模块化地空导弹火力单元，亦称为自主式作战模块，由特种装备、计算机系统、雷达和光学设备、2 个带有 4 发 9M331 导弹的 9M334 导弹模块、操作手工作舱、燃气涡轮发电机、供电系统和导航系统等组成。道尔-M2KM 系统可装载在多种底盘上进行机动作战，可同时发现和显示 144 个点目标，同时跟踪 20 个目标，并保证同时射击其中 4 个目标；系统启动时间不大于 60 s，作战准备时间不大于 3 min；最大杀伤目标距离为 15 km，目标最大速度为 700 m/s；当目标航路捷径为 6 km 时最大杀伤距离为 12 km，单发杀伤概率不小于 0.98。

道尔-M2KM 系统

带有 4 发 9M331 导弹的 9M334 导弹模块

道尔-M2U 该系统是俄罗斯陆军装备的最新型系统,据俄罗斯 2018 年报道显示,俄陆军 3 个师旅已经装备 3 个营的道尔-M2U 系统。道尔-M2U 系统虽沿用此前型号的底盘,但配备了新的雷达和 9M338 导弹,性能大幅提升。据报道,道尔-M2U 系统能够同时识别 40 个飞机类目标,同时打击其中 4 个目标,杀伤范围扩大了 20%～40%。

道尔-M2U 系统

道尔-M2DT 该系统于2016年研发,2017年年底装备俄军北极部队,采用DT-30PM-T1两段式履带全地形车,具备强大的极地冰层机动能力。道尔-M2DT系统可在复杂空情和干扰条件下有效对付中空、低空和超低空飞行的飞机、直升机、导弹等武器,具有在火力和无线电电子对抗环境下抗击密集空袭的作战效能。

道尔-M2DT系统

通古斯卡-M(Тунгуска-M)2K22M/格森(Grison)SA-19

概 述

通古斯卡-M是图拉仪器制造设计局研制的一种自行式近程弹炮结合防空系统,其计算与瞄准单元由机电科学研究所研制,车辆底盘由明斯克汽车制造厂生产。该系统主要用于保护陆军野战部队免受低空飞行的飞机、武装直升机的攻击。该系统的代号为2K22M,导弹代号为9M311。北约称该导弹系统为格森,代号为SA-19。通古斯卡-M导弹系统于1986年装备部队,1995年和1997年出口至印度。

通古斯卡-M 弹炮结合防空系统

主要战术技术性能

型号		导弹	火炮
对付目标	目标类型	低空飞机和武装直升机	
	目标最大速度/(m/s)	500	500
最大作战距离/km		8	4
最小作战距离/km		2.5	0.2
最大作战高度/km		3.5	3
最小作战高度/km		0.015	
最大速度(Ma)		2.6	
机动能力/g		35	
杀伤概率/%		65	60
反应时间/s		6~10	6~10
制导体制		无线电指令制导	
发射方式		8联装倾斜发射	
弹长/m		2.56	
弹径/mm		152(一级),76(二级)	
翼展/mm		30(一级),15(二级)	

续表

发射质量/kg		42
动力装置		1台固体火箭发动机
战斗部	类型	破片和连杆式杀伤战斗部
	质量/kg	9
引信		触发和激光近炸引信

系统构成

每个通古斯卡-M弹炮结合防空系统作战连包括6辆2C6M履带式战车。每辆战车上的作战装备包括9M311导弹及发射架（每个发射架配有8枚导弹）、2门30 mm口径2A38型双管防空高炮（最多可带1904发炮弹）、目标搜索雷达、目标跟踪雷达、火控计算机系统、光学瞄准系统（带制导和稳定装置）、导航与通信设备以及测量装置（可测量颠簸角及方位角）。

每个作战连的支援装备包括3辆2Φ77M导弹运输/装填车（每辆车上装有8枚筒装导弹及32箱炮弹）、1辆9B921T导弹测试车、3辆技术维护修理车（2B110-1、1P10-1M、2Φ55-1M1）和1辆机械修理车。

导弹 9M311导弹采用二级结构、鸭式气动布局。导弹的第一级为带有4个翼可分离的固体火箭助推器，工作时间为2.2 s，可将导弹加速至900 m/s。导弹的第二级无动力，尾部带有4个固定翼，依靠惯性飞行，最大飞行时间为13.4 s。导弹的前部装有4个控制舵面，可使导弹具有优异的机动性，最大机动过载为$35g$。

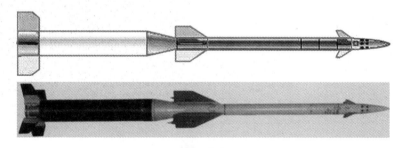

9M311导弹外形图

导弹绕纵轴旋转，采用旋转稳定方式，靠鸭式舵面实现飞行控制。导弹采用无线电指令制导，制导系统采用半自动化模式。射手需修正小制导偏差。

弹上设备包括无线电指令接收设备、陀螺位标器、燃气舵机、供瞄准用的曳光管、电源、战斗部、引信、可脱落的固体火箭发动机。导弹在运输时装于筒内。

导弹采用触发和激光近炸引信。激光近炸引信带有4个质量为0.8kg的激光器（8个波束），可靠启动距离为5m，截止距离为15m。

探测与跟踪 2C6M战车上配有1RL144雷达系统，包括1部作用距离为18km的S

波段目标搜索雷达、1部最大跟踪距离为13km的L波段目标跟踪雷达。雷达系统具有探测低空目标（15 m）的能力，即采用强地面反射信号抑制模式，以＋1°俯仰角进行扫描。此外，该系统配有带角度稳定装置的1A29M光学瞄准具，其放大倍数为8，视场为8°，可保证战车在行进中进行半自动跟踪和发射火炮；该系统还配有敌我识别器。

发射装置 转塔带动2套4联装导弹发射架与火炮在方位上一起转动，火炮射击速率达5 000发/min。

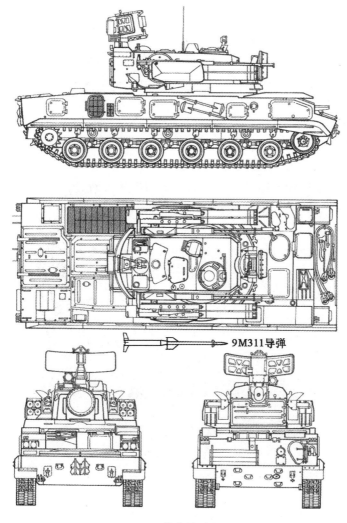

2C6M战车外形图

发展与改进

通古斯卡导弹系统的研制始于20世纪70年代，早期系统代号为2K22，1980—1981年进行系统试验，1986年装备部队。该系统采用2C6战车，战车上装有9M311导弹（2×

4联装）和2门30 mm口径的2A38型双管防空高炮，以取代箭-1、箭-10地空导弹系统和23 mm口径自行式高炮系统。

1990年，该系统进行了改进，名称为通古斯卡-M，代号为2K22M，战车代号为2C6M；主要改进了弹上通信装置，使其可接收营指挥车数据和雷达数据。通古斯卡-M于1990年进行了试验，目前已装备部队，并且仍在生产。

第三次改进始于20世纪90年代初，改进型名称为通古斯卡-M1，导弹代号为9M311M，导弹的最大作战距离达为10km，最大作战高度为6km。该系统的改进包括：

1) 根据连指控系统的无线电指令自动进行目标指示接收、传输和处理，进行发射中的自动目标识别；

2) 采用了新型坐标计算设备，增强了系统的抗干扰性；

3) 采用了新型的ГМ-5975底盘；

4) 高炮系统采用自动高速二坐标光学跟踪；

5) 导弹采用新型激光引信；

6) 改进了战车的侧倾/俯仰控制系统，以便减少战车行进过程对陀螺仪的干扰，从而减小了高炮的瞄准稳定误差，增强了稳定性。

目前，图拉仪器制造设计局正在研制新型通古斯卡系统，即铠甲-C系统，包括采用新型传感器和57E6导弹。新型传感器主要包括分米波搜索雷达，用于探测空中目标，具有同时测量20个目标的俯仰、方位、距离及径向速度的能力；双波段（毫米波/厘米波）三坐标跟踪雷达，可自动进行目标截获和跟踪（包括低空目标）。新型红外跟踪器可在恶劣的天气和低能见度条件下探测、自动截获和跟踪空中目标和地面目标。新型传感器对飞机类目标的最大搜索距离为36~38 km、跟踪距离为24~30 km。导弹的作战距离为1~20 km，作战高度为5 m~10 km。

松树-P（Cocна-P）/索斯纳-R（Sosna-R）

概　述

松树-P是由俄罗斯图拉仪器制造设计局研制的近程地空导弹系统，采用9M337导弹。9M337导弹在外形上与通古斯卡-M系统的9M311导弹和铠甲-C1系统的9M335导弹非常相似。松树-P系统主要用于对付固定翼飞机、直升机、无人机、精确制导炸弹和巡航导弹等空中目标，还可用于对付地面轻型装甲车。松树-P系统于2015年中旬完成研制试验，2016年开始在俄军服役。

采用的 MT-LB 多用途履带式装甲战车底盘的松树-P 系统

主要战术技术性能

对付目标	固定翼飞机、直升机、巡航导弹、无人机、精确制导炸弹、轻型装甲车
最大作战距离/km	8
最小作战距离/km	1.3
最大作战高度/km	5
最小作战高度/km	0.2
最大速度(Ma)	3.5
交战速度/(m/s)	500
机动能力/g	52
反应时间/s	3～5
杀伤概率/%	95
制导体制	无线电指令制导(弹体与火箭发动机分离前)+激光驾束制导(弹体与火箭发动机分离后)
弹长/m	2.317
弹径/mm	72，130(火箭发动机直径)
发射质量/kg	30

续表

动力装置		可分离固体火箭发动机(燃烧时间 1.5 s)
战斗部	类型	破片式杀伤战斗部
	质量/kg	5
引信		12 通道激光近炸引信

系统构成

松树-P 系统由车辆底盘、导弹发射装置、空中搜索和目标跟踪装备、导弹飞行控制装置、综合光电作战控制系统等组成,可装备 12 枚 9M337 导弹,能集成到多种底盘上。松树-P 系统还可与 30 mm 口径的 AO-18KD 型火炮构成弹炮结合系统。

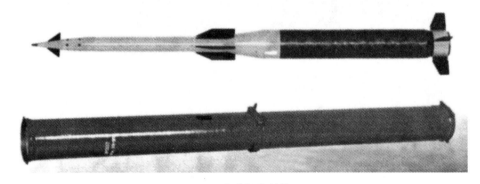

9M337 导弹与发射筒

导弹 9M337 导弹的弹径为 72 mm,火箭发动机直径为 130 mm,发射质量为 30 kg,装配有 12 通道激光近炸引信和质量为 5 kg 的破片式杀伤战斗部。导弹发射筒的直径为 153 mm,长度为 2.4 m,导弹连同发射筒的总质量为 42.5 kg。导弹的发射架型号为 2A38。

9M337 导弹在发射初始阶段采用无线电指令制导方式,弹体与火箭发动机分离后采用激光驾束制导方式,自动光学模块有红外通道和激光通道,以实现测距和导弹制导。激光测距的精度为 ±5 m,针对飞机和直升机的作用距离大于 12 km。

探测与跟踪 松树-P 系统配备了高精度自动光电搜索跟踪系统,具有制导精度高、抗干扰能力强、作战隐蔽性好等特点。此外,松树-P 系统还可利用外部雷达提供的数据打击来袭目标。

底盘 松树-P 系统可部署于多种底盘,俄军部署型采用 MT-LB 多用途履带式装甲战车底盘,战车名为 Bagul'nik。该战车车体长 6.45 m,宽 2.86 m,高 1.86 m,动力装置为一台 240 马力 YaMZ 238 V-8 柴油发动机,最大速度为 62 km/h,最大行程为 500 km。

松树-P 系统的空降型使用 BMD-4M 底盘,战车名为 Ptitselov。该底盘采用了 500

马力的 UTD-29 多燃料柴油发动机，最大公路速度 70 km/h，最大公路行程为 500 km。

作战过程

9M337 导弹在飞行的初始阶段采用无线电指令制导，弹体与助推器分离后，采用激光驾束制导的方式。9M337 导弹飞行至最大作战距离需 11.5 s。松树-P 系统反应时间为 3~5 s，具备机动过程中跟踪和打击目标的能力，能够同时跟踪 50 个空中目标。作战时，松树-P 系统的 12 枚导弹均处于待发状态，导弹全部发射完之后的重新装填时间小于 12 min。

发展与改进

目前，松树-P 的改进型主要有海军型 Palma 系统、空降型松树-P 系统、新型松树系统。

海军型 Palma 松树-P 系统的海军型名为 Palma（出口型也采用该名称）。Palma 系统由 2 门 30 mm 口径的 AO-18KD 型火炮、1 个光电传感器和 8 枚近程防空导弹组成。该系统可集成松树-P、箭-10、毒刺和西北风等系统的导弹。作为军贸型号的 Palma 系统现已销售，但买家信息尚未公布。首套 Palma 系统已于 1999 年交付。此外，越南也购买了海军型 Palma 系统。

空降型松树-P 松树-P 系统的空降型采用 BMD-4M 伞兵战车底盘，是世界上首款可人车一体空降的防空导弹系统，用于替换俄罗斯空降部队的 SA-13 金花鼠（箭-10M）防空导弹。空降型松树-P 系统可与 MP-D 和 MRU-D 两型防空指挥控制系统相集成。上述两型防空指挥控制系统可空投，连续工作时间为 72 h，从行军到就绪时间为 5 min。其中，MP-D 系统主要用于探测中空目标，最大探测距离为 150 km，可同时跟踪 100 个不同类型的目标，自动更新信息的时间间隔为 1~12 s。MRU-D 系统用于探测低空目标。MP-D 和 MRU-D 系统已于 2018 年中旬在俄罗斯空降部队服役，除松树-P 系统外，还可与箭-10、弯曲-S（Gibka-S）系统相集成。此外，MP-D 和 MRU-D 系统还可接入巴尔瑙尔-T（Barnaul-T）防空指挥控制系统。

新型松树 目前，俄罗斯国防部已批准列装新型松树近程地空导弹系统，并将于 2022 年交付使用。新型松树系统可装配 12 枚 9M340 导弹。9M340 导弹采用激光驾束制导方式、高爆破片式杀伤战斗部和近炸引信，导弹的火箭发动机直径为 132 mm，弹体直径为 72 mm，导弹质量为 38 kg，最大作战距离为 10 km，最大作战高度为 5 km，最大飞行速度为 900 m/s。新型松树系统的导弹填装时间为 8~10 min，作战响应时间为 5~8 min，可以在行进中发射。

MRU-D型防空指挥控制系统

铠甲-C1（Панцирь-C1）96К6/潘泽尔-S1（Pantsyr-S1）SA-22

概 述

铠甲-C1是俄罗斯图拉仪表制造设计局研制的一种近程弹炮结合防空系统，是通古斯卡的改进型，系统代号96K6，导弹采用通古斯卡-M导弹的改型，代号为9M335（亦称57E6，出口型代号为57E6E）。北约将该导弹系统命名为潘泽尔-S1。铠甲-C1主要用于保护高价值战略目标（如核电站、机场、交通枢纽）免遭机载、地面以及舰载武器的攻击。俄罗斯于20世纪90年代开始研制铠甲-C1系统，1994年完成样机生产，1995年公开展出，2003年完成研制，2007年起正式装备俄罗斯空军。铠甲-C1系统已在实战中多次击落侦察机、无人机等目标。目前，铠甲-C1系统已在俄罗斯、叙利亚、阿联酋、阿尔及利亚等多个国家服役。每套铠甲-C1系统的出口价格约为1 400万美元。

铠甲-C1 弹炮结合防空系统

主要战术技术性能

武器种类	9M335 导弹	火炮
对付目标	低空飞机、直升机、无人机	
最大作战距离/km	20	4
最小作战距离/km	1.2	0.2
最大作战高度/km	15	3
最小作战高度/km	0.015	
最大速度(Ma)	3.8	
反应时间/s	4~6	4~6
制导体制	光学跟踪+无线电指令制导	
发射方式	2 套 6 联装(或 4 联装)倾斜发射架	
弹长/m	3.2	
弹径/mm	170(助推级),90(弹体)	
发射质量/kg	74.5	
动力装置	1 台固体火箭发动机	
战斗部 类型	高爆破片和连杆式杀伤战斗部	
战斗部 质量/kg	20	
引信	近炸和触发引信	

系统构成

铠甲-C1系统由战车、9M335导弹、2门30 mm口径的2A38型防空高炮、73B6-E运输装填车（两辆战车配一辆运输装填车）、维修设备及训练辅助装置组成。系统既可由一辆战车独立作战，也可以由多辆战车（最多达6辆）组成一个连作战单元，其中一辆车指定为主战车，其他几辆为从战车。

导弹 9M335导弹为两级结构，一级为固体火箭发动机，长约0.7 m。导弹第二级采用鸭式气动布局。弹上设备包括高爆破片和连杆式杀伤战斗部、触发和近炸引信、舵机、电子设备组合、陀螺位标器、弹上电源、光学应答机、无线电应答机和可脱落的固体火箭助推器。9M335导弹采用高爆破片和连杆式杀伤战斗部，破片的最大速度可达1 600 m/s，杀伤半径为9 m。

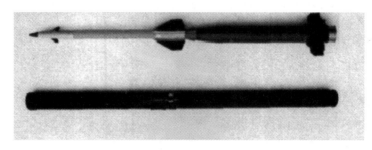

9M335导弹及发射箭

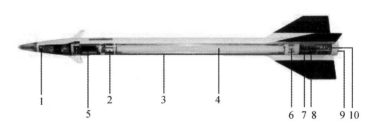

9M335导弹第二级结构图

1—近炸引信；2—触发引信；3—杀伤元；4—装药；5—舵机；6—电子设备组合；
7—陀螺位标器；8—弹上电源；9—无线电应答机；10—光学应答机

探测与跟踪 铠甲-C1系统的转塔顶部装有目标搜索雷达，可以折叠，以便系统在行进时降低高度。在目标搜索雷达的下部、两套导弹发射架之间装有目标跟踪与导弹制导雷达、光电/红外传感器组合——红外探测仪、红外成像仪。目标跟踪和导弹制导雷达工作在厘米波、毫米波波段，可同时引导两枚导弹攻击一个目标。系统采用雷达制导和光电制导两种独立的作战模式（俯仰和方位的两个通道发射区域为90°×90°），具有自动攻击目标和同时攻击2个目标的能力。

目标搜索雷达为单面相控阵天线三坐标雷达，其目标搜索范围：方位角为360°、高低角为 0°~60°，对雷达散射截面为 2 m² 的目标作用距离为 32 km，可自动跟踪 20 个目标。目标指示数据输出精度：方位角为 0.3°、俯仰角为 0.5°、距离为 60 m，从而确保使用目标跟踪雷达和红外成像光学系统快速再搜索和截获更多的目标。

发射装备 铠甲-C1 系统的底盘顶部两侧各装有 1 套 6 联装（或 4 联装）导弹发射架及 1 个大型转塔、2 门带有 750 枚弹药的 30 mm 口径 2A38 型防空高炮。当铠甲-C1 系统在发射阵地部署时，车辆两侧的 4 个千斤顶支起，以保持车辆的稳定。

底盘 铠甲-C1 系统早期采用乌拉尔-5323.4（8×8）越野卡车底盘。2008 年，有关俄罗斯陆军试验的报道显示，铠甲-C1 系统采用了 BAZ-6909 型 8×8 卡车底盘，装备 8 枚导弹。出口型铠甲-S1E 系统采用卡马斯-6560 卡车底盘，公路行驶速度为 70 km/h。此外，该系统还有采用履带式底盘的版本。

作战过程

铠甲-C1 系统根据远方情报站或上级指挥系统提供的目标信息，启动目标搜索雷达。当目标搜索雷达发现目标后，跟踪制导雷达（或光电系统）进行跟踪。当目标进入导弹发射空域时，瞄准目标，迅速发射导弹。导弹在助推器的推力下，被加速推出发射筒。导弹离开发射筒到达安全距离后，助推器分离脱落，导弹的第二级飞向目标。导弹接近目标时，近炸引信启动，并在最佳的引战配合时机起爆战斗部，摧毁目标。铠甲-C1 系统可同时拦截 4 个目标。

2012 年 6 月 22 日，俄罗斯出口叙利亚的铠甲-C1 弹炮结合防空导弹系统击落一架以色列侦察机，这是该系统的首次实战。2015 年，俄罗斯将铠甲-C1 系统部署在叙利亚，按俄罗斯公布的消息，在叙利亚行动中至少击落 16 架无人机和 53 枚火箭弹。2018 年 1 月 6 日清晨，俄赫梅米姆基地和塔尔图斯基地遭遇 13 架无人机袭击，处于战斗值班的铠甲-C1 摧毁其中 7 架。

发展与改进

20 世纪 80 年代末，苏联军方希望研制新一代通用型防空导弹系统，要求该系统能伴随陆军行进作战，具有较强的低空和超低空防御能力，兼具通古斯卡与道尔系统的优点，具备反飞机、反直升机、反精确制导导弹能力。20 世纪 90 年代，图拉仪器制造设计局开始研制铠甲-C1 弹炮结合防空系统，1994 年完成样机生产，并于 1995 年公开展出。原型铠甲采用 8×8 乌拉尔-5323.4 越野卡车底盘，转塔较大，装有 2 套 6 联装防空导弹发射架、2 门 30 mm 口径的 2A72 型单管防空高炮。由于系统未能达到预期的在行进中发射导弹的要求，且导弹命中率偏低，火炮射速偏低、口径偏小、弹种受限，杀伤力不足，令军方不满意。1999 年，图拉仪器制造设计局采用成熟的技术方案并结合用户需求，开发出新型铠甲-C1 弹炮结合防空系统和光电制导型铠甲-C1 防空导弹系统。2000 年，阿联酋与俄罗斯签订了价值 7.34 亿美元的军贸合同，用于采购 50 套铠甲-C1 系统。2004 年，铠甲系统的所有试验基本完成。目前，俄罗斯已将铠甲系统部署于多种平台。

铠甲系统部署平台

铠甲-C1-O 铠甲-C1-O系统为光电制导型防空导弹系统，用于气象条件好的国家或地区。其主要改进是仅采用导弹，导弹数量为8枚，采用光电跟踪制导，减小了战车尺寸、质量以及系统造价，提高了系统的效能。但系统的技术性能有所降低，最大作战距离为18 km，系统反应时间为5～7 s。一个铠甲-C1-O导弹连系统包括1个连指挥所、6辆战车、2辆导弹运输装填车以及技术维护器材和训练模拟设备等。连指挥所负责组织协调6辆战车，并指挥战车发射导弹攻击目标。每辆战车构成一个火力单元，可独立作战。战车由底盘、转塔组成。底盘可采用轮式底盘或履带式底盘，转塔上装有2套4联装发射架，8枚筒装待发导弹（导弹代号为57E6E）以及雷达-光电火控系统。导弹采用改进后的57E6E导弹。火控系统为多模式多频谱自适应雷达-光电火控系统，包括目标搜索雷达、光电系统、转塔驱动装置、中央计算机系统（CCS）、指挥员和操作员显控台等。

铠甲-C2 2015年，俄罗斯披露了铠甲-C2系统的消息。铠甲-C2是铠甲-C1的升级版，装配有30 mm口径2A38M型防空高炮和6枚57E6E导弹。2016年，有报道称6个铠甲-C2作战单元在俄军服役。

铠甲-S1E 铠甲-S1E系统是铠甲-C1系统的出口型。该系统采用57E6E导弹。铠甲-S1E系统的雷达由俄罗斯法兹特隆雷达设计局研制，代号为1RS2-E。俄罗斯出口阿联酋的铠甲-S1E系统装配57E6E导弹和1RS2-E雷达。该雷达为工作在厘米波与毫米波波段的双波段雷达，采用开放式体系架构，可用于探测跟踪固定翼飞机、悬停直升机、巡航导弹、无人机、精确制导弹药及地面机动目标。该雷达可锁定距离为30 km、雷达散射截面为2 m²的目标。该雷达在同时制导2枚导弹时只能跟踪一个目标。安装在炮台的光电传感器将对第二个目标进行跟踪。

2006年,俄罗斯推出了新型铠甲-S1E系统,采用MRLS 1RS2-1E相控阵火控雷达,可部署于MZKT-7930轮式、卡马斯-6350轮式、卡马斯-6560轮式、GM-352M1E履带式等多种新型底盘。1RS2-1E相控阵火控雷达提升了铠甲-S1E系统应对多目标的能力。该雷达采用8 mm有源相控阵天线,工作在40 GHz的K波段。天线的水平与垂直作用范围为45°,可同时跟踪4个目标,制导3枚导弹,第4枚导弹将由工作波长为 $0.8 \sim 9.0\ \mu m$ 的光电传感器导引。雷达的最大跟踪距离为24~28 km。新型铠甲-S1E系统的监视雷达并未改进。

装配相控阵火控雷达的新型铠甲-S1E系统

铠甲-SM 铠甲-SM系统是铠甲-C1系统的升级型,强化了对付无人机的能力,可部署在北极地区。铠甲-SM系统采用了先进的高速导弹,部署于卡马斯底盘,配备了带有相控阵天线的新型多功能探测器,作用距离提升至70 km,有效防御半径拓展至40 km。2015年2月,俄罗斯称在北极地区对铠甲-SM系统进行了测试,并表示该系统可在-58 ℃的严寒环境中运行。俄罗斯计划在北极地区、西部靠近挪威边境地区以及东部靠近日本、美国的边境地区部署铠甲-SM系统。据报道,铠甲-SM系统于2016年10月完成研制,于2016年年底至2017年年初开展相关测试工作。

铠甲-M 铠甲-M系统为海军型号,2016年部署于俄罗斯海军巡洋舰,出口型号为铠甲-ME。出口型作战响应时间为3~5 s,可同时应对4个目标。导弹的射程为20 km,作战高度为2~15 km。火炮的射程为4 km,最大作战高度为3 km。

铠甲-S1M 2019年6月,俄罗斯在陆军防务展披露了铠甲-S1M系统。该系采用卡马斯-53958底盘,火控雷达与铠甲-ME系统相同,搜索雷达与铠甲-C1系统相同,同样配备了红外光电传感器,导弹在57E6的基础上提高了射程,改进了拦截性能。

铠甲-SM 系统

2019 年展出的铠甲-S1M 系统

铠甲-SA 铠甲-SA 系统是铠甲-S1 系统的北极型,2017 年年底装备部队,具有火力密集、机动性好等特点。该系统是将铠甲-S1 系统的炮塔武器系统安装在 DT-30PM-T1 铰接式履带全地形车上,配用 1RS1-1E 型相控阵雷达,对空探测距离超过 30 km,最多能同时跟踪 12 个目标,并引导导弹同时攻击其中 5 个目标。

2019 展出的新型高速导弹（左）和基本型 57E6 导弹（右）

铠甲-SA 系统

赫尔墨斯（Гермес）/赫尔墨斯（Hermes）

概　述

赫尔墨斯是俄罗斯图拉仪器制造设计局研制的自行式多用途防空导弹系统，主要用于对付直升机和低速空中目标，以及坦克、装甲车、指挥掩体、小型舰艇等，具有全天候作战能力。赫尔墨斯导弹系统于1999年年初首次被确定，于2010年完成试验。

赫尔墨斯导弹装在 KAMAZ 卡车上

赫尔墨斯导弹装在巡逻船上

主要战术技术性能

型号	赫尔墨斯-A	赫尔墨斯-K	赫尔墨斯-K(ER)	赫尔墨斯
最大作战距离/km	25	20	100	100
最大速度(Ma)	3.8	3.8	3.8	3.8
制导体制	红外(末段)+单向数据链(中段)	红外(末段)+单向数据链(中段)	红外(末段)+单向数据链(中段)	红外(末段)+单向数据链(中段)
弹长/m	3.5			
弹径/mm	130	130		130
助推器直径/mm	170	170	210	210
发射质量/kg	110	110	130	130
动力装置	固体推进剂	固体推进剂	固体推进剂	固体推进剂
战斗部 类型	高爆破片式杀伤战斗部	高爆破片式杀伤战斗部	高爆破片式杀伤战斗部	高爆破片式杀伤战斗部
战斗部 质量/kg	28	28	30	28

系统组成

赫尔墨斯是一种模块化设计的导弹系列,可从空中、陆上和水面平台发射。

导弹 导弹的设计和布局与铠甲-C1导弹的地面发射器兼容,尾部为固体火箭助推器,尾翼采用倾斜的前缘设计,弹头后部有4个标准的小矩形控制翼。该系统至少可以使用3种(甚至4种)类型的导引头。陆基、空基和海基三型导弹都有一个半主动双通道激光器用于末段寻的,激光指示来自外部。另外两种是被动红外导引头和主动雷达导引头。当使用半主动激光导引头时,可以发射2枚导弹;当使用被动红外或主动雷达导引头时,一次最多可以发射12枚导弹。固体火箭助推器有2种尺寸,基本型号导弹弹径为0.17 m,远程型号导弹弹径为0.21 m。

赫尔墨斯导弹

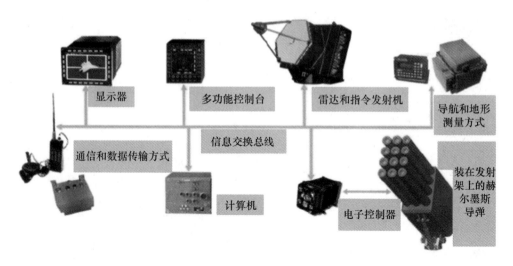

赫尔墨斯导弹系统主要组成部分

发展与改进

目前，赫尔墨斯导弹系统共有陆基、空基和海基三种型号（即赫尔墨斯、赫尔墨斯-A 和赫尔墨斯-K），并已完成研制、开发和试验，且提供出口，可用于批量生产。但截至 2017 年 2 月，该系统尚未投入使用。

赫尔墨斯 赫尔墨斯是基本型，该系统包括：战车、控制车、指挥车、运输车、维修车。导弹安装在一辆卡车上，有 2 个发射装置，每个可载 12 枚导弹。导弹系统也可用于岸基防御，采用射程 40 km 的中程导弹。

赫尔墨斯-A 赫尔墨斯-A 是空基型，已经使用卡-52 攻击直升机进行了试验。导弹射程可达 15～25 km，可以整合监视通道，提高目标监测的可靠性。该系统包括：光电系统、导弹和火控系统。光电系统包括：双通道激光测距仪、目标自动跟踪仪、视频监视器、操纵杆。导弹携带多用途高爆破片战斗部和高精度自动制导系统，确保直接命中小尺寸目标。火控系统包括：武器系统控制计算系统、多功能控制系统、数据交换通道、软件系统。

赫尔墨斯-K 赫尔墨斯-K 是海基型，主要对付地面目标、水面目标和直升机等低速空中目标。该系统包括：导弹、系统控制设备、通信和数据链路设施、维修设施。装备小型船只和巡逻艇的赫尔墨斯-K 导弹射程为 40 km，具有 100 km 射程的导弹装备在大型船上。

莫尔菲（Морфей）42С6/莫尔菲（Morfey）

概　述

莫尔菲是俄罗斯金刚石-安泰空天防御集团研制的超近程地空导弹系统，主要用于点防御，以及保卫洲际弹道导弹、С-400 和 С-500 等重要导弹阵地，对付固定翼飞机、直升机、巡航导弹、制导炸弹、超声速导弹、无人机等。莫尔菲系统火力单元代号为 42С6，采用的导弹代号为 9M338K。

主要战术技术指标

最大作战距离/km	5
最大作战高度/km	<5
发射方式	垂直发射
弹长/m	2.5
弹径/mm	170
发射质量/kg	70
动力装置	固体推进剂火箭
战斗部	高爆战斗部
引信	触发和远炸引信

系统组成

莫尔菲火力单元系统组成包括：发射装置、导弹 9M338K、多功能雷达、红外探测装置、载车等。以上设备一起装在一辆代号为 70K6 的战车上。此外，火力单元还配有指挥控制站，它装在一辆 GAZ-2330 虎式装甲车或 BAZ 4×4 车辆底盘上。

导弹　莫尔菲系统采用的导弹代号为 9M338K。

探测与跟踪　雷达采用全向冲天炉式有源电子扫描阵列，被认为是由一个电光设备提供上 X 波段或下 Ku 波段。已确定有两种类型的雷达，一种是多功能圆顶型，一种是三角型，可选择安装在顶部的电光设备上。已识别出雷达 29Ya6 和 43Ya6，其中，29Ya6 多功能雷达是一种圆形相控阵雷达，或是采用带圆顶透镜的有源相控阵天线，最可能采用后一种方案,因为该方案可以避免在天顶空域的探测和作战空域的盲区。有源相控阵天线在行军状态时向下放置,在作战状态时向上举起。半球相控阵雷达天线由 2 048 个收发模块组成。

莫尔菲雷达方案

发射装置 莫尔菲超近程防空导弹系统的发射装置与多功能雷达一起装在战车的底盘上,导弹采用垂直发射,发射装置可携带多达 36 枚导弹。

发展与改进

2007 年 2 月 27 日,俄罗斯国防工业委员会确定金刚石-安泰空天防御集团为未来三军通用防空导弹体系的总体研制单位,莫尔菲系统作为该体系的近程防御系统。2008 年完成了莫尔菲系统方案设计，2009—2010年进行了技术方案的设计，莫尔菲系统最初预计在2015年前后投入使用。据报道，截至2019年年底，该系统仍处于开发阶段。

箭-2（Стрела-2）9K32/圣杯（Grail）SA-7

概　述

箭-2是苏联格洛明机械制造设计局研制的单兵便携式地空导弹系统，系统代号为9K32，导弹代号为9M32，主要用于对付低空和超低空慢速飞行目标。北约称该导弹系统为圣杯，代号为SA-7。箭-2导弹系统分为箭-2和箭-2M两种型号。箭-2导弹系统于1959年研制，1964年试飞，1967年完成研制，1968年装备部队，1969年曾在埃及与以色列的冲突中使用，1972年曾在越南战场上使用。为了对付美国飞机上闪光弹的红外干扰，苏联于1970年对箭-2导弹系统进行了改进，发展了箭-2M导弹系统。箭-2M导弹系统提高了导引头灵敏度和抗红外干扰能力，增加了截获距离，发射方式改为车载发射。目前，该导弹已被箭-3（SA-14）导弹系统和针-1（SA-16）导弹系统取代。从20世纪70年代初起，该导弹系统陆续装备于越南、沙特阿拉伯、叙利亚、东欧各国、埃及、阿根廷、安哥拉、阿富汗、博茨瓦纳、古巴等多个国家，目前大多仍在装备使用。1982年，箭-2导弹系统曾在马岛战争中由阿根廷空军使用；后又在两伊战争和其他的局部战争中使用。

箭-2便携式地空导弹系统

主要战术技术性能

型号			箭-2	箭-2M
对付目标	类型		喷气式飞机和直升机	
	最大速度/(m/s)	尾追时	220	260
		迎击时		150(对付直升机和固定翼飞机)
最大作战距离/km			3.4	4.2
最小作战距离/km			0.8	0.3
最大作战高度/km			1.5	2.3
最小作战高度/km			0.05	0.03~0.05(可小到0.015)
最大速度(Ma)			1.3	1.7
杀伤概率/%			50(单发)	50(单发)
反应时间/s			≤6	≤6
制导体制			红外被动寻的制导	
发射方式			肩射式/车载式发射	
弹长/m			1.438	1.438
弹径/mm			72	72
翼展/mm			0.3	0.3
发射质量/kg			9.15	9.6
发射筒长/m			1.49	1.49
发射筒直径/mm			100	100
发射筒质量/kg			4.17	4.95
动力装置			1台固体火箭助推器,1台双推力固体火箭主发动机	
战斗部	类型		高能破片式杀伤战斗部	
	质量/kg		1.17	1.17
引信			触发引信	

系统组成

箭-2导弹系统由导弹、发射筒、电源和发射装置组成,导弹密封在发射筒内。

导弹 9M32导弹分为前舱、控制舱、战斗部舱、发动机舱4个舱段。弹体为细长圆柱体、半球面钝头,采用鸭式布局气动外形。弹身前部装有1对舵面,后部装有4片尾翼。

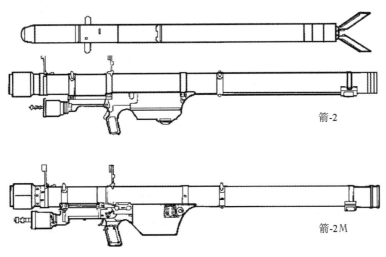

箭-2 和箭-2M 导弹系统外形图

导弹前舱装有红外导引头、目标跟踪位标器和自动驾驶仪。控制舱装有控制系统敏感元件、伺服机构和电源。战斗部舱装有战斗部和引信装置。尾部后方 4 片尾翼的翼面与导弹纵轴的安装角为 55°。导弹在筒内时，舵面和翼面处于折叠状态。

箭-2M 的前舱比箭-2 的短，发动机舱比箭-2 的长。这是因为增加了燃料，因而提高了导弹的飞行速度。

箭-2 导弹

箭-2M 导弹

9M32 导弹依靠弹体的 4 片尾翼保持飞行中的旋转稳定。导引头测量导弹与目标连线角速度，形成控制信号。导引头接收目标的视场角为 2°，工作波段为近红外波段，最大搜索角为 ±40°，最大跟踪角速度为 12（°）/s。在跟踪目标的过程中，导引头不断接收目标的红外辐射能量；只要导弹与目标视线的角速度不等于零，位标器即产生控制信号，并将信号送入自动驾驶仪；自动驾驶仪将该控制信号转变成舵面的控制信号，使舵偏转。

9M32 导弹主发动机为单室双推力发动机，工作环境温度为 $-40\sim+50$ ℃。导弹发射时使用助推器，使导弹具有 30 m/s 的离筒速度和 20 r/s 的旋转速度。在导弹离开发射筒前,助推器结束工作。

为保证射手接触导弹时的安全,9M32导弹装有二级保险。

箭-2导弹发射筒

箭-2M导弹发射筒

探测与跟踪 当射手目视探索到目标时,目标的热辐射流进入位标器。当热辐射量大于位标器的灵敏值时,射手就能听到音响信号,同时还能看到瞄准具支架上的光信号。此时,射手将导引头的陀螺解锁,使其进入跟踪状态。当目标视线角速度值达到要求值时,射手就输出发射信号。导弹发射后,用比例导引法引导导弹拦截目标。射手通过音响信号是否连续、稳定和光信号是否强度不变来辨别真假目标与干扰信号。导弹加有红外滤光片,可改善其抗干扰能力。

发射装置 发射装置的主要部分是一个盒体,上有轴孔、板机和固定销,用于控制发射装置与发射筒的对接。盒体上方的窗孔上有一个电插头,它与发射筒连接。发射装置的盖上装有受话器,用来传递导引头截获目标时的音响信号。发射装置有两种发射状态,一种是自动状态,另一种是手控状态。在自动状态工作时,全部操作都是自动的;在手控状态工作时,只是导引头的解锁过程是自动的。导弹发射仰角为 20°~60°。发射筒材质为玻璃钢,用于携带、运输、储存、瞄准,以及发射导弹。

作战过程

箭-2 导弹系统可采用立式和跪式两种姿式进行发射。对于飞行速度在 150~260 m/s 的目标,导弹只能尾追射击,对于速度大于 260 m/s 的目标不能射击,对于速度小于 150 m/s 的目标可以尾追射击或迎击。对视线角速度小于 1.5(°)/s 的目标,只能采取手控方式发射。导弹发射时,射手用瞄准具瞄准目标,将护盖取下,接通电源,给导引头供电启动陀螺,启动时间不超过 5 s。当被搜索目标在导引头的视场内出现时,目标的热辐射流进入位标器,射手听到音响信号或看到光信号并辨明其为真目标信号时,按选择好的发射方式扣下板机发射导弹。导弹飞出发射筒后,在惯性作用下,解除引信的第一级保险。导弹发射后 5.5 m,主发动机点火;140~250 m 时,解除第二级保险,引信开始工作。在发动机工作期间,导弹获得了 430 m/s 的平均速度和 15 r/s 的旋转速度,开始进入被动寻的制导。在导弹飞行中,导引头位标器的轴始终对准目标,该轴与导弹纵轴之间的夹角可在 0~40°内变化;当导弹触及目标时,战斗部引爆。如果导弹飞行 11~14 s(箭-2M 导弹系统为 14~17 s)仍未击中目标,则导弹自毁。

箭-3(Стрела-3)9K34/小妖精(Gremlin)SA-14

概 述

箭-3 是苏联格洛明机械制造设计局研制的便携式地空导弹系统,系统代号为 9K34,导弹代号为 9M36。北约称该导弹系统为小妖精,代号为 SA-14。箭-3 导弹系统于 1968 年开始研制,1972 年完成研制,1974 年开始装备部队。该导弹系统除了装备苏联陆军外,还出口到古巴、安哥拉、保加利亚等国。

主要战术技术性能

对付目标	类型	低空、超低空飞机和直升机
	最大速度/(m/s)	310(迎攻),260(尾追)
最大作战距离/km		2(迎攻喷气飞机) 4.5(迎攻直升机、螺旋浆飞机) 4(尾追喷气飞机) 4.5(尾追直升机、螺旋浆飞机)
最小作战距离/km		0.5~0.6(迎攻),0.6~1.1(尾追)
最大作战高度/km		1.5(迎攻喷气飞机) 3(迎攻直升机、螺旋浆飞机) 1.8(尾追喷气飞机) 3(尾追直升机、螺旋浆飞机)
最小作战高度/km		0.015~0.03
最大速度(Ma)		1.4
制导体制		红外寻的制导
发射方式		单兵肩射
弹长/m		1.42

续表

弹径/mm		72
发射筒长/m		1.5
发射质量/kg		10.3
筒弹质量/kg		16
动力装置		1台固体火箭助推器，1台双推力固体火箭主发动机
战斗部	类型	破片式杀伤战斗部
	质量/kg	1
引信		触发引信

系统组成

箭-3导弹系统由9M36导弹、发射筒、发射机构、热电池和压缩空气瓶组成。该系统展开时间为10~12 s，导弹发射准备时间为5 s。

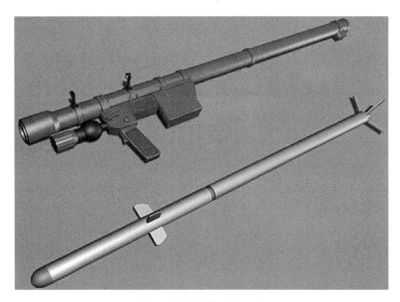

箭-3地空导弹系统组成

导弹 9M36导弹弹体为细长形圆柱体，头部呈半球形，采用鸭式气动布局。全弹分为前舱（装导引头）、控制舱、战斗部舱、主发动机和助推发动机舱。弹体前部装有1对舵面，尾部装2对尾翼，呈×形配置。弹体尾部的4片尾翼与弹纵轴成55°安装角，以保证导弹在飞行中的旋转。导弹装在发射筒内，舵面和尾翼成折叠状态。该导弹采用比例导引法进行飞行控制，利用导引头测量导弹与目标视线的角速度，形成控制指令，引导导弹飞向目标。

9M36 导弹

探测与跟踪　射手目视目标，当发现目标在导引头的视场内时，将导引头的陀螺解锁，使导弹进入跟踪状态。

发射装置　发射装置由发射筒和发射机构组成。发射筒用于包装和运输导弹。发射机构包括电子设备、板机、电池和压缩空气瓶。发射方式为肩扛发射。

9M36 导弹发射筒

作战过程

根据前沿地域雷达提供的目标指示信息，射手目视搜索目标。当发现目标在导引头的视场内时，射手将导引头的陀螺解锁，导弹进入跟踪状态。导弹的助推器工作 0.3 s 时，将导弹推出发射筒，导弹的舵面和尾翼展开。导弹飞离射手 5.5 m 后，主发动机点火，把导弹加速到最大速度，然后导弹以巡航速度飞行。当导弹与目标遭遇时，触发引信起爆战斗部毁伤目标。如果导弹飞行 14~17 s 仍未击中目标，则导弹自毁。

针-1（Игла-1）9K310/ 手钻（Gimlet）SA-16

概　述

针-1（也称伊格拉-1，Igla）是由苏联格洛明机械制造设计局研制的低空近程便携式地空导弹系统，系统代号为 9K310，导弹代号为 9M313，主要用于对付低空、超低空飞行的各种飞机和悬停直升机。北约称该导弹系统为手钻，代号为 SA-16。针-1 导弹系统于 1978 年开始研制，1981 年装备部队。由于该系统在导弹的外形布局、制导控制、动力装置、作战系统等很多方面采用了新的技术和设计，因此其作战空域、飞行性能、杀伤效果等战术技术性能均较箭-3（SA-14）导弹系统先进。

针-1导弹系统已出口至安哥拉、亚美尼亚、阿塞拜疆、保加利亚、白俄罗斯、波斯尼亚、克罗地亚、博茨瓦纳、古巴、捷克、厄瓜多尔、芬兰、格鲁吉亚、匈牙利、印度、伊拉克、哈萨克斯坦、朝鲜、摩尔多瓦、尼加拉瓜、秘鲁、卢旺达、沙特阿拉伯、塞尔维亚、斯洛伐克、阿拉伯联合酋长国、乌克兰、越南等国。该导弹系统经1991年的海湾战争的实战考验，作战效果好，并用于厄瓜多尔—秘鲁边境冲突、安哥拉内战、科索沃战争等战事中。

尽管针-1导弹系统在性能上比箭-3导弹系统有明显提高，但由于没有抗红外干扰能力，仍不能很好适应当前复杂的战场环境和实战需要。1983年，苏联成功研制了针地空导弹系统，并替代了针-1导弹系统。目前，针-1导弹系统仍在生产。

针-1便携式地空导弹系统

主要战术技术性能

对付目标	目标类型	低空、超低空飞行的各种飞机和悬停直升机
	目标速度/（m/s）	360～400（迎攻），320（尾追）
最大作战距离/km		4.5（迎攻），5.2（尾追）
最小作战距离/km		0.5（迎攻），1（尾追）
最大作战高度/km	喷气式飞机	2（迎攻），2.5（尾追）
	直升机和活塞发动机飞机	3（迎攻），3.5（尾追）

续表

最小作战高度/km	喷气式飞机	0.01（迎攻），0.01（尾追）
	直升机和活塞发动机飞机	0.01（迎攻），0.01（尾追）
最大速度（Ma）		1.8
机动能力/g		16
杀伤概率/%		44～59（单发）
反应时间/s		≤5
制导体制		单通道制冷式被动红外寻的制导
发射方式		肩射或架射
弹长/m		1.673
发射筒长/m		1.7
弹径/mm		72
发射筒直径/mm		76
翼展/mm		250
发射质量/kg		10.8
发射筒质量/kg		3
筒弹质量/kg		13.8
动力装置		1台固体火箭助推器，1台单室双推力固体火箭主发动机
战斗部	类型	半预制破片式杀伤战斗部
	质量/kg	1.27
引信		触发引信

系统组成

9M313导弹系统由作战装备（导弹、发射筒、发射机构、地面能源供应装置）、训练设备和技术维护设备组成，并可根据需要配置目标指示与接收装置。该系统展开时间为13 s，导弹发射准备时间为5 s。

导弹 针-1导弹采用鸭式气动布局，舵与尾翼呈＋×配置。圆柱形的细长弹体具有半球形钝头和收缩尾段，为了减小超声速飞行时的波阻和降低导引头罩与空气摩擦所产生的热量，在球头前方用3根细杆支撑一个小尖锥。弹体前端两对前升力面可收拢，其中一对是可偏转的前舵。两对有差动安装角的尾翼安置在弹体后部收缩段，平时折叠收拢在发射筒内，当导弹飞离发射筒后便自动张开，为导弹提供法向力和绕纵轴滚动的力矩。全弹分为弹头舱（红外导引头）、控制舱、战斗部舱、主发动机舱和助推器舱5个舱段。控制舱内装有控制舵面和引导导弹飞向目标的设备。

9M313 导弹

导弹的助推器在将导弹推出发射筒时提供预定的出筒速度和转速,总冲为 260 N·s,工作结束后与导弹分离并留在发射筒内。主发动机在导弹飞离发射筒至距射手的安全距离时点火工作,总冲为 10 050 N·s,并在较短的时间内用一级推力将导弹加速至巡航速度(最大速度),用二级推力使导弹保持此速度飞行。

导弹在飞行中始终绕其纵轴旋转,采用单通道控制方式。红外导引头和自动驾驶仪构成制导控制系统。导引头工作波长为 $3.5 \sim 5~\mu m$。位标器的光学组件收集、汇聚目标发出的红外辐射能量,经调制器件形成光信息,由节流制冷锑化铟探测器转换成电信号,经电子线路解调、处理成与目标视线角速度成比例的输出信号,一方面启动位标器陀螺使导引头跟踪目标;另一方面输往自动驾驶仪,与来自阻尼回路角速度传感器的反馈信号综合后,形成给燃气舵机的控制信号,操纵舵面偏转,控制导弹飞向目标。为了使导弹命中目标的部位由红外辐射中心(发动机尾焰区)向前移至接近目标中心和要害部位(目标中部机体与机翼连接处)以达到最大杀伤目标的目的,制导系统中还设有前向偏移电路(调频跟踪逻辑系统),在弹道末段对制导信号进行修正。

9M313 导弹弹头舱(含导引头)

为了简化操作,弹上还设有控制发动机。在导弹发射出筒之后的飞行速度较低、空气舵不起作用期间,控制发动机燃烧室产生的燃气通过与舵轴联动的分配阀按舵面偏转规律从两个相背的喷管排出,推力形成的对导弹质心的合力矩可改变导弹的姿态,从而形成前置角。燃气发生器是弹上的主要能源。燃气发生器工作后产生的燃气一部分用于推动燃气舵机,另一部分用于吹动涡轮发电机,产生的电能经电源变换装置变换稳压后供弹上设备使用。

当导弹直接击中目标时,带有安全装置的触发引信引爆常规装药半预制杀伤式战斗部毁伤目标。如果导弹飞行 $14 \sim 17.5$ s 后仍未击中目标,则自毁装置启动使导弹适时自毁。

该导弹的引信还具有引爆发动机剩余固体推进剂以增大杀伤威力的功能和使导弹钻入目标内部再引爆战斗部的深度爆炸功能。

探测与跟踪　射手根据来自多种渠道的敌情信息用肉眼在战区搜索目标；发现目标并决定射击后，激活地面能源供应装置使导弹系统投入工作。射手通过瞄准具使电锁状态的导引头光轴对准目标。当目标进入处于工作状态的导引头视场且红外辐射强度满足要求时，产生声、光信号，导引头可解锁转入对目标自动跟踪状态。目标进入发射区且符合发射条件时，即可发射导弹。

指控与发射　导弹的发射控制由多次使用的发射机构完成。发射机构平时单独存放和携带，战时对接在发射筒上。敌我识别器通过安装在发射筒前端的天线发出询问脉冲和接收应答信号，当目标为友机时，便产生闪烁的光信号和间断的声信号告警，发射机构同时中止发射程序。

发射机构质量为1.7 kg，地面能源供应装置质量为1.3 kg。发射机构和地面能源供应装置通过导弹发射筒连成整体。地面能源供应装置由热电池和高压气瓶组成，位于发射筒下方并和发射筒之间呈倾斜状，用以提供导弹发射以前整个导弹系统的用电和制冷导引头锑化铟探测器用气。目标指示与接收装置包含一个无线电电子显示器，该显示器可显示半径为12.5 km范围内的战术空情，每次可显示4个目标，射击指挥小组指挥员可选择跟踪最具威胁的目标。

9P322玻璃纤维发射筒可用来运输、瞄准和发射导弹。该发射筒上装有：机械瞄准具和轻型指示器，用于启动导引头寻的的电子装置，与导弹对接的电路、气路接口，9P519发射机构和9B238地面能源供应装置。敌我识别器天线安装在筒体头部，与发射筒合成一体。筒上的机械瞄准具光轴与发射筒体轴线在俯仰方向上的夹角为7°，用以弥补发射时导弹的下沉，为避免增加前置量、简化发射动作提供条件。

9P322导弹发射筒

作战过程

开始作战时，射手先进行目标搜索，利用瞄准装置瞄准目标，并按下发射机构，此时导弹的导引头将锁定目标。0.8 s后，系统发出发射信号，发动机开始启动，发射导弹。导弹飞离发射筒后，在导引头的引导下，对目标进行自动跟踪直至命中目标。在导弹击中目标的最后时刻，调频跟踪逻辑系统将导弹与目标遭遇时的弹着点由目标发动机尾焰区移至目标中部机体与机翼连接处，以便最大化杀伤目标。

发展与改进

针-1 导弹系统有两种改型，即针-1E（出口型，在保加利亚和朝鲜许可生产）和针-1M。其主要改进为：针-1E 导弹系统与针-1M 导弹系统的剩余固体推进剂不引爆；针-1E 导弹系统装有一个敌我识别器询问器，以适应用户的需求；针-1M 导弹系统没有敌我识别器询问器。

针-1 导弹系统可使用其他发射架系统，包括 Dzhigit 双联装发射架系统和 Strelets 多联装发射架系统。

Dzhigit 双联装单兵座射发射架系统 该系统既可放置地面，也可装载到轻型卡车或舰艇上。该系统采用 9M313 导弹或 9M39 导弹，2 枚导弹可同时发射或连续发射使系统杀伤概率提高了 1.5 倍。射手可在其座椅上完成瞄准和发射导弹。目前，该系统有限生产，已装备俄罗斯陆军并出口。该系统的主要战术技术指标如下：

人员数量		1 人
导弹		2 枚 9M313 导弹或 9M39 导弹
车辆型尺寸	长/m	2.165
	宽/m	1.585
	高/m	1.925（发射地点隐蔽后），0.5（行军状态）
陆基型尺寸	系统展开后直径/m	2.315
	发射架宽/m	1.2
	隐蔽后高度/m	1.52
	折叠后高度/m	0.88
系统质量/kg	含导弹	105（陆基型）
	不含导弹 车载型	175
	不含导弹 陆基型	80
工作温度/℃		−44～+55
俯仰角/(°)		−10～+70
方位角/(°)		360
再装填时间/s	车载型	3
	陆基型	2.5
再装填导弹数量/枚		6（车载型）

Strelets 多联装发射架系统 该系统包括 1 个多用途发射架，2 枚筒装导弹，4 个地面能源供应装置（足够激活导弹 4 次）；1 个控制与通信系统，其包含 1 个控制单元（负责发射模块的作战控制并与发射平台火控单元相连接）和 1 部能源供应装置（将发射平台的电

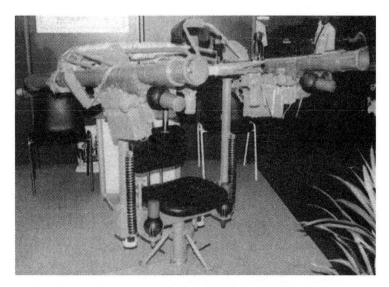

Dzhigit 双联装单兵座射发射架系统

源电压转化为弹上硬件运行所要求的电压）；1 套连接组件，用于将发射模块固定在不同的载车上或用于相互之间的固定；1 套测试设备，用于定期对系统装备进行维护。

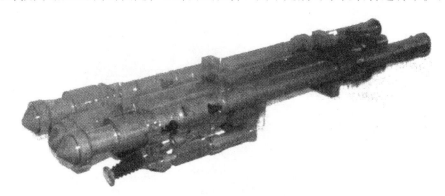

Strelets 多联装发射架系统

该系统装载在不同的发射平台上时，具有远程遥控发射能力。目前，该系统有限生产，已装备俄罗斯陆军并出口。该系统的主要战术技术指标为：

导弹	2 枚 9M313 导弹、9M39 导弹或训练用导弹
尺寸/m	1.77×0.43×0.25（发射模块）
质量/kg	70（发射模块），≤35（控制与通信系统）
导弹从启动到发射时间/s	≤60
系统展开时间/min	3

针（Игла）9K38/松鸡（Grouse）SA-18

概　述

针是由苏联格洛明机械制造设计局研制的低空近程便携式地空导弹系统，系统代号为9K38，导弹代号为9M39，主要用于对付低空、超低空飞行的各种飞机和悬停直升机，曾被塞尔维亚部队在科索沃战争中使用。北约称该导弹系统为松鸡，代号为SA-18。针导弹系统于1971年开始研制，1983年装备部队。除了装备俄罗斯外，针导弹系统还出口至白俄罗斯、巴西、哥伦比亚、厄瓜多尔、芬兰、德国、秘鲁、塞尔维亚、新加坡、乌克兰、越南等。此外，越南已获本土生产针便携式地空导弹系统的许可。目前，针导弹系统仍在生产。

针便携式地空导弹系统

主要战术技术性能

对付目标	目标类型	低空、超低空飞行的各种飞机和悬停直升机
	目标速度/（m/s）	360～400（迎攻），320（尾追）
	最大作战距离/km	4.5（迎攻），5.2（尾追）
	最小作战距离/km	0.5（迎攻），0.8（尾追）
最大作战高度/km	喷气式飞机	2（迎攻），2.5（尾追）
	直升机和活塞发动机飞机	3（迎攻），3.5（尾追）

续表

最小作战高度/km	喷气式飞机	0.01（迎攻），0.01（尾追）
	直升机和活塞发动机飞机	0.01（迎攻），0.01（尾追）
	最大速度（Ma）	1.8
	机动能力/g	16
	杀伤概率/%	45～63（单发）
	反应时间/s	≤5
	制导体制	双通道制冷式被动红外寻的制导
	发射方式	肩射或架射
	弹长/m	1.7
	发射筒长/m	1.708
	弹径/mm	72.2
	发射筒直径/mm	80
	翼展/mm	250
	发射质量/kg	10.6
	发射筒质量/kg	3
	筒弹质量/kg	13.6
	动力装置	1台固体火箭助推器，1台单室双推力固体火箭主发动机
战斗部	类型	半预制破片式杀伤战斗部
	质量/kg	1.27
	引信	触发引信

系统组成

针导弹系统由作战装备［导弹、发射筒、发射机构、地面能源供应装置（热电池/冷气瓶）］、技术维护设备和训练设备组成，并可根据需要配备目标指示与接收装置。

针导弹系统可在很高的湿度下工作，工作温度范围为－40～＋50 ℃。导弹可从预先设定的地面阵地发射，也可从各种车辆上发射，系统展开时间为10 s。

导弹 9M39导弹采用鸭式气动布局。细长圆柱形弹体具有半球形钝头和收缩尾段，为了减小超声速飞行时的波阻和降低导引头罩与空气摩擦所产生的热量，前端设置有针状杆。弹体前端两对可折叠的前升力面中，一对可偏转，用以操纵导弹飞行；两对可折叠的尾翼位于弹体收缩尾段，在导弹发射出筒后便自动张开，起稳定和提供法向气动力的作用。尾翼的差动安装角能够产生使导弹以预期转速绕纵轴旋转的力矩。

导弹由红外导引头舱、控制舱、战斗部舱、主发动机舱和助推器舱5个舱段组成。舱间连接除导引头舱与控制舱采用卡环外，其余均采用斜螺钉，前端针状杆与导引头球形头罩采用胶接。

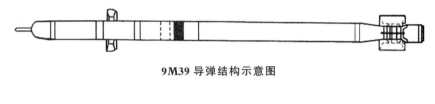

9M39 导弹结构示意图

9M39 导弹

导弹的助推器燃烧室主体为 SP-28 钢制冲压件，长度为 85 mm，质量为 0.47 kg，可将导弹加速至巡航速度。主发动机的燃烧室采用整体旋压马氏体时效薄壁钢壳体与含碳纤维非金属绝热层的复合结构，长为 0.95 m，质量为 6.13 kg，药柱质量为 4.28 kg，总冲为 10.05 kN·s，工作时间约为 8 s。助推器为导弹提供 25 m/s 的速度和约 20 r/s 的转速，使导弹飞离发射筒并绕其纵轴旋转。助推器点火工作时，启动延迟点火器，经 0.36 s 延迟后导弹从发射筒发射并达到距射手安全的距离（6 m），由点火药盒点燃主发动机。

导弹采用旋转弹体单通道控制方式，制导控制系统由双通道红外导引头和自动驾驶仪组成。导引头采用脉冲调制体制，具有 1.5° 的瞬时视场和 ±40° 的跟踪视场，采用硫化铅和制冷锑化铟两种探测器。红外辐射能量进入导引头光学组合后分成两路：波长 3.0～5.0 μm 的一路为主通道，聚焦在锑化铟探测器上，经过调制得到脉冲信号；波长为 1.5～2.5 μm 的另一路为辅通道，聚焦在硫化铅探测器上。导引头利用主通道的脉冲信号提取出误差信息跟踪目标并产生与目标视线角速度成比例的控制信号，传递给自动驾驶仪使导弹飞向目标；利用主、辅通道两种探测器输出信号比值的不同区分真假目标，对付红外干扰。为了使导弹与目标遭遇时的弹着点散布中心，由目标的红外辐射中心（发动机尾焰区）向前移至目标中心和要害部位（目标中部机体与机翼连接处），以提高命中概率与杀伤概率。弹上还设有前向偏移电路，在接近目标时对输往驾驶仪的控制信号进行修正。为改善导弹飞行的动态品质，自动驾驶仪内设有以角速度传感器为敏感器件的阻尼回路，控制信号、前向偏移修正信号及阻尼信号合成后，形成调宽方波信号传送给燃气舵机，偏转舵面操纵导弹飞行。弹上能源由燃气发生器、涡轮发电机及电源变换装置等部分组成。燃气发生器采用 NDP-2 MK 装药，产生的燃气一部分吹动涡轮发电机，发出的交流电经变换装置整流、稳压后变成 ±20 V 的直流电供弹上设备使用；另一部分通往燃气舵机作为偏转舵面的动力。弹上能源工作时间不少于 11 s。

战斗部是常规装药半预制破片式杀伤战斗部，兼有爆破和聚能作用，其炸药质量为 0.405 kg。引信由安全执行机构和触发机构两部分组成，具有常规的多级保险、触发引爆、自毁等功能，还设有引爆发动机剩余固体推进剂（0.6～1.3 kg）的起爆器。

探测与跟踪　射手根据来自多种渠道的敌情信息用肉眼在战区搜索目标；发现目标并决定射击后，激活地面能源供应装置使导弹系统投入工作。当目标进入处于搜索状态的导引头视场内，且红外辐射强度满足导引头的正常跟踪要求时，即出现声、光信号，导引头便解锁转入对目标自动跟踪状态。当目标进入发射区且符合发射条件时，即可发射导弹。

发射装置　导弹的发射机构由结构和电子线路两部分组成。结构部分包含壳体、手柄、板机、与发射筒的接口；电子线路部分安装在壳体内腔，包含起转、目标检测、校正、逻辑判断装置和继电器等。

9P39发射筒由玻璃纤维制成，用于运输、瞄准和发射导弹。发射筒上装有瞄准器和轻型指示器、一套用于启动导引头的电子装置、9P516发射机构和9B238地面能源供应装置。发射筒的主体是有前、后口盖的玻璃纤维薄壁圆筒，前端安置有导引头陀螺转子的起转线包和敌我识别装置天线，内部有与导弹对接的电路、气路接口和机械锁定器，外部下侧有与地面能源、发射机构的接口。设在筒体左上方的机械瞄准具的轴线在俯仰方向与筒体轴线有7°的夹角，可补偿导弹发射过程中存在的下沉。为了保证射手通过瞄准具对准目标时导引头能顺利捕获目标，电锁状态导引头的光轴也向下偏转相同角度。

9P39发射筒

作战过程

出现空情时，射手将对接好的针导弹系统放在肩上，除掉发射筒口盖，通过电子显示器显示的彩色目标轨迹或用肉眼直接目测获得空情数据；发现目标并决定射击后，激活地面能源以向系统供电供气。5 s内陀螺达到额定转速，作战准备完毕。发控程序中还增加了敌我识别环节，敌我识别器通过置于发射筒前端的天线发出询问脉冲，接收应答信号并进行解码，若为友机则终止发射程序，并产生闪烁的光信号和间断的声信号。射手通过瞄准具对准目标，当目标进入导引头视场且信号强度满足跟踪要求时，系统出现声、光信号，导引头便解锁转入对目标自动跟踪，当目标进入发射区即可执行发射程序，依次完成激活弹上能源、地面/弹上电源转换、点燃助推器等动作。从扳动发射机构到导弹发射仅需1.7 s。一级推力在1.9 s内使导弹加速到600 m/s，二级推力使导弹维持此速度飞行。主发动机工作结束后，导弹进入依靠惯性飞行的被动段。导弹在发射及以后的飞行过程中，导引头始终跟踪目标，向自动驾驶仪输出与视线角速度成比例并经前向偏移修正的控制指令，通过舵面操纵导弹按比例导引法拦截目标。引信系统只有当主发动机点火并且导弹必须飞离发射筒80～250 m时才开启。在导弹击中目标时，调频跟踪逻辑系统将导弹与目标遭遇时的弹着点由目标的发动机尾焰区移至目标中部机体与机翼连接处,以最大化杀伤目标。导弹直接命中目标时,触发引信引爆战斗部以及残留的固体推进剂毁伤目标;导弹脱靶时,引信自毁装置可使导弹自毁。

发展与改进

针导弹系统的改进主要包括提高导引头的灵敏度、调整导引头的工作波段、引入新的抗干扰途径、采用先进的元器件和计算机技术、改进引战系统和其他分系统等。

目前,针导弹系统共有3种改型,即针-Д、针-H、针-C。每种改型都可以分解成两部分并装在一个背箱中。

针-Д导弹系统主要用于装备俄罗斯空降部队。为了便于空运,发射筒长度减至约1.1 m。

针-H导弹系统的战斗部质量增至2.5 kg,增强了杀伤力,但速度和作战距离受到影响。

针-C导弹系统是针-H导弹系统的改进型,导弹代号为9M342,恢复了基本型针和针-Д的某些功能。该导弹可与其他多联装发射架系统(如Dzhigit和Strelets)一起使用,以对付固定翼飞机、直升机、巡航导弹等目标。

针-C导弹系统的主要改进包括:

1)最大作战距离增至6km;

2)采用激光近炸引信,其引爆算法可保证导弹战斗部在接近目标的最佳时刻爆炸;

3)改进了舵机;

4)改进了战斗部,虽然其质量没有变化,但其装药和爆炸后产生的碎片大量增加,以聚焦破片式杀伤战斗部替代了非定向战斗部;

5)增加了可移动夜视仪,便于射手探测与识别目标、瞄准与跟踪目标以及发射导弹,拓展了系统的作战能力。

9M342导弹及其发射筒

针-C导弹系统与针-1、针导弹系统的操作模式类似,三者的尺寸、包装、支座、发射准备、发射、维护过程和训练设施均相同,而且发射筒、发射机构、电源均可互换。因此,射手不需进行重新培训即可操作新系统。

针导弹系统的三种改型型号的主要技术性能对比

型号		针-Д	针-H	针-C
最大作战距离/km				6
最大作战高度/km		3.5	3	3.5
最小作战高度/km		0.01	0.01	0.01
最大飞行速度/(m/s)	迎攻目标	360	340	400
	尾追目标	320	290	320
单发杀伤概率/%	固定翼飞机	40	50~60	60
	直升机	30	45~60	60
筒弹质量/kg		17.3	19.5	22.5
战斗部质量/kg		1.27	2.5	2.5
引信		触发引信	触发/近炸引信	触发/近炸引信
发射筒长度/m		1.753	1.876	
发射筒行军时尺寸/m		1.1×0.4×0.2	1.1×0.4×0.2	

除了陆军单兵使用之外,针导弹系统还可装在舰船和武装直升机上,另外还发展了车载型系统。装备俄海军舰船和潜艇的针导弹系统代号为针-M,装备战斗机和直升机的针导弹系统代号为针-B。针-B导弹系统使用双联装发射装置,并装有8个冷气瓶以增加导引头的工作时间。

针-C(Игла-C)9К338/格里奇(Grinch)SA-24

概 述

针-C是俄罗斯格洛明机械制造设计局研制的便携式地空导弹系统,系统代号为9К338,导弹代号为9M342。北约称该导弹系统为格里奇,代号为SA-24,主要用于拦截固定翼飞机、直升机、无人机和巡航导弹等目标,具备昼夜作战能力。针-C导弹系统是俄罗斯针导弹系统的最新一代,比基本型针、针-1导弹系统有进一步的改进,在效能、可靠性、使用寿命和生存能力上更先进。针-C导弹系统于1991年启动研发,2001年通过国家试验,2002年装备于俄罗斯陆军。

主要战术技术指标

对付目标		固定翼飞机、直升机、无人机、巡航导弹
最大作战距离/km		6
最大作战高度/km		3.5
最小作战高度/km		0.01
最大速度（Ma）		1.2（迎攻），0.9（尾追）
弹长/m		1.635
弹径/mm		72.2
制导体制		双波段红外寻的制导
发射质量/kg		11.7
动力装置		固体推进剂（双推力，10 s维持燃烧时间）
战斗部	类型	高爆破片式杀伤战斗部
	质量/kg	2.5
引信		触发和近炸引信

系统组成

针-C导弹系统保留了以前俄罗斯单兵便携式防空系统的所有优点，包括：单炮手肩射，自动跟踪，抗背景杂波和热干扰能力强，易于瞄准和发射，易于维护和培训，使用隐蔽性高，在极端环境中保持可操作性。针-C导弹系统具备全向攻击目标的能力，增加了可移动夜视仪，拓展了作战能力。

针-C导弹系统的主要改进包括：弹头对所有目标类型的杀伤能力显著提高（高爆破片数量比针导弹系统增加1.5倍）；作战距离从5.2 km增至6 km；采用带支架的夜视装置，具备夜间发射能力；易于在各种平台上安装。

针-C导弹

针-C 导弹和发射器

探测与跟踪 首次在肩射导弹系统中采用远程目标传感器，提高了对巡航导弹和其他小型目标的作战效能。

夜视仪 夜视仪是基于法国的非制冷微辐射热传感器，工作在 8～12 μm 波段，但光学和电子设备是在俄罗斯生产的。夜视仪视场为 20°×15°，对白天或夜晚的战斗机目标的探测距离为 7.7 km。对于直升机来说，白天的探测距离为 6 km，晚上增加到 8 km。夜视仪采用 12 V 直流电源，电池可以连续工作 6 h。出于操作原因，可以在系统中采用备用电池，从而将使用时间增加到 12 h。

发射装置 9П338 发射筒用于运输、瞄准和发射导弹。发射筒上装有瞄准器和轻型指示器、用于启动导引头的电子装置、9П522 发射机构和 9Б238 地面能源供应装置。针-C 导弹系统也可以安装在 Dzhigit 双轨道发射架上。

Dzhigit 双轨道发射架（俄罗斯罗斯波隆出口公司）

针-C 系统还可以采用 Komar 发射系统。发射系统基本规格：每个发射器的导弹数量为 2 枚；可发射导弹类型有针、针-C 和银柳；发射系统反应时间小于 8 s。

发展与改进

针-C 系统由俄罗斯格洛明机械制造设计局和列宁格勒光学机械联合体共同研发、杰格佳廖夫厂批产，部分附件由谢尔谱霍夫工厂生产。

针-C 系统研制工作已经完成，该系统已在国际市场上出售至多个国家。截至 2018 年年底，针-C 系统已出口至阿塞拜疆、巴西、委内瑞拉、越南、埃及、伊拉克、利比亚、叙利亚等国。

2008 年 11 月俄罗斯宣布，位于圣彼得堡的 LOMO 公司通过俄罗斯罗斯波隆出口公司向委内瑞拉出售了针-C 导弹系统。此外，还宣布了与越南签订的另一份合同，这两份合同均于 2009 年开始交付，并持续到 2011 年。2008 年 10 月，泰国宣布花费 380 万美元购买了针-C 导弹系统的 7 套发射装置和 36 枚导弹。针-C 导弹系统也被出售给叙利亚和利比亚。

2016 年年底在莫斯科举行的 2016 年陆军防务展上展出了一种基于针-C 的新型导弹系统，名为 Gibka-C。该改型系统包括：移动指挥和控制车；6 辆配备自动发射器的战车；指挥和控制车利用雷达进行目标捕获，在静止状态下能在 17 km 外控制发射车，在行进状态时能在 8 km 范围控制发射车。可以与 Gibka-C 系统一起使用的导弹包括针和银柳。还有另一种用于海军的 Gibka-C 改型，它被称为 Gibka 系统。

Gibka-C 发射车

银柳（Верба）9К333/韦尔巴（Verba）

概　述

银柳是俄罗斯图拉仪器制造设计局研制的便携式地空导弹系统，系统代号为 9К333，导弹代号为 9М336。该系统主要对付飞机、直升机、无人机和巡航导弹。银柳导弹系统于 2007 年首次公开，2009—2010 年在耶斯克克拉斯诺达尔地区 726 陆军训练中心进行试验，2011 年完成试验投入使用，装备陆军部队。

主要战术技术指标

对付目标		飞机、直升机、无人机、巡航导弹
最大作战距离/km		6.4
最小作战距离/km		0.05
最大作战高度/km		4.5
最小作战高度/km		0.01
最大速度（Ma）		1.2~1.5（迎攻），0.9（尾追）
反应时间/s		8~12
制导体制		3波段（紫外、近红外和中红外）被动寻的制导
弹径/mm		72
发射质量/kg		17.25
动力装置		固体推进火箭发动机
战斗部	类型	高爆破片式杀伤战斗部
	质量/kg	2.5
引信		触发和近炸引信

银柳导弹系统作战状态

系统组成

银柳导弹系统是新一代便携式防空导弹系统。它采用了全新的三频谱光学导引头和新仪器舱，其中两个光谱为红外波段，另一个为紫外波段，提高了光学导引头的灵敏度和抗干扰能力，改进了系统的特性，提高了对低辐射目标的杀伤概率。导弹配置了新的固体火箭发动机，提高了射程。系统配置了搜索探测设备和自动化指控设备，可在射手间进行目标指示和火力分配，扩大了目标杀伤区，提高了系统在远距离上的作战效率。

银柳导弹系统将在俄罗斯武装部队内取代箭-2和针-1便携式地空导弹系统。

银柳导弹系统发射装置为9P521，可与多联装发射装置Komar和Strelets一起使用，工作温度范围为$-50\sim+50\ ℃$。

银柳导弹与发射装置

发展与改进

银柳导弹系统采用的9M336导弹弹体结构由杰格佳廖夫第21号厂研制，导弹导引系统由列宁格勒光学机械联合体研制。

银柳导弹系统已被出售，据悉已向亚洲潜在客户展示；已于2011年进入俄罗斯武装部队服役，进行国家委托试验；2014年11月两批旅级银柳导弹系统装备交付俄罗斯武装部队；2013年首次部署到俄罗斯空降部队；2014—2015年，还向另外4个空降部队提供了银柳导弹系统和Barnaul-T自动化控制系统。2015年6月，银柳导弹系统的首次出口获得外国客户的批准，该系统曾于2014年在印度展示，该国很可能是银柳导弹系统的接收国。

至少有2种改型（可能有3种）存在，分别是：试验改型，俄罗斯武装力量改型（陆军和海军），出口改型。

法 国

响尾蛇（Crotale）

概 述

响尾蛇是法国汤姆逊-CSF公司研制的一种机动式全天候低空近程地空导弹系统，主要对付低空、超低空攻击的战斗机、武装直升机和轰炸机，既可保卫机场、港口等重要目标，也可用于野战防空。响尾蛇地空导弹系统分1000型（基本型）、2000型、3000型、4000型和在3000型基础上改进的改进型5种型号。

响尾蛇1000型于1964年开始研制，1969年定型，1971年起交付南非（称为仙人掌），1975年停产。响尾蛇2000型于1969年开始研制，1973年交付使用，1980年停产。响尾蛇3000型于1973年开始研制，1975年交付使用。响尾蛇4000型于1980年开始研制，1984年交付使用。

响尾蛇4000型地空导弹系统发射制导车

主要战术技术性能

对付目标		战斗机、轰炸机和武装直升机
最大作战距离/km		8.5
最小作战距离/km		0.5
最大作战高度/km		3
最小作战高度/km		0.05
最大速度（Ma）		2.2
机动能力/g		25
杀伤概率/%		70（单发），90（双发）
反应时间/s		6.5
制导体制		无线电指令制导
发射方式		4联装筒式倾斜发射
弹长/m		2.94
弹径/mm		156
翼展/mm		547
发射质量/kg		84
动力装置		1台固体火箭发动机
战斗部	类型	高爆破片式杀伤战斗部
	质量/kg	15
引信		红外近炸引信

系统组成

响尾蛇导弹系统直接作战装备由搜索指挥车和发射制导车组成。1个作战单元包括1辆搜索指挥车和3辆发射制导车，每辆发射制导车上装有4枚密封在发射筒内的导弹。1个作战单元能同时对付不同来袭方向的3个目标，也可集中火力对付1个目标群。

导弹 响尾蛇导弹系统采用马特拉公司研制的R440导弹。该导弹采用鸭式气动布局，弹体头部为卵形，弹体为细长圆柱体。舵面与弹翼为××形配置，弹翼由内翼和可伸缩外翼组成。一对弹翼后部装有副翼，另一对弹翼后端分别装有遥控接收和发射天线。弹体结构大都是整体薄壁结构，采用高强度铝合金和镁合金制成。弹体由4个舱段、2组翼面和上、下2个整流罩组成。通过弹上遥控应答机接收由地面雷达通过指令线传输的指令，并传递给自动驾驶仪，实现对导弹的飞行控制。

响尾蛇 R440 导弹

R440 导弹采用单级固体火箭发动机,推进剂为八角形内孔双基药柱,外有包覆层,发动机总质量为 41.3 kg,推进剂质量为 26.4 kg,比冲为 2.06 kN·s/kg,平均工作时间为 2.3 s。

R440 导弹高爆破片式杀伤战斗部质量为 15kg,装药质量为 4.25 kg,有效杀伤半径为 8 m。

探测与跟踪 响尾蛇导弹系统具备两种工作模式。正常工作模式是,采用雷达自动搜索跟踪目标,红外位标器和雷达跟踪制导导弹;在受到干扰或其他意外情况下工作模式是,采用光学瞄准具和电视跟踪器人工发现和跟踪目标,红外位标器与雷达跟踪制导导弹。全部地面制导设备分别装于搜索指挥车和发射制导车上。

搜索指挥车由搜索指挥雷达、敌我识别器、数据处理系统、通信和数据传输系统及一辆电动轮式装甲车组成,总质量为 12.4 t。其主要功能是探测、识别来袭目标,判断威胁程度,进行火力分配,同时把目标指示信息传送给发射单元。

搜索指挥雷达为汤姆逊-CSF 公司研制的 S 波段脉冲多普勒雷达,天线转速为 60 r/min。该雷达对速度为 35~400 m/s 的低空目标的最大发现距离为 18.5 km,水平高度为 0~800 m;对同样速度的高空目标最大发现距离为 15 km,水平高度为 1.8~4.5 km。该雷达能同时跟踪 12 个目标。由于装有边扫描边跟踪装置和恒虚警接收机,并采用了信号选通技术,系统具有一定的抗干扰能力。

发射制导车由跟踪制导雷达、红外位标器、电视跟踪器、光学瞄准具、带弹发射架、数据处理和数据传输系统、通信系统以及电动轮式装甲车组成,总质量为 14.7 t。该系统的主要功能是根据目标指示信息对目标进行搜索、截获、跟踪、发射导弹,并进行红外预制导和雷达制导,直至拦截目标。

跟踪制导雷达采用频率捷变单脉冲相对测量体制,工作在 X 波段,可同时跟踪 1 个目标和制导 2 枚导弹,跟踪距离为 17 km。该雷达峰值功率为 60 kW,极化方式为水平极化或圆极化,相对偏差测量精度为 0.2 mrad,天线增益为 40 dB,波束宽度为 1.1°,方位角为 0°~360°,俯仰角为 -5°~+70°,跟踪角精度为 0.3 mrad。

红外位标器利用导弹主动段飞行时发动机火焰中的红外辐射能量测量导弹的角偏差,用以形成控制指令,将导弹引入雷达波束,以完成导弹的预制导任务。红外位标器的宽视场为 10°×10°,窄视场为 4°×5°,测角精度为 1 mrad。

电视跟踪器由摄像头、显示器和操纵杆组成,操作手用操纵杆进行控制,将目标套在屏幕标志内,以实现人工跟踪,作用距离为 16km,摄像头视场为 3°×3°。

指控与发射 搜索指挥车与发射制导车的指挥功能通过车上计算机来实现。系统配备

4 联装发射架,发射架上装 4 枚筒装导弹,采用倾斜发射方式。发射筒用于导弹储存、运输和发射,由前锥形帽、筒体和后盖组成。前锥形帽在导弹起飞前由电爆管弹开,后盖在起飞时被固体发动机燃气流吹开。

作战过程

搜索指挥雷达发现目标后进行火力分配,并把目标指示信息发送给指定的发射制导车。跟踪制导雷达搜索发现目标后,转入对目标自动跟踪。通过导弹定序器完成导弹发射准备工作,当发出射击命令后,弹上陀螺自动启动,计算机进行拦截计算,同时选择导弹地址码,应答频率等,当满足拦截条件后发射导弹。

导弹发射后由惯性飞行进入红外预制导,当导弹被引入雷达波束满足交班条件时,进行雷达制导。导弹在接近目标时,解除最后一级引信保险。当目标进入导弹引信作用距离时,引信适时引爆战斗部,摧毁目标。

发展与改进

1964 年法国汤姆逊-CSF 公司获得南非投资后,开始了响尾蛇导弹系统的研制工作。1964 年 6 月—1969 年 10 月为工程研制与发展阶段,全面开始方案设计、技术设计与试制生产,1969 年 10 月进行全系统试验。1969 年 10 月—1971 年为鉴定与批生产阶段,并开始装备部队。1970 年 4 月首次进行鉴定试验获得成功。1971 年起开始向南非、智利等国出口。1969 年开始在响尾蛇 1000 型的基础上进行局部改进,研制响尾蛇 2000 型。1973 年在响尾蛇 2000 型的基础上研制响尾蛇 3000 型,即用 R460 导弹代替 R440 导弹,最大作战距离扩大到 10 km,提高了雷达发射机的功率和接收机的灵敏度,以及计算机容量和抗干扰能力,1975 年开始装备法国空军。1982 年开始研制方舱式和车载式的响尾蛇 4000 型。

响尾蛇导弹系统曾根据用户的不同需求进行过多次改进,如为沙特阿拉伯研制的沙伊纳地空导弹系列。1985 年后又新研制了新一代响尾蛇地空导弹系统,已装备法国部队并出口。目前,响尾蛇导弹系统已基本上被新一代响尾蛇导弹系统取代。

为适应现代化作战需求,法国将响尾蛇导弹系统进行信息化改造,发展了响尾蛇 Mk3 导弹系统,使其可集成到广域防空网中,既可以独立作战,又可以网络化作战,为机动部队提供快速防御响应能力。

沙伊纳（Shahine）TSE5100

概　述

　　沙伊纳是法国汤姆逊-CSF公司为沙特阿拉伯研制的全天候低空近程地空导弹系统，可拦截低空超低空飞行的速度小于马赫数为1.2的飞机和巡航导弹，主要用于野战防空和要地防空。沙伊纳是在法国响尾蛇地空导弹系统基础上发展起来的，系统代号为TSE5100，采用R460导弹。

　　沙伊纳-1于1975年开始研制，1980—1982年陆续装备沙特阿拉伯部队。1984年开始其改进型沙伊纳-2的研制，1990年沙伊纳-1升级至沙伊纳-2。每枚导弹的价格约13.59万美元（1993年）。

沙伊纳导弹系统发射单元

主要战术技术性能

对付目标	低空、超低空飞机和巡航导弹
最大作战距离/km	13
最小作战距离/km	0.5

续表

最大作战高度/km	6
最小作战高度/km	0.015
最大速度（Ma）	2.8
机动能力/g	35
杀伤概率/%	80（单发），99（双发）
反应时间/s	6～8
制导体制	雷达或电视跟踪＋无线电指令制导
发射方式	筒式倾斜发射
弹长/m	3.12
弹径/mm	156
翼展/mm	592
发射质量/kg	105
动力装置	1台固体火箭发动机
战斗部	聚能破片式杀伤战斗部
引信	红外近炸引信（沙伊纳-1），雷达近炸引信（沙伊纳-2）

系统组成

沙伊纳导弹系统由导弹、搜索单元、发射单元、数据传输与微波通信系统和地面支援设备等组成。1个导弹连为1个基本火力单元，由1辆搜索单元车和2～4辆发射单元车组成。每个连监视范围约1 000 km²，作战区域为650 km²。搜索单元车与发射单元车之间的最大间隔距离为3km。

导弹 R460导弹采用鸭式气动布局，弹翼与舵面呈××形配置，副翼位于一对弹翼的后缘。弹体比响尾蛇R440导弹稍长，气动外形略有改进，尾部装有曳光环，其余部分与R440导弹相同。固体火箭发动机长230 mm，推进剂为双孔燃烧的双基药柱，比冲较R440导弹增大。

弹上应答机负责接收地面二进制编码指令，并传给自动驾驶仪。自动驾驶仪通过3个通道的敏感元件、控制电路及其相应的执行机构实现对导弹俯仰、偏航和滚动的姿态控制。鸭式舵控制俯仰和偏航，一对副翼实施滚动稳定。R460导弹采用新的控制执行机构，传动机构采用了伺服电机，从而提高了导弹的机动性。

R460导弹的聚能破片式杀伤战斗部装有5 kg高能炸药，杀伤半径为8 m。

探测与跟踪 沙伊纳导弹系统探测与跟踪任务由搜索单元和发射单元完成。

搜索单元由搜索雷达、敌我识别器、数据处理系统、电视摄像机和微波通信系统等组成。搜索雷达为一部脉冲多普勒雷达，工作在 S 波段，探测距离为 18.5 km（沙伊纳-2 搜索雷达探测距离为 19.5 km），探测高度为 6 km，天线波束宽度为 1.4°，采用了具有动目标显示功能的数字接收机，并采取了恒虚警电路、干扰探测门等抗干扰措施，多部雷达短瞬开机可抗反辐射导弹攻击。敌我识别器与响尾蛇导弹系统的相同。电视摄像机安装在电视转塔上，可与雷达转塔随动，也能独立转动，用来对目标进行搜索、识别、跟踪和对发射车进行地面监控和校准。数据处理系统采用 1 台改进型 SN-1050 通用电子计算机，可同时处理 40 个目标，对威胁较大的 12 个目标进行跟踪。通信系统采用数字式自动数据传输和车辆间相互定位的通信系统。

沙伊纳导弹系统搜索单元

发射单元由跟踪制导雷达、指令发射机、红外位标器和电视装置组成。每个发射单元可同时制导 2 枚导弹攻击 1 个目标。跟踪制导雷达为一部单脉冲多普勒火控雷达，工作在 X 波段，跟踪距离为 17 km，脉冲宽度为 0.5 μs，发现概率为 90%。指令发射机的工作频率为 H 波段，可传送二进制编码的制导指令。红外位标器利用导弹发动机工作时的火焰测量导弹位置形成控制指令，将导弹引入到跟踪制导雷达波束内，完成红外预制导。电视装置在晴天或雷达受到严重干扰时使用，可对目标和导弹进行跟踪，并可评估作战效果。

发射装置 发射装置包括发射架及其随动系统、控制台、导弹顺序器等。发射架可装载 6 枚待发导弹。发射架与天线均安装在转塔上，可进行 360°旋转。导弹采用筒式热发射，操作手利用发射车内的发射控制装置进行控制，在特殊情况下可人工参与。重新装弹时 3 枚导弹为 1 个弹夹，可同时装填。

作战过程

搜索雷达截获到目标后,进行敌我识别和威胁判断,向选定的发射车提供目标指示信息,发射单元的跟踪制导雷达接收到目标信息后,对目标进行扫描,截获目标后进入自动跟踪状态,根据计算机计算的结果下达发射命令(该指令程序不可逆),由发射单元发射导弹。导弹起飞后进入红外制导段,由红外位标器测出导弹至目标瞄准线间的相对角偏差,并形成控制指令,将导弹引入雷达波束,进入雷达制导段。雷达不断测量导弹与目标间的相对角偏差,按三点导引法形成控制指令,引导导弹击中目标。

导弹系统可以采用雷达跟踪、光学瞄准具跟踪和电视跟踪方式,并采用红外位标器与雷达制导的方式。在两个火力单元协同作战时,每辆搜索车都可以控制另一个火力单元的全部发射车。一旦一辆搜索车不能工作,整个作战火力不会受影响。在装甲部队行进时,发射车可紧跟装甲部队行进,并可从距离最近的搜索车接收目标信息;搜索车则轮流交替前进,每个火力单元交替一次可提供 300 km^2 的最大有效覆盖面积。

发展与改进

1974 年沙特阿拉伯政府向法国政府提出研制沙伊纳的要求,1975 年汤姆逊-CSF 公司与沙特阿拉伯政府签订合同,1977 年在雷达改进取得显著进展后开始研制沙伊纳-1,1978 年 11 月沙伊纳-1 进行首次飞行试验并获得成功,1979 年进行第二次、第三次飞行试验,1981 年法国向沙特阿拉伯交付第一套沙伊纳-1,至 1983 年完成合同订货,交付 4 套后停止生产。1984 年 2 月汤姆逊-CSF 公司与沙特阿拉伯签订研制沙伊纳-2 和装备 12 个沙伊纳-2 导弹连的合同,要求 5~6 年完成,1989 年交付。1990 年,沙伊纳-1 升级到沙伊纳-2。

新一代响尾蛇(Crotale NG)

概 述

新一代响尾蛇是法国汤姆逊-CSF 公司研制的低空近程地空导弹系统,主要用于对付高机动战术飞机、直升机、防区外发射的空地导弹和远程反坦克导弹等目标,对运动中的装甲集群和固定设施提供保护。新一代响尾蛇导弹系统采用由美国 LTV 公司研制生产的 VT-1 高速地空导弹,其导弹、搜索和跟踪装置、发射装置和计算机等全部装备于一辆车上。新一代响尾蛇导弹系统于 1985 年开始论证,并参与美国陆军前沿地域防空重型系统项目的竞争，1989年开始生产，1991年首批系统交付芬兰陆军，1993年开始装备法国空军和海军。2000年后不再发展。VT-1导弹单价为34万美元（1993年）。

装在履带车上的新一代响尾蛇导弹系统

主要战术技术性能

对付目标	高机动战术飞机、直升机、防区外发射的空地导弹和远程反坦克导弹
最大作战距离/km	11
最小作战距离/km	0.5
最大作战高度/km	6
最大速度(Ma)	3.5
机动能力/g	50
反应时间/s	5.2
制导体制	光电复合制导
发射方式	筒式倾斜发射
弹长/m	2.29
弹径/mm	165
发射质量/kg	75

续表

战斗部	动力装置	1 台固体火箭发动机
	类型	聚能破片式杀伤战斗部
	质量/kg	14
	杀伤半径/m	8
	引信	电磁近炸引信

系统组成

新一代响尾蛇导弹系统由转塔、搜索雷达、跟踪雷达、导弹、彩色显控台等组成。每辆发射车为 1 个火力单元，4 个火力单元协同作战可对干扰机等目标进行三角测量定位，还可避免对已攻击过的目标进行重复攻击。

牵引型新一代响尾蛇导弹系统

导弹 VT-1 导弹采用大攻角无尾翼式气动布局，4 片折叠尾舵位于弹体尾部。导弹具有高机动性，最大机动过载为 $50g$，在 8 km 处机动过载为 $35g$。其发动机是在 AIM-9 响尾蛇空空导弹发动机基础上改进的。

探测与跟踪 新一代响尾蛇导弹系统采用多传感器制导。导弹由红外偏差测量系统或窄雷达波束制导。所有传感器的数据由地面计算机处理，在几毫秒内滤掉地物杂波、诱饵及其他干扰后，形成制导控制指令传给弹上控制系统。制导系统包括搜索雷达、跟踪雷达、双视场前视红外摄像机、日用型电视摄像机、电视自动跟踪仪和红外位标器。

搜索雷达采用汤姆逊-CSF公司研制的TSM2630旋转平面相控阵雷达。该雷达采用频率捷变、脉冲压缩和多普勒技术，工作在E波段，转速为40 r/min，对高性能飞机的发现距离为18～20 km，对悬停直升机的发现距离为8 km，探测高度为5 km，能同时处理8个目标。

跟踪雷达采用Ku波段频率捷变单脉冲压缩多普勒雷达，作用距离为18 km，能跟踪悬停直升机和马赫数小于2的飞机。

前视红外摄像机为TRT Castor双视场成像仪，工作波长为8～12 μm，最大作用距离为19 km，光学视场作用距离为10 km。

发射装置 采用2部4联装发射架，装在转塔两侧，各配4枚待发导弹。

新一代响尾蛇导弹系统的作战显控台

作战过程

搜索雷达探测到目标后，对目标进行威胁分类。操作人员先确定威胁最大的目标，使转塔对准目标来袭方向并由跟踪雷达对目标进行跟踪。导弹发射后，各传感器所获得的数据通过计算机综合处理得出目标和导弹的相对位置，引导导弹飞向目标。

发展与改进

1985年提出新一代响尾蛇地空导弹系统研制计划，1986年美国LTV导弹与电子集团开始研制VT-1导弹，1989年3月成功完成VT-1导弹系列试验，1989年4月开始生产VT-1导弹；1991年新一代响尾蛇导弹系统开始交付用户；1991年9月，VT-1导弹的生产由LTV导弹与电子集团转交欧洲防空导弹公司。1991年法国空军选择掩体型新一代响尾蛇地空导弹系统,1993—1994年交付。

VT-1导弹进行了增程改进,导弹最大作战距离扩大到15km,拦截目标的高度达到9 km。

米卡垂直发射型(VL-MICA)

概　述

米卡垂直发射型(Vertical Launch MICA,VL-MICA)是MBDA公司在米卡空空导弹的基础上开发的低空近程防空导弹系统,包括地空型和舰空型。该系统可以保护空军基地、高敏感区和陆军部队,还可用于海军主战舰船(保障船、指挥舰和航母)的自卫防御。米卡垂直发射型地空导弹系统于1998年开始研制,2001年完成了首次地面发射试验。米卡垂直发射型舰空系统于2000年开始研制。2005年12月,法国决定为陆、海、空军装备米卡垂直发射型导弹系统。

米卡垂直发射型导弹系统可采用两种导弹,一种为米卡主动雷达制导导弹(米卡-RF),另一种为米卡被动红外制导导弹(米卡-IR)。单枚米卡-RF导弹的价格为37.28万美元,单枚米卡-IR导弹的价格为14.45万美元。目前米卡垂直发射型导弹系统的主要用户是法国陆军和海军,智利和丹麦也表达了购买意向,阿曼、摩洛哥和博茨瓦纳是米卡垂直发射型导弹系统的海外用户。

米卡垂直发射型地空导弹系统

主要战术技术性能

对付目标		固定翼飞机、直升机、无人机和空地导弹
最大作战距离/km		20
最大作战高度/km		10
最大速度(Ma)		3
机动能力/g		30(10km 内)，50(7 km 内)
反应时间/s		2
制导体制		惯导＋指令修正＋末段主动雷达寻的(米卡-RF)，惯导＋末段红外成像寻的(米卡-IR)
发射方式		垂直发射
弹长/m		3.1
弹径/mm		160
翼展/mm		480
发射质量/kg		112
动力装置		1 台双推力固体火箭发动机
战斗部	类型	高爆破片式杀伤战斗部
	质量/kg	12
引信		主动雷达近炸和触发引信

系统组成

米卡垂直发射型防空导弹系统采用开放式、模块化、分散部署的方式，每个作战单元包括 4 个导弹发射单元、1 个雷达探测单元和 1 个战术指挥中心。

雷达探测单元　　　战术指挥中心　　　导弹发射单元

米卡垂直发射型地空导弹系统组成示意图

导弹 米卡导弹采用正常式气动布局,沿弹体配置矩形长条弹翼和尾舵。导弹从前到后分别为制导舱、战斗部舱和动力舱。米卡-RF 导弹的头部采用尖锥形陶瓷制雷达天线罩,米卡-IR 导弹的头部采用钝头石英玻璃整流罩。

米卡导弹推力矢量控制系统的燃气舵由 4 片燃气偏转叶片构成,位于火箭发动机尾喷口处。它们被集成在一个金属圆盘上,通过计算机控制其偏转角度,从而调节导弹的飞行姿态。

米卡-RF 导弹采用惯性制导、中段指令修正和末段主动雷达寻的制导体制。导引头采用了由泰勒斯公司和阿莱尼亚·马可尼系统公司联合研制的 AD-4A 脉冲多普勒导引头,工作频率为 10~20 GHz。米卡-IR 导弹采用惯性导航、中段指令修正和末段被动红外寻的制导体制,并采用了由法国电信公司(SAT)研制的双频段红外成像导引头,具有较远的作用距离和较好的抗干扰能力。

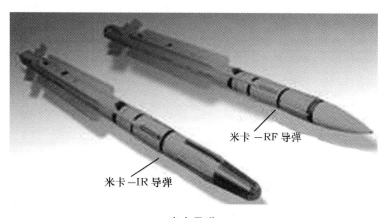

米卡导弹

探测与跟踪 米卡垂直发射型地空导弹系统的雷达探测单元为一部安装在轮式车底盘上的三坐标雷达,最大跟踪距离为 50 km,最大探测高度为 9 km,装有自动敌我识别系统。米卡垂直发射型舰空导弹系统采用泰勒斯公司研制的 MRR NG 三坐标舰载雷达,可对目标进行搜索与跟踪。

指控与发射 战术指挥中心对米卡垂直发射型系统的发射单元和雷达探测单元实施遥控指挥,执行威胁分析、目标分配、系统监控等任务。由于采用分散式的系统布局,雷达探测单元、导弹发射单元和战术指挥中心都是各自独立的,不会因为某个单元被击毁而使整个作战单元失去作战能力,从而保证了整个系统较高的战场生存概率。

米卡垂直发射型地空导弹系统采用 4 联装箱式垂直发射,导弹发射间隔时间为 2 s。每个发射箱可发射任意 4 枚米卡-RF 或米卡-IR 导弹,4 联装箱式发射装置装在一辆载重 5 t 的卡车上。发射箱由铝合金制成,高为 3.7 m,质量为 400 kg,箱内装有整体式排气管。非作战状态时发射箱水平放置于底盘上,准备作战时通过液压系统完成起竖。

米卡垂直发射型舰空导弹系统发射箱带有独立燃气废气管理系统,能够从甲板底下排出导弹燃气的热量和羽烟。每 8 个发射箱配 1 个导弹接口组件。

米卡垂直发射型地空导弹系统的发射单元

作战过程

米卡垂直发射型导弹系统的典型交战程序是,由三坐标雷达或光电指挥仪获取目标信息,战术指挥中心进行威胁评估并将火力分配指令发送给导弹接口组件,启动发射系统,发射导弹。

米卡垂直发射型导弹系统引入了网络化作战的理念,强化了车际间、作战单元间的数字通信体系;传感器获取的数据可以在作战单元内部乃至不同单元间自由传送;整个防空网内部结构不再是分层的树形,而是一个网络结构,每个单元都变成了网络内的一个节点。一个节点被攻击可能会削弱整个网络的作战能力,但绝不会出现传统指挥结构下打掉一环就全面瘫痪的局面。

米卡垂直发射型舰空导弹系统作战示意图

发展与改进

自 20 世纪 90 年代中期以来，空中威胁日渐增加，突出表现在空中饱和攻击能力的强化上，而且这些空中平台的雷达散射截面普遍减小；各种精确制导炸弹、无人机和巡航导弹更是成为地面防空系统的最大威胁。MBDA 公司选中米卡导弹作为改进和重点推出对象的主要原因在于：中远程防空导弹技术难度较大、开发风险高，而且美国的爱国者 PAC-3 以及俄罗斯的 C-300 和 C-400 系列的地位在短期内难以撼动。相对而言，近程防空导弹技术难度低，而在未来数年内一批 20 世纪 80 年代技术水平的系统将会被淘汰，这将会给市场留下空间。从这些原因出发，MBDA 公司选中技术先进的米卡空空导弹作为改进对象，融合了垂直发射、分散部署、模块化结构等概念，推出了米卡垂直发射型防空导弹系统。

米卡垂直发射型舰空导弹系统　MBDA 公司在已有米卡垂直发射型地空导弹系统的基础上，研制米卡垂直发射型舰空导弹系统。米卡垂直发射型舰空导弹系统的基本作战性能与地空型没有区别，移植上舰的主要工作是与现有舰艇平台和作战系统的综合集成。由于米卡垂直发射型舰空导弹系统采用模块化的垂直发射单元，其装备数量可以根据舰艇吨位任意增减。同时，也无须为米卡垂直发射型舰空导弹系统设计专门的火控系统，甚至无须设计专门的控制台。

米卡垂直发射型潜空导弹系统　目前米卡导弹已经有空空、地空和舰空三种。法国舰艇建造局在对现有的点防御导弹系统进行了市场调研后，选择了对米卡-IR 导弹进行改造，以研制潜射米卡导弹。为此，法国舰艇建造局正在研制一种鱼雷管发射的密封装置，该装置采用了潜射 SM39 飞鱼反舰导弹使用的抗压 VSM 密封舱技术。潜射米卡导弹对反潜直升机的最大作战距离为 15km，对海上巡逻机的最大作战距离为 20 km。

西北风（Mistral）

概　述

西北风是法国马特拉公司研制的便携式超近程地空导弹系统，既能够攻击迎面来袭的高速目标，又能够对付低空和超低空大规模饱和攻击，用于点防御和要地防空。西北风导弹系统于 1980 年开始研制，1988 年 7 月开始交付法国陆军，并出口至亚洲、欧洲、南美洲及中东地区，共 25 个国家。西北风导弹基本型为西北风-1，1999 年停产；改进型为西北风-2，1995 年开始研制，2000 年开始生产，目前仍在生产。截至 2006 年，已生产约 13 188 枚西北风-1 导弹和 4 356 枚西北风-2 导弹。2000 年，每枚导弹售价为 4.695 万美元（购买 10 000 枚），每套发射装置售价为 3.3 万美元；另有咨询机构估计，包括导弹发射筒和瞄准装置的西北风导弹的单价为 6 万～10 万美元。

西北风便携式地空导弹系统

主要战术技术性能

型号		西北风-1	西北风-2
对付目标	目标类型	低空超低空飞机和武装直升机	
	目标速度（Ma）	<1.2	<1.2
最大作战距离/km		5～6（根据目标类型不同）	6
最小作战距离/km		0.3	
最大作战高度/km		3	3
最小作战高度/km		0.005	
最大速度（Ma）		2.5	2.6
杀伤概率/%		90（单发）	
反应时间/s		<5（无早期预警），<3（有早期预警）	
制导体制		被动红外寻的制导	
发射方式		三脚架筒式发射，车载发射	

续表

弹长/m	1.86	1.86
发射筒长/m	2	2
弹径/mm	92.5	92.5
发射筒直径/mm	99	
翼展/mm	200	
发射质量/kg	19	19
筒弹质量/kg	24	24
动力装置	1台固体火箭助推器，1台固体火箭主发动机	
战斗部 类型	高爆破片式杀伤战斗部	
战斗部 质量/kg	3	3
战斗部 杀伤半径/m	1	1
引信	主动激光近炸和触发引信	

系统组成

西北风导弹系统主要由筒弹和发射架两部分组成。其中，西北风导弹和密封发射筒的总质量为24 kg，由射手携带；发射架由另一名操作手携带。

1个西北风导弹连由1个指挥支援排及4个发射排组成。指挥支援排负责对各发射排的作战指挥及雷达、车辆的维护。每个发射排拥有1套警报系统和6个导弹火力单元。每个火力单元由两名操作手组成：一名是指挥员，负责观察空情、指挥联络、识别目标及下达导弹发射命令；另一名是射手，负责目标捕获、目标锁定和导弹发射。

在要点防御中，火力单元按三角形部署，在一个等边三角形的顶点各配置两个火力单元，间距为200~300 m，顶点间距为2~3 km。

在法国部队，西北风导弹系统采用联合协调式作战，通过一个武器系统指示终端将带有无线电通信的火力单元连接到排级协调中心，即西北风指挥协调车（MCP），以实现整个系统的全天候作战。

导弹 西北风导弹采用鸭式气动布局，其弹体是一个细长的圆柱体，弹体前部有两对十形配置的矩形舵面，上下一对为固定舵面，左右一对为可转动舵面，在发射筒内时伸进弹体。导弹尾部有两对稳定尾翼，在发射筒内呈折叠状态，导弹出筒后，舵面及稳定尾翼自动张开。导引头位于导弹前端，带有一个氟化镁锥形头罩。导引头连接着一个数字信号处理装置以防止红外干扰。

西北风导弹的主发动机和助推器由欧洲动力装置公司（SEP）研制。助推器采用双基推进剂［由国家火炸药集团公司（SNPE）生产］，安装在主发动机排气管内。它有6个斜装的锥形喷嘴，可为导弹提供10 r/s的稳定旋转速度和40 m/s的出筒速度。助推器在发

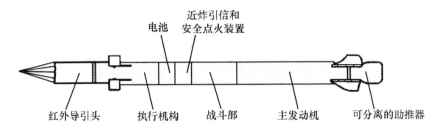

西北风导弹结构图

射筒内燃烧。当导弹飞离发射筒并距离射手15 m时，助推器脱落，主发动机点火并在工作2.5 s后将导弹加速到最大速度（马赫数为2.5），可使导弹在6 s内拦截悬停在4 km处的直升机，并利用侧风使偏差降至最小。导弹飞行时间约为14 s。

西北风导弹采用单通道旋转控制，两对+形配置的鸭式舵面由一个传动装置控制，从而实现对导弹俯仰和偏航控制；弹体尾部的两对尾翼能够保证导弹的稳定性。

西北风导弹采用的双色、全向红外导引头由法国电信公司（SAT）研制，采用多元的砷化铟制冷探测器，俯仰角为38°，工作在2～4 μm和3.5～5 μm波段，具有抗自然辐射干扰能力，导引头的光学扫瞄系统采用动力陀螺形式和主次镜结构。当瞄准目标时，+形分布的探测元以15 r/s的速度旋转，弹上的制冷剂（液氮）瓶可在2s内使红外探测器冷却到87 K。该导引头不仅能跟踪发动机的尾焰，还可跟踪热燃气发出的3.5～5 μm的红外辐射，能够探测跟踪位于6 km处的喷气式飞机和从4 km处迎头逼近的装有降低红外辐射设备的武装直升机。

西北风导弹的战斗部由马特拉·马努兰防务公司研制，由法国吕歇尔防务公司生产。战斗部装药为钝感黑索今（RDX）和梯恩梯（TNT）混合药，比例为7∶3，质量为1 kg。战斗部的钢制壳体厚2 mm，外面贴一层约1 850个高密度钨球，以增强目标穿透能力。战斗部内还装有一个延时自毁系统。激光近炸引信的作用距离为3 m，具有距离截止能力及抗背景干扰能力。

西北风导弹及发射筒

探测与跟踪 目标探测一般采用3种方式：

1) 由火力单元作战指挥官通过无线电台传送信息或用双目望远镜目视探测；

2) 由火力单元作战指挥官把从上级火控系统得到的目标信息传到方位显示器上；

3) 由射手使用发射架上的光学瞄准装置或指示终端（AIDA或BADO）获得来自西北风指挥协调车的指示信息来探测目标。

指控与发射 西北风指挥协调车是马特拉·英国航空航天动力公司研制的,用于协调指挥西北风导弹系统作战,以提高西北风导弹系统的整体作战效能。西北风指挥协调车由方舱式指挥站、1部二坐标近程防空监视雷达、1部用于便携式西北风导弹或车载火力单元的协调终端设备、无线通信数据链网络和与更高级别指挥机构通信的指挥系统构成,整个系统(不含终端协调设备)装在1辆梅赛德斯-奔驰 UNIMOG 1350(4×4)轮式车上。二坐标近程防空监视雷达由奥利康·康特拉夫斯意大利公司研制。该雷达采用双波束天线,上波束天线的最大探测距离为17 km,下波束天线的最大探测距离为28 km,在火力管理控制台允许的时分多址(TDMA)模式下,可同时跟踪200个目标。该雷达既可在自动模式下工作,也可链接到一个 C^3I 系统中。

装有近程防空监视雷达的西北风指挥协调车

西北风指挥协调车用于机场防空的效果图

发射架上装有座椅、预发射电子设备箱和电池/制冷剂组合（BCU）。发射架可放置在多种地形上，用来固定发射筒、光学瞄准装置（只能在白天使用）及望远镜。电池/制冷剂组合用于提供电力和启动导弹导引头陀螺及制冷探测器，其制冷时间最长可达 45 min。发射架还可安装在载车、各种类型的舰船和小型飞机以及直升机上。导弹发射筒上除了装有光学瞄准装置外，还加装了敌我识别器和红外热成像仪。红外热成像仪为手持式，质量为 5 kg，由索恩·埃米电子公司研制，也称为西北风热成像仪（MITS）。

　　发射筒由玻璃纤维绕制而成，由马特拉·马努兰防务公司研制，用于储存、运输及发射导弹，并带有与发控电路相连的电气接点。发射筒前后装有保护盖，导弹发射前要将前盖拔掉。发射筒不可重复使用，一旦导弹发射后，便丢弃发射筒。筒装导弹固定在发射架上。射手坐在座椅上可任意调整发射方向。西北风导弹发射装置从行军状态展开到作战状态需约 1 min，再装填筒弹需要 30 s。

西北风导弹发射场景

作战过程

　　作战时，西北风导弹系统一般装在一辆轻型车上运输到作战区域，随后由火力单元的两名操作手背负携带至发射地点。当用前述 3 种目标探测方法之一在方位上探测到目标后，射手在俯仰方向使用 3 倍望远镜截获并跟踪目标。敌我识别器对目标的询问与目标跟踪同时进行。这时瞄准数据通过准直系统连续发光显示，然后射手打开安全控制杆及导引头启动杆并识别目标。当目标进入导弹有效射程时，射手按下发射按钮，导弹按比例导引法飞向目标。当导弹接近目标时，制导系统给导弹一条向前修正的飞行路线，使导弹接近并命中目标。

发展与改进

西北风导弹系统于1977年开始方案研究；1979—1980年由法国导弹技术局投资开展设计研究，重点是研制导引头；1980年9月选中马特拉公司为主承包商，同年开始研制；1982年完成拦截试验；1984年完成导弹飞行鉴定试验；1983—1985年开始舰载和直升机载改型试验；1986—1987年完成陆军作战试验；1987年开始生产；1988年7月首批西北风导弹系统交付法国陆军；1988年11月法国海军装备舰载型西北风——萨德拉尔（SADRAL）导弹系统；1989年具备初始作战能力。1995年西北风-2导弹开始研制；2000年1月完成西北风-2研制并开始生产；2000年年底西北风-2导弹装备法国陆、海、空三军并开始出口。

西北风-2导弹保留了西北风-1导弹的红外导引头，采用新的弹翼和控制舵面并增加了一个全新的处理器，改进了导弹的助推器，从而扩大了导弹的作战空域，提高了导弹的飞行速度和机动性。西北风-2导弹适用于西北风-1导弹的所有发射平台，可全向作战，能够对付超声速飞机或无人机等低红外特性的空中目标。2008—2016年西北风-2导弹的产量达到3 645枚。

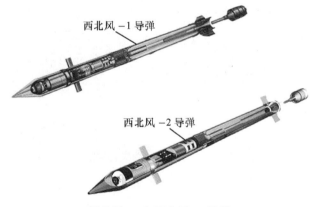

西北风-1和西北风-2导弹

为满足法国陆、海、空三军防空需要并促进出口，法国为西北风导弹开发了多种发射平台，实现了西北风导弹系统的系列化发展。其主要的系统型号有SATCP/MANPADS、ALAMO轻型车载系统、ALBI、ASPIC、ATLAS轻型双联装发射架系统、BLAZER、MPCV、桑塔尔（SANTAL）、SIDAM、萨德拉尔（SADRAL）、SIGMA、SIMBAD、TETRAL和ATAM/AATCP/HATCP。此外，法国还将西北风导弹集成到多种不同的火控系统和控制平台中，形成了LAMAT、SAMOS、Skyranger及MYGALE防空系统。目前，法国正在考虑研制一种从潜艇发射的潜空导弹，可能选用西北风导弹或米卡导弹。

SATCP/MANPADS 是两人携带行军、单兵三脚架发射的便携式西北风地空导弹系统。

ALAMO 轻型车载系统 又称机动反飞机轻型炮塔,它将西北风导弹装在一辆 4×4 轻型车上。该系统已出口至塞浦路斯。

ALBI 是一种轻型双联装车载发射架系统,详见本手册 ALBI 部分。

ASPIC 是一种自动操作、远程控制的车载转塔系统,详见本手册 ASPIC 部分。

ATLAS 轻型双联装发射架系统 又称抗饱和攻击轻型地面转塔,用于陆基或车载系统,以保卫行进中的部队或重要点设施。该系统由便携式发射架、2 枚待发导弹及 1 套火控系统组成,可在 10s 内对付 2 个目标。当用于车载系统时,ATLAS 轻型双联装发射架系统可以迅速卸载为 3 个部分以便运输,并作为陆基系统;载车上还装有 6 枚待装填导弹,以便快速人工装填。根据需要,发射架还可安装敌我识别器和热成像仪。该系统已出口至阿拉伯联合酋长国、比利时、塞浦路斯和匈牙利。

待发射状态的 ATLAS 轻型双联装发射架系统

BLAZER 该系统将法国汤姆逊-CSF 公司研制的 4 联装发射架与美国海军陆战队 BLAZER 发射装置相结合,装在轻型两栖防空车(LAV-AD)上。

MPCV 即多用途战车,由 MBDA 公司于 2006 年 6 月推出。该武器系统具有很高的机动性,可执行防空任务。

桑塔尔(SANTAL) 是一种装在自行式装甲车上的 6 联装车载系统,用于野战防空和要地防空。该系统主要由西北风导弹、发射架、Rodeo 2 型搜索跟踪雷达、火控系统及敌我识别器组成。该系统主要装在 M113 装甲人员运输车、剪刀鱼(8×8)装甲车和 BMP-3 履带式装甲步兵战车上。该系统于 1997 年停止发展,由 ALBI 替代。

SIDAM 是将西北风导弹安装在意大利奥托·梅莱拉系统上的车载近程地空导弹

系统。

萨德拉尔（SADRAL） 是一种轻型近程舰空导弹系统，1988 年装备法国海军，详见本手册萨德拉尔（SADRAL）部分。

SIGMA 是一种舰载固定转塔弹炮结合系统，由 3 枚西北风导弹与 1 门 25 mm（或 30 mm）口径自动式加农火炮组成。该系统具有全天候作战能力。

SIMBAD 是一种轻型双联装舰载系统，主要装备在各种类型的小型舰船、后勤船和保障支援船上，为其提供反飞机自卫能力。该系统由人工操作，包含 1 个双联装发射架、1 个导弹选择器和 1 个预发射电子设备箱。通过使用其控制装置或在夜间使用热成像仪，可提高作战能力。可重复使用的电源/制冷剂组合可为导弹提供 45 s 的预发射供电，并冷却导引头探测器以便自动跟踪目标。该系统的操作空间半径为 1.5 m，还可安装任何类型的 20 mm 口径加农炮炮塔。已装备该系统的国家有法国、巴西、塞浦路斯、印度尼西亚、挪威、新加坡等。

SIMBAD 双联装舰载系统

TETRAL 是一种 4 联装舰载发射系统。该系统于 2002 年年底服役，采用西北风-2 导弹，可为舰艇提供近程防御能力。该系统质量为 550kg，转塔的俯仰范围为 $-35°\sim +85°$，并带有电视摄像机和红外摄像机，可从载舰的作战系统直接接收目标指示信息。

ATAM/AATCP/HATCP 是一种直升机载超近程空空导弹系统，可对付高速飞机和直升机。该系统安装在法国空军的小羚羊武装直升机上。该系统于 1986 年开始研制，1990 年完成研制，1996 年 6 月开始装备法国陆军 30 架小羚羊武装直升飞机。该系统的作战高度是从地平线到 5 km，作战距离是从 600 m 到 6 km，从目标捕获、导引头锁定目标到导弹发射仅需 4s。ATAM/AATCP/HATCP 双联装发射架质量为 70 kg，直升机类型不同，装备的发射架数量也不同（2 套或 4 套）。一般来说，轻型直升机可装 2 套发射架共 4 枚导弹，每侧各 1 套发射架共 2 枚导弹；中型直升机可装 4 套发射架共 8 枚导弹，每侧各 2 套发射架共 4 枚导弹，导弹悬挂在两个相距 356 mm 的凸耳上。除发射架外，直升机上还装有活动防护罩和电源/制冷剂组合。ATAM/AATCP/HATCP 配有两种瞄准装置为导弹指示目标：一种是带陀螺稳定装置的瞄准望远镜，适用于远距离；另一种是头盔式瞄准具，适用于近距离。导弹在原型的基础上采用了多光谱导引头，除了红外探测器外，还增加了一个工作在紫外波段的探测器，即红外/紫外双色导引头。在 1990—1991 年的海湾战争中，该系统被法国快速反应部队部署在沙特阿拉伯。

法 国

空空型西北风导弹系统（ATAM）

空空型西北风导弹系统（ATAM）发射装置

ALBI

概　述

　　ALBI（Affut Leger Bimunition）是法国马特拉-英国航空航天动力公司研制的一种车载轻型双联装发射架系统，是 ATLAS 双联装发射架系统的衍生型号。它将一个双联装发射装置集成在一个可折叠的转塔上，安装在轻型履带车或轮式越野车上，同时具有空运和机动越野能力，用于保护行进中的部队或重要设施。该系统除保留了西北风导弹"发射后不管"的特点外，还增加了热成像仪，以便在夜间捕获目标。该系统可同西北风指挥协调车一起使用，以协调和控制多个火力单元的导弹发射。ALBI 于 2000 年正式推出，并于当年 11 月获得来自阿曼的订单。目前，ALBI 系统的用户是法国陆军和阿曼。阿曼皇家陆军将该系统安装在标致和本哈特（4×4）轻型轮式车（VBL）上并同其侦察设备一起使用，采用西北风-2 导弹。匈牙利正在考虑购买 ALBI 系统并将其安装在 BTR-80（8×8）装甲人员运输车上，以便为其机械化部队提供低空防御。

安装在本哈特（4×4）轻型轮式车上的 ALBI 系统

系统组成

ALBI 系统由西北风筒弹和发射装置两部分组成。导弹发射架安装在可折叠、可全方位旋转的转塔上；转塔固定在发射车的车厢中部。发射装置装有光学瞄准装置、敌我识别器和望远镜，还可安装一个热成像仪，以实现全天候作战。该系统的展开时间小于 5 s。

当 ALBI 系统与西北风指挥协调车一同使用时，其基本火力配置由 11 辆导弹发射车和 1 辆西北风指挥协调车组成。每辆发射车上装有 2 枚西北风导弹和 4 枚待装填导弹。

导弹 ALBI 系统采用西北风便携式地空导弹，其战术技术性能参数详见本手册西北风（Mistral）部分。

探测与跟踪 利用西北风指挥协调车上的二坐标近程防空监视雷达获得目标信息。射手通过发射架上的 AIDA 终端获得的指示信息探测目标。一旦在方位上探测到目标，射手即可在俯仰方向用 3 倍望远镜截获并跟踪目标。

发射装置 ALBI 系统采用双联装筒式倾斜发射，可单独由一个射手安装和操作。筒装导弹固定在双联装发射架上，射手坐在座椅上，转塔可全方位旋转，射手可任意调整发射方向。

阿曼订购的装备西北风-2 导弹的 ALBI 系统

作战过程

西北风指挥协调车上的二坐标近程防空监视雷达获得目标信息后，将目标信息传送给射手；射手用望远镜截获、跟踪目标，通过敌我识别器对目标进行询问。所有瞄准数据可通过清晰准直系统连续显示，确定是敌方目标后，射手即可进入预发射过程。由于西北风导弹具有"发射后不管"特性，因此在导弹发射后，即可按比例导引法自主跟踪拦截目标。

ASPIC

概　述

　　ASPIC是一种车载转塔式超近程防空系统,可配用多种便携式地空导弹,主要用于保卫要地或行进中的部队,并可同自动化目标跟踪与作战设施一起使用,以缩短反应时间。该系统可随时转为手动控制。该系统目前已装备法国空军和智利。

ASPIC超近程防空系统

系统组成

　　ASPIC系统由便携式地空导弹、发射架、光学跟踪器、红外热成像仪、激光测距仪和敌我识别系统组成,可装载于各种车辆进行野战机动。双轴ASPIC伺服控制转塔组件能够自动操作目标跟踪与作战设施,以确保简便操作和高杀伤概率,并可安装在多种底盘上。转塔方位角为360°,并可使用远距离发射控制台遥控(遥控距离为50 m),从而提高了作战人员的安全性。

　　ASPIC系统装有一个基于电视跟踪装置的火控系统。该火控系统含有1个电视摄像机、1个电视角度偏移测量装置、1个数字计算机和1个陀螺仪,其作用是快速并自动捕获目标、精确跟踪目标、优化前置角和确保指定导弹的红外或其他制导体制的导引头自动跟踪目标。红外热成像仪可为导弹系统提供在夜间和能见度低的条件下作战的能力。

ASPIC 系统火控传感器组合（中间部分）及导弹（两侧）

ASPIC 系统可集成到最低载荷为 1.5 t 的各类底盘上，包括 4×4 轻型载车，如鹰Ⅱ和标致 P4 载车。其发射架上装有 4 枚待发导弹（根据导弹和载车类型，最多可装 8 枚），车厢里另装有 4 枚待装填导弹。在单独作战模式下，ASPIC 系统的作战人员为两人，一名为驾驶员兼操作手，负责目标指示；另一名为射手。在协同作战模式下，只需 1 名射手。

以鹰Ⅱ为底盘的 ASPIC 系统

导弹 ASPIC 系统可使用西北风、毒刺、星光、星爆、RBS 70 等超近程地空导弹。

探测与跟踪 ASPIC 系统可集成到 C^3I 系统中，通过网络中的搜索与跟踪（IRST）设备［如泰勒斯公司的防空警报装置（ADAD）］或雷达［如泰勒斯公司的早期预警指控系统（CLARA）］获得目标信息。

作战过程

ASPIC 系统车内控制台

ASPIC 系统可单独作战，也可与早期预警指控系统协同作战。在单独作战模式下，操作手是目标指示员，佩戴头盔式光学目标指示器系统——ARES，利用该装置选择导弹和进行目标分配。这样不仅有助于系统的快速部署，还极大地增加了射手在部署阵地的反应时间。

在协同作战模式下，数据通过无线通信链路传输至早期预警指控中心，如 CLARA 系统。一旦目标被指控站确定，目标指示信息就立即被传送至已选定的火力单元，随即可发射导弹拦截目标。

发展与改进

1994 年，法国空军订购了 30 套 ASPIC 系统。该系统以标致 P4 载车为底盘，底盘后面装有一个自动操作的转塔，转塔两侧各装 1 个双联装发射架，发射架上装有西北风导弹。发射架之间是光电传感器装置（包括英国 BAE 系统公司生产的热成像仪），用于自动发射与制导导弹。

1995 年 9 月，肖特导弹系统公司和汤姆逊-CSF 公司在英国联合完成了用 ASPIC 火力单元发射星爆地空导弹的试验，共发射了 10 枚导弹，均获得成功。在此后 9 个月内，完成了星爆导弹与 ASPIC 的集成工作。

ASPIC 系统发射星爆地空导弹

国际合作

未来防空导弹系列（FSAF）

概　述

未来防空导弹系列（Future Surface to Air Family，FSAF）是由法国、意大利、英国和欧洲其他国家共同研制的系列先进防空导弹系统，主要用于对付高性能作战飞机、战术导弹及无人机的饱和攻击。FSAF采用通用化、模块化设计，通过选用阿斯特-15或阿斯特-30导弹、多功能相控阵雷达和发射装置满足不同国家的作战需求。目前FSAF主要包括3种系统：1）面空反导弹系统（SAAM），配置阿斯特-15导弹，是一种近程舰载点防御系统，主要对付反舰导弹等空袭目标；2）主要防空导弹系统（PAAMS），配置阿斯特-15或阿斯特-30导弹，是一种中近程舰载防御系统，用于舰队防空和舰艇自卫防御，对付反舰导弹和高性能作战飞机；3）陆基面空反导弹系统（Land SAAM），由陆基中程面空导弹系统（SAMP/T）改名而来，配置阿斯特-30导弹，是一种陆基机动型中程防空导弹系统，可攻击各种飞机和战术导弹，同时具有一定的反近程弹道导弹能力。

FSAF于1987年开始研制。1989年6月欧洲防空导弹公司成立，统筹FSAF的发展。2010年10月18日，位于DGA EM基地兰德斯测试靶场的SAMP/T发射一枚阿斯特-30 Block 1导弹，首次完成对战术弹道导弹的拦截。目前，SAAM已装备法国戴高乐航母和沙特海军，PAAMS和陆基SAAM（原名SAMP/T）已经服役。截至2017年年底，已累计生产约4 678枚阿斯特-15/30导弹。其中MBDA公司已经向9家客户交付了1 500枚阿斯特-30，装备了55套防空系统。阿斯特-15导弹单价约为110万美元。

采用阿斯特-30导弹的陆基中程面空导弹系统（SAMP/T）

主要战术技术性能

型号	阿斯特-15	阿斯特-30
对付目标	各种作战飞机、无人机、反舰导弹、反辐射导弹、巡航导弹和战术弹道导弹	
最大作战距离/km	30（飞机），5（反舰导弹）	100（飞机），15（反舰导弹），35（弹道导弹）
最小作战距离/km	1.7	3
最大作战高度/km	10	25
最大速度(Ma)	2.9	4.1
机动能力/g	50	62
反应时间/s	4	4
制导体制	惯导＋指令修正＋主动雷达寻的制导	
发射方式	多联装垂直发射	
弹长/m	4.2	5.2
弹径/mm	180（第二级），320（助推器）	180（第二级），380（助推器）
发射质量/kg	350	510
动力装置	1台固体火箭助推器，1台固体火箭发动机	
战斗部 类型	聚能高爆破片式杀伤战斗部	
战斗部 质量/kg	10～15	
引信	无线电近炸引信	

系统组成

FSAF 的 3 种导弹系统配用不同种类和数量的导弹，探测制导雷达及发射装置也不同。

法国戴高乐航空母舰上的 SAAM 由 4 套发射装置、32 枚阿斯特-15 导弹和 1 部阿拉贝尔（ARABEL）多功能相控阵雷达组成。

1 个陆基 SAAM（曾用名 SAMP/T）导弹连由 1 个指控模块、1 个搜索跟踪制导模块（由 1 部阿拉贝尔多功能相控阵雷达和 1 部 ZEBRA 补盲雷达组成）以及 4~8 辆载有阿斯特-30 导弹的 8 联装导弹发射车构成。发射车与指控模块间最大部署距离为 10 km，通过无线传输系统进行信息交换。陆基 SAAM 随地面部队机动展开撤收时间约为 1 min，全系统可空运部署。

PAAMS 装在不同舰艇上时选用装备不同。在法、意联合研制的地平线驱逐舰上，装备 1 套可发射 32 枚阿斯特-15 导弹的发射装置，2 套可发射 32 枚阿斯特-30 导弹的发射装置，采用欧洲多功能相控阵雷达（EMPAR）制导；在拉法叶级护卫舰和多功能护卫舰上，均装备 1 套发射装置和 16 枚阿斯特-15 导弹，用阿拉贝尔雷达制导。英国的 45 型驱逐舰装备 1 套可发射 16 枚阿斯特-15 导弹的发射装置，2 套可发射 32 枚阿斯特-30 导弹的发射装置，用桑普森（Sampson）雷达制导。

导弹 阿斯特-15 和阿斯特-30 导弹均为二级结构，采用正常式气动布局，××形配置。导弹第一级为固体火箭助推器，助推器后方有 4 个大的截尖三角形操纵尾翼。两种导弹通过装配大小不同的助推器实现不同的射程。阿斯特-15 导弹助推器长为 2.4 m，直径为 0.32 m，质量为 203 kg，采用摆动喷管技术使导弹在垂直发射后迅速转弯。阿斯特-30 导弹助推器长为 2.5 m，直径为 0.38 m，质量为 410 kg。导弹第二级弹体中部有 4 个长矩形弹翼。

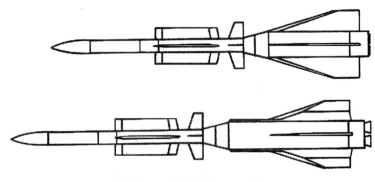

阿斯特-15 与阿斯特-30 导弹

导弹初始飞行及中间段采用惯性导航和无线电指令修正，末段采用雷达主动寻的制导，惯性导航系统包括一台意大利的惯导基准装置和一台通用电气公司的小型激光陀螺仪。

导弹采用传统的气动力控制与燃气推力矢量控制（PAF－PIF）相结合的复合控制系统，燃气喷射点位于导弹质心附近。这一复合控制方案可在缩小气动力面减小气动阻力的同时确保提供足够的可用过载。导弹在弹道中段时采用气动力控制（PAF）的控制方式，即由弹翼和尾舵组成的空气动力系统控制，由指令控制沿目标航线反向接近目标。当进入弹道末段时，弹上主动雷达跟踪目标，导弹进入燃气推力矢量控制（PIF）的控制方式，由燃气发生器进行矢量控制，使导弹具有高达 $62g$ 的机动性。PIF 的执行机构为轨控发动机，轨控发动机的喷管做成带有 4 个缝隙喷管，喷管位于弹翼的内部，轨控发动机推力按控制指令进行调节。轨控发动机在与目标遭遇前约 1 s 时点火，侧向力发动机装置产生的最大侧向过载为 $(10\sim12)g$。

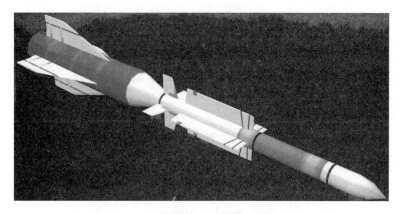

阿斯特-15 导弹

阿斯特-15 导弹及阿斯特-30 导弹选用马特拉公司为米卡空空导弹研制的 AD4A 导引头的改进型。AD4A 导引头是脉冲多普勒主动雷达导引头，工作在 Ku 波段（12～18 GHz），带有大功率发射机，采用数字化信号处理技术，具有跟踪高机动目标的能力。天线可实现大的偏转。导引头还具有较强的抗干扰能力，可使导弹以最佳的比例导航路线接近目标。

AD4A 导引头及天线

为确保战斗部引爆时能对目标实现结构性毁坏,导弹必须飞临目标 2 m 以内,弹上的燃气推力矢量控制系统在导弹命中目标前瞬间启动,预制破片以高速动能流的形式彻底摧毁目标,能够摧毁机动过载为 $15g$ 的逃逸目标。

探测与跟踪　FSAF 的制导雷达均采用多功能相控阵雷达,可独立完成空域警戒、目标跟踪、导弹跟踪与制导、电子对抗等作战任务。法国选用汤姆逊-CSF 公司研制的阿拉贝尔雷达,意大利选用阿莱尼亚公司研制的欧洲多功能相控阵雷达,英国选用英国航空航天系统公司(BAE)综合系统技术(Insyte)分公司研制的桑普森相控阵雷达。

阿拉贝尔多功能相控阵雷达

阿拉贝尔雷达是一部单面旋转相控阵雷达,工作在 X 波段(8～13 GHz),峰值功率为 100 kW,采用 Radant 透镜天线进行波束控制,波束宽度为 2°,移相器数约 1 000 个。天线垂直倾斜 30°安装,转速为 60 r/min。该雷达对飞机的探测距离大于 100 km,对雷达散射截面为 $0.5\ m^2$ 导弹的探测距离为 50 km,可同时跟踪 130 多个目标,并可同时制导 16 枚导弹攻击 10 个目标,具有较强的抗饱和攻击能力。天线方位角范围为-45°～+45°,俯仰角范围为 0°～70°,可探测和跟踪近乎从顶部来袭的反辐射导弹或其他导弹。阿拉贝尔雷达价格约为 1 000 万美元。

为了提高对大俯冲角目标(如战术地地导弹和反辐射导弹)的探测能力,SAMP/T 还配备了一部 ZEBRA 天顶雷达,以弥补阿拉贝尔雷达在高仰角区域的盲区。

欧洲多功能相控阵雷达是一部旋转双面相控阵雷达,具有对空警戒和搜索、跟踪和导弹制导功能,对雷达散射截面为 $0.1\ m^2$ 的导弹的探测距离为 50 km,对雷达散射截面为 $10\ m^2$ 的飞机的探测距离为 120 km,对低空飞行导弹的探测距离为 23 km。该雷达显示器能显示 300 个目标并跟踪 168 个威胁较高的目标,制导 24 枚导弹与 12 个目标交战。

欧洲多功能相控阵雷达

该雷达工作在 C 波段（4～6 GHz），峰值功率为 120 kW，波束宽度为 2.5°，方位角为 −45°～+45°，俯仰角为 −60°～+60°，副瓣小于 −45 dB，采用超外差式接收机，双频变换。雷达天线尺寸为 1.5 m×1.5 m，每个天线阵面上有 2 160 个阵元，垂直倾斜 30°安装，旋转速度为 60 r/min。甲板以上的雷达设备质量为 2 500 kg，甲板下雷达设备质量为 5 000 kg。欧洲多功能相控阵雷达价格约为 1 200 万美元。

桑普森多功能舰载相控阵雷达主要在严重电子干扰、强烈海浪及岛屿杂波环境中为导弹系统提供中段制导和杀伤评估。该雷达在搜索模式下工作频率为 2～4 GHz，跟踪模式下工作频率为 6～10 GHz，平均功率为 25 kW。雷达共有两个背靠背的天线阵面，每个阵面有 2 500 个收发组件，每个组件包含一个 2～20 W 的收发模块。雷达探测距离可达 400 km，可探测 500～1 000 个目标，并拦截其中 12 个。整个雷达质量为 4.6 t，天线转速为 30 r/min。桑普森多功能舰载相控阵雷达价格约为 1 500 万美元。

桑普森多功能舰载相控阵雷达

指控与发射 FSAF的指控系统由计算机和显控台构成,用于完成指挥通信、火控、电子对抗、显示控制等功能。该指控系统由意大利阿莱尼亚公司研制,具有较强的图形显示功能、可灵活配置的操作台和标准化的数据接口,采用单色或1 024×1 280彩色监视器。

FSAF各系统采用西尔瓦A50模块式8联装垂直发射装置。舰空导弹系统可由若干个基本模块构成,地空导弹系统的每辆发射车上装有一个8联装垂直发射装置。英国45型驱逐舰装备西尔瓦垂直发射装置,配备16枚阿斯特-15导弹和32枚阿斯特-30导弹。导弹放置在专门的贮运发射筒中,由助推器点火推出发射装置,系统反应时间小于6 s。法、意两国合作发展的地平线级护卫舰采用可装64枚阿斯特导弹的垂直发射装置。

陆基SAMP/T导弹系统的8联装垂直发射装置

作战过程

FSAF各导弹系统由多功能相控阵雷达对作战空域进行警戒,一旦截获到目标回波,系统可在天线旋转的同一周内进行目标确认和跟踪。跟踪过程中,系统通过敌我识别器和目标运动形态进行敌我识别,随即进行威胁等级评估、优先级排序及拦截可能性计算。根据有关结果形成拦截方案。系统根据预定拦截规律、拦截过程、可用导弹数及发射装置状态等信息对拦截方案不断进行更新。

一旦满足发射条件,就发射导弹。导弹首先完成垂直发射、姿态稳定及大致指向目标方向的初始飞行,之后导弹在惯导系统控制下沿预先确定的优选弹道飞向目标,在此过程中制导雷达不断地向导弹发送修正指令。当目标进入主动雷达导引头的作用距离时,导引头开始工作,一旦导引头截获目标,导弹进入自主飞行阶段,并启动燃气推力矢量控制系统,直至命中目标。

在系统工作过程中,操作人员只需对系统保持监控,并可在作战过程中的任何时刻对系统进行人工干预乃至中断系统作战过程。

发展与改进

目前，FSAF 各导弹系统改进主要是改进阿斯特-30 导弹，使导弹系统具有对付弹道导弹的能力。阿斯特-30 导弹改进型为阿斯特-30 Block 1 和阿斯特-30 Block 2。

阿斯特-30 Block 1 可拦截射程为 650 km 的弹道导弹，主要改进是：增大导弹战斗部破片质量，采用雷达与光电复合导引头，改进引信及处理器。阿斯特-30 Block 1 导弹的导引头采用高分辨波形，使导弹能选择最佳的拦截点。同时对导弹系统的阿拉贝尔雷达进行升级，使其具备对付高空、高速目标（射程为 600 km 的弹道导弹、飞机和无人机）的能力。阿斯特-30 Block 1 导弹可集成至海军舰船上，同时保持阿斯特-30 的尺寸以及与西尔瓦 A50 发射装置的兼容性。

阿斯特-30 Block 1NT 采用 1 个改进的主动雷达导引头，新的软件和 1 个增强的助推发动机，使导弹能够拦截射程超过 1 000 km 的弹道导弹。

阿斯特-30 Block 2 改进包括：导弹采用新的助推器（直径与标准-3 Block IIA 直径相同），采用红外成像导引头，改进制导软件与控制系统，替代 PAF-PIF 控制；采用 Mk41 或西尔瓦系统发射，进一步改进雷达。系统改进后将具有专门的反战术弹道导弹能力，能够对付射程超过 3 000 km 的导弹。阿斯特-30 Block 2 导弹将在 2020 年达到实用化。

迈兹（MEADS）

概　述

迈兹（Medium Extended Air Defense System，MEADS）是由美国、德国与意大利共同研制的新一代陆基机动式防空和弹道导弹防御系统，主要用于应对战术弹道导弹、巡航导弹、无人机和飞机，主承包商为 MEADS 国际公司。1996 年 5 月 28 日，美国、德国和意大利正式签署备忘录，由 3 国共同出资研制，研制费用为 40 亿美元，其中美国为该项目提供 58% 的资金支持，其余资金分别由德国（25%）和意大利（17%）提供。目前迈兹系统已完成研发试验，尚未有国家采购与使用。德国计划将该系统作为战术防空反导（TLVS）计划的装备，并制定采购计划。

系统组成

迈兹系统包括轻型导弹发射架，360°覆盖能力的搜索雷达，火控雷达，即插即用式指挥、控制、计算、通信和情报（C4I）战场管理系统，以及爱国者 PAC-3 分阶段升

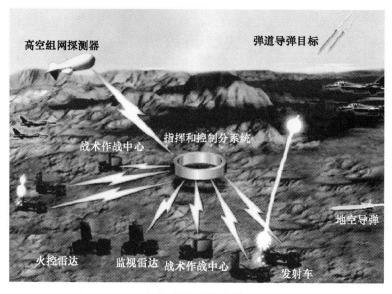

迈兹地空导弹系统

级（MSE）拦截弹。迈兹标准的火力单元/连的配置可以不固定。一个标准的火力单元包括3~6辆发射车（每辆发射车携带8~12枚导弹），3辆装填车，1~2个车载战术作战中心，1~2部多功能火控雷达和1部搜索雷达。迈兹系统具有360°全方位覆盖能力，可实现360°全方位发射；迈兹系统具有即插即用能力，战术作战中心采用基于网络中心战的开放结构，实现了即插即用的作战管理模式；迈兹系统具有协同作战能力，采用了开放式网络化的系统结构和通用型防空反导标准接口，可与多种平台和指挥控制结构互通。

迈兹地空导弹系统构成

导弹 迈兹系统采用爱国者-3 MSE 导弹。该导弹是爱国者-3 导弹的最新改型,其配备了更大的双脉冲火箭发动机、更大的翼面以及升级的支持系统,射程和机动性显著提升。爱国者-3 MSE 导弹详情参见本手册爱国者-3 反导导弹系统。

探测与跟踪 迈兹系统的探测与跟踪由监视雷达与多功能火控雷达完成,两型雷达都具有360°全方位覆盖能力。其中监视雷达是超高频有源电扫描雷达,采用了 Mode 5 型敌我识别系统,可对高机动、低信号特征的目标实施探测。多功能火控雷达是 X 波段固态有源相控阵雷达,具有精确跟踪、宽带识别与目标分类能力。该雷达同时具有监视与火控制导能力,可与监视雷达实现无缝对接。

监视雷达(左)与多功能火控雷达(右)

指控与发射 迈兹系统的战术作战中心(TOC)是一个基于网络中心的开放结构,可将各类传感器和发射器整合在一起。系统采用标准接口,并具有即插即用能力,可根据作战任务需求,对迈兹系统的配置进行增减操作,并快速投入作战使用,也可以随时集成其他防空系统的传感器和武器。

迈兹地空导弹系统的战术作战中心

迈兹系统的发射装置具有易于运输、战术机动和快速装载等特点，可采用车载，设有网络节点接收指控中心指令，可快速启动、自动装填和垂直发射 8 枚爱国者-3 MSE 导弹。

迈兹地空导弹系统的导弹发射车

发展与改进

1993 年，美国和德国等国开始探讨综合利用美国陆军军级防空系统、德国 TLVS 以及法国与意大利联合研制的 SAMP-T 武器系统研究成果，由美国等多国共同研制适合各国需求的防空武器系统的可行性，并最终取得一致性意见。迈兹系统最初的研制合作国家包括美国、德国、法国和意大利，但法国由于经费原因最终退出该项目。1996 年 5 月 28 日，美国、德国和意大利正式签署备忘录，共同出资研制迈兹系统，用于替代美国现有的爱国者导弹系统、德国的霍克导弹系统和意大利的奈基导弹系统。参与该项目的公司有美国的洛克希德·马丁公司、德国的 EADS/LFK 公司和意大利 MBDA 公司，并组建了 MEAD 国际公司。

在早期的方案中，迈兹系统还包括一个可装载在飞机、直升机或无人机上面的空基雷达传感器，用于早期预警低空飞行的巡航导弹和飞机目标。但最终由于经费问题，取消了系统中的空基雷达传感器。1999 年 4 月，选定爱国者-3 导弹作为迈兹系统的导弹，以降低技术与经费的风险。2001 年 7 月，正式开始迈兹系统风险降低工作。2004 年 5 月 6 日，在意大利成功完成一次迈兹系统演示，结束了为期 3 年的风险降低阶段的工作。2005 年 5 月，迈兹项目正式进入设计和研制阶段，2008 年 2 月完成初步设计评审，2010 年正式通过关键设计评审。2011 年 2 月美国宣布将退出迈兹系统最后阶段的研制工作，并在 2014 财年停止出资。2011 年 11 月，迈兹成功完成首次飞行试验，针对吸气式目标进行了模拟拦截。试验中同时使用了爱国者-3 MSE 导弹、轻型发射器和作战管理中心,演示验证了导弹在对付后方来袭的模拟目标时的过肩发射能力。2013 年 11 月 6 日,在白沙导弹靶场成功进行了迈兹系统拦截 2 枚靶标的试验,验证了该系统的防空反导能力。2014 年系统的研制阶段工作基本结束。2015 年,德国决定投资 33 亿～45 亿美元采办 8～10 个迈兹导弹连。此外,波兰和土耳其也在考虑部署迈兹系统的可能性。截止到目前为止,迈兹系统仍尚未部署。

地空型彩虹（IRIS-T-SLM/IRIS-T-SLS）

概　述

地空型彩虹是由德国 BGT 公司研制的中近程地空导弹系统,能有效拦截作战飞机、无人机、巡航导弹和战术空地导弹等多种空中目标。该系统包括地空型彩虹中程防空（IRIS-T-SLM）系统和地空型彩虹近程防空（IRIS-T-SLS）系统两种。德国准备将该系统作为迈兹系统的补充,与迈兹系统共同构成德国的多层防空系统。

地空型彩虹导弹系统于 2004 年提出发展计划,2007 年进入研制阶段,2008 年 3 月进行了首次发射试验。2009 年和 2011 年,地空型彩虹导弹在南非完成多次飞行试验。2013 年 11 月,试验中发射的两枚导弹摧毁了 20 km 以外的目标。采用新的红外成像系统和尾部推力矢量控制的导弹在 2015 年 1 月初完成试验。截至 2017 年年底,已生产 38 枚地空型彩虹导弹。瑞典是地空型彩虹导弹系统的第一个客户,于 2019 年 9 月部署了第一套地空型彩虹导弹系统。德国可能是下一个客户,土耳其和以色列是潜在客户。地空型彩虹导弹系统的单价在 35 万美元到 60 万美元之间。

地空型彩虹导弹系统

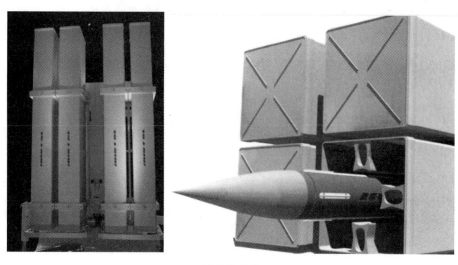

导弹发射架

主要战术技术性能

型号	IRST-T-SLM	IRST-T-SLS
对付目标	作战飞机、无人机、巡航导弹和战术空地导弹	
最大作战距离/km	30	20
最大作战高度/km	12.5	
最大速度(Ma)	2.5	
制导体制	指令修正+红外成像制导	红外成像制导
发射方式	8联装垂直发射	
弹长/m	3.4	3
弹径/mm	150	130
发射质量/kg		86
动力装置	固体火箭发动机	固体火箭发动机

系统组成

地空型彩虹导弹系统由导弹、发射车、指挥与火力控制系统及多功能雷达组成。系统采用开放式体系结构，可与多种雷达和指控系统配套使用。地空型彩虹中程导弹系统采用地空型彩虹导弹；地空型彩虹近程导弹系统采用空空型彩虹导弹。地空型彩虹近程导弹系统是与地空型彩虹中程导弹系统同时发展的一种近程防空导弹系统，装在悍马车上。2017

年，德国BGT公司宣布，地空型彩虹近程导弹系统具备移动中发射的能力。

导弹　地空型彩虹导弹是空空型彩虹导弹（IRIS-T）的派生型。为满足地面防空作战的需求，地空型彩虹导弹采用直径更大的固体火箭发动机、发射后锁定目标技术和可减小阻力的锥形头罩。导弹采用一种新型机械扫描成像的128×4元锑化铟探测器红外焦平面阵列导引头，具有极高的灵敏度和抗干扰能力。导弹系统采用无线数据链和GPS辅助导航，使导弹发射后随时被导引到其他选定的目标。地空型彩虹导弹采用推力矢量控制技术，提高了对付小型机动目标的能力。

探测与跟踪　地空型彩虹导弹系统采用拥有6个相控阵天线单元的3D雷达，装载在一辆SX-45四轴卡车上。多功能雷达提供200 km范围内的360°保护，探测高度为30 km，探测水平角度达90°，最多可同时导引500个对象，并集成敌我识别功能。

指控与发射　战斗管理、指挥、控制、计算、通信和情报（BMC4I）战场管理系统可通过与迈兹系统类似的插件提供给地空型彩虹导弹系统。导弹系统采用德国梅赛德斯-奔驰公司的奔驰5000底盘车作为发射和装弹车。每辆车重约12 t，可携带8枚导弹，2名乘员，可通过A400M运输机空运。导弹发射箱采用强纤维塑料材料，用于贮存、运输和发射导弹。地空型彩虹导弹系统可由A400M运输机进行运输，导弹可以通过使用标准化和基于软件的接口等"无缝连接"方式与现有的防空导弹系统集成。

地空型彩虹导弹系统发射试验

21世纪霍克（21 Century HAWK）

概　述

21世纪霍克是美国雷声公司和挪威康斯堡防务与航空航天公司共同研制的面向国际地空导弹市场的一种中程地空导弹系统，主要用于拦截飞机、巡航导弹和战术弹道导弹等空中目标。21世纪霍克导弹系统是在改进型霍克导弹系统基础上进行改进的，先后用AN/MPQ-64哨兵三坐标搜索雷达、火力分配中心（FDC）和地面发射的斯拉姆拉姆（SLAMRAAM）导弹替代了改进型霍克导弹系统的雷达和导弹。与改进型霍克导弹系统相比，21世纪霍克导弹系统增加了多个火力通道，其作战效能、作战准备时间和生存能力都得到了较大提高，操作人员数量和维护支援时间均减少了30%。21世纪霍克导弹系统可以同中远程地空导弹系统实现互操作，也可以控制近程和超近程防空导弹系统（SHORADS/VSHORADS）。

21世纪霍克导弹系统的用户主要是针对拥有霍克地空导弹武器系统的国家和地区。挪威、美国、西班牙、土耳其和希腊在内的5个国家选择了不同配置的21世纪霍克导弹系统。该系统在亚洲和其他地区也具有良好的市场前景。

系统组成

21世纪霍克是一种面向用户的开放式的可不断升级的地空导弹系统，具有灵活扩展能力，用户可以根据需要选择系统中各种装备进行配置。构成21世纪霍克导弹系统的主要分系统包括：

1) 改进型霍克导弹系统［参见本手册霍克（HAWK）部分］；
2) AN/MPQ-64哨兵三坐标搜索雷达；
3) 火力分配中心；
4) 斯拉姆拉姆导弹［参见本手册斯拉姆拉姆（SLAMRAAM）部分］；
5) 改进型霍克和斯拉姆拉姆混编，在射程和拦截高度上相互补充。

AN/MPQ-64哨兵雷达是X波段三坐标雷达，用于搜索和跟踪目标，作用距离为75 km。该雷达采用电扫描天线，工作模式为距离选通脉冲多普勒式，采用笔形波束。该雷达具有较强的抗干扰和抗反辐射导弹攻击能力。

21世纪霍克导弹系统的火力分配中心基于开放式结构设计，采用分布式体系结构，将发射装置和雷达与火力分配中心连接，提高了整个系统的生存能力和抗干扰能力。其雷达和发射装置能够分散部署，通过无线电、电缆等方法进行通信连接，最大间距可达

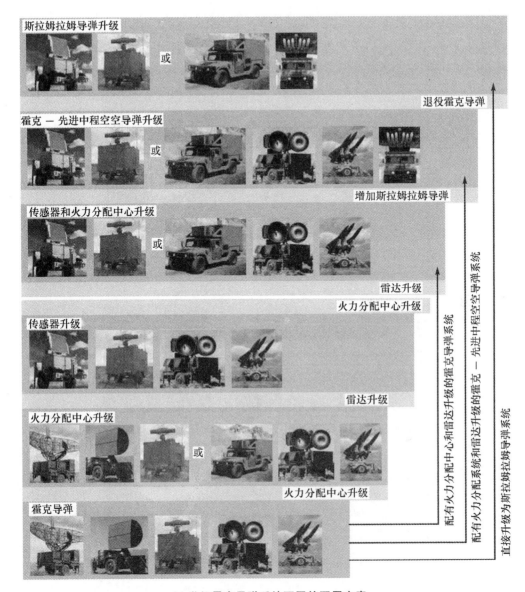

21世纪霍克导弹系统不同的配置方案

25 km。多个导弹连能够组网作战,共享网络内部的目标空中图景,每个连拥有1个火力分配中心、雷达(最多8部二坐标或三坐标雷达)和发射装置(霍克导弹/斯拉姆拉姆导弹,最多12部发射装置,一般为3部或4部)。

21世纪霍克导弹系统还能够与爱国者地空导弹系统协同作战,利用爱国者系统中的雷达或其他系统雷达提供的信息,拦截近程弹道导弹。另外,21世纪霍克导弹系统的火力分配中心还能够与防空高炮或近程地空导弹等系统进行相互操作,为早期预警、目标识别、指示和拦截提供必要的作战计划和数据信息。

根据用户的需要,21世纪霍克导弹系统可采用两种不同的发射装置,一种采用补充的低空武器系统(CLAWS)的发射装置,装载在高机动多用途轮式车(HMMWV)上,可以携带 4~6 枚导弹；另一种是挪威地空导弹系统（NASAMS）的发射装置，能够携带 6 枚导弹。

AN/MPQ-64 哨兵雷达

21 世纪霍克导弹系统的火力分配中心

阿达茨（ADATS）

概　述

阿达茨（Air Defense Anti-Tank System，ADATS）是瑞士与美国共同研制的用于防空和反坦克的两用型导弹系统，可用来对付低空超低空飞行的飞机、武装直升机、无人机、巡航导弹和坦克等地面装甲目标，保卫行进中的部队以及空军基地、雷达设施、后勤供应中心、作战指挥中心等重要目标。该武器系统能在行进中搜索空中和地面目标,并在静止状态下击毁目标,具有全天候及在强电子干扰环境下作战的能力。

阿达茨导弹系统的主承包商是瑞士的奥利康-布勒公司。1973年启动论证,1979年开始研制,1984年完成研制,1987年进行批量生产并正式装备部队,目前仍在使用。

1套阿达茨导弹系统(包括8枚待发导弹,8枚待装填导弹)的价格为287万美元(1982年),M113A2载车价格为13万美元。阿达茨导弹系统除装备加拿大部队外,还出口至美国、荷兰、比利时、中东地区和东南亚的一些国家。1988—1994年,加拿大采购了36套阿达茨导弹系统,美国采购了8套阿达茨导弹系统。1993年,泰国空军采购了1套安装在方舱上的阿达茨导弹系统。

阿达茨导弹系统

主要战术技术性能

对付目标	低空、超低空飞行的飞机、武装直升机、无人机、巡航导弹和坦克等地面装甲目标
最大作战距离/km	8(飞机类目标),6(坦克类目标)
最小作战距离/km	1(飞机类目标),0.5(坦克类目标)
最大作战高度/km	7
最大速度(Ma)	3
机动能力/g	60
杀伤概率/%	80
制导体制	瞄准线指令+激光驾束制导

续表

发射方式	筒式倾斜发射
弹长/m	2.05
弹径/mm	152
动力装置	1台无烟双基固体火箭发动机
战斗部 类型	高能破片和聚能破甲战斗部
战斗部 质量/kg	12.5
引信	激光近炸和触发引信

系统组成

阿达茨导弹系统由导弹、发射装置和探测跟踪系统组成,采用模块式结构,整套系统可装在多种轮式车和履带车上。

导弹 阿达茨导弹为无翼式气动布局,弹体呈细长圆柱形。导弹的前端装有触发式引信,其后依次为制导舱、战斗部与激光近炸引信舱、发动机和尾舱,弹尾部装有4片×形配置的可折叠的操纵尾舵,其中2片尾舵的舵尖吊舱内装有激光探测器。导弹装在发射筒内时,尾舵折叠;导弹飞离发射筒后,尾舵在弹力作用下立即展开并锁定。为了减小全弹的质量,导弹采用了最新式的结构形式和大规模集成电路。

导弹的动力装置采用美国赫克里斯公司研制的无烟双基推进剂固体火箭发动机,发动机工作时间为3~4 s,可将导弹加速到马赫数为3的速度。

阿达茨导弹系统采用光学瞄准和激光驾束制导。导弹尾舵的舵尖吊舱内装有激光探测器,用于接收制导指令。导弹尾部装有红外光源,发射导弹时,启用弹上红外光源,发出红外信号。导弹接收制导指令后,经由弹上惯性制导系统和自适应全数字自动驾驶仪形成控制指令,以操纵导弹的尾舵偏转,实现导弹的姿态控制。

导弹的战斗部为两用战斗部,是在美国铜斑蛇制导炮弹的基础上改型而来的。战斗部内腔装有高效能炸药制成的聚能装药和铜质锥形罩,外壳体为带有沟槽形的破片壳体。战斗部前后配有两种不同的引信,安装在战斗部前端的为破碎开关启动的触发引信,安装在战斗部后端的为主动式激光近炸引信。激光近炸引信由4个独立的激光二极管和4个附带的接收机组成。

探测与跟踪 阿达茨导弹系统的探测跟踪系统由搜索雷达、光电目标跟踪装置、火控系统数字式计算机、控制显示器和辅助设备等组成。

搜索雷达为奥利康·康特拉夫斯公司在防空卫士系统的基础上研制的Lpd20-11型双波束脉冲多普勒频率捷变雷达,工作在X波段,采用了可产生超低旁瓣的天线,天线转速为60 r/min。雷达与发射架构成一体,安装在发射车上,对空中目标的最大探测距离为20~25 km、对地面目标的最大探测距离为8 km,对空中目标的最大探测高度为6 km。

搜索雷达具有动目标显示、脉冲压缩和抑制固定地物反射信号的功能,可在发射车行进间搜索目标。跟踪扫描的电路提供了目标方位、距离、敌我识别信号和俯仰角等参数。处理器可指示出目标的位置是在上波束还是下波束内,或是在上、下两个波束重叠范围内,并能够自动地进行威胁评定。在多套武器系统构成作战网络的情况下,阿达茨导弹系统可同时对20个目标进行计算机辅助威胁评估,并确定最具威胁性的目标。

阿达茨导弹系统可使用单独的搜索雷达,或使用防空阵地群内位于最前方的火力单元的雷达,以提供早期预警。各火力单元可以组成火力网,各个雷达以主从关系交替工作,以减小反辐射导弹对整个火力网的威胁。在火力网中,主雷达可通过数据传输装置接收火力网搜索区域内的所有目标信息,同时也接收和显示指令信息,如空中安全走廊和自由射击区域。搜索雷达可与阿达茨导弹系统装在同一辆车上,也可以单独装在另外的车辆上。

光电目标跟踪装置由前视红外仪、电视摄像机、固体激光测距机、二氧化碳激光器和红外测角仪等组成,安装在发射车的两个发射架之间的前部、转塔前侧面的圆柱形小舱内。小舱内有一个中心支架,支架上装有一个稳定平台。前视红外仪安装在平台右边,电视摄像机、固体激光测距机、二氧化碳激光器装在平台的左边。前视红外仪用来在夜间或恶劣天气情况下捕获和跟踪目标,电视摄像机用来在晴天捕获和跟踪目标。

前视红外仪工作在 $8\sim12~\mu m$ 波段,具有搜索与识别两个视场。电视摄像机工作在近红外波段,也具有搜索与识别两个视场。电视摄像机在一般情况下作为地面目标的主要跟踪装置,而在攻击空中目标时,则作为前视红外仪的辅助跟踪手段,因其目标分辨能力稍高于前视红外仪。激光测距仪为掺钕钇铝石榴石激光测距仪,它与电视摄像机安装在一起,工作波长为 $1~\mu m$。二氧化碳激光器工作波长为 $10~\mu m$,可以发射连续的编码激光光束。红外测角仪工作在导弹飞行的全过程,既用于对空作战,也用于对地面坦克作战。

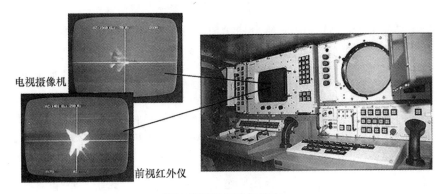

阿达茨导弹系统指控台

指控与发射 6套阿达茨导弹系统可以构成一个作战网络,指挥官通过数据链将武器控制命令、空域管理信息和目标分配信息传递给单个的阿达茨导弹系统。网络中任何一个或者多个监视雷达都可以为其他的阿达茨导弹系统提供必要的目标信息,该系统可以在自身雷达静默的状态下,通过光电系统跟踪和拦截目标。

阿达茨导弹系统发射车的发射转塔上装有8枚待发导弹。导弹装在密封的发射筒内,发射筒在平时也是导弹的运输筒和储存筒,发射前无须进行检测。发射转塔由液压系统驱动,转塔方位角为360°,俯仰角为$-9° \sim 85°$。导弹由人工装填,可由两人用快速固定和解脱装置将导弹固定在发射架上,各发射筒之间通过一根电缆和冷气管与发射架相连。冷气管在发射前用来输送氩气,以冷却导弹上的激光探测器。

作战过程

对付空中目标时,阿达茨导弹系统首先利用搜索雷达捕捉目标,由火控计算机判断目标的威胁程度,给出攻击目标顺序。目标飞至12 km距离以内时,发射转塔自动转向目标来袭方向,使目标进入到前视红外仪和电视摄像机视场。锁定目标后,由激光测距仪不断测出目标的距离,随着目标的趋近,导弹即做好发射的准备:制冷激光探测器、启动陀螺、输入发射初始数据等。当目标进入导弹作战距离范围以内时,射手即可发射导弹。在导弹的飞行初始段,采用瞄准线指令制导,光学跟踪装置的红外测角仪不断测量出导弹的飞行偏差角,并通过激光波束将控制指令发送到导弹上。导弹发动机工作完毕后,经过过渡段进入末制导段,导弹的制导方式转为激光驾束制导,导弹便进入到激光束中飞行,它在激光束中的位置由弹上激光探测器进行测定。如果导弹偏离了激光束的瞄准线,激光探测器则发出偏差讯号,弹上计算机将此讯号转变为修正指令,操纵尾舵偏转来修正弹道,使导弹飞回激光束的瞄准线上来,一直到命中目标为止。

对付地面装甲目标时,通常只用光电目标跟踪模块探测目标。捕捉到目标后,用激光测距机测定目标的距离,其余程序与对空作战程序相同。

发展与改进

阿达茨导弹系统于1981—1984年分两个阶段进行了大量试验:第一阶段为无制导发射试验、有控系统校正试验、雷达天线罩及天线组合环境试验和雷达验收试验等,其中包括温度、冲击、振动及电磁干扰等多种试验;第二阶段为在实战条件下对靶机或靶标及地面坦克等进行拦截试验。该导弹系统研制成功并装备部队后,又经过不断改进。

阿达茨导弹系统具有模块化结构,因此可以进行灵活配置,或与其他系统进行重组,从而具备不同的防空功能,适应多层次的防空需求。阿达茨导弹系统的改进也主要应用了其模块化特征,拓展了应用空间。

1997年,在阿拉伯联合酋长国举办的第三届阿布扎比国际防务展上,展出了由阿达茨导弹发射平台和35 mm口径阿海德高炮组成的空中盾牌35防空系统。该系统具备对付巡航导弹和超低空突袭飞机的能力。

2004年4月,加拿大陆军决定对阿达茨导弹系统进行改进,将导弹系统安装在轮式车辆的底盘上,以减小系统质量、提高机动性、增加空运数量和降低对运输机能力的要求。

阿达茨导弹系统的最新改型是阿达茨MK2,其改进包括:
1) 在光电跟踪装置中新加入了CCD电视模块;
2) 改进的雷达电子组件所用电路板比原来减小60%;

3）采用了多用途控制台，可以处理雷达和光电信息；
4）引入了新的指挥、控制、计算、通信和情报系统，可采用超高频高能电波；
5）弹上装配了新的无线电引信；
6）增加了新的液压动力和空调装置。

罗兰特（Roland）

概　述

罗兰特是德国和法国联合研制的自行式低空近程地空导弹系统，主要用于野战防空，也可用作点防御，对付低空和超低空目标，填补霍克导弹系统和小口径高炮之间的空白。罗兰特导弹系统发展了3种型号，即罗兰特-1、罗兰特-2和罗兰特-3。罗兰特-1导弹系统于1964年开始研制，1977年12月开始装备法国陆军；罗兰特-2导弹系统是为满足德国要求于1968年开始研制的，1978年开始装备德国陆军；罗兰特-3导弹系统于1982年开始研制，1989年装备部队。罗兰特-2导弹单价约13.87万美元（1989年），1个以Marder为底盘的火力单元价格约449.5万美元；罗兰特-3导弹单价约15.2万美元（1991年）。

装在8×8轮式车上的罗兰特地空导弹系统

主要战术技术性能

型号	罗兰特-1	罗兰特-2	罗兰特-3
对付目标	各类低空近程作战飞机		
最大作战距离/km	6	6.3	8
最小作战距离/km	0.5	0.5	0.5
最大作战高度/km	4.5	5.5	6.0
最小作战高度/km	0.015	0.01	0.01
最大速度(Ma)	1.5	1.5	1.8
机动能力/g		20	20
杀伤概率/%	>90	>90	>90
反应时间/s	6	6	6
制导体制	光学跟踪+无线电指令制导	光电复合+无线电指令制导	
发射方式	筒式倾斜发射		
弹长/m	2.40	2.40	2.40
弹径/mm	160	160	160
翼展/mm	500	500	500
发射质量/kg	66.5	67.2	75
动力装置	1台固体火箭助推器,1台固体火箭主发动机		
战斗部 类型	多效应空芯装药战斗部		高能装药战斗部
战斗部 质量/kg	6.5	6.5	9.1
引信	无线电近炸和触发引信		电磁近炸引信

系统组成

罗兰特导弹系统主要由导弹、制导与发射装置、载车等组成。每个罗兰特导弹连配备3~4辆发射车,每辆车负责1个防空扇面;保卫固定目标时,配置2~8辆发射车。若发射车在4辆以上,则由火力协调中心进行分配。

导弹 罗兰特导弹采用正常式气动布局,头部装有4片前翼,用来补偿因燃烧所引起的导弹重心偏移。弹体后部装有4片可折叠的三角形弹翼,其后掠角很大。弹翼与弹体纵轴有一个安装倾角,使导弹能以5 r/s的滚动速度飞行。导弹靠旋转稳定飞行。导弹的前翼和后部的4片弹翼均在导弹飞出发射筒时展开。导弹接收地面发来的无线电指令,通过安装在主发动机喷管处的燃气舵来改变推力矢量，以修正导弹的弹道。

罗兰特导弹助推器和主发动机串联装在同一壳体内。助推器长为 650 mm，直径为 150 mm，燃烧时间为 1.7 s，总冲为 28.5 kN·s，双基固体燃料质量为 14.5 kg，推力为 16.75 kN。主发动机长为 549 mm，直径为 152 mm，燃烧时间为 13.2 s，总冲为 25.9 kN·s，双基固体燃料质量为 15.1 kg。

导弹战斗部为多效应空芯装药战斗部。罗兰特-1 和罗兰特-2 导弹战斗部内装有 60 个半球聚能罩，破片飞散速度达 2 km/s，有效杀伤半径为 6 m，其无线电近炸引信作用距离为 5～15 m。罗兰特-3 导弹战斗部内装有 84 个半球聚能罩，破片飞散速度为 5 km/s，有效杀伤半径为 8 m。

探测与跟踪　罗兰特导弹系统探测与跟踪系统由搜索雷达、跟踪雷达（罗兰特-2 和罗兰特-3）、敌我识别器、指令发射机、指令计算机和光学跟踪系统组成。

搜索雷达是西门子公司研制的 MPDR-16 脉冲多普勒搜索雷达，工作在 D 波段。该雷达可在行进中搜索，对速度为 50～450 m/s、雷达散射截面为 1 m^2 的目标的探测距离是 1.5～16.5 km。该雷达采用余割平方天线，其转速为 60 r/s，配有西门子公司的 MSR-400/5（德国系统）或 LMT 公司的 NRAI-6A（法国系统）敌我识别器。

跟踪雷达为汤姆逊-CSF 公司研制的双通道单脉冲多普勒雷达系统，其工作频率为超高频。该雷达采用卡塞格伦天线，圆极化方式，方位角为 360°，俯仰角为 -10°～+80°，由陀螺稳定，可保证在行进中稳定跟踪目标。

光学跟踪系统由光学瞄准具和红外测角仪组成，二者并列安装于跟踪雷达天线左边。光学瞄准具为一个放大 10 倍的双筒望远镜，反射镜由双轴陀螺稳定。红外测角仪有宽、窄两个视场，跟踪导弹的红外辐射，测定导弹相对于光学瞄准线的角偏差。

罗兰特 M3S 导弹系统的搜索跟踪系统

指控与发射 发射系统由发射架、控制台、操作台、弹舱和电源等部分组成。车长控制台上装有配电板开关、搜索雷达控制板、导弹发控板、PPI 显示器、跟踪雷达控制板、A 型显示器、发射架控制板及敌我识别器控制板。罗兰特-3 导弹系统用新型一体化数字处理系统取代了监测/控制计算机和火控计算机,并且扩大了自检功能,简化了测试设备和维修方法。

罗兰特-1 和罗兰特-2 导弹系统采用双联装发射架,位于转塔两侧,架上各有待发导弹 1 枚。在车体两侧各有一个可装 4 枚导弹的圆柱形弹舱,自动装填需 10 s。罗兰特-3 导弹系统的转塔上加装了一个双联装发射架,其上有 4 枚待发导弹,总载弹量增加到 12 枚,使防御效率提高约 20%。新增加的两个发射架采用人工装填。

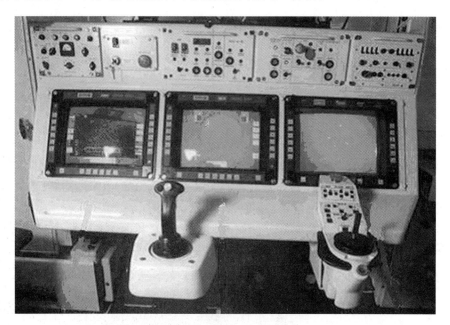

罗兰特 M3S 导弹系统的指挥系统

作战过程

罗兰特导弹系统采用光学制导和光电复合制导两种制导方式。搜索雷达探测并发现目标,敌我识别器判明敌友,凡构成威胁的目标均显示在 PPI 显示器上;为选择射击目标,车长事先选定了光学制导或光电复合制导方式。

在光学制导时,射手操纵光学瞄准具始终对准目标;目标进入导弹作战范围后,发射导弹;红外测角仪测量导弹相对瞄准线的角偏差并将其送入地面指令计算机。计算机算出的控制指令由发射机送给导弹;弹上接收机不断接收地面指令,控制导弹沿光学瞄准线飞向目标。导弹飞至距目标约 15m 时,无线电引信解锁,在距目标 2～4m 时引爆战斗部。导弹发射后,发射架回至装填位置,抛下发射/包装筒。弹舱盖受击自动启开,发射架伸到弹舱内自动装弹,随即回升至规定位置,准备下次射击。

在光电复合制导时，采用跟踪雷达代替光学瞄准具自动跟踪目标和制导导弹，工作过程与光学制导基本相同，只是要由车长操纵雷达并发射导弹。导弹飞行初段（500～700 m）由红外测角仪将导弹引入跟踪雷达天线波束内，有电子干扰时可随时转换为光学制导。

发展与改进

罗兰特-1导弹系统于1964年开始研制，1968—1969年进行发射试验，1972年完成全面工程研制工作，1973年具备初步作战能力并开始小批量生产，1977年开始装备法国陆军。罗兰特-2导弹系统于1968年开始研制，1978年开始装备联邦德国陆军，1982年装备法国陆军。1975年1月美国陆军正式引进罗兰特-2导弹系统，1979年10月开始小批量生产，1981年9月正式撤销生产计划。罗兰特-3导弹系统于1982年开始研制，1989年装备部队。1988年，开始研制飞行速度达1 600 m/s的罗兰特RM5导弹，1991年取消该研制计划。

为使罗兰特导弹系统能延寿到2020年，1996年欧洲导弹集团提出罗兰特M3S改进计划。该计划主要内容是：

1) 使罗兰特安装在可由C-160运输机空运的托车上、布雷德利履带车底盘或其他车上；

2) 在现有火控系统中增加1部利剑全天候光学电子瞄准镜，使其可用8～12μm的红外光对20°扇面的空域进行监视；

3) 在保证对导弹跟踪的同时，系统可用电视或红外测角仪跟踪8个目标；

4) 增加1个由制导与控制装置、指挥官操作与控制面板和座舱控制与协调装置构成的装置，用于控制武器系统、操作发射装置和显示器；

5) 研制一种匹配器，使罗兰特导弹系统不仅能发射罗兰特-2和罗兰特-3导弹，而且能发射响尾蛇VT-1导弹（法国陆军的罗兰特地空导弹系统经改进后可发射响尾蛇VT-1导弹）。

麦特里（Maitri）

概　述

麦特里是印度国防研究与发展组织、印度国防研究与发展实验室、MBDA公司以及印度电子和雷达开发机构（LRDE）联合研制的近程防空系统，主要用于对付作战飞机、直升机、无人机、巡航导弹等目标。印度国防研究与发展组织于2007年3月开始研制麦特里系统,导弹利用了特里舒尔导弹相关技术;2007—2010 年,印度国防研究与发展组织与 MBDA 公司共同完成麦特里系统的需求设计;2013 年 2 月,印度国防研究与发展组织正式授予 MBDA 公司麦特里近程防空导弹研制合同;2015 年 3 月,印度国防研究与发展组织授予 MBDA 公司海军型麦特里防空系统研制合同,计划 3 年内完成系统开发工作。截至 2018 年,该系统仍处于研制中。

麦特里是一种三军通用型防空导弹系统,海军型号称为 Revati,空军型号称为 Rohini。陆军和空军型号装载在机动轮式或履带式装甲车上,海军型号装载在舰船的前部。

主要战术技术性能

对付目标	作战飞机、直升机、无人机、巡航导弹等
最大作战距离	有两型导弹,一型射程 15 km;一型射程 20 km
发射方式	垂直发射
动力装置	固体火箭发动机

麦特里防空导弹系统

运动衫（Blazer）

概述

运动衫是法国汤姆逊-CSF公司和美国洛克希德·马丁公司联合研制的弹炮结合防空系统，可安装在M2布雷德利、莫瓦格·皮兰哈（8×8）、凯德拉克·盖奇LAV-300（6×6）和LAV-150S（4×4）及类似的轮式车和履带车上。运动衫系统第一部样机于1994年6月首次展示，同年在法国进行了25mm口径机关炮和西北风地空导弹的发射试验。

运动衫弹炮结合防空系统

系统组成

运动衫系统采用洛克希德·马丁公司的5管25 mm口径GAU-12/U高炮和4～8枚便携式地空导弹（如西北风、毒刺和标枪导弹等），其他组成部分包括数字化火控系统、激光测距仪、前视红外与电视瞄准具及TRS2630雷达。该系统作战人员为2人（指挥官和射手），可在行进中（速度为50 km/h）作战。

运动衫系统采用的便携式地空导弹最大作战距离为6 km，备用导弹数量由载车底盘大小决定。25 mm口径高炮的射速为2 400发/min，最大作战距离为2.5 km，弹舱内装有400发待发炮弹，车内载有600发备用炮弹，可在15 min内完成炮弹装填。

数字化火控系统由前视红外与电视瞄准具、激光测距仪、自动跟踪器和稳定的瞄准线坐标系统组成。前视红外与电视瞄准具用于观察和自动跟踪目标，具有昼夜作战能力和行进间跟踪射击的能力。TRS2630二坐标雷达具有敌我识别、边扫描边跟踪和数据交换的能力，作用距离为 17 km，方位角为 360°，俯仰角为 −8°～+65°。

运动衫系统的指挥与控制系统通过无线电语音系统与前方地域防空系统的 C^2I 系统连接，由传感器网络提供目标报警和目标指示，能够同时指挥多个火力单元作战。

发展与改进

运动衫改进型为全焊式钢装甲重型炮塔，可抗 14.5 mm 的武器攻击，采用 1 门 25 mm 口径 GAU-12/U 高炮（310 发待发炮弹）和 8 枚毒刺地空导弹。炮塔加 2 名作战人员总质量为 4.3 t。截至 2006 年，第二代运动衫弹炮结合防空系统已由通用电气公司和波音公司研发成功。该系统在装甲车上配备了 8 枚瑞典研制的 RBS-70 便携式地空导弹或 8 枚美国的毒刺导弹和 1 门 25 mm 口径 GAU-12/U 高炮及其火控系统。

防空卫士/麻雀（Skyguard/Sparrow）

概　述

防空卫士/麻雀是瑞士奥利康·康特拉夫斯公司和美国雷声公司联合研制的弹炮结合防空系统。防空卫士是瑞士康特拉夫斯公司于 20 世纪 70 年代研制的火控系统，既能控制 35 mm 口径奥利康双管高炮，又能控制麻雀地空导弹系统，可自动识别目标和判断目标的威胁程度，计算获得最大目标摧毁概率所需的连发射击时间。麻雀导弹由雷声公司研制。防空卫士/麻雀系统采用的是经过改进的麻雀空空导弹，型号分别为 AIM-7E、AIM-7F 和 AIM-7M。1971 年，瑞士利用空中卫士火控系统对 35mm 口径高炮成功进行了首次拦截空中目标的试验；1975 年 11 月又成功地进行了由空中卫士火控系统控制麻雀导弹的发射试验；1980 年 10 月，在美国成功进行了实弹试验。目前瑞士陆军以及埃及、希腊、西班牙等国装备了该系统。

防空卫士/麻雀弹炮结合防空系统

主要战术技术性能

型号	麻雀导弹（AIM-7F）	35mm 口径奥利康双管高炮
对付目标	各种低空作战飞机	
最大作战距离/km	13	4
最大作战高度/km	5	3
最大速度（Ma）	2.5	
制导体制	半主动雷达寻的制导	
发射方式	4 联装箱式倾斜发射	
弹长/m	3.66	
弹径/mm	203	
翼展/mm	1 020	
动力装置	单级固体火箭发动机	
战斗部	高爆破片式杀伤战斗部	
引信	触发和近炸引信	

系统组成

空中卫士/麻雀弹炮结合防空系统由空中卫士火控系统、2 部 4 联装麻雀导弹发射架和 2 门 35 mm 口径奥利康双管高炮等组成。

导弹 空中卫士/麻雀弹炮结合系统采用经改进的麻雀空空导弹。

探测与跟踪 空中卫士/麻雀弹炮结合防空系统对目标的探测与跟踪由空中卫士火控系统的搜索雷达、跟踪雷达和电视跟踪装置完成。搜索雷达工作在 I/J 波段，作用距离为 21 km，天线转速为 60 r/min，距离分辨力为 160 m。跟踪雷达为单脉冲体制，与搜索雷达共用 1 部发射机，跟踪距离为 0.3～15 km，距离分辨力为 75 m。电视摄像机与跟踪雷达天线同轴安装，在晴天或强电子干扰情况下使用，焦距可在 64～650 mm 变换，放大倍率为 1～10 倍，视场为 1.1°～11°。

指控与发射 空中卫士/麻雀弹炮结合防空系统采用空中卫士火控系统。该系统主要由脉冲多普勒搜索雷达、脉冲多普勒跟踪雷达、数字计算机、变焦距电视跟踪装置、中央控制台和电源组成。全部设备装在一个方舱内，由 M548 型拖车运载。箱式方舱下面有 4 个液压驱动的升降支架，其最大升降高度为 70cm，箱体调平约需 1.5 min。车内有 1 名指挥员和 2 名操作手。

4 联装麻雀导弹发射架安装在 35 mm 口径奥利康双管高炮的牵引车底盘上，用于导弹制导的Ⅰ波段照射雷达天线装在发射架的前下方。

作战过程

　　防空卫士/麻雀弹炮结合系统接收到上级指令,向本级系统下达作战命令。搜索雷达搜索和发现目标,建立目标航迹,进行目标识别和威胁判断,列出打击目标顺序,并向拦截武器单元分配目标。跟踪雷达或电视跟踪装置在搜索雷达的指示下完成对目标的跟踪和测量,进行拦截计算,通过有线数据传输系统传至导弹发射架,使其对准目标方向。当目标与系统的距离大于高炮作用距离时,由导弹进行一次或多次拦截;当目标距离较近时,导弹拦截效率变低,由高炮进行拦截,从而实现多层拦截,增大了对目标的杀伤概率。

韩 国

飞马（Pegasus）

概 述

飞马是韩国在新一代响尾蛇地空导弹系统的基础上研制开发的机动式、近程地空导弹系统，主要用于野战防空，对付低空、超低空飞行的高机动作战飞机，直升机，巡航导弹以及其他空袭目标，满足陆军对保护机械化部队的需求。

飞马导弹系统是由韩国国防发展局负责研制，三星公司负责系统总装，大宇重工业公司负责底盘和发射架研制，金星电子公司负责计算机设备研制，法国汤姆逊-CSF公司负责搜索和跟踪雷达及光电模块研制。该系统于1987年开始研发，1996年年初研制出两套导弹系统样机，1997年开始进行发射试验，同年年底进入小批量生产。1999年年初，生产出首套飞马导弹系统，同年12月交付6套系统。1套飞马导弹系统约150亿韩元，1枚导弹的价格约2.8亿韩元（1999年）。

飞马近程地空导弹系统

主要战术技术性能

对付目标	低空、超低空作战飞机，直升机，巡航导弹以及其他空袭目标
最大作战距离/km	10.5
最大作战高度/km	6
最大速度（Ma）	2.6
机动能力/g	30
制导体制	光电复合制导
发射方式	筒式倾斜发射
弹长/m	2.17
弹径/mm	150
发射质量/kg	86.2
动力装置	1台固体火箭发动机
战斗部	高爆聚能破片式杀伤战斗部
引信	激光近炸引信

系统组成

飞马导弹系统由导弹、发射装置、搜索雷达、跟踪雷达、光电传感器及底盘组成。

导弹 飞马导弹采用正常式气动布局，在弹体距头部三分之二处有4个三角形弹翼，尾部有4个尾翼。

探测与跟踪 飞马导弹系统转塔顶部是一个S波段固态脉冲多普勒搜索雷达，其搜索范围为20 km，具有行进中搜索能力，能同时跟踪8个目标，并具有自动威胁评估能力。该雷达下面是一个圆形Ku波段脉冲多普勒跟踪雷达，其作用距离为16 km，用于跟踪直升机、战斗机和其他飞行速度不超过马赫数为2.6的目标。跟踪雷达左侧是具有双视场的前视红外摄像机，其作用距离为15 km；右侧是作用距离为10 km的日光型电视摄像机。大宇重工业公司称飞马导弹系统无论是在环境干扰还是在敌方电磁干扰条件下均能全天候拦截目标。

发射装置 采用8联装发射架转塔，两侧各配4枚待发导弹。飞马导弹系统底盘的动力装置采用大宇D2840L 520hp 10V四程循环涡轮内冷柴油发动机，其最大行进速度为60 km/h，能在10 s内将车速从0加速到32 km/h，系统总质量为26 t。

飞马导弹系统的探测跟踪及发射装置

喀戎（Chiron）

概　述

喀戎是由韩国国防发展局与韩国 LIG NEX1 公司联合研制的便携式地空导弹系统，最初被定名为 KP-SAM，用于对付固定翼飞机、直升机、无人机以及巡航导弹，保护前线的作战部队。该系统于 1995 年开始研制，原计划 2004 年生产，并形成初始作战能力；但由于试验中遇到一些问题，该系统的生产和部署时间被推迟。

喀戎的导引头技术由俄罗斯列宁格勒光学机械联合体（LOMO）提供，控制部分、战斗部及推进系统由韩国自行研制。

喀戎导弹为"发射后不管"系统，和西北风导弹的发射方式相同，采用三角架发射系统，也可车载发射。该系统具备全天候作战能力，配备夜视和敌我识别系统，并采用无线方式与预警系统连接。

喀戎导弹系统由 TPS-830KE 车载低空监视雷达提供目标高度及速度等信息。该系统通常以排为建制部署，除车载系统外，还可作为舰载及直升机载系统。

主要战术技术性能

对付目标	固定翼飞机、直升机、无人机和巡航导弹
最大作战距离/km	7
最大作战高度/km	3.5
杀伤概率/%	90
制导体制	双色红外寻的制导
弹长/m	1.68
弹径/mm	80
发射质量/kg	14（导弹），19.5（系统）
发射筒长度/m	1.87
动力装置	双推力固体火箭发动机
引信	近炸和触发引信
交战范围 仰角/(°)	15~60
交战范围 方位/(°)	360

铁鹰-2（Iron Hawk Ⅱ）

概　述

　　铁鹰-2是韩国国防发展局与韩国LIG NEX1公司联合研制的中程地空导弹系统，用于替代美国供应的霍克系统，保护机场、码头等重要设施，并可拦截近程弹道导弹。铁鹰-2系统的研发设计始于2001年，2006年完成第一阶段研发，2010年7月首次试射成功。2015年10月，韩国宣布改进铁鹰-2导弹，提升其反导能力。2018年8月，韩国国防部表示，将于2021年起部署铁鹰-2系统，2023年底前部署7个铁鹰-2防空导弹连。

铁鹰-2 系统发射导弹

主要战术技术性能

对付目标	作战飞机、弹道导弹
最大作战距离/km	40(飞机目标);20(弹道导弹目标)
最大作战高度/km	15～18
最小作战高度/km	0.015(飞机目标)
机动能力/g	50
反应时间/s	8～10
制导体制	惯导＋指令修正＋末段主动雷达寻的制导
发射方式	8联装垂直发射
弹长/m	4.61
弹径/mm	275
发射质量/kg	400
动力装置	固体推进剂火箭发动机
战斗部类型	定向破片式杀伤战斗部

系统组成

铁鹰-2系统由导弹、具备监视与跟踪功能的多功能雷达、火控中心及运输-起竖-发射装置组成,均安装在4轴越野卡车底盘上。

铁鹰-2系统

导弹 铁鹰-2导弹在俄罗斯9M96E导弹基础上改进而来,去掉前翼,尾部采用4个活动的三角形翼。导弹飞行初段采用惯性制导,中段雷达数据链指令修正制导,末段主动雷达寻的制导。导弹采用定向破片式杀伤战斗部,战斗部在导弹与目标要害最接近点时引爆,提高了破片的密度和威力。导弹采用固体火箭发动机。

探测与跟踪 铁鹰-2导弹系统可利用单一雷达系统进行制导,对近程弹道导弹和多个目标(最多6个)进行拦截。多功能X波段三坐标相控阵雷达能够探测目标,进行敌我识别,同时进行制导。雷达为全电子扫描方式,采用双天线操作模式,仰角范围为$-3°\sim+80°$,在旋转模式下,天线以40 r/min的转速旋转,静止模式下,天线转动角度为$\pm 45°$。

指控与发射 采用冷发射垂直弹射方式,发射系统为8联装发射装置。垂直发射装置不需要调整发射方向,有更快的响应能力。导弹采用冷发射,弹出后点燃发动机,导弹能快速改变飞行方向进行机动。

铁鹰-2 系统发射装置及导弹

捷 克

箭-S 10M（Strela-S 10M）

概　述

箭-S 10M 是捷克 Retia 公司研制的地空导弹系统，是在俄罗斯箭-10（9K35 Strela-10M）自行式导弹系统基础上改进的。与箭-10 系统相比，箭-S 10M 系统提高了对空中目标的整体防御能力。该系统于 1996 年装备捷克陆军，2006 年进行了进一步升级，改进后的系统满足北约标准。

箭-S 10M 系统的改进主要包括：捷克 Retia 公司对指控系统的电子控制设备和软件进行了逐步升级，升级后的软件可以处理空情数据；在作战中使用外部反馈信息进行导弹制导；采用北约敌我识别系统对目标进行识别；采用 MT-LB 多用途履带式装甲车底盘。2006 年，导弹系统进行了新的升级，安装了 PVK-10 指挥终端，自动转向炮塔；集成了 Mark12 敌我识别器、TNA-3 惯性导航系统（INS）或 GPS/INS 组合系统；实现了与指挥控制系统的通信。

主要战术技术性能

对付目标	目标类型	低空亚声速飞机和直升机
	目标最大速度/(m/s)	415(迎头)，310(尾追)
最大作战距离/km		10
最小作战距离/km		1.5
最大作战高度/km		5
最小作战高度/km		0.01
制导体制		红外寻的制导

续表

发射方式	4联装筒装倾斜发射
弹长/m	2.2
弹径/mm	120
翼展/mm	360
发射质量/kg	55
动力装置	固体推进剂火箭发动机
战斗部 类型	高爆破片式杀伤战斗部
战斗部 质量/kg	6
引信	无线电近炸引信

箭-S 10M 地空导弹系统

克罗地亚

里杰拉（Strijela 10 CRO）

概　述

里杰拉是由克罗地亚阿兰·杜（Agencija Alan doo）公司研制的自行式地空导弹系统。该系统可以在静止或 30 km/h 速度行驶时进行发射。里杰拉系统已经在克罗地亚空军和陆军服役，目前处于低速生产状态。

里杰拉系统发射车

系统组成

里杰拉系统的发射装置安装在 TAM-150（6×6）通用卡车底盘上。在后车轴上方的车上安装有一个标准的俄罗斯箭-1炮塔组件，带有 4 个可用于箭-1、箭-10 系统的 9M31、9M37、9M37M 或 9M333 导弹的发射架。

搜索雷达和具有热成像功能的光电系统配有测距和径向/角速度测量功能。采用本国生产的计算机软件体系架构，以增强发射、目标跟踪和制导系统的能力。

主要战术技术性能

最大作战距离/km		5
最大作战高度/km		3.5
最小作战高度/km		0.025
最大速度(Ma)		1.6
弹长/m		2.19
弹径/mm		120
制导体制		红外被动寻的制导
发射方式		2组两联装倾斜发射
战斗部	类型	高能破片式杀伤战斗部
	质量/kg	3～5
引信		激光近炸和触发引信

罗马尼亚

C－75 M3/狼－M3（Volkhov）

概　述

C－75 M3是罗马尼亚在苏联C－75基础上改进的固定式中高空地空导弹系统。从20世纪70年代早期开始一直到70年代中期，苏联根据其在中东战场和越南战场雷达干扰环境下的作战经验，对其C－75导弹系统进行了升级。升级内容的一部分是增加了RD－75亚马逊雷达测距仪，在此基础上罗马尼亚空军随后和华沙签署协议研制了C－75 M3系统。本型号在罗马尼亚的维护和改进工作由Arsenalul Armatei Regie Autonoma完成。

主要战术技术性能、系统组成

主要战术技术性能、系统组成等参见本手册C－75/SA－2。

发展与改进

探测与跟踪系统包括RD－75和RSN－75雷达。RD－75亚马逊雷达测距仪装载在一辆4×4拖车方舱上，其全向覆盖天线反射器相对较小。另外，采用RSN－75 M3（北约代号为扇歌－E）制导雷达天线。常规作战模式下，RSN－75雷达采用主动模式测量目标的三个主要参数：垂直和水平方位角以及径向距离。

如果受到强烈干扰，RD－75和RSN－75雷达协同工作。RSN－75利用其自身的干扰机采用被动模式跟踪目标，并测量水平和垂直位置；RD－75采用主动模式测量距离参数用于捕获目标。双频的RD－75雷达工作在两个独立的厘米波频段，每个波段采用不同的极化方式。此外，协同的电子对抗系统允许其在干扰环境下保持完好功能。

该系统曾经在保卫布加勒斯特的罗马尼亚空军第三营服役，后来升级换代为MIM－

23霍克系统。C-75 M3系统使用的5Ya23导弹已经被罗马尼亚改造为弹道导弹靶弹。

安装在拖车上的RD-75亚马逊雷达测距仪

CA-94M

概　述

CA-94M是罗马尼亚罗姆特尼卡电子设备有限公司研制的便携式地空导弹，是罗马尼亚第一代便携式地空导弹CA-94的改进型，用于对付各种低空和超低空飞机。该系统于1998年完成系统试验，已装备罗马尼亚陆军，并出口至其他国家。

CA-94M系统由A-94M导弹、发射筒、发射机构和热电池电源组成。CA-94M与CA-94相比主要改进包括：1）采用20世纪90年代动力和电子技术的改进型A-94M导弹；2）采用无线电主动近炸引信，作用距离为0.5 m；3）采用高爆破片式战斗部；4）采用一种自动导引角指示系统；5）采用1.3 s反应时间的供电单元。CA-94M系统具有昼夜作战能力，提高了可靠性，提高了对悬停直升机以及迎攻和尾攻的杀伤概率。

CA-94M系统还用于罗马尼亚军队服役的拉斐尔机动防空系统（ADMS）中。CA-94M系统还可集成到罗马尼亚陆军的猎豹自行式防空系统中，在主炮塔两侧各配置2枚导弹，通过猎豹系统的雷达进行目标探测，具有在恶劣天气条件下昼夜作战能力。

CA-94M便携式地空导弹系统

主要战术技术性能

对付目标	低空和超低空固定翼飞机，直升机
最大作战距离/km	3.3（迎攻） 4.6（尾攻）
最小作战距离/km	0.5（迎攻） 0.6（尾攻）
最大作战高度/km	2.3
最小作战高度/km	0.03
最大速度（Ma）	1.4
制导体制	红外寻的制导
发射质量/kg	15
动力装置	固体火箭发动机
战斗部	高爆破片式杀伤战斗部
引信	近炸引信，作用距离为0.5 m

CA－95M

概　述

　　CA－95M 是由罗马尼亚罗曼公司（RomArm SA）和普洛耶斯蒂机电公司（Electromecanica Ploiesti SA）研制的自行式地空导弹系统，用于对付低空飞行的空中目标。CA－95M 是 CA－95 系统的改进型，CA－95 仿制自苏联的 9K31 箭－1（SA－9）地空导弹系统，装在 BRDM－2 车辆上。CA－95M 装在罗马尼亚生产的 TABC－79（4×4）装甲车底盘上。

　　2008 年 1 月，罗马尼亚普洛耶斯蒂机电公司与以色列埃尔比特系统公司合作，为 CA－95M 开发了一种新型的机动式多用途发射装置，安装在 ML－A95M 发射车上，配备罗马尼亚改进的导弹，命名为 A95M－RC。CA－95M 系统研制已完成，在罗马尼亚部队服役。

　　早期的 CA－95M 系统安装在一个 4×4 TAB 改进型底盘车上，车上可安装 ML－A95M 发射装置。CA－95M 可以集成为弹炮结合系统，由近程防空监视/搜索雷达和火控单元控制。改进型 CA－95M 系统由 ML－A95M 发射车和装在发射筒中的 A95M－RC 导弹组成。ML－A95M 发射车还可用于发射地对地导弹。

CA－95M 系统发射车

CA-95M 导弹

主要战术技术性能

对付目标	低空、超低空固定翼飞机，直升机
最大作战距离/km	4.2
最小作战距离/km	0.8
最大作战高度/km	3.5
最小作战高度/km	0.05
最大速度(Ma)	1.4
制导体制	红外寻的制导
弹长/m	1.803
弹径/mm	120
发射质量/kg	30
动力装置	两级固体火箭发动机
引信	近炸和触发引信，作用距离为 0.25 m

A-95

概　述

A-95是罗马尼亚研制的一种自行式地空导弹系统,该系统是以苏联的箭-1低空近程地空导弹系统为基础发展的。目前,该武器系统已不再生产,但仍有少量系统在罗马尼亚军队服役。

该导弹类似于俄罗斯的9M31M导弹。导弹装在发射筒中,炮塔两侧各有2枚导弹。导弹一旦被消耗,必须丢弃旧发射筒并手动装载新的发射筒。车辆在行进过程中,导弹筒缩回并与车辆外壳顶部齐平,以降低系统的整体高度。

导弹上使用的导引头由Aerofina公司制造,并被命名为协调者A-95。导引头长度为127 mm,导引头最大直径为107 mm,发射质量为1.45 kg。导引头工作在1.2~2.5 μm的红外波段。光学系统安装在直径为50 mm的半球形透明圆顶后,具有1°的视场、±38°的平衡能力。

主要战术技术性能

最大作战距离/km		4.2
最小作战距离/km		0.5
最大作战高度/km		2.8
最小作战高度/km		0.03
最大速度(Ma)		1.47
制导体制		被动红外制导(1.2~2.5 μm)
弹长/m		1.803
弹径/mm		120
翼展/m		360
发射质量/kg		30.5
战斗部	类型	高爆破片式杀伤战斗部
	质量/kg	2.8

A-95系统安装在 TABC-79（4×4）装甲车底盘上

美 国

波马克(Bomarc)

概 述

波马克(Boeing Michigan Aeronautical Research Centre,Bomarc)是美国波音公司研制的第一代远程地空导弹系统,导弹代号为CIM-10,主要拦截中高空飞机,用于美国本土防空。波马克导弹系统有基本型和改进型两种型号,亦称波马克-A和波马克-B。

波马克导弹系统是在美国已中止的地空无人驾驶飞机计划基础上研制的,1951年1月开始研制,1952年基本型开始试验,1956年定型,1957年生产,1960年开始装备美国空军防空部队,1964年全部退役改作靶标;1958年开始研制波马克-B导弹,1961年开始装备部队,逐渐取代波马克-A导弹,1972年全部退役改作靶标。

主要战术技术性能

型号	波马克-A	波马克-B
对付目标	高空飞机、超声速轰炸机和飞航导弹	
最大作战距离/km	320	741
最大作战高度/km	18	24
最小作战高度/km	0.3	0.3
最大速度(Ma)	2.5	2.5
制导体制	预定程序+指令+主动雷达寻的制导	
发射方式	固定阵地垂直发射	
弹长/m	14.43	13.72

续表

弹径/mm		910	884
翼展/mm		5 500	5 550
发射质量/kg		6 800	7 264
动力装置		1 台液体助推器，2 台冲压发动机	1 台固体助推器，2 台冲压发动机
战斗部	类型	连杆杀伤式战斗部或核战斗部	
	质量/kg	135	135
引信		近炸引信	

系统组成

波马克导弹系统本身没有地面制导设备，而是利用赛其（SAGE）防空系统的设备完成各种作战功能，因此，整个独立作战系统仅为波马克导弹。

导弹 波马克导弹采用正常式气动布局，弹体为圆柱形，头部呈锥形，长细比为 16∶1。弹翼平面为截尖三角形，相对厚度为 3%，前缘后掠角为 50°，翼尖有三角形副翼，绕与翼展方向垂直的轴转动，以保证导弹横向稳定。导弹尾翼为全动式水平尾翼和垂直尾翼。导弹背部突出部分为由镁材料制成的管道整流罩，内有电气系统和液压系统的导线和导管通道。整个弹体使用了镁、铝、不锈钢和玻璃纤维 4 种主要材料，使导弹具有较好的强度和钢度、质量小且防止了超声速飞行时的振动。

波马克-A 导弹采用 1 台液体助推器和 2 台冲压发动机。液体助推器为 LR59-AG-13 型，推力为 155.7~186.7 kN，工作时间为 45 s。RJ43-MA-3 型冲压发动机用塔形连接件吊装在弹翼下的两侧，单台推力为 44.45~53.34 kN。波马克-B 导弹采用 1 台 XM-51 固体助推器，安装在弹体后部，推力为 22.25 kN；接近声速时由 2 台 RJ43-MA-7 型冲压发动机提供动力，推力为 62.23 kN。助推器工作完毕后均不脱落，随弹体飞向目标。

波马克导弹在初始段和中段飞行前，仅靠弹上一小型接收机接收赛其防空系统发出的制导指令，通过弹上自动驾驶仪和伺服机构操纵尾翼，控制导弹的俯仰和偏航，翼尖上的三角形副翼控制导弹的横向稳定。导弹飞行末段利用弹上雷达进行寻的制导。

探测与跟踪 波马克系统的探测、跟踪和制导（除末段外），全通过赛其防空系统实施，弹上有一小型接收机用于接收赛其系统发出的制导指令。

指控与发射 准备发射时，指挥员在赛其防空系统指挥中心按下电钮打开掩体盖，用液压系统将导弹升起至垂直位置；指挥员通过自动综合显示器所显示的图像情况来控制导弹的发射。波马克导弹为固定阵地发射，每个发射阵地有 28 个掩体，掩体为一个长为 18 m、宽为 6.6 m、高达 4 m 的用钢板和水泥筑成的建筑物，质量约 6 t，通常配置在距赛其防空系统控制中心 160 km 的范围内。导弹平时水平放置在掩体内。

作战过程

波马克导弹在赛其防空系统操纵下处于垂直的待发状态。按发射按钮后,助推器即开始点火,导弹起飞。导弹飞行几秒钟后冲压发动机开始工作,使导弹加速。当导弹距目标一定距离时,赛其防空系统发出信号,弹上制导雷达开始搜索目标,截获目标后自动跟踪;当导弹接近目标时,近炸引信起爆战斗部摧毁目标。

奈基-2(Nike – Hercules)

概　述

奈基-2是美国麦道公司和西方电气公司研制的一种全天候中高空地空导弹系统,可对付中高空高性能飞机、战术弹道导弹,亦可用来摧毁地面目标,用于国土防空和要地防空,保卫城市、基地和工业中心,是美国赛其防空系统的组成部分。奈基-2导弹代号为MIM-14,于1953年在奈基-1导弹系统的基础上开始研制,1954年12月进行首次飞行试验,1957年开始生产,1958年装备部队。奈基-2导弹经过几次改进,有MIM-14A、MIM-14B、MIM-14C等型号,其中MIM-14B数量最多。奈基-2导弹共生产了25 500枚,1964年停产。1980年,美国本土的奈基-2导弹系统全部退役,被爱国者导弹系统取代。奈基-2导弹系统在世界多个国家装备,至今仍有国家或地区在使用。

主要战术技术性能

对付目标	中高空高性能飞机、战术弹道导弹
最大作战距离/km	145
最大作战高度/km	45.7
最小作战高度/km	1
最大速度(Ma)	3.35(MIM-14A),3.65(MIM-14B/C)
杀伤概率/%	65～80
制导体制	无线电指令制导
发射方式	固定和野战发射方式,近似垂直(85°)发射
弹长/m	12.14

续表

弹径/mm	800（最大），538（最小）
翼展/mm	2 280
发射质量/kg	4 858
动力装置	4台固体火箭助推器，1台固体火箭主发动机
战斗部	烈性炸药战斗部或核装药战斗部
引信	近炸引信

系统组成

奈基-2导弹系统由导弹、制导雷达和发射装置等组成。制导雷达包括1部大功率搜索雷达、1部小功率搜索雷达、1部目标跟踪雷达、1部导弹跟踪雷达和1部目标测距雷达。

导弹 奈基-2导弹采用鸭式气动布局。导弹头部呈锥体，前段有4片三角形舵面，控制导弹的俯仰和偏航；中段有4个大后掠角的三角形弹翼，占全弹长度的3/4，每个弹翼均有副翼，靠发动机圆管上的控制环操纵；助推器尾部装有4片梯形稳定尾翼，后缘与助推器尾喷管齐平。舵面、弹翼和尾翼均呈+形配置，处于同一平面。

弹体中部为战斗部，头部为制导舱，顶端装一根箭形天线，舱内装指令应答机。4台固体火箭助推器呈圆筒集束式，前端嵌入固体火箭发动机的铸件内，后端用套环并联。固体火箭主发动机有较好的绝热装置，不需冷却。

发射装置 奈基-2导弹系统有野战式和固定式两种发射方式。野战式发射装置由1个框架式底座、带液压升降机的发射机构和4部发射架组成。每部发射架可装一枚待发导弹。平时导弹水平安放在发射架上，发射时可遥控发射架竖起发射；转移阵地时，发射装置需拆卸后用专用运输车运送。固定式发射装置与野战式基本相同，安装在地下掩体内，发射时通过升降机升到地面。

作战过程

奈基-2导弹系统既可在赛其防空系统指挥下作战，也可独立作战。当得到赛其防空系统预警信号后，两部搜索雷达开始搜索目标，一旦探测到目标，即向目标跟踪雷达发出指示信号。目标跟踪雷达跟踪目标，目标测距雷达测量目标距离，二者不断地把测得的目标方位、高度和距离信息送给计算机。计算机实时计算出目标位置。当目标进入可射击空域时发射导弹，导弹跟踪雷达截获并自动跟踪导弹。目标跟踪雷达和导弹跟踪雷达同时将数据传送给计算机，计算机计算拦截点，形成制导指令引导导弹飞向目标。

霍克（HAWK）

概　述

　　霍克（Homing ALL-the-Way Killer，HAWK）为中低空地空导弹系统，主要用于拦截飞机、巡航导弹、反辐射导弹和战术弹道导弹。美国于1954年7月正式开始研制该导弹系统，1960年年初开始装备部队，代号为MIM-23A。随后美国又着手对霍克导弹系统进行改进，称为改进型霍克（I-HAWK），代号为MIM-23B。该改进型于1969年6月生产，1972年11月装备部队。美国于1973年开始分三个阶段再次对该改进型导弹系统进行改进，到1989年第三阶段改进任务完成并装备部队。1991年，美国开始对霍克导弹系统进行新一轮升级，研制了具有反导能力的霍克导弹系统；1999年开始研制21世纪霍克导弹系统，并在2006年英国范堡罗航展上展示。目前，霍克导弹系统已经从美国陆军和海军陆战队退役，但世界上还有约20多个国家和地区部署了霍克导弹系统。基本型霍克导弹系统的研制、试验经费共约1.46亿美元，总采购费约8.23亿美元，共生产基本型导弹13 067枚（其中包含研制试验用291枚），每枚导弹平均价格约4.1万美元（1965年）。

3联装霍克导弹系统

主要战术技术性能

型号		霍克	改进型霍克
对付目标	目标类型	各类中低空作战飞机	各类中低空作战飞机，以及巡航导弹、战术弹道导弹和反辐射导弹
	目标速度（Ma）		<2(作战飞机)
最大作战距离/km		32(高空目标) 16(低空目标)	40(高空目标) 20(低空目标)
最小作战距离/km		2(高空目标) 3.5(低空目标)	1.5(高空目标) 2.5(低空目标)
最大作战高度/km		13.7	17.7
最小作战高度/km		0.06	0.06
最大速度(Ma)		2.5	2.7
机动能力/g		15	15
杀伤概率/%		80	80
反应时间/s		16～20	26～34
制导体制		全程半主动雷达寻的制导	
发射方式		3联装倾斜发射	
弹长/m		5.08	5.03
弹径/mm		370	370
翼展/mm		1 190	1 190
发射质量/kg		584	638
动力装置		1台M22E8型单室双推力固体火箭发动机	1台M112型双推力固体火箭发动机
战斗部	类型	破片式杀伤战斗部	高爆破片式杀伤战斗部
	质量/kg	45	54
引信		无线电近炸引信和触发引信	

系统组成

霍克导弹系统由导弹、3联装发射架、高空目标搜索雷达车、低空目标搜索雷达车、大功率照射雷达车、测距雷达车、控制中心车、信息协调中心车、运输装填车以及

HF60D 400 Hz 发电机组等组成。一个霍克导弹连的全部装备需要 23 辆越野车装运,也可以由 21 架 C-124 或 24 架 C-130B 型运输机空运,展开时间不超过 45 min,撤收时间不超过 30 min。第三阶段改进后连级指挥控制中心和信息协调中心被连级指挥所(BCP)取代,测距雷达被取消。

导弹 霍克导弹主要由导引头舱、电子仪器舱、战斗部舱、动力装置舱组成。基本型与改进型导弹的外形相同,为细长圆柱体,头部呈锥形,采用 4 个截尖三角弹翼。弹翼位于弹体中部一直延伸到后部,按 × 形配置,前缘后掠角为 76°,后缘与弹体垂直,1 对弹翼的毛面积约为 1.86 m^2(包括弹体部分)。4 片铝合金的矩形舵接在弹翼后缘,1 对舵的面积约为 0.2 m^2,除进行稳定和控制俯仰与偏航外,还可以控制导弹的滚动。

基本型导弹采用 M22E8 型单室双推力固体火箭发动机,燃烧时间为 25~32 s,采用 ANP-2830HO 型起飞推进剂。改进型导弹都采用 M112 型双推力固体火箭发动机,长为 2.78 m,直径为 0.356 m,总质量为 395 kg,携带 295 kg 的 C-1 聚氨酯固体燃料。

霍克导弹采用比例导引法和连续波半主动雷达寻的制导。导引头为全固态、半主动连续波体制。导弹的自动驾驶仪接收来自半主动寻的雷达导引头的测量信号,经变换放大后产生操纵液压舵机的信号,控制舵面偏转,使导弹按一定弹道稳定飞行。

基本型霍克导弹采用装普通烈性炸药的 XM5 型破片式杀伤式战斗部,装 H-6 炸药约 33 kg;改进型霍克导弹采用高爆破片式杀伤战斗部,质量约 54 kg。

探测与跟踪 霍克导弹系统采用脉冲搜索雷达、连续波搜索雷达、大功率照射雷达进行目标探测与跟踪。

基本型霍克导弹系统采用 AN/MPQ-35 脉冲搜索雷达,改进型霍克导弹系统采用 AN/MPQ-50 脉冲搜索雷达,工作于 C 波段,用于探测高空目标,能全景显示,作用距离为 72~104 km。

AN/MPQ-50 脉冲搜索雷达

基本型霍克导弹系统采用 AN/MPQ-34 连续波搜索雷达,改进型霍克导弹系统采用 AN/MPQ-48 雷达,工作于 J 波段,可以在严重的地物杂波干扰下探测低空飞机目标,向目标照射雷达和控制中心提供目标信息;第一阶段改进时搜索雷达升级为 AN/MPQ-55,输出功率增强 2 倍,搜索距离增大;第三阶段改进时搜索雷达升级为 AN/MPQ-62。

基本型霍克导弹系统采用 AN/MPQ-39 大功率照射雷达,改进型霍克导弹系统采用 AN/MPQ-46 雷达;第二阶段改进时照射雷达升级为 AN/MPQ-57 雷达,为 J 波段连续波雷达,可在不同方位、俯仰和距离变化率上自动截获、跟踪和照射目标,同时向导弹提供基准信号,其平均无故障间隔时间为 43 h,改进型为 130~170 h，后又增至 300~400 h；第三阶段改进时照射雷达升级为 AN/MPQ-61 雷达，加装了扇形波束，每部雷达一次可以同时导引 3 枚霍克导弹（原来只能导引 1 枚导弹）。

发射装置 采用 3 联装发射架，可装载 3 枚导弹。

作战过程

霍克导弹系统的搜索雷达发现目标并识别敌友后，由指挥官选定要攻击的目标。照射雷达锁定目标，其天线在方位和俯仰上随动瞄准目标，同时发射架接收发射指令，选定待发导弹并加电，使弹上导引头天线稳定地瞄准目标。发射架按照射雷达给出的前置碰撞点发射导弹。在导弹飞行过程中照射雷达始终跟踪目标，导弹对照射雷达的直射信号和目标的反射信号进行比较，不断地修正弹道，按比例导引法飞向目标。当导弹接近目标时，引信引爆战斗部摧毁目标。

发展与改进

基本型霍克导弹系统自 1954 年开始生产，1960 年正式装备部队，1968 年停止生产和部署。美国陆军于 1964 年开始进行霍克导弹系统改进计划，即 HAWK/HIP 计划，经过改进的系统称为改进型霍克导弹系统（I-HAWK）。改进型霍克导弹系统于 1969 年小批量生产，1972 年开始装备部队并陆续取代基本型霍克导弹系统。到 20 世纪 70 年代中期，美国本土装备的基本型霍克导弹系统全部退役。

自 20 世纪 70 年代初至 90 年代末，霍克导弹系统又经历了 3 次较大改进，包括 1973—1989 年完成的霍克导弹系统改进计划（HAWK-PIP）、1991—1995 年进行的具有反导能力的霍克导弹系统的研制、1999 年开始进行的 21 世纪霍克导弹系统的研制。

从 1973 年起，美国开始实施 HAWK-PIP 计划，该改进计划分为 3 个阶段完成。

第一阶段改进计划的主要内容包括：用 AN/MPQ-55 代替 AN/MPQ-48 连续波搜索雷达，使发射功率增大 2 倍，搜索距离增大；为 AN/MPQ-50 脉冲搜索雷达加装数字式动目标指示器，使全系统具备与陆军战术数据链（ATDL）通信的能力。第一阶段改进型导弹系统于 1979 年部署。

第二阶段改进计划从 1978 年开始，最主要的改进是：用 AN/MPQ-57 高功率照射雷达取代 AN/MPQ-46 高功率照射雷达，将原来使用的真空管更换为固态电子元件，以增强高功率照射雷达的可靠性；加装光学跟踪系统，提高霍克导弹系统抗电子干扰的能力。第二阶段改进型导弹系统于 1983—1986 年部署。

第三阶段改进计划自 1983 年开始，主要改进内容是：取消测距雷达，以连级指挥所取代连级指挥控制中心；对连级指挥所、连续波搜索雷达及高功率照射雷达所使用的微电脑系统及软件进行改进；将连续波搜索雷达升级为 AN/MPQ-62。最重要的改进是将高功率照射雷达升级为 AN/MPQ-61，通过加装扇形波束，使第三阶段改进型霍克导弹系统具有低空同时交战的能力,即目标在低空近距离时,每部高功率照射雷达一次可以同时导引3枚霍克导弹,拦截不同目标。第三阶段改进型导弹系统于1989年部署。

1991年美国为对付近程战术弹道导弹威胁,对霍克导弹系统进行了进一步的改进:在霍克导弹系统中使用AN/TPS-59战术远程搜索雷达,跟踪弹道导弹目标;改进导弹推进系统,采用了增强反弹道导弹能力的MIM-23K导弹;改进火控系统并采用先进光电跟踪系统。1994年9月美国海军陆战队对这种具有反导能力的霍克导弹系统进行了首次全系统试验,成功验证系统拦截弹道导弹的能力,这次成功的试验使具有反弹道导弹能力的霍克导弹系统在1995年顺利部署。

1999年,美国开始对霍克导弹系统进行升级,升级后的系统被称为21世纪霍克。该系统采用了改进型霍克和斯拉姆拉姆两种导弹,通过与AN/MPQ-64三坐标搜索雷达和先进的火力分配中心集成,构成了一种可面向用户的开放式的可不断升级演化的具有灵活扩展能力的地空导弹系统。在2006年英国范堡罗航展上,美国展示了21世纪霍克导弹系统。

爱国者(Patriot)

概 述

爱国者是由美国雷声公司研制的第三代全天候全空域作战的地空导弹系统,主要用作区域防空武器以对付高性能飞机、空地导弹、巡航导弹以及战术弹道导弹,导弹代号为MIM-104。爱国者地空导弹系统于1965年开始研制,1976年5月正式命名为爱国者导弹系统,1980年开始小批量生产,1982年交付陆军第一套样机,1985年爱国者导弹系统的基本型开始装备美国驻德国的部队。1984年4月,美国国防部针对战术弹道导弹的威胁,拟定了改进爱国者导弹系统的计划,称为爱国者反战术导弹能力计划。1985年3月,美国开始实施第一阶段的改进计划,即爱国者-1导弹系统;该系统于1988年装备部队。与此同时,美国也实施了第二阶段的改进计划,即爱国者-2导弹系统;该导弹系统在爱国者-1导弹系统的基础上

爱国者导弹系统

提高了杀伤能力,能够摧毁来袭的弹道导弹,1989年年初开始生产并于1990年年底装备部队。之后,美国在爱国者-2的基础上继续改进,也称第三阶段改进计划,即爱国者-3导弹系统,现已装备部队。美国仍在持续改进爱国者系统,延长该系统的寿命周期,雷声公司预计其可服役至2048年。基本型爱国者导弹的单价约为60万~100万美元,依据采购数量不同而定。

主要战术技术性能

对付目标		高性能飞机、空地导弹、战术弹道导弹和巡航导弹
最大作战距离/km		80(飞机目标)
最小作战距离/km		3
最大作战高度/km		24
最小作战高度/km		0.3
最大速度(Ma)		5
机动能力/g		25
杀伤概率/%		>80
制导体制		程序+指令+TVM制导
发射方式		4联装箱式倾斜发射
弹长/m		5.20
弹径/mm		410
翼展/mm		870
发射质量/kg		914
弹筒质量/kg		1 749.5
动力装置		TX-486型高能固体火箭发动机
战斗部	类型	破片式杀伤战斗部
	质量/kg	68
引信		近炸和触发引信

系统组成

爱国者导弹系统由导弹、AN/MPQ-53雷达、AN/MSQ-104指挥控制站、天线车、发射装置和电源车组成。

导弹 爱国者导弹的前端是整流罩舱和制导舱,其后是战斗部舱、中后部为动力装置舱和控制舱。该导弹采用无翼尾舵式气动布局,弹体为一细长圆柱体,尾部采用4片×形

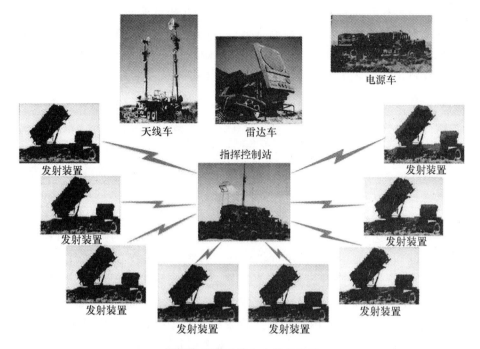

爱国者导弹系统火力单元组成

配置的梯形舵。舵的前缘后掠角为 63°，后缘与弹体垂直，舵偏角为 ±30°。整流罩由 16.5 mm 厚的浇铸石英玻璃制成，尖端为钴合金材料。

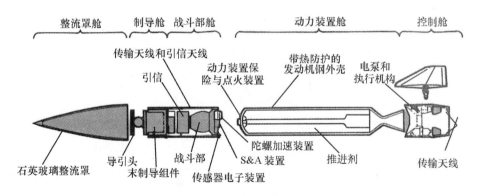

爱国者导弹结构示意图

爱国者导弹采用 TX-486 型高能固体火箭发动机，发动机长为 3.2 m，直径为 0.42 m，质量为 635 kg，推进剂的质量为 506 kg，工作时间为 12s，推力约 107 027 N。在基本型导弹的基础上改进型导弹采用了升级的 HTPB-AP 推进剂，能够产生更大的推力。

爱国者导弹采用复合制导体制。初制导采用程序控制，导弹发射后按弹上预置程序被引入近似的理论弹道。中制导采用指令制导，计算机根据雷达接收的导弹信号计算偏离弹道数据，以此形成指令，通过上行线来控制导弹。末制导采用经导弹跟踪（TVM）制导，导弹精确测量其与目标间的相对角偏差,通过下行线发送给地面雷达,TVM 天线的信号处理器实时处理接收到的信号,形成控制指令,通过上行线传送给导弹,控制导弹飞向目标。采用 TVM 制导方式可以减少弹上设备,提高制导精度和抗干扰能力。

爱国者导弹采用破片式杀伤战斗部。战斗部总质量为 68 kg,每枚破片质量为 2 g;装烈性炸药或核装药,核装药威力为 30~50 kt TNT 当量。

探测与跟踪 爱国者导弹系统采用 AN/MPQ-53 型雷达进行目标探测与跟踪。该雷达为多功能相控阵雷达,工作在 C 波段,峰值功率为 600 kW,探测距离为 170 km,天线增益为 40 dB(收、发),波束宽度约为 2°,最大仰角为 82.5°,可跟踪 90~125 个目标,制导 9 枚导弹,具有敌我识别能力。AN/MPQ-53 雷达作战时,天线以 67.5°(瞄准线的俯仰角为 22.5°)固定架设,安装在 XM869 型拖车上,由 M818 型牵引车牵引。

AN/MPQ-53 雷达有 5 161 个阵元。雷达主天线阵形状近似为圆形,直径为 2.44 m,是带有前后辐射器和移相器的通过式空间馈电阵列天线,可进行 32 种天线方向图的转换,转换时间为 100 ms。在截获导弹过程中,雷达波束由 20 个转变为 9 个波束跟踪,最后变成 1 个波束跟踪。外形为圆形的 TVM 天线阵,直径为 533.4 mm,共有 251 个阵元,由主阵负责为其提供照射能量,采用时分割接收分布在整个拦截空域内目标—导弹的 TVM 下行线信号,还可对主阵起旁瓣消隐作用。5 个电子对抗天线阵,外形为钻石形状,每个阵面有 51 个阵元,采用分支强迫馈电,可使雷达工作在-45 dB 的超低旁瓣状态,获得极好的空间选择能力;敌我识别天线阵为矩形,位于主天线阵正下方,共有 20 个阵元,也是强迫分支馈电,工作在 L 波段。

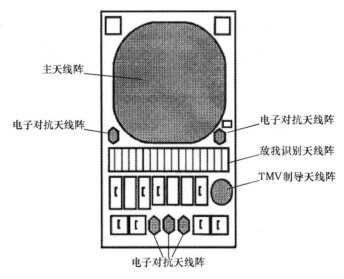

AN/MPQ-53 多功能相控阵雷达阵面示意图

指控与发射 AN/MSQ-104 指挥控制站是火力单元的作战控制中心,由武器控制计算机(WCC)、人/机接口及 VHF 数据链终端和无线电中继终端组成,要求有 3 名操作人员。作战控制中心通过 2 组程序控制导弹系统的全部作战过程,第一组使系统进入准备状态，第二组控制整个作战过程。操作人员通过显示器进行监视，全部过程自动完成。

爱国者导弹系统采用 M901 导弹发射车，每部发射车可装载 4 枚爱国者导弹。爱国者导弹采用固定角倾斜发射，发射角为 38°。发射车能够和指挥控制车与雷达远距离部署，通过光纤或数字 VHF 无线电进行通信。发射车与制导雷达最大间隔距离为 30km。发射箱尺寸为 6.09 m×1.09 m×0.99 m。

M901 导弹发射车

作战过程

导弹系统加电后就开始进入作战准备状态，地面雷达开始搜索目标，发现目标后进行监视；指挥车进行敌我识别、威胁判断，确定优先攻击的目标和拦截时间，选定发射架，将发射前需要的数据、程序送给导弹。

导弹发射后，按预置控制程序完成飞行转弯，同时雷达搜索、跟踪导弹，通过控制指令修正导弹飞行弹道；当雷达收到下行线传来的目标信号后，由程序控制自动转入 TVM 制导；指挥车按照收到的导弹与目标之间的角偏差值，通过上行线指令控制导弹接近目标并锁定目标；当导弹与目标间的距离达到杀伤威力半径时，引爆战斗部摧毁目标。

发展与改进

1965 年，美国陆军确定研制一种发展中的地空导弹（Surface – to – Air Missile Development，SAM – D），以便在严重电子干扰条件下对付高中低空进攻的多个飞机目标和近程弹道导弹。美国于 1965 年开始 SAM – D 计划的可行性研究和方案论证；1967 年选定主承包商开始预研；1972年开始工程研制；1973年进行第一次发射试验；1974年停止工程研制，进行为期2年针对制导系统的原理验证试验；1975年削减预算经费30%；1976年恢复工程研制，同年5月定名为爱国者；1977年开始在电子干扰环境下进行多枚导弹拦截多个目标的试验；1980年开始小批量生产，同年向陆军交付第一套样机；1985年1月装备驻德的美国陆军；1983年开始研制对付反辐射导弹的诱骗系统。

1984年4月，美国国防部针对当时苏联SS-12、SS-21、SS-23战术弹道导弹的威胁，拟定了改进爱国者导弹系统的计划，称为爱国者反战术导弹能力（PAC）计划，其目的是在不影响爱国者基本型反飞机能力的同时增加反导能力。

爱国者-1 1985年3月，美国开始实施第一阶段的改进计划，即爱国者PAC-1导弹系统，也称爱国者-1。该导弹系统是在爱国者导弹系统的基础上改进的。改进计划于1985年3月开始，到1988年12月完成。爱国者-1导弹系统的组成与爱国者基本型相似，只改进了相控阵雷达的最大扫描仰角，从45°增加到几乎90°，而导弹本身没有变化，并于1988年装备了部队。

爱国者-2 1990年海湾战争前，为了对付伊拉克的战术弹道导弹，美国开始研制爱国者-2导弹系统，也称爱国者-2。为了增强反战术弹道导弹能力，改进了系统软件和导弹，即采用MIM-104C导弹，其单枚破片质量从爱国者基本型的2 g增加到45 g，改进了脉冲多普勒引信，设置了两个引信天线波束，前倾窄波束是为了对付战术弹道导弹，而后面较宽的波束是为了对付速度较小的飞机类目标。1990年年底，爱国者-2导弹系统装备美国陆军，在1991年海湾战争中爱国者-1导弹系统和爱国者-2导弹系统均参与了对飞毛腿导弹的拦截。之后，美国继续对爱国者-2导弹系统进行了多次改进，主要有爱国者-2GEM（制导增强型）、爱国者-2 GEM+、爱国者反巡航导弹。其中，爱国者反巡航导弹由于经费问题已经于2000年停止研制。

爱国者-2 GEM导弹系统为爱国者-2导弹系统的改进型，主要改进导弹的制导部分和引信，以及系统所用的制导雷达。其中，为导引头增加了前端放大器，提高了导引头的灵敏度和作用距离；战斗部改进为破片飞散可控战斗部，以适应对付不同速度目标的需要；引信增加了前向天线波束，加强了自适应调整启动区的能力。将AN/MPQ-53多功能相控阵雷达的发射功率提高1倍，使其作用距离大于100 km，扩展了带宽，提高了目标识别能力，使该雷达可同时发现100个目标，制导9枚导弹。

爱国者-2 GEM+导弹系统为爱国者-2 GEM导弹系统的改进型，采用MIM-104E导弹。主要改进内容包括：采用低噪声的前端放大器，提高了导引头对雷达散射截面更小目标的灵敏度；改进了引信，提高了系统可靠性，增加了按目标类型可再编程控制引信启动区和战斗部起爆点的功能。2002年11月，爱国者-2 GEM+导弹系统开始装备。

2001年雷声公司提出了爱国者地空导弹系统寿命延长计划，使该系统装备使用时间延长到2025年，2002年美国陆军也开始给与了财政支持。该计划的主要内容是对爱国者导弹系统的雷达和指挥所进行升级，并研制轻型导弹发射装置，使爱国者导弹系统能够用C-130运输机运输。爱国者导弹系统通过不断升级，拦截弹道导弹和巡航导弹的能力已经得到了进一步提高，在国际面空导弹市场中继续占据重要位置。

爱国者-2 GEM 导弹系统采用的改进型 AN/MPQ-53 雷达

小榭树（Chaparral）

概　述

小榭树是美国研制的低空近程地空导弹系统，主要用于野战防空和要地防空，对付各种低空高速飞机和直升机。小榭树基本型导弹代号为 MIM-72A，于 1964 年开始研制，1969 年装备部队。1970 年起对 MIM-72A 小榭树导弹进行改进，1978 年 7 月其改进型 MIM-72C 开始装备部队。根据不同的作战需求，小榭树导弹系统的改进型分为：M-48 自行式、M-54 固定式和牵引式。

每枚 MIM-72A 小榭树导弹价格约 1.2 万美元，MIM-72C/F 导弹价格为 5 万美元，MIM-72G 导弹价格为 8.2 万美元。1 套完整的车载小榭树系统（包括导弹和支援设备）价格为 230 万美元。美国生产了 700 多套小榭树导弹系统和 21 700 枚导弹。

小槲树低空近程地空导弹系统

主要战术技术性能

型号	MIM-72A	MIM-72C/F	MIM-72G
对付目标	低空高速飞机和直升机		
最大作战距离/km	5	8	9
最小作战距离/km	1.5	1.5	0.5
最大作战高度/km	2.5	2.5	3
最小作战高度/km	0.05	0.05	0.015
最大速度(Ma)	2.5	2.5	2.5
杀伤概率/%	50	50	50
制导体制	光学瞄准＋红外寻的制导		
发射方式	倾斜发射		
弹长/m	2.91	2.91	2.91
弹径/mm	127	127	127
翼展/mm	715	715	715
发射质量/kg	86.9	85.7	86.2
动力装置	1台固体火箭发动机		
战斗部 类型	高爆战斗部	高爆破片式杀伤战斗部	
战斗部 质量/kg	11.5	12.6	
引信	无线电近炸引信		

系统组成

M-48型小榭树导弹系统主要由载车、导弹和发射装置组成。载车为MIM-730型，是由M-548式履带运输车改装而成的，由外界电源供电，车内备有应急电源。

自行式导弹连配有12部4联装导弹发射架，常与M-163式伏尔康自行式高炮连联合作战，组成低空防空火力。

导弹 小榭树导弹采用鸭式气动布局，弹身为细长圆柱体，头部呈半球形，有4片三角形舵，舵与稳定尾翼呈××形配置，尾翼前缘后掠角为60°，后缘与弹体轴线垂直。

小榭树导弹最初采用福特航空航天与通信公司研制的固体火箭发动机，其改进型采用大西洋研究公司生产的改进型M121低烟固体火箭发动机。

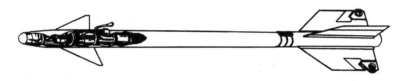

小榭树导弹外形示意图

探测与跟踪 小榭树导弹系统主要由光学瞄准具及其控制装置等完成探测任务，早期预警由AN/MPQ-49前沿地域警戒雷达提供。该雷达为配有MK XII敌我识别器的D波段脉冲多普勒雷达，对雷达散射截面为 $0.2~m^2$ 的目标的探测距离为 $10\sim15~km$。

MIM-72C型导弹采用AN/DAW-1B全方位红外导引头。MIM-72G型导弹采用AN/DAW-2导引头，即玫瑰花形扫描导引头。这种导引头较之原型导引头的精度更高，而且具有很强的抗干扰能力。该导引头与毒刺POST导引头相同。弹上导引头测得导弹与目标间的相对偏差，形成控制指令，通过自动驾驶仪与伺服机构实现对导弹的飞行控制。

小榭树的前视红外成像装置工作波长为 $8\sim12~\mu m$，有 $18°\times20°$ 宽视场和 $2°\times2.7°$ 窄视场两个视场，提高了系统夜间作战的能力。

发射装置 小榭树导弹系统采用倾斜发射，可装载在不同的载车上。M-48自行式小榭树导弹系统装载在MIM-730履带车上，发射和控制装置装于车的后部，底座装有电源等辅助设备、备用导弹等。发射塔用液压驱动，战斗准备时需将发射架处于发射状态，根据射手的手控速度指令进行转动并瞄准目标。弹上的电子控制设备与车上的面板转换开关和指示器相互配合，完成系统的启动、导弹的选择、编制发射程序和测试等功能。导弹则通过固定在火箭发动机外壳上的挂钩安装在发射导轨上。发射架上有4枚待发导弹，另有8枚备用弹；装填时间为4 min。M-54固定式小榭树导弹系统使用与M-48自行式完全相同的发射装置，可车载亦可空运。牵引式小榭树导弹系统装在1辆平板拖车上，由卡车牵引，发射架能360°旋转，发射导轨俯仰范围为 $-5°\sim+90°$，其发射与瞄准装置与自行式相同。

作战过程

白天作战时，首先由 AN/MPQ-49 警戒雷达或目视提供目标信息。发现目标后，将其置于反射光学瞄准具的中央，并转动反射架搜索目标。一旦目标进入红外导引头的视场范围，即发出音响信号，射手发射导弹，导引头截获目标，并根据导弹飞行速度产生指令，按比例导引法引导导弹飞行，在接近目标引爆距离时近炸引信起爆。

发展与改进

小檞树导弹系统于 1964 年 2 月开始研制，1966 年其基本型小批量生产，1969 年装备部队，1973 年基本型停止生产并逐步由改进型代替。1970 年开始对小檞树导弹系统进行改进，1977 年投产，1978 年改进毒刺导弹的敌我识别器用于小檞树导弹，1979 年完成改装，同时采购低烟发动机并鉴定产品。1981 年开始改进小檞树导弹系统的火控系统，1982 年完成。1983 年进行前视红外系统的飞行试验和采用毒刺导弹 POST 导引头技术的试验，1984 年完成前视红外系统试验，1986 年测试 MIM-72E 的临时作战能力。20 世纪 90 年代，为满足国内外需求继续进行生产和改进。

美国陆军还提出了小檞树底盘寿命延长计划（CCSLEP），要求在发射装置上不仅可以发射小檞树导弹，而且可以发射海尔法导弹和 HYDRA-70 火箭弹等。

小檞树底盘延寿系统（CCSLEP）

概　述

小檞树底盘寿命延长计划（Chassis Service Life Extension Programme，CCSLEP）是洛克希德·马丁公司作为系统集成商，为美国陆军导弹司令部和陆军坦克机动司令部研发的弹炮结合防空系统，主要有履带式的通用车 XM1108 和轮式 M1047A 轻型攻击车型，前者曾用增程型 MIM-72G 小檞树导弹击落无人机和 8km 远的直升机。CCSLEP 使用其他的地空导弹增强美国陆军的防空能力，其多功能发射架系统（MPLS）基于标准型 M-54 小檞树发射架，可根据需要发射所需导弹。

所有类型的小檞树导弹系统都包括多功能发射架，可发射小檞树导弹、海尔法导弹、70mm HYDRA 70 火箭弹。CCSLEP 还将集成的武器包括先进中程空空导弹、毒刺导弹、尾控型小檞树导弹、麻雀导弹、陶反坦克导弹。

CCSLEP 于 1993 年提出，1994 年为埃及陆军研制先进的系统和 MIM-72J 导弹，

1995年，MIM-72J导弹成功拦截了122 mm火箭弹。包括葡萄牙、瑞典、泰国、丹麦和以色列在内的多个国家对此项目有兴趣，中国台湾地区也希望采购MIM-72J导弹。

M1047A轮式轻型攻击车　　　　　　XM1108履带式通用车

主要战术技术性能

型号	M1047A轮式轻型攻击车	XM1108履带式通用车
人员	2（驾驶员，指挥官/炮手）	2（驾驶员，指挥官/炮手，24 h工作时多1人）
作战质量/t	13.364	16.33
长度/m	6.39	
宽度/m	2.5	
最大高度/m	2.69	
最大速度/（km/h）		66
最大行程/km		483
主要武器	多功能发射架系统，典型配置为4枚小檞树导弹，2枚海尔法导弹，1套7×70 mm HYDRA 70火箭弹	多功能发射架系统，6枚待发小檞树导弹
次要武器	7.63 mm M240机械炮 2套M257烟雾发生器	7.63 mm M240机械炮 2套M257烟雾发生器
装载弹药	最多20枚导弹（其中12枚小檞树导弹，8枚海尔法导弹）	6枚待发导弹，8枚备用弹

斯拉姆拉姆（SLAMRAAM）

概　述

斯拉姆拉姆（Surface Launched Advanced Medium Range Air‐to‐Air Missile，SLAMRAAM）是美国雷声公司研制的一种中低空近程地空导弹系统，对付现役以及未来的巡航导弹和各种空中威胁，填补毒刺导弹系统和爱国者导弹系统防御空域之间的空白，用于野战防空或区域防空。斯拉姆拉姆导弹系统采用开放式和模块化结构，可与多种传感器系统互联。斯拉姆拉姆导弹系统是在美国研制的 AIM‐120 先进中程空空导弹（AMRAAM）基础上开发的。1995 年美国陆军开始研制车载 AMRAAM 地空导弹系统，通过将 AMRAAM 导弹安装在悍马车上，构成了高机动车载防空系统（HUMRAAM）；后来美国海军陆战队也研制了与 HUMRAAM 类似的系统，称为互补式低空防空系统（CLAWS）；2004 年，美国将两个项目合并为斯拉姆拉姆导弹系统。

斯拉姆拉姆导弹系统的国内用户为美国陆军和海军陆战队，导弹单价为 38.6 万美元。斯拉姆拉姆导弹系统潜在的国际用户大约为 15 个使用霍克地空导弹系统的国家和 30 多个使用机载先进中程空空导弹（AMRAAM）导弹系统的国家。

斯拉姆拉姆近程地空导弹系统

主要战术技术性能

对付目标	巡航导弹、固定翼飞机、直升机和无人机
最大作战距离/km	40
最大速度（Ma）	4
机动能力/g	50
反应时间/s	2~4
制导体制	惯导＋主动雷达寻的制导
发射方式	倾斜发射
弹长/m	3.65
弹径/mm	178
翼展/mm	530
发射质量/kg	152
动力装置	双推力低烟固体火箭发动机
战斗部	高能炸药预制破片式定向战斗部
引信	主动雷达近炸引信

系统组成

斯拉姆拉姆导弹系统由 AIM-120C AMRAAM 导弹、AN/MPQ-64 哨兵雷达、先进的一体化火力控制站（IFCS）和多联装发射架组成，装载该系统的平台为悍马轮式车。该系统采用开放式的系统结构，能够进行网络化和分布式作战。斯拉姆拉姆导弹系统还可与美国陆军的未来联合对地攻击巡航导弹防御联网传感器系统（JLENS）和美国海军陆战队的未来多任务雷达系统（MRRS）联网使用，实现与爱国者以及其他防空系统协同作战。

AIM-120C 先进中程空空导弹

导弹 斯拉姆拉姆导弹系统采用 AIM-120C-7 先进中程空空导弹，并做了部分改进。其中包括为 AIM-120 导弹增加了指令自毁/预编程自毁（CD/SD）能力，对导弹的飞行控制软件进行了改进，配备更先进的自动驾驶仪。

AIM-120C-7 先进中程空空导弹采用正常式气动布局，弹翼在弹体中部，尾部有 4

片控制舱,由电池供电的电动舵机驱动。弹体前部为导引头、电子舱、捷联惯导装置、主动雷达近炸引信和战斗部,弹体后部为发动机。大功率发射/接收机、导引装置、姿态控制装置、引信保险和解除保险机构、控制舱伺服机构等都统一装在电子舱里。弹体采用不锈钢材料,以满足高速气流引起的气动加热和大过载要求。

导弹采用固体火箭发动机,非石棉隔热的钢壳体,其后部是1个整体式挡板/延伸管/喷管,并带有1个可拆装的尾喷管。发动机带有1个安全点火装置,是改进的MK290螺线管操作装置,提供非直列式机械和电气两种安全控制特性。

导弹战斗部为圆柱形高能定向战斗部,爆炸时形成198个柱形弹丸。保险/解除保险及点火装置包括一个安全距离测定装置,它能敏感导弹加速度并进行机械累计。

探测与跟踪 斯拉姆拉姆导弹系统使用AN/MPQ-64哨兵雷达执行目标的搜索和跟踪任务。AN/MPQ-64雷达系统是美国陆军最新型的防空雷达,用于为前方区域防空(FAAD)指挥控制网络提供空中目标跟踪数据,提示近程防空武器进入战斗准备。

AN/MPQ-64雷达是一种先进的三坐标雷达,采用笔形波束,具有多目标跟踪能力,抗干扰和对抗反辐射导弹的能力较强。该雷达系统包括M1097A1 Humvee组软顶方舱、装在载重1 t的宽履带拖车上的无线电收发机天线组(ATG)、识别系统、敌我识别装置和FAAD C2接口。该雷达工作频率为8~12 GHz,作用距离为75 km,覆盖范围为360°,方位角精度为0.2°,仰角精度为0.2°,天线转速为30 r/min。

AN/MPQ-64哨兵雷达

指控与发射 美国陆军选择火力分配中心(FDC)作为斯拉姆拉姆导弹系统一体化火力控制站(IFCS)和下一代通用的防空反导作战管理、指挥、控制、计算、通信和情报(BMC4I)系统的基准,同时一体化火力控制站是下一代通用防空反导BMC4I的子系统。一体化火力控制站在多种硬件配置中采用了一套复杂通用的武器系统拦截作战(EO)软件和综合的部队作战软件。其开放式体系采用模块化结构,其规模大小可灵活选择、设计,使得网络化和分布式作战成为可能,并为未来软件升级提供了最大灵活性。

斯拉姆拉姆导弹系统的发射装置为 6 联装发射架，安装在悍马高机动多功能轮式车上，可实施高机动作战。该发射装置采用了模块化、适应性设计，适于安装在多种车型、舰船、房顶或地面设施上。

斯拉姆拉姆导弹系统的一体化火力控制站

作战过程

斯拉姆拉姆导弹发射后，即由导弹的惯导装置和弹上计算机制导。弹上计算机使用地面提供的目标坐标，向导弹发送制导修正信号，供其校正目标坐标。数据链接收机安装在导弹尾部。在导弹飞行中段，导弹只依靠它本身的惯性装置制导，而不再需要探测系统传送的修正信号。在末制导阶段，导弹的主动雷达导引头开机，选用高脉冲重复频率或中脉冲重复频率工作方式进行目标探测，并锁定目标，将导弹导向目标。最后，导弹的战斗部由雷达近炸引信引爆。

斯拉姆拉姆导弹系统发射场景

发展与改进

美国陆军在1995年就开始考虑发展车载的AMRAAM地空型防空系统,其中一个方案就是采用悍马高机动多功能轮式车辆作为地空型AMRAAM的发射平台。该系统称为HUMRAAM,即悍马-AMRAAM系统,主要满足美国陆军中低空防空作战需求。HUMRAAM系统在1996年进行了首次发射试验,1997年9月,拦截了一枚巡航导弹靶标。当时,美国陆军就决定采购400~500套HUMRAAM机动防空系统,并且把系统改称为斯拉姆拉姆。

美国海军陆战队于2001年开始研制CLAWS系统,计划配属95套。2004年,上述两个项目合并为斯拉姆拉姆系统,由雷声公司负责开发。

此后,美国尝试运用网络化火力概念使爱国者、斯拉姆拉姆、JLENS等系统联成有效的作战网络,利用爱国者导弹系统的雷达为斯拉姆拉姆导弹系统提供目标信息。

低成本拦截弹(LCI)

低成本拦截弹(Low Cost Interceptor,LCI)为美国陆军研制的一种地空导弹,主要用于拦截巡航导弹、无人机。LCI采用成熟的商用技术,作战距离为150 km,弹长为4.5 m,采用诺斯罗普·格鲁曼公司生产的主动雷达导引头。LCI没有专门的发射架,可采用斯拉姆拉姆导弹系统的导轨式发射架以及爱国者-3导弹系统和迈兹的储运式发射架。该导弹采用其他系统的雷达和传感器制导。为了减少误伤友方飞机,LCI在击落目标之前可以先上升到21~24 km的高度。

在LCI项目研究的第一阶段,美国陆军投入了1 900万美元;并于2004年9月开始LCI的第二阶段工作,为期3.5年。原计划LCI在2010年装备部队。每枚LCI的成本约为10万美元,用LCI来对付威胁程度较低的目标,2014年11月LCI仍处于研发状态,此后无该系统发展的报道。使更先进的爱国者-3导弹对抗威胁更大的目标,这就是成本降低的关键所在。

红眼睛(Redeye)

概述

红眼睛为美国通用动力公司波莫纳部研制的第一代便携式地空导弹系统,可在白天对付低空飞行的各种飞机，用作前沿阵地和要地防空，导弹代号为 FIM-43。美国陆军于1955—1956年提出导弹系统方案，1957年进行了可行性方案论证，1959年7月开始全尺寸样机研制，1961年3月成功进行了第一次飞行试验。原计划该系统于1962年投产，后因速度、精度低于计划要求和可作战性差等技术问题被推迟。1963年，XM-41红眼睛 Block 1 正式命名为 XMIM-43A，并开始小批量生产，1965—1966年交付使用，主要用于试验和评估。该系统后来又发展了几个改进型，于1969年停止生产。截至1969年停产，共生产了约85 000多套红眼睛导弹系统。从1982年开始，红眼睛导弹系统逐渐被毒刺导弹系统取代，1995年美国陆军装备的最后一套红眼睛导弹系统退役。

红眼睛导弹系统除装备美国陆军和海军陆战队之外，还出口到澳大利亚、乍得、丹麦、萨尔瓦多、德国、希腊、以色列、约旦、尼加拉瓜、沙特阿拉伯、索马里、苏丹、泰国、土耳其、阿富汗等国家。

红眼睛便携式地空导弹系统

主要战术技术性能

对付目标	低空飞行的战斗机、轰炸机和直升机
最大作战距离/km	4.5
最小作战距离/km	0.5
最大作战高度/km	2.74
最小作战高度/km	0.15
最大速度(Ma)	1.7
机动能力/g	10～15
杀伤概率/%	≥70（单发），≥90（双发）
反应时间/s	≤5
制导体制	红外寻的制导
发射方式	单兵肩射
弹长/m	1.20

续表

弹径/mm	70
翼展/mm	140
发射质量/kg	8.3
发射筒质量/kg	5
动力装置	M115型两级固体火箭发动机
战斗部 类型	破片式杀伤战斗部
战斗部 质量/kg	1.06
引信	触发引信

系统组成

红眼睛导弹系统由导弹和发射装置组成。

导弹 导弹前半部为导引头、控制舱、弹上电源及引信和战斗部，后半部为动力装置。导弹采用鸭式气动布局，头部呈半球形，弹体为细长圆柱体，接近头部处有两对矩形折叠翼（一对为固定，另一对为舵）。两对稳定尾翼装于导弹尾部，与弹体纵轴有 1°安装角以保证导弹以一定的滚动速度飞行。舵和尾翼在发射筒内是折叠的，离开发射筒时展开。导弹采用单通道旋转控制。舵面由制导系统输入的修正信号控制伸展或收拢从而产生控制力，以控制导弹的飞行方向。

导弹的动力装置采用美国大西洋研究公司制造的 M115 型两级固体火箭发动机，第一级为推力 3.3 kN 的助推器，工作时间为 0.048 s；第二级为推力 1.1 kN 的主发动机，工作时间为 5.8 s。助推器在发射筒内点火并燃烧完毕，以 5g 的加速度将导弹推出发射筒，并将导弹送至 6m 以外的安全距离；之后，电传引爆管使主发动机点火，将导弹加速至最大速度。推进剂采用大西洋研究公司的增塑性聚氯乙烯复合推进剂。

红眼睛导弹及发射筒

红外导引头采用硫化铅氩气制冷探测器，工作波长为 1～3 μm，能对 1 100 ℃ 以上的飞机发动机喷口处高温敏感。因此，导弹只能尾追攻击，不能迎击。导引头通过 24 个线性积分电路，将探测到的红外信号进行转换并放大成电信号，然后传给导弹的控制系统。

探测与跟踪 红眼睛导弹系统采用光学瞄准、红外跟踪。导弹加电后，通过导弹导引头捕获和锁定目标。

发射装置 发射装置包括发射筒、光学瞄准具、信号放大器及电池制冷组合等。

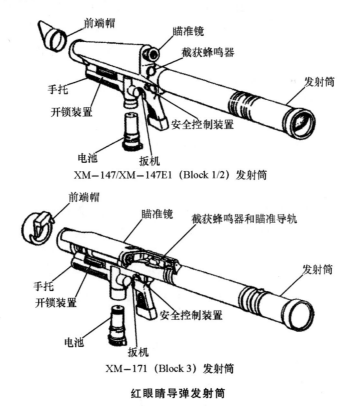

红眼睛导弹发射筒

作战过程

红眼睛导弹系统以排为建制单位，编入或配属给陆军营级和海军陆战营以及特遣分队。每排由排部（3人）和 3～6 个发射组组成。每组包括 1 名组长和 1 名射手，装备 1 套发射装置和 4～6 枚导弹。射手周围 13m 为危险区，射手间距要大于 30 m。

射手目视目标，用光学瞄准具瞄准，锁定目标后，蜂鸣器发出音响和闪光信号，这时导弹的发射角应为 15°～65°。满足这些条件后，射手扣动扳机发射。导弹飞离发射筒后约 1.6 s，引信解除保险，定时器开始工作，击中目标时触发引信引爆战斗部。如果导弹在 15 s 内未击中目标，则自毁。

发展与改进

红眼睛导弹系统共发展了4种型号，基本型为 XM-41 红眼睛 Block 1 系统，导弹为 XMIM-43A；第二型为 XM-41E1 红眼睛 Block 2 系统，导弹为 XMIM-43B；第三型为 XM-41E2 红眼睛 Block 3 系统，导弹为 XFIM-43C；第四型导弹为 FIM-43D。

XM-41E1 红眼睛 Block 2 系统 该系统于1964年研制，第一枚 XMIM-43B 导弹于1966年交付使用。导引头使用了一个新的空气制冷探测器，重新设计了一个更小巧的 XM-147E1 发射筒，并改进了战斗部。1967年2月交给美国陆军进行初始训练。

XM-41E2 红眼睛 Block 3 系统 1965—1966年美国开始研制红眼睛 Block 3，最初命名为 XM-41E2，导弹为 XFIM-43C。该改进型保留了 XMIM-43B 的导引头，但更换了发动机、战斗部和引信，它的发射筒装有一个新的视野开阔的瞄准具，并改进了电子装置，提高了导弹的兼容性。XFIM-43C 导弹的性能得到了大幅提升，可以和机动能力达到 3g 的目标交战，对喷气式飞机的单发杀伤概率被陆军评估为 0.4。1967年开始生产该型导弹，于1968年交付作战。

1966年，美国国防部将导弹系统代号命名方式扩大，增加了一个用于个人发射环境的文字代号"F"，红眼睛导弹系统的代号因此从 MIM-43 变为 FIM-43，导弹的代号分别从 XMIM-43A 和 XMIM-43B 变为 XFIM-43A 和 XFIM-43B。

1968年年底，红眼睛 Block 3 导弹系统被确定为最终的作战标准装备，红眼睛导弹系统被重新命名为 M-41 系统，在所有早期的导弹名称中去掉了"X"，相应的导弹代号为 FIM-43C。

军刀（Saber）

概　述

军刀是由美国福特航空航天与通信公司研制的一种单兵便携式地空导弹系统，既能对付飞机又能对付坦克，主要供轻装步兵师对抗空中及地面威胁。军刀导弹系统已对空中目标和地面活动或固定目标进行了多次成功的发射试验，并达到可以生产并装备部队的程度，1983年曾公开展出。

军刀便携式导弹系统

主要战术技术性能

对付目标	飞机和坦克
制导体制	激光驾束制导
发射方式	单兵肩射
弹长/m	1.09
弹径/mm	120
发射质量/kg	11.3
筒弹质量/kg	<18.1
战斗部	聚能装药战斗部

系统组成

军刀导弹系统由导弹、发射筒和瞄准/制导装置组成。

导弹 军刀导弹采用高升阻比弹体结构，弹体尾部收敛，尾部有4片三角折叠翼。导弹尾端中心处的孔道作为发动机的排气喷管，助推器喷管上方有一较小的圆圈，是激光波束制导系统的接收机。火箭发动机的排气喷管安装在尾翼的前方。

导弹采用激光驾束式制导体制、聚能装药战斗部，既能攻击各种亚声速飞机，也能打击地面装甲车辆。

军刀导弹

发射装置 发射筒为经过改进后的毒刺导弹发射筒,仅能使用 1 次。瞄准/制导装置在作战时装在发射筒上,可以多次使用,因此导弹成本较低。

作战过程

军刀导弹从单兵肩扛的发射筒中发射。射手先用瞄准装置对准目标,当目标进入射击范围时发射导弹,导弹以低速飞离发射筒;当导弹飞至距射手一定距离后,发动机自动点火。在导弹离筒后即进入被调准好的激光波束内(激光波束轴线调至与瞄准线重合),由射手控制激光束始终对准目标,导弹则根据自身与波束轴线间的误差信号,不断地修正飞行弹道,直至击中目标。在飞行过程中,导弹靠 4 片尾翼保证稳定飞行。导弹经改进挂装后,可装在所有的直升机吊舱上。

发展与改进

20 世纪 90 年代初,雷声公司与拉洛尔公司合作,开始研制模块化军刀导弹系统,用于复仇者地空导弹系统。新型军刀导弹弹长为 1.45 m,弹径为 152 mm,发射质量为 27.27 kg。

新型军刀导弹不再是单兵肩射,而改为装在两个双联装发射架上,用于复仇者地空导弹系统中,4 枚导弹共用 1 套制导装置。

新型军刀导弹采用的是抗干扰 CO_2 激光驾束制导体制,多功能的战斗部质量为 4.09 kg,可以对付空中目标和轻型装甲车辆。作战时,射手用瞄准装置直接对准目标。导弹尾部装有激光接收器和自动飞行器/传感器,用以控制尾部的 4 片折叠翼,并以此控制导弹的飞行。

毒刺（Stinger）

概　述

　　毒刺是美国通用动力公司波莫纳部研制的便携式地空导弹系统，用于战区前沿及要地防空，导弹代号为FIM-92。该导弹是在红眼睛便携式地空导弹基础上发展起来的，具有迎攻目标能力。毒刺导弹有5种型号，FIM-92A基本型毒刺、采用被动光学导引头技术（POST）的FIM-92B毒刺POST、采用可再编程微处理器（RMP）的FIM-92C毒刺RMP、新改进的FIM-92D和FIM-92E。毒刺导弹多次经受战争考验，在阿富汗战争中，阿富汗游击队发射了340枚毒刺导弹，命中率达79%；在1999年印巴克什米尔边境冲突中，巴基斯坦部队曾使用毒刺导弹击落一架印度战机。毒刺导弹单价为3.65万美元（1991年）。到目前为止，世界上已有30个国家装备了超过20种车载和直升机载毒刺导弹。1992年开始在欧洲许可生产12 000枚毒刺RMP导弹，由欧洲毒刺生产公司（ESPG）承担生产任务，该公司成员包括德国、希腊、荷兰和土耳其。截至2006年年底，共生产约89 221枚毒刺导弹。

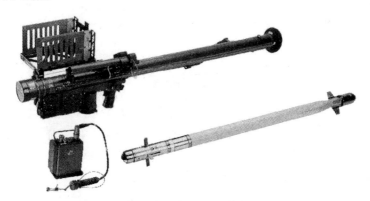

毒刺便携式地空导弹系统

主要战术技术性能

型号	基本型毒刺	毒刺 POST/RMP
对付目标	亚声速、超声速飞机及直升机	
最大作战距离/km	4	4.8
最小作战距离/km	0.2	0.2

续表

最大作战高度/km	3.5	3.8
最大速度（Ma）	2.2	2.2
杀伤概率/%	75（单发）	75（单发）
反应时间/s	5	5
制导体制	被动红外寻的制导	被动红外/紫外寻的制导
发射方式	单兵肩射	
弹长/m	1.47	1.47
发射筒长/m	1.52	1.52
弹径/mm	69	69
发射筒直径/mm	73	73
翼展/mm	91	91
发射质量/kg	10.4	10.4
筒弹质量/kg	12.7	12.7
动力装置	1台固体火箭助推器，1台Mk 27型固体火箭主发动机	
战斗部 类型	预制破片式杀伤战斗部	
战斗部 质量/kg	3	3
引信	触发引信	

系统组成

毒刺导弹系统由导弹、发射装置、电源/制冷剂组合（BCU）、发射机构（质量为2 kg）、AN/PPX-1型敌我识别器组成。美国陆军的装甲师、机械师、轻步兵师、空降师和空中突击师的防空炮兵营的4个连各有1个毒刺排（每个排有4个小分队）。美国海军陆战队有1个毒刺低空防空（LAAD）营。

导弹 毒刺导弹采用鸭式气动布局，弹体前部有两对折叠的鸭式翼，一对是固定翼，另一对为舵，由指令控制的电动舵机驱动其偏转。尾部有两对＋型配置的折叠式尾翼。导弹离筒后，在弹簧和弹体滚动所产生的离心力的作用下，尾翼自动张开并锁定。

毒刺导弹的固体火箭发动机由美国大西洋研究公司（ARC）研制。助推器长度为99 mm，直径为70 mm，质量为0.68 kg，装药为聚氯乙烯（燃料）和高氯酸铵（氧化剂）的复合推进剂，理论比冲为2.25～2.35 kN·s/kg。助推器在导弹飞离发射筒之前便在发射筒内燃烧完毕，提供给导弹一定的初速度和10 r/s的滚动速度，并在安全距离与导弹分离。主发动机长度为1 m，直径为70 mm，质量为6.72 kg，理论比冲为2.55～2.60 kN·s/kg。主发动机采用端羟基聚丁二烯和铝为燃料、高氯酸铵为氧化剂的复合推进剂，在导弹离筒7～8 m（安全距离）后点火，将导弹加速到最大飞行速度。

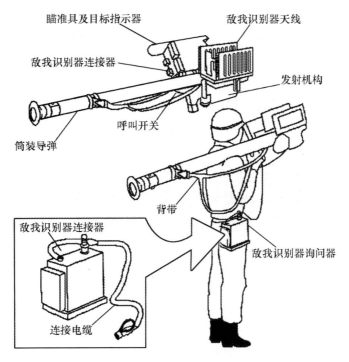

毒刺导弹系统组成示意图

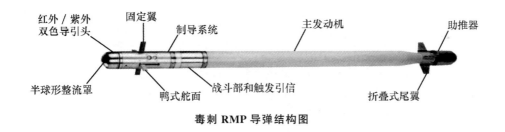

毒刺 RMP 导弹结构图

毒刺导弹采用自适应比例导引法。制导部分由制导组件（包括导引头和制导电路）、控制组合及导弹电源组成，在发射前进行目标截获与跟踪、导弹飞行中制导控制及为导弹供电。将导引头测得的目标信号与导弹瞬时位置参数进行比较，形成控制信号，通过伺服机构控制一对舵面偏转，结合弹体的滚动实现俯仰和偏航控制，4 片可折叠尾翼保证导弹的稳定性。

基本型毒刺导弹的导引头采用锑化铟探测器，工作在 $4.1 \sim 4.4~\mu m$，使导弹能够迎攻来袭目标。毒刺 POST 导弹采用红外/紫外双色探测器及两个微处理器，可以探测处理 $3.5 \sim 5.0~\mu m$ 波长的红外信号和 $0.3 \sim 0.4~\mu m$ 波长的紫外信号，增大了目标探测范围及目标识别能力。毒刺 RMP 导弹在毒刺 POST 导弹的基础上将一个具有可再编程能力的微处理器集成到逻辑电路系统中，以对付新的威胁。为了防止导弹追踪飞机尾流不能直接损伤目标，由控制组合的目标自适应制导（TAG）电路控制导弹，使其在命中目标前 1 s 使命中点前移，以直接杀伤目标。毒刺 POST 导弹没有目标自适应制导电路。弹上电源采用热电池，双极性±20 V 的直流电输出，可连续工作 19 s，储存寿命为 10 年。

毒刺导弹的引信和炸药都装在 1 个圆柱形壳体内。当导弹发射后飞至安全距离时，引信保险打开。如果导弹发射后 20 s 内没有拦截到目标，则由自毁电路引爆战斗部。

探测与跟踪 毒刺导弹系统借助光学瞄准具进行目标截获、瞄准及距离估计，射手根据指示器的音响信号及光学瞄准具提供的目标距离值决定导弹发射。为增强夜间作战能力，还采用了美国玛格奈克斯（Magnavox）电子系统公司研制的 AN/PAS-18 广角毒刺指示器（WASP）作为夜间瞄准具。

发射装置 毒刺导弹系统的发射装置主要由发射筒、光学瞄准具、干燥剂、制冷剂管、陀螺校靶管和背带组成，总质量为 15.7 kg。发射筒采用凯夫拉玻璃纤维增强复合材料，用来支撑系统的所有部件。其前后两端用易碎保护盖密封，前端易碎保护盖非常容易被红外/紫外穿透，可使导弹导引头透过它捕获目标。发射筒内充有惰性气体，为导弹提供环境保护。发射筒只能一次性使用，导弹发射后即被射手扔掉。光学瞄准具用来瞄准及截获目标，给导弹引入 10°俯仰角、10°右向前置角及 8°左向前置角。电源/制冷剂组合质量为 0.4 kg，用于系统发射前供电。导引头制冷时间为 3～5 s。发射机构可拆卸，可重复使用，装有电源/制冷剂组合接口、敌我识别器连接器、脉冲发电机、导引头激活杆、发射扳机、敌我识别器呼叫开关与折叠式天线等。

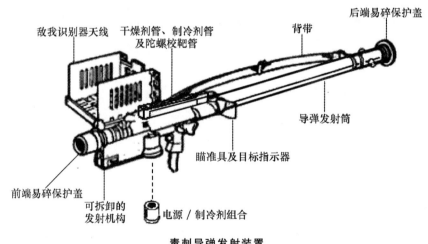

毒刺导弹发射装置

作战过程

射手接收到目标来袭的警报信号后，将电源/制冷剂组合插入发射机构的接口中并展开敌我识别器天线，拔掉发射筒前端的防护罩，抬高瞄准具并使用电缆连接敌我识别器询问器和发射机构。射手用目视瞄准具捕获目标并估计目标距离。根据需要，可使用敌我识别器进行敌我识别询问。

当确定是敌方目标后，射手继续跟踪目标并激活导弹，从跟踪到激活导弹的时间为

6 s。

射手按下导引头启动杆并使用瞄准具为导弹输入抬高角和前置瞄准数据（毒刺 Block 1 导弹和毒刺 Block 2 导弹不需要抬高角数据）。

毒刺导弹 2 人作战小组

随后射手按下发射扳机以激活弹上电源，在极短的时间内缩回发射机构上的脐带式连接器并发出助推器点火脉冲信号。从按下发射扳机到助推器点火的时间为 1.7 s。助推器点火后初始推力使导弹弹体产生旋转，引信计时系统也同时启动。导弹及其排出的喷气冲破发射筒两端的易碎保护盖。

在导弹完全离开发射筒之前，助推器工作完毕以保护射手不被发动机尾流烧伤，同时两个活动式控制舵面弹出。一旦导弹完全离开发射筒，两个固定前翼和 4 个固定折叠尾翼便展开，助推器也同时与弹体分离。导弹飞行到预定的安全距离时，引信计时器点燃双推力固体火箭主发动机。当导弹继续飞行 1 s 后获得预定的加速度时，M934 延时触发引信电路启动引爆战斗部，自毁计时装置也同时开启。

导引头继续跟踪目标，并处接收到的信号以消除或降低瞄准线相对目标的瞄准角。导弹按照比例导引法飞向拦截点，在命中目标前 1 s 时，启动目标自适应制导电路，导引头便产生一个增加偏移量的控制信号使导弹飞向目标易受攻击的部位。即使目标进行 $8g$ 的机动飞行，导弹也能击中目标。

毒刺导弹的攻击过程完全自动化，具备"发射后不管"的特点。完成本次导弹作战程序后，射手重新装填导弹并跟踪其他目标，准备进行下一次作战。

发展与改进

毒刺导弹经过多次改进，目前已发展了多个型号。导弹生产商是美国雷声公司导弹系统部和德国道尼尔有限公司。

FIM-92A 基本型毒刺是出口最多的毒刺导弹型号，研制经费约 2.147 亿美元。该导弹于 1968 年开始进行方案设计，1972 年开始工程研制，1973 年 8 月进行首次发射试验，1976 年 1 月进行系统飞行试验，1977 年 10 月进行产品样机试验，1978 年开始批生产并完成工程研制，1978—1979 年开始作战评估，1979 年年底开始作战部署，1981 年 1 月交付美国陆军；1981 年 2 月具有初始作战能力并部署欧洲，1992 年美国停止基本型毒刺导弹采购预算。

FIM-92B 毒刺 POST 导弹采用红外/紫外双色导引头，使用一个玫瑰花形扫描装置代替基本型使用的两个旋转镜片，增强了目标探测能力。毒刺 POST 导引头集成了两种探测器，一种对红外敏感，另一种对紫外敏感，可用红外或紫外任意一个光谱带进行目标跟踪。毒刺 POST 还能够比较并锁定两个热源中的较大者，并具有抗干扰能力。1977 年 6 月开始毒刺 POST 导引头工程研制，1979—1981 年年底完成毒刺 POST 导弹的全面研制，1983 年开始小批量采购，1985 年 7 月开始小批量生产，1987 年开始作战部署，同年停产。

FIM-92C 毒刺 RMP 是采用可再编程微处理器的毒刺 POST 导弹。该导弹于 1984 年 9 月开始研制，1987 年 11 月开始生产，1989 年年底首批按计划交付，1992 年在欧洲开始低速生产，1993 年开始在欧洲批生产。毒刺 RMP 导弹具有随着红外干扰威胁的变化而容易对导弹软件逻辑系统进行升级的能力，每枚导弹的改进成本为 0.8 万～1 万美元，储存时间为 15 年。软件逻辑系统通过一个插件程序模块连接在导弹的外部，一旦环境威胁发生变化，可通过插件程序模块对导弹软件进行升级，从而不必每次都要改进导弹。出口型毒刺 RMP 导弹没有可再编程的插件程序模块，但带有嵌入式的红外抗干扰措施。毒刺 RMP 导弹的研制经费约为 3 980 万美元，采购成本为 370 万美元。毒刺 RMP 导弹的单价比毒刺 POST 导弹约高 1 500 美元。

FIM-92D 毒刺 Block 1 也称为毒刺 RMP-1，通过改进毒刺 RMP 导弹制导系统中软件和硬件以发现低信号特征目标，提高导弹精度、可靠性、抗干扰能力以及延长储存寿命。对硬件的改进包括使用微型环形激光陀螺仪、修正弹道和提高导弹的精度。其他改进包括采用全新的线束、升级计算机内存和软件、采用一个更小的使用寿命更长久的锂电池代替毒刺 RMP 导弹使用的铬酸钙电池。1992 年签订了毒刺 RMP 导弹的升级合同，1995 年开始生产并交付。毒刺 Block 1 导弹还被装备在布雷得利/中后卫、复仇者地空导弹系统中，并被作为直升机载空空型导弹。2000 年，意大利选择毒刺 Block 1 导弹装备其 A129 猫鼬武装直升机。

FIM-92E 毒刺 Block 2 计划于 1996 年获得批准，该型导弹用于执行前沿防空和空空作战两种任务，对付干扰环境中的直升机、无人机、巡航导弹和隐身飞机；重点改进导引头，提高导弹作战距离和对付多目标能力。有两种方案，一种方案是增加半主动激光驾束制导，当导弹接近目标时再转换成红外制导；另一种方案是使用 128×128 凝视焦平面阵列。美国倾向选择焦平面阵列技术。1996 年导引头样机成功跟踪了 3km 远的模拟巡航导弹目标，但由于未能获得资金支持，毒刺 Block 2 计划没有继续发展。

毒刺导弹被广泛用于不同发射平台，形成了多种防空武器系统，主要包括空空型毒刺（ATAS）、M2/M3 布雷得利/毒刺战车（BSFV）防空系统、M6 布雷德利/中后卫（BL）、毒刺混合系统、三角架发射的毒刺、复仇者基于支座的毒刺导弹（PMS）、基于支座的地空导弹系统（PMADS）、双联装毒刺（DMS）发射架系统、三脚架型毒刺（TAS）、轻型两栖防空车（LAV-AD）弹炮结合系统、猎豹-1A2 系统、增程型毒刺导弹、舰载毒刺、毒刺跟踪与发射系统（STLS）等。此外，还发展了多种先进产品用于毒刺地空导弹系统中，主要包括毒刺便携式报警与指示系统（MACS）、AN/PAS-18 广角毒刺指示器（WASP）、武器热辐射瞄准具（TWS）、F4960 毒刺夜间瞄准具等。

空空型毒刺（ATAS） 该系统于 1984 年开始研制，1986 年年底完成全面工程研制。ATAS 全系统质量为 55.9 kg，采用轻型双联装发射架。ATAS 的未来发展项目是毒刺通用发射架（SUL），其目的是适应导弹的升级、地面平台和直升机（如阿帕奇和科曼奇），并与 MIL-STD-1760 A 航空电子设备数据总线接口兼容。

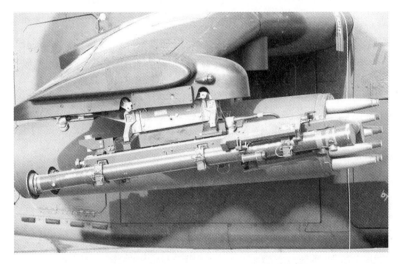

在德国虎直升机上装备的空空型毒刺导弹

M2/M3 布雷得利/毒刺战车（BSFV）防空系统 该系统由 25 mm 口径高射炮和毒刺导弹组成，首先装备德国。每个连配置 30 辆战车，战车上载有 3 名乘员和 2 名毒刺导弹作战人员，乘员负责监控预警机和爱国者导弹连提供的防空预警信息，作战人员负责对付低空敌方空中目标。毒刺导弹不能在行进中发射，因此难以完成保护装甲部队的任务。

M6 布雷德利/中后卫（BL）防空武器系统 该系统是美国波音公司于 1995 年研制的重型履带式弹炮结合防空武器系统。详见本手册 M6 布雷德利/中后卫（Bradley Linebacker）部分。

布雷德利/毒刺战车防空系统

毒刺混合系统 该系统是采用毒刺导弹升级的伏尔康和小檞树导弹系统，目前已开展了多个类似计划。以色列的自行式毒刺计划，即 Mahbet，是将一个 4 脚毒刺发射架和一个伏尔康—加特林火炮转塔安装在 M113 装甲人员运输车（APC）上。美国雷声公司电子系统部也开发了一种联合武器系统，即将毒刺导弹和陶反坦克导弹安装在标准布雷德利步兵战车（IFV）转塔的两端。

三脚架发射的毒刺导弹系统 该系统由雷声公司电子系统部研制，在两个底座成直角的 ATAS 发射架上安装 4 枚待发导弹，并配备了放大倍数很高的光学瞄准具以及前视红外雷达（FLIR）跟踪系统，使毒刺导弹能够在夜间及恶劣天气条件下发射。该单兵发射系统质量为 136.4 kg，方位角为 360°，俯仰角为 10°～+50°。1987 年年底该系统在韩国进行了试验，用于机场防空。根据需要，该系统还可安装激光测距仪和火控计算机。

复仇者基于支座的毒刺导弹（PMS） 详见本手册复仇者（Avenger）部分。

基于支座的地空导弹系统（PMADS） 该系统是土耳其 Aselsan 电子系统公司研制的毒刺发射平台，一种是装载在一辆路虎轮式车上的配备 4 枚待发毒刺导弹的轻型齐普金（ZIPKIN）系统；另一种是装载在改进型 M113A2 装甲人员运输车（APC）上的配备 8 枚待发毒刺导弹的重型阿蒂甘（ATILGAN）系统。

双联装毒刺（DMS）发射架系统 详见本手册双联装毒刺（DMS）部分。

三脚架型毒刺（TAS） 详见本手册三脚架型毒刺（TAS）部分。

轻型两栖防空车（LAV-AD）弹炮结合系统 详见本手册轻型两栖防空车（LAV-AD）部分。

猎豹-1 A2 系统 详见本手册猎豹-1 A2（Gepard 1 A2）部分。

舰载毒刺防空武器系统 该系统由美国雷声公司和英国拉德麦克（Radamec）防务系统公司于1998年年底开始联合研制，全系统质量不超过300kg，适合列装于各种舰船。其标准结构是将1~2个4联装导弹发射箱固定在一个稳定平台上，备有一套包含热成像仪、电视摄像机和激光测距仪的光电传感设备，通过甲板下的标准控制台或舰载指挥系统的多功能控制台进行控制。该系统对目标的捕获和精确跟踪距离可达20 km以上，最多能跟踪5个目标。该系统估计售价为150万美元。

舰载毒刺防空武器系统

复仇者（Avenger）

概　述

复仇者是美国波音公司为美国陆军研制的一种自行式低空近程防空武器系统。美国波音公司主要负责转塔组合、发射机构及车上组件的生产，Hustville公司负责系统总装、试验及交付。复仇者防空武器系统采用毒刺便携式地空导弹，并以一辆重型高机动性多用途轮式车（HMMWV，即悍马军车）作为发射车。因此，该系统也被称为基于支座的毒刺导弹（PMS）。复仇者防空武器系统是美国陆军装备的第一种在行进中作战的防空武器系统，配有红外及光学探测跟踪系统，具有迎击目标和全天候作战的能力，可用于对付低空飞行的巡航导弹、无人机、高速固定翼飞机和直升机。复仇者防空武器系统可以发射多种型号的毒刺导弹，以及西北风、星光、星爆导弹。复仇者从1983年5月开始进行方案设计到交付美国陆军进行作战试验，仅仅用了10个月，研制经费约200万美元。1987年5月美国波音公司收到美国陆军第一份订单，订购20套复仇者防空武器系统，金额为1620万美元。1994年复仇者火力单元的采购成本为116.48万美元。1996年复仇者防空武器系统开始出口,用户包括中国台湾地区和埃及。此外,南非、捷克、波兰、韩国和泰国也对复仇者防空武器系统表现出了浓厚的兴趣。目前,复仇者防空武器系统仍在生产。

复仇者防空武器系统

主要战术技术性能

对付目标		低空飞行的巡航导弹、无人机、高速固定翼飞机和直升机
武器	一级武器	8 枚待发毒刺导弹,8 枚待装填毒刺导弹
	二级武器	1 挺 M3P 12.7 mm 近防机枪和 200 发 12.7 mm 待发子弹
转塔	方位角/(°)	360
	俯仰角/(°)	$-10 \sim +70$
	尺寸/m	$2.13 \times 2.159 \times 1.778$
	质量/t	1.134
载车		悍马 M1097(4×4)
离地距离/mm		406
最大行驶速度/(km/h)		105
最大行驶距离/km		563
垂直障碍高度/mm		560
涉水深度/mm		760
轨距/m		1.81

续表

轴距/m	3.3
发动机	V8 6.2 L空气冷却柴油机
配备人员数量/人	2
战斗质量/t	3.9
系统尺寸/m	4.953×2.184×2.59
系统反应时间/s	<3

系统组成

复仇者防空武器系统主要由载车、转塔、2个4联装标准车载发射装置（SVML）、8枚待发导弹（另存8枚待装填导弹）、1挺M3P 12.7 mm机枪以及车内显示控制设备和探测跟踪设备组成。该系统配有2名作战员，即1名导弹射手和1名驾驶员。复仇者防空武器系统还可安装在其他类型的履带车和轮式车上，并可空运。

可以放在地面独立使用的转塔安装在悍马军车底盘后部，能够360°旋转，导弹射手在转塔内有足够的视场进行目标截获、跟踪和作战。导弹发射转塔的电动驱动系统与布雷德利战车上的相同，均由美国通用动力公司制造。电动驱动系统控制导弹发射转塔旋转和SVML的俯仰角度。转塔驱动器由陀螺仪稳定，能够在车辆行进中确保导弹始终自动对准目标，以便在行进中发射导弹。

导弹 复仇者防空武器系统采用毒刺导弹，其战术技术性能详见本手册毒刺（Stinger）部分。导弹发射转塔上部的两侧悬臂支架上安装了2个导弹发射装置，共装有8枚待发毒刺导弹（导弹可卸下作为便携式导弹使用）。此外，车上还携带了8枚待装填导弹和1部便携式毒刺导弹发射装置。该导弹发射装置可发射多种型号的导弹，如毒刺基本型、毒刺POST和毒刺RMP，甚至还包括西北风、星光和星爆导弹。

复仇者防空武器系统4联装标准车载发射装置

M3P 12.7mm机枪 该机枪安装在发射装置右侧导弹箱下面，用于系统自卫及覆盖毒刺导弹的盲区，有200枚待发子弹及300发备用子弹，采用链式供弹和空气冷却方式。

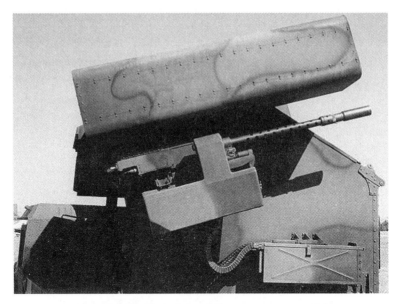

复仇者防空武器系统装备的 M3P 12.7 mm 机枪

复仇者防空武器系统集成了 AN/VRC-91 单信道地空无线电通信站（SINCGARS）、前沿地区防空指挥、控制与情报（FAAD C2I）系统设备、AN/VIC-1 内部通信系统和 AN/PXX-3B 敌我识别器系统，还装有数字通信终端及导航定位系统，能够同其他武器系统协同作战，接收来自雷达的目标指示信息。

探测与跟踪 复仇者防空武器系统采用光学与红外两种探测手段，手动或通过视频跟踪器进行自动跟踪。其主要探测跟踪设备包括光学瞄准具、自动视频跟踪器（AVT）、激光测距仪和 AN/VLR-1 前视红外仪。

在能见度良好的情况下，射手通过光瞄转动臂和光瞄电子设备探测目标。光瞄转动臂同导弹发射箱是联动的。光瞄转动臂的端部有 1 块半透明的玻璃，玻璃上显示出光瞄电子设备产生的 2 个同心圆环和 1 个＋字标记。＋字标记与导弹发射箱纵轴指向同轴，代表发射箱的瞄准方向。圆环标记显示出导弹红外导引头视场宽度，指示导引头的瞄准方向。实际上，由于导弹在发射前要引入前置角和下沉角修正量，因此，圆环标记就偏离＋字线。导弹导引头启动、解锁和发射许可等信息被映射到观察玻璃上。根据来自光学瞄准器或前视红外仪显示的数据，导弹射手通过瞄准指示＋字线锁定需要打击的目标。复仇者控制电子设备（ACE）处理激光测距仪提供的距离数据，为导弹和机枪提供射击许可指令。

前视红外仪用于夜间及恶劣气象条件下探测目标，由 IR R-2448/VLR-1 光学接收器和 IP-1622/VLR-1 显示器组成。光学接收器是一个被动的串行扫描红外成像系统，质量为 20.98 kg，宽、高、长尺寸为 231.1 mm×345.4 mm×635 mm，工作在 8～12 μm 波段并采用单元信号处理（SPRITE）探测技术，安装在左侧导弹发射箱下面，其光轴与发射箱纵轴一致。显示器的质量为 5.44 kg，宽、高、长的尺寸为 190.5 mm×185.4 mm×348 mm，安装在射手前面的中央面板上，向射手显示前方景物的红外辐射图像。前视红外仪有两种视场并具有雨天模式,宽视场为 21°×13.1°,用于搜索;窄视场为 5.3°× 3.27°,用于跟踪。视场的转换由射手用脚踏板控制。自从 1988 年 6 月以来,共交付美国陆军和美国海军陆战队 759 套前视红外仪。

CO_2 激光测距仪波长为 10.59 μm,作用距离为 0.5~9.99 km,精度为 ±10 m,安装在前视红外仪的后面,目标信息经激光测距仪传到火控系统并形成作战许可指令。

指控与发射 复仇者防空武器系统能在行进中发射导弹。在载车的基座和 2 个随动轴上分别安装 3 个速率陀螺,用来测量载车相对地面的运动,并把结果加到随动系统中用以稳定转塔。射手用控制手柄转动转塔进行搜索和瞄准目标,并通过手柄按键发射导弹。另外,驾驶员还可通过遥控装置(RCU)对转塔进行控制,该装置的控制系统及显示设备与转塔内的相同,可在距火力单元 50 m 处发射导弹。

射手通过火控计算机及显示面板进行指挥控制。控制显示面板分左、中、右 3 个部分。火控计算机在发射前计算瞄准的前置量和下沉量,控制目标搜索、导弹发射及系统自检等,其容量为 16 kB,字长为 8 bit。

作战过程

当光学瞄准具或前视红外仪截获目标后,由射手进行手动或由视频自动跟踪器利用来自解锁导引头的信号自动跟踪,火控计算机根据来自激光测距仪的目标距离数据下达发射命令及进行火控计算。当目标进入导弹有效射程内时,射手按下发射按钮发射导弹。8 枚导弹再装填时间小于 4 min。复仇者防空武器系统借助先进的探测跟踪系统和火控系统,使导弹发射转塔转入战斗状态时间小于 10 s,导弹转入战斗状态时间小于 3 s,发射间隔小于 5 s。

复仇者防空武器系统发射导弹

发展与改进

1983年5月提出复仇者防空武器系统研制方案，1984年4月完成样机研制，1984年8月美国陆军进行系统评估试验，1987年8月开始生产，1988年11月首批复仇者防空武器系统交付，1989年复仇者防空武器系统具有作战能力。截至1993年，美国军方已订购了1004套复仇者防空武器系统（陆军767套、海军陆战队237套）；截至1997年1月，共交付902套系统。

1992年，美国陆军启动对复仇者防空武器系统的预先产品改进（P3I）计划，主要改进包括：研制并安装环境控制装置/主动力装置（ECU/PPU）（安装在转塔内，用于增加转塔内的空气压力）；将火控系统与前沿地区防空指挥、控制与情报系统联网；研制并安装新型火控系统（FCS-1）。

装有环境控制装置/主动力装置的复仇者防空武器系统

1996年12月，美国陆军对复仇者防空武器系统进行进一步升级改进，增加了自动回转跟踪子系统（STC）。该系统通过增强定位报告系统（EPLRS）与前沿地区防空指挥、控制与情报系统相联系，使导弹射手可以从面前的屏幕上得到有关目标的报警和显示，以便选择目标并发射导弹打击目标。导弹射手只需要按一下按钮，就能够启动自动装置，使导弹发射塔自动按照准确的方位角和仰角旋转并对准目标，同时目标就呈现在导弹射手的视场内，射手可以尽快发射导弹攻击目标。使用自动回转跟踪子系统后，导弹射手就不再需要借助光学瞄准具或前视红外仪来搜索和捕获目标，这样大大增强了该防空武器系统的有效性，特别是对付那些肉眼难以发现的目标（如无人机）以及低空、高速目标（如巡航导弹）效果更好。自动回转跟踪子系统可以使复仇者防空武器系统的目标截获、跟踪能力和作战距离提高50%，杀伤概率增加50%。其他主要改进包括采用新型复仇者火控计算机（AFCC）、地面导航系统、手持式终端装置（HTU）、改进遥控装置、简化驾驶舱/导弹发射装置的布局和吊运环。升级后的复仇者防空武器系统能够接收数字化预警数据并且自动旋转转塔的方位角和仰角，使目标自动位于导弹射手的视场中心，提高了复仇者防空武器系统在静态和动态时的目标捕获能力。

增加了自动回转跟踪子系统的复仇者防空武器系统

M6 布雷德利/中后卫（Bradley Linebacker）

概 述

M6 布雷德利/中后卫（Bradley Linebacker，BL）是美国波音公司 1995 年开始研制的重型履带式弹炮结合防空系统。该系统是布雷德利/毒刺战车（BSFV）的改进型，为前沿阵地的重型机动部队提供防空掩护。该系统能对付各种低空目标，具有全天候作战能力和行进间射击能力，且不受地形和机动部队行军速度的限制，具有很强的机动性和杀伤力。该系统将毒刺导弹、复仇者发射控制装置和布雷德利战车三者有机地结合在一起，构成了弹炮结合的自行装甲防空系统，射手可以在战车的装甲保护下发射毒刺导弹，对作战部队进行连续的防空保护。首套系统于 1998 年交付使用，目前已装备了美国陆军第三、第四步兵师和第一机械化师，总需求量为 267 套。

M6 布雷德利/中后卫防空武器系统

主要战术技术性能

	对付目标	巡航导弹、无人机、直升机和固定翼飞机
武器配备	主选武器	1 部 4 联装毒刺导弹发射架,1 门 25 mm 口径 M242 加农炮
	次选武器	1 挺 7.62 mm M240C 机枪
	人员配备武器	2 支 M16A1 来复枪,1 部 40 mm M203 手榴弹发射器
弹药数量	主选武器待发弹药	300 发 25 mm 口径炮弹,4 枚毒刺导弹
	次选武器待发弹药	400 发 7.62 mm 子弹
	主选武器备用弹药	300 发 25 mm 口径炮弹,6 枚毒刺导弹
	次选武器备用弹药	2 800 发 7.62 mm 子弹
	人员配备弹药	1 680 发 7.62 mm 子弹,6 枚 40 mm 手榴弹
便携式防空系统装备	毒刺导弹敌我识别器/个	1
	敌我识别器电源/个	6
	电源制冷剂组合/个	24
	毒刺导弹发射机构/个	4
	双目望远镜/个	2

	续表	
战车	乘员数/人	5
	战斗质量/t	29.94
	空运质量/t	19.96
	长/m	6.55
	宽/m	3.61
	高/m	2.97
	最大行驶速度/(km/h)	61(陆上)，6.4(水上)
	油箱容积/L	662
	最大公路行驶距离/km	400
	行进方式	两栖
	爬坡度/%	60
	边坡度/%	40
	越垂直障碍高度/m	0.91
	越壕沟宽度/m	2.54
	发动机	VTA-930T 涡轮发动机
	传动装置	美国通用动力公司的自动 HMPT-500-3 液压机械式
	制动器	多片油冷式
	电源/V	28(直流)

系统组成

布雷德利/中后卫防空武器系统由 M6 布雷德利战车、1 部标准车载发射架（SVML）（携带 4 枚毒刺待发导弹）、1 门 25 mm 口径机关炮和 1 挺 7.62 mm M240C 机枪组成。布雷德利/中后卫防空武器系统总共可以携带 10 枚毒刺导弹，除了 SVML 中装载的 4 枚待发弹外，还可以携带 6 枚备用毒刺导弹。

发展与改进

M6 布雷德利/中后卫的方案源自 1995 年的作战快速目标捕获计划（WRAP）。1995 年美国波音防务与空间集团空间与导弹部通过竞标获得美国陆军导弹司令部总额 700 万美元的将毒刺导弹系统集成到布雷德利 M2A2-ODS 战车上的防空武器系统研制合同，包括 1 个样机和 8 套产品。该系统被美国陆军命名为布雷德利/中后卫近程防空（SHORAD）武器系统，采用雷声公司的 4 联装标准车载发射架，保留了便携式防空系统

布雷德利/中后卫防空武器系统

(MANPADS)任务能力并在战车后部备有 6 枚毒刺导弹,以便下车作战对付低空目标;还保留了转塔平台、25 mm 口径 M242 机关炮和 7.62 mm 机枪,加农炮装有 300 枚待发炮弹并备有 300 枚炮弹,机枪装有 400 发子弹并备有 2 800 发子弹。

1996—1997 年,在美国的先期作战实验(AWE)中成功试验了 8 套布雷德利/中后卫防空武器系统。布雷德利/中后卫防空武器系统的全面生产始于 1997 年 3 月,1997 年 6 月开始生产,1998 年 5 月—6 月交付并开始装备防空部队。美国陆军共接收了 99 套布雷德利/中后卫防空武器系统。

M6 布雷德利/中后卫防空武器系统采用了布雷德利转塔稳定系统以便在行进中发射导弹,还采用了复仇者防空武器系统的一些部件,包括控制单元。该系统未来还将通过防空网络和前沿地区防空指挥与控制系统而具备自动回转跟踪(STC)目标的能力,使发射架自动、精确地指向预定目标,从而缩短该武器系统的反应时间。

M6 布雷德利/中后卫防空武器系统将按计划逐步取代目前防空部队装备的带有毒刺便携式防空系统的布雷德利防空武器系统。

双联装毒刺(DMS)

概 述

双联装毒刺(Dual-Mounted Stinger,DMS)发射架系统是为满足丹麦低空防空系统(DALLADS)计划的需求而研制的。美国雷声公司负责提供导弹、导弹接口装置和训练装置,丹麦的特马(Terma)电子公司负责生产三脚架、射手座椅和垂直组件。DMS

系统在丹麦称为 Scorpion，安装在一个三脚架上。该计划始于 1993 年 9 月，丹麦陆军装备司令部授予休斯导弹系统公司一份合同来设计、研制和生产 100 多套 DMS 系统，用于 DALLADS 计划。1994 年生产了首套试验系统，随后丹麦陆军于 1995 年 1 月—5 月成功进行了作战试验。DMS 系统于 1995 年 11 月开始交付，1997 年完成交付。

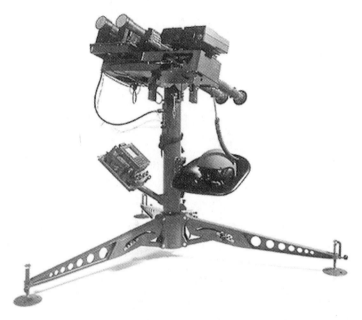

DMS 系统

系统组成

　　DMS 系统由垂直组件、三脚架、电子设备等组成。垂直组件包括控制手柄、两个导弹发射装置和 AN/PAS-18 热成像仪、缩放光电瞄准镜和图像传输装置（VCD）、备用瞄准镜和武器接口单元（WIU）。DMS 系统质量为 95 kg（含导弹），不含导弹、图像传输装置、武器接口单元和瞄准装置时质量为 83 kg，垂直组件质量为 25 kg，三脚架组件质量为 38 kg，射手座椅质量为 5 kg，可移动终端架质量为 2 kg。DMS 系统展开后高度为 1.32 m，活动半径为 2.4 m，俯仰角为 $-20° \sim +65°$，方位角为 360°，可由 2 人或 3 人在 90 s 内安置在作战阵地上。导弹电源和制冷气由外部气瓶和武器终端（WT）供电装置提供。武器接口单元所需的工作电力由外部控制与预警系统（CWS）接口提供，备用电力由内部电池提供。目标数据由外部雷达提供。

　　DMS 系统既可安装在轻型车上，也可装在小型舰船上。目前，该系统已停产。DMS 系统除装备了丹麦军队外，也装备了美国陆军和海军陆战队。

轻型两栖防空车（LAV－AD）

概　述

　　轻型两栖防空车（LAV－AD）弹炮结合系统以 8×8 轻型装甲车为底盘，是美国海军陆战队拥有的作为地面作战系统一部分的首个有建制的防空系统，用以对付固定翼飞机和直升机以及地面目标。该系统的最大作战距离为 6 km，其火炮的最大作战距离为 2.5 km。该系统于 1987 年开始研制，承包商有 FMC 公司和美国通用动力公司，最终美国海军陆战队于 1992 年选择了美国通用动力公司研制的产品。1996 年 1 月开始签订生产合同；1997 年 9 月首次交付；1998 年 8 月全部交付完毕；1998 年 10 月具备初始作战能力。该系统可空运并可两栖作战（车后部装有 2 部螺旋桨），装备美国海军陆战队。目前，该系统已停产。截止 1998 年 8 月，美国通用动力公司共交付美国海军陆战队 17 套 LAV－AD 系统。

轻型两栖防空车弹炮结合系统

主要战术技术性能

武器	一级武器	8 枚待发毒刺导弹
	二级武器	一门 25 mm 口径 GAU－12/U 火炮
	备用弹药	990 发 25 mm 口径炮弹和 16 枚毒刺导弹
	系统质量/t	13.319
	瞄准设备	前视红外仪、电视摄像机和激光测距仪

续表

转塔	方位角/(°)	360
	俯仰角/(°)	$-8\sim+60$
	转速/(rad/s)	1
	转向加速度/(rad/s^2)	2

系统组成

海军陆战队 LAV-AD 火力单元以排为建制单位，每个排装备 16 套 LAV-AD 系统，4 个小队各装备 4 套 LAV-AD 系统。此外，该排还有 1 辆轻型两栖后勤车（LAV-L）用于后勤保障。

LAV-AD 系统的 LAV（8×8）底盘由美国通用动力公司地面系统部加拿大分公司研制。驾驶员坐在车内左前方，发动机位于右前方，车体内剩余空间用于安装转塔和存储弹药。指挥官和射手可通过转塔和车体后面的两个车门进入车内。炮塔安装在车上，同时配备毒刺导弹发射装置，以便根据情况将毒刺导弹放置在车下发射。车上还装了 1 挺用于近距防卫的 7.62 mm 机枪和两排（4 个）电动手榴弹投掷器。

瞄准系统由美国雷声公司传感器与电子系统部研制。瞄准设备包括前视红外仪、白昼电视机和激光测距仪。转塔控制是全电动的，只有在紧急状态时才使用人工控制。转塔驱动系统由通用动力公司防务系统部研制。车上还装有稳定系统以保证该系统在行进中的作战能力。指挥官和射手都能够控制转塔和调整武器。车上装备的通信设备包括 AN/VRC 92A 双甚高频（VHF）无线电和 AN/GRC（V）231 高频无线电以及 AN/PSN-11 轻型 GPS 接收机。

LAV-AD 系统的炮塔还可安装在其他各种轮式和履带车上，如 Alvis 公司的 Stormer 车、联合防务工业公司的 M113 和布雷德利战车、MOWAG 公司的 Piranha（8×8）车等。

过渡型机动近程防空系统（IM-SHORAD）

概　述

过渡型机动近程防空系统（Interim Maneuver Short-range Air Defense，IM-SHORAD）是美国陆军正在发展的一种机动近程防空系统，采用斯特瑞克 8 轮装甲车作载车，配备雷达、毒刺导弹、长弓地狱火反坦克导弹、防空火炮，甚至激光武器等，用于防御固定翼机与旋翼机、无人机、火箭、火炮和迫击炮等低空威胁目标，同时具有反地面装甲目标能力。该系统主要用于满足美国陆军旅级机动力量随队防空的需求，解决美陆军毒刺和复仇者近程机动防空系统难以适应当前作战需要的问题。2018年2月，陆军决定使用斯特瑞克装甲车作为过渡型近程防空系统平台，7月选定方案，由意大利莱昂纳多DRS公司提供模块化武器套件，美国通用动力公司负责系统整合。美国陆军预计采购144套过渡型机动近程防空系统，交付周期为4年，2024年完成交付工作。

过渡型机动近程防空系统

过渡型机动近程防空系统是一种过渡性系统，随着威胁的不断演进和对过渡性系统的试验和使用，陆军将不断对系统进行完善，最终形成一种效费比高的机动近程防空武器系统（M-SHORAD）。

系统组成

过渡型机动近程防空系统的核心是莱昂多纳DRS公司研发的武器套件，该套件包括穆格公司的可重组式一体化武器平台（RIwP）转塔。该转塔搭载装备包括：1部携带2枚AGM-114长弓海尔法反坦克导弹的垂直发射架，1部携带4枚毒刺地空导弹的发射架，1门XM914的30 mm机关炮，1挺7.62 mm的M240机枪，拉达公司的半球形多任务雷达（MHR），L3威斯卡姆公司的MX-GCS瞄准装置。根据目前计划，过渡型机动近程防空系统防御固定翼飞机和直升机的最大作用距离为8 km，防御无人机的最大作用距离为6 km。

可重组式一体化武器平台总质量约1 000 kg，可水平转动360°，垂直俯仰范围为-20°~+60°，具备多种可重新组合的功能，斯特瑞克装甲车乘员能在驾驶舱的装甲防护下对所有直瞄防空武器进行再装填。

半球形多任务雷达是一部S波段雷达，采用有源电扫描阵列（AESA）天线和数字波束成形（DBF）技术，包括4个阵面在内的全系统质量约105 kg，每个阵面平均功率为

过渡型机动近程防空系统组成

320 W。该雷达具备对空中目标和地面目标的 360°探测跟踪能力，能够定位目标点和命中点，并能同时跟踪多种威胁，如战斗机、直升机、无人机、来袭火箭弹、炮弹和迫击炮弹（RAM）等。该雷达为脉冲多普勒、软件定义雷达，可识别目标类型，提供并显示目标跟踪和告警/预警信息，通过以太网为外接 C4ISR 系统和其他防空武器系统提供信息，是适配单兵便携式防空系统、超近程防空系统、近程防空系统和一体化战术防空反导系统的理想雷达。它对战斗机的探测距离为 30 km，对较小型四旋翼无人机的探测距离为 4～5 km；其多目标探测能力则依赖于雷达设置和这些设置的有效程度，尤其探测小型目标将导致探测距离缩短。

机关炮和机枪用于自卫，并为乘员提供防护。MX-GCS 由高分辨率昼用摄像机、中波热成像仪和护眼型激光测距机组成，可探测、发现和锁定 6 km 距离内的空中与地面威胁，用于支持机关炮，还可支持配备最大直径为 105 mm 火炮的遥控武器站。

发展与改进

冷战结束以来，美军长期占有绝对空中优势，陆军对野战防空武器发展需求较少，陆军现役野战防空系统主要是 1989 年服役的复仇者防空导弹系统，新型装备发展较少。近年来，随着无人机蜂群、隐身战机等新型空袭装备的产生和扩散，美陆军开始重塑陆军野战防空作战概念，制定发展路线图，解决野战防空薄弱的问题。

2018 年 2 月，美陆军确定机动近程防空系统需求，竞争方案包括：美国波音与通用动力公司在斯特瑞克车上装载复仇者转塔，采用毒刺、地狱火或其他导弹；雷声公司是以色列铁穹的美国版本，推出了顶置式炮塔方案；另外 BAE 公司、轨道 ATK 公司、韩国韩华集团等也都参与了竞争。7月选定意大利莱昂纳多公司方案。美陆军计划接收9辆IM-SHORAD样车,到2020年4月已接收5辆。这5辆样车目前正在新墨西哥州白沙导弹靶场、马里兰州阿伯丁试验场和亚拉巴马州红石兵工厂进行试验。

美陆军一体化防空反导项目群跨职能小组组长吉布森准将于2020年4月22日透露,美陆军于2020年4月初在白沙导弹靶场对1辆IM-SHORAD样车进行了试射,而对另1辆样车在阿伯丁试验场进行试射的计划因新冠疫情而推迟;美陆军原计划于2020年6月完成研发试验,并授予32辆样车的初始生产合同,但受新型冠状病毒疫情影响,试验进度将推迟,初始生产数量也将减少。同时,在集成毒刺地空导弹、机关炮等设备时也遇到一些技术难题,加之试验推迟,将导致初始生产决策推迟,因为生产决策和采购数量都要以试验结果为基础,但美陆军目前并不计划推迟具备初始作战能力的时间。2020年9月,美陆军授予通用动力陆地系统公司一份价值12亿美元的合同,生产、测试和交付过渡型机动近程防空系统。

发展配置激光武器的机动近程防空武器系统:美陆军计划于2021年试验斯特瑞克车载的50 kW级激光武器系统,现称为多任务高能激光器(MMHEL),以验证其反火箭弹、炮弹和迫击炮弹(C-RAM)能力,反无人机能力,反炮位侦察能力和反装备能力。

美陆军还希望装备功能更强大的激光武器,雷声公司于2018年7月宣称正在为陆军的高能激光战术车演示项目设计一种更远射程和更强能量的100 kW级激光武器系统,主要用于保护固定/半固定设施,应对威力更大的目标。100 kW级激光武器系统功率更大,持续作战能力更强,毁伤目标时耗时更少,是拦截攻击型无人机蜂群的理想武器系统。如果激光器、波束控制器、电源、热管理系统和火控系统等一切研发工作按部就班取得进展,高能激光战术车演示项目最终将开发出一种集成在6×6中型战术车族上的100 kW级机动式固态激光武器样机。美陆军空间与导弹防御司令部计划于2022财年演示该武器在拦截特定火箭弹、炮弹和迫击炮弹目标时的目标捕获、跟踪、瞄准点选择和持续照射能力,从而验证其在类似战场环境下的拦截能力。

配置激光武器的机动近程防空武器系统构想图

微型直接碰撞杀伤导弹（MHTK）

概　述

微型直接碰撞杀伤导弹（Miniature Hit-To-Kill）是洛克希德·马丁公司正在研发的近程低空防空导弹，旨在以较低的成本、更小的后勤负担为作战人员提供微型化的拦截作战能力，主要用于防御火箭弹、炮弹、迫击炮弹（C-RAM）和无人机。2006年，洛克希德·马丁公司在美国陆军扩展区域保护和生存能力综合演示验证（EAPS ID）项目下启动MHTK导弹先期研究，2013年进行首次飞行试验，2015年该导弹正式纳入美国陆军间接火力防护能力（IFPC）增量2项目，2018年进入工程研制与生产制造阶段，预计2022年装备美国陆军。

主要战术技术性能

对付目标	火箭弹、炮弹、迫击炮弹、无人机等
最大作战距离/km	3
制导体制	半主动射频导引头；主动导引头；半主动激光制导
发射方式	箱式垂直发射或发射车倾斜发射
弹长/m	0.72
弹径/mm	40
弹翼/mm	76
发射质量/kg	5
动力装置	固体火箭发动机
战斗部	直接碰撞杀伤

系统组成

系统包括：导弹发射装置、包含控制站的雷达套件、火力控制传感器、用于通信的射频数据链设备以及MHTK拦截弹。

导弹　MHTK导弹由动能战斗部、微型高精度导引头、制导控制系统、小型固体火箭发动机等组成。在弹体前段配置有4片提供制导和稳定的弹翼，弹体后部有两组共8片尾翼用于增加机动性。导弹可根据需要配置不同的导引头,洛克希德·马丁公司为 MHTK 导弹提供了三种选择:综合半主动射频导引头;采用多任务发射架发射时采用主动导引头;半主动激光制导导引头。

MHTK 导弹外形

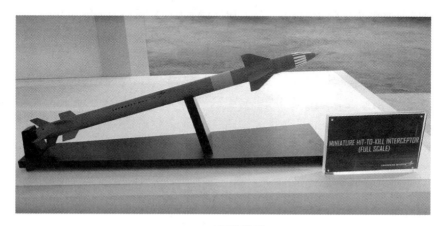

MHTK 导弹模型

探测与跟踪 该系统使用的火控传感器可全天候工作,照射目标并导引导弹拦截目标,火控传感器采用有源电扫相控阵天线,俯仰角为 45°,方位角为 90°。火控传感器采用频率捷变技术,具有多目标交战能力。

指控与发射 MHTK 导弹采用陆军新型多任务发射装置发射。多任务发射装置由发射车搭载,可 360°旋转,俯仰发射范围为 0~90°,实现大范围覆盖;发射装置包含 15 个发射箱,每个发射箱可容纳 4 枚 MHTK 导弹,一个多任务发射装置可最多容纳 60 枚导弹。

作战过程

在 MHTK 导弹发射前,雷达成功探测和跟踪威胁目标。地基火控传感器探测并跟踪目标后,MHTK 导弹发射并在火控传感器指引下飞向目标;在接近目标后,弹上高性能导引头开始探测与识别目标;控制系统通过弹翼精确控制导弹飞行弹道,直接碰撞目标完成作战任务。该系统作战具有响应速度快、火力密度大、作战成本低等优势。

美国陆军多任务发射装置发射 MHTK 导弹

发展与改进

洛克希德·马丁公司在美国陆军"扩展区域保护和生存能力综合演示验证"项目下，2006 年启动了 MHTK 导弹研发，2008 年开始进行系统论证与方案设计；2012 年 5 月，洛克希德·马丁公司和美国陆军研发与工程司令部/航空导弹研发与工程中心（RDECOM/AMRDEC）一起在白沙导弹靶场成功进行了控制试验。试验在近垂直状态下发射 MHTK 导弹，然后导弹进行了一系列机动，验证了需要的效能。试验收集的数据用于支持针对实际目标的制导飞行试验。

2013 年 3 月，洛克希德·马丁公司与美国陆军一起进行了 MHTK 导弹的第一次制导飞行试验，试验中逼真模拟了敌方发射迫击炮攻击 MHTK 系统保护区的作战场景。在战术配置型 MHTK 导弹发射前，雷达成功探测和跟踪了威胁目标。然后导弹接收地基火控传感器提供的信号，向目标方向飞行。飞行过程中，MHTK 导弹响应目标反射的能量并进行机动飞行，当其飞过正在飞行的迫击炮弹时通过其导引头收集了试验数据。

2014 年 8 月，洛克希德·马丁公司完成了三次飞行试验：包括弹道测试、空气动力学测试和制导拦截测试。随后洛克希德·马丁公司计划了进一步的测试，但是由于导引头的问题而推迟。9 月，洛克希德·马丁公司报告称导引头问题已经找到，并安排了下一次飞行计划。

2016 年 4 月，作为美国陆军间接火力防护能力增量 2-拦截（IFPC Inc2-I）的工程演示验证，美国陆军在白沙导弹靶场成功利用多任务发射装置发射了 MHTK 导弹。8 月，洛克希德·马丁公司宣布 MHTK 导弹在白沙靶场成功进行了工程演示验证发射试验，试验了重新设计的敏捷性更高的导弹。

2018 年 1 月，洛克希德·马丁公司宣布 MHTK 导弹在白沙导弹靶场成功进行了控制飞行试验，验证了拦截弹的敏捷性并确认了弹体和电子设备的性能。2018年6月，美国陆军售出MHTK导弹的生产制造评估和演示测试合同，标志着该导弹进入工程研制与生产制造阶段。

MHTK导弹目前仍处于研发状态，预计在2022年装备美国陆军。未来，MHTK导弹还可能由直升机、无人机和单兵等携带，实现多平台发射、多用途使用。

南 非

高速地空导弹（SAHV－3）

概　述

　　高速地空导弹又称 SAHV－3，是南非肯特隆公司在 20 世纪 80 年代后期开始研发的新一代近程地空导弹系统，主要用于对付现代空中高速大机动飞机目标。SAHV－3 与南非陆军 ZA－35 机动防空系统结合，为响尾蛇导弹系统用户提供升级替代系统。SAHV－3 导弹系统于 1990 年进行了首次试验，目前在低速生产。

　　SAHV－3 为基本型导弹，后来又发展了被动红外型 SAHV－IR 导弹和主动雷达型 SAHV－RS 导弹。单枚 SAHV－3 导弹的价格为 57.6 万美元。SAHV－3 的用户主要为南非国防军。

SAHV－3 导弹发射

主要战术技术性能

型号	SAHV-3	SAHV-IR	SAHV-RS
对付目标	空中高速大机动飞机		
最大作战距离/km	14	10	13
最大作战高度/km	6	6	6
最小作战高度/km	0.03	0.03	0.03
最大速度(Ma)	3.5	3.5	3.5
机动能力/g	40	40	40
制导体制	指令制导	被动红外寻的制导	惯导+主动雷达寻的制导
发射方式	倾斜发射		
弹长/m	3.08	3.28	3.6
弹径/mm	180	180	180
翼展/mm	400	400	400
发射质量/kg	123	130	137
动力装置	单级无烟固体火箭发动机		
战斗部 类型	高爆破片式杀伤战斗部		
战斗部 质量/kg	20	20	20
引信	主动雷达近炸引信	激光近炸引信	主动雷达近炸引信

系统组成

SAHV-3 导弹系统由 SAHV-3 导弹、发射装置、搜索雷达等组成,并可换用 SAHV-IR 导弹和 SAHV-RS 导弹,也可与 35 mm 口径双管高炮构成弹炮结合防空系统。

导弹 SAHV-3 导弹采用正常式气动布局,头部呈细长锥形,弹体中部有 4 片梯形固定弹翼,尾部有 4 片呈+形配置的控制舵。SAHV-IR 导弹弹体结构与 SAHV-3 导弹相同,只是头部呈圆形。SAHV-RS 导弹结构与 SAHV-3 导弹相同,但弹体加长。

SAHV-3 导弹采用雷达指令制导,其指令接收机和雷达跟踪信标可与响尾蛇导弹通用。为了保持与响尾蛇导弹系统的通用性,SAHV-3 导弹配备了激光反射镜,在强电磁干扰的情况下可利用响尾蛇导弹的光电系统制导。

SAHV-IR 导弹采用红外寻的制导,其双波段红外导引头采用 V-3C 敏捷长矛空空导弹的导引头,具有自动扫描、重新锁定目标的能力,搜索锥角为 100°。SAHV-IR 导

SAHV-3 导弹与 ZA-35 构成弹炮结合防空系统

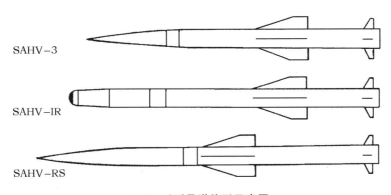

SAHV 系列导弹外形示意图

有发射后锁定与发射前锁定两种工作模式。在发射后锁定模式中，导弹先借助火控系统取得目标的位置数据，导弹发射后弹上红外导引头随即开始搜索，一旦发现目标就立即锁定并将其摧毁。在发射前锁定模式中，火控系统向导弹提供目标的部分或全部数据，使导弹在发射前就将目标锁定，然后发射导弹将其摧毁。

SAHV-RS 导弹飞行中段采用惯性制导，末段则为主动雷达寻的制导，弹上装有全相干脉冲多普勒主动雷达导引头，搜索锥角为 90°，具有跟踪干扰源的能力。

SAHV 系列导弹的弹翼固定，可通过尾部的舵执行所有的控制功能。SAHV 系列导弹的战斗部杀伤半径为 10 m。

探测与跟踪 SAHV-3 导弹系统使用边跟踪边扫描的 EDR-100 雷达和 M-EOT 光电跟踪器进行探测与跟踪。EDR-100 雷达工作在 C 波段，探测距离为 20 km，可分别向火炮和导弹分配和指示目标。

发射装置 SAHV-3 导弹系统采用方形发射箱，发射箱具有内检功能，平时无须维护。火炮和导弹车都使用同一种加长的 R001KAT 底盘和同样的转塔。

发展与改进

SAHV-3 是在对法国响尾蛇 1000 导弹系统进行仿制和局部改进的基础上研制的。SAHV-3 为基本型,为了更有效地对付空中高速机动目标的攻击,后来又发展了被动红外型 SAHV-IR 和主动雷达型 SAHV-RS。

在研制过程中,南非肯特隆公司采取了导弹系列化设计的方法,1991 年在基本型 SAHV-3 导弹的基础上发展了 SAHV-IR 和 SAHV-RS 两型导弹,这两种导弹的直径、战斗部和气动布局与基本型相同。此后,又在 SAHV-IR 和 SAHV-RS 地空导弹的基础上,发展了矛-IR 和矛-R 舰空导弹。此外,导弹的系列化设计还考虑了防空系统的多种作战需求,可以在基本型上加装冲压发动机而发展为中程地空导弹,或者增加推力矢量控制系统满足舰载垂直发射的要求。

ZA-HVM

概　述

ZA-HVM 是南非肯特隆公司开发的一种近程自行式地空导弹系统,采用 SAHV-3 导弹,主要用于拦截飞机、直升机以及机载精确制导武器。该系统采用了 ZA-35 的转塔、雷达和无源跟踪装置,也可以装在其他发射平台上。目前,ZA-HVM 导弹系统仍处于研制中。

主要战术技术性能

对付目标	飞机、直升机以及机载精确制导武器
最大作战距离/km	12
最小作战距离/km	0.8
最大作战高度/km	7.5
最小作战高度/km	0.03(飞机),0.05(直升机)
最大速度(Ma)	3.5
机动能力/g	40
制导体制	指令制导

续表

发射方式	倾斜发射
弹长/m	3.08
弹径/mm	180
翼展/mm	400
发射质量/kg	123
动力装置	1台无烟固体火箭发动机
战斗部	类型	高爆破片式杀伤战斗部
	质量/kg	20
引信	主动雷达近炸引信

系统组成

ZA-HVM导弹系统由SAHV-3导弹、改进的ESD 110搜索雷达、光电/雷达跟踪器和4联装导弹发射装置组成，整个系统安装在8×8底盘上。

导弹 ZA-HVM导弹系统使用SAHV-3导弹。

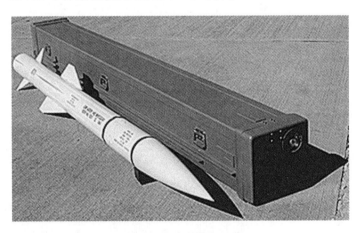

SAHV-3导弹及发射箱

探测与跟踪 ZA-HVM导弹系统的探测与跟踪由ESD 110搜索雷达和一个光学与雷达集成跟踪器组成。ESD 110搜索雷达的探测距离为25 km，最大探测高度为7.5 km。跟踪系统使用一个光学与雷达集成跟踪器取代了原ZA-35系统的光电指示器。光学与雷达集成跟踪器由ESD公司研制，由一个K波段雷达、电视和红外传感器组成。在光学作战模式下，使用与ZA-35系统相同的光学自动跟踪器对目标和导弹进行跟踪。

发射装置 ZA-HVM导弹系统的发射装置为4联装发射架，导弹储存在发射箱内。如果发射平台为更大的底盘，发射装置可改造为8联装发射架。

挪　威

挪威霍克（NOAH）

概　述

挪威霍克（Norwegian Adapted HAWK，NOAH）是在挪威装备的改进型霍克系统基础上改进的地空导弹系统，用于拦截飞机、巡航导弹和战术弹道导弹。该系统于1984年由美国和挪威联合研制，1989年正式装备部队。

系统组成

挪威霍克导弹系统由AN/TPQ-36A雷达、火力分配中心（FDC）、AN/MPQ-46大功率照射雷达、M192发射车和改进型霍克导弹组成。

挪威霍克导弹系统与挪威装备的改进型霍克导弹系统相比，主要进行了两个方面的改进：

1）采用美国雷声公司的1部AN/TPQ-36A电扫三坐标低空搜索雷达替代了AN/MPQ—50脉冲搜索雷达、AN/MPQ-48连续波搜索雷达和AN/MPQ—51测距雷达等3部雷达。虽然该系统保留了AN/MPQ-46大功率照射雷达，但是在该雷达的两个天线间安装了早期系统曾经使用过的霍克光电传感器（HEOS）。该传感器作为被动截获和跟踪系统，在雷达被启动和导弹发射前全天候工作。

2）用挪威康斯堡公司研制的火力分配中心替换信息协调中心、AN/TSW-8连级指挥控制中心和AN/MSW-11排级控制站。

AN/TPQ-36A雷达和火力分配中心一起被称为搜索雷达和控制系统（ARCS）。搜索雷达和控制系统为挪威霍克火力单元提供目标搜索、识别和威胁评估以及作战分配。

AN/TPQ-36A雷达为三坐标低空搜索雷达，以2°×1.8°搜索目标，还可机械旋转，转速为30 r/min，方位角为360°，仰角为-10°~55°，能够在70 km距离跟踪60多个目标。该雷达的天线能够向火力分配中心提供目标的范围、方位和俯仰信息，火力分配中心接收并处理来自 AN/TPQ-36A 雷达和其他系统的目标数据，作战模式有人工、半自动和全自动 3 种模式，可以自主完成威胁评估任务并制订最优的拦截目标方案。由搜索雷达和火控系统控制的火炮或便携式地空导弹等也能够被集成到该中心的通信网络中，形成多层防御系统。

挪威霍克导弹系统的火力分配中心

AN/TPQ-36A 雷达

发展与改进

挪威空军于 1983 年完成了一项关于未来防空系统需求的研究，计划分阶段改进霍克导弹系统。首先考虑对改进型霍克的作战能力进行改进，同时减少对火力单元维护的需要。1983年，改进计划被正式命名为挪威霍克地空导弹系统；1984年，由美国雷声公司和挪威康斯堡防务与航空航天公司组成的合资HKV公司成为该项目的主承包商。首个挪威霍克导弹连于1987年部署，所有6个导弹连在1989年中期开始服役，1990年被挪威空军用挪威先进面空导弹系统（NASAMS）取代。

国家先进面空导弹系统（NASAMS）

概 述

国家先进面空导弹系统（National Advanced Surface-to-Air Missile System，NASAMS），原称挪威先进面空导弹系统，是在AIM-120 AMRAAM空空导弹的基础上发展而来的一种陆基防空导弹系统，主要用于要地防御，用于取代挪威装备的奈基和霍克导弹系统，是目前挪威的主要地面防空武器系统。NASAMS于20世纪80年代末开始研制，1992年开始生产，1994年向挪威空军交付了首批系统，1995年正式投入使用。1996年，挪威陆军开始对该系统进行升级，升级后的系统称为NASAMS-2，1998年完成了一系列发射试验，证明其具备作战能力。

单枚AIM-120导弹的价格为30万美元，NASAMS的发射装置和车辆的成本大约为56万美元。NASAMS由挪威康斯堡公司和美国雷声公司负责研制，主要用户为挪威空军和陆军，国外用户为西班牙、希腊、土耳其、美国、澳大利亚和印度尼西亚。此外，挪威还将NASAMS列装于北欧的快速反应部队（IRF）。截至2018年，已为NASAMS生产了2 283枚AIM-120导弹。

NASAMS地空导弹系统

主要战术技术性能

对付目标		巡航导弹、无人机、直升机和战斗机等
最大作战距离/km		20
最大作战高度/km		
最大速度(Ma)		2～3
机动能力/g		50
反应时间/s		1.4
制导体制		惯导＋主动雷达末制导
发射方式		倾斜发射
弹长/m		3.65
弹径/mm		178
翼展/mm		640（舵翼），530（弹翼）
发射质量/kg		156
动力装置		固体火箭发动机
战斗部	类型	高能定向式战斗部
	质量/kg	24
引信		主动雷达近炸引信

系统组成

NASAMS 由 AIM-120B 导弹、TPQ-36A 或 MPQ-64F1 哨兵搜索和探测雷达、发射装置和火力分配中心（FDC）组成。1 个 NASAMS 发射单元包括 3 部车载式 6 联装箱式发射架、1 个火力指控中心、1 套无源 MSP 500 EO/IR 传感器和 1 部 TPQ-36A 或 MPQ-64F1 哨兵雷达。每个导弹连包括 3 个发射单元和 54 枚 AIM-120B 导弹。一个 NASAMS 营能够同时进行 72 次多任务作战，具有连续作战能力。

导弹 AIM-120B 导弹采用正常式气动布局。弹体前部为导引头、电子舱、捷联惯导基准装置、主动雷达近炸引信和战斗部。弹体中部装有较小的弹翼，以确保低速飞行时导弹的机动性。弹体后部为发动机。导弹尾部有 4 片控制舵，由电池供电的电动舵机驱动。弹体采用不锈钢材料，以适应高速气流引起的气动加热和大过载要求。

导弹制导舱包括雷达天线罩、雷达天线、雷达收/发组件及电子组件、惯导基准装置、末制导用电池组和结构部件。控制舱由 4 个独立控制用电机伺服舵机、4 个锂电-铝热电池组、1 个数据链天线和用螺栓连在火箭发动机尾裙上的钢制壳体组成。每个舵机由 1 个直流无刷整体式四极电机/滚珠丝杠、1个直接与输出轴相连的极高分辨率电位计以及脉宽调制的电子组件组成。

导弹的动力装置为固体火箭发动机,以助推-巡航方式配置装药。发动机采用非石棉隔热的钢壳体,其后部是挡板、延伸管和喷管,为整体式结构,并带有一个可拆装的尾喷管。动力舱带有一个安全点火装置,为改进型的MK290螺线管操作装置,提供非直列式机械和电气两种安全特性。

导弹的高能定向战斗部爆炸时形成198个柱形弹丸。保险/解除保险及点火装置包括一个安全分离执行机构,它能敏感导弹加速度并解除一级保险。

NASAMS 使用的 AIM－120 导弹

探测与跟踪 NASAMS 采用 TPQ－36A 雷达搜索空中目标。该雷达为 X 波段距离选通脉冲多普勒频率捷变雷达,采用相频三坐标天线,具有搜索、捕获和跟踪功能。雷达采用 $2 \times 1.8°$ 三坐标笔状波束和相位波束扫描天线,俯仰角为 $20°$(可在 $-10° \sim +55°$ 之间选择),方位角上的机械旋转可 $360°$ 覆盖,可提供精确的目标距离、方位和仰角跟踪数据。雷达作用距离为 40 km,天线转速为 30 r/min。雷达每 2 s 进行一次数据修正和自动编程数字数据输出,可同时处理 60 个目标,对目标的最大跟踪距离为 75 km,并配备一套综合 Mk XII IFF 子系统。

指控与发射 NASAMS 的指控系统包括指挥和控制计算机、通信设备、战术控制操作手和火力控制操作手使用的显示器。导弹连的每个发射控制中心最多可控制 9 部发射架。发射控制中心可与导弹发射架分开配置,相互距离可达 25 km,增大了防御区域,提高了生存能力。导弹连内的几个发射控制中心之间通过一个数字通信网进行命令分配和输送态势信息,可共享和对照监视雷达的跟踪数据、自动交会测量干扰机的位置以及协调对空中目标的攻击。

NASAMS采用倾斜发射方式,发射装置采用LAU-129的6联装箱式发射架,安装在一个万向平台上,可360°转动,角速度为30(°)/s。发射装置可以部署在距离雷达和指挥中心最远达25 km的地方,其发射架上的导航系统可给导弹惯性部件提供初始位置数据。导弹的再装填时间为20 min。

将AIM-120B导弹装填到NASAMS的发射箱中

作战过程

NASAMS接收到发射命令后启动拦截作战程序,1.4 s后助推器点火发射导弹。在发射架上的导弹导航系统向导弹惯性部件提供初始位置数据,使导弹进入初始飞行阶段,朝目标方向飞去。在导弹飞行中段,导引头启动,以高脉冲重复频率方式捕获和跟踪目标。在导弹飞行末段,导引头转换为中等脉冲重复频率方式工作,跟踪目标并制导导弹飞向目标,高爆破片弹头和引信在最后接近目标时被激活,并通过接近延迟或触发引信电路引爆,完成拦截作战任务。

NASAMS 导弹发射场景

发展与改进

NASAMS 于 1989 年 1 月开始研制，将地面发射的先进中程空空导弹与 TPQ-36A 三坐标雷达以及挪威霍克（NOAH）导弹系统中使用的火力指挥系统集成并进行试验，1990 年 4 月开始生产 2 套包括雷达和发射装置在内的导弹系统，1994 年向挪威空军交付了首批 2 套系统，1995 年正式投入使用。

1996 年挪威陆军开始对 NASAMS 进行升级，称为 NASAMS-2，1998 年具备实战能力。2003 年 1 月，对 NASAMS-2 项目中的 TPQ-36A 雷达进行升级。

NASAMS-2 主要是对 NASAMS 的硬件、发射装置进行升级，具体改进包括：把火力指控系统升级为专用的地基防空操作中心（GBADOC），该中心使用与 NASAMS 相同的火力指控系统的硬件，对软件进行更新，一旦被摧毁其他 NASAMS 中的火力指控系统都可以通过安装该中心的软件代替其功能；将北约标准的 16 号数据链引入导弹系统；把 TPQ-36A 雷达升级为与 AN/MPQ-64 哨兵三坐标雷达类似的雷达。

NASAMS-3 是 NASAMS-2 的改进型。2012 年开始升级改进；2013 年 1 月康斯堡公司获得一份价值 3 510 万美元合同，将 NASAMS-2 系统升级为 NASAMS-3 系统。NASAMS-3 系统主要改进包括：研发一种高机动发射装置（HML），采用 4 联装轨道式发射方式，可发射 AIM-120 AMRAAM 系列导弹，装在一辆 HMMVW 轻型多用途车的后部，作为此前 6 联装拖车式发射装置的补充；为 AN/MPQ-64F1 雷达和指挥所升级软件；开发一个基于 IP 网络的射频通信系统，提升系统组件之间的通信能力。2019 年年初完成系统升级，5 月在演习中 NASAMS-3 完成了发射试验，成功拦截到目标。NASAMS-3 系统将用于挪威陆军地面防空，预计 2021 年前交付使用。

NASAMS 车载高机动发射装置

1 个 NASAMS-2 作战单元包括 4 部 AN/MPQ-64 雷达和 9 部 6 联装导弹发射装置。NASAMS-2 作战单元可通过网络化防空系统中的其他传感器获取目标信息。

2007 年，雷声公司提出装备有改进型海麻雀导弹（ESSM）的 NASAMS。2012 年 7 月，NASAMS 发射了一枚 ESSM 导弹。NASAMS 系统还可以支持 AIM-9X，2011 年 6 月在巴黎航空展上展示了一个 NASAMS 发射装置，配备了标准 AIM-9X Block Ⅱ 响尾蛇导弹。2011 年 11 月，美国陆军宣布用 NASAMS 首次发射了 AIM-9X 改型响尾蛇导弹。

NASAMS-2 导弹系统

NASAMS 地空导弹系统改进型可发射多种导弹

日本

Chu‐SAM

概　述

　　Chu‐SAM 是日本三菱电气公司研制的一种中程中低空地空导弹系统，研制目的是取代已装备的美制霍克导弹系统，从而增加本国自主研制武器的比重。Chu‐SAM 导弹系统从 1994 年开始进行研制，2001 年进行了首次导弹飞行试验，2003 年开始生产，2004—2005 年开始装备日本陆上自卫队。Chu‐SAM 导弹的单发价格在 70 万～95 万美元。

Chu‐SAM 地空导弹系统

主要战术技术性能

对付目标	各种作战飞机
最大作战距离/km	50
最大作战高度/km	10
最大速度（Ma）	2.5
制导体制	预置程序＋指令修正＋主动雷达寻的制导
发射方式	车载垂直发射
弹长/m	4.9
弹径/mm	300
翼展/mm	600
发射质量/kg	580
动力装置	1台固体火箭发动机
战斗部	高爆战斗部
引信	近炸或触发引信

系统组成

1个Chu-SAM导弹系统火力单元包括4辆发射车、1部多功能相控阵雷达、1个指挥控制中心和1个火控站。每辆发射车上装有6联装发射系统，导弹封装在运输、发射一体的发射箱内。每个防空群有4个或5个火力单元。

Chu-SAM导弹

导弹 Chu-SAM 导弹的动力装置采用 IHI 宇航公司研制的配有矢量控制系统的单级固体火箭发动机。

Chu-SAM 导弹采用预置程序＋指令修正＋主动雷达寻的的复合制导体制。导弹飞行中段采用定向指令制导，并具有数字地图目标轨迹预测能力。导弹飞行末段采用主动雷达寻的制导。

指控与发射 Chu-SAM 导弹系统采用垂直发射方式，可以 360°全方位攻击目标，并具有同时对付多个目标的能力。该系统的发射车、运输装填车、多功能相控阵雷达车、指挥控制中心均采用 8×8 轮式越野底盘。

Chu-SAM 导弹系统的多功能相控阵雷达

发展与改进

Chu-SAM 导弹系统原计划于 1993 年进入项目的工程研制阶段，由于要为该项目进行工业技术储备以确保该系统在没有任何外援的情况下自行研制成功，因此其研制阶段推迟了 1 年，正式研制工作从 1994 年开始进行。日本原计划在 1997 年完成该系统的研制工作，1998—1999 年进行作战适用性试验，2000—2001 年开始初生产，2002 年部署。但是，由于日本国防预算的限制和对系统要求的变更，该计划表往后推了 1～2 年。Chu-SAM 导弹首次飞行试验于 2001 年进行，2003 年开始生产，导弹被命名为 Type 03 Chu-SAM。到 2004—2005 年开始装备日本陆上自卫队，取代了霍克导弹。2006 年 12 月，Chu-SAM 导弹首次在军事训练演习中进行实弹发射。

Chu-SAM 导弹系统目前还没有任何改进，但为了对付战区弹道导弹和巡航导弹，日本可能在几年后逐步提高该导弹系统的能力。

短萨姆（Tan SAM Type 81）

概 述

短萨姆是日本东芝电气公司研制的低空近程地空导弹系统，用于对付低空高速飞机，也可作为日本陆上自卫队的反飞机武器，填补霍克导弹与35mm口径火炮之间的拦截空隙。短萨姆导弹系统于1967年开始研制，1983年批量生产，并开始装备日本自卫队。短萨姆导弹系统的改进型称为Type 81 Kai，于1994年完成研制，1996年开始生产。

短萨姆导弹系统发射车

主要战术技术性能

对付目标	低空高速飞机
最大作战距离/km	7
最小作战距离/km	0.5
最大作战高度/km	3
最小作战高度/km	0.015
最大速度(Ma)	2.4
机动能力/g	15
杀伤概率/%	75(单发)

续表

反应时间/s	8
制导体制	红外寻的制导
发射方式	4联装倾斜发射
弹长/m	2.7
弹径/mm	160
翼展/mm	600
发射质量/kg	100
动力装置	1台固体火箭发动机
战斗部 类型	破片式杀伤战斗部
战斗部 质量/kg	9.7
引信	触发或近炸引信

系统组成

短萨姆导弹系统由导弹、导弹发射车和指控车组成。每个火力单元由2辆导弹发射车、1辆火控车及几辆支援车组成,操作总人数为15人。发射车配置在距离指控车300 m半径的范围内,指控车用1 km长的电话线与发射车上的发射架相连。

导弹 短萨姆导弹采用正常式气动布局,无前翼。弹体中后部有4片后掠角很大的梯形弹翼,尾部有4片较小的控制舵,弹翼与控制舵按＋＋配置。弹体结构仿照英国的长剑导弹,只是头锥为圆形,以便装红外导引头。

短萨姆导弹采用红外寻的制导体制。红外导引头与毒刺导弹的导引头类似,工作波长为4.1 μm,具有宽视场探测器和旋转调制盘,旋转频率为1~3 kHz,调制指数为2,具有较好的信噪比,并装有噪声抑制器。导弹发射前,红外导引头扫描宽度由地面火控计算机的程序控制,以避免阳光干扰,受阳光干扰的平均死角约为1.5°。

指控与发射 火控系统的质量约为3 054 kg,安装在一辆改装的五十铃 Type73 型(6×6)卡车的后部。载车驾驶室的后面配备了1台功率为30 kW的发电机,发电机后面是系统控制舱。控制舱顶部配置有1部多功能、多目标三坐标脉冲多普勒相控阵雷达,雷达工作在 N/K 波段。天线阵面宽为1 m,高为1.2 m,转速为10 r/min,既能电子扫描,又能机械扫描。电子扫描范围为110°×20°,机械扫描范围为360°×15°。雷达最大作用距离为20~30 km,采用全向搜索和扇形搜索两种搜索工作状态,可同时跟踪6个来袭目标,并同时攻击2个目标。

发射车质量为3.5 t,底盘与火控系统的底盘相同。发射装置采用4联装发射架,由2个同轴俯仰的矩形架组成,每个架的上、下各有一条导轨,每条导轨上装1枚待发导弹。矩形架的前端各有两个红外保护罩。整个发射架装在可旋转360°的平台上,位于导弹发射车后部，借助车体两侧的液压装弹机装弹，总装弹时间约为 3 min。作战时，发射架与跟踪雷达同步，每个发射架上都装 1 部备用的光学瞄准具，以便在遇到电磁干扰或目标逃出雷达可识别的范围时进行目标识别。在采用光学瞄准具跟踪目标时，发射架则与主瞄准具随动。

作战过程

首先由雷达搜索目标（可同时跟踪 6 个目标）；然后由计算机对每个目标的威胁程度进行评估并显示在屏幕上；选定其中两个威胁最大的目标后，雷达转为精确跟踪，计算机计算拦截遭遇点、射向和射角，确定导引头的导引跟踪角，两个发射架都自动转动和升高，使导弹对准选择的目标。在目标进入导弹有效作战范围时，指控系统控制台上指示灯亮，操作手按发射按钮发射导弹。导弹发射后，由弹上自动驾驶仪按预定飞行程序控制导弹飞行，红外导引头启动并跟踪目标，由导引头提供目标信息，通过自动驾驶仪和伺服机构操纵 4 片控制舵，保持正确的飞行航向。一旦导引头捕获和锁定目标，导弹便自动转入红外制导，并沿最短的路径对目标实施拦截。根据不同的目标，在 5~15 m 的杀伤半径范围内，由高爆破片式杀伤战斗部的触发或近炸引信引爆战斗部。

发展与改进

按照 1966 年日本陆上自卫队提出的要求，1967—1968 年东芝电气公司进行了短萨姆导弹系统基本样机系统的研制，1969—1970 年进行了试验装置的制造，1971—1976 年完成了第一个全样机系统的制造，1972—1977 年完成了各分系统的技术试验，1978—1979 年进行了全系统的作战试验；到 1980 年年底该系统成功地满足了日本陆上自卫队规定标准，日本陆上自卫队与东芝电气公司签订了生产合同；1983 年，短萨姆导弹系统批量生产，装备部队。

20 世纪 70 年代中期，日本航空自卫队开始制订增强领空安全计划，短萨姆导弹系统被选中作为外层防御武器，对付飞机目标。1983 年，日本防卫厅授权东芝电气公司开始研制其改进型，定名为 Type 81 Kai。由于经费原因，Type 81 Kai 的研制工作到 1990 年才正式启动，1994 年研制完成，1996 年开始生产。Type 81 Kai 在性能上的提高主要包括以下几方面：

1）采用主动雷达导引头；

2）采用无烟火箭发动机，提高了推力，增大了作战距离（达 14 km）；

3）在导弹中安装了中段数据链路，使火控系统能对飞行中的导弹发送飞行修正指令，从而提高拦截概率；

4）用热成像光学制导装置代替火控系统原有的跟踪器，提高了电子对抗能力。

凯科（KeiKo Type 91）

概　述

凯科是日本东芝电气公司研制的一种便携式地空导弹系统，用于取代从美国采购的毒刺导弹，装备日本陆上自卫队和航空自卫队。1987年，日本防卫厅与东芝电气公司签订了研制合同；1990年凯科导弹系统研制工作完成，1991年开始生产，1993年开始部署。

凯科导弹和发射筒

主要战术技术性能

对付目标	各种低空、超低空飞机和武装直升机
最大作战距离/km	5
最小作战距离/km	0.3
最大作战高度/km	1.5
最大速度（Ma）	1.7
制导体制	可见光与红外双波段成像寻的制导
发射方式	单兵肩射或车载发射
弹长/m	1.43
弹径/mm	80
发射质量/kg	11.5

续表

动力装置	1台固体火箭助推器，1台固体火箭主发动机
战斗部	高爆破片式杀伤战斗部
引信	触发和近炸引信

系统组成

凯科导弹系统由导弹、发射筒和瞄准装置组成。

凯科导弹在弹体结构上类似于红眼睛导弹或吹管导弹的标准结构，其主要改进在制导系统。该导弹采用成像寻的制导方式，导引头基于电荷耦合器（CCD）技术，工作在可见光和红外双波段。当系统锁定目标后，导弹能储存目标飞机的图像，并具有全方位寻的能力，从而增加了导弹的攻击效能和电子对抗能力。同时，日本正在将神经网络技术用在这类导弹上，为导弹提供模式识别能力。

发展与改进

凯科导弹现有两种发射方式：一种是单兵肩射型，另一种是车载发射型。凯科导弹在改进后将装备 OH—1 侦察直升机。

凯科车载发射型（Kin—SAM Type 93）于 1991 年开始研制，1993 年开始小批量生产，1994 年开始装备日本陆上自卫队。该导弹系统的基座安装在 Kohkidohsha（4×4）高机动越野车上。其发射装置由 2 个安装在基座两侧的托架组成，每个托架可装 4 枚导弹。其目标捕获和光电跟踪装置被安装在基座中央，有红外和光学视线两种工作模式。

凯科车载发射型导弹系统

目前，日本正在研制凯科导弹的改进型［Type 91 Kai（SAM-2 Kai）］。这种导弹将配备改进的红外成像寻的导引头，并可能具有有限的反巡航导弹能力。KeiKo Type 91 系统和 Kin-SAM Type 93 系统都将采用这种改进型导弹。

近萨姆 93 式（Kin-SAM）

概　述

近萨姆 93 式地空导弹系统是日本东芝电气公司制造的 91 式单兵便携近程防空导弹的车载型号。1993 年服役，共生产 976 套，主要对付低空固定翼飞机及旋翼机。93 式地空导弹系统价格约 150 万～200 万美元。

主要战术技术性能

对付目标	低空固定翼飞机及旋翼机
最大作战距离/km	3～5
最大作战高度/km	1.5
最大速度（Ma）	1.7
制导体制	红外双波段成像寻的制导
发射方式	车载倾斜发射
弹长/m	1.43
弹径/mm	80
发射质量/kg	11.5
动力装置	固体助推器、固体火箭发动机
战斗部	高爆破片式战斗部
引信	碰炸/近炸引信

近萨姆地空导弹系统

瑞典

RBS 70

概 述

  RBS 70 是瑞典博福斯公司研制的便携式近程地空导弹系统，用于对付高速飞机及直升机。RBS 70 导弹系统采用的导弹代号称为 Rb 70。基本型 Rb 70 导弹于 1969 年开始研制，1978 年装备瑞典陆军；1990 年完成了对 Rb 70 导弹的技术改进，命名为 Rb 70 MK 1；1993 年新改进的 Rb 70 MK 2 导弹装备部队；2002 年，最新改进的 BOLIDE 导弹开始替代 Rb 70 MK 2 导弹。截至 2006 年年底，共生产了 12 297 枚 Rb 70 MK 1 导弹、5 920 枚 Rb 70 MK 2 导弹、137 枚 BOLIDE 导弹和 1 300 多个导弹发射架，其中至少出口导弹 3 500 枚，有些是未经瑞典或博福斯公司同意而通过新加坡和巴基斯坦转出口的，共有 18 个国家装备了 RBS 70 系统。1994 年 1 枚基本型导弹售价为 6.9 万美元；1 套 RBS 70 系统售价 22 万美元（包括发射架、光电瞄准具、敌我识别器及筒装导弹）。目前，Rb 70、Rb 70 MK 1、Rb 70 MK 2 导弹已停止生产，BOLIDE 导弹仍在生产。

RBS 70 便携式近程地空导弹系统

主要战术技术性能

型号		Rb 70	Rb 70 MK 1	Rb 70 MK 2	BOLIDE
对付目标	目标类型	高速飞机、直升机和掠海飞行导弹			
	雷达散射截面/m^2	3	3	3	3
最大作战距离/km		5	5	7	8
最小作战距离/km		0.2	0.2	0.2	0.25
最大作战高度/km		3	3	4	5
最大速度(Ma)		1.5	1.6	1.7	2
机动能力/g		25	25	25	>25
杀伤概率/%		50～80	50～80	50～80	50～80
反应时间/s		5	5	5	<5
制导体制		激光驾束制导			
发射方式		三角架筒式发射			
弹长/m		1.318	1.318	1.318	1.32
发射筒长/m		1.745（带有保护盖）	1.745（带有保护盖）	1.745（带有保护盖）	1.745（带有保护盖）
弹径/mm		106	106	106	106
发射筒直径/mm		152	152	152	152
翼展/mm		320	320	320	320
发射质量/kg		15	16.5	16.5	16.5
筒弹质量/kg		25	26.5	26.5	26.5
动力装置		1台固体火箭助推器，1台固体火箭主发动机			
战斗部	类型	预制破片式杀伤战斗部			
	质量/kg	1	1	1.6	1.6
引信		触发和主动激光近炸引信			主动激光近炸引信

系统组成

RBS 70 导弹系统由筒装导弹、发射架、光学瞄准具和敌我识别器组成（整个系统还包括目标搜索雷达、训练设备和维护设备），行军时需3人携带，发射导弹只需1人。该系统展开时间小于30 s，再装填导弹时间为5 s。

RBS 70 系统以连为单位编入旅和师一级的防空分队。每个连有1个指挥排（含有4

辆卡车，1 辆牵引车）、3 个火力排（每个排有 3 个火力单元，共配备 9 个发射架和 100 枚导弹）和 1 个雷达排（装备有长颈鹿雷达）。各火力单元之间的距离为 4 km，可覆盖 250 km²；每个火力单元和雷达被精确部署成网格坐标形式，坐标北与真北之间无夹角。每个火力单元装备一个目标信息接收机，用于接收雷达提供的目标距离、方位和速度信息，修正视差效应，并在射手的听筒中产生音响信号。

导弹 RBS 70 导弹系统所用的 4 种型号导弹都具有相同的气动布局与弹体结构，即采用正常式气动布局和两级结构，可折叠的弹翼及稳定尾翼（舵面）呈××配置，导弹的 4 个弹翼和 4 个舵面在导弹出筒后自动张开。弹体后部装有激光接收机，控制激光波束的偏离，以保证导弹和瞄准线相重合，还有一个小型计算机将偏离信号转换成制导脉冲信号，以控制导弹自动地沿着激光波束中心线飞行。

助推器与固体火箭主发动机由欧洲导弹发动机联合公司（ROXEL）英国分公司研制，均采用无烟双基推进剂。助推器为导弹提供 50m/s 的出筒速度。为了避免烧伤射手，助推器在发射筒内燃烧完毕，在导弹出筒后便与弹体分离。当导弹到达安全距离后，主发动机开始点火。Rb 70 MK 1 导弹助推器的工作时间和主发动机的工作时间分别为 0.05 s 和 5.5 s；Rb 70 MK 2 导弹的推进剂量比 Rb 70 MK 1 导弹的多，推力也大，主发动机工作时间为 6 s。

导弹采用三通道稳定控制，利用姿态陀螺保持导弹的滚动稳定。通过指令控制，4 个电动舵机驱动舵面可控制导弹的俯仰与偏航。弹上电源为镍-镉电池（共 4 个），每个电池的质量为 1 kg、容量（25 ℃时）为 1.8 A·h、电压为 12 V。

Rb 70 MK 1 导弹的战斗部采用空心装药，外装 3 000 个钨球（直径为 3 mm），杀伤半径为 3～3.5 m。当导弹在强烈反射性的地表（如水面、雪地或冰面）上空飞行时，激光近炸引信可用于防止过早引爆战斗部；在对付低空飞行的目标时，近炸引信则断开，只使用触发引信。如果导弹发射后激光波束切断或长时间未接收到制导信号，导弹则自毁。

探测与跟踪 RBS 70 导弹系统采用激光驾束制导体制，三点法导引。该系统的主要制导设备由光学瞄准具及激光波束发射机组成。光学瞄准具是一个变焦距光学装置，由陀螺稳定瞄准镜、伺服控制装置及瞄准望远镜组成，俯仰角为 -10°～+45°，质量为 35 kg。瞄准望远镜是一个放

PS-70/R 长颈鹿雷达

大倍数为 7 的单目望远镜，视场为 9°。

RBS 70 导弹系统可同爱立信雷达电子公司研制的陆基机动式 PS-70/R 长颈鹿雷达联网使用，构成防空作战连。PS-70/R 长颈鹿雷达采用脉冲多普勒体制，工作频段为 G 波段（5.4~5.9 kHz），采用伸缩式天线，天线长为 12 m。当目标的雷达散射截面为 3 m^2 和 0.1 m^2、目标速度在 30~1 800 m/s 范围时，雷达的最大探测距离分别为 28 km 及 12 km（高度 1 km）。该雷达可以安装在各种轮式和履带式底盘上，展开时间为 5 min。在雷达的高度范围内（0~10 km）可以用手动方式监视 3 个空中目标，并以音频信号的方式为 9 个火力单元提供空中目标指示信号。同时，射手可以通过耳机音频的强弱识别雷达提供的空中目标指示信息。9 个火力单元的反应时间为 4~5 s。

RBS 70 导弹系统可以集成法国泰勒斯公司提供远距离目标全向信息的雷达设备（REPORTER 雷达系统）。该二坐标 I 波段雷达装备了瑞典 SATT 电子公司研制的敌我识别器，对飞行高度为 15~5 000 m 的目标的探测距离为 40 km，跟踪距离为 20 km，可同时跟踪 12 个目标，并可通过无线数据链将目标信息传递到火控单元。

为了增强 RBS 70 导弹系统的夜间作战能力，还采用了由萨伯光电技术公司研制生产的夹式夜用瞄准具（COND）。该装置工作在 8~12 μm 波段，安装在昼用瞄准具的前端，质量为 24 kg（包括一个独立的电源包和制冷剂瓶）。该装置对飞机的探测距离为 10 km，对直升机的探测距离为 6 km，已装备澳大利亚、印度尼西亚、爱尔兰、立陶宛、挪威和委内瑞拉军队，但目前已停止生产。

RBS 70 导弹系统的 COND

装有 COND 的 RBS 70 导弹系统

发射装置 RBS 70 导弹系统采用筒式发射。发射设备主要由发射架、光学瞄准具、敌我识别器和导弹发射筒组成。发射架是一个三脚架，用于安装瞄准具、筒装导弹、敌我识别器、射手座椅及电池，质量为 18 kg。光学瞄准具集成了光学设备和激光波束发射机。敌我识别器采用微波脉冲编码，当识别为友机时，具有中止导弹发射的功能。导弹发射筒由玻璃纤维制成，前后有保护盖。在外场不允许将导弹从筒中取出，一旦导弹发射，即抛弃发射筒。

装有敌我识别器的 RBS 70 导弹系统

作战过程

当火力单元独立作战时,必须设置观察台提供早期警报,射手通过瞄准望远镜截获目标。射手先将系统转到目标的粗略方位,打开武器保险,激活发射电子设备,然后精瞄目标,敌我识别器发出询问信号。若是友方飞机,发射电子设备关闭,光学瞄准具中的信号灯向射手报警;若是敌方目标,则打开激光波束发射机,直接照射目标,之后射手连续跟踪目标。导弹发射后,弹上尾部的激光接收机接收调制的波束信号,经弹上控制电路处理后产生误差信号,通过电动机激活导弹的 4 个控制舵面以进行必要的操纵和轨迹修正,控制导弹沿波束中心线飞行,直至导弹命中目标。制导波束中心线与望远镜瞄准线重合,而且导弹系统还采用了一个用于目标跟踪的稳定陀螺仪,这样可以省去导引头,从而提高系统的抗干扰能力。

当火力单元同目标搜索雷达联网作战时,由目标搜索雷达提供目标信息,并通过无线电或光缆将目标信息传输至目标信息接收机。目标信息接收机对接收到的信息进行视差修正,并在小屏幕上显示所需旋转的角度和目标的距离信息,传送给射手一个音响信号。射手根据雷达的目标指示信息,回转发射架并对准目标,听到音响信号后再在高低上搜索并用望远镜截获目标。当目标进入导弹有效射程时发射导弹,继续跟踪,直至命中目标。为了保证击中目标,射手要通过一个拇指控制的操纵杆保证目标始终处于光学瞄准具的瞄准线中心上。

发展与改进

RBS 70 导弹系统于 1967 年开始方案设计；1969 年瑞典国防部与博福斯公司签订研制合同，并开始概念设计；1971 年开始工程研制；1973 年交付试验用的 RBS 70 导弹系统；1974 年生产样机；1975 年 6 月签订生产导弹、光学瞄准具、发射架和敌我识别器的合同；1976 年进行研制性飞行试验，并于 12 月将首批训练用导弹系统交付瑞典陆军；1977 年完成作战飞行试验，并于年底开始低速小批量生产；1978 年装备瑞典陆军，并签订了长颈鹿雷达的生产合同，同年挪威订货；1979 年年初开始全面生产，并交付长颈鹿雷达；1981 年研制成功车载型导弹系统；1982—1986 年研制舰载型 RBS 70 导弹系统；1984 年 6 月开始研制带有三坐标雷达的 RBS 70 ASRAD-R 导弹系统；1986 年 9 月公开展出舰载型 RBS 70 导弹系统。

在 RBS 70 导弹系统发展方面，一是不断改善导弹性能，二是不断推出新的系统方案组成多用途防空系统。

Rb 70 MK 1 在基本型 Rb 70 的基础上进行了改进：将弹上激光接收机视场由 40°提高到 57°，扩大了作战包络 30%，增加了对付飞机的有效作战距离，但没有降低导弹的杀伤概率。此外，让导弹和制导波束之间存在一定的锐角，可使导弹具有更弯曲的飞行弹道来追击大航路捷径目标。

Rb 70 MK 2 在外观上与 Rb 70 MK 1 一样，可从现有的发射架中发射，弹上激光接收机视场为 70°。Rb 70 MK 2 在 Rb 70 MK 1 的基础上缩小了弹上电子设备的体积，增加了主发动机的尺寸及装药量，战斗部质量增加了 60%（除了一层破片钨球外，增加了穿透能力更强的聚能装药），提高了导弹速度（可达 580~590 m/s）和作战距离（约 6 km，对直升机为 7km），使作战范围增加了 1 倍，使得导弹具有了对付武装直升机的能力。

为了满足多用途防空的需要，已研制成多种 RBS 70 防空系统，如车载发射的 RBS 70 VLM、舰船发射的 RBS 70 SLM，RBS 70/M113A2 车载系统、ASRAD-R 系统、RBS 70/REPORTER 系统、Lvrbv 701 RBS 70 等；同时还研制了 RBS 70 系统模块，包括发射架模块、导弹控制单元、发射筒、导弹定序器及制导波束发射机等模块；用户还可根据自己的需要加上电视摄像机及红外前视仪模块，组成新的系统。

RBS 70 VLM 该导弹系统可安装在各种轮式车和履带车上。发射装置装有 1 枚待发导弹；发射车装有目标信息接收机，并载有 6~8 枚待装填导弹。发射装置可 360°旋转，俯仰角为 $-10°\sim+45°$，但为了避免导弹助推器工作时对载车造成损坏，发射架安装在车厢尾板处，最高仰角为 $+10°$。

RBS 70 SLM 该系统是由瑞典博福斯公司在 20 世纪 80 年代开始研制的从舰船上发射的 RBS 70 导弹系统，作为巡逻舰、扫雷艇等小型舰船的防空武器。1983 年，该导弹系统在一艘扫雷艇上进行了试验，对各种人控的及遥控的发射装置进行了展示；但该系统至今仍未批生产。

陆基机动式 RBS 70 VLM 导弹系统

舰载 RBS 70 导弹系统

RBS 70/M113A2 车载系统　详见本手册 RBS 70/M113A2 部分。

Lvrbv 701 RBS 70 低空地空导弹系统　详见本手册 Lvrbv 701 RBS 70 部分。

ASRAD－R 系统　详见本手册 ASRAD 部分。

RBS 70/REPORTER 系统　该系统将 RBS 70 导弹系统与 REPORTER 雷达系统相结

合，不采用长颈鹿雷达。该系统包含便携式设备控制室（安装在任何类型的 1 t 或 0.5 t 军用车车厢后面）、发电设备和长度为 5 m 的可伸缩雷达天线（安装在由雷达车牵引的两轮拖车上）。二坐标 I/J 波段雷达还装有敌我识别器和动目标指示器（MTI），对飞行高度为 15～5 000 m 的目标的探测距离为 40 km，跟踪距离达 20 km，可同时跟踪 12 个目标，获得目标信息后，可立即通过一个数据传输系统自动发送到阵地的所有火力单元。该系统反应时间为 4 s。

Lvrbv 701 RBS 70

概　述

Lvrbv 701 RBS 70 低空地空导弹系统由 Hägglunds & Söner 公司（后来成为 Alvis Hägglunds 公司）研制。1983 年 2 月，在原型车试验成功后，瑞典国防部与该公司签订了一份合同，将一定数量的已退役多年的陈旧 lkv - 102 和 lkv - 103 自行式步兵加农炮改造成 Lvrbv 701 RBS 70 导弹系统运载工具。

Lvrbv 701 RBS 70 低空地空导弹系统

首批载车于 1984 年交付瑞典陆军，生产持续到 1986 年，尚未出口。该系统改动较大，主要有以下几方面：

1）替换了发动机和传动装置；

2）扩展了人员舱；

3）改进了防护能力；
4）安装了新的通信设备和观测装置。

该系统装备了装甲机械旅。雷达警报由非装甲的轮式车提供，该车装有 PS-701/R 长颈鹿雷达系统。

车组人员有战斗指挥官、导弹射手、导弹装填员和驾驶员 4 人。驾驶员坐在车体左侧前方，车厢左侧有一个单开门的舱口盖以及用于观测前方和两侧的固定潜望镜。战斗指挥官坐在驾驶员的右侧，旁边有观测潜望镜和一个向右后开启的单开门舱口盖。战斗指挥官的位置比驾驶员高出许多，以便获得更好的观测效果。

车顶中央是一个可向两侧开启的矩形双开门舱口盖，Lvrbr 701 70 导弹系统装载于车体内。敌我识别器安装在发射架上导弹发射筒上方。备用导弹装载在车体后面、发动机和传动装置舱的上面。

RBS 70/M113A2

概　述

RBS 70/M113A2 地空导弹系统是 1988 年 3 月为满足巴基斯坦陆军对机动式地空导弹系统的需求而研制的，以保卫机械化部队。该系统将 RBS 70 VLM 系统装载在 M113A2 履带式装甲人员运输车（APC）上。该系统和部分 RBS 70 导弹系统部件在巴基斯坦许可生产。

RBS 70/M113A2 地空导弹系统

系统组成

载车装有一套标准的 RBS 70 导弹系统野战发射架，该火力单元可以独立部署。当与载车协同作战时，该火力单元必须在距载车 40 m 的半径范围内，并由战斗指挥官决定部署位置。导弹平台设计为机动作战模式，以便在导弹射手卸下瞄准装置的同时，导弹装填兼无线电通信员将野战发射架移至指定地点，发射架竖立后即装上导弹发射筒。载车和野战发射架通过一条光缆连接，载车内的无线电收发机通过两条光缆连接到目标数据接收机（TDR）上。之后，指挥官用光缆将野战发射架和目标数据接收机连接起来，并和导弹射手一起检查，以保证光缆有效连接。若连接正确，则导弹射手通报导弹处于待发射状态。

作战过程

在正常机动作战情况下，战斗指挥官接收来自上级战术控制官（TCO）的无线电警报后，命令驾驶员将车停靠在平坦的地面上，其他人员则进入战斗状态。导弹装填兼无线电通信员打开人员舱的矩形双开门折叠式舱顶盖，并将其置于向左开启的位置，释放系统平台装有的弹簧，并与导弹射手一起将其向上摇摆，使其紧贴舱顶。系统平台便自动地固定在特定位置上。

若在目标数据接收机展开之前尚未对其设置，那么战斗指挥官会将载车的坐标和正北参照方向输入目标数据接收机。导弹射手经由后面的电动梯子离开载车并爬到导弹平台上方，打开锁着的导弹储存室顶部的导弹舱口，并组装 RBS 70 导弹发射架部件。

同时，驾驶员离开座位，帮助导弹装填兼无线电通信员准备将要使用的导弹储存室内的首批两枚筒装导弹。驾驶员移除筒装导弹的前端保护盖后，导弹射手举起筒装导弹通过导弹舱口将其安装到发射架上，并移除后端保护盖。导弹射手关闭导弹舱口并坐在发射架座椅上，使用车内耳机通信装置，此时系统处于备战状态。在车内导弹舱口盖的下方，导弹装填兼无线电通信员准备下一枚筒装导弹的安装。

战斗指挥官和导弹射手调整 RBS 70 火力单元和目标数据接收机，前者通报该火力单元准备战斗。当目标显示在目标数据接收机上时，导弹射手回转发射架到当前目标的方向上并进入作战程序。当目标进入导弹有效作战范围时，战斗指挥官发布最终发射许可命令。

一旦作战结束，战斗指挥官即可命令导弹射手和导弹装填兼无线电通信员再装填导弹。导弹射手锁住 RBS 70 导弹系统仰角瞄准线，丢弃空的导弹发射筒，并重复上述装填导弹程序，但需不断开耳机通信装置。如果需要终止或调换，则执行相反的作战程序，以保证载车行进安全。

RBS 70NG

　　RBS 70NG 是瑞典萨伯公司研制的便携式超近程防空导弹系统,可用于对付高速飞机和直升机、巡航导弹与无人机等。该系统是在 RBS 70 基础上进一步升级改进的,2011 年瑞典首次展示了该新型防空导弹系统。目前,RBS 70NG 已经出口至拉脱维亚、印度尼西亚、巴西等多个国家。RBS 70NG 系统包括发射装置和导弹、三角架和 NG 瞄准系统。RBS 70NG 采用的是第四代火流星导弹。该导弹于 2001 年服役,采用激光制导、新型可编程电子光纤陀螺仪,战斗部为聚能与破片战斗部,可根据目标不同选择不同的杀伤方式。

　　相比之前的 RBS 70 系列,RBS 70NG 升级主要是采用了新型瞄准系统,包括热成像瞄准系统、自动目标跟踪系统和先进的可视目标提示辅助系统,系统采用模块化设计与成熟的商业技术。新型瞄准系统增加了夜视功能,可执行全天候作战任务,具有三维目标指示和自动目标跟踪能力,不再依靠操作人员人工瞄准目标,提高了导弹精度以及复杂条件下的操控能力,同时也保留了"人在回路"的操控能力,以适应复杂战场环境下可能出现的意外情况。RBS 70NG 进一步提升了拦截无人机等小型目标的能力,也具有打击地面轻型装甲目标的能力。

RBS 70NG 防空导弹系统

主要战术技术性能

对付目标	高速飞机、直升机、巡航导弹、无人机
最大作战距离/km	8
最小作战距离/km	0.2
最大作战高度/km	5
最大速度(Ma)	2
制导体制	激光驾束制导
弹长/m	1.32
弹径/mm	105
翼展/mm	320
发射质量/kg	17
动力装置	固体火箭发动机
战斗部	聚能装药和破片战斗部
引信	主动激光近炸引信

RBS 90

概　述

　　RBS 90 是瑞典萨伯·博福斯动力公司为瑞典陆军研制的一种近程地空导弹系统，以弥补 RBS 70 系统夜间作战能力不足的问题，因此该系统又称 RBS 90 夜间型，可用于保卫地面部队或高价值目标（如飞机场）。RBS 90 导弹系统采用 Rb 70 MK 2 导弹，并兼容 Rb 70 MK 1 和 BOLIDE 导弹。该导弹系统于 1984 年开始研制，1991 年年底首次交付瑞典陆军，1993 年具有作战能力，研制成本超过 4 亿瑞典克郎，总项目成本估计超过 20 亿瑞典克郎。由于 Rb 70 MK 2 导弹停止生产，系统改用 BOLIDE 导弹。挪威订购了 RBS 90 导弹系统。目前，该导弹系统仍在生产。

RBS 90 地空导弹系统

主要战术技术性能

RBS 90 导弹系统所采用的 Rb 70 MK 2 导弹和 BOLIDE 导弹的战术技术性能详见本手册的 RBS 70 部分。

系统组成

RBS 90 导弹系统主要由双联装发射架组合（包括热成像仪、电视摄像机及激光发射机）、PS-91 监视雷达、发射设备及 2 辆 Bv206 履带车组成。Bv206 履带车由赫格隆车辆公司（Hägglunds Vehicle AB）研制，具有极强的越野能力，保证了 RBS 90 系统在任何地形环境中都能执行防空任务。其中，一辆 Bv206 履带车作为运输发射车，车前部载有 5 名操作人员，车后部装有可拆卸的发射架、筒装导弹、地面支援设备和车辆备用燃料瓶；另一辆作为作战指挥车（控制站），车前部载有发电机和无线电通信系统，无线电通信系统可接收来自 PS-90 中央搜索雷达的数据（也可通过电缆接收），车顶部装有 PS-91 监视雷达，车后部是作战控制室，室内有 3 名操作人员，即火力控制人员（兼雷达操作人员）、作战协调人员和导弹射手，车上还有系统电子设备和射手的导弹控制与雷达模拟器。雷达和导弹控制可在同一屏幕显示，模拟器可存储 60 个预先编制场景以及 20 个自创场景。RBS 90 导弹系统的白天展开时间为 5 min，夜间展开时间为 8 min，重新部署时间为 10 min，再装填导弹时间为 20 s。

RBS 90 导弹系统按师级防空营部署，每个营部署 1 个 RBS 90 连和 2 个 RBS 70 连。每个 RBS 90 连包括 1 个雷达排和 2 个发射排。雷达排装备 PS-90 雷达，每个发射排有 3 个火力单元，每个火力单元配置 1 套 RBS 90 导弹系统。

导弹 Rb 70 MK 2 导弹采用正常式气动布局和两级结构，可折叠的弹翼及稳定尾翼

（舵面）呈××形配置，其 4 个弹翼和 4 个舵面在导弹出筒后自动张开。弹体后部装有激光接收机，控制激光波束的偏离，以保证与瞄准线相重合；还有一个小型计算机将偏离信号转换成脉冲制导信号，以控制导弹自动地沿着激光波束中心线飞行。

Rb 70 MK 2 导弹

导弹的助推器与固体火箭主发动机由 ROXEL 英国分公司研制，均采用无烟双基推进剂。

探测与跟踪 目标探测可通过肉眼或中央搜索雷达完成。制导雷达由爱立信雷达电子公司研制的 PS-90 中央搜索雷达（长颈鹿-75）和 PS-91 目标监视雷达组成。PS-90 雷达工作在 G 波段，采用频率捷变及动目标显示技术，可通过无线或有线传输方式控制 4～6 个火力单元。它采用的动目标指示器（MTI），可以同时跟踪 20 个目标，且拥有自动探测悬停直升机的能力。该雷达的作用距离为 75 km，工作高度为 12.5 km。PS-91 直升机与飞机雷达探测（HARD）雷达是由脉冲多普勒搜索与截获雷达演变而来的三坐标雷达，工作在 H/I 波段并具备低截获概率，可提供更精确的目标信息并缩短了系统的反应时间，能截获 8～10 km 远的直升机和 16～20 km 远的固定翼飞机，俯仰角范围为 0°～35°，探测目标速度范围为 5～500 m/s，最低作用距离为 1 km。雷达天线带有敌我识别器并与微波组件相背对连接，转速为 40 r/min。PS-91 目标监视雷达为火力控制人员提供目标方位、高度和距离信息，以便从最多 8 个被跟踪的目标中选择对付目标。射手的光电跟踪传感器提供的信息也足以精确跟踪目标，在能见度低的天气环境下，这些光电跟踪传感器有助于雷达跟踪目标。当 PS-90 搜索雷达同火力单元联网工作时，PS-91 目标监视雷达一般情况下不开机。但当需要高精度的目标方位角、俯仰角及距离跟踪数据时，则需要该雷达工作，并将这些数据传递至作战控制室。

安装在 Bv206 作战指挥越野车上的 PS-91 三坐标雷达

发射装置 导弹采用双联装发射架遥控发射。发射架上装有一个光电瞄准具。该瞄准具由3个同轴并列安装的传感器组成,包括 UAM-11103 红外热成像仪(视场为 $4°×6°$,工作波段为 $8\sim12~\mu m$)、激光发射机及电视摄像机(视场为 $3°×4°$),由火力单元进行伺服控制。发射架既可放置在地面上,也可放置在拖车上,以便运输和作战,其质量为 185 kg,展开时间少于 5 min。光学瞄准具质量为 80kg,尺寸为 645 mm×603 mm×446 mm;三脚架质量为 90 kg,宽度为 2.179 m,折叠时高度为 1.271 m,展开时高度为 1.436 m;整流器指标为三相 230 V/50Hz,质量为 35 kg,尺寸为 460 mm×350 mm×400 mm。

RBS 90 导弹系统发射导弹

作战过程

当火力单元收到雷达送来的目标数据后,启动 RBS 90 发射架上的光学瞄准具进行目标搜索及跟踪,并通过遥控线路将跟踪输出显示在射手的视频电视屏幕上,由射手跟踪目标。射手所要做的就是将十字瞄准线对准由火力控制人员传给他的指示目标,即可实现对目标的跟踪;当目标进入导弹射程内时发射导弹,导弹按视线指令制导规律飞向目标。

出口型 RBS 90 导弹系统

发展与改进

1984年3月萨伯·博福斯动力公司与瑞典国防装备管理局（FMV）签订研制合同，最初的目的是研制夜战型 RBS 70 导弹系统，命名为 RBS 70M，最终命名为 RBS 90；1988年夏完成了系统试验；1989年继续研制并签订批次交付合同，总额超过5亿瑞典克郎；1991年年底装备瑞典陆军；1993年具有作战能力。

为了扩大 RBS 90 导弹系统的战术应用范围，萨伯·博福斯动力公司着手改进 RBS 90，如 BOSAM、BOMAC 及 BALTIC 系统，这些系统都可使用 BOLIDE 导弹。

BOSAM 是陆基型系统，转塔随动，可装在各种履带车上，装备 4～6 枚待发导弹。车上装一部三坐标探测雷达及激光制导设备。

BOMAC 是在一辆轻型 6×6 拖车上安装一个方舱型指挥台和一部目标截获雷达，拖车上装有 RBS 90 导弹发射架。

BALTIC 是海基型系统，将装备海军舰艇，如瑞典海军的 YS2000 战舰。目前正在考虑为其配备一种新的导弹。

在未来发展方面，RBS 90 导弹系统将采用一种新型高速导弹（HVM），以提高作战距离和作战高度。HVM 是基于 BAMSE 导弹（即 RBS 23 导弹）的两级导弹，作战距离约为 10 km，飞行速度达到马赫数为 3。

火流星（BOLIDE）

概　述

BOLIDE 是由瑞典萨伯·博福斯动力公司研制的近程地空导弹。BOLIDE 导弹是在 RB 70 MK 2 的基础上研制的，与 RBS 70 MK 2 相比有重大改进。BOLIDE 导弹采用了最新的计算机和现代化的电子设备以及激光驾束制导体制，能更好地对付高速、高机动小型目标或地面目标，特别是装甲直升机，对其穿甲能力达到 200 mm。BOLIDE 导弹采用了新型可再编程电子设备单元和光纤陀螺仪，易于升级、制导精度高。BOLIDE 导弹具有飞行机动能力，系统展开时间为 30 s，再装填导弹时间为 5 s。BOLIDE 导弹于 2001 年研制成功，2002 年开始生产，2005 年开始装备瑞典部队，储存期限为 15 年。BOLIDE 导弹的国外用户包括澳大利亚、芬兰和捷克。据报道，2008—2016 年将生产 BOLIDE 导弹 3 144 枚。

主要战术技术性能

BOLIDE 导弹的战术技术性能详见本手册的 RBS 70 部分。

导弹　导弹采用正常式气动布局和两级结构，可折叠的弹翼及稳定尾翼（舵面）呈××形配置，其 4 个弹翼和 4 个舵面在导弹出筒后自动张开。

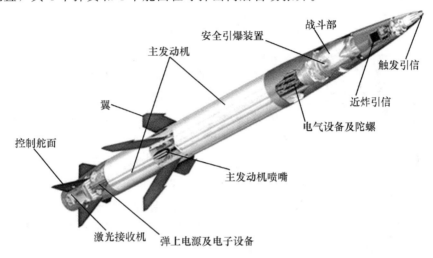

BOLIDE 导弹结构图

导弹采用脉冲式低能激光光束制导，激光驾束制导允许导弹瞄准在复杂地形背景中的低空目标，如武装直升机。此外，具备抗干扰能力的激光驾束制导体制能够使导弹反应时间短，具有迎头交战能力，以及在从高空下降至最低高度时的高精确度和高杀伤能力。

导弹的战斗部采用聚能装药，外装 3 000 个钨球，可穿透约 200 mm 厚的装甲。聚能药柱安装在战斗部前部，对付装甲目标非常有效。当安全引爆装置打开保险时，触发或近炸引信的信号激活战斗部。战斗部在距离火力单元 250 m（即最小作战距离）时，打开保险。近炸引信有三种工作模式：正常工作（对付飞机和直升机）、对付小目标（如巡航导弹）和关闭（只有触发引信开启）。

BOLIDE 导弹的激光近炸引信在对付小而暗的目标时具备更大的效果，主要得益于激光光束瓣指向前方、更高的脉冲重复频率、适当的近炸引信延迟、增多的激光光束瓣、精确的算法。该近炸引信采用光电技术，并具备一个发射机信道和一个接收机信道。发射机信道由传输等距和前向指示的窄波瓣激光脉冲的激光二极管组成；接收机信道包括一个探测器，可接收来自外部和后向指示瓣的信息以便发射机波瓣在要求区域内与接收机波瓣相交。这些技术使近炸引信更加敏感且抗干扰能力更强。当近炸引信启动后，机翼末端、旋翼或飞机前端都能够触发近炸引信。近炸引信在导弹发射之前可以拆卸下来，战斗部仅能通过碰撞引爆。

BOLIDE 导弹未来的改进包括导弹发射前射手可选择引信类型、采用半主动激光制导等。

RBS 23

概　述

RBS 23 地空导弹系统

RBS 23 是瑞典萨伯·博福斯动力公司研制的近程地空导弹系统，它为瑞典皇家陆军提供一个具有全天候作战能力的防空系统，填补了现有的防空系统（RBS 70/RBS 90）与霍克系统之间的火力空隙。该系统可通过铁路运输，也可空运，用于保卫行进中的部队、空军基地、海军基地、重要交通枢纽、人口密集地区以及各类军事目标，可对付超低空飞行的飞机、直升机、巡航导弹、无人机、空地导弹和制导炸弹。RBS 23 导弹系统于 1989 年开始研制，1994 年 10 月进行第一次发射试验，1998 年完成发展与鉴定试验，2000 年 7 月开始批生产，2003 年交付瑞典陆军。导弹单价约为 19.17 万美元。至 2006 年年底，已生产了 948 枚 RBS 23 导弹，完成了 2 个样机系统，并进行了几次飞行试验。

主要战术技术性能

对付目标	超低空飞行飞机、直升机、巡航导弹、无人机、空地导弹和制导炸弹
最大作战距离/km	15
最小作战距离/km	1
最大作战高度/km	15
最小作战高度/km	0.025
最大速度(Ma)	3
制导体制	半主动雷达瞄准线指令制导
发射方式	筒式倾斜发射
弹长/m	2.5

续表

弹径/mm	110（第二级），210（第一级）
翼展/mm	600
发射质量/kg	85
动力装置	1台固体火箭助推器，1台固体火箭主发动机
战斗部	聚能破片式杀伤战斗部
引信	主动激光近炸引信和触发引信

系统组成

RBS 23 导弹系统由监视协调中心（SCC）和导弹控制中心（MCC）组成。监视协调中心安装在一个 6m 长的标准方舱内，由瑞典斯堪尼亚（Scania）公司的 3 车轴 6×6 卡车装运。监视协调中心还装有 PS-90 长颈鹿监视雷达，可跟踪 100 个目标。监视协调中心可与 4 个导弹控制中心协同工作。监视协调中心系统可在 10min 之内展开和准备发射就绪。监视协调中心由 1~2 名操作手操作，负责对目标的威胁程度进行实时评估，并与目标获取、敌我识别、跟踪系统和优先选择系统协同作战。监视协调中心能自动选择最合适的导弹控制中心，并把目标数据传递过去，以便导弹控制中心对选取目标进行跟踪和攻击。

导弹控制中心装在一辆越野式牵引拖车上，包括 4 联装或 6 联装导弹发射架、鹰制导雷达、敌我识别器、电视/红外成像传感器和计算机工作站。

RBS 23 导弹控制中心

RBS 23 监视协调中心

典型的 RBS 23 导弹连由 1 个监视协调中心和 2~4 个导弹控制中心组成，监视协调中心与导弹控制中心之间采用光缆或无线通信，最大间距为 20 km，无线传输最大距离为 15 km，瑞典部队配用 TS9000 战术无线网通信系统；导弹控制中心之间的距离最大达 15 km。

导弹　RBS 23 导弹采用两级结构。第一级为固体火箭助推器，尾部带有 4 个矩形翼。第二级中部带有 2 个截尖三角翼，用以保证导弹的飞行稳定性，后部带有 4 个活动控制舵面，用于导弹的飞行控制。第二级包括雷达导引头、雷达瞄准线指令制导系统、固体火箭主发动机、聚能破片式杀伤战斗部、主动激光近炸引信及触发引信。

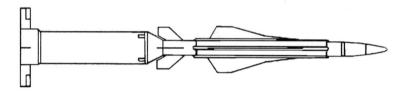

RBS 23 导弹结构示意图

RBS 23 导弹采用大直径的助推器。助推器工作时间不到 1s，可将导弹加速至 900 m/s，之后与弹体分离。固体火箭主发动机工作后可将导弹速度维持在 900 m/s。

RBS 23 导弹采用半主动雷达瞄准线指令制导，由制导雷达和上行指令链路提供制导指令。

RBS 23 导弹

探测与跟踪　监视雷达为爱立信雷达电子公司的 PS-90 长颈鹿三坐标雷达，最多可供 10 个中程和近程防空导弹火力单元使用，工作在 C 波段（5.4~5.9 GHz）。监视雷达天线安装在一个 8 m（或 12 m）的可升降桅杆上，上面安装了敌我识别器的发射与接收单元，天线转速为 60 r/min。监视雷达对战斗机探测距离为 100 km，高度为 20 km。监视雷达波束俯仰角范围为 0°~70°。

制导雷达是爱立信雷达电子公司研制的改进型鹰雷达,工作在 K 波段（35 GHz）,用于传送目标和导弹的跟踪和制导指令,对战斗机目标的探测距离达 30 km。该雷达具有较高的抗干扰能力,可同时制导 2 枚导弹对付同一目标或目标群。

指控与发射 导弹控制中心由两人负责操作。导弹发射装置安装在导弹控制中心的车顶上,制导雷达装在两对发射装置之间。导弹控制中心上载有一个竖起的 8 m 高桅杆,桅杆上面装有鹰制导雷达天线、敌我识别器、电视/红外成像传感器（用于电子对抗环境中）和气象传感器,可在 10 min 之内竖起并完成导弹发射准备。升高的天线及传感器能够居高临下地探测阵地的地物情况,因而可将地面障碍物（如树木）对系统的影响降低至最小,改善了导弹控制中心获取和跟踪敌方低空飞行目标的能力。导弹控制中心也用于目标的威胁评估和目标交战次序的编制,可同时发射 2 枚导弹对付一个目标,且 2 枚导弹之间互不干扰。导弹再装填时间不超过 3 min。

作战过程

监视协调中心传送目标的实时威胁评估数据,包括目标捕获、辨识、跟踪信息和区分目标威胁优先次序。监视协调中心自动地选择最优值,导弹控制中心则一直跟踪和瞄准目标并接收目标数据。导弹控制中心可自主地接收从监视协调中心发来的信号来启动目标作战次序。

发展与改进

RBS 23 导弹系统是为满足瑞典陆军对新型防空系统的需求而研制的。萨伯·博福斯动力公司在 20 世纪 80 年代末开始研究博福斯先进中程地空评估（BAMSE）导弹系统,瑞典陆军称之为 RBS 23。该导弹系统于 1989—1991 年开始概念设计,签订的合同金额为 1 500 万美元;1992 年 2 月签订了金额为 880 万美元的合同继续开展研制;1992 年 6 月决定将 RBS 23 计划进度提前;1993 年 5 月开始全面研制;1994 年 10 月进行首次研制发射试验,研制评估发射试验一直持续到 1998 年年底;因 1999 年瑞典军方称其需要更多的资金采购 RBS 23,故 RBS 23 的研制计划未受国防预算紧缩的影响,但同年低速初始生产推迟;1999 年开始作战评估试验;2000 年 6 月完成作战评估试验;2000 年 7 月开始批生产;2003 年 RBS 23 导弹系统交付瑞典陆军。

RBS 23 导弹系统目前只有一种型号,以后将进行改进和升级。瑞典曾在 1997 年开始研制 RBS 23 的一种舰载型号——BAMSEA 系统,用以装备 Visby 级巡洋舰。该系统采用冷发射技术,当导弹飞至 5 m 高时助推器才点火,但在 2001 年停止了该系统的研制。

瑞　士

奥利康（Oerlikon）

概　述

奥利康是瑞士奥利康机床公司研制的全天候中程中高空地空导弹系统，既可用于要地防空，也可用于野战防空。该导弹系统于1946年开始研制，20世纪50年代末装备部队，20世纪60年代初停产，现已退役。

主要战术技术性能

对付目标	飞机
最大作战距离/km	35
最小作战距离/km	3
最大作战高度/km	30
最大速度（Ma）	3
机动能力/g	2（横向）
反应时间/s	60
制导体制	驾束制导
发射方式	倾斜发射
弹长/m	5.7
弹径/mm	360
翼展/mm	3 000
舵展/mm	1 300

续表

发射质量/kg		100
动力装置		1台固体火箭助推器，1台固体火箭主发动机
战斗部	类型	高爆破片式杀伤战斗部
	质量/kg	40
引信		近炸引信

系统组成

奥利康导弹系统以营为建制单位，每个营由1个指挥站和3个导弹连组成，导弹连是最小作战单位。每个导弹连包括1部目标跟踪雷达、1部导弹制导雷达、6个双联装导弹发射架和12枚导弹以及4台柴油发电机。系统展开时间为30 min。

导弹 奥利康导弹为正常式气动布局，壳体为流线型变截面旋转体，弹翼为三角形，呈×形配置，安装在弹体后部。导弹尾部有4片呈×形配置的梯形舵，舵平面与弹翼平面成45°夹角。

早期的奥利康RSD-58导弹使用1台液体火箭发动机，后改用1台固体火箭助推器和1台固体火箭主发动机。

导弹采用驾束制导。制导系统由1部目标跟踪雷达、1部导弹制导雷达和1台计算机组成。导弹的发射过程全部自动化，导弹由气动液压挂弹机挂到发射架上，发射架和制导雷达通过视差计算机与目标跟踪雷达同步。

发展与改进

奥利康导弹系统的优点为全部系统车载化，机动性好，制导系统简单，其缺点为导弹的制造工艺比较复杂。由于该导弹系统技术落后，于20世纪60年代末退役，被米康导弹系统取代。

米康（Micon）

概述

米康（Missile Contraves，Micon）是瑞士奥利康·康特拉夫斯公司研制的一种陆基机动全天候中程中高空地空导弹系统，用于对付马赫数为2的空中飞机目标，担负要地防空任务。米康导弹系统是在奥利康导弹系统的基础上改进的，后取代了奥利康导弹系统。米康导弹系统于1959年开始研制，20世纪60年代后期装备部队，现已退役。

主要战术技术性能

对付目标	目标类型	飞机
	目标速度（Ma）	2
最大作战距离/km		35
最小作战距离/km		3
最大作战高度/km		22
最大速度（Ma）		3
制导体制		雷达驾束制导
发射方式		双联装倾斜发射
弹长/m		5.4
弹径/mm		420
翼展/mm		3 000
舵展/mm		1 500
发射质量/kg		800
动力装置		1台双推力固体火箭发动机
战斗部	类型	高爆破片式杀伤战斗部
	质量/kg	70
引信		红外近炸引信

系统组成

米康导弹系统包括指挥单元、双联装发射架、导弹、55kW电源车及地面制导站。地面制导站由计算机、测向器和单脉冲雷达组成。

导弹 米康导弹为一细长圆柱体，头部呈很尖的锥形。导弹采用鸭式气动布局，鼻锥部安装有×形配置的鸭式舵，尾部装有×形配置的梯形弹翼；弹翼与舵面在同一平面上。舵和弹翼均采用蜂窝结构。弹头外壳使用轻金属铸件制造。

动力装置采用奥利康-布勒公司研制的双推力固体火箭发动机，质量为440kg。

土耳其

阿蒂甘（ATILGAN）

概　述

阿蒂甘是土耳其军事电子工业公司（Aselsan）研制的自行式低空近程防空导弹系统，具备自主作战能力，可与指控通信系统和其他防空系统协同作战。阿蒂甘主要任务是为战场上驻扎和行进中的部队、车队和战术基地提供低空防御，采用的导弹为美国毒刺防空导弹。阿蒂甘于2001年12月签订研制合同，2004年11月交付首批系统，目前装备土耳其军队。

安装在 M113A2 APC 底盘上的阿蒂甘系统

系统组成

阿蒂甘系统集成在一辆 M113A2 履带式装甲人员运输车上,由 3 人作战小组操作,具体包括战车、转塔发射架、导弹、控制台/系统控制单元、重型机枪、传感器组件、火控计算机。

陀螺稳定的模块化转塔安装在车辆后身顶部,具备高精度视线瞄准与发射能力,能够在行进中实施目标监视、探测与跟踪。该转塔带有现场可更换单元子系统,支持其集成在各种类型的运输车上。转塔集成 2 个标准车载发射架,每个发射架配备 4 枚待发射毒刺导弹。车辆发射架弹筒内装有另外 8 枚备用导弹。

所有系统功能都是通过一个独特的控制台(系统控制单元)进行指控,该控制台可以从车辆上拆卸下来,在距离车辆 50 m 远的地方进行远程操作。

转塔发射架中间安装有一架 12.7 mm 口径的 M3 重型机枪,用于自卫和导弹盲区覆盖,机枪可通过系统控制单元进行远程控制,并可在点射或连射模式下使用电磁阀控制射击(无人射击)。

火控计算机具有灵活的硬件和软件体系结构,具备强大的自动功能以适应不断变化的任务需求。火控计算机提供的自动功能包括:所有子系统的遥控能力;转塔控制与稳定;转塔自动回转至目标坐标;自动目标跟踪;自动目标类型识别(固定翼飞机或直升机);目标处于导弹交战包络区域内时的目标告警。

导弹 阿蒂甘系统采用毒刺导弹,具体战术技术性能参见本手册毒刺导弹。除了毒刺导弹,系统还可重新配置以采用不同的超近程防空导弹,例如俄罗斯的针防空导弹。

探测与跟踪 传感器组件包括一台第二代双视场焦平面阵列热成像仪和一台具有变焦功能的电视摄像机(用于被动昼夜监视、目标捕获与跟踪),以及一台用于目标测距的多脉冲激光测距仪。传感器组件具有昼夜条件下的目标探测、跟踪能力,敌我识别能力;距离车辆 50 m 远的远程遥控能力。

发射与指控 阿蒂甘具备行进中发射导弹的能力。车辆载有一个由指挥官、射手和驾驶员组成的 3 人作战小组。作战情况下所有的成员都处在车辆的装甲保护内。

阿蒂甘系统发射状态

发展与改进

根据 2001 年 11 月土耳其国防工业部授出的一份 2.65 亿美元的合同，Aselsan 公司负责设计、生产和集成 148 套防空导弹系统。该系统采用雷声公司的 FIM-92 毒刺导弹，并采用两种车型：一种是 M113A2 系列履带式装甲人员运输车（APC）底盘；另一种是路虎卫士 130 车辆底盘。由此形成了两种低空防空导弹系统，即阿蒂甘（安装在 M113A2 底盘上）和齐普金（安装在路虎卫士 130 底盘上）。两种车载系统的研制是为了满足土耳其部队的需求。

阿蒂甘导弹系统已完成的试验鉴定工作包括：导弹助推器点火试验、预先设定场景下的飞机和直升机跟踪试验、机枪射击试验、针对固定目标的导弹发射试验、针对无人机目标的导弹发射试验、战场作战试验。

在型号改进方面，主要是应用平台的改进。其中一种是适用于海上平台的改进型系统，名为 BORA 系统，该系统采用俄罗斯的针地空导弹，在 2007 年的土耳其国际防务展上进行了公开展示。基于针导弹的转塔可以携带 4 枚或 8 枚导弹，转塔中间部分包含一台第二代热成像仪、一台电视摄像机和一台工作范围为 20 km 的激光测距仪，以及一架带有 200 发弹药的 12.7 mm 口径重型机枪。

齐普金（ZIPKIN）

概　述

齐普金是土耳其 Aselsan 公司研制的一种车载自行式超近程地空导弹系统，具备自主作战能力以及与 C^3I 系统或其他防空系统协同作战的能力，为雷达站、空军基地和港口等要地提供点防御。齐普金于 2001 年 12 月签订研制合同，2004 年 11 月交付首批系统并在土耳其武装部队服役。

齐普金系统采用美国毒刺导弹，具体战术技术性能参见本手册毒刺导弹系统。

系统组成

齐普金系统集成在一辆 4×4 路虎卫士 130 战车上，由 2 人作战小组操作，具体包括战车、转塔发射架、导弹、控制台/系统控制单元、重型机枪、传感器组件、火控计算机。

模块化转塔安装在车辆后部。转塔由陀螺负责稳定，带有现场可更换单元子系统，支持其集成到各类载车上。转塔上集成了 2 个导弹发射架，每个发射架装有 2 枚待发射毒刺

安装在汽车底盘上的齐普金系统

导弹。车辆发射架弹筒内装有另外 4 枚备用导弹。

所有系统功能都是通过一个独特的控制台（系统控制单元）进行指控，该控制台可以从车辆上拆卸下来，在距离车辆 50 m 远的地方进行远程操作。

齐普金系统发射导弹

发展与改进

2001年11月，土耳其国防工业部授出一份总额为2.65亿美元的合同，由Aselsan公司设计、生产和集成148套防空导弹系统。该系统采用雷声公司的毒刺导弹，安装在2种车型上，以满足土耳其军队的需求。安装在M113A2系列履带式装甲车底盘上的系统称为阿蒂甘，安装在路虎卫士130辆车上的系统称为齐普金。根据合同规定，Aselsan公司在2008年中期之前交付78套齐普金系统，其中交付土耳其陆军35套，交付海军11套、交付空军32套，均用于保护固定目标。2004年11月26日交付了首批4套系统。

在发展与改进方面，齐普金系统经改进，发展了一种舰载型系统，称为BORA系统。

毒刺武器系统项目（SWP）

概　述

毒刺武器系统项目（Stinger Weapon System Programme/Stinger Weapon Platform，SWP）又名毒刺发射系统，由土耳其Aselsan公司研制，是一种自行低空防空导弹系统。SWP系统在技术特征和能力方面是基于土耳其Aselsan公司的底座式防空系统（PMADS），用于探测、跟踪、识别和摧毁固定翼飞机、直升机、无人机、巡航导弹等目标。SWP系统主要任务是保护高价值资产以及作战环境下的机动部队。导弹采用美国毒刺防空导弹。毒刺武器系统项目于2005年9月开始研制，2008年完成交付。

毒刺武器系统项目（SWP）

SWP系统采用FIM-92D毒刺Block 1（毒刺RMP）导弹，具体战术技术指标参见本手册毒刺导弹。

系统组成

SWP系统包括装载平台、转塔、发射架、导弹、传感器组件、火控计算机、嵌入式训练器等。

其中，装载平台可以是轮式或履带式车辆，也可以是小型海上巡逻艇，例如，德国克劳斯-玛菲·威格曼（KMW）公司制造的4×4非洲小狐战车、梅赛德斯-奔驰公司的G-VAGEN吉普车等。双轴陀螺稳定的轻型、低剖面紧凑转塔安装在车辆后部，通过电驱动移动，可在静止和移动状态下提供全面的目标监视、探测和跟踪。发射架为2个数字化的毒刺发射架（ATAL），每个发射架装有2枚待发射毒刺导弹。车辆备有额外4枚毒刺导弹，可手动装填。被动光电传感器组件包括视频成像仪以及用于目标测距的激光测距仪（LRF），安装在两组毒刺导弹中间位置，可由计算机控制，用于目标监视、捕获和跟踪。使用红外或可见光视频成像仪自动跟踪目标。嵌入式训练器用于操作人员的实操训练。SWP系统整体尺寸较小，可使用C-130/C-160等大型飞机运输。此外，火控计算机硬件和软件的设计采用了最新的技术和计算机辅助设计工具，具备同指挥、控制、通信和情报（C3I）系统进行信息交互与协调作战的能力。

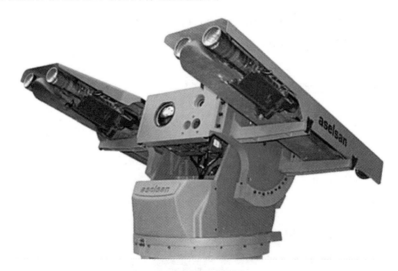

SWP系统的发射架

在火力配置方面，SWP系统以导弹连为单位。荷兰接收全部SWP系统后，形成一个中型导弹连和一个小型导弹连。中型导弹连拥有12套安装在非洲小狐战车上的SWP系统和6套安装在梅赛斯特-奔驰车底盘上的双联装毒刺系统（DMS）；小型导弹连拥有6套安装在非洲小狐战车上的SWP系统和12套DMS。

导弹　除了采用最初设计的毒刺导弹，SWP系统还可使用俄罗斯的针导弹和法国的西北风导弹。

发射与指控　SWP 系统具备行进中发射导弹的能力。该系统由 3 人小组操作：指挥官、驾驶员和导弹射手。目标信息由外部提供至该系统平台，射手跟踪目标，当目标进入射程范围时发射毒刺导弹。

发展与改进

2005 年 9 月，土耳其 Aselsan 公司获得一份总额为 2 770 万美元的合同，制造并交付 18 套 SWP 系统，并将其集成在德国克劳斯-玛菲·威格曼（KMW）公司制造的 4×4 非洲小狐战车上，18 套 DMS 安装在梅赛德斯-奔驰公司的 G-VAGEN 吉普车上，以及为荷兰皇家陆军提供雷声公司制造的空空导弹发射架。2008 年，Aselsan 公司完成向荷兰皇家陆军交付 SWP 系统的全部工作。

在发展与改进方面，由于采用开放式硬件和软件体系结构，该系统能够很容易、很经济地随着毒刺导弹和其他子系统的升级而进行改进，支持对其他类型的超近程防空导弹的集成。为了满足潜在的出口需求，Aselsan 公司研究了集成俄罗斯针地空导弹的方案（装有 4 或 8 枚待发射导弹），该系统可用于对付固定翼飞机和直升机目标、遥控飞行器、无人机和巡航导弹。

希萨尔-A（HiSAR-A）

概　述

希萨尔-A 是由土耳其军事电子工业公司（Aselsan）和罗克特桑（Roketsan）公司研发的近程地空导弹系统，可对付飞机、直升机、无人机、巡航导弹、空对地导弹等目标，保护军事基地、港口、设施和作战部队免遭空中威胁。希萨尔-A 导弹系统于 2007 年开始研制，2013 年 10 月 6 日、2018 年 2 月 1 日成功试射，2019 年 3 月完成了首次垂直发射，命中了高空快速飞行的靶机。土耳其国防工业委员会计划在 2021 年向土耳其陆军司令部交付希萨尔-A 导弹系统。根据合同，初始交付数量为 18 套系统。

希萨尔-A 导弹系统采用土耳其 FNSS 公司的 ACV-30 履带式装甲车底盘、罗克特桑公司的双联装导弹垂直发射系统，底盘后部安装了桅杆式的 KALKAN 防空雷达和光电/红外探测跟踪系统，可作为独立的防空系统运行。其中，雷达、指控与火控系统由土耳其军事电子工业公司研制，导弹及发射架由罗克特桑公司研制。

希萨尔-A 导弹采用惯性导航＋数据链路中段制导以及红外成像末制导体制，使用双脉冲固体火箭发动机；使用高爆破片式战斗部，配备触发和近炸引信，能够有效地摧毁空中目标。该系统最小作战距离为 2 km，最大作战距离为 15 km，最小作战高度为 30 m，最大作战高度为 5 km。

希萨尔-A 近程地空导弹

希萨尔-O（HiSAR-O）

概　述

希萨尔-O 是由土耳其军事电子工业公司（Aselsan）和罗克特桑（Roketsan）公司开发的中近程地空导弹系统，可对付军用飞机、导弹和无人机目标，用于保护军事基地、港口和军队免受空中威胁。该系统于 2007 年开始研制，2014 年 7 月进行首次试射，2016 年 12 月再次进行了试射，土耳其国防工业委员会计划在 2022 年向土耳其陆军司令部交付希萨尔-O 系统。

希萨尔-O 导弹系统由导弹、发射系统、火控系统、桅杆式防空雷达和光电/红外传感器组成，发射系统底盘采用梅赛德斯-奔驰公司的 6×6 军用卡车底盘和 6 联装导弹垂直发射架。希萨尔-O 导弹和希萨尔-A 导弹的制导控制系统类似，但是希萨尔-O 导弹发动机更长，射程更远，最小作战距离小于 3 km，最大作战距离大于 25 km，最小作战高度为 50 m，最大作战高度为 15 km。希萨尔-O 系统的雷达、指控和火控系统由土耳其军事电子工业公司研制，导弹由罗克特桑公司研制。

希萨尔-O中近程地空导弹系统

乌克兰

第聂伯罗（DNIPRO）

第聂伯罗系统是乌克兰 2017 年开始发展的新型中近程防空导弹系统，可对付飞机以及各类直升机、无人机和巡航导弹等目标，旨在增强乌克兰的防空能力。

第聂伯罗系统具有昼夜全天候作战能力，最小作战距离为 15 m，最大作战距离为 25 km，可以同时使用 12 枚导弹攻击 6 个空中目标，系统部署时间少于 4 min。

第聂伯罗系统的雷达采用相控阵天线技术，无线电波束可通过电子方式转向不同方向，而无须移动天线，该雷达安装在一辆 6×6 军用卡车底盘上。第聂伯罗系统的机动发射单元为 4 联装发射装置，安装在一辆拖车上。第聂伯罗系统的控制中心通过电缆或无线电数据通信与监控中心相连，以协调有关目标的所有信息。

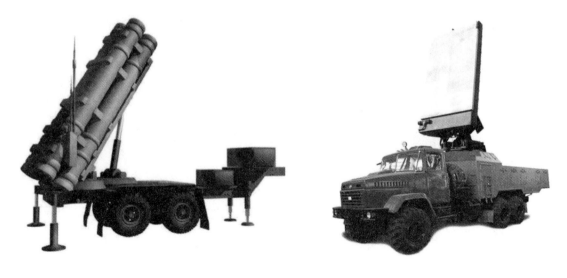

第聂伯罗系统的发射装置和雷达

伊 朗

信仰-373（Bavar-373）

概　述

信仰-373是伊朗研制的可使用多种防空导弹的自行式远程地空导弹系统。该导弹系统使用了部分俄罗斯C-300Π防空导弹系统的技术，该系统可配置2～3种防空导弹，用于对付不同高度的空中目标。

信仰-373地空导弹系统

主要战术技术性能

最大作战距离/km	200
最大作战高度/km	27
最大探测距离/km	320
最大跟踪距离/km	260
多目标探测能力	300
多目标跟踪能力	60
多目标拦截能力	6
动力装置	固体火箭发动机

系统组成

信仰-373地空导弹系统由法库尔指控系统、拉苏尔通信系统、10轮驱动卡车、车载梅拉杰-4相控阵雷达和赛义德（Sayyad）-4防空导弹组成。

伊朗2017年对信仰-373系统进行了测试，2019年8月公开展示了该系统。

赛义德-4防空导弹外形

科达德-3（Khordad-3）

概　述

科达德-3是俄罗斯布克-M2地空导弹系统的伊朗国产版本，于2014年首次亮相。该导弹系统配备小鸟-2B导弹，最大作战距离可达75 km，最大作战高度可达25 km，配备的S波段先进相控阵雷达,可以同时制导8枚导弹,同时拦截4个目标。

2019年6月20日,伊朗革命卫队使用科达德-3防空系统成功击落一架美军全球鹰无人机。这是美军全球鹰无人机首次被击落,也是伊朗国产防空导弹系统为数不多的实战展示。

伊朗正在研制性能更先进、射程更远的科达德-15远程防空导弹系统。该系统最大作战距离可达120 km,最大作战高度为27 km,能够同时跟踪和击落6个目标,其相控阵雷达还具备反隐身目标能力。

科达德-3导弹系统发射车

科达德-15防空导弹系统

雷电（Ra'ad）

概　述

雷电是伊朗基于俄罗斯 9M317 布克地空导弹系统研制的中程自行式地空导弹系统，主要用于对付战斗机、巡航导弹、制导炸弹、直升机和无人机。伊朗还发展了基于雷电导弹的海基型防空系统。

主要战术技术性能

对付目标	战斗机、巡航导弹、制导炸弹、直升机和无人机
最大作战距离/km	50
最小作战距离/km	1
最大作战高度/km	22
最大速度（Ma）	1.7
制导体制	末段雷达制导
动力装置	固体火箭发动机

系统组成

雷电地空导弹系统由导弹、雷达和导弹发射车组成。发射车有 2 种构型，一种装有雷达，一种未装雷达。导弹名为小鸟。

伊朗长剑（Rapier Project – Iran）

概　述

伊朗长剑为伊朗马赫迪工业集团基于 MBDA 公司长剑 MK1 地空导弹系统研制的近程地空导弹系统。该系统使用的部分导弹为 1970 年伊朗引进的型号。伊朗使用自行研制的贝洱 8 轮驱动底盘将长剑地空导弹系统改装为自行式型号。该导弹系统主要由一辆装有 8 枚导弹的发射车和光电跟踪器组成，每个火力单位可以覆盖大约 100 km² 的区域。目前伊朗长剑系统仍处于低速生产阶段。

载有长剑地空导弹的发射平台

亚扎哈拉（Ya－zahra）

概 述

亚扎哈拉系统为伊朗防空工业集团对法国汤姆逊-CSF 公司（现为泰勒斯法国分公司）的 R440 响尾蛇地空导弹系统进行仿制的近程地空导弹系统。该系统使用的部分导弹为 1980 年两伊战争时期缴获自伊拉克的型号。伊朗使用天空卫士雷达替换了法国汤姆逊-CSF 公司的 Mirador IV 雷达，可复合使用雷达、电视、红外指令进行视距内制导。该导弹系统单发杀伤概率为 80%，双发杀伤概率为 96%。

主要战术技术性能

对付目标		各类作战飞机
最大作战距离/km		12
最大作战高度/km		5.5
最大速度（Ma）		2.18
制导体制		复合使用雷达、电视、红外指令进行视距内制导
发射方式		倾斜发射
弹长/m		2.93
弹径/mm		154
发射质量/kg		85.1
动力装置		单级固体火箭发动机
战斗部	类型	高爆破片式战斗部
	质量/kg	13.5
引信		红外近炸引信

亚扎哈拉防空导弹系统

米萨格-1（Misagh-1）

概　述

米萨格-1是伊朗航天工业组织仿制前卫-1单兵便携式地空导弹研制的单兵便携式地空导弹。该导弹采用红外制导，具有全向攻击能力，由一次性发射筒、发射装置、电池与冷却装置构成。目前该导弹已停止生产。

米萨格-1系统

主要战术技术性能

对付目标		低空飞机、直升机、无人机等
最大作战距离/km		5
最小作战距离/km		0.5
最大作战高度/km		4
最小作战高度/km		0.03
最大速度（Ma）		1.74
弹长/m		1.477
弹径/mm		71
发射质量/kg		10.86
动力装置		固体火箭发动机
战斗部	类型	高爆破片式杀伤战斗部
	质量/kg	1.42
引信		触发引信

米萨格-2（Misagh-2）

概　述

米萨格-2单兵便携式防空导弹为伊朗在米萨格-1单兵便携式地空导弹基础上的改进型号。该导弹为全向红外制导，由一次性发射筒、发射机构和电池与冷却装置构成。米萨格-2导弹已完成研制，现装备伊朗陆军。

米萨格-2系统发射场景

主要战术技术性能

对付目标		直升机、无人机、低空飞行飞机等
最大作战距离/km		5
最大作战高度/km		3.5
最大速度（Ma）		2
制导体制		红外制导
弹径/mm		71
发射质量/kg		12.74
动力装置		固体火箭发动机
战斗部	类型	高爆战斗部
	质量/kg	1.42

以色列

阿达姆斯（ADAMS）

概　述

阿达姆斯地空导弹系统

阿达姆斯（Air Defense Advanced Mobile System，ADAMS）是由以色列飞机工业公司和拉斐尔武器发展公司联合研制的一种陆基垂直发射点防御地空导弹系统，采用巴拉克导弹，能有效对付巡航导弹、防区外发射武器、飞机和直升机等目标。阿达姆斯导弹系统从20世纪80年代开始研制，1985年提出方案论证，1986年5月开始进行陆基试验，1987年进行了导弹垂直发射试验，成功地拦截了一枚导弹，1991年8月进行了导弹全系统的试验。

阿达姆斯导弹系统目前已经批量生产，并主要用于出口，用户为委内瑞拉。单枚巴拉克导弹价格为38.1万美元（1994年），阿达姆斯导弹系统售价为425万美元（不包括运输车和导弹）。拉斐尔武器发展公司计划对阿达姆斯导弹系统进行改进后向北约以及东欧国家出售。

主要战术技术性能

对付目标	巡航导弹、防区外发射武器、飞机和直升机
最大作战距离/km	12

续表

最小作战距离/km	0.5
最大作战高度/km	10
最小作战高度/km	0.03
最大速度(Ma)	2
机动能力/g	25
反应时间/s	6
制导体制	视线指令制导
发射方式	垂直发射

系统组成

阿达姆斯地空导弹系统是由巴拉克舰空系统改进而来的,由导弹系统和辅助装置组成。导弹系统主要包括装有12枚导弹的垂直发射系统、火炮子系统、用于搜索和跟踪的密集阵火控雷达、火控系统及有关的发射控制和导弹选择装置。辅助装置包括提供动力的成套设备和为系统提供制冷的装置。所有这些分系统均装在一辆8×8卡车上。

导弹 阿达姆斯导弹系统采用巴拉克导弹,其主要战术技术性能以及导弹构成均与巴拉克导弹系统相同,但探测和跟踪雷达以及火控系统不同。

阿达姆斯地空导弹系统中使用的巴拉克导弹

探测与跟踪 阿达姆斯导弹系统的探测与跟踪系统由搜索雷达、跟踪雷达和光电设备组成,具有全天候作战及抗电子干扰能力。搜索雷达采用泰勒斯荷兰公司生产的SMART-2 MK-2脉冲多普勒雷达,具有边扫描边跟踪的能力,可同时跟踪20个马赫数为0.3~3的目标,搜索和探测距离超过20 km。跟踪雷达为搜索、跟踪和制导雷达,工作在X波段和K波段,可提供目标的位置信息和导弹制导指令,可同时攻击2个目标。整个制导系统能以自主方式工作,完成从探测目标到进行拦截的作战全过程。

发射装置 阿达姆斯导弹系统采用12联装箱式垂直发射系统，安装在8×8卡车的后部，12枚导弹都处于待发状态，而且无须再装填。每个发射箱的尺寸为300 mm×350 mm×2 500 mm。导弹在箱内储存时，导弹的弹翼和舵面折叠。发射系统也可以固定在地面上，其个数根据需要可为8个、12个、16个或更多。

作战过程

当阿达姆斯导弹系统的探测系统探测到目标后，在1 s内指控系统启动导弹发射程序，把目标参数传输到导弹上。导弹垂直发射0.6 s后转向目标，以马赫数为2的速度飞行，并由跟踪雷达自动制导。在导弹飞行末段，跟踪雷达负责跟踪目标和导弹，导弹采用指令制导。在进行拦截前，导弹根据地面指令激活近炸引信，由引信探测目标，调整引信的延迟量，适时引爆战斗部毁伤目标。如果第一枚导弹未能击中目标，导弹系统立即发射第二枚导弹。如果目标已被摧毁，马上转而攻击其他目标。实施拦截后，阿达姆斯导弹系统将启动杀伤评估装置，停止对已被导弹击中的目标进行攻击。

发展与改进

2001年，拉斐尔武器发展公司和以色列飞机工业公司合作研制增强型巴拉克导弹用于阿达姆斯导弹系统。阿达姆斯导弹系统的发展型号为：阿达姆斯/高价值阵地防御系统（ADAMS/HVSD），是将巴拉克导弹与美国20 mm口径高炮集成的弹炮结合防空系统；闪电（Relampago）系统，为阿达姆斯导弹系统的出口型。

斯拜德尔（SPYDER）

概 述

斯拜德尔是以色列拉斐尔武器发展公司在怪蛇-5（Python）近程空空导弹和德比（Derby）中程空空导弹基础上改进的中低空地空导弹系统，用于对付低空飞行的固定翼飞机、直升机、无人机、巡航导弹等空中目标，可为地面固定设施和机动部队提供防空保护。目前，斯拜德尔导弹系统有斯拜德尔和斯拜德尔-MR两种型号。

斯拜德尔地空导弹系统于2004年在印度新德里初次亮相，2005年被推介给印度空军。2008年9月，印度决定购买18套斯拜德尔导弹系统，首套系统于2011年交付，2012年以前完成全部交付工作。

斯拜德尔地空导弹系统

主要战术技术性能

型号	德比	怪蛇-5
对付目标	低空飞行的固定翼飞机、直升机、无人机和巡航导弹	
最大作战距离/km	15	
最小作战距离/km	1	
最大作战高度/km	9	
最小作战高度/km	0.02	
制导体制	惯导＋数据链指令修正＋末段主动雷达寻的制导	双波段红外成像制导
发射方式	4联装倾斜发射	
弹长/m	3.621	3.0
弹径/mm	160	
翼展/mm	640	350
发射质量/kg	118	105
动力装置	固体火箭发动机	
战斗部	高能破片式杀伤战斗部	
引信	近炸引信	主动激光引信

系统组成

斯拜德尔导弹系统主要由指挥控制单元（CCU）、发射单元（MFU）、野战支援车、导弹供给车等组成。其中，指挥控制单元配有艾尔塔公司研制的 EL/M2106 ATAR 三坐标搜索雷达、敌我识别器和通信装置,发射单元可以装载任意方式组合的德比导弹和怪蛇-5导弹。

斯拜德尔导弹系统组成示意图

斯拜德尔导弹系统可独立作战,也可由多个发射单元组成导弹连。每个导弹连由1个指挥控制单元和6个导弹发射单元组成。该系统可同时控制20枚导弹的发射和飞行。斯拜德尔导弹系统采用了无线数据链,可使导弹发射车与指挥控制车相距10 km部署。

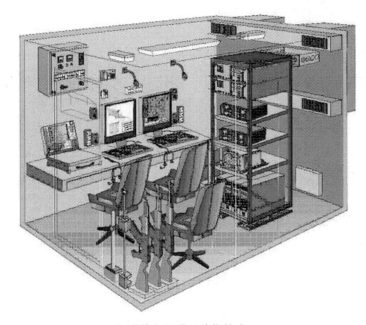

斯拜德尔导弹系统指控中心

导弹 德比导弹鼻端有4个三角形控制舵面,紧随其后有2个可移动矩形控制翼,导弹尾部有4个截角三角形尾翼。

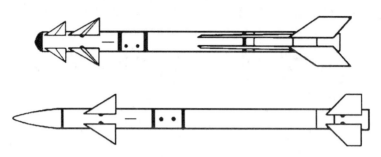

怪蛇-5导弹（上）和德比导弹（下）外形示意图

探测与跟踪 斯拜德尔导弹系统的探测与跟踪由光电传感器、EL/M2106 ATAR 三坐标搜索雷达等完成。导弹发射车上装有两个小型宽带天线，其中一个用于接收信息，另一个用于将信息发送给导弹。EL/M2106 ATAR 雷达工作在 X 波段，可以同时跟踪 60 个目标，具有 360°覆盖能力，作用距离为 60 km，具有全天候作战和抗强电磁干扰的能力。

发射装置 4 联装发射架安装在可 360°旋转的转塔上，导弹采用倾斜发射。导弹可在发射前锁定目标，也可在发射后锁定目标。在多数情况下，导弹导引头在发射前就锁定了目标。导弹的再装填时间少于 15 min。

斯拜德尔导弹系统发射车

发展与改进

斯拜德尔导弹系统的改进型为斯拜德尔-MR，可为城市和机动部队提供防护，对付巡航导弹、无人飞行器、防区外发射武器等，并具备网络化作战、多目标杀伤、快速反应

（反应时间为 2 s）和机动能力强等优势。

斯拜德尔-MR 导弹系统采用的导弹飞行速度更快，系统作战空域更大（作战距离为 1~35 km，作战高度为 20 m~16 km），火力更强［导弹为 8 联装、近垂直（85°）发射］，系统的反应速度更快。

斯拜德尔-MR 地空导弹系统用 MF-2238 STAR C 波段相控阵监视和制导雷达替换了 EL/M2106 ATAR 雷达，作用距离扩大至 100 km。该雷达既可与指挥控制单元相连，也可与区域防控网络相连，使该系统具有网络化作战能力。

红色天空（Red Sky）

概 述

红色天空是以色列军事工业公司研制的一种超近程地空导弹系统，主要用于拦截低空飞行的飞机。该导弹系统具有外形紧凑和模块化结构等特点，可扩展现役单兵便携式地空导弹的性能；而且具有很强的适应性，能与不同的便携式导弹结合使用，并可以通过直升机、小型海军舰艇和轻型地面车辆进行运输。以色列军事工业公司开发该导弹系统的目的在于满足战场上对于超近程地空导弹系统指挥和控制的需要。目前，该导弹系统主要围绕俄罗斯的针（SA-18）导弹进行开发，也能与其他单兵便携式导弹兼容。

以色列在红色天空导弹系统的基础上发展了红色天空-2 导弹系统。目前，红色天空导弹系统已经完成了研制。

红色天空地空导弹系统

系统组成

红色天空导弹系统主要由红外传感器、跟踪和发射单元，以及指挥、控制和通信单元组成。

导弹 目前，红色天空导弹系统采用俄罗斯的针导弹，还可以采用其他便携式"发射后不管"导弹。

探测与跟踪 红色天空导弹系统的探测装置为红外传感器（IRS）。红外传感器安装在一个两轴万向节三角架上，其主要设备是一个宽视场（WFOV）前视红外仪，能够全天候连续被动扫描。前视红外仪能够连续产生实时视频图像并传递给指挥、控制和通信 C3 系统。C3 系统的先进目标探测算法可对图像进行处理。红外扫描器的水平目标视场为 $\pm 160°$，垂直目标视场为 $\pm 30°$，红外扫描器的扫描频率为 40（°）/s。

红色天空导弹系统的跟踪单元包括激光测距仪和高精度前视红外仪。前视红外仪的宽视场为 5°，窄视场为 1°。跟踪单元能够跟踪目标并提供目标的坐标信息。跟踪单元的水平目标视场为 $\pm 160°$，垂直目标视场为 $\pm$（$10° \sim 70°$）。

指控与发射 红色天空导弹系统的指挥、控制和通信系统是一个基于个人计算机的系统，可以处理获取的视频信号，进行目标探测和火力控制，并完成对目标的作战控制。

红色天空导弹系统采用倾斜发射方式，发射装置安装在三脚架上，可以携带 2 枚导弹。

作战过程

红色天空导弹系统可对低空飞行的飞机进行被动监视、自动报警和多目标同时探测与跟踪。红色天空导弹系统可对指定的目标提供射击武器选用提示和优化射击决策。作战时，红色天空导弹系统只需 1 人操作，但在系统机动和展开时，需要另外两人协助。

发展与改进

红色天空-2 是一种按照模块化设计的近程防空系统，与红色天空导弹系统类似，其改进之处在于扩大了探测系统在垂直方向上的目标探测视场。

Machbet

概　述

　　Machbet 是以色列飞机工业公司 MBT 分部为满足以色列空军作战需求而研发的弹炮结合近程防空系统，装在先进的主战坦克上，用于拦截来袭的低空飞机。Machbet 系统于20 世纪 90 年代开始研发，1997 年进行试验，1998 年正式装备部队。受预算影响，以色列空军计划将 Machbet 系统装在 Hovet 装甲车上。

　　Machbet 系统是以色列在美国 M163 伏尔康 20 mm 口径自行式防空炮基础上改进的，在 M113 装甲车顶部左侧安装了 4 联装"发射后不管"的毒刺地空导弹发射架。Machbet 系统由 1 800 发 20 mm 口径炮弹和 8 枚毒刺导弹、EL/M 2 106 搜索雷达、电视和前视红外目标自动跟踪系统组成，也可使用西北风、针-1（SA-16）、针（SA-18）及其他近程地空导弹。Machbet 系统对直升飞机的最大作战距离为 6 km，最小作战距离为 500 m。电视和前视红外目标自动跟踪系统能够与本地高功率雷达共享情报信息。每套 Machbet 系统配备 3 名作战人员，总质量为 12 t。截至 2005 年，以色列的大部分 M163 都已升级为 Machbet 系统。

Machbet 弹炮结合近程防空系统

鹰眼（Eagle Eye）

概　述

鹰眼是以色列飞机工业公司 MBT 分部为以色列国防军研制的近程弹炮结合防空系统，是根据该公司研发 Machbet 弹炮结合近程防空系统的经验开发的，提高了目标探测、捕获和跟踪能力，增强了系统的作战能力。鹰眼系统可安装在 M113 轻型装甲车上，也可安装在轮式装甲车上。

鹰眼系统由装在 4 联装发射架上的毒刺导弹和 7.62 mm 火炮、搜索雷达、光学系统、电视和前视红外系统组成，总质量为 1 t。搜索雷达安装在战车后部，探测距离为 20 km；光学系统探测距离为 9～10 km，捕获距离为 6～7 km，俯仰角为 $-8°\sim 70°$，方位角和俯仰角的最大角速度均为 120（°）/s。

鹰眼系统反应时间短，可昼夜作战，其搜索雷达能够探测低空飞机和悬停直升机，还可通过光学系统探测和识别目标。

意大利

靛青（Indigo）

概 述

靛青是意大利西斯特尔公司和伽利略公司联合研制的一种机动型全天候低空近程地空导弹系统，主要用于对付超声速飞机，担负要地防空和野战防空任务。

靛青导弹系统可发射一枚或齐射两枚导弹攻击一个目标，分为牵引式和自行式两种型号。牵引式是基本型，1962年开始研制，1971年装备意大利陆军；自行式是改进型，称为靛青 MEI 系统，1971年开始研制，1978—1979年进行了一系列竞争性飞行试验，最后被意大利陆军选中，1982年开始小批量生产。

靛青导弹系统只装备意大利陆军，约装备 1 000 枚导弹，现已退役。

主要战术技术性能

对付目标	超声速飞机
最大作战距离/km	10
最小作战距离/km	1
最大作战高度/km	5
最小作战高度/km	0.015
最大速度（Ma）	2.5
杀伤概率/%	单发 50（牵引式），80（自行式）；双发 96（自行式）
反应时间/s	4.5～9
制导体制	雷达或光学跟踪＋无线电指令制导

续表

发射方式	箱式倾斜发射
弹长/m	3.3
弹径/mm	195
翼展/mm	813
发射质量/kg	120
动力装置	1台固体火箭发动机
战斗部 类型	破片式杀伤战斗部
战斗部 质量/kg	21
引信	触发和红外近炸引信

系统组成

牵引式靛青导弹系统由6联装导弹发射装置、CT40-GM火控系统、LPD-20搜索雷达和电源4部分组成，它们分别装在不同的拖车上；自行式靛青导弹系统由6联装导弹发射装置、搜索雷达、跟踪雷达和光学瞄准跟踪设备组成，它们分别装在两辆履带车上。靛青导弹系统另有一辆后勤保障车，车上装有液压起重机和6枚（或12枚）待装填导弹。

导弹　靛青导弹弹体为细长圆柱体，头部为锥形，采用旋转弹翼式气动布局。截尖三角形全动式弹翼安装在导弹质心附近，导弹尾部装有4片矩形稳定尾翼。弹翼与尾翼按××形配置，两对尾翼的翼尖上分别安装指令接收天线和应答发射天线。尾部装有曳光管，为地面红外跟踪器提供红外信号。导弹根据所接收的制导信号，由执行机构通过弹体中部的4片全动式翼面来控制导弹的俯仰和偏航。

靛青导弹

靛青导弹采用1台固体火箭发动机，装药为无烟双基推进剂，质量为40 kg，燃烧时间为2.5 s，总冲为91.12 kN，最大推力为36.75 kN。

探测与跟踪　牵引式靛青导弹系统的跟踪雷达称为超蝙蝠雷达。该跟踪雷达通常与LPD-20脉冲多普勒搜索雷达配合工作，提供目标指示；其作用距离约为20 km，角分辨率为1.4°，距离分辨率为500 m，配有敌我识别器。自行式靛青MEI系统的搜索雷达是一部米拉多相干脉冲多普勒雷达，工作在S波段（2~4 GHz），采用边扫描边跟踪技术，能同时跟踪20多个目标,并配有敌我识别器;跟踪雷达是一部爱尔多拉多相干单脉冲雷达,由法国汤姆逊-CSF公司生产,工作在X波段(8~12.5 GHz),装有动目标显示装置,能较精确地跟踪低空目标。后来,这两部雷达都被意大利塞列尼亚和康特拉夫斯公司研制的同类雷达代替。

红外跟踪器具有宽、窄两种视场,宽视场用来捕获飞行起始段的导弹,并将其引入跟踪雷达波束中;窄视场用来跟踪导弹,其方位跟踪精度不超过0.1 mrad。红外跟踪器与光学瞄准装置配合工作,以实现光学跟踪和无线电指令制导。指令发射机工作在X波段,频率可调,以编码形式发送指令。光学瞄准装置采用一个单物镜双筒潜望镜,由射手控制跟踪瞄准目标。

指控与发射　牵引式靛青导弹系统配用的CT40—GM火控系统单独装在一辆拖车上,包括超蝙蝠跟踪雷达、红外跟踪器、指令发射机和计算机等部分。跟踪雷达受到严重电子干扰时,可采用光学瞄准装置捕获跟踪目标,并由红外跟踪器跟踪导弹,测出导弹相对于光学瞄准线的偏差量,经计算机处理产生控制指令,发送给导弹,实施光学跟踪和无线电指令制导。自行式靛青MEI系统配用一套新型火控系统,其中包括跟踪雷达、搜索雷达、光学瞄准装置、红外跟踪器、指令发射机和计算机等设备,整个火控系统装载在一辆M-548型履带车上。

牵引式和自行式导弹系统的发射装置基本相同,均由6联装发射箱、调平装置、旋转机构和俯仰机构等部分组成。6个发射箱按3个1组分上下2层前后错开排列。作战时车上无人操作,而由火控车通过电缆遥控,可单枚或双枚发射。发射装置需要借助运输装填车进行装填,装填6枚导弹的时间约为5min。

靛青MEI系统火控车

靛青MEI系统发射车

作战过程

靛青导弹系统全部作战过程由指挥系统控制。目标进入搜索雷达探测范围时,作战程序启动,火控系统收到目标指示信息,转入跟踪状态。当目标进入导弹的作战范围时发射导弹。红外跟踪器的宽波束将导弹引入雷达波束。跟踪雷达在跟踪目标的同时，接收导弹的应答信号，测量导弹的空间位置参数。目标和导弹参数通过计算机处理产生控制指令制导导弹，使其按导引规律逐渐接近目标。在导弹与目标达到一定距离时，由引信引爆战斗部摧毁目标。

斯帕达（Spada）

概　述

斯帕达是由意大利塞列尼亚公司研制的全天候低空近程地空导弹系统，可以防御低空飞行的作战飞机和巡航导弹，用于要地防空，保卫机场、港口等。该系统采用阿斯派德MK1导弹。斯帕达导弹系统的舰载型为信天翁导弹系统。斯帕达导弹系统于1969年开始研制，1977年试生产，1978年批量生产，到2005年年底共生产了约6 410枚导弹。阿斯派德MK1导弹总研制费用约为5 000万美元，每枚导弹价格为19.5万美元（1995年）。斯帕达导弹系统除主要满足意大利空军的需要外，还销往泰国、西班牙等国家。

主要战术技术性能

对付目标	目标类型	低空飞行的作战飞机和巡航导弹
	机动能力/g	≤3
最大作战距离/km		15
最小作战距离/km		1
最大作战高度/km		6
最小作战高度/km		0.018
最大速度(Ma)		2.5
机动能力/g		30
杀伤概率/%		80
反应时间/s		10
制导体制		半主动雷达寻的制导
发射方式		箱式倾斜发射
弹长/m		3.7
弹径/mm		203

续表

翼展/mm		800
发射质量/kg		220
动力装置		1台固体火箭发动机
战斗部	类型	破片式杀伤战斗部
	质量/kg	32.8
引信		无线电近炸和触发引信

系统组成

斯帕达导弹系统作战连由 2 个发射分队和 1 个探测中心组成。探测中心包括搜索雷达、作战控制中心和其他相关设备；发射分队包括火控中心（由跟踪照射雷达天线和电视传感器组成）、控制单元舱、2 部 6 联装导弹发射架、发射控制装置和电源等。

导弹 阿斯派德导弹弹体呈细长圆柱形，头部为尖卵形，采用旋转弹翼式气动布局，弹翼和尾翼均为×形配置。除天线整流罩为可熔氧化硅高频陶瓷、战斗部外壳为钢材外，弹体大都为轻型金属合金。

阿斯派德导弹采用意大利 SNIA - BPD 公司研制的单级固体火箭发动机，总质量为 102.5 kg，装药为聚丁二烯复合推进剂，质量为 55 kg，燃烧时间约为 3.5 s，推力约为 125 kN。

阿斯派德导弹为半主动连续波雷达寻的制导，采用意大利阿莱尼亚防务公司研制的单脉冲倒置雷达导引头。导引头工作在 X 波段（8～10 GHz），前接收机采用单脉冲跟踪和中频窄带技术（带宽为 1 kHz），天线转动范围为 -50°～50°，跟踪误差为 -0.3～0.3 mrad；后接收机动态范围约为 80 dB。导引头设有一条跟踪干扰通道，与前接收机通道并行，带宽较宽，用以跟踪目标干扰源，当地面跟踪照射雷达受到目标的电子干扰时，可通过接收目标释放的电子干扰信号得到制导指令；一旦目标停止干扰，则恢复半主动雷达寻的制导。液压传动装置通过发电机产生的动力控制导引头天线和导弹的稳定翼。

破片式杀伤战斗部装药质量为 8 kg，预制破片共有 10 000 块。每块破片平均质量约 2 g，破片飞散角为 40°，杀伤半径为 10 m。导弹采用触发引信和脉冲多普勒近炸引信，工作在 X 波段，用开槽波导天线，装在弹体前部相对的两个外侧。

探测与跟踪 斯帕达导弹系统采用比例导引法，半主动雷达寻的，由地面雷达跟踪并照射目标，弹上导引头接收目标的反射信号，使导弹飞向目标。

探测与跟踪主要由搜索雷达和跟踪照射雷达完成，跟踪照射雷达包含跟踪雷达、连续波发射器和共用天线。此外，还有一个电视传感器，用于支援跟踪雷达，并辅助进行目标识别、分类和杀伤评估。

搜索雷达为改进的冥王星相干脉冲雷达，采用末级行波管放大的相干脉冲压缩发射机

阿斯派德导弹

发射编码脉冲,脉冲宽度和重复频率可变,重复频率可预先装定或进行 6 挡的随机变换。此外,雷达还采用了频率捷变技术,以提高抗干扰能力;采用超外差/双通道式恒虚警接收机,使噪声小于 3 dB;动目标显示通道采用线性放大电路,使其改善因子大于 45 dB。雷达采用喇叭馈源的双曲面天线。信号处理机配有输入/输出相位检测器、数字匹配滤波器、幅度检测器及方位相干器(活动窗口和图像识别)。

搜索雷达工作在 E/F 波段,峰值功率为 135 kW,波束宽度为 1.5°(水平)、4°(垂直),天线转速为 30 r/min,转动范围:方位角为 360°,俯仰角为 $-2°\sim 5°$。目标探测概率为 80%。

跟踪照射雷达为双波段雷达,是舰载 RTN-30X 雷达的派生型,主要用来跟踪、照射目标,也能搜索目标。若搜索雷达发生故障或受到干扰,照射波段接通后 10 s 内仍得不到目标指示信息,就自动转入搜索状态,采用末级行波管放大的链式相干发射机,并采用频率捷变、动目标显示及杂波抑制等抗干扰措施。

跟踪照射雷达工作在 X 波段(目标照射),波束宽度水平方向为 2.5°(跟踪),垂直方向为 3°(跟踪),天线转速为 15 r/min,作用距离大于 30 km。

指控与发射 指控系统包括 2 台 NDC-160 型计算机、无线电收发机及 3 个控制台,可进行相关处理、威胁判断、火力分配、计算杀伤概率及与各级指挥机关和友邻部队进行通信联络。

斯帕达导弹系统采用意大利奥托·梅莱拉公司研制的 6 联装发射架,导弹平时封装在各自的发射箱中,作战时发射架与跟踪照射雷达天线同步旋转,可旋转 360°,以 30°固定仰角发射导弹。导弹再填装需要借助吊车,再装填时间为 5~15 min。

斯帕达导弹系统发射场景

作战过程

搜索雷达搜索、截获目标,并对目标进行敌我识别和威胁等级分类,选择火控中心,为其提供目标信息。跟踪照射雷达截获并跟踪目标,发射架指向目标,火控中心计算拦截时机。导弹发动机点火,导弹离开发射架后,弹上半主动雷达导引头截获目标,制导导弹飞向目标。整个作战过程自动完成。

发展与改进

阿斯派德导弹经过不断改进,形成了多个型号,即阿斯派德 MK1、阿斯派德 MK1A、阿斯派德 MK2、阿斯派德 AS3 和阿斯派德 2000。其中,阿斯派德 MK1 是阿斯派德导弹的基本型。阿斯派德 MK1A 是阿斯派德导弹的空射改型,同地空型阿斯派德导弹相比,空射型导弹翼展更大,具有可动控制舵,可达到马赫数为 4 的飞行速度。阿斯派德 MK2 是为了拓展阿斯派德导弹在北约和其他国家的市场而研制的。同阿斯派德 MK1 相比,阿斯派德 MK2 采用主动雷达导引头。但是,1995 年阿莱尼亚防务公司宣布停止了阿斯派德 MK2 导弹的研制工作。阿斯派德 AS3 装有主动雷达寻的导引头,属中程空射型导弹。阿斯派德 2000 是阿斯派德导弹的最新改型,采用了新型发动机,作战距离和飞行速度增加了 30%~40%。阿斯派德 2 000 导弹为主动雷达寻的,最大作战距离为 24 km,最大作战高度为 8 km。

斯帕达导弹系统发展改进后主要形成了天卫/阿斯派德导弹系统、斯帕达 2000 导弹系统和区域多目标拦截系统(ARAMIS)。

天卫/阿斯派德导弹系统　采用天卫火控系统和阿斯派德导弹,已装备意大利陆军,并出口到西班牙。

斯帕达 2000 导弹系统　该系统作为斯帕达导弹系统的后续发展,主要改进包括以下几点:

1) 减小系统尺寸,增加机动能力和可运输性,使整套导弹系统可通过 C-130 进行空运;

2) 导弹系统采用了阿斯派德 2000 导弹,飞行速度更快,而且作战距离增大至 24 km;

3) 导弹系统可以接入局域防空网络,可同其他 10 个近程防空武器(如便携式导弹)协同作战;

4) 导弹系统具备嵌入式作战模拟功能;

5) 导弹系统具有导弹任务计划能力。

斯帕达 2000 导弹系统作战设想图

斯帕达 2000 导弹系统主要由 1 个探测中心和 4 个发射分队组成。探测中心包括 1 个安装在方舱中的 RAC 三坐标搜索雷达(探测距离可达 45 km)和作战中心;发射分队包括火控中心和 6 联装导弹发射架。探测中心和发射分队可以灵活部署,两者距离可在 5 km(通过无线数据链连接)或 1 km(通过电缆相连)。斯帕达 2000 导弹系统目前已装备意大利空军,并出口到泰国、西班牙。

区域多目标拦截系统　为了探索阿斯派德 2000 导弹的新能力,意大利阿莱尼亚防务公司开展了区域多目标拦截系统的研究。该系统既可以提供要地防护,也可以保卫移动目标。

区域多目标拦截系统（ARAMIS）

概　述

区域多目标拦截系统（Area Multiple Intercept System，ARAMIS）是意大利阿莱尼亚防务公司研制的具有多目标拦截能力的地空导弹系统，既可以提供要地防护，也可以保卫地面机动目标，对于低空飞行的飞机和巡航导弹，具有更好的低空目标识别能力和更大的目标探测范围。

ARAMIS 是在斯帕达地空导弹系统的基础上改进而来的，用于填补远程地空导弹和近程地空导弹之间的作战空隙。ARAMIS 采用了阿斯派德 2000 导弹，装备了新型雷达。ARAMIS 主要用于出口，目标市场是中东、亚洲和南美。

区域多目标拦截系统

主要战术技术性能

对付目标	低空飞行的飞机和巡航导弹
最大作战距离/km	24

续表

最大作战高度/km	8
最小作战高度/km	0.01
最大速度(Ma)	2.5
机动能力/g	9
制导体制	半主动雷达寻的制导
发射方式	6联装箱式倾斜发射
弹长/m	3.70
弹径/mm	203
翼展/mm	680
发射质量/kg	241
动力装置	单级固体火箭发动机
战斗部	高能破片式杀伤战斗部
引信	无线电近炸和触发引信

系统组成

ARAMIS作战连由1个连控制站和4个发射单元组成。发射单元可通过线缆（最远1 km）或无线数据链（最远5 km）与连控制站通信。连控制站由防核生化、抗电磁干扰的指挥站和搜索雷达构成。每个发射单元都装备有X波段目标搜索和跟踪雷达，可以使系统同时打击4个目标。

导弹 ARAMIS采用阿斯派德2000导弹，导弹性能详见本手册斯帕达（Spada）部分。

探测与跟踪 二坐标频率捷变雷达可同时跟踪50个目标，具有干扰源定位能力。雷达天线安装在10m高的可伸展桅杆上，对空中目标的探测距离可达45 km。导弹系统作战中心安装在桅杆后面，用于监控雷达和发射装置的输出信息，对作战过程进行组织协调。

发射装置 发射装置为6联装无人自动装填设备，在作战过程中受连控制站直接控制。

作战过程

连控制站对目标进行威胁等级评估后，将目标信息分发给4套发射单元。发射单元接到目标指示数据后自动执行目标截获和跟踪动作。每套发射单元都能在连控制站的控制下完成目标的自主打击，因此ARAMIS可同时打击4个目标。

印 度

特里舒尔（Trishul）

概 述

特里舒尔是一种海、陆、空三军通用型近程地空导弹系统，主要对付各类低空、超低空飞行的高性能战斗机，巡航导弹，用于要地防空和野战防空。每枚特里舒尔的价格估算为 27.84 万美元。2008 年该型号被取消。

发射中的特里舒尔导弹

主要战术技术性能

对付目标	低空、超低空飞行的高性能战斗机，巡航导弹
最大作战距离/km	9
最小作战距离/km	0.5

续表

最大作战高度/km	5
制导体制	无线电指令制导
发射方式	6联装倾斜发射
弹长/m	3.1(DMS)，3.4(Janes)
弹径/mm	335(DMS)，210(Janes)
发射质量/kg	130～230(DMS)，125(Janes)
动力装置	二级双推力固体火箭发动机
战斗部 类型	高爆破片式杀伤战斗部
战斗部 质量/kg	15
引信	近炸引信

系统组成

特里舒尔近程地空导弹系统主要由发射装置、搜索与跟踪雷达、车载指控系统和导弹等组成。

导弹 特里舒尔导弹外形类似俄罗斯黄蜂（SA-8）近程地空导弹。发动机为双推力固体火箭发动机，采用旋压铝合金结构、玻璃纤维整流罩和高强度钢壳体。

探测与跟踪 特里舒尔导弹系统采用从荷兰引进的捕蝇者雷达。搜索雷达为全相干脉冲多普勒体制，具有边搜索边跟踪能力，能同时搜索和跟踪多个目标，对雷达散射截面为 $1\ m^2$ 的目标最大探测距离约为 20 km。跟踪雷达有 X 和 Ka 两个波段，为单脉冲多普勒体制，脉冲重复频率可变，有多种发射频率可供选择，有较强的抗干扰能力。Ka 波段对付超低空快速目标能力强，能在低能见度条件下跟踪掠地飞行的目标与径向速度等于零的直升机。

发射装置 特里舒尔导弹系统采用双联装或6联装发射架。其中，双联装发射架用于陆军，装在加长型 BMP-2 战车底盘上；6联装发射架用于空军，装在履带车上。

发展与改进

作为印度自主研制军事武器装备、摆脱对进口武器依赖的一系列研发项目之一，印度特里舒尔导弹系统研制计划于 1983 年纳入印度国防部制定的综合导弹发展计划（IGMDP），1987 年进行首次发射试验，试验失败，至 1989 年第 9 次试验才取得成功。1999 年导弹首次通过印度军方用户进行测试，2000 年出现技术故障重新进行试验，2002 年 1 月成功通过系统全过程测试，但后来在追加测试试验中，再次暴露出技术问题。2005

年10月5日，特里舒尔导弹在印度昌迪普尔综合测试靶场进行了一次试验。2005年12月8日，在同一地点又进行了一次导弹发射试验。此后由于项目重构及多次部署延迟问题，导致研制成本大幅增加，最终2008年印度国防部宣布终止特里舒尔导弹研制计划。2010年，印度国防部宣布开始新型近程地空导弹研制项目，用于替代特里舒尔导弹项目。

阿卡什（Akash）

概 述

阿卡什是一种中近程地空导弹系统，主要用于拦截高速机动飞机和战术导弹，用于野战防空。

发射中的阿卡什导弹

研制中的阿卡什导弹

主要战术技术指标

对付目标		高速机动飞机及战术导弹
最大作战距离/km		25～30
最小作战距离/km		3
最大作战高度/km		18
最小作战高度/km		0.03
最大速度（Ma）		2～3.5
制导体制		惯导＋无线电指令修正＋末段主动雷达寻的制导
发射方式		3联装倾斜发射
弹长/m		5.82
弹径/mm		350
发射质量/kg		720
动力装置		1台固体火箭助推器，1台冲压发动机
战斗部	类型	破片式杀伤战斗部
	质量/kg	55
引信		无线电近炸引信

系统组成

阿卡什导弹系统主要由导弹、3联装导弹发射架、拉杰德拉相控阵雷达、指控系统及辅助设备等组成。系统全部设备装在改进的BMP-2战车底盘上。除采用BMP战车外，阿卡什导弹系统还可安装在T-72坦克以及其他改装战车上。

导弹 阿卡什导弹的总体布局与俄罗斯研制的立方（SA-6）导弹系统相似。导弹弹体为细长圆柱体，头部为尖拱形，安装在导弹中部的4个空气动力面起着翼和舵的作用。导弹尾部配置了带副翼的稳定尾翼，控制导弹转弯。位于弹体中部弹翼之间的4个长管状冲压发动机进气管，使导弹结构更加紧凑，以最大限度减小弹体体积和外形尺寸。

导弹的第一级动力装置为固体火箭助推器，主发动机为冲压发动机，助推器和主发动机的壳体分别由高强度钢和钛合金旋压制成。主发动机采用高能复合固体推进剂，其成分为精细的镁粉金属燃料、硝化纤维和硝化甘油，氧化剂为大气中的氧和高氯酸铵。

战斗部为内含预制破片式杀伤战斗部，战斗部使用非触发式引信，爆破的破片飞散距离为20 m。

装在发射架上的阿卡什导弹

探测与跟踪 阿卡什导弹系统采用以色利研制的拉杰德拉相控阵雷达，兼具搜索、识别和跟踪气动目标功能。拉杰德拉雷达工作在 X 波段，频率为 8~20 GHz，配有敌我识别系统，最大探测距离 60 km，方位扫描扇面为 ±45°，对目标距离的分辨误差为 30 m，可同时跟踪 64 个目标。该雷达可在强无线电干扰的情况下锁定目标，可制导 12 枚导弹，攻击 4 个目标。

拉杰德拉相控阵雷达

发展与改进

阿卡什导弹系统研制计划始于 1974 年，1983 年 6 月纳入印度国防部制定的综合导弹发展计划（IGMDP），1990 年进行首次发射试验，此后由于制导系统的技术问题，进行的一系列发射试验屡遭失败。2003年印度国防部曾宣布搁置该计划,后来在以色列的技术援助下恢复研制和试验。2007年11月,印度国防研究与发展组织宣布阿卡什导弹通过了印度空军的全过程测试。2012年,阿卡什导弹交付印度空军服役。2015年,阿卡什导弹进入印度陆军服役。

2017年,印度成功进行了阿卡什近程地空导弹拦截一架海妖无人机的试验。目前,阿卡什导弹仍处于持续生产阶段。

印度将继续对阿卡什导弹进行改进,用作舰空导弹系统。导弹射程将进一步改进,增大至35 km以上,用于对付更远的目标。同时还将对导弹的制导系统和战斗部加以改进,使其具有反战术弹道导弹的能力。

印度阿卡什导弹目前还没有出口国外,但其最大的一个潜在客户伊朗表示了对其极大的兴趣。阿卡什导弹系统的其他潜在客户还包括阿富汗、缅甸、斯里兰卡、非洲和一些中东国家。此外,马来西亚和越南也表示了对印度阿卡什导弹的购买兴趣。

英　国

警犬（Bloodhound）

概　述

警犬是英国布里斯托尔飞机公司研制的中高空中远程地空导弹系统，是一种固定式全天候区域防御系统，主要用于对付高空高速飞机。

警犬导弹有两种型号，警犬 MK1 和警犬 MK2。警犬 MK1 导弹系统于 1949 年开始研制，1958 年装备英国空军。针对该型号存在的作战距离不足、低空性能差、命中精度低和杀伤威力小等缺点，英国空军于 1958 年开始研制其改进型警犬 MK2。警犬 MK2 导弹系统于 1964 年 8 月完成研制并开始装备部队。

20 世纪 60 年代中期，警犬 MK1 导弹系统已全部退役，被警犬 MK2 导弹系统取代。该导弹系统除了在英国本土装备外，还装备了瑞士武装部队（64 个发射架）及新加坡空军（28 个发射架）。另外，警犬 MK2 导弹系统还装备了澳大利亚、马来西亚和瑞典等国的部队。

警犬地空导弹系统

主要战术技术性能

型 号	警犬 MK1	警犬 MK2
对付目标	高空高速飞机	
最大作战距离/km	30	85
最大作战高度/km	24	27
最小作战高度/km		0.3
最大速度（Ma）	2.2	2.7
制导体制	半主动雷达寻的制导	
发射方式	固定平台定角倾斜发射	
弹长/m	7.7	8.46
弹径/mm	530	546
翼展/mm	2 830	2 830
发射质量/kg	2 000	2 270
动力装置	4台固体火箭助推器，2台雷神BT-1冲压发动机	4台固体火箭助推器，2台改进雷神BRJ-801冲压发动机
战斗部	烈性炸药战斗部	烈性炸药或核装药战斗部
引信	近炸引信	

系统组成

警犬导弹系统由导弹、发射装置、目标指示雷达、目标照射雷达，以及通信车、发控车、指挥车等组成。

警犬导弹部队以营为建制单位，每个营由2个连组成。连是最小火力单位，能独立作战。每个连有8个发射架和1部目标照射雷达。每个营设有1个发射控制站和1部目标指示雷达。

导弹 导弹采用飞机式平面升力面配置的气动布局，按倾斜转弯方式进行水平机动。弹体头部为尖拱形，其他部分为圆柱形。在弹体中部配有1对旋转弹翼，用来进行机动飞行。当1对旋转弹翼做同方向旋转时，导弹进行俯仰方向机动；当弹翼做反方向偏转时，导弹进行水平机动。弹翼平面形状为梯形，弹翼前缘后掠角为5°，弹翼剖面为尖锐的菱形。弹翼采用蜂窝夹心结构，水平稳定尾翼与弹翼呈——形配置，其形状为矩形，翼剖面为修正菱形，最大厚度为25 mm。

弹体后部上下方各安装有1台液体冲压发动机。在弹体后部周围捆绑有4台固体火箭助推器，每台助推器的尾部装有1片大稳定尾翼，它们呈×形配置，与弹翼呈45°夹角。弹体前段由2部分组成，前部为玻璃钢制成的接收天线整流罩，后部为制导设备舱。整个弹体是气密的，弹体后部为硬壳式结构，安装有水平稳定翼与发动机支座。2台液体冲压发动机前端固定在隔框支座上，4台固体火箭助推器前端通过接头与弹体相连。

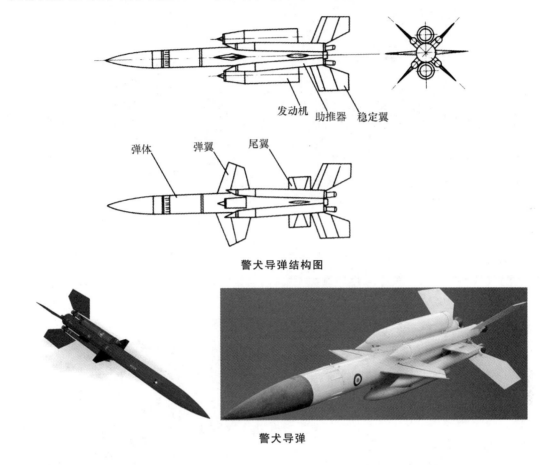

警犬导弹结构图

警犬导弹

警犬MK1导弹采用2台英国生产的雷神BT-1双激波进气道超声速冲压发动机；警犬MK2导弹采用英国罗尔斯·罗伊斯公司生产的改进雷神BRJ-801型冲压发动机。警犬MK1主发动机全长为2.54 m，最大直径为406 mm，推力为22.2～26.7 kN，使用高度为20 km，燃料采用航空煤油，耗油率为28.3 mg/（N·s）。MK2主发动机推力比警犬MK1约大1倍，为49 kN。

警犬导弹的4台固体火箭助推器，长为3 m，直径约为250 mm。其壳体由铬钼合金钢制成，壳体壁厚为1.6 mm，能承受的燃烧压力为11.67 MPa。助推器喷管向外倾斜，但4台助推器的推力轴线均通过导弹的质心。这样安装的目的是，如果有1台助推器发生故障，可减小在俯仰或偏航方向的不对称力矩。每个助推器的稳定尾翼都装有推力环，头部装有锥形帽和1个倾斜的面积为1 300 mm^{2}的小叶片。当助推器工作结束、4台助推器推力小于它们所受的空气阻力时，助推器则向后滑动。当助推器滑动到50 mm距离时，其前端固定装置脱开，4台助推器的头部向四面散开，助推器与弹体分离。

雷神冲压发动机

导弹采用全程半主动雷达寻的制导，使用比例导引法。警犬 MK1 导弹为脉冲工作体制，警犬 MK2 导弹为连续波工作体制。

探测与跟踪 警犬导弹系统采用 1 部火光（86 型）或蝎子（87 型）目标照射雷达对目标进行照射和自动跟踪。这两部雷达都是连续波多普勒自动跟踪雷达，工作在 X 波段（8~10 GHz），主天线直径为 2.1 m。

指控与发射 警犬导弹系统地面配置的目标照射雷达不断向目标发出无线电波，弹上导引头接收目标反射回来的电信号，弹上计算机解算出控制信号，这些信号通过伺服系统控制导弹飞向目标。

导弹发射架为零长发射架，其前端托在助推器的前固定处，后部托住助推器固定环。发射架有 1 条电缆和 3 根软管通入导弹，发射前通过软管给导弹加注燃料和高压空气。发射架可通过液压系统做 360°方位转动；而在俯仰方向，发射架可做 45°定角发射。

86 型火光目标照射雷达

作战过程

远程搜索雷达发现敌方目标后便开始跟踪目标,同时把目标运动的信号自动传给跟踪雷达。跟踪雷达立即捕获目标,并将目标的方位、高度、速度和航向数据传给中央控制站。中央控制站设有两个雷达指示器,其中一个指示器接收远程搜索雷达信息,而另一个则接收来自跟踪雷达的数据。当目标照射雷达开始捕获目标时,目标信号被截获,整个系统就自动指向目标;与此同时,目标信号被传到分配装置,这些数据被输入到计算装置存储器内,并在屏幕上显示出来。被选定发射的导弹,在发射架上自动与目标照射雷达方位同步运动;导弹发射后,地面配置的目标照射雷达不断向目标发出无线电波,导弹的导引头开始工作,接收目标反射回来的信号,按比例导引规律,由弹上计算机解算出控制信号,传送给伺服机构,并由伺服机构控制导弹飞向目标。

警犬导弹发射阵地

发展与改进

警犬 MK2 在基本型警犬 MK1 导弹基础上,发展了警犬 MK2 导弹。警犬 MK2 导弹采用 BRJ-801 冲压发动机(警犬 MK1 导弹使用雷神冲压发动机),使推力增加近 1 倍;警犬 MK2 导弹的半主动寻的导引头由脉冲体制改为连续波体制,从而改善了导弹的低空性能和命中精度;警犬 MK2 导弹的战斗部改为烈性炸药或核装药战斗部,增强了导弹对目标的杀伤威力。

警犬 MK3 警犬 MK3 导弹计划在警犬 MK2 导弹的基础上装备核弹头,并改进其冲压发动机和助推器,使作战距离达到 120 km。该计划于 1960 年被取消。

警犬 MK4 警犬 MK4 导弹是机动型导弹。

雷鸟（Thunderbird）

概 述

雷鸟是英国电气公司研制的半机动式全天候中高空中程地空导弹系统，主要用于要地防空，对付高度在 20 km 以下的飞机。雷鸟导弹有两种型号，即雷鸟-1 和雷鸟-2。雷鸟-1 导弹系统于 1950 年开始研制，1957 年装备英国空军；雷鸟-2 导弹系统于 1956 年开始研制，1960 年完成研制，1965 年开始装备部队。雷鸟-2 导弹系统增大了作战距离，改善了低空性能，提高了抗干扰能力，目前雷鸟导弹系统已退役。

主要战术技术性能

型号		雷鸟-1	雷鸟-2
对付目标		20 km 以下的各类高速飞机	
最大作战距离/km		56	75
最大作战高度/km		20	20
最大速度（Ma）		2.3	3.0
制导体制		全程单脉冲半主动雷达寻的制导	连续波半主动雷达寻的制导
发射方式		倾斜发射	
系统机动性		装车转运、越野运输和空运	
弹长/m		6.4	6.35
弹径/mm		530	530
翼展/mm	弹翼	1 700	1 630
	稳定尾翼	2 400	2 400
发射质量/kg		1 800（含助推器） 1 000（不含助推器）	1 800（含助推器） 1 000（不含助推器）
动力装置		4 台固体火箭助推器，1 台固体火箭主发动机	
战斗部		破片式杀伤战斗部	
引信		无线电近炸引信	

系统组成

雷鸟导弹系统由导弹、发射装置、目标指示雷达、目标照射雷达、无线电通信车、连指挥车、发控车组成；其技术保障设备有测试车、导弹装配车、运输车、起重车和电站等。全部装备可装车运输。导弹装于专用的储存装置内运输，在该专用装置内至少可存放2年且不需测试。

雷鸟导弹部队以连为建制单位，配属于英国陆军防空炮兵团，每团配2个连。连是基本火力单位，它能独立作战，由发射分队和支援分队组成。发射分队配备4个发射装置，由连指挥车统一指挥控制。

导弹 雷鸟导弹采用正常式气动布局。头部为尖拱形整流罩，罩内装有导引头天线和液压伺服装置。整流罩头部长约1.5 m，由夹层玻璃纤维材料制成，通过三排埋头铆钉铆接在连接框上。整流罩后面是电子仪器舱，舱外装有4根接收天线，舱内安装有导引头接收机和控制系统组合。其后是战斗部舱，内装战斗部和无线电近炸引信。战斗部舱后面是固体火箭主发动机燃烧室，它通过延伸喷管，穿过导弹的尾舱。尾舱内围绕延伸喷管，装有控制舵面的液压伺服机构和弹上电源。4个助推器安装在弹体中后部四周，每个助推器尾部有一片稳定尾翼，它与弹翼和舵成45°夹角。舵面用镁合金整体制成。

4台助推器捆绑在弹体周围，燃烧3s后助推器工作完毕，其前端连接装置与导弹分离。助推器长3.66 m，直径为260 mm。主发动机也为固体火箭发动机，其工作时间为60~65 s。雷鸟-2导弹的发动机采用了比冲较高的固体推进剂，从而提高了导弹的飞行速度，增大了作战距离。

安装在尾舱内的气动液压伺服机构用来操纵十形配置的舵面。两对舵面根据控制指令偏转，控制导弹拦截目标。弹上自动驾驶仪对导弹进行姿态稳定。

气动液压伺服机构由燃气涡轮驱动液压泵，推动舵机来控制舵面偏转。

战斗部采用烈性炸药破片式杀伤战斗部，通过无线电近炸引信适时起爆战斗部来摧毁目标。

导弹采用全程半主动雷达寻的制导，比例导引控制。弹上制导控制系统由半主动雷达导引头、自动驾驶仪和液压伺服系统组成。所不同的是雷鸟-1导弹采用脉冲工作体制，雷鸟-2导弹则采用连续波工作体制。

探测与跟踪 半主动雷达导引头通过弹体头部的盘状天线接收从地面照射雷达发射的经目标反射回来的信号，使陀螺进动，产生修正弹体轴线与接收天线轴线之间的角偏差信号，通过自动驾驶仪和伺服机构来控制导弹拦截目标。地面制导站有1部目标指示雷达和1部目标照射雷达。当目标的雷达散射截面为$10~m^2$时，半主动雷达导引头的作用距离约为90 km。雷鸟-1导弹采用一个两轴陀螺稳定导引头；而雷鸟-2导弹则采用两个单轴浮子陀螺稳定导引头，其优点是能够减小攻击机动目标时的误差。

地面制导站由设在指挥站内的目标指示雷达搜索和识别目标，并把识别出来的目标指示给目标照射雷达。雷鸟-2导弹系统采用的火光目标照射雷达是一种连续波雷达，工作在 I 波段，具有在地面杂波和电子干扰环境下工作的能力。

指控与发射　雷鸟导弹使用支撑式倾斜发射装置，它由一台液压千斤顶、底座和安装在旋转台上的活动升降架组成。另外，还有一种可安装在 4 轮拖车上可机动转移的发射装置。发射装置通过计算机给的信号自动指向发射方向。发射架俯仰角可调整到 90°，但导弹发射一般小于 55°。导弹再装填时间为 6 min。

作战过程

目标指示雷达搜索到目标，经过识别把目标信号送给目标照射雷达。发控车内计算机根据目标信号进行计算，控制一部或数部发射架指向目标。雷鸟导弹系统的发射阵地有两种形式，固定式和移动式。固定式发射阵地发控站大都建于地下，移动式发射阵地发射控制装置由 3t 的卡车和 1t 拖车载运。发控车上装有弹道计算机、控制面板和控制台等。发控车通过电缆与发射架、目标照射雷达和连指挥车相连接。

山猫（Tiger Cat）

概　述

山猫是英国肖特兄弟公司研制的机动型全天候低空近程导弹系统，主要用于点防御，能对付高速飞行的飞机。山猫是海猫舰空导弹系统的地基型号，可水运和空运。山猫导弹系统于 1967 年第一次试射，1970 年开始装备英国皇家空军，总共生产了 15 000 枚。山猫导弹系统先后销售到阿根廷、印度、伊朗、阿拉伯联合酋长国、南非、赞比亚、肯尼亚和卡塔尔等国家。目前，该导弹系统已停止生产。

山猫低空近程导弹系统

主要战术技术性能

对付目标	低空高速飞机
最大作战距离/km	5.5
最小作战距离/km	0.3
最大作战高度/km	4
最小作战高度/km	0.03
最大速度(Ma)	≈0.9
反应时间/s	≥6
制导体制	光学或雷达(电视)跟踪＋无线电指令制导
发射方式	3联装发射架倾斜发射
弹长/m	1.48
弹径/mm	190
翼展/mm	650
发射质量/kg	62.7
动力装置	1台固体火箭助推器,1台固体火箭主发动机
战斗部 类型	连杆式战斗部(装烈性炸药)
战斗部 质量/kg	17.2
引信	近炸和触发引信

系统组成

山猫导弹系统由1辆3联装导弹发射架拖车和1辆指挥车组成;为具备作战能力,系统可配置1部跟踪雷达。山猫导弹系统也可与40 mm以下的中小口径高炮结合使用,组成一个弹炮结合的系统,由1个火控系统统一指挥控制。

导弹 山猫导弹的气动布局、结构与海猫导弹相同。导弹气动布局为旋转翼式,弹体前部稍粗,头部呈锥形,横截面略呈方形。4个全动式弹翼在弹体中部靠前些,按+形配置,其前缘后掠角为60°;4片矩形稳定尾翼装在弹体尾部,呈×形配置,与全动式弹翼相差45°角,其中2片尾翼的翼梢装有曳光管。

探测与跟踪 山猫导弹采用光学或雷达跟踪和无线电指令制导。地面探测制导设备是一辆指挥拖车,系统还配备1部ST850型目标跟踪雷达和1套电视跟踪系统,必要时还可配备1部S860型目标搜索雷达。目标跟踪雷达、目标搜索雷达和电视跟踪系统装在1辆拖车上。

山猫导弹

ST850 型目标跟踪雷达天线装在车厢顶上。直径约 1 m 的卡塞格伦天线能以 40 r/min 的速度进行圆周扫描，俯仰扫描范围为 $-5°\sim85°$。

指控与发射　山猫指挥拖车装有光学瞄准装置、计算机、指令发射机和控制台等。光学瞄准装置用支架固定在车厢前部的顶棚上。光学瞄准装置的两侧装有操纵手柄，用以操纵瞄准装置俯仰和旋转，俯仰和旋转范围分别为 $-30°\sim60°$ 和 $170°$。控制台位于拖车车厢后部。指挥拖车能独立发现和瞄准目标，并制导导弹攻击目标。

山猫导弹系统采用 3 联装发射架，装在一辆两轮拖车上，与指挥拖车之间用电缆连接。发射架的火焰挡板为圆盘形，导弹尾部插在火焰挡板上。发射导轨在发射架上方，导弹吊挂在导轨上。作战时，发射架接收指挥拖车上光学瞄准装置传来的同步信号，并随光学瞄准装置做俯仰和方位旋转。

作战过程

光学瞄准装置捕获到目标后，系统即可发射导弹。导弹飞入瞄准装置视场内，射手操纵瞄准装置手柄，将目标保持在＋标志内，并通过拇指飞行控制器和指令发射机向导弹发出遥控指令，以控制导弹沿着瞄准线飞向目标。射手可借助导弹尾部的曳光管光源跟踪导弹。夜间，射手可采用雷达跟踪目标，可通过电视荧光屏手动制导导弹，也可由电视自动制导导弹。在恶劣气候条件下，射手需采用雷达跟踪目标，通过雷达荧光屏手动制导导弹，或由雷达自动制导导弹。

发展与改进

基于海猫舰空导弹技术的山猫导弹于 1967 年开始第一次发射试验，1970 年开始装备部队，之后陆续出口至 8 个国家。为缩短系统反应时间，20 世纪 90 年代中期英国对山猫导弹系统的雷达进行了改进,使其工作完全自动化,同时拟增装 1 部雷达监视装置,以使探测距离扩大到 60 km。从 1978 年开始,山猫系统逐步被长剑导弹系统取代。

长剑(Rapier)

概 述

长剑是英国航空航天公司研制的一种低空近程地空导弹系统,主要用于对付低空高速飞机和直升机。该系统有牵引式和车载式两种类型。该系统于 1961 年开始研制,1970 年启动低速生产,1970—1972 年进行作战评估,1972 年开始批量生产,同年开始装备英国陆军,在两伊战争、英阿马岛战争中经过实战检验。

长剑导弹系统除装备英国陆军和空军外,还出口到澳大利亚、文莱、印尼、伊朗(陆军和空军)、约旦、阿曼、卡塔尔、新加坡、瑞士、土耳其、阿拉伯联合酋长国、美国(许可证生产)和赞比亚。截至 2006 年年底,该系统总销售额超过 65 亿美元。1986 年,美国购买了 32 套火控单元和至少 1000 枚长剑导弹,总价值超过 2.87 亿美元,其中每枚导弹成本约 35.3 万美元(2003 年)。

长剑导弹系统

主要战术技术性能

对付目标	目标类型	低空高速飞机和直升机
	目标速度（Ma）	≤1.5
最大作战距离/km		7
最小作战距离/km		0.5
最大作战高度/km		3
最小作战高度/km		0.015
最大速度（Ma）		2.0
机动能力/g		22
杀伤概率/%		>70
反应时间/s		<5
制导体制		光电跟踪＋无线电指令制导
发射方式		倾斜发射
弹长/m		2.24
弹径/mm		133
翼展/mm		381
发射质量/kg		42.6
动力装置		两级双推力固体火箭发动机
战斗部	类型	半穿甲型战斗部
	质量/kg	1.4
	引信	压电式触发引信

系统组成

基本型长剑导弹系统由导弹、发射装置、探测与跟踪系统和电源等组成，全部设备装于一辆陆地流浪者吉普车和一辆拖车上，车上乘员2名；另一辆同样型号的吉普车承载备件，拖车上装有存放于箱内的导弹9枚，车上乘员3名。长剑野战标准A（FSA）导弹系统比基本型长剑导弹系统增加了1部盲射雷达。

长剑导弹系统火力单元可独立作战，也可由多个火力单元组成导弹连。每个连辖2个排，每个排辖6个火力单元，每个火力单元有1部4联装发射装置。基本型长剑导弹系统火力单元由5人组成，长剑野战标准导弹系统由7人组成。长剑导弹系统可与40 mm口径博福斯L70高炮配合使用，组成完整的防空火力网。

长剑导弹

导弹 长剑导弹采用正常式气动布局，×形翼面配置。弹体由战斗部舱、制导舱、发动机舱和控制舱等4个舱段和2组翼面组成。战斗部舱头部是易碎的塑料鼻锥，由马可尼公司研制的压电式引信的安全保险执行机构安装在战斗部后部，以保证战斗部穿入目标后触发引信。

长剑导弹采用皇家金属工业公司研制的两级固体火箭发动机。第一级助推器使导弹在较短时间内达到一定的速度，保证导弹在近界有良好的作战性能；第二级主发动机使导弹继续加速到马赫数大于2，以保证导弹能对付高速目标。

制导舱内装有电子控制组件及敏感仪表组件，控制舱内装有燃气发生器和由伺服机构驱动的燃气舵机。

导弹的战斗部装药质量为0.5 kg。当导弹头部穿入目标后，压电式触发引信引爆战斗部。

探测与跟踪 探测与跟踪系统由搜索雷达、敌我识别器、无线电指令发射机、作战区域选择器和光学跟踪装置组成。搜索雷达、敌我识别器和无线电指令发射机由雷卡雷达防务系统公司研制，安装在发射装置上。光学跟踪装置安装在一个带调平千斤顶的三脚架上，通过电缆与发射装置相连接。

搜索雷达为脉冲多普勒雷达，天线安装在发射装置圆筒形转塔顶部的天线罩内，发射机/接收机装在发射装置底部。搜索雷达工作在S波段，探测距离为15 km（探测概率为90%），探测高度为3 km。敌我识别器工作在X波段，峰值功率为30 kW，俯仰角为$-5°\sim60°$。

光学跟踪装置的跟踪范围为：方位角为360°，俯仰角为10°～60°。它由两套光学系统组成，一套是操作手捕获、跟踪目标的双目镜光学瞄准系统，其倍率可由人工或自动控制转换，搜索目标时为4.8倍，跟踪目标时为10倍，宽视场为20°，窄视场为4.8°；另一套是自动引入跟踪导弹的电视系统。两套光学系统的光轴是平行的，一旦导弹偏离瞄准线，就可测出偏差角，形成遥控控制指令。光学跟踪装置的下部是控制台，其上有操纵手柄与发射按钮等。

作战区域选择器是调整作战空域的装置，它把360°方位等分成32个扇形区，通过操纵选择开关，确定重点攻击区、非攻击区等，并为己方飞机提供安全通道，通过发射缄默开关，防止雷达向非攻击区发射电波。

DN181 盲射雷达是长剑野战标准 A 导弹系统在光学型基础上增加的一部跟踪制导雷达，由马可尼雷达系统公司研制生产。由于采用了雷达制导，长剑野战标准 A 导弹系统具有全天候作战能力。盲射雷达安装在与发射架相类似的底座上，上部方位转塔上装有主反射器、副反射器、电视引入装置和射频组合等，下部装有接收机和液压装置等。当一个目标被盲射雷达捕获跟踪并发射导弹后，系统可通过电视装置将导弹引入雷达波束，直到击落目标。

跟踪制导雷达工作在 K 波段（35 GHz），方位角为 $-290°\sim290°$，俯仰角为 $-5°\sim60°$，跟踪距离为 15 km。

发射装置 长剑导弹系统采用 4 联装发射架，它与搜索雷达、电源等设备一起装在一辆专门设计的两轮拖车上。装备展开后，拖轮和挡泥板都被拆掉，通过 4 个角上的千斤顶调整水平。4 枚导弹再装填时间为 2.5 min。

作战过程

基本型长剑导弹系统作战使用比较简便。当装备展开后，搜索雷达在方位上进行 360° 连续扫瞄，发现目标后，敌我识别器立即自动进行询问，若接到己方的应答信号，则没有进一步动作，雷达继续搜索目标；若收到敌方信号，操作手就会在耳机内听到警报信号，发射架转塔与光学跟踪装置就自动对准目标方位，操作手开始在俯仰上搜索目标。当捕获到目标后，系统就转换成跟踪方式，开始用跟踪手柄跟踪目标。当目标进入射击区，射手瞄准装置的视野内就出现灯光信号，射手立即按发射按钮发射导弹。导弹发射后，电视跟踪系统将导弹自动引入制导波束，并自动跟踪导弹尾部曳光器发出的信号，根据角偏差信号形成的控制指令，将导弹引向目标。导弹拦截结束 3 s 后，操作手可对同一目标或视场内的另一目标发射第二枚导弹。

长剑野战标准 A 导弹系统的作战过程与基本型长剑导弹系统相类似，只是当发现目标后，发射架转塔与光学跟踪装置自动在方位上对准目标的同时，盲射雷达也对准目标方位，由盲射雷达在俯仰上搜索和截获目标，光学跟踪装置随动雷达，在方位和俯仰上继续跟踪目标。如能见度允许，操作手仍可选用光学跟踪方式。如选定雷达方式，则发射架转塔就立即转向雷达方向并发射导弹。导弹发射后，电视系统把导弹引入雷达波束，最终把导弹引向目标。

发射第一枚导弹后，操作手可以选择立即启动下一次打击程序，或者发射第二枚导弹打击同一个目标或者另一个目标。

发展与改进

长剑导弹系统是 20 世纪 60 年代为满足英国陆军和空军的需求而研制的，要求系统反应时间较短，质量较小、结构紧凑，杀伤概率高，可以打击马赫数为 1.5、高度在 3 km 范围内的目标。

长剑导弹在系列发展中形成了：长剑 MK1、长剑 MK1E、长剑 MK1P、长剑 MK2。

长剑 MK1　该导弹是长剑导弹的基本型。

长剑 MK1E　该导弹是对基本型长剑导弹的战斗部进行改进而成的，主要特征是具有触发和近炸引信，杀伤能力增强，主要用于出口。

长剑 MK1P　该导弹采用红外近炸引信和新的战斗部。英国航空航天公司研制的红外引信具有瞬发和近炸功能，同改进的破片战斗部相结合，对于打击更小型的目标（如无人飞行器）有很好的效果。

长剑 MK2　该导弹采用破片式杀伤战斗部和近炸引信，以及与壳体粘合的双基推进剂火箭发动机，作战范围可以达到 10 km。它有两个类型：长剑 MK2A 和长剑 MK2B。长剑 MK2A 采用半穿甲型战斗部；长剑 MK2B 采用破片战斗部和智能红外引信，可以打击更小的目标（如无人飞行器、反辐射导弹和巡航导弹）。由于长剑 MK1 和长剑 MK2 具有相同的机械和电子接口，因此长剑导弹系统可以使用其中任何一种导弹。

长剑导弹系统在系列发展中主要形成了：长剑野战标准 A、长剑野战标准 B1、长剑 B1X、长剑野战标准 B2、长剑 2000、光学长剑、盲射长剑、履带长剑和长剑激光火。

长剑野战标准 A（FSA）　该导弹系统在基本型长剑导弹系统的基础上，配有 1 部盲射雷达。

长剑野战标准 B1（FSB1）　该导弹系统于 1979 — 1980 年开始研制，装有通过开关启动的目标指示棒，其作用是使光学跟踪设备转向目标并进行锁定。该导弹系统还装有平面阵列天线，敌我识别系统装备了自动编码变换仪。与基本型相比，FSB1 的电磁对抗性能得到了很大提高。

长剑 B1X　该导弹系统也称为长剑Ⅱ，是基本型长剑导弹系统的出口型，已出口到阿曼、新加坡、瑞士、土耳其和美国。同基本型长剑导弹系统相比，长剑 B1X 导弹系统的数字系统得到升级，可以发射长剑 MK2 导弹。

长剑野战标准 B2（FSB2）　该导弹系统亦称长剑暗火（Rapier Darkfire），1985 年开始研制，1988 年装备英国陆军。该导弹系统采用 6 联装导弹发射架，用红外跟踪仪替换了光学跟踪设备，配有改进的搜索雷达，使目标截获精度增加，探测距离提高了 50%，抗电子干扰能力增强。其火力单元装备了新的战术控制中心，还引入了新的模/数接口单元。

长剑 2000　该导弹系统也称长剑野战标准 C（FSC），装有增强型监视和跟踪雷达，详见本手册长剑 2000（Rapier 2000）部分。

此外，长剑导弹系统通过不同配置，形成了适用于不同作战环境的武器系统。比如：

光学长剑（Optical Rapier）　该导弹系统可放置在两辆路虎拖车上。

盲射长剑（Blindfire Rapier）　该导弹系统装备有马可尼空间与防务系统公司的 DN181 跟踪雷达。

履带长剑（Tracked Rapier） 该导弹系统可放置在改装过的 M548 履带车上。

长剑激光火（Rapier Laserfire） 该导弹系统是一种低成本自动化系统，装有毫米波雷达，可昼夜工作，于 1983 年开始研制，但并未生产。

长剑 2000（Rapier 2000）

概　述

长剑 2000 是英国航空航天公司研制的一种低空近程地空导弹系统，由长剑导弹系统改进而来。长剑 2000 导弹系统在长剑导弹系统应对低空飞机威胁的基础上，还能在各种复杂的气象、地理及严重的电磁干扰环境下有效地拦截垂直机动的直升机、反辐射导弹和小型目标，如各种无人机、巡航导弹等，并具有良好的防核、生、化能力。

长剑 2000 导弹系统于 1984 年启动研制工作，1991 年开始投产，1994 年具备初始作战能力。英国军方在 1997 年订购了 57 套长剑 2000 导弹系统的火力单元，43 套制导雷达，并于 1999 年年底订购了 1 800 枚长剑 MK2 导弹。除满足英国国内需求外，长剑 2000 导弹系统还出口到土耳其、智利、马来西亚等国家。土耳其订购了 840 枚长剑 MK2B 导弹（从 2002 年起开始交付）。2002 年，智利提出借助杰纳斯导弹系统（长剑 2000 导弹系统的出口型）改善防空能力。2002 年 4 月，马来西亚订购了杰纳斯导弹系统，共 15 套火力单元，每套火力单元有 9 个发射架、3 部短剑雷达和 3 部盲射雷达，2005 年该系统开始交付。

长剑 2000 导弹系统

主要战术技术性能

对付目标	低空作战飞机、直升机、无人机和巡航导弹
最大作战距离/km	8
最大作战高度/km	5
最大速度(Ma)	2.5
机动能力/g	35
制导体制	被动红外跟踪+指令制导/主动雷达跟踪+无线电指令制导
发射方式	倾斜发射
弹长/m	2.24
弹径/mm	130
翼展/mm	381
发射质量/kg	42.6
动力装置	两级双推力固体火箭发动机
战斗部	半穿甲战斗部（MK2A导弹） 破片式杀伤战斗部（MK2B导弹）
引信	触发引信（MK2A导弹） 智能红外近炸和触发引信（MK2B导弹）

系统组成

长剑2000导弹系统由发射装置、搜索雷达、制导雷达、光电跟踪装置等部分组成，全部装备分置于3辆相同的轮式拖车上。该导弹系统具有拦截双目标的能力。

导弹 长剑MK2导弹采用正常式气动布局，弹体为带长鼻锥的细长圆柱形。弹体中部有4片固定三角翼，弹体尾部有4片控制尾翼，三角翼与尾翼呈++形配置。

导弹的动力装置采用英国皇家军械公司研制的两级双推力固体火箭发动机，可使导弹的最大飞行速度增加到马赫数为2.5。

长剑MK2导弹有两种战斗部。MK2A导弹采用半穿甲战斗部，质量为1.4kg，配触发引信；长剑MK2B导弹采用破片式杀伤战斗部，配红外近炸和触发引信。红外近炸引信使用1个红外激光发射机和4象限光学接收机，经过智能信号处理，能够确定对目标的最佳起爆距离以起爆战斗部。

探测与跟踪 探测与跟踪系统由光电跟踪装置、搜索雷达、制导雷达等组成，采用自动瞄准线指令制导。

光电跟踪装置位于2部4联装导弹发射架之间，具有红外对抗能力，作用距离为

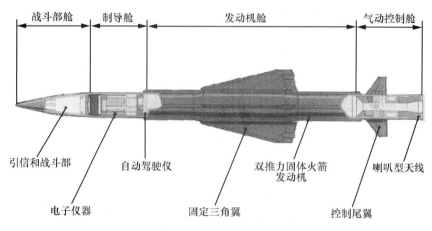

长剑 MK2 导弹结构图

15 km。系统采用被动扫描方式,可全天候提供搜索、截获和跟踪信息,信息由一套综合性威胁评估算法进行处理,并根据预先确定的威胁程度来分配目标。

搜索雷达为西门子公司普莱赛分公司研制的 X 波段三坐标搜索雷达,采用大规模硅集成电路和 1 个平面阵天线,并配有敌我识别系统。该雷达的紧凑型大功率发射机采用了行波管技术,雷达的高速数据处理单元具有实时优选功能,可自动完成目标的识别、威胁评估、攻击目标的分配等。由于采用了极窄波束与极低旁瓣技术,雷达具有极高的瞄准精度和多目标分辨能力。同时,由于采用了快速傅里叶变换处理技术,使雷达具有极好的速度分辨和杂波抑制能力。该雷达能在严重的干扰环境下探测具有小雷达散射截面的目标(如无人机和巡航导弹)及隐身目标。在探测到来袭目标为反辐射导弹的情况下,搜索雷达的警戒波束会自动关闭。

搜索雷达工作在 X 波段(10~12GHz),天线转速为 30 r/min 或 60 r/min,最大探测距离为 15 km,最大探测高度为 5 km,探测目标数量为 75 个。

长剑搜索雷达车

制导雷达为马可尼指挥和控制系统公司研制的先进超窄波束单脉冲盲射雷达,装有导弹信号搜集和指令系统,可同时跟踪目标和导弹,其工作频率为 3～4 GHz(S 波段),作用距离为 15 km。系统采用频率管理技术,可使雷达免受敌方的电磁干扰,可全天候捕获和跟踪目标。

发射装置 2 套 4 联装导弹发射架分置转塔两侧,采用倾斜发射方式。转塔可进行 360°方位跟踪,俯仰角度为 $-10°\sim60°$。发射装置质量为 2 400 kg,长度为 4.1 m,宽度为 2.2 m,高度为 2.6 m。发射装置每分钟可以发射 7 枚导弹。

长剑 2000 导弹系统

作战过程

搜索雷达首先发现目标,询问或跟踪目标,根据威胁程度来确定拦截目标。一旦目标被确定,操作手可选择雷达跟踪或光电跟踪方式进行拦截。雷达跟踪方式是直接用雷达捕获威胁程度最高的目标。在随后进行的自动跟踪中,操作手适时启动发射按钮,发射导弹;导弹进入雷达的制导波束中,直到与目标交会。在第一枚导弹飞向目标的过程中,火力单元指向并捕获第二个威胁程度最高的目标,随后可发射第二枚导弹,导弹接收来自发射单元上的指令发射机的制导指令后飞向第二个目标。

发展与改进

1983 年,作为长剑导弹系统改进计划合同的一部分,英国航空航天公司开始研制长剑 2000 导弹系统和长剑 MK2 导弹。1986 年 11 月,英国国防部与英国航空航天公司签订合同,长剑 2000 导弹系统正式进入设计、研制、试验和初始生产阶段。1987 年马可尼指挥和控制系统公司从英国航空航天公司接受合同,全面研制和初始生产长剑 2000 导弹系统的新型双功能盲射雷达。长剑 2000 导弹系统于 1991 年开始投产,1993 年进入全面生产阶段。

长剑 2000 导弹系统的改进主要体现在：
1) 更高的导弹发射速率；
2) 更大的作战灵活性；
3) 更有效的导弹；
4) 扩展的嵌入式测试能力；
5) 更大的可靠性；
6) 更强的电磁对抗能力；
7) 在核、生、化环境下工作的能力。

1992 年为满足中东地区市场需求，英国航空航天公司在长剑 2000 导弹系统的基础上开始研制杰纳斯导弹系统。该系统采用模块化结构设计，可根据用户的不同需求进行配置。杰纳斯导弹系统采用了长剑 2000 导弹系统的发射装置、盲射跟踪雷达和短剑搜索雷达，采用了新的空调战术操作室。该空调战术操作室包括用于监视打击的操控单元和用于作战管理的战术控制单元，所有设备都放在一辆轮式车上。杰纳斯导弹系统可以在 50 ℃ 的高温环境中工作。

通用模块化防空导弹（CAMM）

概　述

通用模块化防空导弹（Common Anti-air Modular Missile，CAMM）是 MBDA 公司为英国研发的陆海空三军通用型中近程防空导弹，可对付高性能作战飞机、巡航导弹、反舰导弹等空中目标，满足英国陆军和海军未来区域防空作战需求。由通用模块化防空导弹组成的陆用型防空导弹系统称为天剑，将取代英国陆军已服役多年的长剑地空导弹系统；由通用模块化防空导弹组成的海用型防空导弹系统称为海上拦截者，将取代英国皇家海军已服役多年的海狼舰空导弹系统。通用模块化防空导弹于 2003 年开始研制，2011 — 2018 年完成海上和陆上试验。天剑地空导弹系统于 2020 年形成初始作战能力，海上拦截者舰空导弹系统将在英国皇家海军 23 型和 26 型舰上服役。MBDA 公司正在为意大利研制增程型通用模块化防空导弹（CAMM-ER），取代阿斯派德地空导弹。通用模块化防空导弹未来国外用户包括新西兰、巴西和智利，用于海军舰载防空系统。

主要战术技术性能

型号	通用模块化防空导弹	增程型通用模块化防空导弹
对付目标	高性能作战飞机、巡航导弹、超声速反舰导弹等	
最大作战距离/km	25	45
制导体制	主动雷达寻的制导	
发射方式	垂直冷发射	
弹长/m	3.2	4.2
弹径/mm	166	190
发射质量/kg	99	160
速度(Ma)	3.2	
动力装置	低烟固体火箭发动机	
战斗部	破片式杀伤战斗部	
引信	激光近炸和触发引信	

系统组成

通用模块化防空导弹分别用于英国陆军和海军。用于英国陆军的系统称为天剑地空导弹系统,由通用模块化防空导弹、装在 HX77 军用卡车底盘上的发射装置、以色列拉斐尔武器发展公司的先进防空系统模块、瑞典萨伯公司的长颈鹿敏捷多波束三坐标雷达组成。

导弹 通用模块化防空导弹的气动外形与阿斯拉姆空空导弹相似,为无翼尾舵控制,采用固体火箭发动机、激光近炸引信和破片式杀伤战斗部等。MBDA 公司为通用模块化防空导弹研制了新的制导控制系统,采用主动射频雷达导引头,发射后不久即可捕获和跟踪目标,直到完成拦截。此外,导弹还采用了双波段武器数据链和开放式体系架构内部通信总线。

指控与发射 陆用型天剑地空导弹系统的作战管理、指挥、控制、计算、通信和情报系统采用以色列的模块化、模块化综合 C4I 防空反导系统,与长颈鹿雷达和发射装置连接。其中 50% 技术与以色列铁穹防御系统的指控系统相同,可实时处理分布式传感器获取的信息,通信链路可与英国陆军现有的通信基础设施集成,接入陆军的指控系统。海用型海上拦截者舰空导弹系统最大限度利用了 MBDA 公司为英国开发的 PAAMS 火控系统的威胁评估和拦截控制功能,通过改进和利用 PAAMS 的算法满足海上防空作战需求。

通用模块化防空导弹的发射方式为垂直冷发射(SVL)。低压弹射设备由安装在发射箱底座上的 1 个充气箱和 1 个活塞构成,可把导弹弹射到 24~30 m 高度,在主发动机点

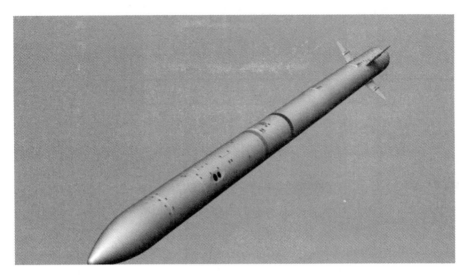

通用模块化防空导弹

火前,弹体尾部尾翼后面的4组双喷口推进器点火,实现朝向威胁目标方向的预定转弯机动,然后导弹主发动机点火开始动力飞行。陆用型系统发射装置为货盘化装载、模块化设计,具有自动装填/卸载能力。一部车载发射装置由2个模块组成,并行放置,每个模块可装6枚导弹,3枚一组,共可装载12枚导弹。储运-发射筒长为3.25 m,质量为45 kg。海用型系统采用欧洲席尔瓦垂直发射系统或美国MK-41垂直发射系统。

发展与改进

2003年,MBDA公司开始对英国国防部陆基防空(GBAD)项目进行需求论证,目的是替代长剑、星爆地空导弹系统。为降低费用,该公司将需求扩大到海上防空和空空作战,最终提出发展一种通用型的导弹系统。经过论证,最先发展了陆、海通用型防空导弹。该导弹系统采用了系统集成技术,而且尽可能地采用已有的成熟技术和组件。

2004年年底,英国国防部通过联合传感器和挂接网络集成项目计划为通用模块化防空导弹开展技术验证项目第一阶段(TDP01)的研究,MBDA公司同时投入经费。该阶段取得的关键技术突破包括低成本主动雷达导引头、双波段双向数据链和开放结构内部通信总线、半实物仿真集成程序。

2003—2005年期间的试验验证了发射架的原理和导弹发射后按照指令转向预定目标的机动性。MBDA公司使用真实导弹和真实发射架进行了试验,这些试验包括基于阿斯拉姆空空导弹的硬件验证了计划的冷发射方案。

2012年1月英国皇家海军宣布海上拦截者系统确定使用海用型通用模块化防空导弹。2014年5月和6月,作为18个月评估阶段的一部分,MBDA公司在瑞典维斯德尔陆上靶场成功进行了2次制导飞行试验,也是通用模块化防空导弹首次导引头制导飞行试验。此前从2011年开始,新的射频雷达导引头就进行了搭载捕获试验。

2017年4月，MBDA公司宣布成功获得3.23亿英镑合同，为英国皇家海军和陆军制造海用型和陆用型导弹。同年9月，MBDA公司公布了英国陆用型系统的最终配置。该系统基于Rheinmetall MAN公司生产的HX77军用卡车配置模块化发射架，后部配有货盘化的装载模块，具备自动装填/卸载导弹的能力。

2018年2月英国陆军公布天剑地空导弹系统，5月MBDA公司在瑞典试验场进行的演示验证中陆用型通用模块化防空导弹成功摧毁了一个目标。天剑防空系统计划2020年形成初始作战能力，2023年达到全面作战能力，与MBDA公司公布的长剑野战标准C系统退役时间相一致。2019年11月，诺斯罗普·格鲁曼公司与MBDA和萨伯公司合作，成功验证了将CAMM和萨伯长颈鹿雷达系列集成到诺斯罗普·格鲁曼公司为美国陆军开发的一体化防空反导作战指挥系统（IBCS）中的能力。2018年5月，海用型通用模块化防空导弹在英国皇家海军正式服役。

2013年，MBDA公司开始为意大利研制增程型通用模块化防空导弹（CAMM-ER），最大射程增至45 km，用于取代阿斯派德地空导弹。

增程型通用模块化防空导弹

陆地拦截者（Land Ceptor）

概　述

陆地拦截者是英国研制的自行式中近程地空导弹系统，采用通用模块化防空导弹（CAMM），英国陆军将用它取代长剑防空导弹。2012年1月，英国政府宣布拦截者（Ceptor）计划，提供了25 km内360°覆盖范围，武器系统具有双向数据链能力。

拦截者采用通用模块化防空导弹（CAMM），目标是取代老式近程空对空导弹和地对空导弹，构成英国区域防御系统，包括陆上的 CAMM（L）版本、海上的 CAMM（M）版本（称作海上拦截者，Sea Ceptor）和空中的 CAMM（A）版本。陆地拦截者包括通用模块化防空导弹、发射车和火力支援车。具有高度的机动性，可以在具有挑战性的地形中快速部署，并且可以在不到 20 min 的时间内投入使用。陆地拦截者采用长颈鹿雷达接收空中跟踪信息。该雷达系统是一种配合中远程防空导弹系统的有源相控阵搜索雷达，可集群跟踪或分别跟踪超过 100 个目标。通过单脉冲技术，该雷达可识别出仰角范围内的全部目标，每秒更新一次目标数据。最大作用距离为 180 km，仰角为 0°～70°。

2014 年 12 月，英国国防部授予 MBDA 公司陆地拦截者发展和制造阶段的合同，该合同价值 2.28 亿英镑（3.48 亿美元）。2017 年 9 月，MBDA 公司公布了陆地拦截者防空系统的最终配置，系统采用现役 HX77 作为基础车辆，携带一个模块化发射装置。2018 年 5 月，陆地拦截者在瑞典试验场成功进行首次实弹拦截试验。该系统于 2020 年开始生产。该系统在英国陆军服役后命名为天剑（Sky Sabre）。英国可能首先在福克兰群岛部署这种新系统，以取代正在服役的长剑防空系统。

主要战术技术性能

对付目标	超声速飞机和反舰导弹等
最大作战距离/km	25
最大速度（Ma）	3
制导体制	主动雷达制导
弹长/m	3.2
弹径/mm	166
翼展/mm	450
发射质量/kg	99
动力装置	固体火箭发动机
战斗部	高爆破片式杀伤战斗部
引信	近炸和触发引信

吹管（Blowpipe）

概 述

吹管是英国肖特兄弟公司研制的一种便携式单兵肩射低空近程地空导弹系统。导弹可从车辆、舰船和直升机上发射，用于前沿部队拦击低空慢速飞机和直升机，还可对付小型舰艇和地面车辆。吹管导弹系统于1964年开始工程研制，1973年开始飞行鉴定试验，1975年陆续装备陆军并出口至加拿大。到1993年，吹管导弹共计生产34 382枚，出口至15个国家，每枚导弹价格为5.557万美元。1985年起，吹管导弹陆续被标枪导弹取代，但为满足出口要求，一直生产到1987年结束。

主要战术技术性能

对付目标	低空飞机、直升机和小型舰艇
最大作战距离/km	3.5
最小作战距离/km	0.5
最大作战高度/km	2
最小作战高度/km	0.01
最大速度（Ma）	1
反应时间/s	8
制导体制	红外跟踪＋无线电指令制导
发射方式	单兵肩射
弹长/m	1.35
弹径/mm	76
翼展/mm	275
发射质量/kg	11
发射筒质量/kg	3.5
系统质量/kg	22
动力装置	1台固体火箭助推器，1台固体火箭主发动机

续表

战斗部	类型	空心装药战斗部，破片式杀伤战斗部
	质量/kg	2.2
引信		触发和近炸引信

系统组成

吹管导弹系统由导弹、发射筒和瞄准控制装置组成。吹管导弹以连为建制单位，每个连下辖 2 个排，每个排又分 2 个分排，每个分排有 4 个火力单元。每个火力单元配有 1 名射手、1 名副射手和 1 名驾驶员兼无线电通信联络员，并配备 1 辆吉普车、1 部无线电台和 10 枚导弹。

导弹 导弹为一细长圆柱体，头部呈尖锥形，采用鸭式气动布局。弹体头部的鼻锥部分装有+形配置的三角形控制翼。弹体尾部装有可以折叠的+形配置的三角形稳定尾翼，当导弹飞离发射筒后，尾翼便自动张开。发动机喷口倾斜，以保证导弹旋转飞行。导弹尾部装有曳光管，为瞄准和自动跟踪提供光源。圆锥形弹头内装有引信、制导系统和控制系统。

导弹可采用两种战斗部，最初使用空心装药战斗部，由触发引信起爆，这种战斗部后来用于对付地面或水面目标。当对付空中目标时，导弹采用破片式杀伤战斗部，总质量为 2.2 kg，每片质量为 1.81 g，由红外近炸引信或触发引信起爆。

导弹助推器燃烧时间只有 0.2 s，在导弹飞离发射筒之前助推器已工作完毕。0.7 s 后，固体火箭发动机点火，其上配有安全保险装置，既可防止发动机提前点火，又可防止导弹过早爆炸。

探测与跟踪 弹上制导设备包括指令接收天线、接收机、译码器和传动机构。导弹尾部的两对三角形尾翼在飞行中起稳定作用。鼻锥部分的两对弹翼是控制翼，可通过对这两对前翼的扭转控制导弹飞行。导弹根据控制指令使弹体旋转，使一对控制翼对准目标平面，另一对控制翼偏转，产生必要的控制力矩。

在导弹开始飞行的制导阶段，红外跟踪器接收导弹的曳光信号，并测出导弹飞行位置与瞄准镜瞄准线之间的误差角，再将这一误差信号输送给计算机变成控制指令，通过发射筒内的环形天线发射给导弹，使导弹始终沿着瞄准线飞行。当导弹接近或直接命中目标时，由弹上红外近炸引信或触发引信起爆战斗部摧毁目标。在导弹命中目标之前，只要射手使目标保持在瞄准镜的视场之内，导弹就可自动制导直至摧毁目标。导弹的制导装置只能工作几秒，如目标距离较远，经 2~3 s 制导后导弹还未到达目标，射手就需用拇指控制操纵杆，控制指令发射机发送修正指令，将导弹导向目标。导弹的自动制导距离取决于曳光管亮度和红外探测器的灵敏度。

指控与发射 发射筒内除装有 1 枚导弹外，还装有环形遥控天线、敌我识别装置的天线和电池。敌我识别装置的天线通过1条小绳与发射筒前盖板连接,当前盖板被气体压力冲开时,敌我识别装置的天线则被拉出。后盖板由4个保险螺栓与发射筒相连,当发射导弹时,后盖板被发动机喷出的气流吹掉,发射筒后端因敞开而不致产生后座力。

瞄准控制装置可多次使用,作战时把它装在发射筒上。瞄准控制装置包括敌我识别器、单目瞄准镜、红外跟踪器、1个射击手柄、1个拇指控制操纵杆和多个开关(如系统总开关、自动/手控开关、发射机频率选择开关)。瞄准控制装置总质量约为6.2 kg。

作战过程

射手首先进行发射前准备,将瞄准控制装置和发射筒装在一起,根据所要射击的目标种类,将引信选择开关扳到相应位置;然后将发射筒扛在右肩上,右手握发射手柄,左手托住发射筒前端,通过瞄准镜瞄准目标,并打开系统总开关;当系统识别出敌方目标后,射手扣动扳机,发射导弹。导弹飞出发射筒0.7 s后,主发动机开始工作,使导弹加速飞行,导弹可依靠红外跟踪器自动导向目标。

发展与改进

1980年起,英国肖特兄弟公司针对吹管导弹系统存在的缺点对其进行了如下改进:
1) 增大了作战距离和导弹飞行速度;
2) 改进了制导方式,提高了制导精度;
3) 改进了发射方式,以对付突袭目标。

改进后的导弹系统取名为标枪,从1985年起,吹管导弹系统陆续被标枪导弹系统取代。吹管导弹系统自1975年出口加拿大后,还先后出口至15个国家。其中包括阿富汗、泰国、智利、阿根廷、葡萄牙、卡塔尔、尼日利亚、阿曼、巴基斯坦等。吹管导弹于20世纪60年代末被斯拉姆舰空导弹系统选用(装在军舰上),用于对付反潜直升机和巡逻艇。

标枪(Javelin)

概 述

标枪是英国肖特兄弟公司研制的便携式单兵肩射低空超低空近程地空导弹系统,主要用于前沿部队防御作战飞机和直升机。

标枪导弹是根据1979年英国国防部合同要求,作为吹管导弹的后继系统开始全面研制的;到1983年9月完成了发射试验后转入生产,1985年开始装备英国部队,1986年开始出口，1993年以后逐渐由激光制导的星爆便携式地空导弹所取代，目前已经停产。

标枪导弹是吹管导弹的改进型，改进了发射装置，改善了发射条件，提高了导弹飞行速度并且扩大了作战距离，使系统能对目标进行迎面射击。为满足实战需要，标枪导弹系统已发展成系列型号：单兵肩射、轻型3联装立式发射、4联装车载发射和多管海用型LML（N）等。

标枪导弹系统

标枪导弹系统除了应用在英国陆军、海军陆战队等，还出口到加拿大、阿拉伯联合酋长国、约旦、韩国、阿曼和博茨瓦纳等国。到1994年已经生产了16 000枚标枪导弹，每枚导弹价格约为7.3万美元。

主要战术技术性能

对付目标	高速飞机和武装直升飞机
最大作战距离/km	5.5（直升机） 4.5（飞机）
最小作战距离/km	0.3
最大作战高度/km	3
最小作战高度/km	0.01
最大速度（Ma）	1
制导体制	半主动视线指令制导（SACLOS）
发射方式	肩射、3联装架射、车载发射

续表

系统机动性	人工携带或车载
弹长/m	1.39
弹径/mm	76
翼展/mm	275
发射质量/kg	12.7
发射筒质量/kg	15.4（肩射） 19.0（支架发射） 43.0（舰上发射）
发射筒长度/m	1.4
动力装置	1台固体火箭助推器，1台固体火箭主发动机
战斗部 类型	高能破片式杀伤战斗部
战斗部 质量/kg	2.74
引信	触发和红外近炸引信

系统组成

肩射标枪导弹系统由瞄准装置和装在密封筒中的导弹组成。轻型多管发射标枪导弹系统还配有发射支架。

导弹 标枪导弹的气动布局和结构特点与吹管导弹相同，采用控制面在弹体前部的鸭式布局。带控制面的导弹前部相对于后部弹体能自由旋转，并可通过旋转导弹来制导导弹，因此导弹对控制指令响应快。

动力装置采用1台固体火箭助推器和1台固体火箭主发动机，并对主发动机进行了改进，从而提高了导弹的飞行速度，增加了作战距离。

战斗部采用新型破片式杀伤战斗部，质量有所增加，其总质量为2.74 kg，提高了对目标的杀伤威力。改进后的引信可以遥控解锁，以避免导弹误袭目标。

探测与跟踪 标枪导弹采用了光学跟踪和无线电指令制导，其瞄准装置在吹管导弹的基础上进行了很大改进，增加了一部电视摄像机，改人工跟踪为电视跟踪。这种改进的瞄准装置大大简化了操作手的工作，并提高了射击精度。这种新型的瞄准装置同样适用于吹管导弹。由于导弹作战距离增加，光学瞄准装置的放大倍数由5增加到6。

作战过程

操作手进入发射阵地，即将鞍形瞄准装置固定在发射筒上，然后利用瞄准装置上的开关，来选择发射机的制导频率和引信装定。当发现目标后，通过6倍单眼瞄准镜观察目标，并将瞄准点对准目标。当确定目标进入有效作战距离以内，即扣动发射板机激活两组热电池，一组用于瞄准装置，另一组用于发射导弹。用于发射导弹的热电池组点燃无烟火药后产生的高压气体冲破发射筒密封前盖，同时点燃助推器，导弹起飞。导弹在飞离发射筒前助推器已工作完毕，以免导弹离筒后热喷流烧伤操作手。

导弹飞离发射筒时，尾翼自动打开，并保持一定安装角，使导弹继续旋转，保证飞行稳定。为了保证安全，在导弹飞离发射阵地一定距离后，战斗部才解除保险。如果导弹收不到遥控制导指令，到一定时间导弹即自动自毁。在助推器工作完毕约 0.7 s 后，主发动机开始工作，直到把导弹加速到马赫数大于 1.6。

标枪导弹采用半主动视线指令制导，当导弹发射后，操作手要始终把瞄准线对准目标，导弹进入微型电视摄像机视场后，转入自动跟踪，摄像机将数字信号送入微处理机，微处理机将导弹位置与瞄准线进行比较，从而形成修正信号，通过无线电指令天线发送给导弹，控制导弹准确攻击目标，直到摧毁目标。

发展与改进

根据英国国防部合同要求，作为吹管导弹后继武器系统，标枪导弹系统于 1979 年开始研制，1983 年 9 月完成研制试验转入生产，1984 年完成首批标枪导弹生产，1985 年装备英国陆军并开始多用途研制，1986 年出口。1993 年起，标枪导弹系统逐渐被星爆导弹系统取代，仅用于作战训练。

发展标枪导弹系统是为了满足地面部队的防御要求，有效对付固定翼飞机，特别是对付远程武装直升机。标枪导弹的作战距离较远，尤其是缩短了近界距离，从而提高了作战效能。由于采用了半主动指令视线制导，可使导弹的制导过程自动化，简化了操作和作战培训。

星光（Starstreak）

概 述

星光是英国肖特导弹系统公司在标枪导弹系统基础上发展的一种高速近程地空导弹系统，1986 年开始研制，1988 年首次试验成功，1988—1989 年开始进行批量生产，1993 年装备英国陆军。星光最初被设计为一种单兵肩射便携式地空导弹系统，用以替代吹管导弹系统和标枪导弹系统。此后，星光导弹系统又发展了三脚架式、轻便车载式、装甲车载式以及舰载式等多种型号。到 2006 年年底，共生产了 11 196 枚星光导弹。

肩射型星光近程地空导弹系统

主要战术技术性能

对付目标		低空飞机和直升机
最大作战距离/km		7
最小作战距离/km		0.3
最大速度（Ma）		3
杀伤概率/%		96
制导体制		激光驾束制导
发射方式		单兵肩射、三脚架发射、车载发射以及舰载发射
弹长/m		1.397
弹径/mm		127
发射筒外径/mm		274
发射质量/kg		20
动力装置		两级固体火箭发动机
战斗部	类型	3个标枪形状的子弹头，内装高速动能穿甲弹头和小型爆破战斗部
	质量/kg	1（1枚子弹头）

系统组成

肩射型星光导弹系统由导弹、发射筒和瞄准装置组成。

导弹 弹体为圆柱体，弹体后部有＋形配置的矩形尾翼。导弹前端为 3 个标枪形状的子弹头。子弹头为鸭式布局，呈正三角形分布。在子弹头的尾部安装有 4 个正弦分布的后掠式稳定翼。在脱离弹体后，子弹头利用其可控尾翼来实现飞行姿态控制。子弹头长 300 mm，弹径为 25 mm，质量为 1 kg，内装高速动能穿甲弹头和小型爆破战斗部。散开的单个子弹头适于攻击地面的目标。

星光导弹

导弹动力装置采用两级固体火箭发动机，内装高能推进剂，可在瞬间使导弹达到最大速度。发动机安全系统可使导弹离开发射筒达到安全距离后第二级发动机再点火。

探测与跟踪 星光导弹系统的瞄准装置由阿菲莫公司研制，它由两个可拆开的部分组成：一个是用于捕获和跟踪目标的光学导引装置，包括一个密封在轻合金铸件中的光学稳定系统、一个瞄准标记注入器和一个单目瞄准镜；另一个是控制装置，包括电源、用于处理和控制的电子装置、操纵杆控制器、扳机、系统开关、风补偿开关和俯仰角按钮。

第二级火箭发动机关机后，位于其前端的分离装置可使 3 个子弹头与弹体自动分离。子弹头沿瞄准装置发出的激光束飞行。瞄准装置含有两个激光二极管：一个垂直扫描，一个水平扫描，构成一个二维矩阵，3 个子弹头在飞行过程中始终保持处于这个矩阵中。每个子弹头的尾部装有一个激光接收器，该接收器通过子弹头上的制导组件对信号进行逻辑处理，进而控制安装在旋转的子弹头弹体前部的鸭式弹翼，从而使子弹头在飞行中保持在矩阵中。接收到制导信号后，子弹头内的离合制动器立即抑制子弹头弹体前部的旋转，从而控制子弹头的飞行轨迹。

星光导弹系统的瞄准装置

作战过程

星光导弹采用新型的子弹头,以弹头碰撞并击毁目标。发射时,导弹由第一级发动机推出发射筒外。导弹飞至安全距离时,第二级火箭发动机(改进的标枪导弹发动机)点火,在 300 m 时将导弹加速到马赫数为 3.5。在火箭发动机工作完毕后,环布在弹体前端的 3 个子弹头分离,由激光驾束制导。3 个子弹头之间保持三角形固定队形飞向共同的目标。

发展与改进

星光导弹最初被称为 Tranche 1,Tranche 1A、Tranche 1B 和 Tranche 1C 是其改进型。星光导弹进行了多次改进,杀伤力逐渐增强。星光导弹的发射方式也在不断改进,迄今为止,已形成了肩射、3 联装轻型发射架发射、履带式或轮式车辆发射、直升机发射和舰艇发射等多种发射方式。星光导弹采用不同的发射装置而构成了不同类型的星光导弹系统。从突击队(Stormer)车上发射的星光导弹系统被称为突击队车载型,机载型星光导弹系统被称为 Helstreak,舰载型星光导弹系统被称为海光(Seastreak)。目前,泰勒斯英国公司正在开发增程型的星光-2 导弹。

Helstreak 美国波音公司和英国肖特导弹系统公司于 1989 年开始联合研制星光导弹的机载型,装备在 AH-64A 阿帕奇武装直升机上,主要用于对付飞机和地面轻型车辆。

Helstreak 导弹系统

突击队车载自行式星光导弹系统 该系统战斗小组由驾驶员、射手和指挥官 3 人组成,车上包括 2 部装甲保护的伺服控制的 4 联装发射架(备有待装填导弹 12 枚)、监视器、点火装置、红外成像仪和被动红外防空预警装置(ADAD)的目标跟踪塔等设备。该系统于 1995 年开始装备使用。英国陆军装备了 135~160 套突击队车载自行式星光导弹系统。

突击队车载自行式星光导弹系统

雷神（Thor）自行防空系统　2005年9月，泰勒斯英国公司在伦敦国际防务与装备展上首次公开了其研制的雷神自行防空系统。该系统可在常规作战和反恐作战中快速部署，一部轻型发射器具有对空和对地的打击能力［详见本手册雷神（Thor）部分］。

星光-2　2007年，泰勒斯英国公司宣布将发展下一代星光导弹——星光-2。星光-2导弹的作战距离超过7 km，覆盖范围更大，作战高度更高，制导更精确，并增加了对付小目标的能力，尤其是对付低空无人机、攻击型直升机和轻型装甲车等目标。

星光-2与现有的发射器兼容，可从泰勒斯英国公司的多任务系统（MMS）和轻型多管发射器上发射。泰勒斯英国公司称，尽管星光-2导弹与现有导弹相比仅仅是软件部分有所改进，但将现有导弹改成星光-2导弹的成本要高于制造新导弹的成本。

与基本型导弹一样，星光-2导弹在马赫数达到3.5时释放3个激光驾束制导的子弹头。所不同的是，星光-2导弹的3个标枪形状的子弹头在做螺旋飞行时的圆周直径是不同的，其中一个的螺旋飞行圆周直径与基本型导弹的相同，一个较小，而另一个较大。螺旋飞行圆周直径较小可使弹头在飞行中节省能量，从而获得更远的作战距离，并有利于对付像无人机这样的小型目标；圆周直径大则有利于对付较大的目标。

星爆（Starburst）

概　述

星爆是英国肖特导弹系统公司研制的一种便携式低空近程地空导弹系统。该系统是标枪导弹系统的一种改型，主要用于对付近距离高速飞机和直升机。星爆导弹系统于20世纪80年代中期开始研制，1986年进行首次发射试验，1989年完成研制，1990年开始交付英国陆军。截至2000年年底，共生产了13 389枚星爆导弹，目前该导弹已经停产。星爆导弹的单价约 10 万美元。装备星爆导弹系统的英国皇家第 10 防空导弹连参加了海湾战争。战斗中星爆导弹系统的可靠性达到了 100%，而且它不受任何干扰的影响。

主要战术技术性能

对付目标		高速飞机和直升机
最大作战距离/km		4
最小作战距离/km		0.5
最大作战高度/km		3
最大速度（Ma）		1
制导体制		激光驾束制导
发射方式		单兵肩射或从三脚架上发射
弹长/m		1.394
弹径/mm		197
发射质量/kg		15.2
动力装置		两级固体火箭发动机
战斗部	类型	预制破片式杀伤战斗部或烈性炸药战斗部
	质量/kg	1.81
引信		触发和近炸引信

系统组成

星爆导弹系统由导弹、发射筒和瞄准装置组成。

导弹 弹体为一细长圆柱体，头部呈尖锥形，采用鸭式气动布局。在弹体头部的鼻锥部分装有＋形配置的三角形控制舵。弹体尾部装有可以折叠的＋形配置的三角形稳定尾翼，当导弹飞离发射筒后，尾翼便自动张开。发动机喷口倾斜，以保证导弹旋转飞行。导弹尾部装有两个互相连接的激光发射接收装置，作为瞄准装置和导弹前端的电子和控制部分的转发器。

导弹动力装置采用两级固体火箭发动机，第一级作为助推发动机，燃烧时间只有 0.2 s，以保证导弹在飞离发射筒之前燃烧完毕。当导弹到达与操作人员之间的安全距离时，第二级发动机点火，将导弹加速到最大速度。

探测与跟踪 星爆导弹系统的瞄准装置质量为 8.5 kg，尺寸为 408 mm×342 mm×203 mm，可重复使用。该瞄准装置由导引装置和控制装置组成，装在一个密闭的轻合金盒子里。导引装置包括光学稳定系统、制导指令发射机、瞄准标记注入器和单筒瞄准镜

（放大倍数为6）。控制装置通常包括控制和信号处理电子设备、电池盒和控制手柄（包括拇指控制操纵杆、俯仰角发射按钮、系统开关、引信模式选择开关、风力修正开关和备用开关）。

发射装置 星爆导弹可以肩射，也可以从支架上发射。三脚架式轻型多联装发射架以 $45°$ 角发射时最大高度为 2.616 m，俯仰角扫掠半径为 0.927 m。采用这种发射平台既提高了星爆导弹系统的跟踪精度和瞄准稳定性，又可用更多的导弹对付多个目标。

作战过程

操作手从单筒瞄准镜中发现目标后，将转换开关调至开位。当跟踪1个运动目标时，要不断将瞄准标记与目标对准，这样即可自动产生发射方位和俯仰角度，此时操作手按下发射按钮。

导弹由第一级发动机推出发射筒，到达与操作手的安全距离后，第二级发动机点火，使导弹加速到最大速度。操作手继续调正瞄准标记，使导弹机动跟踪目标并保持在瞄准镜的中心位置。导弹接近目标时，战斗部由触发引信或近炸引信引爆，摧毁目标。星爆导弹还装有指令自毁装置，若导弹发射后操作手发现所攻击的目标为友机时可启用该装置。

发展与改进

在单兵肩射型和轻型三脚架发射型的基础上，对星爆导弹系统还进行了以下改进：

车载多管发射架 星爆导弹的车载多管发射架（VML）与标枪导弹的VML相似，不过它采用了标准的星爆3联装发射架，所用的瞄准装置用夹具固定在支架上。VML的质量为 44 kg（不装弹），尺寸为 $0.793\text{ m} \times 0.927\text{ m} \times 1.441\text{ m}$（装弹后），激光制导装置质量为 8.5 kg。

舰载多管发射架 星爆导弹的舰载多管发射架（NML）由起支撑作用的管状炮塔和两个发射架组成，发射架由动力辅助装置提供水平和俯仰驱动。制导与火控装置由俯仰臂提供支撑，在采用热成像搜索与跟踪传感器后，该系统可具有全天候和全天时作战能力。

蓝锆石热成像器 蓝锆石热成像器与星爆的激光制导装置配合使用，其工作波段为 $8 \sim 12\ \mu\text{m}$，可探测正面 9 km 远的攻击机和 7 km 远的直升机。它独立于激光制导装置工作，具有 $8° \times 6°$ 的视场。蓝锆石热成像器的质量为 6 kg，尺寸为 $25\text{ mm} \times 20\text{ mm} \times 15\text{ mm}$，其电池的寿命超过 80 h。

星爆SR2000 星爆SR2000是泰勒斯英国公司和英国Radamec防御系统公司合作开发的导弹系统，采用泰勒斯英国公司的6联装稳定发射平台和Radamec防御系统公司的2400型光电跟踪系统，总质量为 750 kg。2400型光电跟踪系统能够跟踪 12 km 外的目标，从而使星爆导弹能够拦截超过其作战距离的攻击机和直升机。星爆SR2000导弹系统还具有一定的反导弹能力，并可有效攻击水面船只。

自星爆导弹系统装备使用以来，泰勒斯英国公司又对其进行了多次改进，主要有以下3个方面：

1) 系统换用法国泰勒斯公司研制的新型雷达近炸引信，大大增加了导弹战斗部的杀伤半径。该近炸引信的起爆距离比未改进的近炸引信大约增加了4倍，因而能够最大限度地挖掘其预制破片式杀伤战斗部的潜力。

2) 以克朗普顿·维多公司的新式非充电电池取代了用来启动瞄准装置的3节可充电的镍镉电池。新电池虽然较为昂贵，但其寿命却大为增加，并免除了需携带大量备份电池和充电设备的麻烦。新式非充电电池可使用1 000次以上，而镍镉电池有效期则不确定，需要每天更换。

3) 系统采用挪威西姆拉德光电公司的KN200钳式增强型成像夜视仪。该成像夜视仪质量为1.4 kg，尺寸为210 mm×116 mm×140 mm，由2节电池提供3 V电源。增强型成像夜视仪安装在激光制导装置的单目镜上。由于质量较小，这种夜视仪既能用在肩射型发射装置上，也能用在其他多种发射装置上。

雷神（Thor）

概　述

雷神是泰勒斯英国公司在星光导弹系统基础上研制的一种模块化自行式地空导弹系统。该系统可装在各种类型的机动平台上，完成防空、地面防御和攻击等多种任务。雷神导弹系统是在英国陆基防空计划下开展的项目，该项目被英国国防部取消后，泰勒斯英国公司决定自筹经费继续研制。2005年9月，雷神导弹系统首次在伦敦国际防务与装备展上亮相。

雷神导弹系统

主要战术技术性能

雷神导弹系统目前使用的是英国肖特导弹系统公司研制的星光导弹〔主要战术技术性能见本手册星光（Starstreak）部分〕，但根据作战任务的需要，可以按以下几种形式快速进行重新配置：

1）4 枚星光多用途导弹；
2）2 枚星光多用途导弹和 2 枚"发射后不管"地空导弹；
3）2 枚星光多用途导弹和 2 枚反装甲/反建筑物导弹；
4）4 枚反装甲/反建筑物导弹。

系统组成

目前，雷神导弹系统被安装在标准的英国陆军 Pinzgauer（6×6）轮式车的顶部，全车可用 C-130 运输机空运。系统采用模块化设计，主要包括 5 个部分：

1）开放式系统结构；
2）发射架包括 2 个托架（并各有 2 个发射筒）；
3）集成制导装置，包括电视摄像机、红外摄像机、激光测距仪和激光制导装置；
4）操作台；
5）火控计算机。

转塔由发射器和瞄准系统组成，质量小于 500 kg，可水平 360°、俯仰 $-10° \sim +60°$ 转动，转动速度为 100（°）/s。

雷神导弹系统的转塔

探测与跟踪 雷神导弹系统能接入英军所有的作战网络，在作战网络的指挥与控制下与其他武器系统协同作战。

雷神导弹系统可在 10 km 外探测到目标，并在 6 km 外击毁目标，且反应时间小于 5 s。

雷神导弹系统采用一个可用于精确拦截目标的集成制导装置，包括红外摄像机和电视摄像机。红外摄像机为焦平面阵，可用双视场提供昼夜探测能力，工作在 3～5 μm 和 8～12 μm 两个波段。电视摄像机也是双视场摄像机。红外摄像机、电视摄像机与自动目标跟踪器集成，具有昼夜全自动目标捕获和跟踪小目标的能力。

激光制导装置发送编码后的激光格栅，用于星光导弹的制导。激光测距仪为火控计算机提供信息，以确保在导弹作战距离内的最佳点拦截目标。

雷神导弹系统还有一种自动化模式，其即插即用的功能使系统能与近程雷达系统或防空警报器连接。雷神导弹系统具有导弹自动指向目标能力，可使系统反应时间最短。如果需要，红外雷达警报器能被集成到转塔中。泰勒斯英国公司正在设计一种超高频警报器以提供低成本早期预警能力。

指控与发射　雷神导弹系统的一种设计方案是由一人完成全部操作。武器操作的人机界面包括 1 个平板显示器和 2 个控制手柄。右手手柄用于控制转塔和自动跟踪器，而左手手柄用于发射导弹。控制台可以向前移动，使操作手处于最佳的操作姿势，也可以向后推动，便于收纳；控制台可以拆卸，操作手能够离车操作。雷神导弹系统具备行进中发射导弹的能力。

雷神导弹系统还有另一种设计方案，在载车中增加了一个战术控制员的操作台，战术控制员坐在武器操作手的左侧。

操控状态的雷神导弹系统

低空自行高速导弹系统（SP‑HVM）

概　述

低空自行高速导弹系统（Self‑Propelled High‑Velocity Missile，SP‑HVM）由泰勒斯英国公司研制，用于对付近距离支援飞机和武装直升机。该系统于1986年开始研制，1995年获得英国国防部批准装备部队，但由于一些技术问题需要解决，直到1997年才开始装备英国陆军。目前，英国陆军已装备了135套低空自行高速导弹系统和7000多枚导弹。此外，英国还计划为所有现役的低空自行高速导弹系统配备热瞄准系统，使其具备昼夜作战能力。

发射状态的低空自行高速导弹系统

主要战术技术性能

对付目标	低空飞机和直升机
最大作战距离/km	7
最小作战距离/km	0.3

续表

最大速度(Ma)	约3.5
制导体制	激光驾束制导
发射方式	车载发射
弹长/m	1.397
弹径/mm	127
发射筒外径/mm	274
发射质量/kg	20
动力装置	两级固体火箭发动机
战斗部 类型	3个标枪形状的子弹头,内装高速动能穿甲弹头和小型爆破战斗部
战斗部 质量/kg	1(1枚子弹头)
引信	触发和近炸引信

系统组成

低空自行高速导弹系统由导弹、发射装置、用于目标跟踪和瞄准的转塔以及载车组成。

载车为突击队履带式装甲车,有3名车组成员,即驾驶员、射手和指挥员各1名。发射装置安装在载车顶部,可伺服控制,并有装甲保护,可装填8枚待发导弹。发射装置上还装有泰勒斯光电公司研制的MK2被动红外防空警报装置(ADAD)。ADAD用于目标探测和目标排序,并使导弹自动指向排定的目标。ADAD工作波段为8~12 μm,为导弹提供白天作战能力。ADAD完全不依赖光学可视性,可穿透战场中的烟、霾和薄雾。ADAD由扫描仪红外组件、电子包处理器和电子包远程显示器3个轻型模块组成。

用于监视、发射和目标跟踪的转塔安装在载车顶部发射装置的前方,转塔上装有泰勒斯光电公司研制的伺服控制目标捕获和跟踪瞄准装置。该瞄准装置中内置了1个激光束发射器,可对目标瞄准线进行校准。

除发射架上的8枚待发导弹外,突击队装甲车中还装有12枚备用导弹,可进行再装填。

发展与改进

为补充长剑导弹系统的防空能力,对付发现较晚的近距离支援飞机和装备有反坦克制导武器的直升机,英国国防部最初向11家公司寻求了高速导弹(HVM)的设计方案。1984年,在11家公司中,英国宇航公司和肖特兄弟公司获得了为期12个月的技术发展项目合同。1986年,肖特兄弟公司获得了星光HVM的系统设计、研发、生产和保障服务合同。

突击队履带式装甲车

1995 年，英国国防部批准低空自行高速导弹系统装备部队，1997 年该系统开始装备英国陆军。目前生产的低空自行高速导弹系统配备了泰勒斯光电公司的防空警报装置。英国国防部已签署了一项改进计划，使系统操作人员增加到 4 名，并增加 1 个夜视仪，使系统具备昼夜作战的能力。

英国现已装备了 135 套低空自行高速导弹系统和 7 000 多枚导弹，并计划再采购 44 辆突击队履带式装甲车作为系统的载车。安装在突击队载车上的低空自行高速导弹系统将使用到 2015 年以后。

2001 年，通过竞标，泰勒斯英国公司和英国国防采购局（DPA）签订了合同，为英国陆军的低空自行高速导弹系统提供热瞄准系统（TSS）。该合同内容包括 TSS 的设计、研制和与低空自行高速导弹的集成。目前，装备英国陆军的 135 套低空自行高速导弹系统仅安装了昼视瞄准器，在安装 TSS 后，低空自行高速导弹系统将增强在低可视条件下探测和识别目标的能力，从而具备昼夜作战能力。

轻型多任务导弹（LMM）

概　述

轻型多任务导弹（Lightweight Multirole Missile，LMM）是泰勒斯英国公司在星爆地空导弹基础上研制的一种低成本近程防空导弹，可配置于机载、陆基和舰载平台。轻型多任务导弹是泰勒斯英国公司的一个自筹投资项目，于 2006 年初开始概念设计，2009 年开始研制试验，2012 年开始鉴定试验，目前仍处于试验鉴定阶段。

LMM 导弹配置在直升机平台上

主要战术技术性能

对付目标	直升机、轻型飞机、无人机和巡航导弹（将在中期升级阶段形成的能力）等空中目标；快速攻击艇、登陆艇、水面潜艇等水面小型目标；轮式车辆、履带车辆；轻型坦克；高价值固定目标，如指挥中心、岸上阵地等
最大作战距离/km	8（空中发射） 6（地面发射）
最小作战距离/km	0.4
精度（CEP）/m	0.25
最大速度（Ma）	1.5～1.6
制导体制	模式 A：半主动激光导引头，激光驾束 模式 B：红外 模式 C：红外成像 模式 D：惯导＋GPS
弹长/m	1.3
弹径/mm	76

续表

翼展/mm		260
发射质量/kg		13
动力装置		1台两级固体火箭发动机
战斗部	类型	高能爆炸碎片，聚能装药
	质量/kg	3.9
引信		激光近炸(多孔径)引信

系统组成

轻型多任务导弹系统由导弹和平台组成。主要平台包括山猫-野猫（未来山猫）直升机、S100坎姆考普特无人机、FV433风暴履带式侦察车、3联装轻型多用途发射架以及步兵使用的单筒肩射导弹发射装置等。

导弹 轻型多任务导弹包括：一个由4片弹翼和激光接收机组成的尾部组合；一个由Nammo公司研制的两级固体火箭发动机，提供马赫数超过1.5的交战速度；一个源自泰勒斯英国公司星光高速导弹（HVM）的先进控制驱动装置，用以降低质量和功率吸收；一个由UTC航空航天系统公司研制的SilMU02惯性测量装置；一个由泰勒斯英国公司研制的安全点火与防护装置；一个质量为3 kg的双效应（爆炸碎片/聚能装药）钝感弹药兼容的战斗部，该战斗部由泰勒斯英国公司设计的三模（碰撞；碰撞+1 m；3 m）激光近炸引信启动。

LMM采用挪威Nammo公司的两级固体推进剂火箭发动机，也可以根据需要安装单级火箭发动机。最初的发动机（仅用于试验目的的发动机）源自星爆导弹，采用的是含有铸造双基（CDB）推进剂的Epictete发动机。为降低成本，后来更换为Roxel公司研制的一款新型发动机。该新型发动机的价格不超过星光导弹发动机的三分之一，采用两级设计，第一级将导弹从发射架上发射出去，第二级将导弹加速到马赫数1.5以上。2014年5月初，泰勒斯英国公司寻求Nammo公司为导弹研制新发动机，以替换Roxel公司的发动机，替换原因是Roxel没能解决技术问题。

导弹战斗部源自泰勒斯英国公司研制的两种导弹，即采用了星爆（Starburst）导弹的3 kg组合效应钨爆炸破片和吹管（Blowpipe）导弹的聚能装药单元。战斗部位于制导处理单元后面的中心段。聚能装药单元使导弹具有有限的穿透效应，附带伤害很低。导弹的鼻锥盖内装有一个源自星爆导弹的采用近距离光束切割技术的多孔径激光近炸引信。根据目标类型，该引信可以选定1~3 m的工作范围。这使得该导弹能够对付"软"目标，如橡皮艇或雷达信号非常低的无人机。

导弹通过鼻锥段的四个固定翼和后段的四个尾翼进行控制。所有的控制和驱动都由三个直流电机供电。一个电机控制顶部和底部翼，另两个电机分别控制左侧和右侧翼，整个控制系统控制着导弹的滚动、俯仰和偏航。

导弹采用多种制导方式，主要包括四种模式。模式 A，激光架束制导（LBR）和半主动激光导引头；模式 B，红外末制导；模式 C，红外成像末制导（后续中期升级方案，采用泰勒斯英国公司正在开发的 14 μm 波段低成本导引头）；模式 D，惯导＋GPS 制导。在模式 D 下，采用的是 SiIMU02 惯性测量装置，可增加精度。根据制导模式，导弹可集成不同类型尺寸合适的导引头。

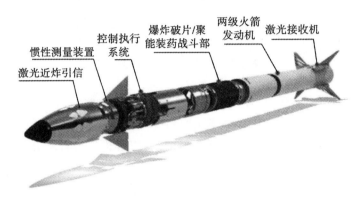

轻型多任务导弹剖视图

多孔径激光近炸引信及其在轻型多任务导弹上的位置

探测与跟踪 轻型多任务导弹最初设计采用激光驾束（LBR）制导，使用激光传感器而非导引头，与星光、星爆导弹一致。在导弹尾部两侧各装有两个管状激光接收机，用于探测激光驾束瞄准信号。导弹通过安装在发射台上的光学跟踪系统提供半主动激光制导。光学跟踪系统安装在光学稳定基座内，具体包括一个电荷耦合装置（CCD）、带有自动目标跟踪器（ATT）的电视和热像仪以及导弹激光制导单元。

轻型多任务导弹及其最初的发射储存筒

发射与指控 轻型多任务导弹采用与星光/星爆导弹相同的发射筒，可交付密封的筒弹，并直接装载到发射平台上。由于装备的平台不同，导弹的配置数量不同：在直升机平台上，例如 AW159 野猫直升机、山猫 HMA.Mk 8 直升机，左右两边各安置 1 个发射架，最多可安置 4 个发射架，每个发射架一般为 5 联架，也可为 6 联装或 7 联装；在坎姆考普特 S100、守望者等无人机平台上，一般在无人机左右两边各挂 1 枚导弹；在舰载发射平台上，可采用 4 联装或 8 联装发射架，例如泰勒斯英国公司与土耳其 Aselsan 公司联合研制了一种轻型 4 联装和一种较大的 8 联装导弹发射架；在地面平台上，发射架载弹数量则根据任务需要而定，如果安装在三脚架上，便携式发射架将是单肩发射或多发发射。

AW159 野猫直升机上的 5 联装发射架

山猫 HMA.Mk 8 直升机上的 7 联装发射架

坎姆考普特 S100 无人机挂载 2 枚导弹

肩射型轻型多任务导弹发射装置

发展与改进

　　轻型多任务导弹的研制主要受英国"未来空对地制导武器"（FASGW）项目需求的推动。轻型多任务导弹被设想取代星爆导弹，同时作为星光导弹的补充。由于该系统是一个自筹资金的研制项目，因此被施加了若干限制，包括：成本必须保持在最低水平；能够实现可控的精确打击；多用途，可用于多种部队；可用于出口，这是系统研制成功的重要条件。

　　导弹概念设计始于2006年年初，于2008年6月首次公开展出，2008年7月成为英国"未来空对面制导武器"（FASGW）项目需求的首选解决方案。2008年，泰勒斯英国公司启动了导弹研制计划的第一阶段工作，即研制导弹的控制和驱动系统。2008年6月，完成了以S100坎姆考普特旋翼无人机、Fury无人机为平台的挂飞试验。2009年和2010年进行了导弹发射试验。在2010年的地面和飞行试验期间，确定了导弹的半主动激光导引头并开展研制。

　　2011年4月，英国国防部授予泰勒斯英国公司导弹初始研制和批生产合同，合同内容是完成导弹的设计、研制和鉴定以及大约1000多枚导弹的生产。2011年还完成了采用半主动激光制导的导弹发射试验。

　　2014年6月，泰勒斯英国公司获得了一份价值4 800万英镑（8 100万美元）的合同，完成将导弹安装到英国皇家海军未来舰队AW159野猫HMA.Mk 2舰载直升机上的相关工作。2016年6月，泰勒斯英国公司在曼诺比耶地面试验场完成了导弹的首次发射鉴定试验，导弹从固定式导弹发射架上发射，对付一个3.5 km外的快速近岸攻击舰目标。2017年9月，泰勒斯英国公司在位于彭布鲁克郡的英国国防部防空靶场管理局完成了导弹武器系统的地对空和地对地发射鉴定试验。2017年年底，泰勒斯公司与国防部已经完成了导弹的最终鉴定审查以及生产准备审查。2018年进行了5联装发射架的一系列陆基发射试验，并完成了环境试验等导弹鉴定活动。

　　1) 肩射型方案。泰勒斯英国公司已经研制了肩射型轻型多任务导弹地对空解决方案，该方案包含泰勒斯英国公司研制的瞄准装置，该瞄准装置连接单个导弹弹筒，总质量约为25 kg。2019年7月5日，英国海军陆战队防空部队第30突击队在南威尔士的马诺比尔靶场成功测试了该系统。

　　2) 半主动激光制导方案。泰勒斯英国公司正在为轻型多任务导弹研制一种半主动激光制导方案，该方案来源于其复仇女神（Fury）轻型空射精确滑翔武器，适用于便携式地对地等作战应用。泰勒斯英国公司已经试射了装备半主动激光导引头的地地型导弹。这种型号的导弹将暂时只装备英国。

　　3) 舰载型方案。泰勒斯英国公司继续发展了舰载型轻型多任务导弹的甲板安装解决方案。该导弹已经与舰载弹炮阵列基座集成，并进行了试验。该舰载基座带有一门30 mm的丛林之王（Bushmaster）自动加农炮，可提供作战距离达3.2海里（6 km）的反水面/防空作战能力。

此外，轻型多任务导弹还将为泰勒斯英国公司的快速游骑兵（RAPID Ranger）高机动性多用途武器系统提供地对地/地对空作战能力，该系统已计划装备陆军的 Ajax 装甲车和武士（Warrior）履带式步兵战车。

中国台湾

天弓-1（Tien Kung 1）

概 述

天弓-1是中国台湾中山科学技术研究院研制的近程地空导弹系统，是在美国改进型霍克地空导弹系统基础上发展的，主要用于区域防空和野战防空。该系统于1982年1月开始研制，1985年3月首次成功发射，1986年试生产，1989年在中国台湾陆军试服役，1992年投入批量生产；1993年9月首套天弓-1地空导弹系统开始在台北县三芝乡服役，此后陆续部署在大冈山、林园、澎湖、金门和东引5个阵地。1996年停止生产，共生产974枚导弹，目前仍在服役，每枚导弹价格约为39.78万美元。

天弓-1地空导弹系统

主要战术技术指标

对付目标	各类中低空高速机动飞机
最大作战距离/km	100
最大作战高度/km	24
最小作战高度/km	0.01
最大速度（Ma）	3.5
制导体制	中段指令＋末段半主动雷达寻的制导
发射方式	4联装全封闭箱式倾斜发射
弹长/m	5.3
弹径/mm	410
发射质量/kg	900
动力装置	单级固体火箭发动机
战斗部 类型	破片式杀伤战斗部
战斗部 质量/kg	90（总质量），0.003（单个破片）
引信	近炸和触发引信

系统组成

天弓-1地空导弹系统由导弹及4联装导弹发射架、长白相控阵雷达、目标照射雷达、战术控制中心、电源车和导弹运输装填车等组成。天弓-1地空导弹系统以导弹连为独立作战单元，1个连配有1辆战术控制中心/长白相控阵雷达车、2辆目标照射雷达车、4辆发射车、1辆电源车和1辆导弹运输车，导弹数量为40～56枚。

导弹 天弓-1导弹外形和尺寸与美国爱国者导弹非常相似：圆锥形头部、圆柱形弹体、无尾翼、位于弹体尾部的4片梯形全动式控制翼呈×形配置。其头部雷达罩由石英玻璃制成，具有良好的气动外形，也是导引头的微波窗口和热防护装置。弹体两侧装有突出的整流罩，其内布设连接中部控制段和尾翼控制系统的线路和数据链接收天线。

天弓-1导弹的动力装置由发动机、外部隔热防护罩和两条向尾翼传送控制信号的外部导管组成。发动机长为3.2 m，总质量约为490 kg，采用先进的端羟基聚丁二烯（HTPB）混合推进剂，药柱质量为445 kg，推力为134.8 kN，工作时间为12 s。发动机壳体是导弹结构的一部分，外部有隔热防护罩。

天弓-1 导弹采用中段指令制导与末段半主动雷达寻的制导，其制导与控制系统包括导引头、遥控发射/接收机系统和自动驾驶仪。导引头工作在 X 波段，由平面天线、常平架和控制导引头运动与处理信号的电子器件组成。

天弓-1 导弹战斗部舱为铝合金精密铸造，除装有战斗部外，还有安全引爆装置、引信和天线等。

探测与跟踪　天弓-1 地空导弹系统采用 1 部长白相控阵雷达和 1 部 CS/MPG-25 照射雷达。长白相控阵雷达由中国台湾自行研制，仿照美国宙斯盾武器系统的 AN/SPY-1 相控阵雷达进行设计，采用电子扫描，可对付多目标，并具有较强的抗干扰能力。该雷达天线阵为矩形，整个天线阵面由约 6 000 个发射/接收单元组成，尺寸为 4.5 m×3.0 m，工作频率为 S 波段，方位覆盖范围为 120°，峰值功率为 1 MW，探测距离达 450 km，能同时搜索上百个空中目标，可同时跟踪 24 个空中目标。CS/MPG-25 照射雷达仿照改进型霍克系统的 AN/MPQ-46 大功率连续波照射雷达设计，工作在 X 波段，功率增大了 60%，最大作用距离为 200 km。

发射与指控　天弓-1 地空导弹系统采用固定或机动 4 联装箱式倾斜发射。导弹密封于发射箱内，以避免受到外界恶劣环境的影响。全密封发射箱为一密封加固的方形铝箱，内装隔热层，兼作运输和储存导弹用。导弹战术控制中心在相控阵雷达车厢内，由计算机、通信设备和显示器组成。天弓-1 导弹系统的连级指挥控制中心与相控阵雷达、照射雷达、发射架等连接，以完成威胁判断、拦截计算、发射架选择及杀伤效果评估。

作战过程

天弓-1 地空导弹系统作战时由长白相控阵雷达搜索目标，发现目标后将目标信息传给战术控制中心，由战术控制中心进行敌我识别、威胁判断和目标分配，并选定发射架，将发射前需要的数据和程序传送给导弹。导弹发射后，按预定程序飞行。在导弹飞行过程中，长白相控阵雷达引导一对 CS/MPG-25 照射雷达中的一部，始终跟踪目标。在导弹飞行末段，导弹对照射雷达的直射信号和目标反射信号进行比较，不断修正航向，当导弹接近目标时，近炸（或触发）引信引爆战斗部摧毁目标。

发展与改进

天弓-1 地空导弹系统是在 1981 年美国和中国台湾签署爱国者技术转让协议的基础上研制的，其气动布局类似爱国者导弹。但是因技术转让协议中未包含爱国者制导系统，所以其相控阵雷达是仿照美国宙斯盾武器系统相控阵雷达设计的照射雷达是仿照改进型霍克导弹系统的照射雷达进行设计的。天弓-1 地空导弹系统于 1982 年开始研制，1985 年首次成功发射，经过多次试验和测试后，1993 年首套天弓-1 地空导弹系统开始服役。

天弓-1 地空导弹系统的性能介于 MIM-23B 改进型霍克地空导弹系统和 MIM-104 爱国者地空导弹系统之间，战术技术性能为 20 世纪 80 年代初水平。由于其末制导采用半主动雷达寻的,导弹飞行末段需要照射雷达对目标进行跟踪照射,一个火力单元只能同时拦截一个目标,且系统不具备对付多目标能力。为了进一步提高防空反导能力,中国台湾在天弓-1地空导弹系统的基础上开展了天弓-2地空导弹系统的研制。

天弓-2(Tien Kung 2)

概 述

天弓-2是中国台湾中山科学技术研究院研制的中远程地空导弹系统,主要用于区域防空和野战防空。该系统于1985年开始研制,1988年9月首次试飞,1990年定型,1992年开始试生产,1994年开始交付部队,1995年12月首次在台北三芝乡部署,1997年8月开始批量生产。

天弓-2导弹已装备6个导弹连,分别部署在高雄大冈山、高雄林园、澎湖白沙岛、东引东小岛、台北三芝、台中大肚山6个阵地。截至2017年年底,共生产天弓-2导弹300枚,每枚导弹价格约为41.1万美元。

发射中的天弓-2导弹

主要战术技术指标

对付目标		各类中高空高速机动飞机
最大作战距离/km		150
最大作战高度/km		30
最大速度（Ma）		4.5
制导体制		初段惯导＋中段指令修正＋末段主动雷达寻的制导
发射方式		固定式垂直发射或机动式4联装箱式倾斜发射
弹长/m		8.1
弹径/mm		570
发射质量/kg		1115
动力装置		单级固体火箭发动机
战斗部	类型	破片式杀伤战斗部
	质量	90 kg（总质量），3 g（单个破片）
引信		近炸和触发引信

系统组成

天弓-2地空导弹系统由导弹及发射架、长白相控阵雷达、战术控制中心、电源车和导弹运输装填车等组成。该系统以连为完整的独立作战单元，包括1辆战术指挥中心/长白相控阵雷达车、4辆发射车、1辆电源车和1辆导弹装填车。其中长白相控阵雷达、战术控制中心等与天弓-1地空导弹系统共用。1个火力单元能同时对付6个目标。

导弹 天弓-2导弹与天弓-1导弹气动布局大致相同，弹径加粗，长度增加，采用圆柱形弹体、圆锥形头部。其锥形整流罩采用中国台湾中山科学技术研究院开发的石英陶瓷复合材料（SCFC）。该材料具有很好的抗高温能力、极佳的耐蚀硬度和电磁波穿透率，是制造高速导弹天线罩的先进材料。

天弓-2导弹发动机是在天弓-1单级固体火箭发动机基础上发展而成，长为3.624 m，药柱质量为612 kg。

天弓-2导弹初段和中段制导采用惯性制导与指令修正，末段采用主动雷达寻的制导，导弹具有"发射后不管"能力，具有较高的制导精度和杀伤概率。

天弓-2导弹战斗部舱为铝合金精密铸造，除装有战斗部外，还有安全保险和电子装置、引信和天线等。

探测与跟踪 天弓-2导弹系统采用长白S波段相控阵雷达。该雷达集目标搜索、识别、跟踪与导弹跟踪制导于一身。由于天弓-2末制导段采用X波段主动雷达寻的制导，因此取消了天弓-1导弹的末制导段的照射雷达。

发射装置 天弓-2导弹系统除兼容天弓-1导弹系统的固定或机动4联装箱式倾斜发射外,还可垂直发射。

长白相控阵雷达

天弓-2地空导弹系统发射装置

作战过程

天弓-2地空导弹系统进入作战状态后，长白相控阵雷达开始搜索，并在发现目标后转入自动跟踪；同时战术控制中心进行敌我识别、威胁判断、确定优先攻击的目标，然后选定发射架，并将发射前所需的数据、程序提供给导弹。导弹发射后，初制导系统控制导弹朝目标方向按程序转弯，惯导系统测量导弹的飞行数据，相控阵雷达不断向导弹发送指令修正导弹飞行弹道。当导弹捕获并锁定目标后，转入主动雷达寻的末制导，导弹自动跟踪目标直至命中目标。

发展与改进

天弓-2地空导弹系统是在天弓-1基础上发展的。最初型号是在天弓-1基础上增加一个二级固体燃料助推器，后为与天弓-1导弹系统的发射装置兼容而放弃了增加助推器的方式，改为单级火箭发动机。与天弓-1相比，天弓-2导弹弹径略加粗，增加了燃料装药量以增大杀伤空域和拦截速度。最初天弓-2地空导弹系统设计具有有限反导能力，1997年中国台湾采购美国爱国者导弹系统后而被放弃。

在天弓-2地空导弹系统的基础上，中国台湾发展了具有反导能力的天弓-3防空导弹系统和天戟战术地地弹道导弹。

天弓-3（Tien Kung 3）

概　述

天弓-3是中国台湾中山科学技术研究院研制的中远程地空导弹系统，主要拦截中高空作战飞机、巡航导弹和其他空气动力目标，同时具有一定防御近程弹道导弹的能力，与美国爱国者-2 GEM＋导弹系统相近。天弓-3的研制工作始于1997年，1998年9月15日进行了首次实弹拦截试验，2007年10月在中国台湾"双十阅兵"首次公开亮相，2009年完成研制，2013年完成初步作战试验，2015年开始批生产，2019年年初中国台湾首次公开天弓-3地空导弹系统部署在花莲。天弓-3地空导弹系统改进型为增程型天弓-3，用于防御近程弹道导弹，计划部署在中国台湾地区北部及重要军事要地，2018年9月已完成试验验证。中山科学院在天弓-3导弹系统基础上，正在发展天弓-3系统海基型号，已完成从MK41垂直发射系统的发射试验，正在研制垂直发射系统。

2015年中国台湾制定采购12套天弓-3地空导弹系统计划，总预算为748亿新台币

（24.3亿美元）。截至2017年年底，共生产天弓-3导弹505枚，每枚导弹价格约为79.98万美元。

天弓-3导弹发射场景

主要战术技术性能

对付目标	中高空作战飞机、巡航导弹、近程弹道导弹
最大作战距离/km	200
最大作战高度/km	25
最大速度（Ma）	＞4
制导体制	初段惯导＋中段指令修正＋末段主动雷达寻的制导
弹长/m	5.6
弹径/mm	420
发射方式	固定式或机动式4联装箱式垂直发射
发射质量/kg	1 200
动力装置	单级固体火箭发动机

系统组成

天弓-3地空导弹系统由天弓-3导弹、发射架、相控阵雷达、战术控制中心、电源车、通信中继车和导弹运输装填车等组成，系统机动作战能力强。

导弹 天弓-3 导弹由一级固体火箭发动机和圆柱形弹体组成，弹体头部呈圆锥形，无尾翼。天弓-3 导弹改进了引信和战斗部，使导弹能拦截近程战术弹道导弹。

天弓-3 导弹

探测与跟踪 天弓-3 导弹系统的探测跟踪雷达使用了改进的 S 波段长白相控阵雷达或机动式长山 C 波段相控阵雷达，其探测距离从 160 km 提高到 460～500 km。末制导段采用 Ka 波段主动雷达寻的制导。

机动式长白相控阵雷达

发射与指控 天弓-3 导弹系统采用固定或机动 4 联装箱式垂直发射，该发射装置还可根据需要发射天弓-1 与天弓-2 导弹。战术控制中心是天弓-3 导弹系统的控制中枢，通过光纤或通信中继车的无线通信连接上级指挥中心和下属火控单元，以完成目标识别、威胁评估、拦截计算、发射架选择及杀伤效果评估。天弓-3战术控制中心除控制天弓-3导弹外，还可控制天弓-1和天弓-2导弹发射。

天弓-3地空导弹系统垂直发射装置

发展与改进

天弓-3导弹自1997年开始研制，2009年开始作战试验，2013年完成初步作战试验，验证了多目标拦截能力。2015年，中国台湾开始正式采购天弓-3地空导弹系统。

天弓-3地空导弹系统的改进型为增程型天弓-3导弹系统，用于防御近程弹道导弹，对弹道导弹目标的拦截高度从40 km提高到70 km。增程型天弓-3导弹采用两级固体火箭发动机，对弹体部分进行了轻量化，一部分采用了玻璃纤维强化塑料复合性材料，弹长和弹径比天弓-3导弹增大，发射车也进行了改进。在代号为"强弓项目"的计划下，中国台湾开始发展增程型天弓-3导弹，2013年进行了首次试射，2015年编制发展计划并开始工程研制，投资约70多亿新台币。2018年9月提前完成试验，进入量产阶段，将部署在中国台湾北部地区及重要军事地区。

中国台湾在天弓-3地空导弹系统的基础上发展了海基天弓-3舰空导弹系统，导弹尾翼采用折叠设计。海基天弓-3防空导弹已经在部署在九鹏基地陆地上的MK41垂直发射系统中完成试射。目前已确认海基天弓-3导弹能使用MK41发射，中国台湾中山科学技术研究院将以此标准自行研制发射海基天弓-3导弹所需的垂直发射系统。中国台湾从美国共采购两套MK41垂直发射系统，一套部署在九鹏基地内，另一套则装载在台军高雄舰上。

捷羚（Antelope）

概　述

　　捷羚是中国台湾中山科学技术研究院研制的低空近程地空导弹系统，主要用于重要战术目标的点防御或与其他防空系统一起作为区域防御的一部分，可拦截低空飞行的直升机、战斗机和轰炸机等目标。捷羚于 1995 年 7 月开始研制，1997 年 6 月在汉光演习中首次公开，1998 年 2 月参加新加坡航展，2002 年开始批量生产，2003 年第一次交付部队，2005 年正式装备中国台湾空军。

捷羚地空导弹系统

主要战术技术性能

对付目标	低空飞行的直升机、战斗机和轰炸机等目标
最大作战距离/km	9
最大作战高度/km	3
最小作战高度/km	0.015
最大速度(Ma)	1

续表

制导体制	被动红外寻的制导
发射方式	倾斜发射
弹长/m	2.87
弹径/mm	127
最大翼展/mm	640
发射质量/kg	90
动力装置	1台低烟固体火箭发动机
战斗部	高爆破片式杀伤战斗部
引信	激光近炸和触发引信

系统组成

捷羚导弹系统由目标捕获系统、通信系统、操作控制系统、天剑-1导弹和发射车组成。发射车采用美国AM型4×4通用高机动多用途轮式车辆底盘，车辆后部基座上安装了4联装发射架、雷达系统和前视红外系统。整个系统由一台整体式发电机供电。在发射车的两侧各装有两个液压稳定装置。该系统还配备有独立的模拟训练器和内嵌式检测系统。

捷羚导弹系统可独立作战，也可与另外2辆提供通信和火控雷达的车辆，以及防空火炮进行协同作战。

导弹 捷羚导弹系统采用天剑-1空空导弹，其外形与美国响尾蛇空空导弹和小檞树地空导弹相似，采用鸭式气动布局和前翼操纵、尾部稳定控制方式。

捷羚导弹采用被动红外寻的制导，导引头为制冷锑化铟红外导引头，有较高的灵敏度与较强的抗干扰能力，能从任何方向攻击敌机，也可接收雷达提供的目标信息，或由人工目视瞄准发射。

探测与跟踪 捷羚导弹系统的目标捕获系统包括一部可收放的小型搜索雷达和前视红外系统，分别安装在旋转式发射塔顶部和左侧上下导弹之间。小型搜索雷达是在天弓-1导弹雷达导引头基础上改进的，配合雷达、热成像仪和可调节亮度的操控显示屏，可在夜间或能见度较差的环境瞄准目标。捷羚导弹系统还可利用火控系统雷达的目标探测与跟踪信息。

指控与发射 捷羚导弹系统使用操作控制系统进行火力控制，操作控制系统可以车载或安装在建筑内。火力单元通过无线电或光纤链路与操作控制系统相连。如果指挥设施被摧毁，其中一个火力单元可以在一定程度上接管其功能。

捷羚导弹系统还可通过车载低空防空火控系统提供目标捕获和火力控制能力。该系统由1部CS/MPQ-78搜索雷达、1部作用距离为20 km的跟踪雷达和1个带有内置激光测距仪的辅助光学跟踪器组成，最多可用于 4 套防空导弹系统或两门高炮系统。搜索雷达带有一个敌我识别器，搜索方式为边扫描边跟踪，作用距离为 30 km，方位覆盖范围为 360°。光学跟踪器在天气晴朗时跟踪距离为 10 km。

捷羚导弹系统发射架上最多可同时挂载 4 枚天剑-1 导弹，只需 1 名射手和 1 名观瞄手即可操作。通常采用静止状态发射，也可在行进中发射。射手既可以在车上直接发射，也可以在车外安装一个三脚架式控制台以有线遥控方式操作，光缆长约 70 m。发射系统具有较强的生存能力和一定的抗敌电子干扰能力。

CS/MPQ-78 搜索雷达

作战过程

当发射车进入发射阵地后，由一台发电机启动火控系统开始工作，车内自检系统进行全系统功能检测，并显示检测结果。射手只要按下战备钮，全系统即开始搜索警戒空域，一旦发现目标进入搜索范围，目标捕获系统便会自动锁定任何没有给出正确敌我识别响应的目标。当目标捕获系统定位目标时，火控计算机驱动发射架和导弹到正确的方位和高度，发出发射指令。导弹导引头同步锁定目标，系统进入交战状态。

发展与改进

2015 年 8 月中国台湾展出了新型海羚羊导弹系统，该系统使用升级版天剑-1 近程导弹。导弹加装了红外成像导引头、惯性导航系统、数据链和增强型火箭发动机，有 8 个和 16 个发射单元，目前还在研发中，未来将装备在新型导弹驱逐舰上。

舰空导弹系统

俄罗斯

波浪（Волна）M-1/果阿（Goa）SA-N-1

概 述

波浪是苏联牛郎星国家科研生产联合体研制的全天候中程舰空导弹系统，是20世纪60年代苏联海军大中型舰只的标准装备，主要用于舰队防空，系统代号为M-1。北约称该导弹系统为果阿，代号为SA-N-1。

波浪舰空导弹系统由陆用型涅瓦（SA-3）地空导弹系统移植而来，所用导弹为陆用型导弹的改进型，其代号为B600和B601，由火炬机械制造设计局负责研制。波浪导弹系统于1962年开始研制，1965年装备肯达级导弹巡洋舰（配备双臂发射架，备弹24枚），从20世纪60年代至70年代共装备了43艘舰（共计80套），20世纪90年代开始已逐渐被施基里（SA-N-7）舰空导弹系统取代。印度海军购买并装备了波浪导弹系统。

波浪舰空导弹系统

主要战术技术性能

型号	B600	B601
对付目标	中低空亚声速和超声速作战飞机	
最大作战距离/km	15	24
最小作战距离/km	4	4
最大作战高度/km	10	18
最小作战高度/km	0.1	0.1
最大速度(Ma)	1.75	2.15
制导体制	无线电指令制导	
发射方式	双联装倾斜发射	
弹长/m	5.88	5.95
弹径/mm	390，550(助推器)	390，550(助推器)
翼展/mm	1 200	1 200
发射质量/kg	923	980
动力装置	固体火箭发动机	
战斗部 类型	破片式杀伤战斗部	
战斗部 质量/kg	70	70

系统组成

波浪舰空导弹系统由跟踪制导雷达、火控台、导弹及发射装置等组成。

导弹 导弹由两级串联组成，采用鸭式气动布局。导弹头部为细尖锥形，4个截尖三角形舵面在弹体的鼻锥部分；第二级靠尾部装有4个弹翼，其中2个弹翼的后缘上有副翼，用以稳定导弹滚动；在第一级尾部有4个大的矩形稳定尾翼，舵面、弹翼和尾翼都按×形配置，并处在同一平面上。

探测与跟踪 波浪导弹系统采用顶网（Head Net）对空监视雷达和桔皮群（Peel Group）跟踪制导雷达。

顶网雷达用于探测和跟踪空中目标，并为舰上导弹和火炮的指挥控制系统提供目标指示。该雷达工作在 S 波段（2～4 GHz），最大作用距离为 110～130 km，采用 6 m×1.5 m 大型空心网状椭圆形抛物面天线和喇叭馈源。顶网雷达有3种型号，波浪导弹系统多采用 C 型雷达，使用两个背靠背安装的天线，其中一个天线与水平面成 30°，形成 V 形波束，用于测高。

桔皮群雷达采用单脉冲跟踪体制。两对大小不同的实心椭圆形抛物面天线不对称地安装在一个共用的旋转基座上。其中一对大天线按垂直和水平方向安装，分别进行垂直扫描和水平扫描，采用不偏置的1/4波长平板馈源，工作在C波段（6～8GHz），波束宽度为1.5°×5°，用于捕获和粗跟踪高空目标，可以边扫描边跟踪，最大作用距离为55～75 km；一对小天线在旋转基座一边，也按垂直和水平方向安装，采用偏置的多喇叭馈源，工作在I波段，用于对低空近程目标精确跟踪，导弹发射后，可跟踪导弹。此外，在旋转基座小水平天线的下方还有一个小的圆抛物面天线，用于向飞行中的导弹发送控制指令。

发射装置 波浪导弹系统采用横摇稳定的标准双联装发射架，发射架安装在弹舱顶部。

沃尔霍夫-M（Волхов-M）M-2/盖德莱（Guideline）SA-N-2

概　述

沃尔霍夫-M是在苏联牛郎星国家科研生产联合体研制的陆用型地空导弹系统德维纳（SA-2）基础上发展而来的舰空导弹系统，系统代号为M-2。北约称该导弹系统为盖德莱，代号为SA-N-2。沃尔霍夫-M舰空导弹系统的导弹和制导雷达与SA-2地空导弹系统完全相同，只是发射架不同。沃尔霍夫-M系统采用双联装发射架，导弹挂在发射架支臂下面，采用倾斜发射方式。沃尔霍夫-M导弹系统于1957年试射，1961年完成试验。由于该导弹系统十分笨重，未能装备部队，只用作舰艇装备的试验系统。

主要战术技术性能

对付目标	作战飞机和反舰导弹
最大作战距离/km	50
最大作战高度/km	28
最小作战高度/km	1
最大速度(Ma)	3.5
制导体制	无线电指令制导
发射方式	双联装倾斜发射
弹长/m	10.7

续表

翼展/mm		1 800
发射质量/kg		2 300
动力装置		1台固体火箭助推器，2台液体火箭发动机
战斗部	类型	高爆破片式杀伤战斗部
	质量/kg	120

风暴（Шторм）4К60/高脚杯（Goblet）SA-N-3

概 述

风暴是由苏联牛郎星国家科研生产联合体研制的全天候舰空导弹系统，系统代号为4К60。北约称该导弹系统为高脚杯，代号为SA-N-3。该系统于1963年开始研制，1967年正式装备使用，是苏联专门为海军研制的第一种舰空导弹系统。风暴导弹系统的基本型是4К60，在此基础上发展的改进型为4К65，北约分别称之为SA-N-3A和SA-N-3B。风暴导弹系统主要装备在克列斯塔-2级导弹巡洋舰和喀山级巡洋舰上。该系统共生产了25套，装备苏联海军。

风暴舰空导弹系统

主要战术技术性能

对付目标	飞机和水面舰艇
最大作战距离/km	32
最小作战距离/km	7
最大作战高度/km	25
最小作战高度/km	0.1
最大速度（Ma）	2.5
制导体制	无线电指令＋半主动雷达寻的制导
发射方式	B189双臂发射架
弹长/m	6.1
弹径/mm	600
翼展/mm	1 400
发射质量/kg	845
动力装置	双推力固体火箭发动机
战斗部 类型	高爆破片式杀伤战斗部
战斗部 质量/kg	80
引信	近炸和触发引信，有效作用距离为40 m

系统组成

导弹 风暴舰空导弹系统采用B611导弹。弹体呈圆柱形，头部为尖卵形，采用正常式气动布局。该导弹无前翼，后掠角很大的梯形弹翼位于弹体中后部，在弹翼垂直后缘有4个舵面，4个梯形尾翼安装在弹体尾部，弹翼与尾翼按××形配置，并处在同一平面上。

探测与跟踪 风暴舰空导弹系统采用MR-600三坐标搜索雷达和前灯跟踪制导雷达。前灯跟踪制导雷达有5个天线，不对称地安装在一个基座上，其中包括2个大型抛物面天线，2个小型抛物面天线和1个指令天线。大型天线直径为3.8 m，工作在G波段，用于搜索和跟踪目标，可以边搜索边跟踪，并能采用隐蔽接收方式跟踪目标，以防敌机施放欺骗式干扰。小型天线的直径为1.8 m，工作在H/I波段，用以跟踪照射目标。小型天线除在方位和俯仰上能与大天线同步旋转外，还可以单独进行有限的旋转。雷达的作用距离为72～144 km。

里夫（Риф）С-300ф/格龙布（Grumble）SA-N-6

概　述

里夫是苏联牛郎星国家科研生产联合体研制的一种全天候舰空导弹系统，系统代号为С-300ф。北约称该导弹系统为格龙布，代号为SA-N-6。基本型里夫舰空导弹系统是从С-300地空导弹系统移植而来，改进型里夫-M（Риф-M）舰空导弹是从С-300ПМУ-1地空导弹系统移植而来。里夫舰空导弹系统具有对付多目标、可低空作战、导弹机动性高和抗电子干扰能力强等特点。

里夫舰空导弹系统于1969年开始研制，1984年分别装备了基洛夫级核动力导弹巡洋舰和光荣级导弹巡洋舰，是世界上最早采用舰载垂直发射的舰空导弹系统。

里夫舰空导弹系统

主要战术技术性能（里夫-M）

对付目标	高性能飞机（特别是携带反舰导弹及反辐射导弹的远程飞机、预警机及电子干扰机），巡航导弹及其他空中目标
最大作战距离/km	120
最小作战距离/km	8

续表

最大作战高度/km	25
最小作战高度/km	0.01
杀伤概率/%	70～90
反应时间/s	5
制导体制	无线电指令修正＋TVM 制导
发射方式	舰载垂直冷发射
弹长/m	7.5
弹径/mm	519
翼展/mm	1 134
发射质量/kg	1 800
动力装置	1 台单推力高能固体火箭发动机
战斗部 类型	破片式杀伤战斗部
战斗部 质量/kg	143
引信	无线电近炸引信

系统组成

里夫舰空导弹系统由导弹、制导雷达、中央控制舱和发射装置等组成。大型基洛夫巡洋舰上的里夫导弹系统主要作战设备包括：2 部顶罩多功能相控阵照射制导雷达，分别对舰艇前后的空域目标进行跟踪和制导；位于前甲板下的 12 个发射井，每个井内装有 8 枚导弹；制导控制舱（包括制导计算机，显控台和发射控制、检测、模拟训练等设备）。

导弹 里夫舰空导弹系统采用 5B55 和 48H6E 两种导弹。5B55 导弹弹体为单级无翼式，尾部有 4 个全动式空气舵，在尾喷管扩张段安装了 4 个燃气舵。

48H6E 导弹采用改进的发动机，发动机加长了 250 mm，装药量增加，推力增大。导弹采用了液压舵机系统，取消了 5B55 导弹采用的燃气舵系统。导弹最大作战距离达 120 km，最大飞行速度达马赫数大于 6，提高了对战术弹道导弹的拦截能力。

探测与跟踪 舰上共用的搜索指示雷达和里夫舰空导弹系统专用的跟踪照射雷达构成了里夫舰空导弹系统的目标探测与跟踪系统。光荣级巡洋舰上的搜索雷达为顶对和顶告三坐标搜索雷达，基洛夫级巡洋舰上的搜索雷达为顶对和顶板雷达。目标跟踪照射雷达是对目标进行搜索、跟踪、照射以及对导弹进行指令制导。该雷达包括 3 种天线：主天线为跟踪天线，装在大圆罩内，用以跟踪目标和导弹；其下方为 3 个并排安装的柱形天线，用以对抗电子干扰；中间一小罩内装有指令天线。目标跟踪照射雷达天线转台在方位上可转动，为适应海上条件，该雷达采用了波束电子稳定措施。

48H6E 导弹

里夫-M 舰空导弹系统的跟踪照射雷达

指控与发射 里夫舰空导弹系统采用舰载垂直发射，发射装置有两种。一种是光荣级巡洋舰上的 8 联装旋转盘型，另一种是基洛夫级巡洋舰上的 8 联装旋转箱型。在光荣级巡洋舰上有 8 个发射井，井盖为圆形，位于舰后部甲板下，以 2 列 4 行方式排列，每个井内有一个可旋转的 8 联装发射装置，共配备 64 枚导弹。在基洛夫级巡洋舰上安装了 12 个发射井，井盖为长方形，位于舰前部甲板下，以 3 列 4 行方式排列，每个井内也有一个可旋转的 8 联装发射装置，共配备 96 枚导弹。发射时，待发导弹要对准井口。发射后，发射装置自动旋转，使下一枚导弹对准井口，导弹发射间隔时间为 3 s。

里夫舰空导弹系统发射舱的位置安排

作战过程

里夫舰空导弹系统既可接收舰上指控系统的目标指示信息,也可由制导雷达自主搜索、跟踪目标,通常采用前一种方式获得目标信息。

舰上三坐标雷达给出目标信息,经舰上作战情报指挥系统进行目标识别、威胁判断,再分配到里夫舰空导弹系统,由中央控制舱内的目标指示设备接收,并送到导弹控制台控制制导雷达天线调转到目标指示方向;雷达截获目标后转入自动跟踪状态,计算机根据导弹控制台送来的目标参数计算目标射击诸元。与此同时,对自动发射装置进行导弹选取、加电,并对待发导弹进行射前参数装定。

导弹发射后,在距舰面 $25\sim30$ m 高度进行发动机点火。当制导雷达的小雷达(截获雷达)截获到导弹时,将导弹的坐标参数送至制导雷达的主雷达。当主雷达截获导弹后,制导雷达对导弹、目标进行跟踪,并对目标进行照射。舰上计算机根据目标、导弹的信息计算出导弹偏离弹道数据,以此形成指令,并发送给飞行中的导弹,指令周期为 0.1 s。当导弹的导引头搜索、捕获到经目标反射回来的信号后,就由中段指令制导转换为 TVM 末段制导。在 TVM 制导体制中,目标反射的雷达信号被导弹接收,导弹把信号数据下传至舰上制导雷达,由计算机进行数据处理,形成制导指令再发送回导弹。里夫舰空导弹系统最多能同时制导 12 枚导弹,对付 6 个目标。

里夫舰空导弹系统作战示意图

发展与改进

里夫舰空导弹系统与陆用型 C-300 采用同一种导弹，与陆用型比较有很多共同点，如 TVM 制导体制、垂直发射方式、多目标通道跟踪照射雷达等。但由于该系统是由专门研制舰用武器系统的苏联牛郎星国家科研生产联合体设计的，故具有很多舰载武器系统的特点，主要包括：跟踪照射雷达天线舱结构改为圆形，加装天线罩并用电子稳定波束，以适应海上作战条件；导弹采用甲板下井下垂直发射，以保证舰艇的安全；装于舰艇发射井内的筒弹可 10 年不检测。

黄蜂－M（Oca－M）/壁虎（Gecko）SA－N－4

概　述

黄蜂－M 是由苏联牛郎星国家科研生产联合体研制的近程舰空导弹系统。该系统于 1960 年与陆上黄蜂系统（SA-8）同时开始研制，于 1967 年开始试验，于 1973 年装备部队，主要装备在喀拉级巡洋舰上。该系统使用 9M33 导弹，能自主作战，也能进入舰船战斗系统，利用舰船传感器提供的目标数据。该系统共生产了 280 套，装备了 8 国海军。

黄蜂-M 舰空导弹系统

主要战术技术性能

对付目标		直升机和潜艇
最大作战距离/km		10
最小作战距离/km		1.2
最大作战高度/km		5
最小作战高度/km		0.025
最大速度(Ma)		2.35
制导体制		雷达或光学跟踪＋无线电指令制导
发射方式		双联装发射
弹长/m		3.16
弹径/mm		210
翼展/mm		640
发射质量/kg		126
动力装置		1台双推力固体火箭发动机
战斗部	类型	高能杀伤战斗部
	质量/kg	18
引信		近炸引信

剑（Клинок）3К95／克里诺克（Klinok）SA-N-9

概 述

剑是苏联牛郎星国家科研生产联合体研制的一种全天候中低空舰空导弹系统，用于防御来袭的飞机、导弹和小型飞行器，在舰上具有独立作战能力。该系统采用道尔地空导弹系统的 9M330 导弹，用于取代黄蜂-M 舰空导弹系统。剑导弹系统于 20 世纪 70 年代末开始研制，1989 年正式装备部队。

剑导弹系统的国内用户是俄罗斯海军，先后装备了库兹涅佐夫级航母、基洛级巡洋舰、无畏级驱逐舰和不惧级护卫舰；其国外用户是越南海军。

主要战术技术性能

对付目标	目标类型	各类作战飞机和掠海飞行的反舰导弹
	目标速度（Ma）	≤ 2
最大作战距离/km		12（飞机），5（导弹）
最小作战距离/km		1.5
最大作战高度/km		6
最小作战高度/km		0.01
最大速度（Ma）		2.5
机动能力/g		30
杀伤概率/％		90
反应时间/s		8
制导体制		无线电指令制导
发射方式		垂直发射
弹长/m		2.9
弹径/mm		230
翼展/mm		650
发射质量/kg		165
动力装置		双推力固体火箭发动机

续表

战斗部	类型	高爆破片式杀伤战斗部
	质量/kg	15
引信		无线电近炸引信

系统组成

剑导弹系统主要由搜索雷达、跟踪制导雷达、电视跟踪装置、导弹发射井和计算机等组成,在舰面占用面积约 113 m^2。该系统可以装备在 800 t 级的舰船上,耗电功率为 220 kW。

剑导弹系统采用道尔地空导弹系统使用的 9M330 导弹,导弹性能见道尔-M1（Top-M1）部分。

剑舰空导弹系统的雷达

探测与跟踪 剑导弹系统的探测与跟踪系统主要由搜索雷达、跟踪制导雷达和电视跟踪装置组成。

该系统的搜索雷达工作在 C 波段（4～6 GHz）,能够提供距离为 45 km、高度为 3.5 km 范围内的 48 个目标的距离、方位以及高度数据,并能够自动对目标进行威胁评估。搜索雷达天线是在同一转塔上采用背靠背的两个余割平方天线,其中一个反射面对应两个馈源,另一个反射面对应一个馈源。天线系统形成 3 个波束,覆盖相应的搜索空域。

跟踪制导雷达工作在 K 波段（20～40 GHz）,装有目标跟踪天线、导弹截获天线和指令发射天线。目标跟踪天线为相控阵天线，同垂直方向成 22.5°，馈电形式为光学空间反射式，形成 1°波束，波束空间电扫范围为±30°。跟踪制导雷达采用固定点频的工作方式，当目标位于 60°×60° 的扫描范围内时，雷达能同时制导 8 枚导弹拦截 4 个目标。

导弹截获天线和指令发射天线位于目标跟踪天线上方，均为反射型多元阵列天线。位于右方的天线用于截获并跟踪垂直发射后的导弹，波束宽度为 5°，由约 233 个辐射元形成一个平面六边形的阵面，辐射元为介质棒，采用空间反射式馈电。位于左方的天线用于发射指令，波束宽度为 20°，扫描范围为 80°。

目标跟踪天线两边各装有一部电视跟踪装置，用于在恶劣电磁环境下制导导弹。

指控与发射　剑导弹系统在 3 台计算机控制下工作，计算机运行速度约为 200 万次/s，分别用于雷达数据处理、系统控制和传感器接口。该系统具有较强的运算和数据处理能力，确保了系统反应速度快、自动化程度高、多目标能力强。指控系统既能指挥控制导弹，也能指挥控制火炮，使剑导弹系统成为弹炮结合的防空系统。

剑舰空导弹系统发射场景

剑导弹系统的导弹从发射井内垂直冷发射，发射间隔时间为 3 s。导弹发射升空至 18～20 m 高度后，固体火箭发动机开始工作；由装在导弹每个舵面正反面的燃气喷嘴为导弹提供快速姿态调整，完成发射后的快速转弯。每个发射井直径约为 2 m，能容纳 8 枚导弹，每艘舰上装有 2～24 个发射井。

作战过程

剑导弹系统具有独立作战能力。搜索雷达发现并捕获目标后，为跟踪制导雷达指示目标，系统在接到告警信号的 15 s 内做好准备。雷达跟踪目标后，一旦确定发射导弹，导弹发射装置即根据所需的射击方位进行调转，然后发射导弹。导弹发射升空至 18～20 m 后，在燃气动力控制下转弯，在指令制导下飞向目标。

发展与改进

20 世纪 70 年代末，苏联开始研制中低空防御系统，包括陆用、海用两种类型，海用型即为剑导弹系统。1982 年，剑导弹系统的一套样机安装在格里莎级护卫舰上。此后，剑导弹系统研制试验一直被延期，仅在 1986 年春季成功进行了一次试验，并于 1989 年正式装备部队。

1996年，火炬机械制造设计局对外展示了基于道尔导弹系统的导弹，该导弹采用主动雷达导引头，用于道尔和剑导弹系统。1999年，火炬机械制造设计局提出了导弹和雷达系统改进计划，以扩大导弹拦截距离和高度，提高导弹飞行速度。2000年，对Pozitiv-ME1制导雷达进行了改进。该雷达工作在X波段，最大作用距离为150 km，能够跟踪多达50个目标，俯仰角为0°～85°。2004年，俄罗斯海军接收了道尔-M1A导弹系统的升级软件，系统的最大作战高度增加到10 km。道尔导弹系统的改进也在不断应用于剑导弹系统。

嘎什坦（Kaштан）/ 嘎什坦（Kashtan）SA-N-11

概　述

嘎什坦是苏联研制的近程末端防御弹炮结合防空系统，用于舰艇和海军重要沿岸军事设施的防御，可拦截包括反舰导弹和航空炸弹在内的高精度制导武器，北约代号为SA-N-11。嘎什坦系统的设计思想是将导弹移植到舰上，并将导弹和火炮的优点结合起来，发挥火炮近距离效率高的优点，弥补导弹近距离作战效能不足的缺点，以保证近距离对反舰导弹等目标的防御。1975年，苏联开始研制嘎什坦系统，1988年正式装备部队。

嘎什坦系统使用9M311导弹，单价为9万美元。嘎什坦系统的国内用户是俄罗斯海军，国外用户为印度海军。

嘎什坦弹炮结合防空系统

主要战术技术性能

型号		导弹	火炮
对付目标		飞机、直升机、反舰导弹、制导炸弹等	
最大作战距离/km		8（飞机），5（导弹）	4
最小作战距离/km		1.5	0.5
最大作战高度/km		3	3
最小作战高度/km		0.015	0.005
最大速度(Ma)		2.6	
杀伤概率/%		80	60
反应时间/s		6.5～7	6.5～7
制导体制		无线电或激光指令制导	
发射方式		倾斜发射	
弹长/m		2.56	
弹径/mm		152	
发射质量/kg		42	
动力装置		1台固体火箭发动机	
战斗部	类型	定向破片式杀伤战斗部	
战斗部	质量/kg	9	
引信		近炸和触发引信	

系统组成

嘎什坦系统采用模块化结构设计，包括指挥模块、作战模块、导弹存储和再装填系统、导弹和炮弹。根据舰艇排水量和作战任务的不同，指挥模块和作战模块可灵活配置。嘎什坦系统采用 9M311 导弹和 6 管 30 mm 口径的 AO-18K 型舰炮。

导弹 9M311 导弹为鸭式气动布局，采用无线电或激光指令制导，头部装有整流罩和引信，其后是舵机舱和两对气动舵面，舵机舱后部是战斗部舱。二级弹体的尾部舱段内装有指令接收机、光学位标器和电源等电子设备，无线电指令接收天线安装在二级弹体尾部的 4 片固定弹翼后沿处。

导弹的动力装置为 1 台固体火箭发动机，工作时间为 2.2 s。发动机分离后导弹速度下降量小。二级导弹采用旋转稳定，飞行控制靠鸭式舵面单通道控制。导弹采用半自动无线电指令制导（对目标的跟踪是手控的），三点导引法。

导弹战斗部采用定向破片式杀伤战斗部,破片共 3 000～4 000 块,单块破片长度为 4～9 mm,质量为 2～3 g,效能是普通破片式杀伤战斗部的 2 倍。

火炮　AO-18K 型舰炮采用加特林型转管炮,主要由发射系统、供弹系统、炮架、摇架、随动系统和弹药等部分组成。火炮管身寿命长,可发射 40 000 枚炮弹,配用杀伤爆破燃烧弹和曳光杀伤弹,采用无弹链供弹方式和电击发方式。

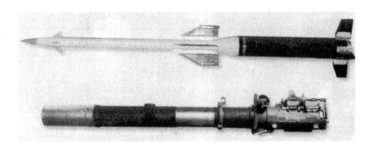

9M311 导弹(上)和 AO-18K 型舰炮

指挥模块　指挥模块用于探测目标和分配目标,为作战单元提供目标指示数据,最多可同时跟踪 30 个目标。指挥模块由搜索雷达、指挥员操作台、计算站(包括数据处理及数据交换机柜)和控制机柜等组成。

搜索雷达采用两个背靠背式的双波束天线。宽波束为 40°,可保证一定的搜索扇面和发现概率;窄波束为 4°,专门用于对掠海目标的搜索和点迹跟踪。对雷达散射截面为 0.1 m^2、飞行高度为 15 m 的目标,探测距离为 10～12 km;对雷达散射截面为 0.1 m^2、飞行高度为 3 m 的目标,探测距离为 8～10 km;对雷达散射截面为 5 m^2、飞行高度为 1 km 的目标,探测距离为 45 km。

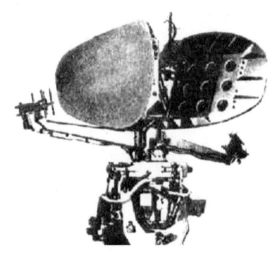

搜索雷达天线

计算机系统通过火控计算机综合处理来自各个探测、跟踪设备的目标信号,分配威胁数据和指定目标到作战模块,并能针对每个目标自动选择最佳作战模式。

作战模块 作战模块利用指挥模块提供的数据锁定目标，利用雷达或电视-光学控制系统进行目标和导弹的跟踪，向不同距离上的目标发射导弹和火炮。作战模块可在 1 min 内对 6 个空中目标进行跟踪和攻击。该系统模块由跟踪制导雷达系统、光电控制系统、计算机系统、导弹/火炮转塔、导弹存储和再装填系统等组成。

跟踪制导雷达系统主要由雷达天线、发射和接收等多个功能机柜，以及计算机和电源等组成，工作波段为厘米波和毫米波，具有很强的抗海杂波干扰和抗电子干扰能力。其主要功能是接收目标指示信息、捕获和跟踪目标、对导弹进行制导。为了提高制导精度，该雷达天线由 1 部跟踪天线和 3 部制导天线组成复合型天线，安装在与弹炮转塔无刚性连接但同轴的一个转盘上。在 9M311 导弹的初始飞行段，首先使用一个天线直径为 0.1 m、波束宽度为 6°的宽波束雷达制导，然后在弹道中段自动转交给另一部波束宽度为 4°的中波束雷达继续制导，最后由一部天线尺寸为 0.7 m×0.4 m、波束宽度为 1°的窄波束雷达进行末段制导。

光电控制系统主要由光学望远镜、光学系统操作控制盒和坐标定位器组成。其主要功能是：跟踪目标，确定目标的角坐标；将光信号转变为控制导弹的电信号；实时显示目标的坐标。在跟踪雷达工作时，光电系统与跟踪雷达同步跟踪，以便观察目标。在气候条件允许或在雷达受到电子干扰的情况下，系统便自动切换为光电制导模式，以提高系统的制导精度和抗电子干扰能力，此时光电系统对目标进行角跟踪，跟踪雷达进行距离跟踪。

计算机系统主要由输入—输出装置、数字计算机、接口组件和计时器等组成，其主要功能是：对目标参数进行滤波、估计、预测和解算；计算、控制导弹（火炮）的发射时机；对故障检测信号进行分析处理和显示。

嘎什坦系统的导弹/火炮炮塔质量为 3.8 t，导弹和火炮均安装在转塔上，由转塔带动完成旋转和俯仰运动，并由瞄准传动控制机构控制。2 门 6 管火炮分别安装在旋转式炮塔的两边。带有发射筒的导弹则分别装在 2 门火炮上方，每门火炮上方有 4 枚导弹。

在排水量较大的舰艇上，每个作战模块可以安装质量为 2.3 t 的导弹存储和再装填系统，其主要作用是：利用位于作战模块正下方甲板下空间内的导弹储存舱室，最多可存储 32 枚导弹；为作战模块自动装填和再装填导弹，导弹的再装填时间为 1.5 min。该系统由 2 个转鼓、滑架和转弹、扬弹装置等组成。

作战过程

当下达战斗命令后，嘎什坦系统可全自动工作。指挥单元的搜索雷达发现目标后，自动对目标进行敌我识别，根据目标的威胁程度并考虑战斗单元的状态进行目标分配和目标指示。战斗单元在接到目标指示后，跟踪雷达首先对目标在方位和俯仰上进行自动搜索和捕获，捕获目标后立即实现自动跟踪。此时，电视光学系统也与跟踪雷达同步跟踪，以便观察目标，在气候条件允许的情况下，可自动（人工）转换到由电视光学系统对目标进行角跟踪，由跟踪雷达进行距离跟踪。战斗单元中的计算机系统根据跟踪传感器测得的目标参数及其他参数求解射击区域，作战应用软件自动计算，控制导弹的发射时机、火炮开火时机和射击程序。

当来袭目标进入到第一枚导弹的预定射击区域时，导弹发射。飞行中的导弹首先进入宽波束制导雷达的波束中，制导导弹飞行至适当距离时，自动转交给中波束制导雷达，最后交给窄波束制导雷达。制导雷达的跟踪波束始终跟踪着发射出去的导弹，并测出其坐标。若制导雷达受到干扰，可以转入电视光学制导方式。导弹接近目标后，其近炸引信的作用距离随飞行高度变化而自动调节，当来袭目标进入到近炸引信的作用距离时，引信启动，战斗部起爆。在第一枚导弹与目标遭遇后 1.5 s，系统可判断出目标是否已被毁伤；若目标未被毁伤，系统则根据目标距离和战斗单元的状态，或发射第二枚导弹或控制 2 门 6 管 30 mm 口径高炮开火拦截，对目标实施再次打击。

嘎什坦系统发射场景

发展与改进

针对捕鲸叉、飞鱼等新一代反舰导弹的威胁，苏联海军于 1975 年开始在 AK630 武器系统的基础上研制嘎什坦近程弹炮结合防空系统。首先进入样机研制的是搜索雷达、跟踪雷达和光电系统。经过对比分析，选用了图拉仪器制造设计局研制的通古斯卡野战防空系统的 9M311 导弹，火炮由 AK-630 速射炮改进而来。1981 年，完成了全系统样机的研制工作并进行了一系列系统验证试验。1986 年，两套供定型试验用的全功能样机开始陆上定型试验，1988 年开始装备部队并投入小批量生产。苏联解体后，嘎什坦系统的研制计划受到了很大影响，直至近年才逐渐恢复。

俄罗斯还研制了嘎什坦系统的改进型——嘎什坦-M。该系统用于排水量在 500 t 以上的舰艇对先进高速隐身反舰和反辐射导弹、制导炸弹、飞机和直升机的防御。经过全面改进后，该系统的性能大幅度提高，主要特点如下：

1) 采用小风琴-M 31.2 三坐标目标探测雷达的指挥模块，其目标搜索时间缩短一半；
2) 导弹的作战距离增至 10 km，作战高度增至 6 km；
3) 可以连续发射两枚导弹攻击最重要的目标，杀伤概率可以达到 96%～98%；

4）采用电视自动目标跟踪系统和热成像系统，将光学系统的适用性提高1倍；

5）采用火炮发射初速更高的杀伤榴弹和次口径脱壳穿甲弹，使火炮效能提高0.5～1倍；

6）由于射速和转塔驱动速度提高，使射击密集度提高1倍；

7）通过减少控制站的仪器和使用现代电子设备，使系统的可靠性提高1～2倍，操作性也得到提高。

与嘎什坦系统相比，嘎什坦-M系统单位时间的杀伤威力提高了3～4倍。嘎什坦-M系统已经装备了俄罗斯海军部分舰船。

施基里（Штиль）M-22/牛虻（Gadfly）SA-N-7

概　述

施基里是苏联金刚石科研生产联合体研制的一种全天候中程舰空导弹系统，可对付轰炸机、歼击轰炸机、攻击机、直升机和反舰导弹，用于舰队防空。该系统代号为M-22，导弹代号为9M38M1，出口型称为无风、风平浪静或静海。北约称该系统为牛虻，代号为SA-N-7。该系统使用的导弹与陆用型布克（9K37）系统所用导弹相同，由革新家设计局生产，目标探测跟踪、指挥控制和导弹发射系统则完全按舰上作战使用条件设计。20世纪70年代末，施基里导弹系统首次装备改装的卡辛级驱逐舰，80年代初开始装备现代级驱逐舰。

施基里舰空导弹系统

主要战术技术性能

对付目标	目标类型	轰炸机、歼击轰炸机、攻击机、直升机和反舰导弹
	目标最大速度/(m/s)	420~830(飞机),330~830(反舰导弹)
最大作战距离/km		25(飞机),12(反舰导弹)
最小作战距离/km		3.5
最大作战高度/km		15(飞机),10(反舰导弹)
最小作战高度/km		0.015(飞机),0.010(反舰导弹)
最大速度(Ma)		3.5
机动能力/g		<20
杀伤概率/%		81~96(飞机,考虑可靠性),43~86(反舰导弹)
反应时间/s		16~19(值班状态)
制导体制		无线电指令修正+末段半主动雷达寻的制导
发射方式		无筒单臂倾斜发射
弹长/m		5.55
弹径/mm		340
翼展/mm		720(弹翼),860(尾翼)
发射质量/kg		690
动力装置		单室双推力固体火箭发动机
战斗部	类型	破片式杀伤战斗部
	质量/kg	70
引信		无线电脉冲式近炸和触发引信

系统组成

施基里导弹系统主要由导弹、三坐标对空搜索雷达、连续波跟踪照射雷达、电视瞄准装置、目标分配台、精确跟踪显控台、射击控制台、中央计算机、发射装置、弹库及发控设备等组成。

与陆用型不同,施基里导弹系统的每部发射装置装弹 1 枚。该系统拦截多目标的能力通过配备多部跟踪照射雷达来实现。可按舰艇大小及作战使用要求选择不同配置。

导弹 9M38M1 导弹弹翼采用×形配置,弹翼为边条翼,舵面为全动差动型。

探测与跟踪 探测和跟踪系统包括一部舰上共用的目标搜索雷达和多部跟踪照射雷

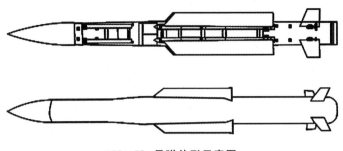

9M38M1 导弹外形示意图

达,以及辅助的电视光学瞄准系统。目标搜索雷达装于舰艇的高塔上,提供目标的三坐标指示信息。跟踪照射雷达工作在 X 波段,天线装在天线罩内,北约称其为前罩。

指控与发射 施基里导弹系统可接收舰上指控系统给出的目标信息自主作战,也可独立作战,并可指控高射火炮构成弹炮结合的防空系统。导弹从舰面单臂发射装置上随动倾斜发射,发射装置能快速自动装填导弹,导弹再装填时间为 12 s。发射装置配有弹库,弹库尺寸为 5.2 m×5.2 m×7.42 m,弹库质量(不计导弹)为 30 t。

施基里舰空导弹系统跟踪照射雷达的天线

装在发射架上的 9M38M1 导弹

作战过程

舰上三坐标搜索雷达警戒时以 6 r/min 的速度对空进行搜索,进入作战状态时以 12 r/min 的速度在方位上进行搜索,同时在俯仰上进行频扫。当发现目标时,雷达立即向舰上的目标分配台和对空态势兼火力分配台输送粗精度的点迹视频信号;目标分配台在对目标建立航迹的同时,还进行目标运动诸元的粗略计算、威胁评估,以选取适当数量的目标给精跟显控台。精跟显控台的计算机完成精确的目标航迹平滑外推和目标运动诸元计算，在特殊情况下也可进行人工锁定、人工跟踪并输出粗目标坐标信息。这些信息都送到中央计算机，然后启动作战软件，完成目标的威胁排序、拦截目标概率预估并进行火力分配。中央计算机将所要拦截目标的信息分两路发送，一路送给目标照射器，另一路送给射击控制台。目标照射器收到目标坐标信息后立即调转，把波束指向目标方位并连续跟踪。与此同时，位于防空作战指挥室的操作手根据对空态势兼火力分配台上显示的目标态势，明确系统所要打击的目标，射击控制台前的指挥员一直监视所要拦截目标的态势并选定发射架。中央计算机计算出来的垂直平面发射区显示在射击控制台上，一旦目标进入该区，计算机立即算出导弹的最佳弹道参数、发射倾角等，并把这些参数输入导弹发射装置。导弹发射装置完成导弹的飞行参数装定和发射架调转以及导弹的发射。

导弹发射后执行程序飞行，约 3~4 s 后，弹上雷达导引头开始搜索目标，一旦截获目标，导弹以弧形弹道拦截低空、超低空目标。为保证引信波束不接触海面，导弹始终处于目标的上空，接近目标时以大约 20° 的俯冲角俯冲拦截目标。导弹对目标的毁伤效果可以从射击控制台的显示屏上观察到。在作战过程中，如果目标回波被强电子干扰杂波埋没而无法跟踪时，可立即转用电视跟踪目标，以控制导弹的飞行和拦截。

发展与改进

20 世纪 90 年代初，俄罗斯开始对施基里导弹系统进行改进，增大了作战距离、提高了拦截掠海飞行反舰导弹的能力。俄罗斯将该系统的改进型称为施基里-1，北约称之为 SA-N-12。施基里-1 导弹系统采用 9M38M2 导弹，作战距离增大到 30 km。

施基里-1（Штиль-1）9К37/大灰熊（Grizzly）SA-N-12

概 述

施基里-1 是苏联牛郎星国家科研生产联合体研制的一种全天候多通道中程中低空舰空导弹系统，可担负舰艇编队防空和舰艇自卫防空。施基里-1 导弹系统代号为 9К37，北约称该系统为大灰熊，代号为 SA-N-12。施基里-1 导弹系统是施基里（SA-N-7）中程舰空导弹系统的改进型，该系统在作战距离和拦截掠海反舰导弹能力方面有了进一步提高。

施基里-1 导弹系统于 1987 年开始研制，1990—1995 年间进行了多次海上打靶试验，1995 年开始装备部队。施基里-1 导弹系统最初采用 9M38M2 导弹，后采用 9M317 导弹（1998 年装备部队），也可以发射施基里舰空导弹系统的 9M38M1 导弹。施基里-1 舰空导弹系统主要装备俄罗斯 4 艘现代级 956A 型驱逐舰。随着现代级驱逐舰的出口,印度的塔瓦尔级护卫舰也装备了使用 9M317E(9M317 导弹的出口型)导弹的施基里-1 舰空导弹系统。

施基里-1 舰空导弹系统

主要战术技术性能

型号	9M38M2	9M317
对付目标	轰炸机、攻击机、直升机、战术弹道导弹、巡航导弹、反舰导弹、无人机以及水面目标	
最大作战距离/km	30	32
最小作战距离/km	3.5	3.5
最大作战高度/km	22	15
最小作战高度/km	0.03	0.005
最大速度(Ma)	3.5	3
机动能力/g	24	24
杀伤概率/%	81~96(飞机),43~86(反舰导弹)	
反应时间/s	10~19	10~19
制导体制	无线电指令修正+末段半主动雷达寻的制导	
发射方式	无筒单臂倾斜发射	
弹长/m	5.5	5.55
弹径/mm	400	400
翼展/mm	860	860

续表

发射质量/kg		710	715
动力装置		\multicolumn{2}{c}{1台单室双推力固体火箭发动机}	
战斗部	类型	高能破片式杀伤战斗部	高能破片式杀伤战斗部	高爆炸药式杀伤战斗部
	质量/kg	70	70	50
引信		\multicolumn{2}{c}{无线电脉冲式近炸和触发引信}	

系统组成

施基里-1导弹系统由三坐标对空搜索雷达、连续波照射雷达、电视辅助瞄准装置、目标分配台、精跟显控台、射击控制台、中央计算机、导弹、发射架、弹库等组成。施基里-1导弹系统每部发射装置装弹1枚，该系统拦截多目标的能力通过配置多部跟踪照射雷达来实现。施基里-1导弹系统可根据舰船大小（1 500 t级以上）以及不同作战使用要求来选择导弹发射装置配置数量（根据配置可同时拦截2～12个目标）。

施基里-1导弹系统相比施基里导弹系统做了一些改进，主要改进包括：
1) 采用了指令修正制导技术；
2) 对飞机、导弹目标采用波谱识别技术；
3) 目标照射雷达采用新的软件；
4) 导弹采用新型火箭发动机；
5) 导弹采用新型信号处理装置；
6) 导弹采用高灵敏度引信装置并增加了测高能力和距离截止措施；
7) 导弹采用大弧形弹道。

导弹 施基里-1导弹系统采用的9M38M2导弹、9M317导弹均由革新家设计局研制。

9M38M2导弹详见本手册布克（Бук）9K37部分。

9M317导弹采用极小展弦比边条翼，呈×形布局，前后弹体直径不同，头部为尖点式，中间有过渡锥，尾部有收缩段，舵面为全动差动型。与9M38M2导弹相比，9M317导弹弹体中部的控制翼面后移，弹长加长。

探测与跟踪 施基里-1导弹系统的探测与跟踪系统包括一部舰上共用的三坐标对空目标搜索雷达、多部海面搜索雷达、多部目标跟踪照射雷达，以及辅助的电视/光学瞄准系统。目标搜索雷达装于舰艇的高塔上，提供目标的三坐标指示信息。在现代级驱逐舰上，施基里-1导弹系统的雷达包括：工作在S波段的顶板三坐标搜索雷达，该雷达作用距离为100 km；工作在C波段的棕榈叶海面搜索雷达；工作在X波段的前罩跟踪照射雷达，作用距离为60 km。

正在吊装的 9M317 导弹

发展与改进

目前,施基里-1 舰空导弹系统仍在不断改进,主要是对导弹的改进,包括 9M317M 导弹项目(出口型号为 9M317ME)和采用主动雷达制导的 9M317A 导弹项目(出口型号为 9M317MEA)。

9M317ME 导弹

2000 年,有报道称俄罗斯雷达导引头制造商——玛瑙设计局(AGAT)正在为布克-M2 地空导弹系统/施基里-1 舰空导弹系统研制一种主动雷达制导导弹,导弹作战距离将达到 40 km 以上。该导弹即为 9M317A 导弹。金刚石-安泰空天防御集团的报告称,早在 2005 年,9M317A 导弹已经在布克-M2 地空导弹系统上进行了试验。该导弹最大作战距离为 50 km,最大作战高度为 25 km。

2004 年的报告显示,施基里-1 舰空导弹系统的升级版——施基里-2 舰空导弹系统正在研制中。施基里-2 舰空导弹系统采用垂直发射方式,使用新型 9M317M 导弹。俄罗斯金刚石-安泰空天防御集团曾在 2007 年 6 月展示了一枚 9M317ME 导弹,弹长为 5.18 m,弹径为 0.36 m,发射质量为 581 kg,战斗部质量为 62 kg,采用高能破片式杀伤战斗部,雷达近炸和触发式引信,制导方式为无线电指令修正和末段主动雷达寻的制导,最大飞行速度可达1 550 m/s。9M317ME导弹没有弹翼，采用垂直冷发射，导弹发射间隔时间缩小至1～2 s。

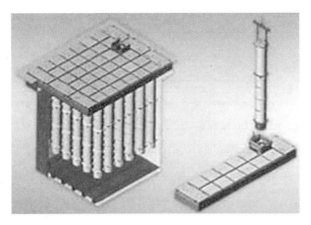

施基里-2舰空导弹系统垂直发射系统效果图

箭-2（Стрела-2）/ 格雷尔（Grail）SA-N-5

概　述

箭-2是陆用型箭-2（SA-7）便携式地空导弹的舰载型，采用9M32导弹。该系统于1959年开始研制，1968年装备部队。箭-2舰空导弹系统的改进型采用9M32M导弹，导弹的导引头和战斗部性能有所提高。该系统在俄罗斯已经停产。

箭-2舰空导弹系统

主要战术技术性能

对付目标	低空作战飞机
最大作战距离/km	4.2
最小作战距离/km	0.8
最大作战高度/km	2.3
最小作战高度/km	0.05
最大速度(Ma)	1.7
制导体制	红外被动寻的制导
发射方式	肩射
弹长/m	1.44
弹径/mm	72
翼展/mm	300
发射质量/kg	9.85
动力装置	1台固体火箭助推器，1台双推力固体火箭主发动机
战斗部	高爆战斗部

箭-3（Стрела-3）9K34/小妖精（Gremlin）SA-N-8

概 述

箭-3是苏联格洛明机械制造设计局研制的一种低空超近程舰空导弹系统，是将箭-3陆用型便携式地空导弹系统移植到舰艇上，用于舰艇的点防御，拦截低空、超低空攻击机和直升机。该系统的苏联名称仍为箭-3，系统代号为9K34，导弹代号为9M36，北约也沿用陆用型名称小妖精，代号改为SA-N-8。9M36导弹弹长为1.5 m，弹径为0.3 m，发射质量为10 kg。

箭-3舰空导弹系统已装备勇士级驱逐舰，每艘舰共装8部发射装置：在舰首箔条弹发射器与100 mm单管炮塔之间装4部，在舰尾左右舷鱼雷发射管之间装2部，在RBU-6000反潜火箭发射器之间装2部。每部发射装置护盖直径约2 m。

另外，苏联曾在潜艇上装备箭-3舰空导弹系统用于自卫，每艘潜艇安装2部导弹发射架。

箭-3舰空导弹系统舰上发射装置

盖普卡（Гибка）/ 手钻（Gimlet）SA-N-10

概 述

盖普卡是 20 世纪 80 年代由苏联格洛明机械制造设计局研制的低空超近程舰空导弹系统，是将陆用型针-1 地空导弹系统移植到舰艇上。北约称该导弹系统为手钻，代号为 SA-N-10。盖普卡导弹系统属于第二代低空超低空舰空导弹系统，可装备潜艇、小型水面舰艇和辅助舰艇。盖普卡导弹系统采用了众多新技术，其导弹具有较优良的飞行性能、较大的作战空域和较高的杀伤概率，导弹代号为 9M313。

主要战术技术性能

对付目标	低空、超低空飞机和直升机
最大作战距离/km	5
最小作战距离/km	0.01
最大作战高度/km	3.5
最小作战高度/km	0.01
最大速度(Ma)	1.8
杀伤概率/%	60

续表

制导体制		被动红外寻的制导
发射方式		肩射或发射架发射
弹长/m		1.68
弹径/mm		72
发射质量/kg		10.8
动力装置		1台固体火箭助推器，1台单室双推力固体火箭主发动机
战斗部	类型	半预制破片式杀伤战斗部
	质量/kg	1.27
引信		近炸和触发引信

法 国

萨德拉尔（SADRAL）

概 述

萨德拉尔是一种近程轻型舰空导弹系统，主要用于对付低空飞机、直升机和反舰导弹，可作为较小型舰船的主要防空系统，也可作为大型舰船的辅助防空系统。该系统于1986年10月完成试验，1988年11月装备法国海军；目前已装备法国海军的戴高乐号航空母舰、卡萨尔级驱逐舰和花月级护卫舰等。1989年，芬兰成为该系统的第一个国外用户。该系统还出口至阿拉伯联合酋长国、卡塔尔和泰国。

萨德拉尔舰空导弹系统

系统组成

萨德拉尔导弹系统主要由双轴稳定座架、6枚西北风导弹、6联装遥控发射装置、甲板下控制台、电视摄像机等组成,甲板上部分总质量为1 080 kg。作为一个点防御系统,萨德拉尔导弹系统还配备一部雷达或光电搜索与跟踪系统,发射架的角速度为1.5 rad/s,两个轴向加速度分别为:水平方向2 rad/s^2,垂直方向1.5 rad/s^2。

萨德拉尔导弹系统具有全向攻击和对付多目标的能力,火力近界和远界之间不存在火力空隙,操作简便、反应时间短、结构紧凑、造价低廉,适于大量装备水面舰艇。该系统可在目标分配后5 s发射导弹,发射间隔为3 s;既可与舰上作战系统相联,也可采取独立作战的方式。在小吨位的舰船上可以安装2套萨德拉尔导弹系统。

萨德拉尔导弹系统发射西北风导弹

海响尾蛇(Naval Crotale)

概 述

海响尾蛇是法国汤姆逊-CSF公司研制的全天候近程舰空导弹系统,主要用于舰艇自卫防空,对付低空超低空作战飞机,系统代号为TSE5500。海响尾蛇基本型导弹系统称为海响尾蛇-8B,是把陆用型响尾蛇-2000移植到舰上,使用与响尾蛇导弹系统相同的导弹。海响尾蛇-8B导弹系统于1974年开始工程研制,1977年年底交付第一套发射装置并装舰试验,1979年完成性能试验,1980年正式交付法国海军。随后,法国开始对海响尾蛇-8B导弹系统进行改进,研制出可对付掠海反舰导弹和水面舰艇的海响尾蛇-8S导弹系统,于1984年出口至沙特阿拉伯。1982年,法国开始研制用于小型舰艇的模块结构的海响尾蛇-8M导弹系统,并于1987年向国外销售。

海响尾蛇舰空导弹系统

主要战术技术性能

对付目标		战斗机、直升机、反舰导弹和水面舰艇
最大作战距离/km		13(直升机),10(飞机),8(导弹)
最小作战距离/km		0.7
最大作战高度/km		4
最小作战高度/km		0.7
最大速度(Ma)		2.2
机动能力/g		25
杀伤概率/%		80(单发)
反应时间/s		6
制导体制		光电复合+无线电指令制导
发射方式		筒式倾斜发射
弹长/m		2.94
弹径/mm		156
翼展/mm		540
发射质量/kg		87
动力装置		单级固体火箭发动机
战斗部	类型	聚能破片式杀伤战斗部
	质量/kg	14
引信		无线电近炸引信

系统组成

海响尾蛇导弹系统由舰面装备与舱内装备两部分组成。舰面装备由发射架转塔与同轴的指向器转塔组成。指向器转塔由 2 台伺服电机驱动,跟踪雷达天线安装在转塔中央,遥控指令天线位于转塔右下方,电视摄像机位于转塔右上方,红外跟踪器位于转塔左上方,指向器转塔由速率陀螺保持指向稳定。发射架转塔由 3 台伺服电机驱动,转塔除安装 8 联装发射架外,还有红外位标器(装于发射架左下方)和导弹顺序器,整个转塔质量为 5.3 t。

舱内装备包括全部电子机柜,其中有雷达、红外、遥控、数据处理、转塔伺服机柜以及显控台等,总质量约为 2.72 t。操作显控台设置在作战指挥中心舱内,其他机柜配置在转塔下方的技术舱内。

海响尾蛇-8M 导弹系统与海响尾蛇-8S 导弹系统的不同之处是,前者将发射架转塔与指向器转塔分置在 2 个基座上,且舱内机柜配置也有所变动。

导弹 海响尾蛇-8B 导弹系统采用 R440 导弹,海响尾蛇-8S 导弹系统和海响尾蛇-8M 导弹系统使用 R460 导弹。R460 导弹与 R440 导弹的气动布局、弹体结构、动力装置和弹上电源相同,执行机构中的继电器换成了半导体可控硅,导弹尾部加装了红外辐射器,舵面最大偏转速度增大到 50 (°) /s。R460 导弹采用无线电近炸引信,具有 3 部成 120°圆周分布的天线,其中一部天线指向海面,在超低空掠海飞行时起高度表作用,使引信不会因海杂波而提前起爆。

为适应海上作战环境的需要,对海响尾蛇导弹系统的发射筒采取了局部加固措施,并在筒与导弹之间加装了适配器,避免了导弹与发射筒之间的相互碰撞。

探测与跟踪 舰上警戒雷达负责对空对海搜索目标,与舰上情报作战系统配合,为海响尾蛇导弹系统提供目标信息。

导弹系统的跟踪制导系统由 1 部 Ku 波段跟踪制导雷达、1 台遥控指令发射机、1 台红外跟踪器、1 台红外位标器、1 台专用数字计算机和 1 台电视监视器组成。海响尾蛇-8B 导弹系统的导弹工作方式与陆用型响尾蛇导弹系统的相同,海响尾蛇-8S 导弹系统和海响尾蛇-8M 导弹系统加装了红外跟踪器,并采用了修正三点导引法,在导弹接近目标时改为修正比例导引法,提高了对付机动目标的导引精度。

跟踪制导雷达为频率捷变单脉冲雷达,跟踪距离为 18 km,导弹与目标测量精度为 0.3 mrad,雷达脉冲宽度为 0.5 μs,脉冲重复频率为 2 000 Hz,峰值功率为 50 kW,天线极化方式为圆极化或水平极化,通道增益为 42 dB,旁瓣为 20 dB,波束宽度为 1.15°(3 dB 处)。

遥控指令发射机采用二进制编码指令传输,工作频率为 X 波段,天线增益为 23 dB,脉冲宽度为 0.5 μs,波束宽度为 10°(3 dB 处)。

红外跟踪器用于跟踪掠海飞行的目标和制导导弹,最大探测距离为 18 km,工作波段为 8~10 μm,俯仰角为 30 mrad,方位角为 20 mrad,测量精度为 0.1 mrad,分辨率为

0.5 mrad。

红外位标器在导弹初制导段测量导弹,形成控制指令,将导弹引入雷达波束或红外跟踪器视场中,红外位标器工作频段为 3~5 μm,视场为 $10°×10°$。

电视监视器用于晴天辅助跟踪,通过人工操作实现。

指控与发射 海响尾蛇导弹系统的专用计算机通过高速总线接收舰上作战情报中心送来的目标信息,通过测量导弹与目标相对角偏差,专用计算机计算出控制指令,控制导弹拦截目标。专用计算机根据跟踪制导雷达(或红外跟踪器)送来的目标信息,确定发射架转塔初始射向与随动。

作战过程

当海响尾蛇导弹系统接到目标指示信号后,在专用计算机控制下,由指向器在指定方向搜索目标,发射架指向发射方向。一旦满足发射条件,导弹系统即进入不可逆过程,并发射导弹,直至摧毁目标。

海响尾蛇导弹系统拥有雷达作战模式和红外作战模式,两种作战模式可相互转换。

雷达作战模式 当海响尾蛇导弹系统接到目标指示后,指向器调转到指定方向,雷达开始在俯仰方向搜索并截获目标,并转入跟踪,根据威胁判断,若满足拦截条件,即刻发射导弹。导弹发射后先进入红外位标器视场,通过红外位标器提供的导弹角位置信息形成指令,进行初制导,将导弹引入雷达波束,满足交班条件后即转入雷达制导,直至摧毁目标。

红外作战模式 对于掠海飞行俯仰角小于 25 mrad 的目标,海响尾蛇导弹系统即可转入红外作战模式。该系统使用红外跟踪器截获并跟踪目标,导弹发射后,进入初制导,若满足交班条件则将导弹交给红外跟踪器,由红外跟踪器进行跟踪与制导,直至击落目标。

发展与改进

海响尾蛇-8B 导弹系统于 1974 年开始研制,1980 年正式交付法国海军。海响尾蛇-8S 导弹系统是在海响尾蛇-8B 导弹系统基础上为沙特阿拉伯的 F-2000 吨级驱逐舰研制的具有反掠海飞行反舰导弹能力的集中式海响尾蛇导弹系统,1980 年开始进行发射试验,1984 年开始交付沙特阿拉伯,1986 年装备法国海军。海响尾蛇-8M 导弹系统是在较小舰艇上使用的模块式系统,其指向器与发射装置分开配置,可装载 8 枚导弹,也可装载 4 枚导弹,1987 年完成研制并开始向国外销售。

为了应对日益增加的反舰导弹的威胁,海响尾蛇导弹系统通过改进,已升级为新一代海响尾蛇导弹系统,采用 VT-1 导弹,可对付先进的反舰导弹的威胁。

玛舒卡（Masurca）

概　述

玛舒卡是法国吕艾尔海军兵工厂研制的全天候中程舰空导弹系统，主要装备海军的大型舰艇，用于对付各类中高空高速飞机及空舰导弹，属于法国海军装备的第一代舰空导弹系统。玛舒卡导弹系统能同时发射两枚导弹，分别攻击两个不同的目标。

玛舒卡导弹系统于20世纪50年代初开始研制，基本型采用无线电控制的MK-1导弹，后来在此基础上改进为采用无线电指令制导的MK2-2导弹和全程半主动雷达寻的制导的MK2-3导弹。MK2-2导弹和MK2-3导弹分别于1968年和1970年交付法国海军。

玛舒卡导弹系统先后装备了法国海军的2艘导弹驱逐舰和1艘巡洋舰，没有出口。1975年MK2-2导弹退役，1978年MK2-3导弹也停止生产，两种导弹共生产了近200枚。目前，玛舒卡导弹系统已由海响尾蛇等导弹系统取代。

装在萨弗伦驱逐舰上的玛舒卡导弹系统

主要战术技术性能

对付目标		各类中高空亚声速、超声速飞机，空舰导弹
最大作战距离/km		55
最大作战高度/km		23
最大速度（Ma）		3.0
制导体制		无线电指令制导（MK2-2），全程半主动雷达寻的制导（MK2-3）
发射方式		双联装倾斜发射
弹长/m		8.60（含助推器），5.29（不含助推器）
弹径/mm		410（不含助推器）
翼展/mm	弹翼	770
	助推器稳定尾翼	1 500
发射质量/kg		1 850（MK2-2），2 098（MK2-3）
动力装置		1台固体火箭助推器，1台固体火箭主发动机
战斗部	类型	烈性炸药连杆式战斗部
	质量/kg	120
引信		无线电近炸引信

系统组成

玛舒卡导弹系统由1部舰用DRBR-23搜索雷达、2部DRBR-51跟踪制导雷达、电视辅助跟踪系统、双联装发射架转塔和2枚导弹组成。每艘舰艇最多可装载48枚导弹，分别装于两个弹舱内。

导弹 玛舒卡导弹由两级串联组成，一级助推器直径稍大于二级弹体直径。弹体头部为卵形，弹体为圆柱形。导弹采用正常式气动布局，在二级弹体中部安装有×形配置的4片长条形弹翼，在弹体尾部安装有×形配置梯形翼舵面，在助推器尾部装有×形配置的稳定尾翼。MK2-2导弹与MK2-3导弹外形基本相同。

导弹助推器总质量为1 150 kg，推力为333.2 kN，工作时间为4.8 s；助推器工作完毕后自动脱落。MK2-2导弹主发动机推力为20.4 kN，工作时间为25 s；MK2-3导弹主发动机推力增加到21.3 kN，工作时间增加到30 s。

导弹自动驾驶仪通过液压舵机来实现导弹的稳定与控制。MK2-2导弹由弹上遥控应答机接收来自地面制导雷达的遥控指令控制导弹拦截目标，MK2-3导弹通过弹上雷达导引头形成的控制指令，按比例导引的制导规律拦截目标。

导弹战斗部总质量为 120 kg,其中装烈性炸药 48 kg。

探测与跟踪　玛舒卡导弹系统的探测与跟踪制导系统由舰上 1 部 DRBR-23 三坐标搜索雷达、2 部 DRBR-51 跟踪制导雷达与电视辅助跟踪系统组成。

装在舰上的 DRBR-51 跟踪制导雷达

DRBR-23 三坐标搜索雷达是法国汤姆逊公司研制的 L 波段对空搜索和目标指示雷达,可探测到远距离的高、低目标及海面目标。其发射机采用行波管振荡器和 6 级宽频放大器,可以获得高效率和宽频带,其峰值功率高达几兆瓦,可抗有源干扰。其接收机是单脉冲式的,前置放大器装在天线基座上,天线接收的回波信号经波导传到同轴线,经二极管限幅器和滤波器加到前置放大器上。接收机输出信号有两路,一路是视频信号,给平面位置显示器,另一路到计算机,用来计算 3 个坐标数据。天线是多馈源倒置卡塞格伦天线,具有较高增益。该天线安装在液压稳定平台上,外罩球形护罩。该天线还有 3 个旋转关节,并装有功率分配器、定向耦合器和敌我识别器等。DRBR-23 雷达还配有一个 VEDI/VCS-1 雷达信号处理机,用来接收并处理接收机和天线送来的数据,以求出目标的位置(方位、仰角、距离),同时对接收到的回波信号进行判断。经处理的数据除了送至平面位置显示器外,还可以储存,便于事后进行分析。高度计算装置采用比幅测高原理算出高度。

跟踪制导雷达为法国汤姆逊公司研制的 DRBR-51 综合性雷达,每部雷达由跟踪照射设备和指令发射机组成。跟踪时雷达工作在 C 波段,采用单脉冲体制,有宽波束和窄波束两个跟踪通道。连续波照射雷达工作在 X 波段,波长为 3 cm,当发射 MK2-3 导弹时,用来跟踪照射目标。该雷达有 1 个主天线,1 个宽波束跟踪天线和 1 个遥控指令发射天线。主天线为窄波束天线,用来搜索、跟踪和照射目标。当发射 MK2-2 导弹时,采用单脉冲跟踪雷达目标和测量导弹偏离目标线偏差量,从而形成控制指令。宽波束天线用于导弹初制导,使导弹很快被引入窄波束制导。指令发射机工作在 C 波段,波长为 7 cm,将由计算机算出的制导指令通过指令天线发送至导弹。

电视跟踪系统作为跟踪制导的辅助设备，在雷达受到干扰或跟踪低空目标时使用。

指控与发射　指控系统由 1 台 IBM 火控计算机和 2 部指挥仪组成，每部指挥仪连接 1 部 DRBR-51 跟踪制导雷达。

导弹采用双联装发射架倾斜发射，通过装于弹体上的滑块悬挂在发射架的导轨上。

玛舒卡导弹系统发射架

作战过程

当 DRBR-23 搜索雷达探测到来袭目标后，立即把目标指示给 DRBR-51 跟踪制导雷达，DRBR-51 雷达对目标进行捕获与跟踪。当满足拦截条件时，指控系统给出发射指令，即发射导弹。

玛舒卡导弹系统采用两种制导方式，一种是无线电指令方式，即当发射 MK2-2 导弹时，DRBR-51 雷达采用无线电指令方式制导导弹，采用宽波束初制导，窄波束跟踪制导，直至命中目标；另一种是半主动雷达寻的方式，即当发射 MK2-3 导弹时，DRBR-51 雷达用连续波照射目标，导弹头部的天线用于接收目标信号，导弹尾部的天线接收直接照射来的基准信号，通过两个信号比较得出多普勒分量。通过比例导引法计算控制指令，控制导弹飞向目标。

发展与改进

20 世纪 50 年代初开始研制 MK-1 基本型导弹，1955 年进行飞行试验，1958 年进行 MK-1 全系统飞行试验，1960 年开始在奥列龙岛号试验舰上进行验证飞行试验。1968

年，实用型MK2-2导弹装备法国海军萨弗伦（D602）号导弹驱逐舰。1970年改进的MK2-3导弹装备法国海军达昆斯（D603）号导弹驱逐舰；1973年经过改进的玛舒卡导弹系统装备高尔贝（C611）号导弹巡洋舰；1978年MK2-3导弹停产。

对玛舒卡导弹系统的改进主要包括：研制MK2-3型导弹，将DRBR-51型雷达换用晶体管器件，采用15M/125F型新型计算机。

国际合作

改进型海麻雀（ESSM）

概　述

　　改进型海麻雀（Evolved Sea Sparrow Missile，ESSM）是 RIM-7P 海麻雀舰空导弹的改进型，导弹代号为 RIM-162，用于对付高性能反舰导弹、战斗机和巡航导弹，特别是超声速、高机动反舰导弹。ESSM 计划始于 1995 年，主承包商是雷声公司，主要目的是研制一种 RIM-7P Block E 的尾控导弹——RIM-7PTC。ESSM 采用了新型助推器和尾控火箭发动机，使导弹速度提高、射程增大，改进的电子设备中包括 1 台高速数字式自动驾驶仪。2001 年首批 ESSM 开始生产，2002 年交付美国海军。目前陆续发展出基本型、Block 1 型和 Block 2 型 3 种改进型海麻雀。

　　ESSM 是国际合作项目，美国、德国、西班牙等 13 个国家参与研制和生产，主要用户有美国、澳大利亚、加拿大、德国、日本、荷兰、挪威、波兰、西班牙、阿拉伯联合酋长国等。ESSM 将成为宙斯盾巡洋舰和驱逐舰的辅助兵器，并将成为美国航母的舰艇自卫防御系统（SSDS）的主要武器。ESSM 的第一个用户是澳大利亚海军，目前全世界有 100 多艘舰船装备了 ESSM 导弹，这种导弹可以适应大型或者小型舰船上不同的战斗系统及其相关的火控雷达，与 5 种不同的发射器和 7 种不同的战斗系统相兼容，成为新一代的国际通用导弹。截至 2018 年年底，ESSM 产量超过 4 000 枚。ESSM 导弹的单价为 40 万～71.5 万美元。

改进型海麻雀导弹系统

主要战术技术性能

型号	ESSM 基本型	ESSM Block 1	ESSM Block 2
对付目标	超声速掠海飞行反舰导弹，飞机和巡航导弹		
最大作战距离/km	50	55	
最大速度(Ma)	3.6		
机动能力/g	50		
制导体制	惯导＋指令＋半主动雷达寻的	惯导＋中段指令修正＋半主动雷达制导	惯导＋中段指令修正＋主动/半主动双模制导
发射方式	垂直或倾斜发射	MK41垂直发射	MK41垂直发射
弹长/m	3.66	3.83	4.57
弹径/mm	254	254	254
翼展/mm	1 016		
发射质量/kg	297	297	
动力装置	1台 Mk 134 Mod 0 固体火箭发动机		
战斗部 类型	高爆破片式杀伤战斗部	高爆破片式杀伤战斗部	高爆破片式杀伤战斗部
战斗部 质量/kg	39	39	39
引信	近炸引信和触发引信		

系统组成

ESSM 系统由制导雷达、火控系统、发射装置及导弹组成。

导弹 ESSM 导弹外形与美国的标准导弹相似，弹体前部装有 RIM-7P 导弹的制导组件和战斗部，沿弹体有 4 片条形弹翼。导弹鼻锥部是雷达导引头，该导引头采用低噪声放大器，提升了导弹拦截低可探测性目标的能力。制导舱段加有过渡整流罩。导弹尾部是直径 203 mm 的新控制段，此段外部有 4 片截尖三角翼。采用垂直发射的导弹还加装了推力矢量控制系统。舵传动控制装置和火箭发动机的启动装置都在导弹尾部，采用为 AIM-120A 先进中程空空导弹开发的组件。该导弹还有一个 X 波段的下行链路。

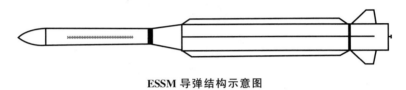

ESSM 导弹结构示意图

ESSM 导弹采用 1 台 ATK 公司研制的 Mk 134 Mod 0 火箭发动机，直径为 254 mm、质量为 168 kg。采用羟基聚乙醚（HTPE）钝感推进剂。该发动机使导弹速度比 RIM-7P Block E 提高 1 倍，增大了射程和作战范围。发动机燃气舵实现推力矢量控制和全电子尾控，这使导弹具有高机动性，机动过载可达 $50g$，提高了导弹对低空目标的杀伤概率，也使导弹能够跟踪拦截高速反舰导弹。由于改进的陀螺和固态本振大大缩短了预热时间，推力矢量控制反应时间短，因此导弹具有快速启动能力，使处于发射筒中的导弹无需电预热就能够立即发射。该导弹在发射过程中排放烟雾少，对舰载电子/光学传感器性能影响小。

制导与控制系统由计算机、惯性测量装置、基于 C30 的自动驾驶仪以及与 RIM-7P 导弹相同的导引头等组成。导弹具备中段制导，具有发射/搜索、延时照射、间断照射、全程寻的等作战模式。RIM-162A 导弹的自动驾驶仪可与宙斯盾系统在 S 波段（2～4 GHz）进行上行链路通信，用于中段指令制导。制导舱段以 RIM-7P 导弹为基础，增加了中段制导装置、固态本地振荡器、快速启动陀螺仪、用于海拔控制和 Cluster 4 系统的补偿性减振陀螺仪。Cluster 4 系统以 X 波段（8～12 GHz）的上行链路传递终端制导信息。

探测与跟踪 ESSM 导弹系统可在美国海军的宙斯盾武器系统控制下作战，用 AN/SPY-1 雷达制导，也可使用海基增强型先进相控阵雷达（SEAPAR）、有源相控阵雷达（APAR）、SPY-3、SMART-L 和信号公司研制的信号跟踪与目标照射雷达（STIR）进行制导。火控系统采用间断等幅波照射，可同时制导多枚导弹。

APAR 工作于 X 波段，最大搜索距离超过 150 km，跟踪距离超过 75 km，对 4 000 m/s 的战术导弹交战距离为 32 km，跟踪精度优于 1 m。它能够引导 32 枚导弹，拦截 16 个目标。APAR 的天线安装于舰艇中部直角支架上，为 4 面椭圆形天线阵，每面安装 800 个收/发模块，每个收/发模块功率为 5 W，有独立的数据分配单元和功率变换单元及波束控制单元。APAR 的平均功率为 16 kW，总质量为 20 t，其中甲板上部和下部各占一半。

SEARAR 是一种体积较小的轻型有源相控阵雷达，采用的技术和结构与 APAR 相同，同时也采用了 SPY-3 的技术，它是专门为了与 ESSM 的性能匹配而设计的。雷达对海搜索时作用距离为 32 km，水平搜索时作用距离为 75 km，对空立体搜索时作用距离为 150 km。雷达的方位角覆盖范围为 360°，仰角为 70°，可处理超过 150 个海上目标，跟踪 200 个空中目标。天线为四面相控阵。雷达总质量为 20 t，其中顶部质量为 10 t，每个天线质量为 2 t。

有源相控阵雷达（APAR）

发射装置 ESSM 导弹不仅适于现役的垂直发射系统（如 MK48、MK41 发射装置），而且还适用于早期的 MK29 8 联装倾斜发射装置。MK41 系统的每一隔舱可把 4 枚 ESSM 导弹装在 1 个方形储运发射箱中。RIM-162A 导弹和 RIM-162B 导弹都使用 MK41 垂直发射装置，RIM-162C 导弹使用 MK48 垂直发射装置，RIM-162D 导弹使用 MK29 箱式发射装置。

每个 ESSM 导弹系统通常由 4 个、8 个或更多的标准模块组成，可以根据任务需求和舰船条件的不同对模块进行组装和改变。发射程序控制装置可对标准模块中 8 枚导弹中的 2 枚同时实施控制，并对电机控制盘发出指令以打开或关闭舱口盖。

MK41 的最新型标准模块可用于发射 4 联装 ESSM 导弹，该模块长 5.2 m，是满足近

美海军 CG-70 导弹巡洋舰上的 MK41 垂直发射系统

海巡逻舰船、轻型巡洋舰、小型护卫舰和两栖登陆舰装备和任务需求的理想尺寸，舰艇如有两层甲板就可以安装该系统。

发展与改进

目前，ESSM 导弹已经发展出 4 种不同型号：RIM-162A、RIM-162B、RIM-162C、RIM-162D。RIM-162A 与宙斯盾系统结合使用，备有 S 波段（2～4 GHz）的上行链路，X 波段（8～12 GHz）的下行链路；RIM-162B 与其他作战系统结合使用，仅有 X 波段的下行链路；RIM-162C 与 RIM-162D 都基于 RIM-162B，区别是所使用的发射装置不同。

2016 年 10 月，梅森号驱逐舰（DDG 87）在红海遭遇胡塞武装反舰导弹袭击，美军发射 1 枚 ESSM 和 2 枚标准-2 导弹成功拦截目标，在实战中检验了 ESSM 导弹系统的性能。

美国海军和北约正在合作开发下一代海麻雀导弹，即 ESSM Block 2 导弹，它是 ESSM Block 1 的升级版本，它将被设计成与现有系统兼容，并替代目前许多平台上的基本型海麻雀导弹。ESSM Block 2 导弹主要改进包括：改进制导体制，末制导采用雷达主动/半主动双模制导，中制导采用数据链修正；导弹弹体前段尺寸从 203 mm 增至 254 mm，与弹体后段一致，可容纳更大口径的天线和双模制导硬件；加装双脉冲发动机，提高导弹射程，可兼容 MK48 垂直发射系统。

2017 年 ESSM Block 2 导弹进入试验阶段，6 月进行了 2 次可控的无目标飞行测试。2018 年 5 月，主承包商雷声公司获得 ESSM Block 2 工程化、制造、研发，并转入小批量生产阶段的合同。根据计划，该导弹还将进行 4 次实弹飞行测试，然后进入批量生产阶段。2018 年 7 月 5 日，ESSM Block 2 导弹海上拦截试验获得成功，验证了导弹导引头性能，标志着导弹研制取得里程碑进展。2019 年 ESSM Block 2 导弹进入批量生产阶段，2020 年开始交付使用，预计该型导弹生产量约为 1 500 枚。

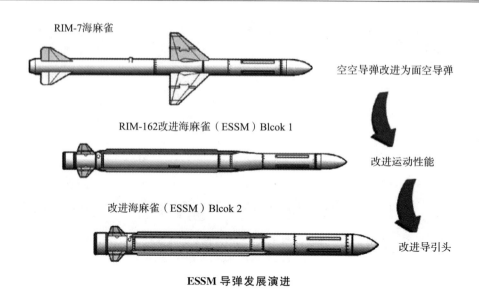

ESSM 导弹发展演进

潜艇交互式防御系统（IDAS）

IDAS 导弹系统

概 述

潜艇交互式防御系统（Interactive Defense for Air-attacked Submarine，IDAS）是由德国和挪威正在联合开发的一种多用途潜空导弹系统，用于提高潜艇对抗反潜飞机、反潜直升机的能力，同时使潜艇具备精确打击水面舰船和沿岸目标的能力。

IDAS 导弹系统研制计划分为 3 个阶段，2003 年 11 月到 2004 年 1 月完成了试验性研究工作；2004 年到 2006 年 11 月进行了导弹水下发射和从水面跃出的试验；2008 年 5 月进行了导弹水下发射、在导引系统控制下完成空中飞行的全过程试验。IDAS 导弹系统计划于 2012 年开始交付使用。

主要战术技术性能

对付目标	反潜飞机和反潜直升机
最大作战距离/km	15
最大速度(Ma)	0.59
制导体制	光纤＋红外成像制导
发射方式	4联装水下水平发射
弹长/m	2.45
弹径/mm	180
发射质量/kg	118
动力装置	三级固体火箭发动机
战斗部	破片式杀伤战斗部

系统组成

IDAS导弹系统主要由导弹、4联装发射装置、控制与制导系统、光纤数据传输系统和火控系统多功能控制台组成。

IDAS导弹和发射箱

IDAS 导弹采用正常式气动布局,弹体为圆柱形。导弹的三级发动机分别采用 3 种不同类型的固体推进剂。第一级发动机支持导弹完成水下运动,第二级发动机用于使导弹加速离开水面,第三级发动机用于支撑导弹飞行并打击目标。

IDAS 导弹

导弹制导系统采用德国 BGT 公司为彩虹近程空空导弹研制的红外成像导引头,该导引头对目标特征信号较弱的目标具有较高的探测能力。导弹电动尾翼作动器和控制作动器采用德国 BGT 公司为新一代反辐射导弹——智能引导增程反辐射导弹(Armigrer)配套的装置。

探测与跟踪 潜艇通过反潜直升机吊放的主动式浸润声呐,或者通过潜艇的低频拖曳式阵列或侧面阵列声呐探测直升机旋转叶片的声频特征信号。导弹出水后,由弹上红外成像导引头追踪目标,弹上红外成像导引头对红外特征信号较弱的目标具有较高的探测能力。

发射装置 导弹发射装置可装载 4 枚导弹,可装入标准的鱼雷发射管。连接潜艇和导弹的光纤由 4 个线轴释放。光纤经由 4 个转轴安装在导弹和潜艇之间。A 转轴在导弹里面,D 转轴在潜艇内,B 转轴与 C 转轴在补偿浮标内。

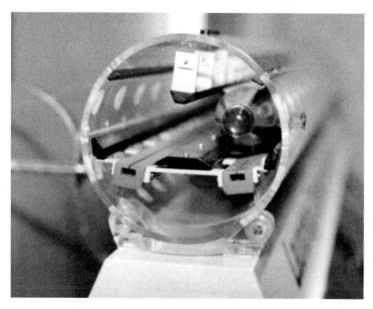

装在发射装置中的 IDAS 导弹

作战过程

潜艇搜索到目标后,由作战信息中心控制发射导弹;导弹发射后展开折叠翼和方向舵,并启动火箭发动机。导弹垂直穿出水面后,由弹上红外成像导引头快速进行360°水平扫瞄,追踪并飞向目标。在此过程中,目标图像由光纤数据链传回潜艇,操作手根据传回的目标图像,选择适当的目标进行打击或者放弃打击。

海神(Triton)

概　述

海神是德国和挪威联合研制的水下发射、光纤制导的潜空导弹系统,可用于拦截直升机、低空飞行的海上巡逻机,以及打击沿岸目标。

海神导弹系统由独眼巨人(Polyphem)光纤制导导弹系统发展改进而来,1998年启动试验性研究,1999年导弹助推器进行首次试验,2000年进行导弹飞行试验,2001年开展演示验证。

主要战术技术性能

对付目标		直升机和海上巡逻机
最大作战距离/km		15
最大速度(Ma)		0.58
制导体制		光纤+红外成像制导
发射方式		标准鱼雷管水平发射
弹长/m		2.0
弹径/mm		230
发射质量/kg		120
动力装置		1台固体火箭助推器,1台固体火箭主发动机
战斗部	类型	破片式杀伤战斗部
	质量/kg	20
引信		智能引信

系统组成

海神导弹系统主要由海神导弹、发射箱、火控计算机和显控台等四部分组成。

导弹 弹体为细长圆柱形，半球形头部，有4个×形配置的弹翼，弹翼和控制面均可折叠。导弹采用红外焦平面阵，工作波长为 $3\sim5~\mu m$，视场为 $10°\times7.5°$，探测直升机的距离为 $4.6~km$，探测水面目标的距离为 $8~km$。导弹采用多功能聚能装药和爆炸破片式杀伤战斗部，该战斗部装有3层预制成型破片。智能引信可通过冲击波传感器探测弹着重力加速度来识别目标结构材料。

探测与跟踪 海神导弹系统利用潜艇自身水声设备探测目标，导弹出水后，由弹上红外成像导引头追踪目标。

发射装置 导弹发射箱可装载4枚导弹，可装入标准的 $533~mm$ 鱼雷发射管，可在5级海情下发射导弹。导弹发射间隔为 $20~s$。连接潜艇和导弹的光纤由3个转轴释放，其中一个转轴安装在导弹上，一个安装在发射箱中，另一个安装在中间位置，以减小光纤所受张力。

作战过程

潜艇搜索到目标后，由火控中心控制发射导弹。导弹借助液压从鱼雷管发射，出管后导弹助推器点火，展开折叠翼。导弹穿出水面后，主发动机点火，导弹上升到 $20\sim60~m$ 后，弹上红外成像导引头开始搜索并引导导弹飞向目标。在此过程中，目标图像由光纤数据链传回潜艇，操作手根据传回的目标图像，发出指令引导导弹击毁目标。

美　国

小猎犬（Terrier）

概　述

小猎犬是美国研制的全天候中程舰空导弹系统，是美国海军装备的第一种舰空导弹系统，与黄铜骑士、鞑靼人导弹系统一起合称为美国的 3T 导弹系统。小猎犬导弹的原用代号为 SAM-N-7，后改为 RIM-2。

小猎犬导弹系统是美国海军于 1944 年开始实施的大黄蜂计划的副产品。在大黄蜂计划研制过程中，设计人员研制了一种用于评估超声速飞行情况下制导系统性能的试验飞行器（STV，CTV-N-8），并在此基础上研制了一种中近程舰空导弹系统，即小猎犬。1951 年 9 月，该导弹系统在诺顿海峡号上成功进行首次海上发射试验，先后在改装后的密西西比号标准实验舰上发射了 400 多枚小猎犬导弹；1952 年开始批生产；1955 年装备部队。同年，基阿特号（DDG-1）改装成世界上第一艘导弹驱逐舰。1957 年，美国开始对该导弹系统进行改进，先后经过了 6 次改型。1961 年改进后的小猎犬导弹系统开始装备普罗维登斯号（DLG-6）和小鹰号航空母舰（CVA-63）；1963 年装备 10 艘孔雀级、9 艘新型导弹驱逐舰和核动力驱逐舰班布里奇号（DLGN-25）。小猎犬经过 6 次改

装在发射架上的小猎犬导弹

型，即 RIM-2A，RIM-2B，RIM-2C，RIM-2D，RIM-2E 和 RIM-2F，RIM-2D 以前的通称基本型小猎犬，RIM-2F 为高级小猎犬。最后一套小猎犬导弹系统于 20 世纪 80 年代末退役，被标准-2 导弹取代。退役后的小猎犬导弹被改装为小猎犬靶弹，能够模拟掠海飞行的反舰导弹或模拟导弹目标。高级小猎犬先后装备了美国海军 39 艘大型舰艇，并装备了意大利和荷兰的导弹巡洋舰。

主要战术技术性能

型号	基本型小猎犬	高级小猎犬
对付目标	各类中低空战斗机	
最大作战距离/km	16	35
最大作战高度/km	12	20
最小作战高度/km	0.6	0.6
最大速度(Ma)	2.5	2.5
制导体制	雷达波束制导	雷达波束+半主动雷达寻的末制导
发射方式	双联装倾斜发射	
弹长/m	8.23	8
弹径/mm	406（助推器），300（第二级）	
翼展/mm	1 250	520
发射质量/kg	1 360	1 393
动力装置	1 台固体火箭助推器，1 台固体火箭主发动机	
战斗部	连杆杀伤式战斗部，装烈性炸药 100 kg	核装药战斗部
引信	无线电近炸引信	

系统组成

基本型小猎犬导弹系统由 2 部制导雷达、1 部双联装发射架、2 台计算机和相应的控制台组成。

导弹 基本型小猎犬导弹采用全动翼气动布局，由两级串联而成。弹体呈炮弹形，中部有×形配置全动弹翼，尾部有×形配置尾翼，在助推器上有×形配置稳定尾翼，这三组翼面处在同一个平面上。

高级小猎犬导弹在气动外形和内部设备与安排上有较大改变。气动布局由全动翼改为正常式，弹翼改用展弦比非常小的长脊鳍形，尾部+形舵面外形与基本型小猎犬导弹的全动弹翼相似，保持了较好的稳定性和机动性。

两种导弹均采用固体火箭发动机,但高级小猎犬采用更先进的固体推进剂。助推器工作时间约 3 s。

探测与跟踪 基本型小猎犬导弹系统配有 2 部 AN/SPQ-5 型远程跟踪制导雷达。该雷达是一种单脉冲雷达,工作频率为 10 GHz,脉冲重复频率为 450 Hz、600 Hz 和 900 Hz,脉冲宽度为 0.3～0.9 μs,水平波束宽度为 7°,垂直波束宽度为 16°。

高级小猎犬导弹系统配用 AN/SPG-49 型目标照射雷达和 AN/SPG-55 型跟踪制导雷达。AN/SPG-49 型目标照射雷达也用于黄铜骑士舰空导弹系统。AN/SPG-55 型跟踪制导雷达采用连续波工作体制时,工作频率为 5.2～10.9 GHz;采用脉冲工作体制时,工作频率为 3.89～7.792 GHz。该雷达的峰值功率为 50 kW,作用距离为 50 km。

作战过程

当舰上作战情报中心发现目标后,通过威胁判断,把目标信息传送至导弹发射控制系统。由于小猎犬导弹系统采用由两部雷达为一组构成的导弹跟踪制导系统,因此能制导导弹拦截方位、距离、高度不同的两个目标。

鞑靼人(Tartar)

概 述

鞑靼人是美国通用动力公司康维尔分公司研制的全天候中近程舰空导弹系统,导弹代号为 RIM-24,是 3T 导弹系统中体积最小、作战距离最近的舰空导弹,担负舰队点防空任务。该导弹系统是美国海军于 1944 年开始实施的大黄蜂计划的一个副产品,是不带助推器的高级小猎犬导弹,适用于驱逐舰等小型舰艇。

鞑靼人导弹系统于 1955 年开始研制,1958 年开始试射原型弹。经全面性能鉴定,鞑靼人导弹系统于 1960 年开始批生产和装舰工程,1962 年装备部队。鞑靼人导弹系统主要装备在美国海军的驱逐舰和护卫舰上,也装备在一些巡洋舰上,并出口至澳大利亚、法国、意大利、伊朗、日本、荷兰、联邦德国等国。

鞑靼人导弹

主要战术技术性能

对付目标		中低空战斗机
最大作战距离/km		16
最大作战高度/km		12
最小作战高度/km		0.3
最大速度(Ma)		2
制导体制		全程半主动雷达寻的制导
发射方式		双联装或单联装倾斜发射
弹长/m		4.6
弹径/mm		300
翼展/mm		520
发射质量/kg		680
动力装置		1台双推力固体火箭发动机
战斗部	类型	连杆式烈性装药战斗部
	质量/kg	52
引信		无线电近炸和触发引信

系统组成

导弹 鞑靼人导弹的外形与高级小猎犬导弹的外形完全相同，其结构和舱内设备也基本相同。这两种导弹85%的零部件可以通用。该导弹由雷达导引头、战斗部、制导设备、固体火箭发动机和伺服系统组成。导弹采用正常式气动布局，弹翼与舵面按××形配置，舵面可折叠；动力装置采用新式双推力固体火箭发动机（采用复合固体推进剂），推力为13.33 kN。

探测与跟踪 舰上配置有1部目标指示雷达、1部AN/SPG-51型跟踪照射雷达和1台计算机。目标指示雷达根据舰艇不同而不同。AN/SPG-51型跟踪照射雷达采用单脉冲体制，能自动跟踪目标和制导导弹，其工作频率为8～10 GHz，天线可在方位360°、俯仰－30°～83°范围内扫描。

发射装置 最初鞑靼人导弹发射架是零长式双联装发射架，可同时垂直装填2枚导弹；后发展了速射型单联装发射架。

发展与改进

鞑靼人导弹系统在使用期间,经过了多次改进,其改进型号有 RIM-24A,RIM-24B,RIM-24C 和 RIM-24D 等。其中,RIM-24B 换用电子扫描搜索雷达和1台新型固体火箭发动机,使导弹最大作战距离提高到 30 km,最大作战高度提高到 20 km,该导弹系统于 1961 年开始生产,1963 年停产。RIM-24C 采用固态电子器件,提高了最大作战距离,达到了 32 km。到 1968 年停产为止,美国共生产了大约 2 400 枚各种型号的鞑靼人导弹。鞑靼人导弹已被标准-1(中程)(RIM-66A)导弹取代。

黄铜骑士(Talos)

概　述

黄铜骑士是美国海军最早研制的中高空舰空导弹系统,也具备一定的反舰能力,主要用于舰队区域防空,对付各类飞机。该系统导弹的原代号为 SAM-N-6,后改为 RIM-8。它和小猎犬、鞑靼人一起组成美国第一代舰空导弹系统,被称为 3T 舰空导弹系统。

1944 年,美国海军启动了大黄蜂计划,旨在研制一种采用冲压发动机的舰空导弹黄铜骑士,该计划由约翰·霍普金斯大学应用物理实验室负责,黄铜骑士导弹由邦迪克斯公司负责研制。1952 年 10 月,黄铜骑士原型弹 XSAM-N-6 进行了首次试飞,此后试验原型弹 RTV-N-6a4 成功进行了有制导的拦截试验。由于海军多次变更导弹的战术性能,导致黄铜骑士导弹系统到 1959 年才完成研制,陆续装备了美国海军的 7 艘巡洋舰。黄铜骑士导弹系统于 1971 年停止生产,现已全部退役。

黄铜骑士导弹

主要战术技术性能

对付目标	各类中高空飞机
最大作战距离/km	120
最大作战高度/km	26.5
最小作战高度/km	3
最大速度(Ma)	2.5
制导体制	雷达波束＋半主动雷达寻的制导
发射方式	双联装倾斜发射
弹长/m	9.53
弹径/mm	760
翼展/mm	2 900
发射质量/kg	3 175
动力装置	1 台固体火箭助推器,1 台液体冲压主发动机
战斗部	连杆式烈性装药战斗部,核装药战斗部
引信	无线电近炸引信

系统组成

黄铜骑士导弹系统由导弹、1 部目标照射雷达、1 部跟踪制导雷达、1 部可自动装填的双联装发射装置、1 部控制计算机等组成。

导弹 黄铜骑士导弹由两级串联而成,弹体为圆柱体。第一级为固体火箭助推器;第二级采用一台冲压发动机,发动机长为 0.71 m,推力为 89 kN,采用煤油与一种挥发油混合而成的液体燃料。导弹采用全动翼气动布局,全动弹翼位于第二级,几何形状较为复杂,第二级的尾部装有固定的矩形翼,稳定尾翼装在固体火箭助推器的尾部;这三组弹翼均按×形配置,并处在同一平面内。导弹头部装有一中心锥体,锥体周围为冲压发动机的环形进气道。

黄铜骑士导弹采用中段雷达波束制导加末段半主动雷达寻的制导,以满足远距离拦截时的制导精度要求。半主动雷达导引头及天线装置安装在导弹头部。在导弹尾部装有波束制导用的指向后方的固定接收天线、接收机、坐标分解装置和伺服机构。

导弹采用两种不同的战斗部,一种是连杆式烈性装药战斗部,装药 158 kg;一种是核装药战斗部。采用核装药战斗部时,只用雷达波束制导,不用末制导天线。近炸引信天线设置在导弹进气道外壁上。

探测与跟踪 探测跟踪系统由 1 部 AN/SPG-49 型目标照射雷达和 1 部 AN/SPG-56 型导弹跟踪制导雷达组成。

AN/SPG-49 型雷达采用单脉冲体制，用以进行连续波照射，使导弹实现自导引；其工作频率为 5.4～5.9 GHz，脉冲宽度为 0.3～0.9 μs，脉冲重复频率为 450 Hz、600 Hz 和 900 Hz，作用距离大于 120 km。AN/SPG-56 型雷达用来提供中段波束制导，工作频率为 4～8 GHz，作用距离约 100 km。

发射装置 黄铜骑士导弹系统采用零长式双联装发射架，用水平装填方式，在长滩号核动力导弹巡洋舰上安装有可以根据战斗情况、目标种类和数量自动选择和自动装填两种不同战斗部导弹的装填和发射系统。该装置称为遥控自动选择装置，由美国通用电气公司研制。

发展与改进

黄铜骑士导弹系统在使用期间曾进行了 9 次改进，其改进型号有 RIM-8A、RIM-8B、RIM-8C、RIM-8D、RIM-8E、RIM-8F、RIM-8G、RIM-8H 和 RIM-8J。其中，较后期改进的 RIM-8G 改进了波束制导系统，用于拦截高空远程目标；RIM-8H 改装了反辐射导引头，用作舰舰导弹，可攻击舰载或陆基雷达，1965 年用于东南亚战场，主要攻击越南的地空导弹制导雷达阵地；最后改进的 RIM-8J 与 RIM-8G 相近，但应用了改进的雷达导引头，1968 年装备部队，在越南战争中共击落了 3 架米格战斗机。黄铜骑士导弹系统已经退役，大多数退役后的黄铜骑士导弹都被改装成用于模拟反舰导弹的 MQM-G 汪达人超声速靶弹。

海小槲树（Sea Chaparral）

概　述

海小槲树是美国洛克希德·马丁公司研制的低空近程舰空导弹系统，是从陆用型小槲树地空导弹系统移植而来的，用于美国海军舰艇点防御，导弹代号为 RIM-72。该导弹系统于 1963 年 10 月开始进行试验，1971 年用于越南战争。到 1972 年该导弹系统共装备了 9 艘驱逐舰，部署在东南亚地区，于 1973 年撤回；此后，出售给中国台湾地区，装备在基林级、萨姆纳级、福列彻级驱逐舰以及拉斐特护卫舰上。

海小檞树导弹系统

主要战术技术性能

对付目标	各种低空飞机
最大作战距离/km	5
最大作战高度/km	2.5
最大速度(Ma)	1.5
制导体制	光学瞄准＋被动红外寻的制导
发射方式	4联装倾斜发射
弹长/m	2.91
弹径/mm	130
翼展/mm	640
发射质量/kg	86
动力装置	1台固体火箭发动机
战斗部	连杆式杀伤战斗部
引信	红外与无线电复合近炸引信

系统组成

海小檞树导弹系统由导弹、发射装置、舰载雷达及指挥控制系统组成。

导弹 海小檞树导弹系统采用陆用型小檞树导弹系统的导弹，其外形和气动布局采用双三角形鸭舵，陆用型导弹采用三角形鸭舵。导弹其余部分均与陆用型导弹相同。

探测与跟踪 海小檞树导弹系统由一部G/H波段相干多普勒雷达提供目标指示，也可由舰船上其他雷达或光学探测系统指示目标。为了提高在低能见度或夜间条件下截获目标的能力，该导弹系统增加了前视红外探测系统和一台激光测距仪。

发射装置 海小槲树导弹系统的发射装置为陆用型小槲树导弹系统的 4 联装发射架的改进型，由座舱里的射手操纵。

海麻雀（Sea Sparrow）

概　述

海麻雀是美国雷声公司导弹系统分部为美国海军研制的近程舰空导弹系统，用于对付低空飞机和反舰导弹，具有全天候作战、全向攻击能力，抗干扰能力强。海麻雀舰空导弹系统于 1964 年开始研制，是在麻雀空空导弹基础上改进发展的，前后共研制了 8 种导弹，即 RIM－7E、RIM－7F、RIM－7H、RIM－7M、RIM－7MPIP、RIM－7P、RIM－7R 及 RIM－7T。RIM－7E 导弹用于基本点防御导弹系统（BPDMS）中，该系统于 1967 年开始装备海军，1981 年被密集阵系统和 MK57 北约海麻雀舰空导弹系统（NSSMS）取代。最具代表性的导弹是 RIM－7M。该导弹于 1978 年开始研制，1982 年交付使用。NSSMS 于 1969 年开始由雷声公司研制，采用 RIM－7H～RIM－7T 导弹。其中 RIM－7MPIP 导弹是日本设计的垂直发射型，RIM－7T 导弹使用双模导引头和尾控系统。

1988—1989 年每枚 RIM－7M 海麻雀导弹单价为 15.6 万美元。世界上有 13 个国家装备了不同型号的海麻雀舰空导弹系统。截至 1993 年年底，已生产了约 11 213 枚 RIM－7F/H/P 型海麻雀导弹。

海麻雀舰空导弹系统

主要战术技术性能

对付目标	飞机和掠海飞行的反舰导弹
最大作战距离/km	15
最大作战高度/km	5
最大速度(Ma)	2.5
制导体制	全程半主动雷达寻的制导
发射方式	箱式倾斜或垂直发射
弹长/m	3.8
弹径/mm	200
翼展/mm	1 020
发射质量/kg	227
动力装置	1台双推力固体火箭发动机
战斗部 类型	高能聚焦爆破战斗部
战斗部 质量/kg	40
引信	主动雷达近炸和触发引信

系统组成

海麻雀舰空导弹系统由导弹、雷达、火控系统、发射装置等组成。整个作战过程自动完成。每个火力单元一般由1部MK23 TAS搜索雷达、1部MK91目标跟踪照射雷达及1套发射装置组成。通常1部目标跟踪照射雷达只能跟踪1个目标,因此有的海麻雀舰空导弹系统也配备2部跟踪照射雷达,使系统具有攻击2个目标的能力。

导弹 海麻雀导弹采用全动翼式气动布局,弹体呈细长圆柱形。两对全动弹翼在弹体中部,起舵面及主升力面作用,两对固定式尾翼起稳定作用,弹翼和尾翼呈××形配置。

导弹采用Mk58型双推力固体火箭发动机,长为1.33 m,直径为203 mm,质量为68.18 kg,比冲为2.08 kN·s/kg,一级推力为20.8 kN,二级推力为8.7 kN。推进剂为端羧基聚丁二烯。

导弹采用全程连续波半主动雷达寻的制导体制,比例导引法。

导弹的姿态稳定由自动驾驶仪控制弹翼转动来实现。两对弹翼控制导弹的俯仰和偏航,其中一对弹翼可以差动偏转,控制导弹的滚动。在固体火箭发动机的喷口处有燃气舵控制组合,控制导弹在发射后0.75 s按程序转弯90°向来袭目标飞行,再过0.75 s燃气舵脱落,由弹上单脉冲雷达导引头截获目标。

探测与跟踪 制导站由 1 部 MK23 TAS 搜索雷达、1 部 MK91 目标跟踪照射雷达、指挥仪、作战信息中心跟踪器组成。MK23 TAS 雷达工作频率为 1~2GHz（D 波段），作用距离为 185km。MK91 雷达工作频率为 8~20GHz（I/J 波段），作用距离为 25 km。由于该系统已有多国装备使用，可选用其他雷达。

指控与发射 指控系统主要由作战信息中心的火控系统、跟踪器、指挥仪及发射控制台组成。一般情况下，目标探测及指示由舰载雷达通过作战信息中心来完成。目标被探测后，跟踪器即调转到目标方向，指挥仪根据来自雷达的目标数据在信息数据处理器上进行处理，产生距离及角跟踪数据，并将这些数据传送到发射控制台上，再由控制台将预发射数据及发射指令传到导弹，进行导弹发射。

海麻雀导弹系统可使用不同的标准型发射装置，主要有 MK41、MK29、MK28、MK25。

MK41 垂直发射装置是美国舰载通用型标准发射装置，能发射 7 种不同用途的导弹。该装置采用模块化结构，由 7 个标准模块和 1 个装填模块组成。每个标准模块是一个独立发射单元。标准弹舱模块为独立结构，有一套独立的发射程序控制装置、电机控制盘、舱盖开启机构、燃气排导系统和喷水冷却系统。导弹采用热发射方式，发射装置内有燃气排导系统。排气通道整个内表面均涂有耐烧蚀材料，每个发射箱的后盖只能单向打开，每个导弹隔舱内都有一套专门的喷水冷却系统。

MK41 垂直发射装置

作战过程

当舰上搜索雷达发现目标后，传给火控系统，火控系统对目标进行威胁评估、目标排序和武器分配。同时跟踪照射雷达天线迅速调转方位使其对准目标，截获目标后转入跟踪照射状态。根据目标数据，火控计算机计算出拦截点，产生控制发射装置和导弹发射的指令，可按预编程序或人工干预方式发射导弹。火控系统根据收到的多普勒信号或通过微光电视摄像机判断拦截效果。

发展与改进

海麻雀舰空导弹系统采用了经改进的麻雀空空导弹，共研制了8种型号。其中，RIM-7E导弹于1964年开始研制，1967年开始装备部队，用于美国海军基本点防御导弹系统。RIM-7F导弹由AIM-7E导弹改进而来，它使用了折叠翼，去掉了尾翼。该导弹于1973年装备美国海军，共装备了约480枚。RIM-7H导弹于1968年开始研制，1972年首发成功，1975年首批交付。RIM-7M导弹于1978年开始研制，1982年交付使用。1981年垂直发射海麻雀研制成功。RIM-7P导弹于1987年开始研制，1991年交付使用。该系统进一步改进了弹上计算机、弹上电池和引信，能有效对付掠海飞行的反舰导弹。RIM-7R导弹是RIM-7P的改进型，于1988年开始研制，以满足北约全面防空作战需要。该导弹具有红外/半主动雷达寻的双模导引头，以改善抗干扰的性能。导弹的进一步改型为改进型海麻雀（ESSM），导弹代号为RIM-162。

西埃姆（SIAM）

概　述

西埃姆是美国福特航空航天与通信公司研制的一种自卫式潜空导弹系统，主要用于对付反潜飞机和反潜直升机，具有"发射后不管"、能在飞行中搜索跟踪和攻击目标的特点。该导弹系统于1974年开始方案论证，1977年开始研制，1980年首次试验成功，1989年开始装备部队，目前已停止发展。

主要战术技术性能

对付目标	反潜飞机和反潜直升机
制导体制	雷达/红外双模寻的制导
发射方式	潜艇垂直发射
弹长/m	3.25
弹径/mm	114
发射质量/kg	67.5
动力装置	1台固体火箭助推器，1台固体火箭主发动机
战斗部	破片式杀伤战斗部
引信	近炸引信

系统组成

西埃姆导弹系统由导弹、发射装置和艇上探测装置组成。导弹导引头工作模式为雷达/红外双模模式，末制导只用红外模式工作。发射前，导引头即可发现目标；导弹飞出水面后，由导引头测得目标与导弹间的角偏差信号，形成控制指令，通过控制喷气流引导导弹飞向目标。该导弹系统的敌我识别器与毒刺导弹系统的相同。

作战过程

西埃姆导弹系统接收到潜艇探测装置发出的目标指示信号后，经敌我识别器识别敌友。导弹加电，导引头以雷达方式搜索目标，发现目标后发射导弹，助推器将导弹以低速从发射筒内垂直弹射出水面。导弹飞出后，在导引头引导下转向目标。导弹飞行数米后主发动机点火，助推器脱落，导弹加速，导引头跟踪并锁定目标。在接近目标时，导引头由雷达工作模式转为红外寻的工作模式，直至摧毁目标。如果导引头在导弹发射前没有捕获到目标，则导弹在飞至高度约 150 m 时借助反作用力旋转，导引头全方位搜索目标。当导引头发现并捕获目标后，导弹自动停止旋转，导引头在锁定目标后按上述步骤完成作战过程。

发展与改进

1977 年美国国防高级研究计划局负责组织西埃姆导弹系统的研制，1978 年完成风洞试验，1979 年完成双模导引头研制，1980—1981 年进行第二阶段飞行试验。西埃姆导弹系统可从位于水下一定深度的潜艇上发射，由此大大提高了攻击型潜艇的作战有效性。但是，由于该计划有许多设计难题未解决并缺乏合适的部署平台，因此已停止发展。

拉姆（RAM）

概述

拉姆又称滚转弹体导弹（Rolling Airframe Missile，RAM），是由美国和德国共同研制的低空近程舰空导弹武器系统，用以拦截掠海飞行的反舰导弹和高速飞机，系统代号为 Mk-31，导弹代号为 RIM-116。

拉姆导弹系统于 1972 年开始方案论证，1979 年进行工程研制，1989 年启动小批量生产，1991年第一套系统上舰服役。拉姆导弹系统进行了多次改进，形成了包括拉姆 Block 0（采用 RIM-116A 导弹）、拉姆 Block 1（采用 RIM-116B 导弹）、拉姆 Block 2（采用 RIM-116C 导弹）和海拉姆在内的改进型。

拉姆导弹系统采购费用约 250 万美元，每枚拉姆导弹系统的价格约为 26.48 万美元（1995 财年）。拉姆 Block 1 导弹系统价格为 30 万～54 万美元。拉姆导弹系统装备了美国、德国海军。到 2004 年，共有 35 艘美国海军战舰和 25 艘德国海军战舰装备了拉姆系统。到 2016 年，作为一种自卫防御武器在超过 100 艘舰艇上部署了大约 200 套系统和 3 400 多枚导弹，用于包括美国、埃及、希腊、日本、韩国、马来西亚、葡萄牙、沙特阿拉伯、土耳其和阿拉伯联合酋长国等国。丹麦、土耳其、澳大利亚、挪威、波兰等国都是拉姆导弹系统的潜在用户。

拉姆导弹发射场景

主要战术技术性能

型号	拉姆 Block 0（RIM-116A）	拉姆 Block 1（RIM-116B）	拉姆 Block 2（RIM-116C）
对付目标	飞机、反舰导弹、巡航导弹	飞机、反舰导弹、巡航导弹、直升机、小型舰船	
最大作战距离/km	9.26	9.26	>10
最小作战距离/km	0.926	0.926	
最大作战高度/km	12	12	
最大速度（Ma）	2.5	2.5	
机动能力/g	20	20	

续表

制导体制	被动雷达＋红外寻的制导或全程被动雷达寻的制导	被动雷达＋红外成像制导或全程红外成像制导	被动雷达/红外成像制导或全程红外成像制导
发射方式	箱式倾斜发射		
弹长/m	2.79	2.79	2.9
弹径/mm	127	127	160
翼展/mm	261.6	261.6	
发射质量/kg	73.5	73.5	88
动力装置	Mk36 Mod8 固体火箭发动机	Mk112 Mod1 低烟固体火箭发动机	
战斗部 类型	WDU-17B 环形爆破破片式杀伤战斗部		
战斗部 质量/kg	9.3		
引信	激光近炸引信和触发引信		

系统组成

拉姆导弹系统由 MK44 导弹弹药组合（GMRP）、MK49 导弹发射系统（GMLS）、火控系统（艇上装备）以及位于甲板下的电气设备组成。其中，GMRP 包括拉姆导弹以及 MK8 Mod0 发射筒；电气设备包括 EX-202 发射架控制接口单元（LCIU）、EX-201 发射架伺服控制单元（LSCU）以及 EX-406 武器控制台（WCC）。

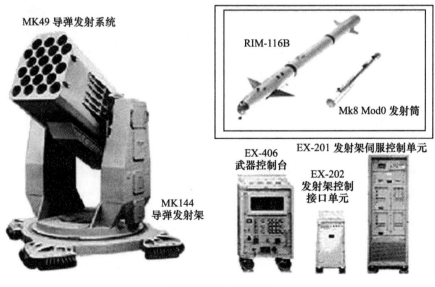

拉姆导弹系统组成

导弹 拉姆是在美国 AIM-9L 响尾蛇空空导弹的基础上改进的。导弹采用鸭式气动布局，弹体为圆柱形，头部为锥球形。弹体前部装一对三角形控制翼，尾部装有两对梯形稳定尾翼。尾翼前缘后掠角为 60°，后缘与弹体轴线垂直。导弹结构配置是：头部装有红外导引头，鼻锥两旁设两根笔形波束雷达天线（前视天线和后视天线）。其后按次序分别装有无线电接收机、鸭翼舵、引信、战斗部、火箭发动机和×形配置尾翼。

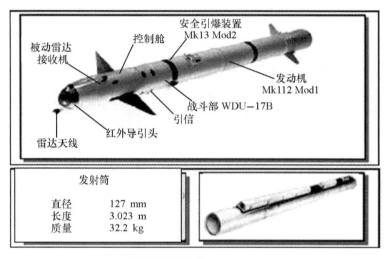

拉姆导弹弹药组合（GMRP）

拉姆导弹在发射时，发射筒中的螺旋导轨使弹体旋转。导弹飞行中，由自动驾驶仪把导引信号进行放大和变换后通过伺服机构来控制舵面。由三角形控制翼根据指令控制导弹的俯仰或偏航。

拉姆导弹的战斗部和引信分别采用了 AIM-9 响尾蛇导弹的 WDU-17B 战斗部和 DSU-15A/B 激光近炸引信和触发引信。WDU-17B 战斗部由 Ensign-Bickford 公司研制，为环形爆破破片式杀伤战斗部，战斗部带有雷声公司研制的 Mk13 Mod2 安全引爆装置。

拉姆导弹的动力装置最初采用洛克达因公司为响尾蛇空空导弹研制的 Mk36 Mod8 固体火箭发动机，质量为 45 kg，长约 1.83 m，装有 27.27 kg 的推进剂，现装备航空喷气公司和阿连特技术系统公司研制的 Mk112 低烟固体火箭发动机，配有 Mk298 安全点火装置。

探测与跟踪 拉姆导弹系统利用舰上已安装的目标探测设备进行目标探测，如海麻雀导弹系统的 MK23 TAS 搜索雷达和 AN/SLQ-32（V）ESM/ECM 电子战系统等。

指控与发射 指控系统主要利用舰载指控中心，还包括拉姆导弹系统的发射架控制接口组合、发射架伺服控制单元，以及武器控制台等设备。

拉姆导弹系统为箱式倾斜发射，可单射、也可齐射。发射架有三种，第一种是密集阵式，含有 21 格的 MK144 发射架，每格装 1 枚导弹，其俯仰范围为 −25°～80°，方位为 360°，反应时间小于 2 s，平均无故障间隔时间为 188 h；第二种是海麻雀导弹系统所用的

拉姆导弹系统发射装置

发射装置，共 8 格，其中 2 格装拉姆导弹，每格装 5 枚，其余每格装 1 枚海麻雀导弹；第三种是 8 格的轻型发射架，每格装 1 枚拉姆导弹。每枚导弹装填时间约需 10 min，装填 21 枚导弹需 3.5 h。

作战过程

拉姆导弹系统利用舰载的探测设备提供目标的方位、距离和高度等信息。这些数据集中于舰上指挥中心，由指挥中心对目标信息进行处理，以确定是否拦截来袭导弹。如果确定实施打击，则系统发送指令给特定发射装置，使发射装置指向目标方向，抬升至一定的有效拦截角度。

导弹在发射前几秒钟启动导引头的陀螺，对弹上红外探测器制冷，弹上制导系统接收来自发射系统的初始化数据（目标射频频率、目标速度等）。导弹一经离开发射筒，弹上被动雷达自动跟踪目标。当红外信号足够强时，导弹由被动雷达工作方式转为红外工作方式，由红外导引头进行精确跟踪，直至把导弹引向目标。

在打击多目标的情况下，第一枚导弹发射后，火控计算机就将新的信息发送给发射装置。发射装置就会转向新的发射方向，准备进行第二次发射。

发展与改进

20 世纪 70 年代美国海军出于防御反舰导弹，填补密集阵武器和海麻雀导弹系统之间的火力空隙的目的，要求开发低成本、快速反应、高火力的反舰导弹防御系统，并且要求系统设计要充分考虑利用已有的成熟部件。

1972 年美国海军开始探索研制直径为 127 mm 旋转弹体导弹的可行性，1973 年开始论证被动雷达寻的和红外寻的双模制导的效能，1979 年批准进行全面工程研制，1982—1987 年进行了全系统飞行试验，1989 年开始小批量生产，1991 年拉姆 Block 0 上舰服役。迄今为止，对拉姆导弹系统进行了多次改进，改进型包括拉姆 Block 1 和海拉姆等，目前正在进行拉姆 Block 2 的研制。

拉姆 Block 1 拉姆 Block 1 导弹系统于 1994 年 8 月开始研制，1995 年确定技术方案，1996 年开始进行以开发导引头搜索、锁定、跟踪目标所需软件为目的的导引头挂飞试验，1997 年 2 月进行全程红外模式飞行试验并实现直接命中靶机，1999 年 1 月进行首次飞行评估试验（闭合回路），1999 年 8 月完成作战和海环境适应试验，2000 年开始批量生产。

拉姆 Block 1 导弹系统保留了雷达/红外制导能力，改进了拉姆 Block 0 导弹的红外导引头、引信和控制部分，拉姆 Block 1 导弹系统采用了改进的光电近炸引信和新型红外导引头。新型红外成像寻的导引头取代了原来的十字线扫描导引头，能进行更宽角度的红外搜索，可以对无射频辐射的目标进行拦截。对导弹和发射系统软件进行了升级，使导弹具备对水面目标的作战能力。

拉姆 Block 1 导弹系统能够对付采用被动寻的制导的反舰导弹、低空来袭导弹和小型水面目标（如在沿海环境中作战的快速攻击舰船），导弹具有"发射后不管"能力。

1998 年，美国和德国签署了改进拉姆 Block1 导弹系统软件的合同。拉姆导弹系统的此次改进也被称作针对直升机、飞机和水面目标（HAS）的改进。HAS 改进保持了拉姆 Block 1 导弹系统对付反舰导弹的功能，拓宽了导弹系统的作战能力。此次系统升级还改进了在役拉姆 Block 1 导弹的自主红外导引头及其目标软件，以满足对付慢速飞行目标和识别水面小型舰艇的要求。

2002 年，雷声公司建议将拉姆导弹系统和 MK15 密集阵火炮系统联合起来，形成双层自卫防御系统，即拉姆和密集阵一体化防空系统（RAIDS）。

2003 年，拉姆 Block 1 导弹系统改进了数字驾驶仪。新型数字驾驶仪既保持了原拉姆 Block 1 导弹系统的能力，又进一步降低了成本，为进一步的改进（包括结构加固）打下了基础。同年，雷声公司提出了一个更加长远的升级方案，就是将导弹和一个双推力发动机相结合，以提高拉姆的有效作战距离和机动能力。

拉姆 Block 2 2007 年 5 月，美国和德国签署联合研制拉姆 Block 2 导弹系统的备忘录，拉姆 Block 2 导弹系统进入系统验证和研制阶段，2012 年完成研制，8 月开始低速初始生产。2013 年 5 月—2015 年 5 月，美德两国联合进行了多次导弹发射试验，验证了导弹的作战能力。2015 年 6 月拉姆 Block 2 导弹形成初始作战能力。

拉姆 Block 2 导弹系统的主要用途是对付先进的反舰巡航导弹，主要改进包括：研制双推力火箭发动机（发动机直径增大 0.15 m），推进剂装药增加 30%，导弹有效作战距离增加 50%；改进导弹气动布局，采用 4 个独立的鸭式控制翼，升级被动雷达导引头；升级数字驾驶仪，导弹飞行中的机动能力增加 3 倍；对红外成像导引头硬件进行工程改进；对发射装置软件进行改进，同时在保持外形不变的情况下，增加发射箱的内部尺寸，以容纳尺寸更大的拉姆导弹。

2011 年 9 月，美国雷声公司和德国 RAMSYS 公司针对拉姆 Block 2 导弹项目完成了

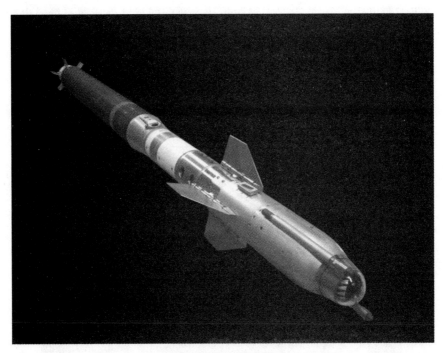

拉姆 Block 2 导弹外形图

导弹升级和集成测试。两家公司对导弹进行了 5 次控制飞行测试，结果满足拉姆 Block 2 导弹的所有升级要求。

2013 年 4 月，德国海军授予雷声公司一份合同，开发并提供拉姆 Block 2 导弹，以提高其舰队的自防御能力。截至采购时，雷声公司完成了 11 次关键的 Block 2 导弹研制飞行试验，成功率为 95%。

2013 年 5 月，美国海军在太平洋导弹试验靶场成功测试拉姆 Block 2 导弹。导弹从隶属于海军水面战中心的自防御系统测试舰上发射，成功拦截了装有涡喷发动机的反舰巡航导弹靶弹。

2015 年 6 月，美国海军宣布拉姆 Block 2 导弹已形成初始作战能力，可大幅提高海军防御系统的打击精度和机动性。2015 年 12 月，美国海军授予雷声公司合同，在 2016 财年采购拉姆 Block 2 导弹，于 2018 年 2 月完成。

2017 年 8 月，美国海军宣布拉姆 Block 2 导弹进一步升级计划，将改进导引头和导弹间的链接能力，以提升导弹在对抗非对称攻击时的性能。

2020 年，美国海军继续为拉姆 Block 2 导弹维护、升级提供经费支持。

海拉姆　海拉姆计划于 1999 年启动，2000 年进行试验。海拉姆导弹系统是用 11 格的拉姆导弹发射架取代了密集阵 M61A1 20 mm 火炮，但仍采用密集阵系统的传感器，以进一步扩大密集阵系统对掠海导弹的拦截距离。海拉姆导弹系统的传感器组可以全天候地提供多频谱搜索和跟踪能力。同时，海拉姆导弹系统还具备攻击直升机、飞机和水面目标的能力。海拉姆导弹系统能够装备到任何类型的船舰上，甚至是普通的补给船上。海拉姆导弹系统的改进主要包括：Ku 波段搜索跟踪雷达，新的前视红外成像系统，电子侦察测量系统（ESM），11 联装发射系统。2001 年 2 月，海拉姆导弹系统装备美国海军。

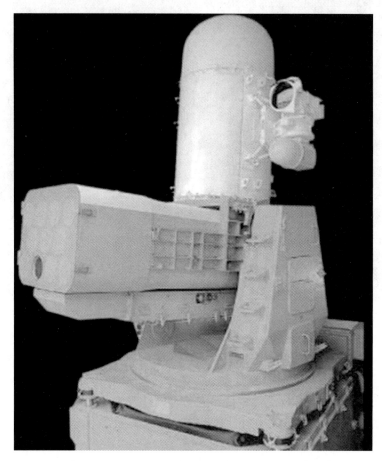

海拉姆导弹系统

海拉姆导弹系统于 2008 年部署在美国海军独立级近海战斗舰、多任务水面舰等多艘舰船上。日本的出云级驱逐舰装备了 2 套海拉姆导弹系统。

2010 年 5 月，海拉姆导弹系统完成了从美国海军独立级近海战斗舰（LCS 2）上实施两次爆炸试验飞行器系统的发射，验证了舰艇和武器系统的结构集成，以及系统的关键海上发射能力。2015 年 8 月，美海军在第二艘独立级近海战斗舰科罗拉多号上成功进行了海拉姆导弹系统试验，用一枚拉姆 Block 1 导弹成功将目标拦截，这是该型导弹首次从近海战斗舰上进行发射。2017 年 4 月 22 日，美国海军在南加州海岸从杰克逊号濒海战斗舰发射了一枚拉姆导弹，成功摧毁了空中无人机目标。

标准-1（中程）
(Standard Missile – 1 Medium Range)

概　述

标准导弹是美国雷声公司研制生产的一种中远程舰空导弹。经过40余年的发展，已形成由标准-1、标准-2、标准-3和标准-6组成的导弹系列，分别在鞑靼人、小猎犬、宙斯盾等舰载武器系统中使用，是迄今为止世界上性能最先进、装备数量最多的舰空导弹。由于采用模块化设计，导弹的改进对舰载武器系统影响不大。

标准-1（中程）导弹是美国通用动力公司防空导弹系统分公司（现已并入雷声公司）研制的一种中程舰空导弹，有3种型号，代号分别为RIM-66A、RIM-66B和RIM-66E，用于对付高性能飞机、反舰导弹和巡航导弹，装备驱逐舰、巡洋舰和护卫舰。标准-1（中程）导弹单价为40.25万美元。RIM-66A是标准-1（中程）导弹的基本型，用于取代RIM-24鞑靼人导弹，于1964年12月开始研制，1969年装备，1975年停产，是现役标准导弹系列中最早装备的导弹，共计生产了2 967枚；1977年，在RIM-66A的基础上改进为RIM-66B，共计生产了3 937枚；1984年在RIM-66B的基础上改进为RIM-66E，由于美国海军终止采购RIM-66E，该导弹未装备美国海军。澳大利亚、埃及、法国、意大利、葡萄牙、日本以及中国台湾地区的海军装备了该导弹。

主要战术技术性能（RIM-66B）

对付目标	高性能飞机、反舰导弹和巡航导弹
最大作战距离/km	38
最大作战高度/km	19.8
最大速度（Ma）	2
制导体制	半主动雷达寻的制导
发射方式	倾斜发射
弹长/m	4.48
弹径/mm	343
翼展/mm	1 080

续表

发射质量/kg	642
动力装置	1台Mk56 Mod0双推力固体火箭发动机
战斗部	Mk90高爆破片式杀伤战斗部
引信	无线电近炸和触发引信

系统组成

导弹 标准-1（中程）导弹的外形和气动布局与鞑靼人导弹相似，采用正常式气动布局。弹翼在弹体的中后部，为小展弦比的长脊鳍形弹翼；其后是截尖三角形控制舵面，弹翼和舵面按××形配置，并处于同一平面。

RIM-66A采用美国航空喷气公司的Mk27 Mod0双推力固体火箭发动机。推进剂为聚丁二烯、聚氨酯和高氯酸铵复合推进剂。

标准-1（中程）导弹采用了固态电子线路和通用动力公司的Mk1自适应自动驾驶仪。导弹通过1个自由陀螺和1个速率陀螺进行滚动稳定，速率陀螺和加速度计进行俯仰和偏航的稳定与控制，电驱动器操纵导弹舵面。

RIM-66A采用海军武器中心的Mk51连杆式战斗部，近炸和触发引信。

发展与改进

1964年12月开始研制RIM-66A，1965年2月进行首次飞行试验，同年7月投产，1968年具备初始作战能力，1969年装备部队，1972年完成研制，1975年停产。1977年开始对RIM-66A进行改进。升级后RIM-66B于1979年投产，并逐步取代RIM-66A。

RIM-66A又分为4个型号，即Block 1、Block 2、Block 3和Block 4。

RIM-66B又分为Block 4A和Block 5两个型号。其主要改进是：

1) 换装美国航空喷气公司的Mk56 Mod0双推力固体火箭发动机，长3.6 m，直径为300 mm，质量为411 kg；

2) 导弹采用海军武器中心的Mk90高爆破片式杀伤战斗部，破片飞散速度大于马赫数为6，击中目标后有助燃作用；

3) 导弹采用半主动制导系统和新的Mk45 Mod 0/3目标探测装置。

RIM-66E又分为3个型号，即Block 6、Block 6A和Block 6B。RIM-66E与RIM-66B的区别是，采用通用动力公司的单脉冲半主动雷达寻的导引头和数字制导计算机替代圆锥扫描半主动雷达导引头和模拟制导计算机。

标准-1（增程）
(Standard Missile – 1 Extended Range)

概 述

标准-1（增程）导弹是美国通用动力公司防空导弹系统分公司（现已并入雷声公司）研制的中远程舰空导弹，代号为 RIM-67A，用于取代 RIM-2 小猎犬导弹。标准-1（增程）导弹于 1964 年开始研制，1968 年装备部队，1974 年停产。标准-1（增程）导弹单价为 40.9 万美元。最初的标准-1（增程）导弹已全部被改进或由后来的标准-2（增程）导弹取代。

主要战术技术性能

对付目标	高性能飞机、反舰导弹和巡航导弹
最大作战距离/km	64
最大作战高度/km	20
最大速度（Ma）	2.5
制导体制	半主动雷达寻的制导
发射方式	倾斜发射
弹长/m	7.98
弹径/mm	343
翼展/mm	1 570
发射质量/kg	1 341
动力装置	1 台 Mk12 Mod1 固体火箭助推器，1 台 Mk30 Mod1 固体火箭主发动机
战斗部	Mk90 高爆破片式杀伤战斗部
引信	无线电近炸和触发引信

系统组成

导弹 标准-1（增程）导弹由两级串联而成，弹体为圆柱形，头部呈锥形，为正常式气动布局，采用小展弦比的长脊鳍形弹翼，在助推器尾部装有梯形尾翼。弹翼和尾翼呈××形配置，并处于同一平面。

Mk12 Mod1 固体火箭助推器长为 3.49 m，直径为 460 mm，质量为 733 kg，其中推进剂质量为 550 kg。

标准-2（中程）
(Standard Missile-2 Medium Range)

概　述

标准-2（中程）导弹是美国雷声公司在标准-1（中程）导弹基础上改进的中远程舰空导弹，用于鞑靼人和宙斯盾系统。该型导弹包括标准-2（中程）Block 1、标准-2（中程）Block 2、标准-2（中程）Block 3、标准-2（中程）Block 3A 和标准-2（中程）Block 3B 等型号。其中，第一个型号为标准-2（中程）Block 1，代号为 RIM-66C 和 RIM-66D，是在 RIM-66B（标准-1（中程））基础上改进的，分别用于宙斯盾和鞑靼人系统。该导弹于 1972 年 6 月开始研制，同年 11 月进行首次飞行试验，1977 年投产，1979 年装备部队，共计生产了 1 813 枚，现已退役。大批量生产的标准-2（中程）导弹为标准-2（中程）Block 2，1983 年投产，1984 年装备部队，导弹单价为 52.5 万美元（1991 年）。

标准-2（中程）导弹外形示意图

主要战术技术性能［标准-2（中程）Block 2］

对付目标	高性能飞机、反舰导弹和巡航导弹
最大作战距离/km	70
最大作战高度/km	19.8
最大速度（Ma）	2.5
制导体制	惯导＋中段指令修正＋末段半主动雷达寻的制导
发射方式	倾斜或垂直发射
弹长/m	4.72
弹径/mm	343

续表

翼展/mm	1 080
发射质量/kg	708
动力装置	1台Mk56双推力固体火箭发动机
战斗部 类型	Mk115高爆破片式杀伤战斗部
质量/kg	115
引信	主动雷达近炸和触发引信

系统组成

导弹 标准-2（中程）Block1（RIM-66C）导弹的各组成部分与标准-1（中程）（RIM-66B）导弹基本相同，其主要改进包括：

1) 采用惯导、无线电指令修正和半主动雷达寻的复合制导体制；
2) 弹上加装惯性导航系统，导弹采用单脉冲雷达导引头；
3) 弹上制导舱装有一个编译宙斯盾系统中无线电指令的编码器和译码器；
4) 采用Mk2 Mod3自动驾驶仪。

发展与改进

标准-2（中程）导弹主要包括标准-2（中程）Block 1、标准-2（中程）Block 2、标准-2（中程）Block 3、标准-2（中程）Block 3A和标准-2（中程）Block 3B导弹，针对导弹火控系统的不同，又可细分为多个型号。

标准-2（中程）Block 1 标准-2（中程）Block 1导弹又分为RIM-66C和RIM-66D两个型号。RIM-66C用于宙斯盾系统，采用倾斜发射。RIM-66D用于鞑靼人导弹系统。

标准-2（中程）Block 2 标准-2（中程）Block 2导弹又分为3个型号，即RIM-66G、RIM-66H和RIM-66J。RIM-66G是RIM-66C的改进型，其改进包括：

1) 弹体加长0.24 m；
2) 制导系统加装一个快速傅里叶数字信号处理器，提高干扰寻的能力；
3) 采用Mk104 Mod1双推力固体火箭发动机，长为2.88 m，直径为343 mm，质量为488 kg，其中推进剂TP-H1205/6质量为360 kg，提高了导弹的作战距离、速度和机动性；
4) 采用Mk115高爆破片式杀伤战斗部和Mk45 Mod5目标探测装置，提高了对更小、更先进反舰导弹的杀伤概率。

美国曾开展为RIM-66G加装核战斗部的研制工作，但目前已暂停。

RIM-66G 是装备宙斯盾系统的第二代标准导弹，采用倾斜发射。RIM-66H 是 RIM-66G 的改进型，用于宙斯盾系统，采用垂直发射，供日本海上自卫队使用。RIM-66J 用于鞑靼人导弹系统。

标准-2（中程）Block 3　标准-2（中程）Block 3 导弹又分为 3 个型号，即 RIM-66K-1、RIM-66L-1 和 RIM-66M-1，专门用于对付反舰导弹，特别是掠海飞行的反舰导弹。其主要改进包括：

1) 改进了电子设备，提高了信号处理能力，具有更好的对海杂波的滤波能力；
2) 采用 Mk104 Mod2 双推力固体火箭发动机；
3) 采用 Mk115 高爆破片式杀伤战斗部和 Mk45 Mod8 目标探测装置，提高了对低空目标的拦截能力。

RIM-66K-1 用于鞑靼人导弹系统。RIM-66L-1 用于宙斯盾系统，采用倾斜发射。RIM-66M-1 用于宙斯盾系统，采用垂直发射。

标准-2（中程）Block 3A　标准-2（中程）Block 3A 导弹又分为 3 个型号，即 RIM-66K-2、RIM-66L-2 和 RIM-66M-2。其主要改进包括：

1) 采用 Mk104 Mod2 双推力固体火箭发动机；
2) 采用具有更大爆炸威力的 Mk125 高爆破片式杀伤战斗部和 Mk45 Mod9 目标探测装置，进一步提高了对低空目标的拦截能力。

RIM-66K-2 用于鞑靼人导弹系统。RIM-66L-2 用于宙斯盾系统，采用倾斜发射。RIM-66M-2 用于宙斯盾系统，采用垂直发射。共计生产了 8 851 枚标准-2（中程）Block 3A 导弹。

标准-2（中程）Block 3B　标准-2（中程）Block 3B 导弹又称为 RIM-66M-5。其主要改进包括：

1) 采用 Mk104 双推力固体火箭发动机和 Mk45 Mod9 目标探测装置；
2) 采用红外成像和半主动雷达双模导引头，红外成像导引头可弥补半主动雷达寻的制导多目标能力的不足，提高对高威胁程度目标的拦截能力。
3) 其外形与标准-2（中程）Block 3A 导弹有所不同，红外导引头安装在导弹侧面。

标准-2（中程）Block 3A 和标准-2（中程）Block 3B 导弹均可利用协同作战能力（CEC）系统进行作战，其他舰船能够为发射导弹的平台提供目标跟踪数据。协同作战能力系统将允许在中段制导或从中段制导转入末制导的过程中对导弹的控制从一艘舰船转移到另一艘舰船上，实现了利用远程传感器数据对导弹进行超视距制导。

标准-2（中程）Block 2 和标准-2（中程）Block 3 导弹正在改进为标准-2（中程）Block 3B 导弹，供美国海军使用。Indra-EWS 公司将提供部分控制系统，RAMSYS 公司将生产部分惯性装置和自动驾驶仪，泰勒斯公司将生产部分导引头装置。

标准-4　1994 年，在标准-2（中程）Block 2 导弹的基础上，提出了用于针对陆地目标的标准导弹改进计划，新型导弹被称为标准-4 对陆攻击标准导弹（LASM），又称 RGM-165A。该导弹弹长为 4.72 m，弹径为 343 mm，质量为 750 kg；当作战距离为

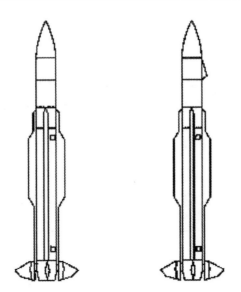

标准-2（中程）Block 3A 导弹与标准-2（中程）Block 3B 导弹外形比较

95 km 时，圆概率误差为 13m；导弹加装 GPS 辅助导航系统。

该导弹保留了标准-2（中程）Block 2 导弹弹体后半部分，如 MK104 Mod1 双推力固体火箭发动机和舵控制舱以及自动驾驶仪和电池。制导舱采用与标准-3 导弹相同的 GPS 和惯性导航系统，由 GPS 替代半主动雷达导引头。该导弹采用经过改进的 Mk125 高爆破片式杀伤战斗部，使爆炸威力向前集中。头罩增加了炸高传感器。

在研制过程中，曾考虑过标准-4 LASM 的几种改型。标准-4 LASM（中程）作战距离为 370 km，采用用于弹上再瞄准的通信数据链和可替换的战斗部，如 9 个搜索与摧毁装甲弹药（SADARM）、1 个 M80 子母弹布撒器（含 4 个 BLU-108）。标准-4 LASM（增程）采用 Mk72 固体火箭助推器。标准-4 LASM-21 作战距离为 555 km，采用改进的标准-3 导弹的 Mk104 双推力固体火箭发动机，携带 340 kg 的战斗部。

美国海军曾在 1999 年选择了该方案，但在 2002 年取消了研制计划。

标准-2（增程）
(Standard Missile - 2 Extended Range)

概　述

标准-2（增程）导弹是美国雷声公司研制的标准-2（中程）导弹的改进型，导弹飞行速度更高，作战距离更远。该型导弹包括标准-2（增程）Block 1、标准-2（增程）Block 2 和标准-2（增程）Block 3，代号分别为 RIM-67B、RIM-67C 和 RIM-67D。标准-2（增程）Block 1 导弹于 1972 年 6 月开始研制，1976 年投产，1981 年具备初始作战能力，1982年装备部队，1983年终止采购。共计生产了2 553枚标准-2（增程）Block 2和标准-2（增程）Block 3导弹。

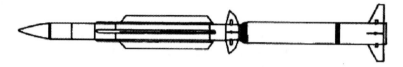

标准-2（增程）Block 3导弹外形示意图

主要战术技术性能［标准-2（增程）Block 1］

对付目标	高性能飞机、反舰导弹和巡航导弹
最大作战距离/km	120
最大作战高度/km	24
最大速度（Ma）	2.5
制导体制	惯导＋中段指令修正＋末段半主动雷达寻的制导
发射方式	倾斜或垂直发射
弹长/m	7.98
弹径/mm	343
翼展/mm	1 570
发射质量/kg	1 509
动力装置	1台Mk12固体火箭助推器，1台Mk30 Mod2固体火箭主发动机
战斗部	Mk125高爆破片式杀伤战斗部
引信	主动雷达近炸和触发引信

系统组成

导弹 标准-2（增程）Block 1导弹的布局与结构以及动力装置、制导与控制系统、战斗部与引信等部分均与标准-1（增程）导弹相同。不同之处包括：弹上加装了惯性导航系统和指令接收机；采用先进的单脉冲雷达导引头，具有更强的抗电子干扰能力。

发展与改进

标准-2（增程）Block 1 导弹代号为 RIM-67B，是标准-2（中程）（RIM-66D）导弹的增程型，用于小猎犬导弹系统，替代莱希级巡洋舰 CG-16 和贝尔纳普级巡洋舰 CG-26 上的小猎犬导弹和标准-1（增程）导弹，与标准-1（增程）（RIM-67A）导弹相比，具有更远的作战距离和更好的性能。

标准-2（增程）Block 2 导弹代号为 RIM-67C，是标准-2（中程）Block 2（RIM-66J）导弹的增程型，用于小猎犬导弹系统。其动力装置换用 Mk70 固体火箭助推器和 Mk30 Mod3/Mod4 固体火箭发动机。Mk70 固体火箭助推器是 Mk12 固体火箭助推器的改进型，长为 3.93m，直径为 460mm，质量为 973kg；推进剂为端羟基聚丁二烯（HTPB），能量更高，推进剂质量为 682 kg。标准-2（增程）Block 2 导弹用于装备长滩级巡洋舰 CGN-9、莱希级巡洋舰 CG-16、贝尔纳普级巡洋舰 CG-26、班布里奇级巡洋舰 CGN-25、特拉克斯顿级巡洋舰 CGN-35 和马汉级驱逐舰 DDG-42。

标准-2（增程）Block 3 导弹代号为 RIM-67D，是标准-2（中程）Block 3 导弹（RIM-66K-1）的增程型，用于小猎犬导弹系统。

标准-2 Block4（Standard Missile-2 Block 4）

概　述

标准-2 Block 4 是美国雷声公司研制的中远程舰空导弹，导弹代号为 RIM-156A/RIM-68A，用于在复杂电子对抗环境中对付低目标特性、高速机动、飞行高度从掠海到高空的各种高性能飞机、反舰导弹和巡航导弹，进行舰队区域防御。该导弹属于标准-2（增程）系列，也称宙斯盾增程型标准导弹，于 1987 年 7 月开始研制，1995 年 5 月开始小批量生产，2006 年 5 月，经改进用于海基弹道导弹末段拦截的标准-2 Block 4 导弹首次进行了拦截试验。美国于同年首次采购了 43 枚导弹。该导弹共计生产 238 枚。标准-2 Block 4 导弹是为邦克山号巡洋舰 CG-52 之后的提康德罗加级巡洋舰和阿里·伯克级驱逐舰 DDG-51 专门研制的垂直发射型标准-2（增程）导弹。标准-2 Block 4A 导弹是标准-2 Block 4 导弹的改进型。

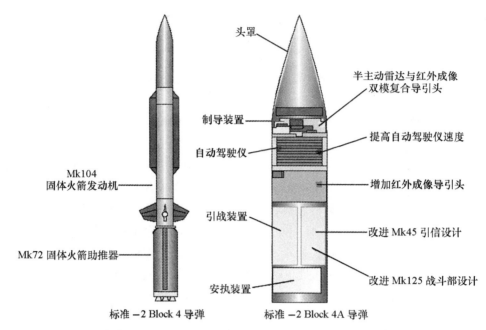

标准-2 Block 4 导弹和标准-2 Block 4A 导弹结构示意图

主要战术技术性能

对付目标	各种高性能飞机、反舰导弹和巡航导弹
最大作战距离/km	150
最大速度(Ma)	3
制导体制	惯导+中段指令修正+末段半主动雷达寻的
发射方式	垂直发射
弹长/m	6.58
弹径/mm	343
翼展/mm	1 080
发射质量/kg	1 398
动力装置	1台 Mk72 固体火箭助推器，1台 Mk104 双推力固体火箭发动机
战斗部	Mk125 高爆破片式杀伤战斗部
引信	主动雷达近炸和触发引信

系统组成

导弹 标准-2 Block 4 导弹在外形上不同于以往型号，采用更大的细长脊鳍形弹翼。弹翼前移 140 mm，弹翼与舵面绝热，无尾翼。

采用改进型 Mk104 双推力固体火箭发动机。尾部采用新的设计，Mk72 固体火箭助推器长为 1.7 m，直径为 534 mm，质量为 712 kg，推进剂 HTPB-AP 的质量为 468 kg，在燃烧 6s 后脱落。推力矢量控制系统为 4 个可控式喷管，使导弹具有大攻角转弯能力，能拦截低空目标。

半主动雷达导引头采用新型低旁瓣天线，与爱国者导弹相似的粉浆浇注熔融石英的头罩，能经受由于高速和远射程对弹体表面造成的高温。

标准-2 Block 4 导弹的引信用 Mk45 Mod10 目标探测装置替代了 Mk45 Mod9 目标探测装置，改进较大。标准-2 Block 4 还引入了用于 AMRAAM 和麻雀空空导弹以及爱国者导弹的成熟技术。其中包括麻雀空空导弹的电子抗干扰技术，AMRAAM 导弹的数字驾驶仪技术和爱国者导弹的信号处理器技术，提高了标准-2 Block 4 导弹抗干扰能力、导弹机动性和对低雷达散射截面目标的拦截能力。

发展与改进

标准-2 Block 4 导弹于 1992 年 5 月开始地面试验，1994 年 7 月和 10 月在提康德罗加级巡洋舰伊利湖号 CG-70 上进行海上试验，共发射 12 枚导弹，演示验证了在无电子对抗和复杂电子对抗环境下对抗各种目标的区域防御和自卫能力。该导弹于 1995 年 5 月开始小批量生产，1999 年 6 月首次进行生产合格性试验。由于标准-2 Block 4A 导弹研制工作的启动，取消了标准-2 Block 4 导弹的大批量生产工作。

1993 年 5 月，美国弹道导弹防御局（现为美国导弹防御局）决定研制海基战区弹道导弹防御系统，该系统由低层的海军全区域防御系统和高层的海军全战区防御系统构成。海军全区域防御系统采用标准-2 Block 4A 导弹。该导弹保留标准-2 Block 4 导弹对高性能飞机、反舰导弹和巡航导弹的防御能力，增加了对战术弹道导弹的低层防御能力，并支持濒海作战。1997 年 9 月，开始研制标准-2 Block 4A 导弹，1999 年 7 月将标准-2 Block 4 导弹改为标准-2 Block 4A 导弹。原计划进行 8 次飞行试验，实际上仅于 2000 年 6 月 29 日和 8 月 24 日在白沙导弹靶场进行了 2 次不涉及靶标的控制飞行试验。

由于美国政府调整导弹防御计划，且标准-2 Block 4A 导弹的研制费用超支，存在复杂的技术难题，研制周期拖延 2 年。2001 年 12 月，美国导弹防御局取消了海军全区域防御计划和标准-2 Block 4A 导弹的研制和装备计划。

2005 年，为寻求一种应急型海基末段导弹防御拦截弹，美国海军和美国导弹防御局合作开展海基末段防御计划。2006 年 5 月经改进的标准-2（中程）Block 4 导弹首次成功拦截了 1 枚处于飞行末段的近程弹道导弹，演示验证了开发有限近期海基末段防御系统的可行性。2007年7月，雷声公司首次向美国海军交付了该型导弹，2008年6月5日成功进行了第二次海基末段拦截试验。2009财年标准-2（中程）Block 4导弹达到80～100枚。

标准-2 Block 4A导弹，代号为RIM-156B，最大作战距离为200 km，发射质量为1 500 kg。其主要改进包括：采用半主动雷达和红外成像双模导引头。在弹体侧面安装的3～5 μm红外成像导引头改进了导弹的末制导能力。红外成像导引头采用凝视焦平面阵列和制冷的能耐600 ℃高温的蓝宝石头罩。半锥形保护盖在导弹发射和低空飞行时对导引头起到保护的作用，在进行末制导前将被抛离。在拦截弹道导弹目标时，导弹在末制导段采用红外制导。

装在标准-2 Block 4A导弹侧面的红外成像导引头

标准-2 Block 4导弹红外成像导引头

标准-2 Block 4导弹蓝宝石头罩的保护盖

标准-2 Block 4引信采用1个前视引信和1个改进型侧视引信。前视引信可利用来自红外导引头的角度和角度变化率信息以及来自高频近距离雷达的信息，即射频附加传感器收发机的距离和距离变化率信息。这些传感器为前视引信提供数据，最终使战斗部大部分破片作用在目标上。采用改进型Mk133高爆破片式杀伤战斗部替代Mk125高爆破片式杀伤战斗部，增大破片质量，采用由前视引信控制的定向聚焦瞄准系统。用Mk45 Mod11目标探测装置替代Mk45 Mod10目标探测装置，可满足计算最佳起爆点时对各种速度的需要。

为实现对弹道导弹的防御，标准-2 Block 4导弹改进了惯性测量部件，采用了快速响应的自动驾驶仪，改进了制导与控制算法、新的舵控制系统和主电池。对高性能飞机、反舰导弹和巡航导弹的拦截方式与早期型号相同。

标准-6 (Standard Missile-6)

概 述

标准-6 导弹代号为 RIM-174，又称增程主动导弹（Extended Range Active Missile，ERAM），是美国雷声公司为海军研制的一种具有超视距防空、末段反导和反舰功能的多用途导弹，其改进型也有望具备防御高超武器能力。标准-6 导弹于 2004 年 9 月开始研制，2005 年 6 月完成初步设计评审，2008 年 6 月 26 日首次飞行试验成功，2009 年中期进入低速初始生产阶段，2013 年 8 月首次进行对空目标的超视距拦截试验，2013 年 11 月开始部署。此后，美国海军根据未来作战需求不断对标准-6 导弹进行改进和升级，2015 年 7 月首次完成拦截近程弹道导弹试验，2016 年 1 月首次进行了打击水面舰艇试验。标准-6 导弹可装备美国海军宙斯盾巡洋舰和驱逐舰以及未来的 DD（X）驱逐舰和 CG（X）巡洋舰。最初美国海军对标准-6 导弹的采购需求为 1 200 枚，2013 年调整至 1 800 枚，2017 年年底雷声公司交付了 330 枚导弹。在批量采购情况下，每枚标准-6 导弹的单价约为 200 万美元。

标准-6 导弹垂直发射图

主要战术技术指标

型号	标准-6
对付目标	飞机、巡航导弹、近程和中程弹道导弹、水面舰艇
最大作战距离/km	370
最大作战高度/km	25
最大速度（Ma）	4.5
制导体制	惯导＋中段无线电指令修正＋末段主动雷达/半主动雷达寻的制导
发射方式	垂直发射

续表	
弹长/m	6.58
弹径/mm	343
翼展/mm	1 080
发射质量/kg	1 497
动力装置	1台Mk72固体火箭助推器，1台Mk104双推力固体火箭发动机
战斗部	Mk125高爆破片式杀伤战斗部

系统组成

导弹 标准-6导弹总体上沿用了标准系列导弹的外形设计、动力装置和战斗部。导弹外形与标准-2 Block 4相似，采用已在标准-2 Block 4及标准-3导弹中使用的Mk72固体火箭助推器和Mk104双推力固体火箭发动机，实现增程的同时使导弹具备大攻角转弯能力。标准-6导弹还采用了标准系列导弹通用的Mk125高爆破片式杀伤战斗部。导引头为半主动雷达及经过实战验证的AIM-120先进中程空空导弹的主动雷达导引头，末制导段可不依靠发射舰的雷达与远程目标交战，或与超过照射雷达作用距离的目标交战。标准-6导弹可每隔10~15年检修一次，而以往的标准导弹通常4~5年检修一次。

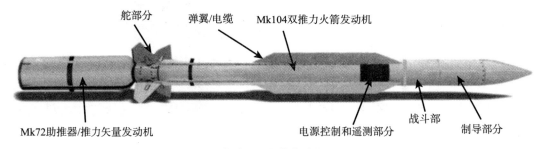

标准-6导弹外形图

作战过程

在防空作战中，标准-6导弹可利用舰外传感器平台提供的目标数据进行交战。标准-6导弹是美国海军一体化防空火控系统（NIFC-CA）的主要组成，作为网络中的一个节点，利用协同作战相关系统提供的火控数据实现超视距拦截。

舰外传感器平台在作战时只对超低空飞行的目标进行探测，并将目标信息传回发射舰，导弹的作战指令由发射舰给出。为解决超视距作战下"舰弹通信"难题，标准-6采用了高抛弹道，以便在弹载主动雷达导引头开机之前始终能够接收舰上发出的指令。

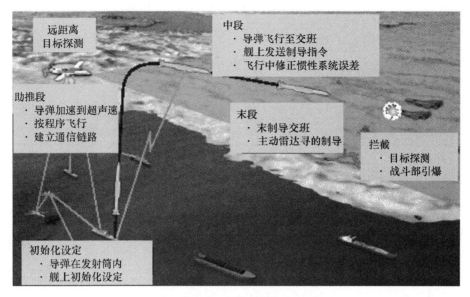

标准-6 导弹作战过程

发展与改进

标准-6导弹综合了美国海军标准-2 Block 4导弹和空军先进中程空空导弹的成熟技术，降低了寿命周期采办费用和作战使用费用，是一种经济可承受、低风险、高效费比的多用途导弹。

2001年美国海军提出开发标准-5导弹研制计划，用于应对巡航导弹和弹道导弹。2002年对该计划进行调整，以满足美国海军增程主动导弹的需要，并由标准-6导弹计划取代标准-5导弹计划。2004年3月批准标准-6导弹发展计划。2004年9月，雷声公司得到4.4亿美元的标准-6 Block 1系统发展与演示阶段合同，包括设计、开发、生产、装配、集成、试验以及交付样品。2005年6月完成了初步设计评审，2008年6月26日首次飞行试验成功。2013年标准-6达成初始作战能力，并陆续在海军"宙斯盾"舰服役。

为了应对近程弹道导弹威胁，同时使导弹具备对水面舰船打击的能力，美国海军先后通过对导弹软件升级，灵活简便扩展了导弹末段反导和反舰打击能力，避免了导弹的重新设计以及硬件的变更和认证。任何标准-6导弹在生产完毕后均可植入升级软件，使导弹同时具备防空、反导和反舰三种打击能力。在宙斯盾基线9武器系统中引入用于区分导弹打击模式的代码，系统便能够针对不同来袭目标，选择发射导弹的垂直作战单元以及导弹的打击模式。在反舰作战领域，标准-6导弹也能够接入类似于NIFC-CA的网络化作战体系。

截止到目前为止，标准-6导弹已经发展出多个型号，形成了不同的作战能力，主要包括：标准-6 Block 1、标准-6 Block 1A、标准-6 Dual 1、标准-6 Dual 2以及标准-6 Block 1B导弹。

标准-6 Block 1 导弹是标准-6 导弹的基本型，具备超视距防空能力。近年来美国成功进行多次标准-6 Block 1 导弹超视距防空拦截试验，并多次打破自己保持的射程最远的美国防空拦截记录。在 2016 年 9 月进行的综合性试验中，F-35B 战斗机作为海军一体化火控系统-防空体系下的传感器节点，为标准-6 Block 1 提供了空中威胁目标数据，使普林斯顿号巡洋舰上的导弹成功摧毁目标，创造了 430 km 的拦截记录。

标准-6 Block 1A 导弹改善了硬件和软件，增加了 GPS 制导能力，具备超视距防空能力以及反舰能力。为提高海军舰艇的反舰能力，满足"分布式杀伤"要求，适应"反介入/区域拒止"环境下的作战需求，美国海军于 2016 年 2 月提出将为标准-6 导弹增加反舰作战能力。美国海军于 2016 年 1 月完成标准-6 Block 1A 导弹的反舰试验。

标准-6 Dual 1 加装了新型处理器，具备超视距防空能力和海基末段反导能力；标准-6 Dual 2 是标准-6 Dual 1 的升级型，具备超视距防空能力和更强的海基末段反导能力。2015 年以后，美国海军计划分两个阶段发展标准-6 的弹道导弹防御能力。第一阶段为"海基末段导弹防御"（SBT）增量 1，美国海军将发展标准-6 Dual 1 导弹。标准-6 Dual 1 导弹是在标准-6 Block 1 导弹的基础上发展改进的，加装了一个功能更强、可运行先进目标指示软件的新型处理器，可跟踪、识别和拦截处于下降段的弹道导弹弹头，还可拦截巡航导弹。标准-6 Dual 1 导弹已于 2015 年 7 月成功完成近程弹道导弹首次拦截试验，2016 年 12 月成功完成首次拦截中程弹道导弹试验，2017 年 8 月成功完成拦截中程弹道导弹试验。第二阶段为"海基末段导弹防御"增量 2，美国海军将发展标准-6 Dual 2 导弹。标准-6 Dual 2 导弹将于近期进行试验鉴定，部署时间可能为 2020 年。

标准-6 Block 1B 是标准-6 导弹增程型，是美国海军计划发展型号，用于防御高超声速助推滑翔弹头。美国国防部 2020 财年预算申请中提出发展标准-6 导弹增程型，申请研发费用 1.167 亿美元，完成标准-6 Block 1B 的关键设计评审，2021 财年进行低速率生产决定，2022 财年第二和第四季度进行制导飞行试验，2023 财年第一季度进行研发试验和鉴定，2023 财年进行作战试验和鉴定。标准-6 Block1B 在标准-6 Block 1A 导弹基础上加装 534 mm 新型固体推进剂火箭发动机、新型控制舵组件以及改进型控制翼，导弹最大作战距离有望增至 560~800 km。

宙斯盾（Aegis）

概　述

宙斯盾是美国洛克希德·马丁公司为美国海军研制的一种全天候、全空域对空防御的舰载武器系统，具有防空和弹道导弹防御能力，还可满足反水面目标作战和反潜作战的需要，是美国海军舰队区域防御的主要装备。

宙斯盾于1963年11月开始方案研究，1965年5月美国海军设想将小猎犬、鞑靼人和黄铜骑士导弹系统的功能综合到一个型号上，提出先进水面导弹系统（ASMS）研制方案。1969年12月，美国无线电公司作为主承包商开始研制工作，并将该系统正式命名为宙斯盾。1977年研制工作结束，1983年1月装备首艘提康德罗加级巡洋舰CG-47，1991年2月装备首艘阿里·伯克级驱逐舰DDG-51。宙斯盾采用渐进式发展模式和开放式体系结构，现已衍生出10个基本结构（基线0～9），目前最新版本基线9实现了防空与弹道导弹功能的整合，成为美国海军巡洋舰和驱逐舰防空反导一体化作战的核心系统。

截至2019年8月，美国已经在89艘舰艇部署了宙斯盾系统，其中包括27艘提康德罗加级巡洋舰和62艘阿里·伯克级驱逐舰。20世纪90年代末开始，美国向其盟友出售宙斯盾系统，目前已有日本、韩国、澳大利亚、西班牙和挪威拥有了装备宙斯盾系统的战舰。

宙斯盾系统发射标准导弹

系统组成

宙斯盾系统主要由标准导弹、AN/SPY-1雷达、指挥与决策系统、武器控制系统、宙斯盾显示系统和发射装置组成。

导弹 宙斯盾系统最初采用RIM-66C标准-2（中程）导弹，随后陆续更新使用了RIM-66G标准-2（中程）导弹、RIM-66L标准-2（中程）导弹、标准-2 Block 4导弹、标准-3导弹和标准-6导弹等。

探测与跟踪 AN/SPY-1多功能相控阵雷达工作在S波段，具有搜索、探测、跟踪、制导等功能。该雷达采用数字计算机控制、高功率发射机及先进的信号处理技术，能在严重的杂波干扰和电子干扰环境下进行自适应搜索和跟踪，并能有效地对付具有宽带特性的目标。该雷达在低空区采用多波束高数据率搜索，可有效对付低空掠海飞行的反舰导弹。为对付反辐射导弹，该雷达可临时关机（零点几秒钟），开机1s后可进入跟踪状态。4个八边形天线阵面安装在战舰上层建筑上，即使战舰发生±30°的横倾和±15°的纵倾，也能保持精确的跟踪。在驱逐舰上，4个天线阵面位于上层建筑的前左右舷和后左右舷。

AN/SPY-1多功能相控阵雷达

AN/SPY-1雷达有A、B、C、D、F、K等型号。

AN/SPY-1A雷达 用于编号为CG-47～CG-58的提康德罗加级巡洋舰，雷达的4个天线阵面分别位于上层建筑的前面、前右舷、后面和后左舷。雷达工作频率为S波段，峰值功率为4～6 MW，平均功率为58 kW，脉冲宽度分别为6.4 μs、12.7 μs、25.4 μs 和 51 μs，脉冲压缩比为128∶1，持续相干带宽为10 MHz，瞬时带宽为40 MHz，系统增益为42 dB。雷达最大探测距离为463 km，跟踪目标数为100个。每个天线阵面的方位角为110°，一个天线阵面尺寸为3.5 m×3.5 m。每个天线阵面上装有4 480个移相器和1 120个方形驱动器，全部排列在140个阵列模块内，其中128个用于发射和接收，8个只用于接收，4个用于保密的电子对抗。舰首尾各有1个波控器、1部接收机和1部发射机。每个波控器控制2个天线阵面，计算和形成控制雷达波束方向的指令，并将其送至天线和移相器。每部接收机有11个通道，其中3个单脉冲通道（ε、α、β）用于跟踪，1个通道用于旁瓣消隐，6个通道用于抗电子干扰的旁瓣抑制，1个辅助通道用于备用。每部发射机包括2个低功率行波管放大器（其中1个备用）、4个驱动机柜（其中1个备用）和2个末级功放机柜，共用8个400 Hz集中高压电源，分别向2个天线阵面馈送射频能量。信号处理机包括输入/输出缓冲同步器、模/数转换器、波形发生器、中频信号处理器、移动目标显示主瓣信号处理器、移动目标显示旁瓣信号处理器和脉冲压缩信号处理器，可同时处理11种模式的信号，为发射机输入波形，处理来自接收机的回波信号，向舰载情报中心传送信息。雷达控制系统包括2台AN/UYK-7数字计算机、输入/输出控制台、1个数字磁带机和接口等。

AN/SPY-1B雷达 用于编号为CG-59之后的提康德罗加级巡洋舰，具有多任务功能和部分防御战术弹道导弹能力。降低了天线质量和天线旁瓣，提高了信号处理机性能，增大了发射机占空系数。信号处理机控制高功率、超精度、耐高温柘榴石移相器，移相器集成了微波和电子硬件，控制波束覆盖防卫区域和指定的目标，部分移相器用于消除旁瓣。该雷达采用60 Hz电源，增加了可靠性，减少了对舰载400 Hz电源负载的需求。AN/SPY-1B（V）是其改进型。

AN/SPY-1C雷达 计划用于航空母舰，已取消。

AN/SPY-1D雷达 为阿里·伯克级驱逐舰开发，用于在复杂杂波的濒海环境中作战。由于采用了超大规模集成技术，节省了大量空间，电子对抗能力更强，灵敏度更高，搜索速率更快，环境自适应能力更强，体积和质量更小。美国已开始研制防空反导雷达（AMDR），取代AN/SPY-1D雷达。

AN/SPY-1D（V）雷达 是AN/SPY-1D雷达的改进型，在提高远海作战能力基础上，重点提高了雷达探测和跟踪掠海飞行巡航导弹和战术弹道导弹的能力。比AN/SPY-1B/D雷达具有更高的平均功率、更低的噪声、更多的脉间和更好的振幅稳定性。采用基于嵌入式微处理器的先进可编程信号处理机和更稳定的行波管放大器，增加了目标筛选和杂波抑制算法。采用通过计算机选择波形（2~7个脉冲）的目标指示器（MTI）杂波消除系统有助于减少杂波，用自动自适应模式为战术环境选择最佳的目标指示器搜索波形。当在复杂杂波和干扰环境下探测选定的目标时，与目标指示器相比，采用12~16个脉冲的脉冲多普勒搜索与跟踪波形提供了更高的灵敏性和更好的抗杂波能力。采用相对的2个阵列面，雷达能立刻按2个方向搜索，通过4通道信号处理机中的2个通道分别处理回波。具有在复杂杂波环境下的双波束快速搜索能力和边扫描边跟踪能力。

AN/SPY-1F雷达 为出口型，西班牙、挪威、韩国等国家选用该型雷达。它的阵列尺寸比AN/SPY-1D雷达更小，天线质量减小了45%，但性能与其相当。平均无故障时间大于美国海军的要求。4个150 kW的行波管放大器提供600 kW的峰值功率，平均功率为24 kW，采用2个通道处理器。具有战术弹道导弹防御能力，可与非美国的作战系统连接。AN/SPY-1F（V）是其改进型。

AN/SPY-1K雷达 是目前最小型化、最轻型、最低成本的型号，用于轻型巡洋舰、护卫舰和巡逻舰，具有多任务功能。

AN/SPG-62雷达 为X波段连续波照射雷达。根据宙斯盾武器系统控制指令与AN/SPY-1协同工作，为导弹末段寻的制导提供目标照射。

AMDR雷达 是美国正在研制的一种新型防空反导雷达，采用双波段体制，由升级的X波段水平搜索雷达AN/SPQ-9B和新研制的S波段综合防空反导雷达（AMDR-S）构成，将进一步提高宙斯盾系统的防空反导作战效能。2部雷达通过雷达套件控制器进行集成和系统管理,使 AMDR 形成有机的整体,保证 AMDR 雷达在导弹防御、空中防御以及水面战的不同任务中快速转换。AMDR 雷达共有 2 部雷达组成,其中 AMDR-S 有 4 个阵面,AN/SPQ-9B 有 3 个阵面。AMDR 采用开放式体系结构和模块化设计、新型氮化镓材料、数字波束形成技术,具有体积小、功率大和灵敏度高的特点。信噪比为 AN/SPY-1D 雷达的 32 倍,探测能力是 AN/SPY-1D 雷达的 2.4 倍,同时处理目标数为 AN/SPY-1D 雷达的 30 倍,具备对空中目标和弹道导弹目标远程探测与跟踪的能力。

AMDR-S 是 AMDR 的核心,为一种全固态有源相控阵雷达,采用氮化镓器件,具有良好的抗干扰、滤杂波能力,能在恶劣海态、气候环境下探测跟踪低雷达散射截面的空中目标。一个 AMDR 天线阵面高 4.298 m、宽 4.145 m、深 1.524 m,外形依旧为类似 AN/SPY-1 的八角形。每个阵列由 37 个雷达模块装配件(RMA)构成,每个雷达模块装配件长宽均为 60.96 cm,包含了多通道收/发模块(TRIMM)的第四代数字接收机激励器及相关单元。每个面阵有 5 000 余个收/发模块。若干个收/发模块构成一个可快速抽换的多通道收/发模块,且内部有液冷系统,能在不关闭液冷回路的情况下直接更换天线阵列上的多通道收/发模块。雷达辐射组件与外罩采用模块化设计,便于维修。AMDR 每面天线的直径比 AN/SPY-1D(V)略大,但质量与深度比 AN/SPY-1D(V)增加不少。AMDR 后端系统的冷却系统称为冷却设备单元(CEUs)。由于 AMDR 的收/发模块都集中在天线上,因此需要更强的天线冷却能力。为此,新型阿里·伯克级驱逐舰扩大了原本为 AN/SPY-1D 雷达供应风冷的风扇室。

指控与发射 指挥与决策系统提供指挥、控制和协同,并通过威胁评估减少作战人员干预。通过 Link11 和 Link14 数据链(从宙斯盾系统基线 5 开始采用 Link16 及联合战术信息分发系统)从舰载传感器和非舰载传感器接收数据,并从 AN/SLQ-32 电子战设备接收输入数据。驱逐舰采用 AN/SLQ-32(V)2 系统,该系统是单纯的电子支援系统,用于探测、识别和跟踪目标。巡洋舰采用 AN/SLQ-32(V)3 系统,该系统具有电子对抗能力,能干扰敌方雷达,可同时承担电子支援和电子对抗任务。驱逐舰通过 Sidekick 计划使 AN/SLQ-32(V)2 系统具有 AN/SLQ-32(V)3 系统的电子对抗能力。巡洋舰采用 MK1 指挥与决策系统(早期为 Mk131),驱逐舰采用 MK2 指挥与决策系统。

武器控制系统除优先与空中目标交战外,还用于与水面和水下目标交战。处理来自指挥与决策系统的火力分配指令、威胁评估结果和由 AN/SPY-1 雷达提供的跟踪数据,决定拦截方式,选定发射装置和导弹,控制发射,并对飞行中的导弹进行控制,同时将情况报告给指挥与决策系统。巡洋舰采用 MK1 武器控制系统,早期为 MK12 武器指挥系统;驱逐舰采用 MK8 武器控制系统。

在与空中目标交战时,武器控制系统由 MK99 火控系统支持。巡洋舰采用 MK99 火控系统 Mod1 和 Mod2,驱逐舰采用 MK99 火控系统 Mod3。采用 1 台 AN/UYK-7 主计算机,并配有 1 个 AN/UYA-4 显控台、1 个 MK81 信号转换器、1 个 MK6 通道选择器、1 个 MK80 照射器组。每个照射器组支持 1 部或 2 部 AN/SPG-62 照射雷达,雷达平均功率为 10 kW。巡洋舰采用 4 部照射雷达,驱逐舰采用 3 部照射雷达。MK99 火控系统为辅助的照射雷达产生引导和发射指令，也可为其他舰船的导弹提供目标照射。在截获和跟踪目标以前，MK99 火控系统可通过 AN/SPY-1 雷达利用上行链路中段指令制导选择导弹交战模式，产生连续的瞄准数据，导引导弹接近目标，导弹飞行末段由 AN/SPG-62 雷达提供目标照射。

指挥与决策系统和武器控制系统分别采用 4 台计算机和 1 个 4 接口共用存储器，基线 0～基线 3 采用 AN/UYK-7 计算机，基线 4～基线 7 采用 AN/UYK-43B 计算机。这些计算机使用一些辅助计算机：基线 0～基线 3 采用 AN/UYK-20 计算机，基线 4 采用支持作战信息中心显示的 AN/UYK-44 计算机。除了 AN/UYK-7 外，每艘基线 1～基线 3 舰船只采用 1 台用于战备状态测试系统的 AN/UYK-20 计算机，但在基线 4 中将由 AN/UYK-44 代替。AN/UYK-7 最佳处理能力达到 667 kop/s（每秒 1 000 次运算）。AN/UYK-43B 具有 2 个中央处理单元，最佳处理能力达到 3 002 kop/s。单一机柜的 AN/UYK-43B 比 4 个机柜的 AN/UYK-7 的计算能力提高了 50%。整个宙斯盾系统共有计算机 22 台，其中 17 台用于防空系统。

宙斯盾显示系统可使作战人员评估作战态势，并向舰载和非舰载武器系统和单元发送指令。舰艇先后采用了 AN/UYA-4、AN/UYQ-21 和 AN/UYQ-70 显示系统，巡洋舰采用 4 个 1.06 m×1.06 m 大屏幕显示器，驱逐舰采用 2 个。舰艇采用 2 个 MK123/124 先进大屏幕显示控制器，每对屏幕配有 1 个 OJ-471 控制台。从宙斯盾系统基线 4 开始，巡洋舰采用的 MK1 宙斯盾显示系统由 MK2 宙斯盾显示系统替代，驱逐舰采用只有一对大屏幕的 MK2 宙斯盾显示系统。

MK26 发射装置用于编号为 CG-47～CG-51 的提康德罗加级巡洋舰，它是一种计算机控制的双导轨式多功能装置，可全自动地完成装弹、转向和发射任务。在巡洋舰的舰首尾各装 1 套 MK26 发射装置。

从 CG-52 提康德罗加级巡洋舰和阿里·伯克级驱逐舰 DDG-51 开始，宙斯盾系统采用 MK41 垂直发射装置取代了 MK26 发射装置。1 套 MK41 垂直发射装置通常由 8 个 8 隔舱发射模块组成，每个发射模块分两排，每排有 4 个隔舱。导弹垂直储存在密封发射箱内，载弹量 61 枚，其余 3 个隔舱用于安装装弹设备。在巡洋舰的舰首尾各装 1 套 MK41 垂直发射装置，载弹量共计 122 枚。在驱逐舰的舰尾装有 1 套 MK41 垂直发射装置，载弹量 61 枚；在舰首装有由 4 个 8 隔舱发射模块组成的 MK41 垂直发射装置，载弹量 29 枚。

除发射标准系列导弹外，MK41 垂直发射装置还可发射战斧巡航导弹、阿斯洛克反潜导弹和改进型海麻雀导弹。

作战过程

宙斯盾系统有全自动、自动、半自动和故障应急 4 种作战模式。全自动模式可自动与符合预先确定的威胁准则的目标进行交战，除非指令被人为忽视。其他模式的发射需人工操作。

首先由 AN/SPY-1 雷达进行全空域搜索，发现目标后自动转入跟踪。同时，指挥与决策系统进行敌我识别、威胁评估和目标分配。武器控制系统根据命令编制拦截程序，选定发射装置和导弹。发射装置根据指令自动发射，并进行再装填。导弹起飞后，按预装定程序飞行，以指令信号修正飞行弹道，保持导弹飞向目标。在飞行末段，导弹根据从目标反射的照射波自动寻的。导弹引炸后，AN/SPY-1雷达立即做出杀伤效果评估，决定是否需要再次拦截。

发展与改进

宙斯盾系统自诞生以来，美国海军始终以渐近式方式改进和发展宙斯盾系统，并以基线方式（Baseline）表示每个阶段的发展状态，现已发展了基线0～基线9，其中基线0和基线2已不再使用，目前正在发展基线9系统（各基线系统变化见表1）。同时，从20世纪90年代开始，美国还重点发展了宙斯盾弹道导弹防御系统，并通过不断升级系统版本提升弹道导弹防御能力，现已发展出多个版本。宙斯盾作战系统基线版本的升级主要是提升防空作战能力，而宙斯盾弹道导弹防御系统的升级主要是提升导弹防御能力。

表1 宙斯盾作战系统各基线所用防空反导装备变化情况

系统版本	所用装备情况	使用舰只
基线0	AN/SPY-1A雷达；MK26旋转式双臂导弹发射架	原始基本结构
基线1	AN/UYK-7/20任务计算机；AN/UYK-4战术状态显示系统	CG47～CG51
基线2	MK41垂直发射系统 Baseline 2A 　AN/UYK-43计算机（部分舰只）；OJ-194B显控台（部分舰只）	CG52～CG58
基线3	AN/SPY-1B雷达；AN/UYQ-21战术状态显示系统 Baseline 3A 　AN/UYQ-70战术显示系统（部分舰只）；AN/UYK-43任务计算机（部分舰只）；联合战术信息分发系统JTIDS Link16（部分舰只）	CG59～CG64
基线4	AN/SPY-1B（V）雷达（CG版）；AN/SPY-1D雷达（DDG版）； 　AN/UYK-43/44任务计算机（DDG版）；MK2指挥与决策系统（DDG版）；AN/UYQ-70战术显示系统（DDG版）	CG65～CG73 DDG51～DDG67 （DDG51～DDG78）
基线5	Baseline 5.1 　标准-2 Block 4导弹 Baseline 5.2 　AN/SLQ-32A（V3）电子战系统；AN/SPY-1D增设跟踪起始处理器（TIP） Baseline 5.3 　联合战术信息分发系统JTIDS Link16；TADX-B数据链；OJ-663彩色战术显示器/改进战术状况显示能力（采用加固的商用TAC-4计算机）	CG59～CG65，CG67，CG68，CG70～CG73 DDG51～DDG78

续表

系统版本	所用装备情况	使用舰只
基线 6	Baseline 6.1 改进型海麻雀（ESSM）；AN/UYQ-70 战术显示系统；显示系统改用商用大尺寸显示器（CLSD）；改进敌我识别能力（第一阶段）；联合海上指挥信息系统（JMCIS）；CDL 数据链管理系统（CDLMS） Baseline 6.2 光纤数据多重传输系统（DMS）；雷达环境模拟系统（RSCES）；战斗部队战术训练装置（BFTT） Baseline 6.3 协同作战能力（CEC）	CG66，CG69 DDG79～DDG90
基线 7	AN/SPY-1D（V）雷达；海基弹道导弹防御（标准-3 导弹）；先进计算机构架；火控系统升级	DDG91～DDG112
基线 8	开放体系架构；COTS 技术	CG52～58
基线 9	MMSP；开放式体系架构，通用计算机程序库；航迹跟踪管理/航迹跟踪服务软件单元；通用显示系统（CDS）和通用处理器系统（CPS）；标准-6 导弹	CG59～CG64， DDG51～112， DDG113 之后 陆基宙斯盾

宙斯盾基线 9 是宙斯盾武器系统的最新版本，首次将宙斯盾武器系统的防空能力和弹道导弹防御能力整合在一起，是美国海军巡洋舰和驱逐舰实现防空反导一体化作战的核心系统。宙斯盾基线 9 系统利用"多任务信号处理器"（MMSP）将反导与防空的信号处理功能集成在一块芯片上，使装有宙斯盾系统的舰艇具有多任务并行处理能力，首次具备防空反导一体化作战能力。美海军将在驱逐舰上安装宙斯盾 BMD 5.0 版本，但现役巡洋舰不安装 BMD 5.0 版，也不配备多任务信号处理器芯片。宙斯盾基线 9 系统共有 5 种版本，装备舰只和所具备能力如表 2 所示。

表 2　宙斯盾基线 9 系统各版本特点

系统版本	使用舰只	具备能力	备注
基线 9 A	CG59～CG64 巡洋舰	仅具有防空能力	
基线 9 B	CG65～CG73 巡洋舰	一体化防空反导能力	计划被取消
基线 9 C	DDG51～DDG78 驱逐舰	一体化防空反导能力	
基线 9 D	DDG113 之后的驱逐舰	一体化防空反导能力	
基线 9 E	陆基宙斯盾系统	仅具有反导能力	

美国海军还利用现代信息技术发展了虚拟宙斯盾系统，以缩短宙斯盾作战系统升级所需时间，降低费用，加速作战系统升级。在阿里·伯克级驱逐舰建造期间，安装的宙斯盾作战系统包括计算机、服务器、控制台和显示器等硬件组件，这些硬件支持宙斯盾作战系

统的软件。对这些系统组件进行重大升级，或者对宙斯盾系统进行重大升级，都需要更换相关计算机和控制台，升级时间周期较长。虚拟宙斯盾系统采用虚拟化技术，将全部宙斯盾基线9的代码存储在若干个服务器中，这些服务器机箱堆叠起来仅占用1个计算机柜，通过把算法引入到基线中，使虚拟系统能把真实系统的实时输出作为输入，会接收到与舰上作战系统相同的输入信号，就像用虚拟系统控制导弹发射一样。也就是说，虚拟宙斯盾系统可"看到"与真实系统完全相同的情景，并基于自身的算法对战场态势进行响应。这样既可以避免对现有作战系统的干扰，又能利用虚拟宙斯盾系统中的一系列作战新思路，测试诸如改进水面目标跟踪图像等新型战术算法。2019年3月底，虚拟宙斯盾系统进行了实弹测试，托马斯·哈德纳号驱逐舰使用虚拟宙斯盾系统发射导弹拦截目标，结果表明该系统能控制舰上雷达和导弹共同完成作战任务，美国海军有望大幅削减舰船作战系统现代化改造的成本。

目前，美国计划将全部宙斯盾舰上的系统改装成具有弹道导弹防御能力的系统。同时，正在发展宙斯盾基线10版本，该版本的系统将于2023年具备初始作战能力，新增加与其他舰互操作的能力，开始换装使用AMDR雷达。美国导弹防御局和海军正在为宙斯盾系统赋予新的任务，通过升级改进使其具有本土防御和高超武器防御的能力。

南 非

矛（Umkhonto）

概 述

矛是南非肯特隆公司研制的近程点防御舰空导弹系统，用于对付多种空中威胁目标，采用红外寻的制导的矛-IR导弹和主动雷达寻的制导的矛-R导弹。矛舰空导弹系统于1998年开始试验，2005年完成了海上验收试验。

矛舰空导弹系统的主用户是南非海军，2005年首先装备4艘勇猛级（梅科A-2000）护卫舰，每艘勇猛级舰上可以携带16枚导弹。2016年年底共在12艘舰上部署。矛舰空导弹系统还出口至芬兰，2002年芬兰海军购买了采用矛-IR导弹的舰空导弹系统，装备了6艘哈米纳级导弹巡逻艇，总价值为1 700万美元。每枚矛导弹的单价约为57.6万美元，导弹系统单价约为311万美元。

矛舰空导弹系统作战场景

主要战术技术性能

型号		矛-IR	矛-R
目标类型		飞机和掠海飞行的反舰导弹	
最大作战距离/km		12	25
最小作战距离/km		0.8	0.8
最大作战高度/km		10	12
最小作战高度/km		0.01	0.01
最大速度(Ma)		2.5	2.5
机动能力/g		40	40
杀伤概率/%		95	95
反应时间/s		2	2
制导体制		惯导+双色红外成像制导	惯导+主动雷达寻的制导
发射方式		垂直发射	
弹长/m		3.3	4.3
弹径/mm		180	180
翼展/mm		500	500
发射质量/kg		130	195(含冷弹器)
动力装置		高能低烟固体火箭发动机	
战斗部	类型	高能破片式杀伤战斗部	
	质量/kg	23	23
引信		雷达和激光近炸引信	

系统组成

导弹 矛导弹系统采用的两种导弹是在南非 SAHV-IR 和 SAHV-R 导弹基础上研制的,其外形为正常式气动布局,弹体中部为小的弹翼,弹体尾部装有气动控制舵。矛导弹在发动机喷嘴处安装有一套推力转向旋翼(与 A-Darter 空空导弹相似),从而可承受 $40g$ 的高过载。

矛-IR 导弹弹体头部为圆形,装有双色红外成像导引头,工作在近红外 $1\sim2~\mu m$ 和 $3\sim5~\mu m$ 波段,作用距离为 8 km。该导引头在 $3\sim8$ km 范围内扫描并截获目标,还可自动扫描、重新锁定目标。矛-R 导弹弹体头部为细长头锥,装有全相干脉冲多普勒主动式雷达导引头,工作于 Ku 波段,作用距离为 10 km,可在 $3\sim10$ km 范围内扫描并截获目标。

矛导弹采用带推力矢量装置的高能低烟固体火箭发动机；战斗部含有 4 500 颗钨碎片，质量为 23 kg，杀伤半径大于 10 m；激光近炸引信作用距离为 10 m。

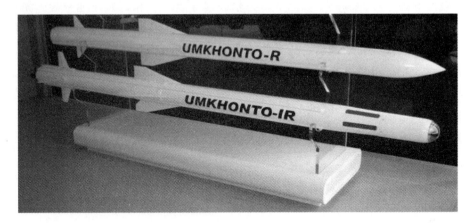

矛-R 导弹（上）和矛-IR 导弹

RTS 6 400 光电/雷达跟踪系统

探测与跟踪 矛导弹系统采用一部三坐标搜索雷达。该雷达是 X 波段单脉冲频率捷变雷达，具备自主搜索和扇扫与地平线扫描的功能，对飞机的作用距离为 38 km，对反舰导弹的作用距离为 21 km。该系统的典型截获时间为 1.5 s，能接收一维、二维、三维和四维目标指示数据。

跟踪系统采用 RTS 6400 型舰载光电/雷达跟踪（ORT）系统。光电跟踪系统由宽窄视场的 CCD 电视、工作在 3～5 μm 波段的热成像传感器和激光测距仪组成。雷达跟踪系统包括 1 个较高带宽的行波管放大器、1 个 3 通道单脉冲自校准和补偿接收机、1 个可编程数字脉冲信号处理器，并采用多普勒和非相干处理技术和自适应阈值处理技术。该雷达跟踪系统的数据处理器能够提供自适应运动补偿跟踪滤波、反向多路径处理、实时模式控制、传感器数据融合和光纤分配数据接口等。

发射装置 矛导弹系统采用 4 联装箱式垂直冷发射，每艘舰上可配备 16 枚矛导弹；发射箱质量为 165 kg。

发展与改进

在矛舰空导弹系统的基础上，南非丹尼尔公司开始研制和试验矛地空导弹系统，2004年6月进行了首次试验。矛地空导弹系统的发射装置为4联装，发射装置与指令传输设备配置在一起成为一个独立的发射、指令传输单元。探测跟踪雷达使用三坐标雷达，最大跟踪距离为30 km，测角精度为0.5°，测距精度为60 m，测高精度为100 m。

此外，南非丹尼尔公司还在研制一种增程型矛地空导弹（矛-NG），该导弹加装了固体火箭助推器和雷达导引头。

以色列

巴拉克（Barak）

概 述

巴拉克是以色列研制的一种近程舰空导弹系统，主要用于舰艇的点防御，对付反舰导弹及作战飞机。巴拉克导弹系统于1979年开始研制，1984年首次成功进行垂直发射试验，1994年装备以色列海军。正式装备的巴拉克导弹称为巴拉克-1。目前，巴拉克-1导弹仍在生产。

巴拉克导弹系统主要装备在350～400 t级舰艇上。巴拉克导弹系统的总研制经费为7 400万美元；1套巴拉克导弹系统的价格为2 500万美元；巴拉克-1导弹的单价为38.1万美元。巴拉克导弹系统的国外主要用户为智利、新加坡和印度。巴拉克-1的发展改进型为巴拉克-8。

巴拉克-1舰空导弹系统

主要战术技术性能

对付目标	飞机、直升机和反舰导弹
最大作战距离/km	12
最小作战距离/km	0.5
最大作战高度/km	10
最小作战高度/km	0.003
最大速度(Ma)	2
机动能力/g	25
反应时间/s	6
制导体制	雷达跟踪＋瞄准线指令制导
发射方式	垂直发射
弹长/m	2.175
弹径/mm	170
翼展/mm	685
发射质量/kg	98
动力装置	1台双推力固体火箭发动机
战斗部	高能破片式杀伤战斗部
引信	激光近炸和触发引信

系统组成

巴拉克导弹系统由巴拉克-1导弹、8联装导弹发射装置、EL/M-2221 STGR搜索跟踪和照射雷达、发射控制台和数据处理机等组成。全系统结构紧凑,各组件的尺寸和质量较小,适合安装到小型舰艇上作为主要防空武器系统。巴拉克导弹系统总质量为3.9 t。

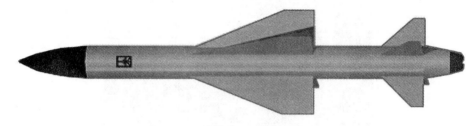

巴拉克-1导弹

导弹 巴拉克-1导弹头部为尖卵形,弹体采用正常式气动布局。导弹前端为引信,引信之后依次为雷达制导装置、战斗部、飞行控制机构、固体火箭发动机、控制舵、指令接收机,以及推力矢量控制装置。弹翼位于弹体中后部,舵面位于尾部,两者均为梯形,处于同一平面上,呈×形配置。

巴拉克-1导弹采用一台双推力固体火箭发动机;为减小对舰艇的冲击力,采用较小的起飞推力。导弹发动机排气口处为推力矢量控制装置,由4个燃气舵片组成,燃气舵最大偏角为22°。导弹起飞后约0.6 s,燃气舵控制导弹迅速转向目标。导弹速度达到200 m/s时,抛掉燃气舵,由气动舵面控制飞行,使导弹加速到马赫数为1.6。

巴拉克-1导弹采用高爆破片式杀伤战斗部,带有钨合金预制破片共4 000块,单枚破片质量为2.5 g,破片速度为2 200 m/s。战斗部对飞机目标的杀伤半径为10 m,对导弹目标的杀伤半径为6 m。

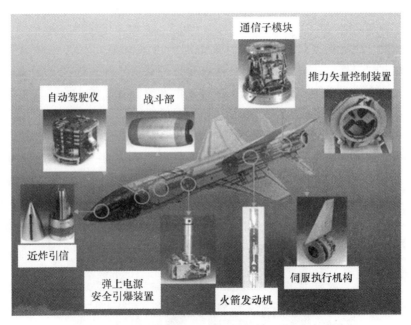

巴拉克-1导弹结构图

探测与跟踪 巴拉克导弹系统使用的对空搜索雷达是S/X波段EL/M-2228S相干脉冲多普勒雷达,探测距离为70 km,对雷达散射截面为0.1 m^2 的掠海飞行导弹的探测距离为20 km。在发现目标后进行预警之前,该雷达只要一个脉冲信号就可以完成检测。EL/M-2228S雷达可以将目标高度、速度和方向信息自动传送给火力控制中心、EL/M-2221火控雷达、舰载电子对抗系统。

巴拉克-1舰空导弹系统使用EL/M-2221雷达系统进行目标跟踪。该雷达天线质量为700 kg,方位覆盖范围为360°,俯仰角范围为25°~85°,工作在X/Ka波段,对飞机的跟踪距离为30 km,对掠海导弹的最大跟踪距离为15 km。每部EL/M-2221雷达可同时制导两枚导弹攻击同一个目标。

EL/M-2221 雷达

指控与发射 舰上作战信息中心配有火力控制台（FCC）、数据处理装置，可使导弹系统以全自动方式工作，从搜索、识别、跟踪目标到发射导弹无需人工干预。火力控制台不仅能控制巴拉克导弹系统，还可通过火炮控制单元控制舰上的火炮。火控系统总质量为 1.3 t。

巴拉克-1 导弹的发射装置是在双管 30 mm 口径 TCM-30 炮座的基础上发展而成的。其垂直发射系统采用模块化设计，由 8 联装导弹发射装置构成一个模块。单个模块的体积为 $1.3\ m^3$，携带 8 枚导弹的质量为 1.3 t。发射装置采用甲板下安装方式时，需要占用 $2\ m^3$ 的空间。舰艇在安装巴拉克导弹系统时，可以根据舰上空间和作战任务的要求，将多组模块集成，最多可安装 4 个模块共计 32 枚导弹。巴拉克-1 导弹的储运发射箱箱体为钢板结构的矩形方箱，其质量约 125 kg。

巴拉克导弹系统垂直发射系统

作战过程

巴拉克-1导弹在垂直发射时采用了火箭发动机箱内点火的热发射方式,由火箭发动机的推力直接将导弹推出发射箱,燃气流从发射箱上的导流管排出,以保护导弹不被烧蚀。导弹离开发射箱后,依靠推力矢量控制系统的燃气舵在弹载惯性基准系统控制下按照程序进行转弯机动,在拦截掠海目标时可以在 0.6 s 内完成转弯机动。当导弹完成转弯并且飞行速度达到马赫数为 1.7 时,推力矢量控制装置脱离导弹。

巴拉克-1导弹采用瞄准线指令制导,导弹发射后自动调整姿态进入雷达波束范围;导弹的偏航依靠无线电传输指令,由弹上空气动力舵面的偏转进行修正,使导弹始终保持在瞄准线导引范围内。当导弹飞抵距目标 3 m 以内时,由近炸引信引爆战斗部。

巴拉克-1舰空导弹系统作战场景

发展与改进

以色列海军的水面作战舰艇主力是导弹艇,因此无法装备体积较大的舰空导弹系统;加之其周边特殊的作战环境决定了以色列将巴拉克发展成了一种体积和质量都适合小排水量舰艇的舰空导弹系统,同时把对付反舰导弹作为主要目标。1979 年,以色列飞机工业公司和拉斐尔武器发展公司开始发展一种结构紧凑、具备垂直发射和全方位作战能力的巴拉克轻型舰空导弹系统。

以色列于 1979 年开始研制巴拉克导弹系统,并于 1981 年首次在巴黎航展上展出,1988 年进行初始实战发射试验,1994 年开始装备以色列海军并进行了实战发射试验。2006 年,以色列与印度达成协议联合开发巴拉克-8 导弹。巴拉克导弹系统共有 3 种改进型,即卫士系统、闪电(Relampago)系统和巴拉克-8。

卫士系统 该系统用于满足委内瑞拉防空作战的需求。该系统将泰勒斯公司最新的飞行捕手 MK 2 车载全天候指挥和火控系统与巴拉克垂直发射近程舰空导弹集成到一起。

闪电系统 以色列正在开发一种陆基巴拉克导弹系统，可对付反辐射导弹、滑翔炸弹、巡航导弹、飞机、武装直升机和无人机等目标，保护机场、指控中心和野战部队。每套闪电系统能保卫大约 300 km² 的区域。典型的闪电系统作战连包括 3 个发射单元和 1 个中心指挥单元，后者能从上级指挥系统接收信息。闪电系统安装在 6×6 或 8×8 越野卡车上，操作间和巴拉克-1 发射装置位于车的后部，内装 12 枚待发导弹。由于该系统的高度模块化，目前的防空高炮连采用其现有火控单元，再采用巴拉克-1 导弹组件，不需要大的改动就可成为闪电系统。

巴拉克-8 2006 年 1 月，以色列飞机工业公司和印度国防研发组织达成联合研发巴拉克-8 导弹的协议。该项目研发费用预计为 3.3 亿美元，两国各负担一半。巴拉克-8 导弹在保持良好低空防御能力的同时，作战距离大幅度提高，可达 70~80 km。巴拉克-8 导弹的弹长约 4.5 m，是巴拉克-1 导弹的 2 倍。巴拉克-8 导弹从一部 E/F 波段多功能雷达接收中段制导数据。在导弹飞行末段第二级发动机启动，并采用主动雷达导引头将导弹导向目标。据以色列海军方面称，巴拉克-8 导弹还可采用洛克希德·马丁公司的 MK41 垂直发射系统发射。

巴拉克-8（Barak-8）

概　述

巴拉克-8 系统是以色列开发的以舰载巴拉克-1 为基础的通用型中程防空导弹系统，分为舰载型和陆基型。其中，舰载型巴拉克-8 主要用于舰艇的点防御，对付反舰导弹及作战飞机；陆基型巴拉克-8 则主要用于应对飞机、直升机、无人机以及巡航导弹等空中威胁。2006 年 1 月，印度与以色列签署协议，在巴拉克-1 系统基础上，合作研制巴拉克-8 舰载防空系统，该项目研发费用预计为 3.3 亿美元，两国各负担一半。2013 年 7 月以色列海军开始装备巴拉克-8，2015 年年底印度海军开始接受巴拉克-8 系统。2009 年 2 月 27 日印度与以色列签署协议，合作开发更大射程的增程型巴拉克-8（Barak-8 ER）系统。

主要战术技术指标

	巴拉克-8	增程型巴拉克
对付目标	飞机、直升机和反舰导弹	
最大作战距离/km	70（海基型），120-150（陆基型）	150
最小作战距离/km	0.5	

续表

最大作战高度/km	20	20
最大速度（Ma）	2	
制导体制	惯性/GPS＋双向数据链指令修正＋主动雷达寻的制导	
发射方式	垂直发射	
弹长/m	4.5	5.8
弹径/mm	260	460（第一级） 260（第二级）
翼展/mm	790	790
发射质量/kg	275	400
动力装置	两级固体火箭发动机	
战斗部 类型	高能破片式杀伤战斗部	
战斗部 质量/kg	23	30
引信	激光近炸引信	

巴拉克-8和增程型巴拉克-8导弹

系统组成

巴拉克-8系统主要由指挥和控制系统、跟踪雷达、导弹和移动发射系统组成。发射系统采用2排4个8联装垂直发射系统。

导弹 巴拉克-8导弹的制导控制系统由自动驾驶仪、惯性导航系统和主动雷达导引头组成。导弹尾部有一个用于接收数据链信息的数据链天线，自动驾驶仪可接收为导弹中段制导用的上行数据链指令修正信息，当导弹接近目标时与导弹的导引头交班，导弹末段制导由主动雷达导引头完成。导弹配备了高能破片式杀伤战斗部和基于激光的数字化近炸引信。导弹使用了采用推力矢量控制技术的双脉冲固体火箭发动机，再结合气动控制技术和直接侧向力复合控制技术，响应时间短、可用过载大、机动能力强，可有效拦截各种机动目标。

探测与跟踪 EL/M 2248 MF STAR型S波段有源相控阵雷达用于探测跟踪与制导，探测范围覆盖360°，俯仰角为$-20°\sim85°$，对作战飞机目标的最大探测跟踪距离为250 km，对低空掠海飞行的反舰导弹目标的最大探测跟踪距离为25 km。

该雷达是一种交替式有源相控阵雷达，可提供精确的高质量空情图。雷达重约7 t，采用4面轻型S波段天线，结构坚固而紧凑，采用多波束和脉冲多普勒技术，以及抗干扰的先进波束成形技术，可在复杂的杂波和干扰环境中快速发现中、低雷达横截面目标。雷达主要任务包括：远海和近海作战支持；多目标同时交战支援；主动和半主动导弹支持；三维远程防空监视；三维中程自动威胁警戒；视距内导弹搜索和威胁警戒；海上监视和目标分类，以及火力控制和闪光定位等。

指控与发射 作战管理、指挥、控制、计算、通信和情报（BMC4I）系统由以色列航空航天工业公司研制，可用于单个火力单元作战，也可用于联合作战。

发展与改进

2005年，印度决定在巴拉克-1导弹的基础上，与以色列合作研制巴拉克-8导弹。2006年2月印度与以色列签署协议，合作研制射程达$70\sim80$ km的巴拉克-8防空导弹系统。以色列航空航天工业公司承担70%的技术开发工作，印度负责研制双脉冲火箭发动机以及相关的发动机保险/安全装置、气动伺服系统等。

2014年11月印度海军完成巴拉克-8导弹系统验证试验。2015年从"加尔各答"级驱逐舰成功发射一枚巴拉克-8导弹，同年年底印度开始接收巴拉克-8导弹系统。2019年1月24日，印度海军首次成功进行巴拉克-8导弹拦截试验，5月15日成功对舰载型巴拉克-8舰空导弹进行首次"合作参与"测试，两次试验成功为印度海军舰队区域防御能力形成奠定了基础。未来巴拉克-8导弹系统将在印度P-17A加尔各答级驱逐舰和以色列新研制的萨尔-6型护卫舰上部署。

2009年2月27日印度与以色列签署协议，合作开发陆基中程面空导弹系统，即陆基型巴拉克-8系统，替换印度空军现役苏制萨姆-3防空导弹系统。印度陆军已经订购了5个团的陆基中程面空导弹系统，包括约40套发射系统和200枚导弹，价值24亿美元，首批交付计划于2020年开始，2023年完成交付。2019年1月26日，在年度阅兵式上，印度军方首次公开展示了陆基型巴拉克-8防空导弹系统。未来，印度还将研制陆基增程型巴拉克-8导弹系统。

巴拉克-8导弹系统在国际军贸市场也很受瞩目，智利、新加坡、委内瑞拉等都表示了兴趣。未来，增程型巴拉克-8以及陆基型巴拉克-8系统的研制，将进一步拓展巴拉克系统的国际市场。未来巴拉克系统的需求量将呈现逐步增长的趋势。

巴拉克-MX（Barak-MX）

概 述

巴拉克-MX是以色列航空航天工业公司研制的防空导弹系统，具有陆基和海基两种配置，主要用于对付战斗机、巡航导弹、战术弹道导弹、无人机、直升机、滑翔炸弹等目标。2018年6月，以色列航空航天工业公司首次公布了巴拉克-MX防空系统。

巴拉克-MX是以色列巴拉克系列防空系统的最新成员，遵循了巴拉克系列高度灵活、模块化的设计理念，具有优化射击和威胁管理功能，可根据威胁和自身任务类型选择雷达和拦截弹。巴拉克-MX系统采用了模块化设计，可全面集成各要素，进行高效的任务集中管理，可生成并推送空情态势图，与外部系统连接，实现集中的作战管理。

主要战术技术性能

型号	巴拉克-中程	巴拉克-远程	巴拉克-增程
对付目标	战斗机、巡航导弹、战术弹道导弹、无人机、直升机、滑翔炸弹等		
最大作战距离/km	35	70	150
最大作战高度/km	20	30	30
机动能力/g	50	50	50
制导体制	中段无线电指令制导＋末段主动雷达寻的制导		
发射方式	垂直发射		
动力装置	单脉冲固体火箭发动机	双脉冲固体火箭发动机	双脉冲固体火箭发动机＋助推装置
战斗部	破片式杀伤战斗部		

系统组成

巴拉克-MX 系统主要由巴拉克-中程、巴拉克-远程和巴拉克-增程系列三种导弹，发射架，相控阵雷达，战斗管理中心等组成。一部发射架可以装载 8 枚导弹，以 4×2 的形式装载。通过拦截弹的灵活使用和订制部署，实现点防御、区域防御和导弹防御能力。

如果需要进行点防御或战略资产防御，合适的配置是采用巴拉克-MX 战斗管理中心，360°探测的火控雷达，并结合巴拉克-远程和巴拉克-中程导弹；如果需要区域防御，在上述配置的基础上增加多任务雷达便可提供全面的防御能力；如果需要弹道导弹防御能力或远程拦截能力，只需增加巴拉克-增程导弹、额外的探测能力或前置部署的多功能雷达；如果需要执行海上防空任务，巴拉克海军型系统可配置巴拉克-远程导弹，能根据海上威胁灵活调整，并与任何合适的雷达兼容。

导弹 巴拉克-MX 系统共有 3 种导弹可选。射程 35 km 的巴拉克-中程（MRAD）防空导弹，射程 70 km 的巴拉克-远程（LRAD）防空导弹，以及射程 150 km 的巴拉克-增程（ER）防空导弹。巴拉克-MX 系统采用的 3 型导弹均采用正常式气动布局，弹翼和尾舵呈××配置，4 片弹翼安装在弹体中部，4 片尾翼安装在弹体后部。导弹前部安装有主动雷达导引头，导弹飞行中段采用无线电指令制导，末段采用主动雷达寻的制导。3 型导弹中的多种系统组件可共享，有利于日常维护和培训、演习等。

巴拉克-MX 系统

巴拉克-中程导弹由单脉冲发动机提供动力；巴拉克-远程导弹则采用了双脉冲发动机，将导弹射程增加至 70 km；巴拉克-增程导弹在巴拉克-远程导弹双脉冲发动机的基础上进一步增加了火箭助推器，使射程大幅增加至 150 km。

探测与跟踪 巴拉克-MX 系统采用以色列航空航天工业公司研制的数字化相控阵雷达，也可使用以色列现有或在研的其他雷达。

指控与发射 巴拉克-MX系统战斗管理中心（BMC）可以采用机动车辆、方舱或固定方式部署，可根据作战需求灵活定制。该战斗管理系统可通过多种传感器来生成及管理一体化空情态势图，并将其推送至任何指挥控制系统，高效管理防空导弹和发射系统。

巴拉克-MX系统采用垂直发射，可360°全面应对来袭的目标。

C-穹（C-Dome）

概　述

C-穹是以色列拉斐尔武器发展公司研制的铁穹火箭弹防御系统的舰载型号，用于对付火箭弹、炮弹、迫击炮、飞机、直升机、无人机等目标。C-穹由以色列拉斐尔武器发展公司于2014年开始在铁穹基础上改进，2016年5月，成功进行火箭弹拦截试验，2017年12月以色列国防军正式宣布C-穹开始服役。按照计划，C-穹最初两年将首先装备在4艘萨尔-6护卫舰上，未来进一步装备到其他护卫舰上。

主要战术技术性能

对付目标		火箭弹、炮弹、迫击炮、飞机、直升机、无人机等
最大作战距离/km		17
最小作战距离/km		4
最大速度(Ma)		2.2
制导体制		中段无线电指令制导、末段主动雷达寻的/光电制导
发射方式		垂直发射
弹长/m		3
弹径/mm		160
发射质量/kg		90
动力装置		固体火箭发动机
战斗部	类型	高能破片式杀伤战斗部
	质量/kg	11
引信		激光近炸引信

系统组成

C-穹系统主要由塔米尔导弹、C-穹战斗管理系统、舰载雷达、垂直发射装置等组成。C-穹系统垂直发射装置由 10 个储存罐组成，可装载 10 枚导弹。C-穹系统可使用舰载雷达进行目标探测与跟踪。C-穹系统没有专门的火控雷达，其战斗管理系统与舰船战斗管理系统可整合。

C-穹系统使用的导弹由铁穹系统塔米尔导弹改进而来，两者通用部分达到 99%。C-穹系统的导弹将原导弹弹翼改为可折叠弹翼，在导弹中后部增加了矩形稳定翼。导弹飞行中段采用无线电指令制导，末段采用主动雷达制导。通过 4 个可动的尾翼实现高速机动。

C-穹导弹

意大利

海靛青（Sea Indigo）

概　述

海靛青是意大利研制的全天候近程舰空导弹系统，主要用于军舰自卫防空，也可用于舰队防空，可对付低空飞机和直升机。海靛青导弹系统将地基发射的靛青导弹完全移植到舰上使用，火控系统采用了海上猎手（Sea Hunter）多功能火控系统，发射装置采用4联装多用途发射装置。海靛青导弹系统于1963年开始研制，1969年进行了多次发射试验，并装备了几艘军舰，现已停止使用。

主要战术技术性能

对付目标	超声速飞机
最大作战距离/km	10
最小作战距离/km	1
最大作战高度/km	5
最小作战高度/km	0.015
最大速度（Ma）	2.5
杀伤概率/%	50（单发，牵引式），80（单发，自行式），96（双发，自行式）
反应时间/s	4.5～9
制导体制	雷达或光学跟踪＋无线电指令制导
发射方式	箱式倾斜发射
弹长/m	3.3

续表

弹径/mm		195
翼展/mm		813
发射质量/kg		120
动力装置		1台固体火箭发动机
战斗部	类型	破片式杀伤战斗部
	质量/kg	21
引信		触发和红外近炸引信

系统组成

海靛青导弹系统由海上猎手多功能火控系统、4联装多用途发射装置和海靛青导弹等组成。

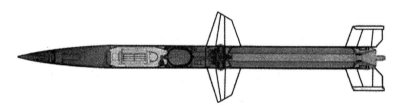

海靛青导弹结构示意图

探测与跟踪 搜索雷达工作在X波段，用以搜索空中和海面目标，并为跟踪雷达指示目标，还可观测弹着点。雷达发射机的峰值功率为180 kW，脉冲宽度和脉冲重复频率是可调的。天线由长约2 m的圆柱形反射体和一端馈电的缝隙波导辐射器组成，横向安装在跟踪天线的下方。

跟踪雷达工作在X波段（8～12.5 GHz），采用圆抛物面天线，直径约1 m，以螺旋形和水平扫描捕捉目标，捕获目标后转入自动跟踪。接收机采用了抗干扰技术。

指控与发射 海靛青导弹系统采用的海上猎手多功能火控系统是专为海上杀手（Sea Killer）舰舰导弹配用的，也可控制海靛青导弹、飞鱼导弹和火炮。它包括跟踪雷达、电视跟踪装置、指令发射机和计算机等主要部分。这些设备均安装在一起，结构十分紧凑。此外，该导弹系统还配备了一部与火控系统装在一起的搜索雷达，天线安装在一个稳定平台上，但是与跟踪雷达天线分别装在各自的转轴上，可以单独转动。作战时，可根据当时的环境选用雷达跟踪或光学跟踪，对飞行的导弹则通过无线电编码指令进行控制。

海靛青系统在大型舰艇上采用4联装多用途发射装置，既能发射舰空导弹，又能发射舰舰导弹，并配有自动装弹机构，能迅速装填导弹。在500 t以下的小型舰艇上还可安装小型发射装置，采用人工装填导弹。

信天翁（Albatros）

概　述

　　信天翁是意大利塞列尼亚公司研制的全天候近程点防御舰空导弹系统，可对付低空飞机、无人机和掠海飞行的反舰导弹，也可攻击水面目标。该系统与舰上火炮相结合，可以构成弹炮结合的防空系统，攻击单一目标或分别攻击不同目标。

　　信天翁导弹系统于1966年年初开始可行性研究，1968年开始研制，1971年7月完成发射试验，1972年投产，1981年装备意大利海军。截至2005年，塞列尼亚公司共计生产了6 410枚阿斯派德导弹。大约有100多套信天翁导弹系统装备了意大利及其他13个国家的海军，意大利海军共装备了8艘西北风级护卫舰，巴西、埃及、秘鲁等国均订购了这种护卫舰。

信天翁舰空导弹系统

主要战术技术性能

对付目标	低空飞机、遥控无人机和掠海飞行的反舰导弹
最大作战距离/km	13
最小作战距离/km	0.3
最大作战高度/km	6

续表

最小作战高度/km	0.015
杀伤概率/%	80(单发)，96(双发)
制导体制	全程半主动雷达寻的制导
发射方式	箱式倾斜发射

系统组成

信天翁导弹系统由导弹发射装置、探测与跟踪系统、火控系统及弹舱和装填设备等组成。

导弹 信天翁导弹系统先采用海麻雀导弹，后改用阿斯派德导弹。该导弹的主要战术指标详见本手册斯帕达（Spada）部分。

探测与跟踪 探测与跟踪系统主要由舰载搜索雷达、跟踪照射雷达和电视跟踪系统组成。舰载搜索雷达采用一部 RTN-10X 猎户座雷达，工作在 X 波段，峰值功率为 200 kW，作用距离约 40 km；采用直径约 1.4 m 的圆抛物面天线，波束宽度为 $3°×3°$，天线俯仰范围为 $-30°\sim+85°$，可自动进行扇形搜索和圆周搜索。雷达捕获目标后开始自动跟踪，并将目标数据输入计算机进行处理，操作手根据所显示的目标信号确定自动作战程序。

RTN-12X 连续波多普勒照射雷达工作在 X 波段，平均功率为 2 kW，作用距离大于 12 km，为导弹提供半主动寻的制导信号。连续波发射机包括一个产生调制连续波的速调管功率放大器；有两种不同功率的发射机，低功率的带有冷却装置，高功率的带有功率放大器、调节装置和转换器；典型的连续波发射机从待命到准备完毕时间不超过 2 s。

此外，系统还设有辅助电视光学跟踪系统，摄像机装在天线转塔上，用以提高系统的低空跟踪能力和抗干扰能力。

指控与发射 信天翁导弹系统通常由舰上指挥控制系统统一指挥，也可以独立作战。与火炮结合使用时，由舰上指控系统控制。信天翁导弹系统的火控系统由导弹系统控制单元（MSCU）、导弹控制单元（MCU）、导弹系统控制面板（MSCP）组成。导弹系统控制单元拥有一个数字处理器，可以从火炮控制系统接收目标数据，计算发射和拦截参数，为发射装置提供瞄准命令，启动照射雷达装置，控制导弹发射。导弹控制单元接收来自导弹系统控制单元的指令，选择要发射的导弹，启动发射程序。导弹系统控制面板是武器系统控制台的一个组成部分，负责提供状态报告和进行导弹系统控制。

信天翁导弹系统有两种发射装置，一种是 8 联装发射装置，另一种是轻型的 4 联装发射装置。8 联装发射装置是一个独立的整体，由 8 个方形箱组成，每 4 个 1 组安放在旋转轴架上。每个箱内都有发射导轨，导弹与发射装置之间由机械和电气连接，通过电缆和射频波导管给导弹供电，输入发射数据和供导弹调谐频率用的射频信号。发射装置通过装填设备可自动或人工装弹，每4枚导弹为1组进行装填。自动装弹时，只需按一下按钮，即按预定程序自动完成全部装填工作，自动装填8枚导弹需用1.5 min。人工装填时，通过相应的控制阀完成装填工作，装填4枚导弹约需5 min。4联装发射装置由4个独立的发射箱组成，外形结构与8联装发射装置的结构相似，方位转动范围为360°，俯仰范围为0°～50°，适用于较小的战舰。导弹发射箱由玻璃钢制成，导弹可在箱内长期存放，发射箱的前后均有护盖，发射时易被导弹穿破。

作战过程

由舰载搜索雷达进行目标探测，并将目标信息传递给火控系统。跟踪照射雷达截获目标，操作手可以选择单发或者双发（发射间隔为2.5 s）。连续波发射机将信号导入火控系统的跟踪装置。同时，发射架对准目标方向。导弹控制系统选择导弹，准备发射。系统反应时间不超过8 s。发射后导弹进入跟踪照射波束飞向目标。

英　国

海蛇（Seaslug）

概　述

海蛇是由阿姆斯特朗·惠特沃斯航空公司研制的全天候中程中低空舰空导弹系统，既能对付各种飞机，也能攻击水面目标，主要用于舰队防空。海蛇导弹系统于1948年9月开始研制，1951年完成弹体结构设计并进行首次试飞，1957年完成导弹系统样机研制，1958年投入批生产，1961年开始装备英国皇家海军的7艘郡级驱逐舰。

海蛇导弹系统采用海蛇MK1导弹和海蛇MK2导弹，其外形基本相同。海蛇MK2导弹比海蛇MK1导弹作战距离远，对付低空飞机的性能好。这两种导弹都具有反舰能力，但海蛇MK2导弹的反舰能力要比海蛇MK1导弹强。海蛇导弹系统已经退役，被海标枪舰空导弹系统取代。海蛇导弹系统作为出口型号曾装备巴基斯坦海军。

发射中的海蛇导弹

主要战术技术性能

型号	海蛇 MK1	海蛇 MK2
对付目标	各类作战飞机、反舰导弹和水面舰艇	
最大作战距离/km	27	32
最小作战距离/km	15	15
最大作战高度/km	16	19
最大速度(Ma)	3.0	3.0
制导体制	雷达波束制导＋末段半主动雷达寻的制导	
发射方式	倾斜发射	
弹长/m	6	6.1
弹径/mm	420	410
翼展/mm	1 600	1 600
发射质量/kg	1 100(带助推器)，900(不带助推器)	1 815(带助推器)，900(不带助推器)
动力装置	4 台固体火箭助推器，1 台固体火箭主发动机	
战斗部 类型	高能破片式杀伤战斗部	连杆式战斗部
战斗部 质量/kg	90	25
引信	无线电近炸引信	红外与无线电复合近炸引信

系统组成

海蛇导弹系统由 965 型搜索雷达、922Q 型目标指示雷达、278 型测高雷达、901 型跟踪照射雷达、双联装桁架式发射装置与导弹组成，并配有弹库、送弹和装弹机构等技术支援装备。

导弹 海蛇导弹采用正常式气动布局，弹体呈圆柱形，头部为尖锥形，4 片按＋形配置的弹翼位于导弹中部，在尾部配置 4 片呈×形的全动舵，舵面外形为长方形。弹体前部环绕着 4 个固体火箭助推器，但助推器上没有安装稳定翼，该设计减小了导弹空间尺寸，有利于导弹气动布局设计。弹体前部为蒙皮隔框式结构，头部为战斗部。弹体后部为发动机，壳体材料为铬钼钢。

海蛇导弹的动力装置由 1 台主发动机和 4 台助推器组成。助推器为平头设计，配置在弹体前部并超出导弹头部，以增加阻力，便于燃尽后脱落。其喷口向外倾斜，相对于导弹纵轴成 15°倾斜角，使尾翼不受喷流的影响。助推器工作结束后，即向 4 个方向张开并自行脱落。

海蛇导弹

弹上控制系统装在发动机尾部,由稳定陀螺、加速度计组合、计算机和伺服机构等组成。该系统有两组加速度计组合,前加速度计组合用来测量俯仰与方位误差,后加速度计组合帮助前加速度计组合测量导弹绕其质心的角加速度。将这些加速度计测得的信号送入计算机计算,形成电信号后,通过伺服机构来控制全动舵面。导弹前部装有半主动雷达导引头。

探测与跟踪 海蛇导弹系统采用雷达波束与末段半主动雷达寻的制导。965型雷达用于搜索远程空中目标,工作频率为216~244 MHz,配有动目标显示装置和MK10型敌我识别器。901型跟踪照射雷达用于跟踪目标和制导导弹,工作频率为4~8 MHz。

指控与发射 海蛇导弹平时储存在专用的弹舱内,导弹平装在弹舱的导轨上。战时由升降机将导弹升至甲板上,装上运输车,再把它送到装弹机上;装弹机由水平位置转置到与发射装置成直线的装填位置,通过液压装置将导弹推送到发射装置上。海蛇导弹系统的发射装置是能同时装填2枚导弹的桁式发射架,在发射装置上配有自动校正设备,用来校正舰艇纵向与横向摇摆带来的影响。

作战过程

海蛇导弹系统通过965型搜索雷达搜索到目标后,进行跟踪和敌我识别;当确定是敌方来袭目标后,立即计算目标距离、航向和速度,并确定发射时机。导弹发射后,跟踪照射雷达会跟踪照射目标和制导导弹,末制导通过半主动雷达寻的导引头将导弹引向目标。当目标进入引信作用距离时,由近炸引信引爆战斗部摧毁目标。当使用海蛇MK2导弹时,如果目标没有足够的热源,便采用无线电近炸引信引爆。

海猫（Sea Cat）

概　述

　　海猫是英国肖特兄弟公司为英国皇家海军研制的一种低空近程舰空导弹系统，主要用于中小型舰艇的点防御，对付接近舰艇的低空飞机。该导弹系统于1958年开始研制，1959年2月正式命名为海猫，同年在法兰克福航空展览会上首次展出样弹，1960年开始舰上发射试验，1961年完成验收试验，1963年开始陆续装舰使用并投入批量生产。

　　海猫导弹系统分基本型和改进型两种。基本型海猫导弹单价为2.3万英镑；带有高度控制装置的海猫导弹单价为2.8万英镑（1979年）；一个带2枚导弹的双联装发射架价格为20万英镑；加装高度控制装置所需的测试设备总费用为9万英镑。

　　海猫导弹系统除英国皇家海军购买外，还销售到阿根廷、瑞典、利比亚、澳大利亚、德国、荷兰、印度、伊朗、约旦、卡塔尔、南非、津巴布韦、巴西、智利、马来西亚、尼日利亚、新西兰、泰国和委内瑞拉等国家，装备量超过1 200枚导弹。该型导弹目前已停止生产。

海猫舰空导弹系统

主要战术技术性能

对付目标	亚声速、超声速飞机和直升机
最大作战距离/km	5.5
最小作战距离/km	0.3
最大作战高度/km	5
最小作战高度/km	2
最大速度(Ma)	0.9
反应时间/s	≥6
制导体制	光学、雷达或电视跟踪＋无线电指令制导
发射方式	4联装或3联装倾斜发射
弹长/m	1.48
弹径/mm	190
翼展/mm	650
发射质量/kg	63
动力装置	1台固体火箭助推器，1台固体火箭主发动机
战斗部 类型	高能炸药连杆式战斗部
战斗部 质量/kg	15
引信	近炸和触发引信

系统组成

海猫导弹系统由导弹、4联装发射架和GWS-20型火控系统组成。

导弹 导弹弹体的横截面略呈方形，前部稍粗，头部呈锥形。气动布局为全动弹翼式，4片全动式弹翼在弹体中部靠前位置，呈＋形配置，弹翼前缘后掠角为60°；4片矩形稳定尾翼装在弹体尾部，呈×形配置，与全动式弹翼相差45°，其中2片尾翼的翼梢装有曳光管。在每片弹翼前缘的第一层蒙皮下装有触发引信，在一对用以控制偏航的翼内装有指令接收天线。各舱段采用弹翼销钉连接，整个弹体除发动机壳体采用焊接式高抗拉强度钢外，均由轻合金制成。弹翼采用树脂浸渍玻璃纤维材料，稳定尾翼采用增强复合材料。

基本型海猫导弹系统采用光学跟踪和无线电指令制导，三点导引法。导弹的俯仰和偏航控制由无线电指令通过可动翼控制实现，弹体滚动控制由旋转弹翼的差动实现。

导弹的标准近炸引信的有效作用半径不小于15 m。

海猫导弹

探测与跟踪 ST801型雷达与光学瞄准装置装在同一转塔上,与光学瞄准装置一起转动跟踪目标。该雷达是一种单脉冲跟踪雷达,工作在X波段(8.6~9.5 GHz),有2个接收通道,分别跟踪目标和导弹,能进行无源目标跟踪。雷达的脉冲宽度为 0.3 μs,峰值功率为187 kW,平均功率为160 W,对雷达散射截面为 4 m^2 飞机的目标作用距离为25 km,对快艇作用距离为30 km,测距精度为12 m,测角精度小于 0.87 mrad(作战距离为13 km时)。雷达天线为卡塞格伦式,直径为1 m,天线增益为35.5 dB,采用垂直极化方式,天线俯仰范围为 $-30°\sim 85°$,波束宽度为 $2.4°\times 2.4°$,天线转速为20 r/min,天线质量为500 kg。

指控与发射 基本型海猫导弹系统采用GWS-20型火控系统,由光学瞄准装置、控制台、无线电指令发射机和指令天线等组成。光学瞄准装置和控制台装在一起,位于甲板上。改进型海猫导弹系统采用雷达或光学跟踪和无线电指令制导,舰上火控系统为GWS-21型、GWS-22型、GWS-23型和GWS-24型。前三种是在GWS-20型的基础上增加了一部ST801型自动跟踪雷达,分别用于不同舰艇,GWS-22型使用较多。

GWS-24型火控系统是在GWS-22型的基础上改进的,用一套闭路电视系统代替了光学瞄准装置,实现了自动制导。GWS-24型火控系统由ST801型跟踪雷达、323系列闭路电视系统和无线电指令发射机、指令发射天线组成。323系列闭路电视系统是专门为海猫导弹系统研制的,用来跟踪和制导导弹,由V323摄像装置、显示装置和遥控装置等基本组件组成。其摄像机和跟踪雷达的天线装在一个支座上并与雷达天线同轴校平,随雷达天线转动自动跟踪目标。摄像机的视场在导弹飞行的初始段很宽,足以将导弹捕获,而当导弹接近目标时,其视场随之变窄,从而保证了制导精度。为了保证在摄像机的视场内尽可能不出现其他发光物体,采用了选通方法,即把摄像机的视场限定在导弹最可能出现的那一小部分图像中。

海猫导弹系统采用4联装或3联装发射架。4联装发射架的中间靠前装有指令天线。导弹吊挂在发射导轨上,发射架总质量约4.7 t。3联装发射架只比4联装发射架少一个发射导轨,总质量约2 t,通常用于小型舰艇。两种发射架方位和俯仰转动均由火控系统遥控实现。导弹由人工装填,装填4枚导弹的时间不超过3 min。

海猫导弹系统的光学瞄准装置和控制台

海猫导弹系统 4 联装发射架

作战过程

基本型海猫导弹由舰上探测系统提供目标信息,操作手通过通信设备接收目标信息并将控制台转向目标方向,光学瞄准装置随之一同转向目标方向。操作手开始目视捕捉目标,发现目标后即瞄准并跟踪目标,此时发射架也随之瞄准目标。当目标进入海猫导弹有效作战距离后,操作手通过瞄准装置上的操纵手柄发出发射信号。2 s 后,导弹从发射架上发射，飞出约 300 m 距离时，导弹出现在瞄准装置的瞄准线上，操作手借助导弹尾部的曳光跟踪导弹，并用瞄准装置上的拇指操纵杆修正导弹飞行的偏差。拇指操纵杆的运动由无线电指令发射机变换成修正指令信号，通过发射架上的指令天线发送给导弹。弹上接收机接收到修正指令后，将其转换成控制信号，通过操纵系统修正弹道。导弹接近目标后，近炸引信引爆战斗部，击毁目标。

使用 GWS-21 型、GWS-22 型和 GWS-23 型火控系统的改进型海猫导弹系统作战时，也是先由舰上探测系统指示目标信息，然后 ST801 型跟踪雷达捕捉并跟踪目标，光学瞄准装置也同时捕捉跟踪目标。目标进入导弹作战距离后即发射导弹。此后的制导过程与基本型海猫导弹系统相同。采用 GWS-24 型火控系统的改进型海猫导弹系统作战时，也靠舰上探测系统提供目标信息。所不同的是由 ST801 型跟踪雷达和闭路电视系统一同捕捉和跟踪目标，共同完成自动跟踪和制导任务。必要时也可由人工制导导弹。

待发射的海猫导弹

发展与改进

海猫导弹系统于 1956 年开始方案论证，1958 年开始研制，1961 年进行舰上验收试验，1962 年完成作战鉴定，1963 年开始装备部队。1969 年，闭路电视制导系统投入使用，代替了原来的光学瞄准装置；火控系统改用 GWS-24 型，实现了导弹自动跟踪和制导，将导弹引入瞄准线的时间从 7 s 缩短到 6 s。从 1971 年起，将陆用山猫导弹的 3 联装发射架移到舰艇上使用，且大量采用固态电路和元器件，使海猫导弹小型化。1973 年，在海猫导弹上加装了高度控制装置，使其能在离海面 2 m 的高度飞行，对付掠海飞行的飞机和导弹。1982 年，换装了导弹发动机，采用新型推进剂，使海猫导弹飞行速度由亚声速提高到超声速。

海标枪 (Sea Dart)

概　述

　　海标枪是英国航空航天公司动力部研制的舰载区域防御舰空导弹系统,是英国海蛇舰空导弹系统的替代型号,系统代号为 GWS 30,主要用于拦截高性能飞机和反舰导弹,也具备一定的反舰能力。海标枪导弹系统分重型(基本型)、轻型两种。1962年8月提出基本型海标枪导弹系统计划,1963年5月开始全面研制,1965年开始进行导弹发射试验,1967年11月投产,1969年10月装备英国皇家海军,至今共生产了1 930枚导弹。导弹的单价约为25.2万美元(1989年)。基本型海标枪导弹系统的研制费为3亿英镑。海标枪导弹系统已装备了英国皇家海军16艘舰艇,并出售给阿根廷海军。在1982年英阿马岛战争中,英方海标枪导弹共击落阿方8架飞机。

主要战术技术性能

对付目标		各类超声速飞机、反舰导弹和水面目标
最大作战距离/km		40
最小作战距离/km		4.5
最大作战高度/km		25
最小作战高度/km		0.03
最大速度(Ma)		3.5
反应时间/s		13.5
制导体制		全程半主动雷达寻的制导
发射方式		双联装/4联装倾斜发射
弹长/m		4.36
弹径/mm		420
翼展/mm		910
发射质量/kg		550
动力装置		1台改性双基药固体火箭助推器,1台可变推力液体冲压发动机
战斗部	类型	高能破片式杀伤战斗部
	质量/kg	55.7
引信		无线电近炸引信

系统组成

海标枪导弹系统由导弹、KN965 远程搜索雷达、992 型目标指示雷达、RN909 型跟踪照射雷达、FM1600 火控计算机和发射装置等组成。

发射中的海标枪导弹

导弹 海标枪导弹由两级串联组成,为正常式气动布局,单翼采用×形配置。导弹由前弹体、中弹体、后弹体和控制环 4 部分组成,第一级直径大于第二级。弹体中部安装有 4 片大后掠角小展弦比的弹翼,舵面位于控制环上。矩形稳定尾翼位于第一级尾部,非作战时呈折叠状态。

弹体前部包括进气道、中心锥、抛物面雷达天线、多杆介质天线、导引头、战斗部和保险执行机构;中部是等截面圆柱体,包括空气导管、空速管导管、制导设备、引信、电源、控制组合和燃料箱等;后部包括冲压喷气发动机和弹翼。弹体材料主要是铝合金,燃烧室壳体采用铸造镍铬合金,进气道头部采用镀镍玻璃钢。

助推器由英国皇家金属工业公司研制,采用复合双基固体推进剂,推力为 158.4 kN,工作时间为 2.5 s。主发动机是布里斯托尔-希德里公司动力分部研制的可变推力冲压发动机,燃料为普通煤油,燃烧室长为 1.4 m,直径为 0.4 m。

导弹的雷达导引头采用单脉冲体制,其接收机为 I 波段单脉冲 3 通道接收机。导弹前端两对介质天线构成两个独立的干涉仪系统,敏感导弹与目标瞄准线的角运动。另外设置的第三通道采用可控抛物面天线,用以接收目标反射回波。自动驾驶仪由电子控制组合和控制环组成,其控制回路包括滚动控制和横向控制两个通道。

导弹战斗部采用高能炸药破片式杀伤战斗部,杀伤半径为 9 m。

探测与跟踪 海标枪导弹系统采用马可尼公司制造的 1 部 KN965 型远程搜索雷达、2 部 RN909 型跟踪和照射雷达、1 部 EMI 电子公司提供的 992 型目标指示雷达（S 波段）。RN909 型雷达用于对目标进行自动搜索、截获、跟踪和照射，并测量目标的速度、距离和角度，跟踪和照射时共用天线。跟踪雷达天线直径为 2.44 m，工作波段为 X 波段，发射机峰值功率为 500 kW，采用 4 通道单脉冲接收机，最大跟踪距离为 178 km，角跟踪精度为 1 mrad。照射雷达工作波段为 J 波段，接收天线直径为 382 mm，接收机形式为圆锥扫描，信号形式为调制的连续波。

轻型海标枪导弹系统采用马可尼公司研制的 ST804 型跟踪雷达和连续波照射雷达。这两部雷达分开安装，还配有红外、电视和激光测距仪。该系统采用斯佩里公司的 1412AL 数字计算机。

指控与发射 RN909 型跟踪照射雷达和费兰迪公司的 FM1600 火控计算机共同完成对导弹系统的控制、发射架方位选择、导弹装定、数据处理、舰艇姿态和位置测量以及发射导弹等任务。

重型发射装置安装在舰艇甲板上，为双联装发射架。轻型发射架为 4 联装发射架，方向上可回转 360°，俯仰可转动 −10°～90°。弹舱在甲板下，装填时间约为 16 s。

作战过程

首先使用 KN965 型搜索雷达进行远距离目标探测，发现目标后将粗测的目标信息进行计算显示。指挥员选择威胁程度大的作为攻击目标，根据所选目标的参数使跟踪照射雷达对准所需方向，并进行搜索。跟踪雷达截获目标后，将目标数据输送给计算机，计算导弹发射架的发射方位，并使发射架对准拦截方向。在导弹在发射前，将位于头部的抛物面天线预置到目标与导弹视线角方向上。点火后助推器工作，待导弹飞行一段后，助推器脱落，此后冲压发动机工作。在制导段，导引头接收机截获由照射雷达照射到目标上所产生的反射信号，通过比例导引方法引导导弹飞行。当导弹距目标一定距离时，引信引爆战斗部杀伤目标。

发展与改进

1962 年 8 月英国皇家海军提出了研制海标枪导弹系统的计划，1963 年 5 月获准全面发展；1965 年海标枪导弹系统开始进行发射试验，1967 年 11 月投产，1969 年 10 月装备了皇家海军 42 型和 82 型驱逐舰，1970 年 5 月装备了阿根廷海军 42 型驱逐舰。1978 年，为装备 300 t 级以下的舰艇开始发展轻型海标枪导弹系统，1979 年 4 月轻型海标枪导弹系统首次发射。

轻型海标枪导弹系统的研制重点是减小发射装置的质量，同时采用马可尼公司生产的 805SD 型雷达取代 RN909 型跟踪雷达。1982 年，英国国防部提出将海标枪导弹系统组成卫兵系统用作岸基防御系统。

海狼（Seawolf）

概 述

海狼是英国航空航天公司动力部研制的低空近程舰空导弹系统，用于对付超声速飞机和反舰导弹等目标，系统代号为GWS25/26。基本型海狼导弹系统于1967年7月开始研制；1969年成功进行首次发射试验；1979年3月开始装备部队，主要装备英国皇家海军22型护卫舰、利安德级护卫舰和无敌级航空母舰；1992年开始向国外出售，已经出口到巴西、智利、马来西亚和文莱等国家。垂直发射型海狼导弹系统于1984年开始研制；1987年开始试验；20世纪90年代后装备英国皇家海军23型护卫舰，每舰可装载导弹32枚。此外，英国还发展了轻型海狼导弹系统、海狼Block 2导弹等。

截至2006年，共生产了基本型海狼导弹2 106枚，垂直发射型海狼导弹1 782枚，海狼Block 2导弹96枚。基本型海狼导弹系统价格为1 200万美元（包括24枚导弹），基本型海狼导弹单价为23.2万美元。

主要战术技术性能

型号	基本型海狼	垂直发射型海狼
对付目标	各种作战飞机和反舰导弹	
最大作战距离/km	5	6
最大作战高度/km	3	3
最小作战高度/km	0.047	0.047
最大速度(Ma)	2.0	2.0
机动能力/g	25	25
制导体制	光电跟踪＋全程指令制导	
发射方式	箱式倾斜发射	垂直发射
弹长/m	2	3
弹径/mm	180	180
翼展/mm	700	700
发射质量/kg	135	140
动力装置	1台固体火箭发动机	

续表

战斗部	类型	高能炸药破片式杀伤战斗部	
	质量/kg	14	14
引信		无线电近炸引信	

系统组成

基本型海狼导弹系统由 967/968 型搜索雷达、910 型跟踪雷达、电视跟踪器、发射装置、导弹、数据处理系统、作战控制台与弹库等组成。

垂直发射型海狼导弹系统由 967/968 型搜索雷达、911 型跟踪雷达、电视跟踪器、发射装置、导弹、数据处理系统、作战控制台和弹库等组成。

导弹 海狼导弹采用正常式气动布局，弹翼和尾舵呈××形配置，4 片三角形弹翼安装在弹体中部，弹翼前缘后掠角约为 70°。每片弹翼翼尖各装一个偶极天线，其中两个用于向跟踪雷达发射应答信号，另外两个用于接收控制指令。弹体后部安装有 4 片全动舵面。弹体尾部安装有两个曳光管，用作电视跟踪的信号源。

海狼导弹采用三点导引法，全程指令制导。弹上安装有自动驾驶仪和遥控应答机，通过 4 个可动的尾翼（热燃气推动）实现姿态控制。

海狼导弹

海狼导弹采用布里斯托尔发动机公司研制的单级固体火箭发动机，推进剂由英国皇家军械公司生产，发动机工作时间为 2~3 s。战斗部杀伤半径为 8 m。

探测与跟踪 基本型海狼导弹系统的探测与跟踪制导系统由 967/968 型搜索雷达、910 型跟踪制导雷达、电视跟踪器组成。搜索雷达和跟踪制导雷达均由马可尼雷达系统公司研制。

967/968型雷达用于搜索空中目标，有两部雷达天线背靠背地安装在一个矩形天线罩内，位于舰艇桅杆顶部的稳定平台上，以30 r/min的速度旋转。967型雷达是D波段大功率脉冲多普勒雷达，配有敌我识别器，对雷达散射截面为10 m^{2}目标的探测距离为70 km。968型雷达为E波段单脉冲雷达，主要用于搜索低空及海面目标。

910型跟踪制导雷达是单脉冲雷达，用于跟踪目标和测量导弹。它有3个抛物面天线，其中一部直径约为1.6 m的天线用于跟踪，工作频率为I波段，波束宽度为1.5°，对雷达散射截面为0.2 m^{2}目标的跟踪距离为10 km；另两部直径均为0.8 m的天线为指令发射天线，安装在跟踪天线右侧，工作频率为J波段，波束宽度为2°，分别为攻击同一目标的2枚导弹提供制导信息。在上述3个天线之间还有4个矩形喇叭天线和1个直径为0.11 m的圆形天线。矩形喇叭天线为宽波束，用于快速截获刚发射的导弹；圆形喇叭天线为宽波束指令发射天线，波束宽度为15°，用于向导弹发送制导指令，将导弹快速引向目标瞄准线。

电视跟踪器在对付掠海目标时和强电子干扰环境下使用，有宽窄两种视场，可满足快速截获初始段飞行的导弹与制导导弹的任务需求。电视跟踪器与跟踪天线整体安装，同步转动。电视跟踪器由马可尼·埃里奥特航空电子设备公司研制。

指控与发射 海狼导弹系统的中心数据处理系统采用1台FM1600B型计算机，用于处理搜索雷达数据、判明敌我、分析威胁程度和为跟踪制导雷达和发射装置的随动系统提供目标方位、距离和速度信息。FM1600B型计算机的质量为18 kg，功耗为160 W，字长为24 bit，最大存储量为65 536 Byte，存取时间为1 μs。

海狼导弹系统的发射装置由6联装发射架及随动系统组成。基本型海狼导弹系统发射架与跟踪制导雷达系统分开配置。6个发射箱分两排配置于发射架两边，每个长方形发射箱内装有1枚导弹。每个发射箱内前后均装有双层门，以防潮气侵入，导弹吊挂于发射箱内的滑轨上。当导弹发射时，前后两扇门自动打开。发射架最大发射仰角为45°；装6枚导弹后发射架总质量达4.5 t。

作战过程

当搜索雷达探测到目标后，将目标信息发送到FM1600B型计算机，计算机进行敌我判断、威胁判断及威胁程度排序，把威胁度高的目标信息传递给跟踪制导雷达和发射装置。跟踪制导雷达依据目标指示信息在方位上对准目标，在俯仰上进行搜索并捕获目标；与此同时，发射装置的随动系统将发射架调转到目标来袭方向。

导弹发射后，跟踪雷达用宽波束捕获导弹，并迅速将导弹引入窄波束的目标瞄准线上，雷达跟踪目标并对导弹进行测量，将测得的相对角偏差与目标横向速率进行计算形成制导指令；指令发射机将制导控制指令发送到弹上，控制导弹飞行，直至命中目标。如果处于连发状态，在第一枚导弹发射后数秒，第二枚导弹会自动发射并攻击同一目标。

当目标瞄准线角小于1.5°，或雷达受到严重干扰而无法锁定目标时，制导系统自动转换到电视跟踪制导状态。此时,操作手通过光学瞄准装置的十字线锁定并跟踪目标。导弹发射后便自动进入电视跟踪的宽视场,由电视跟踪系统自动跟踪导弹曳光管;当满足制导条件时转入电视跟踪的窄视场,继续跟踪制导导弹,直至命中目标。

发展与改进

海狼导弹系统主要有基本型海狼、垂直发射型海狼和轻型海狼,以及海狼 Block 2 导弹和海狼中期改进计划(SWMLU)等。海狼导弹系统于 1964 年开始概念设计,1967 年 7 月开始研制,1969 年在洛赫菲德斯护卫舰上成功进行了首次发射试验。1979 年 3 月装备第一艘护卫舰大刀号。1984 年,开始为英国皇家海军 23 型护卫舰研制垂直发射型海狼导弹系统。2005 年 8 月,海狼 Block 2 导弹交付使用。海狼导弹系统在 22 型护卫舰上使用到 2012 年,在 23 型舰上从 2020 年陆续退役。目前,英国正在研制海上拦截者系统以取代海狼导弹系统。

基本型海狼 GWS 25 Mod0 采用了马可尼雷达系统公司研制的 967/968 型搜索雷达、910 型跟踪制导雷达,以及 FM1600B 型计算机。该系统低空性能较差,不能满足对付掠海反舰导弹的作战需求,且系统比较笨重(27.5 t),只能装备 3 000 t 级以上的舰艇,因此自 1977 年开始改进,改进型系统代号分别为 GWS 25 Mod3 和 GWS 25 Mod4。

GWS 25 Mod3 采用了与 GWS 25 Mod0 相同的搜索雷达,用 911(1)型跟踪制导雷达取代了 910 型跟踪制导雷达,提高了对付高空目标的能力。该雷达工作在 X 波段,无电视摄像机,但保留了指令线,计算机升级为 FM1600E 型,仍采用 6 联装发射架,装备英国皇家海军 22 型护卫舰及其改进型舰艇。该导弹系统出口至智利,包括 2 部发射架和 12 枚导弹。

911(1)型跟踪制导雷达

GWS 25 Mod4 在 GWS 25 Mod0 基础上，将雷达升级为 911（1）型跟踪雷达，加装了热成像仪，并将计算机升级为 FM1600E。该导弹系统出口至巴西。

垂直发射型海狼 1982 年作为自筹基金项目开始研制，1984 年获得英国国防部合同。该导弹系统采用新的发射架和 911（2）型跟踪雷达，仍沿用 FM1600E 型计算机；增大了导弹的作战距离，缩短了系统反应时间和导弹再填装时间，减小了发射装置的质量，降低了系统成本，提高了导弹发射速率，并能同时对付来自不同方向的饱和攻击；其设计特色在于燃气排导系统与储运发射箱是一体的，即它的 4 个排气道分布在导弹的 4 个弹翼之间，发射筒的底部是封闭的。该导弹系统已装备了 23 型护卫舰。

垂直发射型海狼导弹发射瞬间

轻型海狼 该导弹系统代号为 GWS 26 Mod2，最初为英国皇家海军的 42 型驱逐舰和 3 艘无敌级航空母舰设计，可有效对付掠海反舰导弹的攻击。该导弹系统于 1977 年开始研制，1979 年年底试验成功，但没有生产。由于该导弹系统的装备质量减小，可装备 100 t 级以下的舰艇。该导弹系统采用 911（3）型（马可尼雷达系统公司命名为 805SW）跟踪制导雷达、FM1600E 型计算机和与海猫舰空导弹系统相同的发射装置（4 联装发射架），质量为 2.5 t。另外，为了满足出口要求，还设计生产了超轻型海狼（XL）导弹系统，出口至马来西亚和文莱。

海狼中期改进计划 为了对付新一代反舰导弹的威胁，2000 年 11 月阿莱尼亚·马可尼系统公司开始对 22 型护卫舰上的 GWS 25 Mod3 和 23 型护卫舰上的 GWS 26 Mod1 导弹系统进行改进，主要改进跟踪系统、制导系统和作战管理系统。由于引进了光电系统，所以海狼中期改进计划采用超视线指令制导方式。2008 年 6 月，海狼中期改进计划取得重大进展，在 23 型护卫舰萨瑟兰郡号上安装了首套系统；同年 7 月，英国航空航天公司再获 1.41 亿英镑的研制经费，保障了海狼中期改进计划的顺利进行；整个改进计划于 2011 年年底完成。

海狼 Block 2 导弹　2000 年，MBDA 英国公司开始研制海狼 Block 2 导弹；2004 年在基本型海狼和垂直发射型海狼导弹系统中使用海狼 Block 2 导弹进行发射试验，获得成功；2005 年海狼 Block 2 导弹在英国皇家海军的 GWS 25 Mod3 和 GWS 26 Mod1 导弹系统中使用。海狼 Block 2 导弹采用电驱动系统，提高了导弹的作战距离和机动性；同时还开发了新型 MK4 增强型红外/射频双模引信，用以提高对付低飞和低信号特征目标的能力。2006 年，英国向智利提供了海狼 Block 2 导弹。

海狼 Block 3 导弹　英国还曾考虑研制海狼 Block 3 导弹，采用主动雷达导引头和相控阵制导雷达，以提高导弹的作战距离。

海上拦截者（Sea Ceptor）

概　述

海上拦截者系统代号为 GWS35，是 MBDA 公司为英国研发的舰空导弹系统，采用通用模块化防空导弹（CAMM），用于取代现役的海狼舰空导弹系统，对付超声速飞机和反舰导弹等目标。2012 年 1 月，英国政府宣布拦截者计划，以取代近程空对空导弹和面对空导弹，拦截者计划基于通用模块化防空导弹，包括陆基型、海基型和空基型。海基型称作海上拦截者。

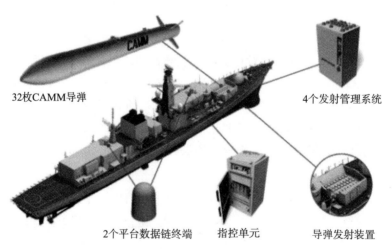

海上拦截者系统在 23 型护卫舰上部署

海上拦截者系统用户主要包括英国、新西兰、巴西和智利海军,其他装备现有海狼舰载防空系统的国家也是海上拦截者系统的潜在客户。到 2018 年年中,海上拦截者已装备英国西敏寺号、蒙特罗斯号和诺森伯兰号 3 艘护卫舰,其余 13 艘 23 型护卫舰于 2020 年后陆续装备,还计划安装在英国的 26 型新型护卫舰和 31 型护卫舰上。2017 年 4 月,智利海军与洛克希德·马丁公司签署了一份现代化其 23 型护卫舰的合同,包括接收海上拦截者防空导弹系统,取代海狼 Block 2 系统。

主要战术技术性能

对付目标	超声速飞机和反舰导弹等
最大作战距离/km	25
最大速度(Ma)	3
制导体制	雷达主动寻的制导
弹长/m	3.2
弹径/mm	166
翼展/mm	450
发射质量/kg	99
动力装置	固体火箭发动机
战斗部	高爆炸破片战斗部
引信	近炸和触发引信

系统组成

导弹 海上拦截者导弹采用 MBDA 公司的 CAMM 导弹。该导弹在先进近程空空导弹(ASRAAM)基础上进行了改进,具有简洁的气动设计布局,可提供 25 km 内 360°范围覆盖。导弹采用固态发射机的低成本 Ku 波段主动雷达导引头和双向数据链,不需要跟踪指示雷达的支持,数据链为导弹提供实时目标信息和导弹状态信息。弹体是一个圆柱体,长约 3.2 m,直径为 166 mm,前端为尖鼻锥形,质量为 90~100 kg。在推进器的前后方有 4 个可折叠的十字形翼。

发射装置 导弹采用"冷发射",由一个产生气体的活塞从筒体弹出,达到 24~30 m 高度时,导弹点火,导弹可从席尔瓦(SYLVER)或 MK 41 垂直发射装置中发射。

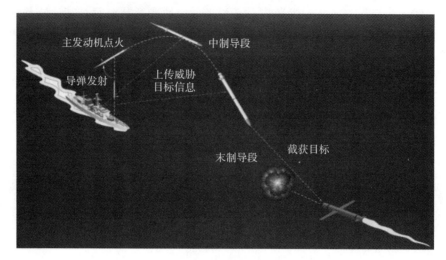

海上拦截者作战过程

海上拦截者自 MK41 垂直发射系统发射

发展与改进

2012 年 1 月，主承包商 MBDA 公司获得一份价值 7.59 亿美元的合同，用于系统演示。2013 年 9 月，英国授予 MBDA 公司一份价值 3.93 亿美元的合同，用于生产海上拦截者系统。2014 年 5 月 29 日和 6 月 5 日，MBDA 公司分别在瑞典 Vidsel 靶场成功地进行了两次海上拦截者发射试验，试验中使用了双向数据链。2017 年 9 月首次在 23 型护卫舰上成功完成发射试验。目前已在英国 23 型护卫舰上部署使用，并开始批量生产。未来还将装备 26 型和 31 型护卫舰。MBDA 公司准备开发 Block 2 型，该版本可以提供 45 km 射程。

斯拉姆（SLAM）

概　述

斯拉姆（Submarine Launched Air Missile，SLAM）是英国维克斯造船有限公司研制的一种潜空导弹系统或低空近程舰空导弹系统，主要用于对付反潜直升机和巡逻艇。该导弹系统于1968年开始研制，1972年进行海上飞行试验，1973年开始装备部队，目前已停止发展。

主要战术技术性能

对付目标	低空低速飞机、直升机和小型舰艇
最大作战距离/km	4.8
最小作战距离/km	0.3
最大作战高度/km	1.8
最大速度(Ma)	1.5
制导体制	光学跟踪＋无线电指令制导
发射方式	6联装倾斜发射（潜艇），双联装或10联装倾斜发射（舰船）
弹长/m	1.35
弹径/mm	76
翼展/mm	274
发射质量/kg	11
动力装置	1台固体火箭助推器，1台固体火箭主发动机
战斗部	烈性炸药破片式杀伤战斗部
引信	红外近炸和触发引信

系统组成

斯拉姆导弹系统由导弹、导弹发射装置和导弹控制舱组成。导弹控制舱包括操作手显示台、装有电源和发控系统的电子机柜、附加的训练模拟器。

导弹 斯拉姆导弹系统采用吹管便携式地空导弹，制导方式仍为光学跟踪和无线电指令制导，其他性能与吹管导弹相同。

探测与跟踪 采用潜艇上的潜望镜或雷达声呐等探测设备向斯拉姆导弹系统提供目标的距离和方位信息，用电视系统跟踪目标。导弹发射后用红外跟踪器跟踪导弹的曳光，并发出无线电控制指令，将导弹引入电视摄像机的瞄准线，使用三点导引法使导弹飞向目标。

发射装置 斯拉姆导弹系统若装在潜艇上，则采用 6 联装发射装置；若装在舰艇上，则采用双联装或 10 联装发射装置。在潜艇上的 6 联装发射装置中，6 个导弹发射筒装在 1 个可转动的支架上，发射筒中间装有电视摄像机、控制设备和陀螺稳定系统；电视摄像机的下面装有红外跟踪器；发射装置安装在液压升降杆上。不用时则将发射装置转到垂直位置，收降到水密压力容器内，用不透水的盖子密封好；作战时发射装置从容器里升出，可在 360°范围内旋转，俯仰角度为 $-10°\sim 90°$，转动速度为 40（°）/s，俯仰速度为 10（°）/s，瞄准精度为 $\pm 0.5°\sim \pm 1°$。导弹发射时用的电子设备（包括陀螺解锁和发动机点火等）由一条控制电缆通过空心的升降杆连接到潜艇内的火控系统上。

作战过程

斯拉姆导弹系统在潜艇上作战时，由观测员通过潜望镜探测、截获目标，然后将目标方位数据传送给斯拉姆控制系统和导弹射手。射手立即将导弹发射装置升出水面，操纵发射装置，使发射装置上的电视摄像机捕获目标。一旦捕获到目标，便通过电视进行手控跟踪。目标进入导弹的作战距离范围后，射手发射导弹，红外跟踪器跟踪导弹尾部曳光管发出的红外光源，将导弹引入电视摄像机的瞄准线上。若射手发现导弹与目标位置有偏差，则可用控制手柄调整，引导导弹飞行。整个作战过程由一名射手独自完成。

海光（Seastreak）

概　述

海光导弹系统是星光地空导弹系统的舰载型，主要用于对付低空飞机和反舰导弹。海光导弹和星光导弹的外形基本相同。为了有效地对付掠海飞行的导弹，海光导弹的 3 个子弹头不是三角形排列，而是水平排列。海光导弹系统的发射装置为固定在甲板上的 12 联装发射架，导弹的作战过程由舰艇指挥中心控制，目标搜索及跟踪由舰上雷达完成。1989 年 9 月，英国肖特兄弟公司首次在皇家海军装备展览会上展示了海光导弹系统。

主要战术技术性能

对付目标	低空飞机和反舰导弹
最大作战距离/km	7
最小作战距离/km	0.3
制导体制	激光驾束制导
发射方式	12联装支架式发射
弹长/m	1.397
弹径/mm	127
动力装置	固体火箭发动机
战斗部	3个标枪形状的子弹头,内装高速动能穿甲弹头和小型爆破战斗部

中国台湾

天剑-2N (Tien Chien 2N)

概 述

天剑-2N是中国台湾地区中山科学技术研究院研发的中程舰空导弹系统，主要用于对付作战飞机、无人机、超声速反舰导弹等。在2001年6月第44届巴黎航展上，首次披露在天剑-2空空导弹基础上发展天剑-2N面空导弹系统，用于海军8艘升级的诺克斯级护卫舰。2015年8月，天剑-2N同海捷羚导弹一同在台北航天防务技术展中展出。天剑-2N导弹系统目前仍处于发展中。

主要战术技术指标

对付目标	作战飞机、无人机、超声速反舰导弹
最大作战距离/km	40
制导体制	惯导+主动雷达寻的制导
发射方式	倾斜/垂直冷发射
弹长/m	3.6
弹径/mm	190
弹翼/mm	620
发射质量/kg	180
最大速度（Ma）	3
动力装置	低烟固体火箭发动机
战斗部	高爆破片式杀伤战斗部
引信	光学近炸+触发引信

系统组成

天剑-2N 导弹系统由天剑-2N 导弹、发射装置等组成。天剑-2N 导弹是在天剑-2 空空导弹基础上发展改进的，增加了一台助推火箭发动机，采用新型弹上探测设备。导弹分为 8 个主要部分：导引头（头锥部分）、制导设备、目标探测设备、有效载荷、电力系统、推进系统、尾部和助推发动机。

导弹 头锥部分为尖顶拱形天线罩，使用无线电射频透波陶瓷材料。制导部分为光滑圆柱形，比头锥部分略长。弹上探测设备舱段是非常短的圆柱形。弹身中部区域，沿圆周方向等分位置有 4 对共 8 个狭缝状窗口。有效载荷是光滑的圆柱形，长度为弹上探测设备舱段的 2 倍。电源舱段为锥台型。推进系统舱段为圆柱体，一旦助推器燃尽就会通过电子爆破装置与弹体分离。

导弹外部前端呈×形配置的 4 对短翼，为低展弦比的梯形可折叠翼。弹体尾部有 4 个截尖三角形控制翼，与尾翼在同一直线上。控制翼的翼展略微比翼宽，可折叠。助推器后部的中部连接的是 4 个低展弦比稳定翼，与导弹的气动表面相一致。导弹底端与翼成一直线的位置是 4 个推力矢量控制叶片，用于控制发动机喷气流。

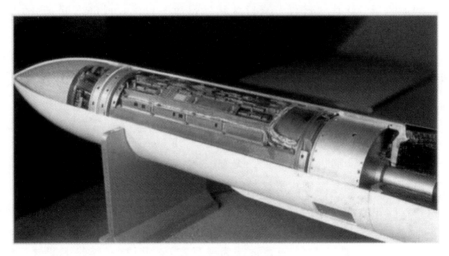

天剑-2N 导弹前部舱段

导弹头锥部分装有主动雷达导引头及其信号滤波系统。制导舱段安装有导引头供电转换单元、导引头信号处理系统，以及导弹制导系统。目标探测设备舱段装有光学近炸引信及可能的自带热电池。载荷舱段装有战斗部、保险和起爆装置。电源舱段包含了供电系统。推进系统舱段装有火箭发动机安全保险装置、点火装置及固体火箭发动机。尾段装有发动机喷口，周围还有控制翼的激励系统。导弹的天线位于尾部底端，朝后指向。

导弹推进系统由两级火箭发动机组成，第一级为固体火箭助推发动机，燃烧时间为 5~6 s，第二级为固体火箭主发动机。导弹战斗部采用高爆破片式杀伤战斗部，质量为 30 kg。空空型导弹装药为 PBX-9 HE，质量为 6.64 kg。

发射装置 导弹装填在密封的方形储存发射单元（CLU）中。储存发射单元的端口用易碎盖密封，导弹助推器点火后易碎盖被吹开。前盖设计为2部分，后盖设计为4部分。储存发射单元自身固定在发射架上，发射架有倾斜发射架和垂直发射架两种。

倾斜式发射架装有8枚导弹。导弹布置为两排4联装。安装在战舰上的倾斜发射架一般由两个发射模块组成，一个模块向着左舷，另一个向着右舷。发射架自身被进一步遮盖以降低其自身的雷达散射截面。

垂直发射架中导弹垂直放置两组，每组4枚。两个垂直发射架距离较远，中间是共享的喷气排放系统。一旦导弹点火发射，喷气就会从喷气排放系统向上排放出来。

作战过程

导弹使用基于惯导系统的自动驾驶仪、数据链以及主动雷达导引头制导。发射前，导弹计算机根据目标坐标进行编程，一旦编程和测试完毕，导弹即可发射。导弹离开发射筒后，利用推力矢量控制系统自动转向目标方向，直到助推级燃尽并被抛离，然后导弹后部的控制翼启用控制导弹飞行。在程序飞行的最后阶段，导弹导引头开始工作，捕获锁定并跟踪目标。目标的任何轨迹变化都将被导引头探测到，数据经处理后生成用于控制导弹维持拦截轨迹的控制信号。这一过程一直持续到导弹命中目标，或进入近炸引信作用范围，或者脱靶。

导弹可能使用单向或双向数据链。如果是单向数据链，导弹可以利用数据链更新目标坐标，同时还能接收自毁指令。双向数据链则可以将弹上的额外数据回传给发射平台。

发展与改进

在2001年6月第44届巴黎航展上，天剑-2空空导弹第一次在中国台湾地区以外公开展出，中山科学技术研究院确认了该导弹是原创设计，使用主动雷达导引头，而非半主动雷达导引头。同时还曝光将发展天剑-2的面空型，用于海军翻新的8艘诺克斯级护卫舰。

天剑-2空空导弹类似于天剑-1，被认为是早在20世纪80年代中期就开始的项目，由中山科学技术研究院研发，计划用作半主动雷达制导的AIM-7麻雀中程空空导弹的后继型号，该型导弹采用主动雷达导引头，具备全天候、全向攻击、上射/下射、复杂电子对抗环境下的多目标交战能力。

天剑-2第一次露面是1988年12月在经国号战斗机上展出。导弹隐藏安装在中心副油箱和发动机之间。

1994年7月，天剑-2测试项目完成，同年开始生产。据报道导弹测试完成了约800 h的飞机挂飞，随后1996年装备于中国台湾地区空军。

2000年10月反辐射型天剑-2开始由中山科学技术研究院研发。2001年6月，新闻报道称导弹命名为天剑-2A。

2009年9月中国台湾地区报道称，利用天剑-2面空型取代RIM-72C海小檞树导弹系统对康定级（拉菲级）护卫舰的升级计划遇到集成问题，导致该计划被放弃。2013年11月中国台湾地区的海军参谋长出面澄清该项目将继续进行，在2017年开始装备该型护卫舰。

2015年7月，中山科学技术研究院发布视频"面空型TC-2中程防空导弹"，显示了海军版天剑-2N导弹的计算机合成图以及导弹从倾斜发射架和垂直发射架发射的图片。8月，海军版天剑-2N导弹同海捷羚一同在台北航天防务技术展（TADTE）展出。

2017年，中国台湾地区海军宣布沱江级的后续舰将装备天剑-2N。

海羚羊（Sea Oryx）

概　述

海羚羊是中国台湾中山科学技术研究院利用天剑-1空空导弹进行改进研发的近程舰空导弹系统，设计用于海军舰艇点防御，可对付反舰导弹、低空飞机和无人机等目标。2015年8月，该系统首次在台北航天防务技术展上展出，2017年该展会还展出了海羚羊系统配套的雷达和光电探测系统。海羚羊系统计划2020年完成作战测试，2022年装备中国台湾海军的沱江级轻型护卫舰。

主要战术技术性能

对付目标	作战飞机、无人机、反舰导弹
最大作战距离/km	8
制导体制	惯导＋红外寻的制导
发射方式	（冷）倾斜发射
弹长/m	2.9
弹径/mm	127
翼展/mm	380
尾翼/mm	460
发射质量/kg	90
动力装置	固体火箭发动机
战斗部	高爆破片式杀伤战斗部
引信	触发和激光近炸引信

系统组成

海羚羊系统包括天剑-1导弹、8联装或16联装发射架和武器控制系统。

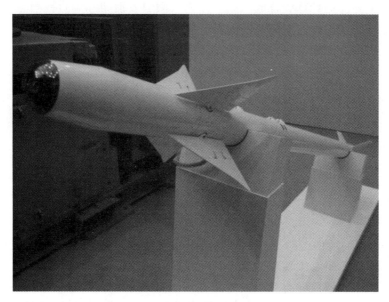

海羚羊导弹

导弹 海羚羊系统使用的导弹由5个主要部分组成：头锥、制导控制段、有效载荷段、目标探测设备段和尾部的推进段。各段之间用耦合连接环相连。

头锥和制导控制段装有导引头、导引头处理器、控制作动系统。与天剑-1空空导弹相比，海羚羊导弹头锥的钝球形头部直径更大。导弹导引头窗的透明性不详，有的显示为红外透明窗。

有效载荷段装有战斗部。

目标探测设备段在弹体的圆周方向均匀分布并安装有4对双缝隙窗口，内有导弹激光近炸引信和保险。目标进入目标探测设备作用范围时触发起爆战斗部，或者导弹碰撞目标起爆战斗部，或者通过自毁机理工作自毁起爆。

推进段装有固体火箭发动机、点火装置、点火装置的控制装置。尾段装有爆炸管和火箭发动机的喷嘴，喷嘴内凹进尾部一定距离。推进段外观与响尾蛇导弹很相似，但是采用了变直径设计，在中间的一部分缩减了直径。采用基于轨道ATK公司的MK36火箭发动机的尾部扩展改进型。

导弹前部的制导舱段后面安装有×形配置的4个控制翼。弹体尾部为旋转尾翼，形状为裁剪过的三角形平面翼。控制翼和尾翼均可折叠。

制导与控制 导弹使用基于惯导系统的自动驾驶仪和红外成像导引头制导，具有发射前锁定（LOBL）和发射后锁定（LOAL）两种模式，后者为基本模式。

在发射前锁定模式下，发射架严格指向目标方向，导弹导引头打开，随后导引头锁定目标，然后导弹才可以发射。飞行过程中导引头跟踪目标，目标飞行轨迹的任何变化都由导引头探测，数据处理后产生控制尾翼舵面运动的信号使导弹跟随目标机动飞行。这一过程一直持续到导弹击中目标或者进入近炸引信作用距离或者脱靶。

在发射后锁定模式下，发射架与目标方向大致相同，导弹装载目标相对位置和飞行路径，然后即可发射导弹。导弹发射后在自动驾驶仪控制下向预定目标方向飞行。在合适的时间，导引头开机并锁定目标，随后的飞行模式就与发射前锁定的飞行模式相同了。

从已获得的导弹图像中导弹没有发现数据链天线。如果导弹装备了单向数据链，可以更新目标坐标及接收自毁指令并能够在飞行中重新瞄准目标。

导弹的控制系统类似于响尾蛇空空导弹，固体火箭发动机的气体发生器驱动涡轮发电机为制导系统提供动力。改进后的系统可能利用机电设计取代了上述系统，由热电池或者电池为导弹提供控制用的电力。

发射装置　有报告称 TADTE 上展出的发射架是基于 MK 15 Block 1B 密集阵近防武器系统（CIWS）发展而来的。与密集阵系统相比，主要有两点区别。一是用导弹储藏发射箱组件替代了密集阵的炮支架组件。16 联装导弹发射箱外形为正方形，导弹排列模式为 4×4，每个导弹发射箱都有铰链型可锁尾门，以便于导弹装填。单枚导弹是在八边形截面的导弹储藏筒中存放。二是长波红外（LWIR）光电探测系统固定安装在发射架组件的左侧，而密集阵系统的雷达组件安装在炮架组件的顶部。探测系统与弹架升降系统相连，同时升降。

16 联装海羚羊发射架

类似于密集阵系统,发射架安装在导轨基座之上,基座本身安装在炮塔组件上与舰船甲板固定连接。炮塔组件基座后部扩展区域为防振电子围栏。

武器控制系统 武器控制台可能位于指挥信息中心并集成到舰船指挥控制系统中,主要实施对导弹的遥控发射。武器控制台至少包含三块面板。第一块面板为装有一小块触屏的单色平板屏。第二块面板是彩色大平板显示主屏和一块小的单色平板液晶显示屏。最后一块面板为平面屏监视器。

发展与改进

1995 年,中国台湾空军研发了遥控版小槲树系统,该系统于 1997 年首次试验,后来于 2005 年被捷羚系统采用。海羚羊系统由早期使用的小槲树系统发展而来,集成在美国海军的 MK15 密集阵系统上,但导弹发射箱更类似于 RIM-116 拉姆系统使用的 MK49 发射箱。

2017 年中国台湾宣布,后续沱江级护卫舰将升级装备海羚羊导弹系统以及海天剑-2N 导弹系统。目前海羚羊舰空导弹系统还在研制之中,将作为海军驱逐舰和护卫舰的潜在升级选项。

陆基海羚羊 为舰载海羚羊系统的陆基版本,可以机动部署,保护作战部队或基地免遭巡航导弹、无人机、直升机和飞机打击。陆基海羚羊系统由相控阵雷达、机动发射车、天剑-1L 导弹等组成,每辆发射车可装载 24 枚天剑-1L 导弹。天剑-1L 导弹长 2.87 m,弹径为 127 mm,采用红外导引头、破片杀伤战斗部、触发引信或激光近炸引信,最大作战高度为 3 km,最大作战距离为 9 km,具备快速交战及一定的多目标防御能力。2019 年 8 月 15 日,在台北航天防务技术展上,中国台湾中山科学技术研究院公布了一段海羚羊防空系统的演示视频,首次展示了陆基海羚羊防空系统。

反导导弹系统

俄罗斯

A-35/ABM-1

概　述

A-35系统是苏联旗帜设计局研制的莫斯科防区第一代弹道导弹防御系统,能同时拦截多枚来袭的弹道导弹。北约称该系统为ABM-1,导弹名称为橡皮套鞋(Galosh),导弹代号为A-350。A-35系统在1977年正式装备部队,部署在莫斯科周围。

主要战术技术性能

对付目标	中远程弹道导弹单弹头
最大作战距离/km	640
最小作战距离/km	350
最大作战高度/km	320
平均速度(Ma)	10
制导体制	无线电指令制导
发射方式	高仰角筒式倾斜发射
弹长/m	15.5
弹径/mm	2 040
发射质量/kg	33 000
动力装置	固体火箭助推器,2台液体火箭主发动机
战斗部	核战斗部,1~2 Mt TNT 当量
引信	无线电引信

系统组成

A-35 系统包括 1 部窝棚（或称狗窝）远程搜索雷达、1 个计算指控中心、多部作战雷达和多个发射阵地。这些设备部署在莫斯科周围，相距上百千米。所有这些阵地及其计算机系统用环形和射线形的通信网络联系起来，组成一个计算机通信网。

导弹 A-35 系统采用 A-350 导弹，由火炬机械制造设计局研制。A-350 导弹初始设计方案称为 A-350T，采用两级发动机，第二级发动机为冲压发动机；后改为采用二级液体火箭发动机，导弹称为 A-350Ж。

A-350Ж 导弹为两级结构，长约 20 m，质量大于 30 t，第一级由 4 台固体火箭发动机捆绑组成，当发动机关机后借助爆炸装置分离。在导弹第一级安装了带有空气动力舵的 4 个稳定翼，稳定翼在发射筒内时处于折叠状态，发射后依靠燃气发生器展开。导弹第二级安装了 2 台液体火箭发动机，发动机由 1 个主燃烧室和 4 个舵机燃烧室构成，控制导弹在外大气层飞行。发动机使用新型的高效能推进剂组元（四氧化二氮和偏二甲肼），并能够在真空和失重环境下点火，其推力调节范围较大。

A-350Ж 导弹采用无线电指令制导，战斗部引爆指令在地面生成然后向弹上发送。

A-350 导弹及发射车

探测与跟踪 A-35 系统对弹道导弹的预警采用北约称为鸡笼的预警雷达，这些雷达部署在苏联边境上，作用距离约 6 000 km，工作频率为 150 MHz，峰值功率为 10 MW，天线阵面长为 300 m，阵面高度为 15~20 m。A-35 系统中的目标搜索采用 1 部弹道导弹远程搜索雷达，苏联称之为窝棚，北约称之狗窝。该雷达为跟踪雷达提供目标指示信息，工作频率为 100 MHz，峰值功率为 20MW，脉冲重复频率为 50 Hz，最大作用距离为 2 800 km。远程搜索雷达的收发天线分开，其接收天线系统与计算指控中心在一起，距莫斯科市 70 km，天线阵面长为 120 m。目标和导弹的跟踪开始仍采用"三站定位法"，即用 3 部距离跟踪雷达来精确测量目标和导弹的距离；后来改为单站跟踪，即 1 部跟踪雷达既测距，又测角。该雷达称为作战雷达，有目标和导弹两个通道及其天线系统。导弹发射阵地部署在作战雷达附近。

发展与改进

A-35 系统为高空反弹道导弹拦截系统,是装备莫斯科防区的第一代弹道导弹防御系统,具有较大的拦截空域,战斗部具有很大的当量和威力。

A-35 系统在 1962 年通过方案论证,一直到 1977 年才真正装备莫斯科防区。其间经历了一次所谓撞锤方案的冲击,阻碍了系统的发展。撞锤反导弹方案是由弹道导弹设计局在 1963 年提出的,主要思想是用已设计的 УР-100 弹道导弹来完成反弹道导弹的任务,引起了苏联当时领导的重视,但由于 УР-100 导弹本身机动能力的不足未能形成真正的方案。1964 年,放弃撞锤反导弹方案,回到 A-35 方案上来。A-35 系统方案本身也经历了多次修改。开始时是采用"三站定位法",需要 3 部雷达对付一个弹头。1963 年进行雷达方案修改,探讨用 1 部雷达既测距又测角的可能,最终制订了采用 2 部三坐标跟踪雷达分别跟踪目标和导弹的方案。但为了弥补雷达测角精度的不足,增大了导弹核战斗部的威力至百万吨级 TNT 当量。战斗部威力增大后,当拦截多目标群时会产生多枚导弹相互间的影响问题。为此,采取了一系列解决措施,包括导弹的抗核加固、导弹的发射次序和发射间隔以及导弹飞行时间的控制等技术。1975 年对系统提出了新的要求,不仅要对付单弹头,而且要对付带有轻重诱饵和假弹头等复杂的目标群。在当时没有相控阵雷达的情况下采用了多个跟踪雷达的联网,并改进雷达信息处理算法以初步解决多弹头问题;增加了新的远程搜索雷达,扩大了搜索区,保证对全莫斯科的防御。俄罗斯称改进后的系统为 A-35M。1977 年,A-35M 系统研制完成,并通过靶场试验验证,正式装备莫斯科防区。

A-135/ABM-3

概 述

A-135 是苏联旗帜设计局研制的莫斯科防区第二代弹道导弹防御系统,北约代号为 ABM-3。该系统可对付来袭的单弹头弹道导弹,或有限地从第三世界国家本土上发射的或由失控的潜艇发射的一小群目标,但不是大规模袭击。该系统于 1987 年装备部队,共部署了 100 枚拦截弹,其中高层拦截弹 51T6(北约代号为 SH-11)为 32 枚,低层拦截弹 53T6(北约代号为 SH-8)为 68 枚。

主要战术技术性能

型号	51T6	53T6
对付目标	中、远程弹道导弹	
最大作战距离/km	350	80
最大作战高度/km	120	30
最小作战高度/km		5
制导体制	无线电指令制导	
发射方式	地下井发射	
弹长/m	22	10
弹径/mm	1 800	1 000
发射质量/kg	45 000	10 000
动力装置	1台固体火箭助推器，2台液体火箭发动机	2台火箭发动机
战斗部	核战斗部，1 Mt TNT 当量	核战斗部，10 kt TNT 当量
引信	无线电引信	

系统组成

A-135 系统由多功能作战雷达站、指挥计算中心、地下井发射装置、51T6 和 53T6 拦截弹、数据传输通信系统组成，形成莫斯科防区反导系统。

导弹 外大气层高层拦导弹 51T6 为 A-350 导弹的改型，外形尺寸、发射质量等与 A-350 导弹接近。不同之处为助推器发动机的 4 个喷管向弹轴中心靠拢，未凸出弹径，无发射筒，改为地下井发射。在对 A-135 系统改造中，已废弃了 51T6 导弹。

内大气层拦截导弹为 53T6，由革新家设计局研制，采用 2 台火箭发动机，无翼式锥形气动布局，靠燃气动力控制。

探测与跟踪 A-135 系统的预警信息由预警卫星和位于苏联边境的地基预警雷达系统提供。地基预警雷达系统由多部远程相控阵雷达构成，可覆盖苏联整个边境。这些预警雷达分别位于北方的北乔拉、摩尔曼斯克，南方的明盖恰乌尔、巴尔哈什，东方的伊尔库茨克、克拉斯诺雅尔斯克。

由无线电仪表科学研究所研制的顿河-2H多功能作战雷达是一部单脉冲有源相控阵雷达，用于搜索和跟踪弹道导弹目标并把反导弹引向目标，是 A-135 系统的组成部分。该雷达站于 1987 年建成，位于莫斯科北部的普西金诺市。

顿河-2H雷达具有在内外大气层发现、跟踪、测量目标以及计算弹道导弹弹道和卫星轨道参数的功能,并可以从重型和轻型诱饵、偶极子反射体中以及有源干扰条件下识别出弹头。该雷达与反导计算中心一起完成对近程和远程拦截弹的跟踪和向拦截弹发送控制指令的任务,其中可跟踪 120 个目标,制导 20 枚近程拦截弹和 16 枚远程拦截弹。该雷达由 4 个天线阵面合成为一个四面体截锥形状,基线每边宽为 144 m,顶部每边宽为 100 m,高为 33.6 m。每个天线阵面的直径为 16 m。

顿河-2H 雷达工作在厘米波段(波长 0.01 m),距离跟踪精度为 10 m,发射功率为 250 MW,对洲际弹道导弹弹头的最大探测距离为 3 700 km,对空间目标的最大探测高度为 40 000 km,对弹道导弹的预警时间约 8~9 min。

A-135 系统(后面为顿河-2H 多功能相控阵雷达)

发展与改进

A-135 弹道导弹防御系统与 A-35 系统相比,具有较大的改进。其主要特点为:

1) 采用高低两层拦截,提高了对目标的拦截概率;

2) 高层拦截采用 51T6 拦截弹,低层拦截采用 53T6 拦截弹。拦截弹加速极快,在 4 s 内可将导弹加速到超过 4 m/s;

3) 导弹采用地下井发射,提高了生存能力;

4) 作战雷达采用多功能相控阵雷达,使雷达具有多个制导通道和多目标能力,减少了雷达数量;

5) 采用了更先进的计算机系统,使系统的指挥控制能力大大加强。

苏联在研制 A-35 系统的同时,于 1963 年提出了用于国土防御的阿芙洛拉(Аврора)弹道导弹防御系统方案,首先保卫苏联在欧洲部分的国土,然后扩大到苏联全境。该方案的特点是,能对付大规模的核攻击,对付的目标是带有诱饵和假弹头的复杂目标群。但由于在当时的技术条件下,要建立对付大规模袭击的国土区域性战略弹道导弹防御系统是不现实的,因此 1967 年阿芙洛拉系统方案未能通过方案论证。1969 年在阿芙洛拉方案的基础上，苏联提出了第二代莫斯科防区反导系统方案设想。1972年，美苏签订了《美苏关于限制反弹道导弹系统条约》（简称《反导条约》），按该条约的限制，对第二代莫斯科防区反导系统方案进行了调整。1978年开始建设新的由双层拦截系统构成的第二代莫斯科防区反导系统，于1987年初步完成建设。1989年完成第二代莫斯科防区反导系统国家靶场试验，并决定扩大莫斯科防区反导系统的功能。

到1991年12月，A-135系统尚未具备全部作战能力。1999年以后，53T6拦截弹核弹头被拆除，改装常规定向战斗部。

冷战结束后，国际形势发生了巨大变化，A-135系统显然已不能适应当前的安全需要，加上该系统昂贵的运行费用，核弹头潜在的危险性及其效能的不断退化，导致该系统的部分系统已经撤除。目前，俄罗斯正在对A-135系统进行改造，升级改进53T6导弹。

A-235

概　述

A-235系统是俄罗斯在A-135系统基础上研制的新一代战略反导系统，可对飞行在中段和末段的远程或洲际弹道导弹实施拦截，保卫莫斯科国家行政中心和战略指挥机构，以及莫斯科地区的核导弹力量，是保证俄罗斯核威慑有效性的重要战略手段。

1986年，苏联开始进行A-235系统的先期研究，项目代号为飞机-M；1991年1月，苏联国防部授予无线电仪表科学研究所研制飞机-M的合同，主要内容是提高导弹射程、强化导弹机动能力以及为导弹装备新型战斗部，完成时间为2015年；2001年，无线电仪表科学研究所开展了对顿河-2H制导雷达以及指挥计算机中心的升级改造；2007年，俄罗斯国防部批准了飞机-M项目的技术任务书；2011年，53T6M导弹首次发射试验且获得成功；2017年11月，53T6M导弹完成首次拦截试验；截至2019年7月，53T6M导弹共完成8次拦截试验，全部获得成功；目前，A-235系统仍处于研制阶段，预计2022年将完成研制并开始部署。

主要战术技术性能

	远程拦截弹（改进型51T6）	中程拦截弹（58R6）	近程拦截弹（53T6M）
最大作战距离/km	2 000	220	100
最小作战距离/km	250		
最大作战高度/km	1 500	200	50

续表

最小作战高度/km	120	40	5
最大速度/(Ma)	14.7	8.8	11.8
弹长/m	19.8	10.7	
弹径/m	2.57	1.12	1.12
杀伤方式	核战斗部 或动能战斗部	动能战斗部 或定向破片战斗部	动能战斗部 或定向破片战斗部
发射方式	固定发射井	车载机动式发射	车载机动式发射
发动机	复合推进剂固体火箭发动机		
制导方式	初段指令制导＋末段寻的制导		

系统组成

A-235系统主要由预警系统、拦截导弹、制导雷达以及指挥控制系统组成。

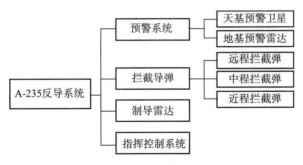

A-235系统构成示意图

导弹 A-235系统的拦截弹包括远、中、近程三型导弹。远程拦截弹为改进型51T6导弹，中程拦截导弹为58R6导弹，近程拦截导弹53T6M导弹。

预警系统 俄罗斯预警系统由天基预警卫星和沃罗涅日预警雷达组成，实战中预警系统首先发现并识别来袭导弹，再将目标信息传输给A-235系统的制导雷达。

俄罗斯正在发展统一空间系统新一代天基预警卫星，之前的眼睛和预报系列天基预警卫星已全部失效。统一空间系统首颗冻土卫星已于2015年11月成功发射，第二颗冻土卫星也于2017年5月成功发射。根据计划，俄罗斯将在2020年完成6颗冻土卫星的系统组网工作。

俄罗斯当前正在发展和部署沃罗涅日新型地基远程预警雷达，该雷达工作在米波或分米波段，探测距离可达6 000 km。

雷达类型	沃罗涅日-M	沃罗涅日-DM	沃罗涅日-VP
波段	米波段，天线阵面共3组	分米波段	可能是米波和分米波复合型，天线阵面共6组
消耗功率/MW		0.7	<10
最大作用距离/km	6 000	6 000	6 000
同时跟踪目标数量		500	

制导系统 A-235系统采用顿河-2H多功能雷达作为制导雷达，工作在C波段，可同时跟踪100个弹道导弹目标，可同时制导36枚拦截弹，对民兵-3弹头（雷达散射截面为0.002 m^2）探测距离约2 000 km。顿河-2H多功能雷达性能指标见下表。同时，A-235系统还采用多瑙河-3M雷达作为目标指示雷达，该雷达工作频率为400 MHz，探测距离约2 800 km。

顿河-2H多功能雷达性能

工作波段	C波段
建筑尺寸/m	130×130×45
主天线直径/m	16
辐射功率/MW	250
弹道导弹目标探测距离/km	1 200～2 000
太空目标探测距离/km	600～1 000
方位角/(°)	360
雷达测量精度（距离）/m	200
同时跟踪弹道导弹目标数/个	≤100
同时制导拦截弹数/个	≤36
预警时间/min	≤9

指挥控制系统 A-235系统中的指挥控制系统继承了A-135系统的功能，同时对其中的计算系统进行了升级改造，采用了新一代的计算机系统。

美 国

卫兵（Safeguard）

概 述

卫兵是美国研制的可在内外大气层拦截弹道导弹的双层反导系统，用于保卫美国大城市和洲际弹道导弹阵地，该系统计划在美国本土设立12个防区，每个防区设有雷达、拦截导弹和计算机。

卫兵系统是在美国奈基-宙斯（Nike Zeus）、奈基-X和哨兵反导系统基础上发展起来的反导系统，1969年定名为卫兵，于1970年左右开始建造。1975年10月，在美国北达科他州大福克斯由70枚斯普林特（Sprint）导弹和30枚斯帕坦（Spartan）导弹组成的卫兵反导系统建成并投入使用。1976年2月，由于政治和技术等原因，卫兵系统仅部署了近半年，美国就宣布拆除该系统。

主要战术技术性能

型号	斯帕坦	斯普林特
对付目标	洲际弹道导弹和潜射弹道导弹	
最大作战距离/km	640～960	48
最小作战距离/km	185	32
最大作战高度/km	560	30
最小作战高度/km	160	15
最大速度（Ma）	6.5	11～12
机动能力/g		150

续表

杀伤概率/%	50	75
反应时间/s	30	30
制导体制	无线电指令制导	
发射方式	地下井垂直发射	
弹长/m	16.8	8.2(第一级3.2,第二级5)
弹径/mm	1 100	1 370(最大),850(二级弹径)
翼展/mm	2 940	
发射质量/kg	13 100	4 500
动力装置	3台固体火箭发动机	2台固体火箭发动机
战斗部	核战斗部,2 Mt TNT当量,杀伤半径大于8 km	核战斗部,1 000 t TNT当量

系统组成

卫兵系统由环形搜索雷达（PAR）、导弹阵地雷达（MSR）、斯帕坦和斯普林特拦截弹、数据处理系统（DPS）以及指控控制和通信系统组成。

导弹 卫兵系统采用两种导弹，即用于外大气层拦截的斯帕坦导弹和内大气层拦截的斯普林特导弹。

斯帕坦导弹由西方电气公司负责研制，是奈基-宙斯导弹的改进型，作为卫兵反导系统的高空拦截导弹，可在外大气层拦截洲际弹道导弹。

斯帕坦导弹

斯帕坦导弹为有翼式三级结构，鸭式气动布局，为×＋形配置。3台发动机的推进剂均为碳氢化合物加铝粉。第一级助推器长约5.4 m，直径为1.1 m，推力为1 999 kN；第二级主发动机长约5.46 m，直径为1.1 m；第三级为球形矢量发动机。第一级飞行时间为4～5 s，在约60～65 s时第二级飞行结束，此时导弹已获得足够的速度并完成了程序转弯，第二级与第三级分离后，导弹在外大气层有一段自由飞行时间。当导弹与目标相距一定距离时，第三级发动机点火，并控制导弹飞向目标。

斯普林特导弹是洛克希德公司奥尔

兰多分公司研制的内大气层拦截弹，用于拦截洲际导弹末段再入弹头。弹体呈锥形，由两个锥度不同的锥体组成。第一级采用流体二次喷射的推力矢量控制系统，无气动控制面；第二级采用4片小控制面，位于第二级的后部。导弹的机动飞行依赖其基本气动外形和控制系统，在第二级发动机和战斗部之间装有制导与控制装置。导弹采用全程无线电指令制导。

在试验架上的斯普林特导弹

斯普林特导弹采用两级固体火箭发动机。第一级推进剂质量为2 020 kg，推力为2 998 kN，工作时间为2 s；第二级推进剂质量为420 kg。推进剂采用高燃速固体推进剂。战斗部采用专为在内大气层拦截而设计的以高级中子为杀伤机理的核战斗部，威力为1 000 t TNT当量，作用半径为400 m。

探测与跟踪 环形搜索雷达用于对目标进行搜索、识别和初步跟踪，其工作频率为422 MHz，发射机峰值功率为7.26 MW，脉冲重复频率为10 Hz，噪声系数为3 dB。发射机采用垂直极化，接收机采用垂直和水平极化，最大作用距离为4 300 km，可同时跟踪上百个目标。

导弹阵地雷达是一部相控阵雷达，用于对目标进行精确跟踪并引导拦截弹拦截目标。其工作频率为2.8～3.0 GHz，发射机峰值功率为12 MW，脉冲重复频率为200 Hz，噪声系数为5 dB，采用圆极化。该雷达的最大作用距离约1 280 km，可引导20枚斯普林特或斯帕坦导弹，并有有限目标搜索和跟踪能力。

数据处理系统的功能包括目标数据处理和拦截计算、目标的机动弹道计算等。该系统主要用于确保识别目标、计算拦截弹的弹道和引导拦截弹命中目标，同时还要完成为实现反导任务所采取的其他各项决策任务。

环形搜索雷达

导弹阵地雷达及其发电设备

指控与发射 指挥控制和通信系统的任务是与卫兵系统的分系统连接,有效传递彼此间的数据信息,使各分系统之间保持及时、准确而有效的联系,以实现对整个系统的指挥与控制。

斯帕坦导弹采用垂直热发射。斯普林特导弹储存于圆筒形垂直发射井内,采用气体弹射发射方式。发射井直径为 2.7 m,深为 9.3 m;发射井中间安放导弹发射管,直径为 1.53 m,长为 3.67 m;底部是活塞,活塞下部是燃气发生器。当接到发射命令后,燃气发生器立即点火,并把高压燃气迅速喷到活塞下边的小腔室中,在高压燃气的推动下,活塞及导弹迅速上升,当活塞上升的距离为 3.05 m 时,上升加速度达到最大值;当活塞和导弹分离时,导弹的上升速度已达其极限速度的 5%,即可使导弹获得 178~200 m/s 的初速;当导弹刚离开发射井口时,助推器开始点火,点火时间比燃气发生器的点火时间滞后 0.5 s。

发展与改进

20 世纪 50 年代中期，美国开始发展反弹道导弹系统，1957 年在奈基地空导弹的基础上研制了奈基-宙斯反导系统，主要防御洲际弹道导弹，用于大城市防御。由于该系统的技术水平低，防御能力差，1963 年年底开始发展奈基-X 系统。该系统是一种高空和低空拦截相结合的双层拦截系统，较奈基-宙斯系统在拦截能力、多目标跟踪和拦截及目标识别能力方面有较明显的改进。

1967 年 9 月，美国国防部决定建造一个价值 50 亿美元的有限反导系统，命名为哨兵系统，1969 年 3 月暂停，后对研制和部署计划进行改进，1969 年将哨兵系统改名为卫兵系统。1975 年 10 月，在美国北达科他州大福克斯由 70 枚斯普林特导弹和 30 枚斯帕坦导弹组成的卫兵反导系统建成，1976 年 2 月美国宣布拆除该系统。

美国陆军从 1955 年 6 月开始研究弹道导弹防御系统，同时研制斯帕坦导弹，到 1976 年 2 月拆除卫兵系统为止，斯帕坦导弹进行了几十次飞行试验，大部分取得了成功。但该导弹机动能力差，不能对付分导多弹头和机动飞行目标，外大气层识别真假弹头能力差，加上费用高及受到《反导条约》的限制，斯帕坦导弹在 1976 年以后退役。在后来美国进行的战略防御倡议（SDI）计划研究中，斯帕坦导弹的发动机作为内大气层高空拦截弹（HEDI）试验弹的第一级。

斯普林特导弹于 1961 年开始研制，将大气过滤识别真假弹头的方法和减低目标拦截高度实现低空拦截概念引入反导系统。1963 年 3 月，美国正式选定洛克希德公司奥尔兰多分公司为主承包商，研制工作正式启动。自 1963 年到 1970 年 12 月，研制试验和生产经费共计 7.8 亿美元。

斯普林特导弹在外形选择、控制方式（第一级采用流体二次喷射）和加速特性等方面具有低空拦截反导导弹设计的特点，但通过试验发现斯普林特导弹加速度低、机动能力差、制导精度不高，因此它不是实用的导弹武器系统。为了克服存在的问题，美国对斯普林特导弹进行了改进。为了提高加速度，制订了实验型高加速度助推器计划——希贝克斯（HIBEX）计划；为了提高精度，1967 年开始研制激光末制导；1968 年开始研制改进型斯普林特-2 导弹，作战距离为 160 km，作战高度为 30 km，最大速度为 4.7 km/s，并提高了命中精度。斯普林特-2 导弹于 1971 年 9 月完成方案论证，增大了机动能力，提高了可靠性，增加了抗核能力等。1974 年 6 月进行了第一次发动机的静态点火试验；原计划到 1977 年年底完成飞行试验和系统作战试验，1980 年进行部署，但由于卫兵系统的撤销，该计划未能实现。

1976 年，由于美国关闭并拆除了卫兵系统，因此斯普林特导弹停产。此后，斯普林特导弹虽未再生产和装备部队，但部分技术被战略防御倡仪计划使用，其第二级、第三级曾参与 HEDI 拦截试验弹的试验。

地基中段防御系统（GMD）

概　述

地基中段防御系统（Ground-based Midcourse Defense，GMD）是一种非核杀伤的战略弹道导弹防御系统，是美国全球一体化弹道导弹防御系统的重要组成部分，用于保卫美国本土免遭有限数量远程和洲际弹道导弹攻击。GMD系统主要由预警探测、火控通信和拦截弹3大功能系统组成，全球分布式部署。美国国防部导弹防御局负责GMD系统研制管理。美国波音公司为GMD系统的主承包商，负责系统设计、开发和集成；美国雷声公司负责外大气层杀伤器（EKV）研发；轨道ATK公司（已被诺斯罗普·格鲁曼公司收购）负责地基拦截弹（GBI）推进系统研发；诺斯罗普·格鲁曼公司负责火控通信系统研发。

GMD系统是在国家导弹防御（NMD）系统基础上发展的，采用边研制、边试验、边部署、边升级的发展模式。1992年开始研制地基拦截弹，1998年波音公司被选定为GMD系统主承包商，进行系统研发与集成。2002年6月美国正式退出《反导条约》，将NMD

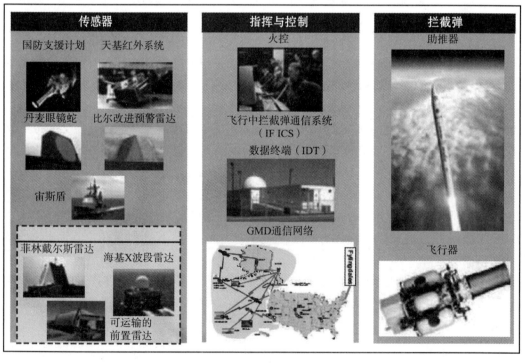

GMD系统组成图

更名为 GMD，做出 2004 年部署的决定。2004 年 7 月首枚 GBI 在阿拉斯加州格里利堡部署，GMD 系统具备初始作战能力。2012 年 GBI 部署数量为 30 枚。2019 年 12 月 GBI 部署数量为 44 枚，在阿拉斯加格里利堡部署了 40 枚，由隶属美国陆军的第 100 导弹防御旅负责操作；在加利福尼亚范登堡空军基地部署了 4 枚。导弹防御局原计划 2020 年在阿拉斯加格里利堡再部署 20 枚 GBI，使部署总数达到 64 枚。由于 2019 年导弹防御局终止了用于地基拦截弹的重新设计杀伤器（RKV）发展计划，部署时间将推迟至 2030 年前后。根据导弹防御局 2010 年公开披露的信息，单枚 GBI 的价格约为 7 500 万美元。

主要战术技术性能

	对付目标	远程和洲际弹道导弹
	最大作战距离/km	5 000
	最小作战距离/km	1 000
	最大作战高度/km	2 500
	最大速度（Ma）	24.4
	杀伤概率/%	单发>0.7
	制导体制	惯导+指令修正+末段可见光与双色红外制导
	发射方式	地下井垂直发射
	弹长/m	16.61
	弹径/m	1.27
	发射质量/t	21.6
	动力装置	三级固体火箭发动机（OBV 火箭）
战斗部	类型	外大气层杀伤器（EKV），直接碰撞动能杀伤
	质量/kg	64

系统组成

GMD 系统用于拦截处于外大气层中段飞行的远程和洲际弹道导弹，系统关键组件包括：预警探测系统，地基拦截弹及发射系统，火控和通信系统。GMD 系统通过外部接口与弹道导弹防御系统（BMDS）的其他组成部分连接。

导弹 GBI 由外大气层杀伤器和三级固体助推火箭组成，用于拦截并摧毁在外大气层处于中段飞行的弹道导弹及弹头。GBI 发射后，助推火箭携带 EKV 飞向预计的目标位置。当 EKV 与助推火箭分离后，依靠地面支持与火控系统传送的数据以及自身导引头跟踪的数据飞向目标，利用直接力控制完成末段飞行中的机动，最终与目标直接碰撞，摧毁目标。

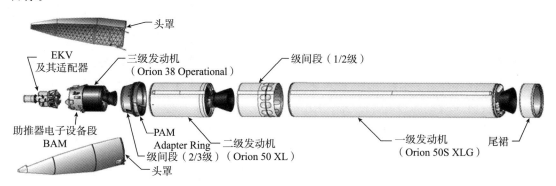

地基拦截弹（GBI）组成图

EKV 由导引头、推进系统、制导设备和姿轨控系统等组成，推进系统采用偏二甲肼和四氧化二氮液体燃料推进剂。EKV 的长度为 1.39 m，直径为 0.61 m，质量为 64 kg，最大速度为 7.5 km/s。

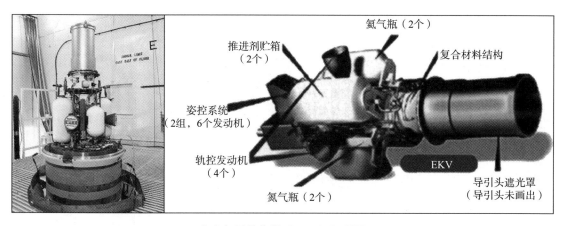

外大气层杀伤器（EKV）组成图

EKV 上导引头的传感器由 1 个可见光探测器和 2 个红外探测器组成，用于捕获、跟踪和采集威胁目标群的信息，最大作用距离为 600～800 km。可见光探测器为远程探测器，除了用于星校准确定 EKV 在空间的方位外，还在太阳光照射环境下捕获与跟踪目标。如果没有太阳光照射，EKV 就必须用长波红外探测器捕获目标。2 个长波红外探测器由 256×256 元碲镉汞红外焦平面阵列和位于光学望远镜末端的低温冷却装置组成，一个工作在长波红外波段的低端，另一个工作在长波红外波段的高端。

制导设备由惯性测量装置、信号处理器和数字处理器等组成。惯性测量装置用于敏感 EKV 的运动，提供精确的位置和速度信息；信号处理器负责处理导引头获取的目标信息，确定目标的方位；数字处理器负责处理惯性测量装置提供的 EKV 运动参数和信号处理器提供的目标信息，识别真假目标、选择瞄准点并计算正确的拦截飞行弹道，控制姿控与轨控系统，使 EKV 准确地飞向目标并与之相撞。

姿控与轨控系统由 2 组 6 台姿态控制发动机、4 台轨道控制发动机和液体推进剂贮箱等组成,用于稳定 EKV 姿态和提供约 5 s 的横向机动能力。

目前 EKV 共有 5 种型号。基本型称为能力增强-0 型(CE-0),主要用于 GBI 研制与试验;改进型包括 CE-1 型、CE-1 Block 1 型、CE-2 型和 CE-2 Block 1 型,分别用于试验和部署。已部署的 GBI 中,18 枚采用了 CE-1 型 EKV,16 枚采用了 CE-2 型 EKV,10 枚采用了 CE-2 Block 1 型 EKV。为提升 GBI 的可靠性和应对不断升级威胁的能力,又提出和启动了 2 种动能杀伤器的发展方案。一种称为重新设计杀伤器(RKV),采用模块化设计方案,主要提升 GBI 的可靠性,由于技术难度大、经费超支,国防部于 2019 年 8 月终止该项目研发;另一种称为多目标杀伤器(MOKV),目前正在研制,重点提升对付分导式多弹头和带有先进对抗措施的复杂目标,有望于 2025—2030 年服役。

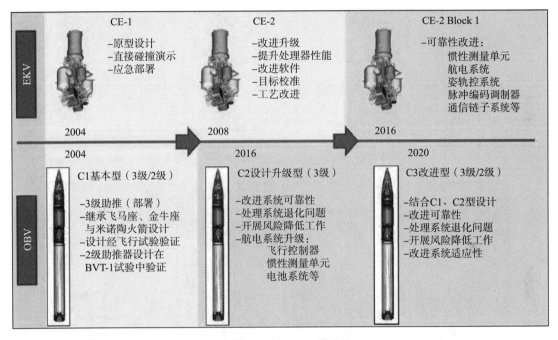

GBI 的 EKV 与 OBV 的演进

GBI 的助推火箭有 2 种方案:一种是轨道科学公司研制的 OBV 火箭,另一种是洛克希德·马丁公司研制的 LM-BV 火箭。目前 GBI 选用的是轨道科学公司的 OBV 火箭。

OBV 助推火箭由 3 级构成,由阿连特技术系统公司(现为诺斯罗普·格鲁曼公司)研制,第一级为 Orion 50S XLG 发动机,第二级为 Orion 50 XL 发动机,第三级采用 Orion 38 发动机。这种 3 级助推火箭目前有 2 种型号,基本型称为 C1 型,改进型称为 C2 型,携带 CE-1 型和 CE-2 型 EKV 的 GBI 采用 C1 型助推火箭,携带 CE-2 Block 1 型 EKV 的 GBI 采用 C2 型助推火箭,可为 GBI 提供 206~216 s 助推飞行时间,最大关机速度为 8.3 km/s。目前美国还在对 OBV 助推火箭进行技术改进,称为 C3 型助推火箭,可提供两级或三级可选的技术状态,计划 2020 年后投入使用。

OBV 助推火箭的三级火箭技术性能

助推火箭	一级火箭 (Orion 50S XLG)	二级火箭 (Orion 50 XL)	三级火箭 (Orion 38)
直径/m	1.27	1.27	96.5
长度/m	9.45	3.10	1.35
总质量/kg	16 203	4 318	894
推进剂质量/kg	15 024	3 924	771
燃烧时间/s	68.4	69.7	67.7
总冲/N·s	40 265 100	11 200 600	2 184 100
平均推力/N	588 021	160 560	32 230
平均比冲/s	273	291	289

LM-BV 火箭的第一级采用阿连特技术系统公司研制的 GEM-40VN 火箭发动机，第二级和第三级采用美国联合技术公司研制的 Orbus-1A 火箭发动机，可为 GBI 提供助推飞行时间约 145 s，关机速度为 5.44 km/s。由于在研制中遇到技术问题，导致进度延误，目前未被用作 GBI 的助推火箭。

使用 OBV 助推火箭的 GBI（部署）　　使用 LM-BV 助推火箭的 GBI（未部署）

探测与跟踪　地基中段防御系统的预警探测系统用于为拦截作战提供早期的目标预警和跟踪，主要由天基预警卫星系统和地（海）基预警雷达构成。

天基预警卫星系统由国防支援计划（DSP）卫星系统和天基红外系统（SBIRS）卫星系统组成，目前在轨运行的预警卫星包括：4颗DSP卫星，4颗地球同步轨道天基红外系统卫星（SBIRS-GEO），4颗大椭圆轨道天基红外系统卫星（SBIRS-HEO）。此外，还有3颗空间跟踪与监视系统（STSS）卫星在低轨运行，主要任务是对全球范围内弹道导弹进行助推段探测和全程跟踪识别。

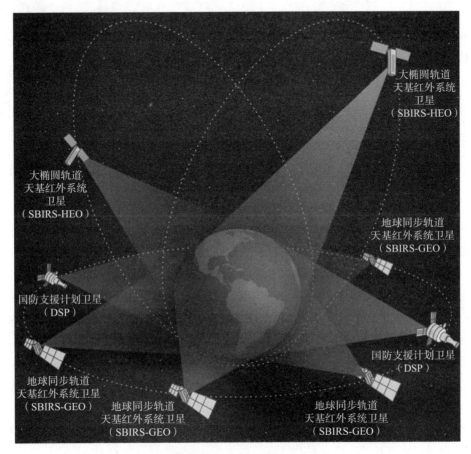

天基预警卫星系统构成

国防支援计划卫星系统是美国研制部署的首个预警卫星系统，1972年开始投入使用，共发展了三代，目前有4颗卫星在轨运行，均为第三代系统。DSP卫星采用红外传感器探测，旋转扫描方式工作，一次扫描时间约10 s，4～5次扫描可判定和找到发射的导弹，然后进行跟踪，从探测到导弹到把数据送到战场管理中心约5 min。DSP卫星系统具有预警范围广的特点，能够对两极地区外的大部分区域进行预警，但由于研制时间较早，难以应对不断发展的弹道导弹威胁，美国于1995年提出发展天基红外系统（SBIRS）卫星计划，取代DSP卫星系统。

SBIRS卫星于20世纪90年代开始研制，设计由2颗大椭圆轨道（SBIRS-HEO）卫星和4颗同步轨道（SBIRS-GEO）卫星组成，主要任务是为弹道导弹防御系统提供更快、更准确的导弹发射报告，探测跟踪导弹飞行情况，同时提供战场态势信息，支持任务

国防支援计划卫星　　　　　　天基红外系统卫星

规划和作战力量防护等任务。SBIRS-GEO预警卫星载有扫描型和凝视型两种红外探测器，可同时获取短波红外、中波红外和对地探测波段三波段数据，扫描速度和灵敏度比DSP卫星高10倍以上。SBIRS星载扫描探测器的扫描周期为1 s，10 s内完成导弹轨迹测量预报，具备对射程300 km以上弹道导弹预警的能力，对地观测高度可低至3～15 km。由于用2颗卫星对导弹助推段进行凝视跟踪，可精确给出导弹关机点参数。SBIRS-HEO预警卫星采用载荷搭载方式在轨运行，探测范围覆盖地球南北两极，以实现全球范围导弹预警。SBIRS卫星克服了地基雷达无法探测距离较远地区发射导弹和确定导弹位置的缺陷，当来袭导弹在SBIRS卫星附近释放假目标时，还可观察到诱饵的释放和膨胀，有效提高了地基中段防御系统的目标识别能力。

至2019年年底，美国已部署了2颗大椭圆轨道卫星，4颗同步轨道卫星。首颗SBIRS同步轨道卫星（GEO-1）在发射升空2年后于2013年5月开始运行，GEO-2于2013年3月20日发射升空。其中，大椭圆轨道卫星载荷HEO-1、HEO-2分别于2006年6月、2008年3月发射入轨；HEO-3于2014年12月发射入轨；HEO-4于2017年9月发射入轨；地球同步轨道卫星GEO-1、GEO-2、GEO-3、GEO-4分别于2011年5月、2013年3月、2017年1月、2018年1月发射入轨。GEO-5和GEO-6卫星预计将分别在2020年和2021年交付。地基预警雷达由升级型早期预警雷达（UEWR）、丹麦眼镜蛇（Cobra Dane）、海基X波段雷达和AN/TPY-2前置型X波段雷达组成。升级型早期预警雷达（UEWR）是一种远程固态相控阵雷达，工作在UHF频段，能够向弹道导弹防御系统提供探测、跟踪和分类数据，但不具备目标识别能力，同时也可为美国空军太空司令部空间态势感知提供支持。目前美国共有3部UEWR，分别位于美国加州比尔空军基地、英国菲林戴尔斯和丹麦格陵兰岛的图勒空军基地。马萨诸塞州科德角和阿拉斯加州克利尔空军基地的预警雷达正在升级，以提高中程弹道导弹防御目标的预警、跟踪和目标识别能力。2013年美军开始对早期预警雷达进行升级，2014年起所有早期预警雷达都转交美国空军，2017年开始正式参与导弹防御局地面试验。UEWR的探测距离为4 800 km，雷达的各阵面扫描方位角为120°。比尔空军基地和图勒空军基地雷达为2阵面，方位角范围为240°，位于菲林戴尔斯的雷达为3面阵，具备360°探测跟踪能力。

升级型早期预警雷达

丹麦眼镜蛇是一部L波段大型相控阵雷达，工作频率为1.1~1.3 GHz，专用于弹道导弹的跟踪和识别，位于阿拉斯加谢米亚空军基地。丹麦眼镜蛇雷达的最大探测距离为3 200 km，观测方位宽扇区为120°，但方位高质量跟踪区只有22.5°的区域，高低角＜80°。通过升级改进，提高了对处于中段飞行的来袭弹道导弹目标的探测、跟踪和识别能力，改善了对中程弹道导弹的探测距离，同时保留了雷达的太空监视跟踪能力。

丹麦眼镜蛇雷达

海基 X 波段（SBX）雷达是把地基 X 波段雷达安装在一个由海底石油钻探平台改装成的巨大的海上平台，由波音公司和雷声公司联合研制。SBX 雷达可为 GMD 系统提供搜索、截获、跟踪、识别、火力支持、飞行中目标修正、目标物体图像传送和杀伤评估等功能。搜索功能需借助预警卫星或早期预警雷达提供的指示信息完成。首先是对目标进行分类然后进行识别，依靠图像和运动特性，最终从破片、箔条、诱饵中识别出弹头。SBX 雷达质量为 2 000 t，相控阵天线共有 69 632 个多频收发模块，在方位和俯仰上各有 50°的视场，其圆顶能够旋转，可以跟踪来自任何方向的目标。

SBX 雷达

指控与发射 GMD 系统的作战指控系统主要由 GMD 火控和通信网络（FCN/C）实施，与美国弹道导弹防御系统的指挥控制、作战管理和通信（C2BMC）系统连接，借助卫星通信、光缆通信和飞行中拦截弹通信系统（IFICS），把 GMD 系统的各个组成部分联系在一起协调工作，包括接收各种探测器获取的数据，分析来袭导弹的各种参数，计算最佳的拦截点，引导雷达捕获与跟踪目标，下达发射拦截弹命令，向飞行中的拦截弹提供修正的目标信息，评价拦截成功与否等。

GMD 火控系统是管理地基中段防御系统的软件。通过国防卫星通信系统接收分布于全球不同位置的传感器获取的信息，分析后形成战场图像，进行威胁分析与排序，确定拦截对象、拦截模式和次数，制定 UEWR 和海基 X 波段雷达探测计划，GBI 拦截计划和 IFICS 指令通信计划，对跨地域分布式作战资源综合调度，进行火力控制，给出预测拦截点和相应发射诸元。GBI 发射后，地基中断防御火控系统（GFC）实时中继目标飞行数据，通过 6 个运行中的飞行数据终端中的 1 个向 EKV 发送。目前 GMD 火控系统是基于 20 世纪 90 年代的技术和硬件、在 2000 年年初安装的。为延长系统使用寿命，正在进行 2

项重要升级，2019 年完成。一项称为 GFC 6B3，具备对 44 个 GBI 制定作战计划的能力，加入新的识别算法以提升能力。另一项称为 GFC 7A，提高系统间冗余转换，更换老化的指令启动设备，升级和精简架构。GFC 7B 系统将具有选择两级和三级可选助推器的能力，识别能力升级，还具有新型核武器效应规划软件，以及与新的杀伤器通信的能力。

通信网络实现地基中段防御系统各构成要素的集成、同步，还可通过 C2BMC 接收信息，使宙斯盾舰上的 AN/SPY-1 雷达以及前置部署的 AN/TPY-2 雷达为美国的本土防御提供支持。

飞行中拦截弹通信系统（IFICS）向拦截弹上传信息，由地面站与 GBI 弹载通信单元组成。

为快速评估 GMD 系统的杀伤效果，形成观察—判断—决策—杀伤—评估完整作战链路，提高拦截效率，降低拦截成本，约翰·霍普金斯大学应用物理实验室研发了天基杀伤评估（SKA）系统。天基杀伤评估主要功能是：确定是否拦截到目标，拦截目标的类型（常规弹头、核弹头、生化弹头还是诱饵），是否为正面撞击以及目标是否被摧毁。天基杀伤评估系统由 22 颗寄宿在商业卫星上的传感器载荷组成。单个传感器载荷质量为 10 kg，由 1 个高速光谱传感器、1 个高速偏振成像传感器和 1 个高速偏振非成像传感器组成。光谱传感器用于对拦截中的辐射、热和光谱等信息进行成像，偏振传感器用于确定拦截时所产生物质（碎片、颗粒、等离子体、气体等）的粒度分布，确定弹头的类型。天基杀伤评估系统本身不具备导弹跟踪能力，需要依赖导弹防御指挥控制系统获取关于拦截位置的信息，提前定位传感器，观察导弹拦截时产生的撞击云扩散的速率、强度以及光谱随时间的变化，将结果与之前试验测试结果进行比对，进行杀伤效果评估，并将杀伤评估信息传送到地面指挥控制系统，确定是否需要发射拦截弹进行二次拦截。2017 年开始，天基杀伤评估系统载荷搭载在第二代铱星上陆续发射，至 2019 年 1 月，已经完成全部 22 个有效载荷的部署，2019 年该系统参与了 GMD 系统拦截试验。

天基杀伤评估系统示意图

GBI 发射方式为固定阵地井基发射。发射阵地包括地下井、GBI 接收和处理大楼、GBI 储存设施和其他支援设施，占地约 2.43 km²。目前，美国在阿拉斯加的格里利堡基地设置了 40 套地下井发射装置，在加利福尼亚的范登堡基地设置了 20 套地下井发射装置。2018 年 1 月，美国国会通过了一项短期预算支出法案，国会将拨款 2 亿美元在阿拉斯加格里利堡新建第 4 个地基拦截弹地下发射井阵地。新阵地用于部署 20 枚地基拦截弹，一旦计划完成，格里利堡基地的 GBI 数量将增至 60 枚。

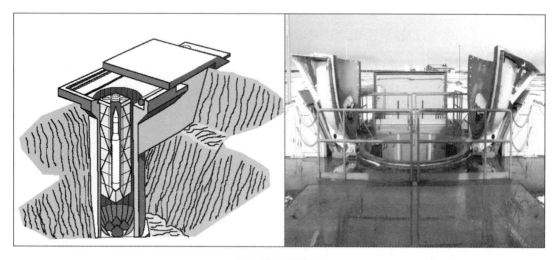

GBI 地下发射井

作战过程

GMD 系统整个拦截过程简述为：天基预警卫星探测到弹道导弹发射，早期预警雷达探测和跟踪来袭导弹的弹道信息，SBX 雷达和 AN/TPY-2 雷达精确跟踪和识别目标，发射 GBI 拦截来袭目标，C2BMC 进行拦截效果评估。

GMD 系统具体拦截过程为：

DSP/SBIRS 卫星探测到威胁发射，将红外数据传递至任务控制站（MCS），任务控制站将威胁数据传输至导弹防御系统和火力分配中心（FDC），向地基中段防御火控系统（GFC）和操作人员发出警报；地基中段防御火控系统（GFC）确定来袭目标具有威胁后，系统转变为警报状态，向所有单元发出警报。

前置部署的 AN/TPY-2 雷达和具备弹道导弹防御能力的宙斯盾舰载 AN/SPY-1 雷达同时探测来袭弹道导弹目标，获取目标信息后开始跟踪，将信息传送至地基中段防御火控系统（GFC）。

C2BMC 系统将有关目标的发射信息发送给升级型早期预警雷达，由升级型早期预警雷达在预定空域进行搜索、捕获跟踪目标，初步预测弹道落点。

跟踪雷达获取到升级型早期预警雷达提供的目标指示信息，捕获来袭弹道导弹目标，转入自动跟踪状态，对目标进行综合识别。

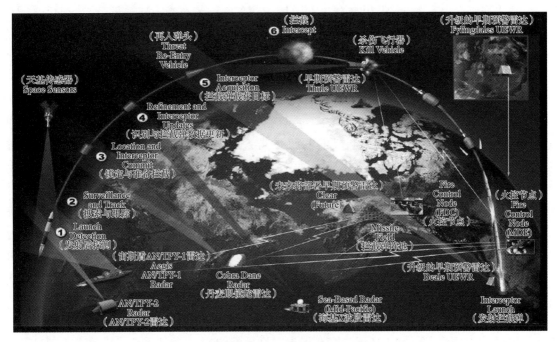

GMD 系统拦截作战过程示意图

GMD 火控系统根据获取的信息进行拦截适宜性判断,当具备拦截条件时,向 GBI 发控系统发出发射指令。

GBI 发射后,雷达继续跟踪目标,同时以系统要求的数据率通过 IFICS 向 GBI 发送目标信息(IFTU),引导 GBI 向预测命中点飞行。

在 GBI 飞行过程中,雷达持续进行目标识别,形成目标物体图(TOM),在 EKV 分离前向拦截弹发送 TOM 数据;雷达通过 IFICS 接收 GBI 下传的位置和状态信息;当满足预定条件时,EKV 与助推火箭分离。

EKV 调整自己的姿态,EKV 机动以接收第一个通信事件,包括处于飞行中的目标的更新数据(IFTU),以及传输飞行状态报告。GBI 根据 IFTU 进行航向修正,然后机动接收第二次通信事件,包括处于飞行中的目标的更新数据(IFTU),进行姿态修正。在到达预定范围后,EKV 利用导引头上传感器获取目标的综合信息,识别出弹头。EKV 根据导引头成像数据对来袭目标进行命中点选择,制导控制系统引导 EKV 飞向预定目标的命中点,依靠动能碰撞杀伤目标。

目标被拦截后,GMD 火控系统根据雷达提供的拦截弹和弹道导弹目标的坐标数据,以及获取的目标被拦截后的雷达散射截面信息进行杀伤效果评估。

发展与改进

GMD 系统发展可追溯到 20 世纪 70 年代,至今已有 40 余年发展历史,先后经历了技术探索、系统研制集成与试验、部署与能力验证和持续升级改进等几个发展阶段。

技术探索阶段。20世纪70年代末，美国国防部实施了名为上层寻的试验（HOE）的计划，研究第一代采用动能碰撞杀伤技术的拦截弹技术，1983—1984年完成了4次拦截试验，1984年6月10日试验获得成功。20世纪80年代末，在国防部战略防御倡议（SDI）计划下，开始发展第二代拦截弹技术，称为大气层外再入飞行器拦截系统（ERIS）计划，1991—1992年完成2次拦截试验，一次获得成功。

系统研制集成与试验阶段。1993年，克林顿政府调整美国弹道导弹防御政策，把应对朝鲜和伊朗弹道导弹对美国本土形成的威胁作为系统发展目标，提出发展国家导弹防御（NMD）系统，以及第三代地基拦截弹，即采用外大气层杀伤器的地基拦截弹。1996年在克林顿总统第二个任期开始时，美国国防部制定了NMD系统"3+3"发展计划，即用3年时间发展各项技术和系统的各子系统，1999年开展综合性系统试验，决定是否需要部署。如果决定部署，随后3年内可随时部署。1998年5月，美国国防部导弹防御局选定波音公司为NMD系统主承包商，组成研发团队，授予3年16亿美元研发合同。克林顿政府时期NMD系统共完成了3次拦截试验，一次取得成功，试验暴露出GBI设计缺陷及存在的可靠性问题。

部署与能力验证阶段。2001年小布什政府执政，对美国导弹防御政策进行了一系列重大调整：2001年12月13日正式宣布退出《反导条约》，6个月后正式生效，为NMD系统部署扫除障碍；全面调整弹道导弹防御系统架构，将国家导弹防御系统更名为地基中段防御系统，任务性质不变；决定2004年部署地基拦截弹，加快地基拦截弹研制试验进度。2001—2002年，GMD系统共进行了5次拦截试验，连续4次成功，为2004年GBI部署奠定了基础。2003年10月和2004年1月，美国陆军空间与导弹防御司令部相继在科罗拉多州和阿拉斯加州组建和启用了2支导弹防御部队，第100导弹防御旅和第49导弹防御营。2004年7月3日，在阿拉斯加格里利堡建设的第一个GMD基地宣告落成，22日首枚GBI在基地部署。2004年12月10日，在加利福尼亚州范登堡空军基地建设的第二个GMD系统基地部署了一枚GBI。至2008年年底小布什政府任期结束，GMD系统共进行5次拦截试验，3次成功，2次失利（拦截弹未发射），试验具备复杂、全面和一定的挑战性，验证了部署状态的GMD系统的实战能力。

持续升级改进阶段。2010年，奥巴马政府发布首份《弹道导弹防御评估》报告，重新评估导弹防御政策，采取可负担得起的、稳健务实推进弹道导弹防御系统发展的政策，强调新能力部署前必须在真实作战条件下进行评估试验。2010—2013年GMD系统在复杂程度更高的拦截试验中连续多次失败，GBI及EKV设计问题和可靠性低成为导致试验失败的主要原因。期间针对试验出现的问题，先后对EKV制导系统和GBI进行了升级改进。2014年6月，GMD系统再次进行拦截试验，取得了久违的成功。2017年5月GMD系统首次拦截洲际弹道导弹试验取得成功，2019年3月GMD系统首次双发齐射拦截洲际弹道导弹试验取得成功。自1999年至2019年年底，GMD系统共完成20次拦截试验，11次成功，成功率为55%。近期几次试验表明，拦截试验场景设定和复杂程度更趋实战，GMD系统可靠性得到提升。

GBI部署规模发展方面，2013年3月，奥巴马政府宣布增加部署14枚地基拦截弹，由 30 枚增加到 44 枚，并寻找和确认第三个拦截弹部署点。新增 GBI 部署在阿拉斯加州的格里利堡，2017 年 12 月完成了部署。

GMD 系统持续升级发展阶段。首先是持续升级 EKV。为全面提高 GBI 上 EKV 性能和可靠性，2015 年导弹防御局开始实施重新设计杀伤器（RKV）计划，用于新增部署的 GBI，2017 年完成初始设计评审，2018 年在关键设计评审阶段相关试验没有达到研发目标，研制计划推迟，2019 年 8 月导弹防御局以存在技术设计问题为由，终止 RKV 研制，也导致 14 枚 GBI 部署计划推迟。2015 年导弹防御局还启动了多目标杀伤器（MOKV）项目，目标是研发一种新型杀伤器，借助杀伤器数量优势，实现对中段飞行的弹道导弹弹头、诱饵等目标的可靠拦截，预计 2025 年完成研制并进行试验验证。其次全面调整 GMD 发展计划，大幅提高 GMD 系统拦截带有先进突防措施弹头目标的能力。2019 年美国特朗普政府发布新版《弹道导弹防御评估》报告，强调美国应保持对其他国家导弹威胁的技术优势，重点提升本土导弹防御能力，应对快速发展的复杂弹道导弹的威胁。GMD 系统未来升级计划主要体现在 4 个方面。一是提升 GBI 拦截能力，继续对 CE-2 Block 1 型 EKV 进行拦截试验验证，重点研发和部署下一代拦截弹（NGI），2028 年实现部署；二是全面升级导弹预警能力，发展下一代过顶持续红外系统（OPIR），建立天基传感器层，形成弹道导弹全程跟踪与识别能力；建造远程识别雷达（LRDR），增加地基雷达识别能力，2020 年投入使用；三是完成部署天基杀伤评估系统（SKA），形成 GMD 系统拦截作战过程完整杀伤链；四是构建更加强健灵活的国土导弹防御体系，即分层的国土防御系统，设想方案是由 GMD 系统、萨德系统和采用标准-3 Block 2A 导弹的宙斯盾弹道导弹防御系统共同构成分层拦截防御体系，实现对弹道导弹的分层多次拦截。

萨德（THAAD）

概　述

萨德（Terminal High Altitude Area Defense，THAAD）又称末段高层区域防御系统，最初名称为战区高层区域防御系统。萨德是美国洛克希德·马丁公司研制的一种可机动部署的末段高层导弹防御系统，用于保护美国部队、盟军、人口集中区和重要基础设施免受中近程弹道导弹的攻击。作为美国一体化弹道导弹防御系统的重要组成部分，萨德能同时在大气层内和大气层外对目标实施多次拦截，同时还可为低层拦截系统提供目标指示信息。萨德研制计划始于 1987 年，2000 年开始工程研制，2007 年进入生产阶段，2008 年 5 月装备美国陆军。萨德计划总研制费用约 72.12 亿美元。其中方案探索与论证阶段为 1 222 万美元，方案验证与确认阶段为 32 亿美元，工程研制阶段为 40 亿美元（包括提供 7 套发射装置、6 部指控及作战管理通信系统、3 部雷达、30 枚导弹）。首批部署生产费用为 6.19 亿美元（从 2007—2011 年，包括 48 枚拦截弹、6 套发射装置和 2 套火控与通信装置）。目前，美国共部署 7 个萨德连，包括部署在关岛和韩国的各一个导弹连。

萨德导弹防御系统

主要战术技术性能

对付目标	携带化学弹头、生物弹头、核弹头及普通弹头的中近程、中远程弹道导弹
最大作战距离/km	200
最大作战高度/km	150
最小作战高度/km	40
最大速度(Ma)	8.45
机动能力/g	10(大气层内)，5(大气层外)
杀伤概率/(%)	88
制导体制	惯导＋指令修正＋红外成像
发射方式	8 联装倾斜发射
弹长/m	6.17
弹径/mm	370(杀伤器)，340(助推器)
发射质量/kg	600
动力装置	单级固体火箭发动机
杀伤方式	直接碰撞动能杀伤

系统组成

萨德系统由拦截弹、8 联装导弹发射装置、X 波段监视与跟踪雷达、指挥控制、作战管理和通信（C2BMC）系统等组成。每个萨德营包括 4 个连，每个连有 150 枚拦截弹（包括已装填和待装填的）、9 部发射车、1 个战术作战中心、1 部雷达以及通信中继装置。每个营除了 4 个连的设备外，还有附加的 2 部雷达和 2 个战术作战中心，以提供系统灵活性和冗余度。

导弹 萨德拦截弹主要由动能杀伤器、级间段和固体火箭助推器 3 部分组成。

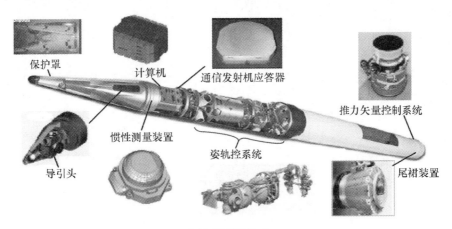

萨德拦截弹构成

动能杀伤器主要部件有：能产生致命杀伤的钢制头锥、2 片蛤壳式保护罩、红外导引头、集成电子设备包和双组元推进剂姿轨控系统。导引头由 BAE 系统公司研制，安装在一个双锥体结构内的一个双轴稳定平台上。钢制前锥体上的一个矩形的非冷却的蓝宝石板是导引头观测目标的窗口。前锥体前面的 2 片蛤壳式保护罩保护导引头及其窗口。在大气层内飞行期间，保护罩遮盖在头锥上，以减小气动阻力，保护导引头窗口不受气动加热影响，在导引头捕获目标前保护罩被抛掉。后锥体用复合材料制造。动能杀伤器在拦截并摧毁目标前与助推器分离。

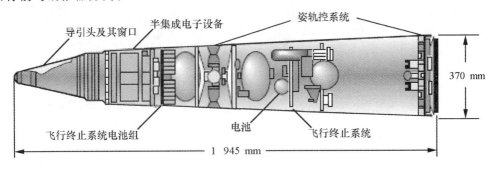

萨德拦截弹动能杀伤器结构图

萨德拦截弹导引头

萨德拦截弹采用预测比例导引，到接近目标前 2 s 转为比例导引。萨德利用推力矢量控制和空间点的选择来进行制导与控制。在助推段和中段提供弹道优化设计，用这种方法控制拦截器状态矢量，形成适宜的拦截关系，并保证导引头的窗口在设计要求之内。自动驾驶仪提供指令，在助推段用推力矢量控制。在大气层内导引头利用姿态控制提供气动升力机动，在大气层外利用轨控机动。姿轨控系统由普拉特·惠特尼公司研制。轨控发动机通过拦截器重心，可提供的横向机动能力为 5g。位于拦截器后部的 4 个俯仰偏航和 4 个滚动的姿态控制发动机在大气层内提供的气动力机动为 10g。在惯性飞行阶段进行极限的姿态控制，在发射到拦截的全过程进行滚动控制。

固体火箭助推器由航空喷气公司研制，由推进装置、推力矢量控制系统和尾裙装置组成。助推器采用丁羟推进剂，固体含量为 87%。壳体为石墨/环氧树脂，外壳为软木绝缘体。总冲为 619.6 kN·s，工作时间为 16 s，熄火点速度 2.6～2.8 km/s。助推器长度约 3.8 m，直径 0.34 m，总质量大于 300 kg（对应小的起飞质量）。助推器后端有一个可向外扩张的尾裙，裙瓣安装有易于减小运弹箱的横截面。按照弹上计算机指令，尾裙可用一个金属气袋打开。位于助推器前边的级间段包含一个分离发动机。助推器提供初始推力，以便使动能杀伤器达到合适的拦截高度和姿态。

萨德拦截弹姿轨控系统

级间段是推进系统和动能杀伤器之间的过渡装置，包括电子部件、分离系统发动机和飞行终止系统。

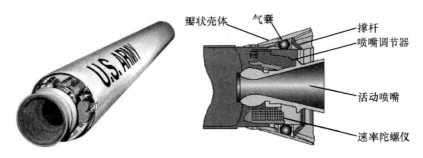

萨德拦截弹固体火箭助推器

探测与跟踪 萨德雷达为雷声公司负责研制的 X 波段固态相控阵雷达，主要用于探测、跟踪和识别目标，同时跟踪拦截弹并传送目标数据，提供修正的威胁目标图。雷达天线口径为 $10 \sim 12 \text{ m}^2$，由大约 3 万个辐射单元组成（试验用的雷达只有 12 000 个辐射单元），每个辐射单元的功率为 $5 \sim 10 \text{ W}$，作用距离为 500 km，频带宽是爱国者雷达的 167 倍，抗干扰能力更强。

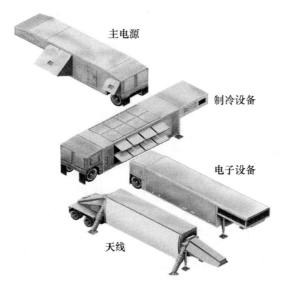

萨德系统的雷达

指挥与控制 萨德指挥控制、作战管理和通信（C2BMC）系统是一套分布式的、重复的、无节点的指挥和控制系统，主要功能是负责全面任务规划、评估威胁、对威胁排序确定最佳交战方案以及控制作战等，由战术作战中心（TOC）、发射控制站（LCS）和传感器系统接口（SSI）等组成。C2BMC 系统又被称为火控与通信（FCC）系统。

战术作战中心是萨德连和营的神经中枢。由 2 辆作战车辆（1 部用于作战，1 部用于部队训练及作战备份）和 2 辆通信车组成，内部设备包括 1 台中央计算机、2 个操作台、数据存储器、打印机和传真机等。

传感器系统作为独立的车辆，与雷达远距离部署，为雷达和 C2BMC 间通信提供接口。根据作战或部队指控命令，传感器系统接口设备可为与其相连的雷达提供直接的任务分配和管理。对传感器系统接口进行传感器与跟踪管理，传输前通过过滤和处理雷达数据，使通信负荷最小，可通过管理传感器来实现侦察、任务控制、缓和或避免饱合、目标图像确定、作战监视与控制等功能。

发射控制站提供自动数字式数据传输和语音通信连接，完成 C2BMC 系统内无线电通信功能，还可提供传感器系统接口和发射装置之间的通信线路。内部设备包括除地面天线外的所有无线电子系统。

发射控制站和萨德战术作战中心

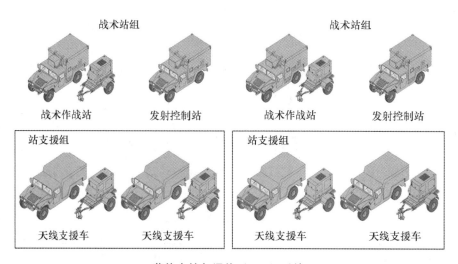

萨德火控与通信（FCC）系统

发射装置 萨德拦截弹采用倾斜发射。发射车以美国陆军货盘式装弹系统和 M1075 卡车为基础设计，车高 3.25 m，长 12 m，每辆发射车可携带 8 枚萨德拦截弹。早期设计的每辆发射车可携带 10 枚萨德拦截弹。该发射车与陆军现有的车辆具有通用性，提高了在战场上重新装弹的灵活性。机组人员能在不到 30 min 的时间里给发射车重新装弹并准备好重新发射。待命的拦截弹能在接到发射命令后几秒钟内发射。这种货盘式的装弹系统有利于缩小编制。

萨德发射车可用 C-17 运输机运输，符合萨德系统快速部署、发射和重新装弹要求。

车上蓄电池/蓄电池充电分系统可支持发射车连续12天自动工作。

萨德发射前由拦截弹装运箱提供保护，该装运箱用石墨/环氧树脂材料制造，以使质量最小。装运箱采用气密式密封，在拦截弹储存或运输时提供保护，并能使萨德拦截弹保持检验合格的状态。该装运箱也起发射筒的作用，被紧固在有8枚拦截弹的托盘上。该拦截弹的托盘再安装在发射车上，拦截弹直接从装运箱中发射出去。

萨德发射车（左为10枚装，右为8枚装）

作战过程

萨德系统整个作战过程分为侦察、威胁评估、武器分配、交战控制、导弹拦截等步骤。实战时，当预警卫星或其他探测器对敌方发射导弹发出预警后，首先用地基雷达在远距离搜索目标，一旦捕获到目标，即对其进行跟踪，并把跟踪数据传送给C2BMC。在与其他跟踪数据进行相关处理后，指控系统制定出交战计划，确定拦截并分配拦截目标，把目标数据传输到准备发射的拦截弹上，并下达发射命令。拦截弹发射后，首先按惯性制导飞行，随后指控系统指挥地基雷达向拦截弹传送修正的目标数据，对拦截弹进行中段飞行制导。拦截弹在飞向目标的过程中，可以接受一次或多次目标修正数据。拦截弹飞行16 s后助推器关机，动能杀伤器与助推器分离并到达拦截目标的位置。然后，动能杀伤器进行主动寻的飞行，适时抛掉保护罩，杀伤器上导引头开始搜索和捕捉目标，导引头和姿轨控系统把杀伤器引导到目标附近。在拦截目标前，导引头处理目标图像、确定瞄准点、通过直接碰撞拦截并摧毁目标。地基雷达要观测整个拦截过程，并把观测数据提供给指控系统，以便评估拦截弹是否拦截到目标。C2BMC系统进行杀伤评估，如目标未被摧毁，则进行二次拦截。如仍未摧毁，可由下层防御武器拦截。

发展与改进

萨德系统最初设计主要用来防御射程大于600 km的近程和中程弹道导弹，2002年年底美国退出《反导条约》后，美国导弹防御局开始改进萨德系统，使其防御能力扩大到对

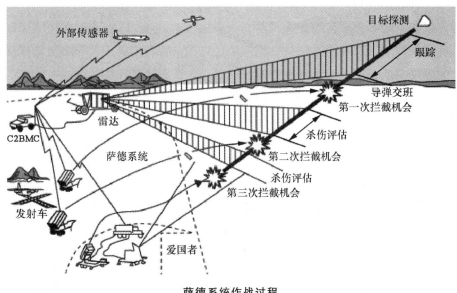

萨德系统作战过程

中程弹道导弹实施末段防御。萨德原称战区高层区域防御系统,2004 年 2 月改名为末段高层区域防御系统。该计划由美国国防部通过弹道导弹防御局(现为导弹防御局)发起,由美国陆军战略防御司令部(现为空间与导弹防御司令部)负责管理。萨德计划发展主要分成 4 个阶段。

方案探索与定义阶段(1987 — 1991 年) 1987 年美国军方首次提出任务需求,并开始方案论证研究。1990 年正式授予洛克希德公司等三组承包商竞争研究合同,1991 年完成方案论证及评审。

方案验证与确认阶段(1992 — 1999 年) 1992 年,萨德拦截弹与地基雷达系统研制进入方案验证与确认阶段,开始试验样弹和样机的方案设计。同年 9 月,美国陆军选定洛克希德公司负责萨德样弹试验;选择雷声公司负责演示验证萨德地基雷达样机。1993 年,克林顿政府将萨德系统定为重点发展的战区导弹防御计划的核心计划之一。同年 11 月,萨德计划顺利通过演示验证飞行试验软硬件关键设计评审。1994 年 5 月,完成最后的设计评审。1995 年 4 月,萨德拦截弹成功进行首次飞行试验,至 1999 年年底,共进行了 11 次飞行试验。其中的 8 次拦截试验,前 6 次连续失败,造成整体计划后延。在设计合理性被确认、质量控制加强后,后 2 次试验取得成功,从而结束该阶段任务,工作重点转向拦截弹的设计改进。

工程研制及生产阶段(2000 — 2009 年) 2000 年 6 月,萨德系统转入系统研制与演示验证阶段(后改称工程研制及生产阶段)。在此期间,萨德系统进行设计改进,并于 2003 年 12 月顺利通过系统关键设计评审。2004 年 3 月,美国国防部将萨德系统纳入美国多层导弹防御体系。2004 年 5 月开始试验弹生产,2005 年 11 月开始改进系统的新一轮飞行试验,2007 年开始,飞行试验场从白沙导弹靶场转移到太平洋导弹靶场。至 2008 年年底，改进的萨德系统共进行7次飞行试验，其中的4次拦截试验全部成功。本轮试验除验证系统改进后的基本性能外，还加强了对低空目标、分离目标、远程目标、复杂目标和真实作战环境下目标拦截能力的考核。据报道，2007年4月6日，萨德系统成功拦截一枚高度25 km的头体不分离目标。2007年6月27日，萨德系统又成功进行一次大气层内低空无目标拦截试验，通过一次迄今为止发射角最小的试验，完成了拦截弹发射、助推器和杀伤器分离、低空飞行环境下头罩分离、杀伤器控制以及低空飞行环境下拦截弹中部热效应评估。2008年6月萨德系统成功完成一次模拟真实作战环境（靶弹发射时间不被提前告知）下大气层内头体分离目标拦截试验。

生产与部署阶段（2007—2011年） 2007年1月，萨德计划正式进入生产与部署阶段。2008年5月28日，首批萨德武器系统正式装备美国陆军，首批部署在第32陆军防空反导司令部第11防空炮兵旅第4防空炮兵团α连，包括24枚拦截弹、3辆发射车、1套火控系统和1部萨德雷达。2017年7月，美国正式在韩国星州部署萨德系统。

萨德部署后，又进行了数次飞行拦截试验，试验验证内容逐步趋于复杂。其内容包括不同高度（大气层内外不同高度）、不同目标（红外模拟目标、整体目标、分离弹头）、不同交会条件（大交会角，小交会角）、多目标拦截、中远程弹道导弹拦截与多系统一体化联合作战试验等。其中，2009年3月18日，萨德系统通过双发齐射拦截了分离式目标，验证了萨德系统在大气层内探测、跟踪、拦截分离式目标的能力。2011年10月5日，萨德成功进行了一次多目标拦截飞行试验，此次试验为萨德首次初始作战与评估试验。试验中第一枚萨德拦截弹首先拦截了一枚从太平洋上空空中发射的近程弹道导弹靶弹，随后，第二枚拦截弹又成功拦截了另一枚从经过改装的航母上发射的近程弹道导弹靶弹。此次飞行试验中，检验了雷达跟踪多个目标和引导多枚拦截弹的能力，首次试验了萨德系统对多目标的拦截能力。2017年7月11日，萨德系统首次成功拦截中远程弹道导弹目标，试验使用了与实际作战场景相同的程序进行发射、火控和雷达操作，操作人员并不知道靶弹的实际发射时间。2019年8月30日，美国进行了萨德远距离发射拦截中程弹道导弹试验，首次验证了萨德系统远距离发射能力。

目前美国正在持续升级萨德系统软件以改善其应对先进威胁的能力。同时，这些改进还将提升萨德系统与其他系统之间的互操作性。2018财年预算修正版中增加了1.27亿美元，以升级萨德系统。升级后的萨德系统将具备3项新能力：一是使萨德系统的发射架具备远程发射能力，为系统提供更加灵活的部署方式，扩大保卫区；二是使萨德系统的雷达能够为爱国者系统提供目标跟踪数据，使爱国者系统在接收到来自萨德系统雷达的目标数据后，尽早发射拦截弹，使爱国者系统具备远程发射能力；三是使爱国者-3分段增强型（MSE）拦截弹与萨德系统集成，将爱国者-3 MSE拦截弹纳入萨德导弹连。按计划，驻韩美军的萨德系统将于2021年具备上述3项能力。

为增大系统拦截范围，同时应对新兴的高超声速助推滑翔导弹威胁，洛克希德·马丁公司于2014年启动了增程型萨德（THAAD-ER）系统的研制工作。增程型萨德系统在原萨德系统的基础上，将拦截弹发动机由单级增加至两级，同时增大第一级发动机直径，由37 cm增大至53 cm，拦截弹的作战高度和飞行速度都将明显提高。导弹防御局已将基于萨德系统的改进型作为高超声速武器防御概念研发项目,由洛克希德·马丁公司研发。此外,萨德系统经改进后,还将成为美国国土分层防御的组成部分,拦截洲际弹道导弹。

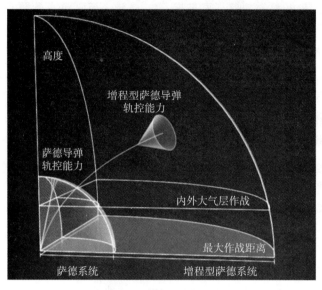

增程型萨德系统能力扩展

爱国者-3（PAC-3）

概 述

爱国者-3是美国洛克希德·马丁公司研制的一种陆基低层战区导弹防御系统,具有对付射程小于1 000 km战术弹道导弹的能力,也具有拦截巡航导弹和高性能飞机的能力。爱国者-3系统是在爱国者地空导弹系统的基础上改进的,1989年4月开始研制,1996年选定增程拦截弹（ERINT）作为爱国者-3系统的导弹,1999年开始低速生产,2002年装备部队,2003年在伊拉克战争中经过实战检验。2004年8月,爱国者-3导弹分段增强型（MSE）开始研制,2010年2月完成首次拦截试验,2016年7月具备初始作战能力。

爱国者-3系统的研制经费约35亿美元。目前美国部署了60个爱国者系统火力连,用于防御近程弹道导弹和巡航导弹,其中在美国部署了8个营共33个火力连,在海外部署了7个营共27个火力连。此外,德国、荷兰、日本、科威特、希腊、以色列等多个国家部署了爱国者-3系统。至2020年,美国向中国台湾出售了7套爱国者-3反导系统和444枚爱国者-3导弹。其中,2008年出售合同包括4套爱国者-3系统和330枚导弹;2010年出售合同包括3套爱国者-3系统和114枚导弹,合同额为28.1亿美元,除导弹外还包括3部AN/MPQ-65雷达、9套AN/MSQ-133信息协调中心、1个战术指挥站、3

套通信中继组、3个AN/MSQ-132交战控制站、26部M902导弹发射装置、5个天线杆，以及支援保障装备等。2020年7月，美国再次批准售台约6.2亿美元的爱国者-3导弹系统重新认证设备，更换将到期的组件并认证测试，以保持系统有效性。

爱国者-3导弹的单价约为300万美元，爱国者-3 MSE导弹的单价约为330万美元（价格中考虑到导弹的研发费用）。

爱国者-3系统

主要战术技术性能

	爱国者-3	爱国者-3 MSE
对付目标	战术弹道导弹、巡航导弹、高性能飞机	
最大作战距离/km	20（弹道导弹目标）	35（弹道导弹目标）
最大作战高度/km	15（弹道导弹目标）	22（弹道导弹目标）
最大速度(Ma)	5	
制导体制	惯导＋指令修正＋毫米波主动雷达寻的制导	
发射方式	16联装倾斜发射	12联装倾斜发射
弹长/m	5.2	5.2

续表

弹径/mm	255	290
翼展/mm	480	920
发射质量/kg	328	373
动力装置	单级固体火箭发动机	
战斗部	直接碰撞动能杀伤，带有杀伤增强装置	

系统组成

爱国者-3系统由导弹、发射装置、AN/MPQ-65相控阵雷达、AN/MSQ-104交战与火力控制站和其他支援设备等组成。每个火力单元由1部雷达、1个交战与火力控制站和6~8辆导弹发射车组成，每辆发射车上带有16枚爱国者-3导弹。

导弹　爱国者-3导弹弹体呈细长圆柱形，前端是整流罩和雷达导引头，其后是由180个微型固体发动机组成的姿控系统以及杀伤增强装置，弹体的后半部是固体火箭发动机、在弹体重心稍后配有固定式弹翼和空气舵。

爱国者-3导弹采用单室双推力固体推进剂发动机，发动机壳体由碳纤维环氧材料制成，发动机长为2.75 m，直径为260 mm，质量为195 kg。

爱国者-3导弹的主动雷达导引头工作在毫米波段，采用脉冲多普勒工作方式。导弹的机动由姿控系统与位于弹体后部的控制翼共同完成，姿控系统在导弹发射后初始段和末段保证对导弹的飞行控制，系统包括180个微型脉冲固体火箭发动机，排列成18列，每列10个。每个发动机的质量为41 g，壳体为碳纤维环氧材料，最大推力为3 237 N，最大工作时间为23.3 ms，由专门的电子点火开关接通。导弹在拦截战术弹道导弹时依靠直接碰撞动能杀伤方式摧毁目标，拦截巡航导弹或飞机时要启用杀伤增强装置。杀伤增强装置长度为127 mm，质量为11.1 kg，包括24个采用钨材料、质量为214 g的杀伤块和炸药装药，由导引头测距信息通过双保引信引爆。

探测与跟踪　爱国者-3系统采用的AN/MPQ-65相控阵雷达，执行对目标的搜索、跟踪、识别和对导弹的制导功能。AN/MPQ-65雷达工作在G波段，对雷达散射截面为1 m^2 的目标发现距离为3~170 km，最大目标探测数为100个，最大制导导弹数为9枚，雷达车质量为29 t。

发射装置　爱国者-3系统采用M901导弹发射架，安装在一辆M860A1两轴半挂车的后面，自带15 kW发电机、数据链终端和电子组件，由一辆M983 HEMTT牵引车牵引。每部发射架可装16枚爱国者-3导弹或4枚爱国者-2导弹。导弹采用固定角倾斜热发射，发射角为38°。发射车可以远离雷达部署，最大间隔距离为30 km。伊拉克战争中两者部署间距为18 km。

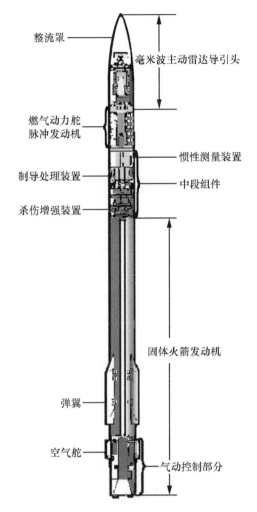

爱国者-3 导弹结构图

AN/MPQ-65 相控阵雷达

M902 型发射架是 M901 的升级型，对发射架的电子组件系进行了升级，主要用于发射爱国者-2 GEM 和爱国者-3 系列导弹。M903 型发射架的最新改进型，采用 M902 型发射架的电子组件，主要改进是为满足发射爱国者-3 MSE 导弹需要。M903 型发射架可配置 4 枚爱国者-2 GEM 导弹，也可配置 16 枚爱国者-3 导弹，或者 12 枚爱国者-3 MSE 导弹；也可采用混装配置方式，典型配置是 6 枚爱国者-3 MSE 导弹和 8 枚爱国者-3 导弹。

爱国者-3 导弹发射架

日本自卫队使用的爱国者导弹系统发射架

作战过程

　　导弹发射后靠惯性导航系统向预测的拦截点飞行，即主动雷达导引头截获的目标点飞行。在中段飞行阶段，导弹采用空气舵进行控制，空气副翼舵使导弹以 30 r/min 的速度滚动旋转。导引头截获目标前将天线整流罩上附加的头部防热罩抛掉，导引头天线对准目标可能所在点的中心。导引头截获目标后导弹的自转速度提高到 180 r/min，以便进行燃气动力控制，即启动相应数量的脉冲发动机进行机动飞行，力矩式的燃气动力控制是按当前导引头测量到的脱靶量来控制脉冲发动机点火的数量和时间。以消除最后剩余的脱靶量，达到直接碰撞的精度。

　　在拦截目标时，爱国者-3 系统将判定目标是弹道导弹还是巡航导弹，然后采取相应行动。如果目标是弹道导弹，则不启用杀伤增强装置，完全靠弹体直接碰撞杀伤。如果目标是巡航导弹或飞机等吸气式目标，爱国者-3 导弹将在碰撞目标前几毫秒启动杀伤增强装置，从而使导弹的前弹体与后弹体分离（两部分都将碰撞目标）。

发展与改进

　　爱国者-3 系统是在爱国者地空导弹系统的基础上改进的，爱国者-3 系统采取渐进式发展的模式，分三个阶段完成系统的研制与装备，即爱国者-3/1、爱国者-3/2、爱国者-3/3 系统。

爱国者-3/1 系统改进了作战指挥（ECS）系统和采用新的脉冲多普勒雷达处理器，但仍采用爱国者-2 导弹，在 1995 年装备部队。

爱国者-3/2 系统在 1996 年引入，增加了数据链路 Link 16 和联合战术信息分发系统（JTIDS）的能力。进一步提高了雷达对雷达散射截面小的目标的探测能力和抗反辐射导弹攻击能力。

爱国者-3/3 系统就是目前装备使用的爱国者-3 系统，采用了全新的雷达和导弹。用 AN/MPQ-65 雷达取代了基本型爱国者导弹系统的 AN/MPQ-53 雷达，使其可在强杂波环境下探测目标，并提高了其空间分辨能力，增强了其分辨真弹头与诱饵的能力。爱国者-3/3 系统最重要的改进为采用了洛克希德·马丁公司研制的 ERINT 导弹，它采用直接碰撞，动能杀伤技术。爱国者-3/3 系统于 2002 年开始装备部队。

最新改进型爱国者-3 MSE 已于 2016 年具备初始作战能力，该导弹采用了尺寸更大的控制翼和双脉冲固体火箭发动机，导弹的作战距离和机动性得到提升，该导弹最大作战距离为 35 km。爱国者-3 MSE 导弹采用了直径更大、推力更强的双脉冲固体火箭发动机，加大了热电池的尺寸以提高其性能和延长工作时间，并提高了导弹的敏捷性，防御范围有了显著提升。

爱国者-3 MSE 导弹

美国陆军正在开展低层防空反导传感器（LTAMDS）项目研究，目标是在 2022 年部署以逐步替换爱国者雷达。2019 年 10 月，雷声公司在竞争中胜出，将负责低层防空反导传感器项目研制。雷声公司为该项目设计的雷达是一种采用氮化镓器件的有源相控阵雷达，比现有爱国者雷达长 2.13 m，窄 0.28 m。新型雷达由三面阵列组成，除正面主阵外，还在两侧增加了两个较小的侧阵，以实现 360°全向探测。新型雷达探测能力大幅提高，侧阵探测距离是现有爱国者雷达的 2 倍，可由 C-17 运输机运输，符合美陆军机动性和运输性要求，能根据需要实现灵活部署。新型雷达将和防空反导一体化作战指挥系统，以及其他开放式架构一起工作。因此，它除了与当前的爱国者作战控制站保持兼容外，还将与北约系统具有完全互操作性。

荷兰在 2004 年订购了 32 枚爱国者-3 导弹，日本在 2004 年订购了 32 枚爱国者-3 导弹并在 2006 年又增购了 16 枚爱国者-3 导弹，且日本获得许可组装/生产爱国者-3 导弹。爱国者-3 系统的客户还包括韩国、埃及、印度、土耳其、中国台湾和以色列等。

雷声公司为低层防空反导传感器研制的固态有源相控阵雷达

标准-3（Standard Missile-3）

概　述

标准-3 导弹代号为 RIM-161，是美国雷声公司导弹系统分公司研制的在大气层外拦截近程、中程和中远程弹道导弹的导弹，是美国弹道导弹防御海基中段防御系统的拦截弹，也是陆基宙斯盾系统的拦截弹。标准-3 导弹目前主要包括 3 种型号，分别为标准-3 Block 1A、标准-3 Block 1B 以及标准-3 Block 2A。其中，标准-3 Block 1A 和标准-3 Block 1B 已部署，标准-3 Block 2A 处于研制与试验阶段，标准-3 Block 2B 由于技术和经费原因于 2013 年被取消。标准-3 导弹于 1992 年开始研制，2002 年 1 月完成首次拦截试验，2006 年 8 月首次交付标准-3 Block 1A 导弹，2007 年 11 月首次成功进行双发拦截试验，2008 年 2 月 21 日成功击毁美国失控卫星。2014 年 4 月交付标准-3 Block 1B 导弹，2017 年 2 月标准-3 Block 2A 完成首次拦截试验。

截至 2017 年 2 月，雷声公司已经向美国海军和导弹防御局交付超过 240 枚标准-3 导弹。标准-3 导弹的单价为 500 万～1 000 万美元。继美国之后日本采购了标准-3 导弹，装在金刚级宙斯盾驱逐舰上，并与美国共同研制标准-3 Block 2A 导弹。2017 年日本决定从美国采购 2 套陆基宙斯盾系统，配备标准-3 Block 2A 导弹，计划 2023 年投入使用，2020 年 6 月 15 日，日本防卫省宣布放弃该项采购计划。

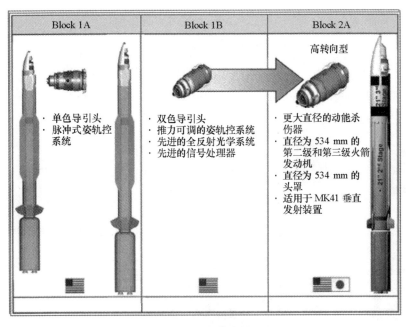

标准-3 导弹系列

主要战术技术性能

	标准-3 Block 1A	标准-3 Block 1B	标准-3 Block 2A
对付目标	近程和中程弹道导弹	近程和中程弹道导弹	近程、中程和中远程弹道导弹
最大作战距离/km	500	500	1 500
最大作战高度/km	350	350	1 200
最大速度/(km/s)	3.5	3.5	4.5
制导体制	惯导＋中段 GPS 辅助导航与指令修正＋末段单色红外成像寻的	惯导＋中段 GPS 辅助导航与指令修正＋末段双色红外成像寻的	惯导＋中段 GPS 辅助导航与指令修正＋末段双色红外成像寻的
发射方式	垂直发射	垂直发射	垂直发射
弹长/m	6.65	6.65	6.65
弹径/mm	343	343	534
翼展/m	1.57	1.57	—
发射质量/kg	1 501	1 501	2 075
动力装置	1 台 Mk72 固体火箭助推器，1 台 Mk104 双推力固体火箭发动机，1 台 Mk136 双脉冲固体火箭发动机		改进了 Mk72 助推器
杀伤方式	直接碰撞动能杀伤，Mk142 动能杀伤器		

系统组成

导弹 标准-3导弹由三级火箭发动机和动能杀伤器组成。推进系统采用标准-2 Block 4A导弹的两级助推火箭发动机，加装第三级火箭发动机。

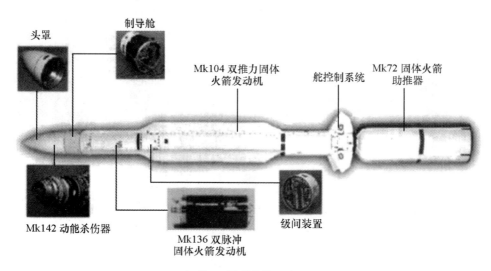

标准-3导弹结构示意图

标准-3 Block 1A导弹

标准-3导弹的前两级采用了美国航空喷气公司为标准-2 Block 4A导弹研制的Mk72固体火箭助推器和Mk104双推力固体火箭发动机以及舵控制系统。为了使导弹在更远距离的外大气层拦截作战，加装了第三级发动机。该发动机为阿连特技术系统公司研制的Mk136双脉冲固体火箭发动机，壳体由新式轻型石墨环氧树脂复合材料经缠绕构成，装药为高性能的TP-H-3340铝/高氯酸氨（Al/AP）推进剂和端羟基聚丁二烯（HTPB）粘合剂，有2个独立的推进剂药柱，按指令进行二次脉冲点火，点火时间间隔可变，可灵活管理发动机的能量。发动机的后端采用装有柔性喷管的机电式启动的推力矢量控制系统。发动机的前端采用2个发动机保险和解保装置，一个装在发动机的前面用于第一次点火，另一个装在头罩位置用于第二次点火。点火试验中发动机单脉冲比冲达到285 s，质量比为0.84。

标准-3导弹的制导舱包括标准-2导弹的平板3A通信收发机、重新设计和封装的电子设备、电源板、硅酚醛绝缘的轻型铝罩，以及与宙斯盾系统通信的上行和下行指令传输链路、具有抗干扰模块的GPS组件和遥测天线。利用上行链路提供的目标状态和GPS提供的自身状态信息为导弹提供中段制导。

标准-3 导弹第四级为采用模块化设计的 Mk142 动能杀伤器（KKV），也称动能战斗部（KW），以波音公司研制的大气层外轻型射弹（LEAP）为基础进行研制，具有质量小、结构紧凑、大机动变轨的特点。Mk142 动能杀伤器由导引头、姿轨控系统、制导装置和弹射机构组成，长为 560 mm，直径为 254 mm，质量约为 23 kg。导引头采用单色长波红外成像、256×256 元碲镉汞焦平面阵列，能以 100 帧/s 的速度处理 128×128 元图像，图像处理运算能力达到 5 亿次/s。采用低温冷却，由可抛离的头罩保护。具有视野宽的特点，能实现目标获取、识别和末制导功能，对典型弹道导弹其作用距离大于 300 km，跟踪精度为微弧，制导精度为 0.15 m。姿轨控系统由美国阿连特技术系统公司研制，是目前世界上唯一采用固体推进剂的姿轨控系统，比液体姿轨控系统更适用于舰载导弹使用。姿轨控系统的推进剂质量为 4.5 kg，末段变轨能力大于 3 km。制导装置包括采用干涉仪光纤陀螺的惯性测量装置和热电池。弹射机构负责 Mk142 动能杀伤器与第三级的分离，并可提供与第三级的机械和电气接口以及防冲击能力。

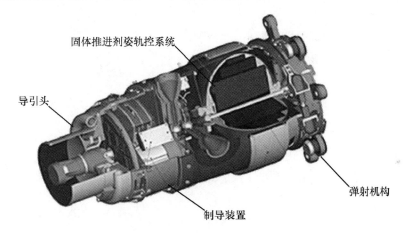

标准-3 导弹的动能杀伤器

作战过程

标准-3 导弹与宙斯盾弹道导弹防御系统构成了海基中段导弹防御拦截系统，与美国弹道导弹防御系统中的其他要素共同完成拦截作战任务。

首先宙斯盾弹道导弹防御系统通过天基红外预警卫星和其他外部预警探测系统或直接通过舰载 AN/SPY-1 雷达搜索目标，再将目标数据传递给指挥与决策系统，进行威胁分析和目标分配，由武器控制系统拟定交战计划，选定交战的火力单元和标准-3 导弹，然后武器控制系统向火控和发射装置发送指令，发射标准-3 导弹。拦截作战过程如下。

发射初始时刻，第一级助推器工作时间为 6 s 或 6.5 s，实施推力矢量程序控制，即垂直发射时间约为 0.5 s，第一级助推器工作结束时速度矢量基本指向预测拦截点方向。AN/SPY-1 雷达同时跟踪目标和导弹。第一级助推器工作结束时，第二级发动机点火，第一级助推器分离,第二级发动机连续工作时间为 4.5 s。标准-3 导弹在飞行中段采用 GPS 与捷联惯性组合导航,并与 AN/SPY-1 雷达信息结合为导弹提供高精度中制导,使 Mk142 动能杀伤器能够精确瞄准目标,迅速获取目标信息。第二级发动机工作结束后分离。第三级火箭发动机可进行推力矢量控制,第一次脉冲点火为导弹提供轴向推力,使导弹飞出大气层,随后由控制系统操纵抛掉动能杀伤器红外导引头的头罩。点火高度为 60 km,在约 90 km 高度抛掉头罩。当导弹飞行过程中需要修正弹道时,启动第二次脉冲点火,二次点火的延迟时间约 10 s,发动机工作时间为 10 s,发动机工作结束时导弹飞行速度可达 3.5~4.5 km/s。导引头启动并进行校准,当红外导引头截获目标后,对目标进行红外成像与识别,然后采用比例导引制导,制导指令由固体姿轨控推进系统执行。在与目标碰撞前约 30 s,动能杀伤器与第三级发动机分离。动能杀伤器上的固体姿轨控系统启动,通过约 5g 的轨控机动修正航向自主寻的,瞄准已知的目标以直接碰撞方式摧毁目标。

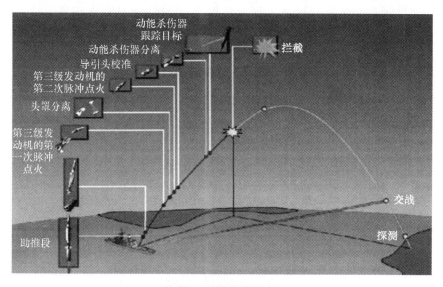

标准-3 导弹作战过程

发展与改进

标准-3 导弹在克林顿政府时期曾作为海军战区广域防御系统的拦截弹,用于美海军弹道导弹高层防御。2001 年,美国政府调整导弹防御计划,不再区分战区和国家导弹防御,统称为弹道导弹防御。标准-3 导弹与宙斯盾弹道导弹防御系统构成海基中段弹道导弹防御系统。

标准-3 Block 0 是标准-3 的初始型号,用于研制和试验,弹上装有一些专用测试装置,如燃料箱和火箭发动机中的压力计及"独立飞行终止系统"。标准-3 导弹的前 5 次拦截试验均使用 Block 0。标准-3 Block 1 与标准-3 Block 0 相似,为初始生产型号,共生产了 11 枚,4 枚用于试验。2005 年春,标准-3 Block 1 从伊利湖号上发射,首次验证了宙斯盾弹道导弹防御系统的拦截能力。

标准-3 Block 1A 是标准-3 导弹的第一个批量生产型号。2006 年初与宙斯盾弹道导弹防御系统 3.6 版本一同部署在夏伊洛号上，6 月进行首次拦截试验并获得成功。与标准-3 Block 1 相比，改进了动能杀伤器的姿轨控系统，提高了可靠性；采用了更强大的信息处理设备，提高了红外传感器的识别能力。美国和日本宙斯盾弹道导弹防御舰均部署了该型导弹。

标准-3 Block 1B 在标准-3 Block 1A 基础上进行改进，配备了双色红外（长波与中波红外）导引头、更快的处理器和改进的固体姿轨控系统。固体姿轨控系统改进为节流式固体姿轨控系统（TDACS），发动机的推力通过针阀进行动态连续调节，能够有效提高推进剂的利用率和拦截器的机动能力。2014 年，标准-3 Block 1B 开始部署在装备宙斯盾弹道导弹防御系统 4.0.1（或 4.0.2）版本的舰上，同时美国还部署在其罗马尼亚的陆基宙斯盾系统中。

标准-3 Block 2A 由美日合作研制，采用全新的第二级和第三级火箭发动机，导弹飞行速度提高，覆盖范围扩大，可与速度更高的中远程弹道导弹交战。1999 年 8 月美日签署标准-3 导弹先进部件的联合研发计划，主要包括采用复合材料的先进蚌式头罩、作用距离更远的双色（中波/长波）红外导引头、先进的动能杀伤器以及直径为 534 mm 的第二级和第三级发动机。2006 年，美日签署了价值 30 亿美元的标准-3 导弹合作研发计划，在联合研究成果的基础上研发标准-3 Block 2A 导弹。美国负责研发动能杀伤器和红外导引头，日本三菱重工业株式会社负责研发头罩和两级火箭发动机，并负担 1/3 的计划成本。2017 年 2 月，美军成功完成了标准-3 Block 2A 导弹的首次导弹拦截试验。2017 年 6 月，标准-3 Block 2A 导弹进行第二次拦截试验，但以失败告终。2018 年 1 月，标准-3 Block 2A 导弹进行拦截试验再次失败。2018 年 10 月，美军成功进行标准-3 Block 2A 导弹第四次拦截试验。2020 年导弹防御局对标准-3 Block 2A 导弹进行改进，并成功进行首次拦截洲际弹道导弹试验。导弹防御局正在评估对该导弹纳入国土导弹防御体系可行性，如果可行，将与地基中段防御系统和萨德反导系统一起用于国土导弹防御。

首枚标准-3 飞行试验导弹于 1999 年 8 月交付，同年 9 月 24 日进行代号为控制试验飞行器（CTV-1A）的首次飞行试验。2000 年 7 月 14 日的试验失败。2001 年 1 月 25 日首次测试了导弹在大气层外中段飞行的稳定性。前 3 次试验属于标准-3 导弹功能和性能的飞行试验。2002 年 1 月 25 日成功完成了飞行任务 2（FM-2）试验，首次试验完整的标准-3 导弹，首次利用具有固体姿轨控系统的大气层外轻型射束的动能战斗部成功拦截靶弹。2002 年 6 月 13 日完成 FM-3 试验。FM-2 和 FM-3 试验的靶弹是处于大气层外下降段的近程弹道导弹。2002 年 11 月 21 日成功进行的 FM-4 试验是首次较为复杂的研制飞行试验，首次拦截处于大气层外上升段的靶弹。2003 年 6 月 18 日的 FM-5 试验因姿轨控系统转向阀失灵而失败。固体姿轨控系统于 2002 年 2 月 26 日进行首次热点火试验，2004 年 11 月 30 日，改进型固体姿轨控系统热点火试验成功，是姿轨控系统改进过程中的里程碑，2005 年进行设计验证和合格鉴定试验。2003 年 12 月 11 日的 FM-6 试验首次采用 2 艘宙斯盾舰参加，摧毁了白羊座中程弹道导弹。2005 年 2 月 24 日的 FM-7 试验首次使用具有作战配置的标准-3 Block 1 导弹成功摧毁了大气层外下降段的近程弹道导弹，首次使用了美日联合开发的第三级火箭发动机的单脉冲模式。2005 年 11 月 17 日试验首次采用分离式目标，要求能区分导弹弹体和实际弹头。2006年3月8日代号为联合控制试验飞行器（JCTV-1）的飞行试验是联合合作研究计划的一个重要里程碑，成功验证了日本设计的蚌式头罩的分离。在以往试验中导弹的头罩是在动能战斗部拦截目标前通过导弹机动弹出。2006年6月8日波音公司交付了首个标准-3 Block1A导弹的改进型动能战斗部。2006年6月22日在名为飞行试验标准导弹-10（FTM-10）的试验中标准-3 Block 1A导弹首次成功拦截弹道导弹。2007年4月26日在FTM-11事件4试验中，标准-3 Block 1A导弹第二次成功拦截整体式近程弹道导弹，这是该型导弹首次大气层外试验，是具有完全功能的固体姿轨控系统的该型导弹首次进行试验。

在2007年6月22日代号为FTM-12的试验中，标准-3 Block 1A导弹首次从驱逐舰上发射，成功拦截弹头可分离的中程弹道导弹靶弹。2007年11月6日，在FTM-13试验中标准-3 Block 1A导弹同时成功拦截2枚整体式近程弹道导弹。2007年12月17日在FTM-14试验中，日本金刚级驱逐舰金刚号首次拦截弹体分离的中程弹道导弹。2008年11月20日，日本金刚级驱逐舰鸟海号发射标准-3导弹进行拦截试验，由于导引头丢失目标，致使拦截试验失败。

此外，美国还将标准-3导弹用于反卫星。2008年2月21日（美国东部时间），在代号为燃烧冰霜的行动中，美海军从夏威夷西部太平洋海域的伊利湖号宙斯盾巡洋舰发射一枚标准-3导弹，成功击中距离地面247 km高度的一颗失控的美国侦察卫星（代号为USA-193），表明美国具有利用导弹进行反卫星的实战能力。

宙斯盾弹道导弹防御系统（Aegis BMD）

概　述

宙斯盾弹道导弹防御系统是美国导弹防御局和海军在宙斯盾系统的基础上研发的弹道导弹防御系统，是美国全球一体化弹道导弹防御体系的重要组成部分，主要用于拦截近程、中程和中远程弹道导弹。截至2020年6月，美海军已经在38艘巡洋舰和驱逐舰安装了宙斯盾弹道导弹防御系统。预计到2024财年末，美国宙斯盾弹道导弹防御舰将达到59艘。此外，日本4艘金刚级宙斯盾舰也安装了宙斯盾弹道导弹防御系统，2艘爱宕级宙斯盾舰正在升级改造，即将具备弹道导弹防御能力，新采购的2艘摩耶级驱逐舰也将具备弹道导弹防御能力。

系统组成

宙斯盾弹道导弹防御系统的组成与舰载宙斯盾系统类似，主要包括：AN/SPY-1雷达、标准-3导弹、火控系统、MK41垂直发射系统、计算机处理器、显示系统、电源系统以及冷却系统。

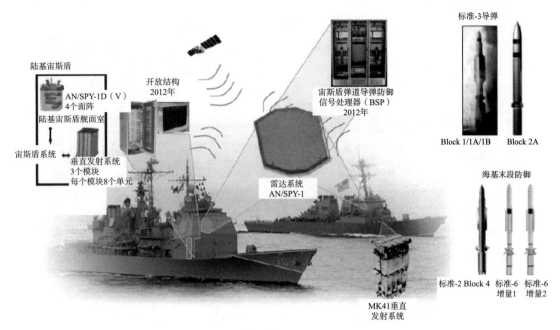

宙斯盾弹道导弹防御系统构成

导弹 宙斯盾弹道导弹防御系统采用标准-3、标准-6和标准-2 Block 4导弹。其中，标准-3导弹负责进行中段拦截，标准-6和标准-2 Block 4负责进行末段拦截。

标准-3导弹是雷声公司研制的一种反导拦截弹，主要用于在大气层外拦截近程、中程和中远程弹道导弹，包括标准-3 Block 1A、标准-3 Block 1B及标准-3 Block 2A。标准-3和标准-6主要战术技术性能详见本手册标准-3和标准-6导弹。

探测与跟踪 宙斯盾弹道导弹防御系统采用与海基宙斯盾系统相同的AN/SPY-1D雷达，未来将被防空反导雷达（AMDR）替代。

AN/SPY-1D雷达是S波段无源相控阵雷达，阵面呈八边形，每套宙斯盾系统配备4个阵面，每个阵面覆盖范围达到110°，总覆盖为360°。该雷达采用新型行波管、目标筛选及杂波抑制算法，雷达探测跟踪弹道导弹和巡航导弹的能力获得了较大程度的提高。双波束搜索能力使得雷达在杂波和严重干扰条件下依然拥有很高的数据率，增强了沿海作战能力，同时针对海岸水域任务进行了优化，提高了抗干扰能力。

AMDR采用开放式体系结构和模块化设计，可不断升级；采用新型氮化镓材料，体积小、功率高；采用数字波束形成技术，灵敏度更高。其先进的设计克服了AN/SPY-1D雷达的诸多限制，信噪比是AN/SPY-1D的32倍，探测威力是AN/SPY-1D的2.4倍，同时处理目标数是AN/SPY-1D的30倍，具备对空中目标和弹道导弹目标远程探测与跟踪能力，其强大的功能将进一步提高宙斯盾系统的防空反导作战效能。

AMDR 雷达样机

指控与发射 指挥与决策系统提供指挥、控制和协同，并通过威胁评估减少作战人员干预。通过 Link11 和 Link14 数据链从舰载传感器和非舰载传感器接收数据，并从 AN/SLQ-32 电子战设备接收输入数据。驱逐舰采用 AN/SLQ-32（V）2 系统，该系统是单纯的电子支援系统，用于探测、识别和跟踪目标。巡洋舰采用 AN/SLQ-32（V）3 系统，该系统具有电子对抗能力，能干扰敌方雷达，可同时承担电子支援和电子对抗任务。驱逐舰通过 Sidekick 计划使 AN/SLQ-32（V）2 系统具有 AN/SLQ-32（V）3 系统的电子对抗能力。巡洋舰采用 MK1 指挥与决策系统（早期为 MK131），驱逐舰采用 MK2 指挥与决策系统。

武器控制系统除优先与空中目标交战外，还用于与水面和水下目标交战。处理来自指挥与决策系统的火力分配指令、威胁评估结果和 AN/SPY-1 雷达提供的跟踪数据，决定拦截方式，选定发射装置和导弹，控制发射，并对飞行中的导弹进行控制，同时将情况报告给指挥与决策系统。巡洋舰采用 MK1 武器控制系统，早期为 MK12 武器指挥系统；驱逐舰采用 MK8 武器控制系统。

宙斯盾弹道导弹防御系统采用 MK41 垂直发射装置。

作战过程

根据美国公开披露的反导作战流程，宙斯盾弹道导弹防御系统作战过程基本上可分为 10 个基本步骤：

1) 首先通过天基传感器（SBIRS、STSS 等卫星）探测到弹道导弹威胁目标发射；
2) 将目标信息提示给跟踪传感器（前置型 AN/TPY-2 等陆基雷达）；
3) 确定目标助推段的终点，并开始进行目标跟踪；

4）对导弹目标群（包括弹体碎片、诱饵等）中的弹头进行识别；

5）在可行前提下，宙斯盾弹道导弹防御系统给出火控解决方案，此时目标弹道及落区应在宙斯盾弹道导弹防御范围内。

6）发射拦截弹；

7）与飞行中的拦截弹保持通信，向其提供目标导弹航迹更新数据；

8）拦截弹杀伤器分离，在实施拦截前实施最后机动；

9）杀伤器拦截目标弹头；

10）进行杀伤评估，判定目标弹头是否被摧毁。

发展与改进

2002年，美国导弹防御局在宙斯盾系统的基础上研制具备反导能力的作战系统，即宙斯盾弹道导弹防御系统，并与宙斯盾基线版本同时发展。由于美国认为"反介入/区域拒止"威胁加剧，宙斯盾弹道导弹防御系统发展加速。美国现已完成宙斯盾弹道导弹防御系统3.6.X版、4.0.3版、4.1版、5.0CU（能力升级）版（基线9.1）、5.1版（基线9.2）等多个版本的研发和试验验证，正在进行宙斯盾弹道导弹防御系统6.X版（基线10）的研发。预计到2025年，宙斯盾弹道导弹防御系统将能够实现对近程、中程和中远程弹道导弹以及部分洲际弹道导弹的拦截。与此同时，雷斯盾弹道导弹防御系统与基线版本融合，自基线版本9.0后，逐渐形成一体化防空反导能力。

宙斯盾弹道导弹防御系统各版本能力

宙斯盾弹道导弹防御系统版本	3.6.X	4.X	5.0/5.0CU	5.1
鉴定使用时间	2006	2012	2014/2015	2018
作战试验和评估时间	2008	2014	2016	2020
发射标准-3导弹类型				
标准-3 Block 1A	√	√	√	√
标准-3 Block 1B	√[①]	√	√	√
标准-3 Block 2A				√
可否发射标准-2/6导弹				
标准-2 Block 4	√		√	
标准-6 Dual 1		√	√	√
标准-6 Dual 2				√
拦截弹道导弹的种类				
近程弹道导弹	√	√	√	√

续表

中程弹道导弹	√	√	√	√
中远程弹道导弹	√（有限）	√	√	√（增强）
洲际弹道导弹	×②	×②	×②	×②
是否具备远程发射或者远程交战能力③				
远程发射	√（初始）	√（增强）	√（增强）	√（增强）
远程拦截	×	×	×	√

注：①宙斯盾 BMD 3.6.3 版本可发射标准-3 Block 1B 导弹。
②不能拦截洲际弹道导弹，但是具备远程搜索和跟踪能力。宙斯盾 BMD 5.1 版本具有限的洲际弹道导弹拦截能力。
③远程发射是指导弹发射舰利用本舰以外的传感器获取目标数据，发射拦截弹；远程拦截是指导弹发射舰利用本舰以外的传感器获取目标数据，完成对目标的交战程序。

陆基宙斯盾（Aegis Ashore）

概　述

陆基宙斯盾系统是美国在舰载宙斯盾弹道导弹防御系统基础上衍生发展的，由洛克希德·马丁公司以及雷声公司联合研发和生产，用于保护美国盟友免遭弹道导弹攻击，是美国欧洲分阶段自适应方法（EPAA）计划的重要组成部分。2009 年启动发展计划，在罗马尼亚和波兰部署两套陆基宙斯盾系统。目前位于罗马尼亚的陆基宙斯盾系统已经投入作战运行，位于波兰的陆基宙斯盾系统推迟至 2022 年完成部署。此外，美国还在夏威夷考艾岛安装了一套陆基宙斯盾系统，主要用于弹道导弹防御试验。2017 年 12 月，日本内阁批准两套陆基宙斯盾系统采购计划，预计 2023 年完成部署，2020 年 6 月宣布取消该采购计划。

系统组成

陆基宙斯盾系统的组成与舰载宙斯盾弹道导弹防御系统类似，主要包括：AN/SPY-1 雷达、标准-3 导弹、火控系统、MK41 垂直发射系统、计算机处理器、显示系统、电源系统以及冷却系统。

陆基宙斯盾甲板室是一个 4 层的结构设备，它源自舰载宙斯盾系统的结构。除了垂直发射系统和标准-3 拦截弹，陆基宙斯盾甲板室包含了舰载宙斯盾系统所有的设备组件。

陆基宙斯盾系统

陆基宙斯盾的甲板室采用钢架混凝土结构,通过小型螺栓连接起来,可以快速拆解和安装。该甲板室一共有4层,在甲板室的顶层,安装有AN/SPY-1雷达,该层相当于舰载宙斯盾系统的雷达室。在雷达室下面的每一层,都装有计算机处理器。作战信息中心位于甲板室第二层,并安装有操作指挥台。最底层放置电源系统及冷却系统。

导弹 陆基宙斯盾系统目前采用标准-3 Block 1B导弹,未来将能够发射标准-3 Block 2A导弹。标准-3导弹是雷声公司研制的一种拦截弹,主要用于在大气层外拦截近程、中程和中远程弹道导弹,包括标准-3 Block 1A、标准-3 Block 1B以及标准-3 Block 2A。标准-3导弹详情见本手册标准-3导弹。

探测与跟踪 陆基宙斯盾系统采用与海基宙斯盾系统相同的AN/SPY-1D雷达,未来将由防空反导雷达(AMDR)替代。

AN/SPY-1D雷达是S波段无源相控阵雷达,阵面呈八边形,每套宙斯盾系统配备4个阵面,每个阵面覆盖范围达到110°,总覆盖为360°。该雷达采用新型行波管、目标筛选及杂波抑制算法,雷达探测跟踪弹道导弹和巡航导弹的能力获得了较大程度的提高。双波束搜索能力使得雷达在杂波和严重干扰条件下依然拥有很高的数据率,增强了沿海作战能力,同时针对海岸水域任务进行了优化,提高了抗干扰能力。

AMDR采用双波段雷达体制,由升级的X波段水平搜索雷达SPQ-9B和新研制的S波段综合防空反导雷达(AMDR-S)构成。两部雷达通过雷达套件控制器进行集成和系统管理,使AMDR作为一个整体有机工作,从而保证AMDR在导弹防御、空中防御以及海面战的不同角色中快速转换。

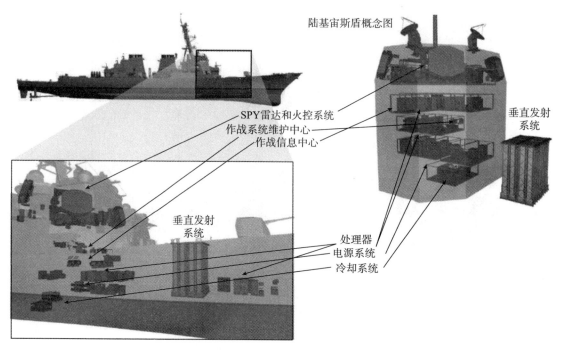

舰载宙斯盾系统与陆基宙斯盾系统结构比较

指控与发射 陆基宙斯盾系统采用宙斯盾弹道导弹防御系统 5.0 版本和宙斯盾基线 9 系统的陆基改进型号，即基线 9E 版本，该版本为适应陆地环境采用了一系列创新设计，其软件增强了处理复杂地理环境和目标的能力，提高了拦截中远程弹道导弹的能力，并可以根据前置雷达的跟踪数据实现基于远程信息的拦截弹发射。

陆基宙斯盾系统的发射装置为 MK41 垂直发射系统。与海基 MK41 发射系统不同，该发射系统由 3 个发射单元组成，每个发射单元有 8 个标准发射筒（即 8 枚导弹），共装载 24 枚标准-3 导弹。由于陆基宙斯盾系统配备的 MK41 垂直发射系统部署在陆上，不受空间限制，配备了散热系统等相应的配套设备，体积和尺寸都大于舰载型 MK41 垂直发射系统。

作战过程

以在欧洲部署的陆基宙斯盾系统为例描述其拦截作战过程。

在欧洲部署的陆基宙斯盾系统进行拦截作战涉及装备包括：天基预警卫星、天基通信卫星、部署在土耳其的前置型 AN/TPY-2 雷达、部署在罗马尼亚或波兰的陆基宙斯盾系统、标准-3 导弹以及宙斯盾舰，位于德国的指挥中心。主要作战过程如下：

1）对手国家发射弹道导弹；

2）天基红外系统的预警卫星对发射后的导弹进行早期预警，由位于土耳其的前置型 AN/TPY-2 雷达、舰载雷达等获取目标跟踪数据；

3）舰载和陆基宙斯盾系统通过数据链与指挥中心相连，共享信息。指挥中心根据每个系统的位置、准备状态和装备的武器，将威胁划分成各个优先级，并据此进行目标分配；

4）根据AN/TPY-2雷达的跟踪数据，远程发射1枚或多枚标准-3导弹进行拦截；

5）导弹发射后，由陆基宙斯盾系统的AN/SPY-1D多功能相控阵雷达为导弹提供中制导指令修正，最终标准-3导弹飞出大气层，由动能杀伤器完成对目标的拦截。

发展与改进

2009年9月，奥巴马宣布取消布什政府在波兰部署第三个地基中段防御系统的计划，发展防御来自中东的中近程弹道导弹威胁的欧洲分阶段自适应（EPAA）计划的一部分，该计划还包括2011年在西班牙罗塔港部署海基宙斯盾弹道导弹防御系统。与此同时，美国还在夏威夷考艾岛的太平洋导弹试验靶场建造了一个陆基宙斯盾导弹防御测试综合设施，作为陆基宙斯盾导弹防御系统研发试验和评估中心。

2014年5月，陆基宙斯盾系统首次飞行试验在夏威夷考艾岛的太平洋导弹靶场成功进行，10月美国海军在罗马尼亚举行了基地建设启动仪式，11月美国导弹防御局在包括陆基宙斯盾组件参与的宙斯盾弹道导弹防御系统的拦截试验中，成功进行了代号为FTM-25的飞行试验，同时拦截了2枚巡航导弹和1枚近程弹道导弹。

2016年5月，位于罗马尼亚的陆基宙斯盾系统完成建设与部署并投入使用，同时启动在波兰的第二个陆基宙斯盾系统基地建设；7月位于罗马尼亚的陆基宙斯盾系统纳入北约指挥体系，允许该系统与美国部署在西班牙罗塔港的宙斯盾弹道导弹防御舰和驻土耳其的AN/TPY-2雷达协同作战。为增大拦截效能，部署在波兰的陆基宙斯盾系统将使用BMD 5.1版本软件，除采用标准-3 Block 1B导弹外，还将配备更大射程的标准-3 Block 2A导弹。2020年年初美国正式宣布，部署在波兰的陆基宙斯盾防御系统建造完工并启用的时间再度推迟，从原计划2018年3月推迟至2020年，再推迟到2022年，项目超支总额高达9 300万美元，占到最初预定计划的13%。

2017年12月，日本政府以朝鲜半岛局势危机为由，决定从美国购买2套陆基宙斯盾系统，于2023年投入使用。2018年7月30日，日本防卫省宣布选择美国洛克希德·马丁公司的固态雷达（SSR）系统作为日本未来陆基宙斯盾系统的雷达；10月防卫省开始在山口县陆上自卫队训练区进行实地调查，确定是否可作为陆基宙斯盾的部署地点。2020年6月，日本宣布取消陆基宙斯盾采购计划。

随着宙斯盾基线10和宙斯盾弹道导弹防御版本6.X的发展，陆基宙斯盾系统也将得到进一步发展和改进。

网络中心机载防御单元（NCADE）

概　述

网络中心机载防御单元（Network Centric Airborne Defense Element，NCADE）是美国研制的一种低成本、机载弹道导弹防御拦截弹系统，用于拦截在助推段和上升段飞行的弹道导弹，可以在内外大气层作战。

NCADE 系统由美国导弹防御局投资、雷声公司负责研制。2007 年 12 月完成导引头首次飞行试验，进入风险降低研制阶段。2006—2007 年该项目经费投入激增，分别为 800 万美元和 1 000 万美元。预计 NCADE 导弹单价不高于 100 万美元。2010 年美国导弹防御局终止了该项目。

主要战术技术性能

对付目标	处于助推段和上升段飞行的中近程弹道导弹
最大作战高度/km	80
最大速度（Ma）	8
制导体制	红外成像制导
弹长/m	3.66
弹径/mm	180
导弹质量/kg	149.82
动力装置	1 台固体火箭发动机
战斗部	直接碰撞动能杀伤

系统组成

NCADE 系统由机载发射平台、火控系统、指示及瞄准传感器和拦截弹组成。NCADE 系统通过接收弹道导弹防御系统中其他传感器的信息发现和拦截来袭目标。拦截弹可由作战飞机或无人机发射。

导弹 NCADE 拦截弹大多采用经过验证的组件和技术,如 AIM-120 先进中程空空导弹的弹体和助推器,AIM-9X 响尾蛇空空导弹的红外导引头,降低了研发风险。NCADE 导弹为两级结构,对 AIM-120 先进中程空空导弹弹体、天线罩、导引头和战斗部进行了更新。

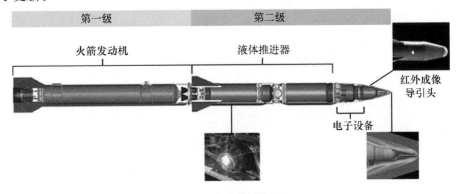

NCADE 导弹结构图

NCADE 导弹的第一级采用固体火箭发动机,工作完毕后分离。第二级为带轴向发动机和姿轨控系统的动能拦截器(内外大气层作战)。第二级发动机采用液体燃料,为单组元推进剂——硝酸羟胺,使拦截弹更轻便、速度更快。该推进剂目前只在卫星微型推进技术上应用。第二级轴向发动机燃烧时间为 25 s,推力为 68.04 kg。第二级还有 4 个互成 90°的轨控发动机,位于第二级的中间位置。轴向发动机和轨控发动机使用的硝酸羟胺液体推进剂被分别装在两个推进剂贮箱中。

NCADE 系统采用红外成像导引头,替代了 AIM-120 先进中程空空导弹采用的雷达导引头。

作战过程

NCADE 系统的作战过程是:网络作战传感器(无人机、浮空监视雷达、卫星等)探测、跟踪助推段飞行的弹道导弹目标,然后将预警信息传输到 NCADE 载机平台上;NCADE 载机进行发射决策,发射 NCADE 拦截弹;NCADE 拦截弹第一级点火,根据指令进行制导,并拉高爬升;第一级工作完毕后,与第二级分离;第二级点火,继续根据指令进行制导;第二级工作完毕后,不与拦截器分离;释放导引头头罩,导引头开机,跟踪弹道导弹的尾焰,识别弹体,并引导拦截器采用动能碰撞杀伤方式摧毁目标。

发展与改进

NCADE 导弹潜在的发射平台包括 F-15、F-16、F/A-18、F-22、欧洲台风战机和鹰狮战机,另一种正在研究的平台是捕食者-B 无人机。3 架捕食者-B 无人机将提供 20 km 的作战空间巡飞区域,12 架捕食者-B 无人机将提供昼夜作战能力,雷声公司估

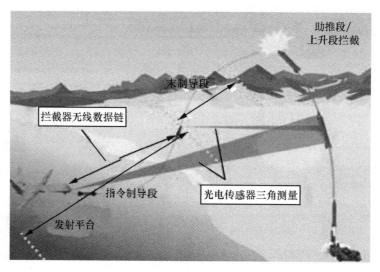

NCADE 导弹作战过程示意图

计，连续一周昼夜作战将需要 28 架捕食者-B 无人机。如果 NCADE 导弹在捕食者-B 无人机上安装，为了匹配，雷声公司的概念研究就需要单独进行考虑。雷声公司还和通用电气公司探讨在捕食者-B 无人机上安装 NCADE 导弹的方案，无人机上的探测器组件稍加改动即可提高红外搜索和跟踪功能。

动能拦截弹（KEI）

概 述

动能拦截弹（Kinetic Energy Interceptor，KEI）是美国诺斯罗普·格鲁曼公司研制的多用途地基动能拦截系统，用于拦截在助推段、上升段以及中段飞行的中远程和洲际弹道导弹，是美国一体化弹道导弹防御系统的组成部分。KEI 系统采用模块化设计，易于性能改进和拓展，方便全球机动并可灵活地将地基系统无缝转移到海基平台（潜艇）上，也可以移植为空基和天基系统。

KEI 计划于 2002 年 12 月正式提出，最初是与机载激光器（ABL）计划竞争弹道导弹防御助推段防御的拦截武器。由于经费不足和现阶段助推段拦截所面临的难以逾越的技术瓶颈等问题，KEI 计划的发展速度一直很缓慢。随着美国导弹防御计划的不断调整，KEI 已从单纯的助推段拦截向上升段和中段拦截任务拓展，将来有可能替代已部署的标准-3 导弹和地基拦截弹（GBI）。

由于美国退出了《反导条约》，KEI 系统成为首批能够利用天基传感器提供目标数据和采用机动发射装置，对付中远程和洲际弹道导弹的导弹防御系统。

KEI 系统的研制和试验费用预算为 45 亿美元（从 2003 年 12 月开始，共 8 年）。KEI 助推器的设计、开发、测试和初始生产费用预算为 4 亿美元（2004—2010 年）；KEI 高速火箭发动机样机设计费用为 25 亿美元（2006 年 8 月之后 14 个月内完成）。

2009 年，美国再次调整导弹防御计划，取消了助推段拦截计划，KEI 计划同时被取消。

地基和海基机动发射的 KEI 系统

主要战术技术性能

对付目标	处于助推段、上升段及中段飞行的中远程和洲际弹道导弹
最大作战距离/km	1 500
最小作战距离/km	400
最大作战高度/m	100
最大速度(Ma)	18.11
制导体制	惯性导航/GPS＋天基传感器指令修正＋双色红外成像制导
发射方式	冷发射
弹长/m	11.8
发射质量/kg	7 500
动力装置	3 台固体火箭发动机
杀伤方式	直接碰撞动能杀伤
杀伤器加速度/g	7～8（初始时）

系统组成

地基 KEI 系统主要由拦截弹，机动发射装置，指挥控制、作战管理和通信（C2BMC）系统组成。KEI 没有用于探测和跟踪助推段导弹的传感器，将依靠外部的弹道导弹防御系统传感器提供目标信息，如天基红外传感器和前沿部署的雷达。

每个 KEI 营有 5 辆发射车（每辆车装 2 枚拦截弹）、6 辆运载 C2BMC 系统（2 倍冗余量）的高机动性多用途轮式车、1 辆运载 C2BMC 系统 4 部 S 波段天线的卡车。作战时，该系统与现有卫星网络和地基雷达连接。

导弹 机动型地基 KEI 系统的拦截弹由动能杀伤器和三级助推火箭发动机组成。

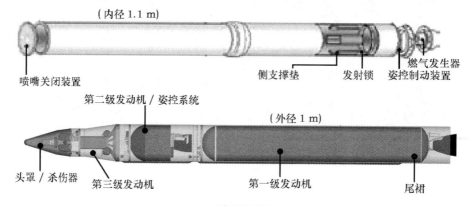

KEI 筒弹结构图

动能杀伤器由导引头、姿轨控发动机及电子设备等组成。KEI 系统拦截弹将使用全新设计的双色导引头，其技术衍生于雷声公司的标准-3 导弹。KEI 系统拦截弹的姿轨控发动机是新研制的超小型姿轨控系统，是目前同类产品中功率最大的发动机，其技术基于 EKV（用于地基中段防御的外大气层拦截器）计划。该发动机长为 196 mm，采用耐储存的液体推进剂，具有按瞄准、制导、导航和控制系统指令进行任意顺序开关的能力，有很高的冲量和推重比以及高度可靠的操纵性能和低生产成本。

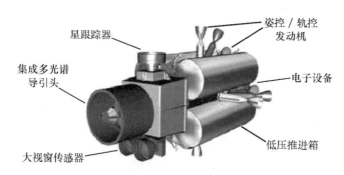

KEI 系统拦截弹的动能杀伤器概念图

KEI 系统拦截弹的助推火箭发动机具有高速、高加速、大推进能力，又被称作中段可替换型助推火箭发动机。按照设计，该发动机将在 60 s 内将导弹加速到最大约 6 km/s 的速度。美国计划在未来开发具有中段拦截能力的拦截弹，以便在目前使用的固定发射阵地的陆基拦截弹被淘汰时取代它。

KEI 系统拦截弹的第一级助推火箭发动机

KEI 系统拦截弹的第一级助推火箭发动机点火试验

KEI 系统拦截弹的第二级助推火箭发动机静态点火试验

探测与跟踪 KEI 系统利用天基传感器获取目标数据。近地红外试验（NFIRE）卫星用于跟踪中程和洲际弹道导弹的发射，收集导弹发射后前几分钟的飞行信息。

指挥与控制 KEI 系统的 C2BMC 系统又称火控与通信（KFC/C）系统，由 6 辆高机动性多用途轮式车装载。由于 KEI 系统没有专门的雷达或传感器，当 KEI 系统投入作战时，C2BMC 系统成为将天基传感器数据传输到战场的重要链路。它将整合 KEI 与美国弹道导弹防御系统一同作战，依靠其他弹道导弹防御系统的传感器，如宙斯盾 AN/SPY-1 雷达系统，空间跟踪与监视系统（STSS）或海基 X 波段雷达（SBX）等共同完成任务。另外，被作为美国本土永久性场站而设置的 KEI 火控与通信系统，安放在科罗拉多州施里弗空军基地的联合国家集成中心，接收和处理来自多个全球卫星星座的传感器数据，并将其传递给战场上机动的 C2BMC 营，再将信息传送到拦截弹，使之能在核环境或干扰对抗中完成任务。

KEI 系统的 C2BMC 系统

发射装置 KEI 系统通用型自适应发射装置可用于地基、海基及潜艇等多种平台完成助推段、上升段及中段等拦截任务。该发射装置为不同发射平台提供了通用接口，降低了研发和全寿命周期费用。该系统设计定位于向 1 个目标快速地连续发射 2 枚拦截弹。海基 KEI 系统将安装在宙斯盾的垂直发射系统中，用 30°角放置，并突出于甲板 1.1 m。

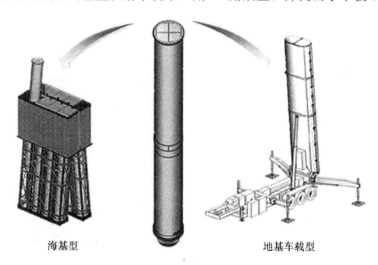

海基型　　　　　　　　　地基车载型

KEI 系统的通用导弹发射箱

作战过程

作战时，位于美国本土的 KEI 系统的火控与通信系统负责接收和处理来自卫星的弹道导弹数据，进行数据解密后将其发给战场上的某个 KEI 营。战场 C2BMC 系统识别目

KEI 系统的发射车

标，计算弹道，发射并导引 KEI 系统对目标实施拦截。KEI 发射后，按惯性制导加速度飞行，约 68 s 后到达 100 km 高度，动能杀伤器与助推火箭发动机分离并到达拦截目标的位置；之后，动能杀伤器适时抛掉保护罩，并从跟踪目标导弹火箭发动机的尾焰转向跟踪导弹弹体，确定瞄准点，最后通过直接碰撞拦截并摧毁目标。

发展与改进

用于弹道导弹助推段拦截的 KEI 计划于 2002 年 12 月提出，2003 年 2 月美国导弹防御局制订新型（对付各飞行阶段弹道导弹目标）动能助推段拦截弹（KE BPI）的计划。同年 12 月，诺斯罗普·格鲁曼公司和雷声公司组成的研制团队正式实施为期 8 年的 KEI 研制计划。截至 2008 年年底，KEI 的主要研制进展为：

1) 试验 KEI 系统拦截弹的先进导引头技术；
2) 成功进行多次 KEI 系统拦截弹的高速风洞试验，获得拦截弹鼻端形状选择的数据；
3) 多次成功完成 KEI 系统拦截弹的第一级和第二级助推火箭发动机地面点火试验；
4) 成功演示 KEI 系统火控与通信系统作战管理能力；
5) 成功完成 NFIRE 卫星对助推段飞行的远程弹道导弹数据的收集试验。

KEI 基本型的发展设想是：

1) 基本型，通用助推器＋双色导引头＋第三级固体火箭发动机；
2) 改进型，通用助推器＋具有识别能力的导引头＋更高性能的第三级固体火箭发动机；
3) 多杀伤器型，通用助推器＋多目标杀伤器（MKV）；
4) 未来型，通用助推器＋未来先进载荷。

基本型　　　　　改进型　　　　多杀伤器型　　　　未来型

KEI 系统拦截弹的载荷发展设想

  2009 年 5 月，美国国防部宣布，由于技术和经费问题，终止 KEI 计划，在 2010 财年的弹道导弹防御系统预算中不再为 KEI 计划提供预算支持。

以色列

箭-2（Arrow-2）

概　述

箭是由以色列飞机工业公司负责研制的战区弹道导弹防御系统，不仅可拦截近程和中程弹道导弹，而且还可拦截巡航导弹和飞机，主要用于保卫人口密集地区和军事基地。

1988年7月开始研制演示验证型箭-1导弹。1995年开始进行箭-2导弹的试验；1997年开始低速初始生产，1999年具有作战能力。2000年3月14日，以色列开始正式部署箭-2系统。箭-2系统因此成为世界上第一个部署的战区弹道导弹防御系统。印度、土耳其、日本、韩国和中国台湾地区都对箭-2系统感兴趣。

箭-2系统的研制和部署费用已达到25亿美元，导弹单价估计为150万～300万美元。

箭-2导弹发射图

主要战术技术性能

对付目标	战术弹道导弹、巡航导弹和飞机
最大作战距离/km	90
最大作战高度/km	50
最小作战高度/km	10
最大速度(Ma)	9
杀伤概率/%	90（单发）
制导体制	惯导＋中段指令修正＋末段被动红外/主动雷达寻的制导
发射方式	垂直发射
弹长/m	7
弹径/mm	800
发射质量/kg	1 300
动力装置	1台固体火箭助推器，1台固体火箭主发动机
战斗部	高爆定向破片式杀伤战斗部

系统组成

箭-2系统主要由箭-2导弹、发射车、搜索与火控雷达、香橼树火控中心和榛子树发射控制中心组成。每个导弹连包括4辆6联装发射车、1部搜索与火控雷达、1个火控中心、1个发射控制中心以及约100名作战人员。

导弹 箭-2导弹为两级串联结构，4个三角形可动的气动舵面有助于进行低空拦截。以色列飞机工业公司MLM分部负责研制导弹，美国波音公司负责研制箭-2导弹的电子设备、雷达头罩、助推器和固体火箭发动机的外壳以及储运箱。

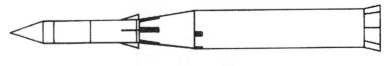

箭-2导弹外形示意图

箭-2导弹的动力装置由以色列军事工业公司火箭系统部研制，固体火箭助推器长为3.45 m，直径为800 mm，固体火箭发达机长为0.75 m。为了实现惯性飞行，箭-2导弹的固体火箭助推器和固体火箭发动机的点火可以延迟。

箭-2导弹末制导采用双模导引头，其中被动红外导引头采用锑化铟焦平面阵列，用于截获与跟踪内大气层处于中高空飞行的战术弹道导弹，由美国雷声公司Amber工程分公司负责研制；主动雷达导引头用于在大气层低空拦截采用强电子干扰措施的吸气式目标（巡航导弹和飞机），也可作为战斗部的引信。

箭-2导弹的杀伤器由拉斐尔武器发展公司研制，长为 2.75 m，质量为 500 kg，主要由导引头、战斗部和引信组成。近炸引信可在导弹最接近目标前根据目标的方向选择战斗部破片的方向，爆炸产生的大部分破片可集中射向目标，杀伤半径为 50 m。

探测与跟踪 EL/M-2080 绿松树搜索与火控雷达由以色列飞机工业公司爱尔塔分公司负责研制，主要包括 1 辆天线车、1 辆电源车、1 辆制冷车和 1 个雷达控制中心，不但可作为远程监视雷达，也可作为火控雷达，可同时采用搜索、探测、跟踪和导弹引导模式工作。该雷达是一部三坐标电扫描固态相控阵雷达，工作频率为 500～1 000 MHz（L 波段），作用距离为 500 km，具有 360°的方位角，可跟踪数十个目标。天线长为 12 m，高为 5 m，包含 2 300 个收/发模块，具有持续发送和接收信号的能力，可为导弹提供上行/下行指令链路。可跟踪和照射速度为 3 km/s 的目标，并引导导弹至距目标 4 m 范围之内。

绿松树雷达天线

指控与发射 香橼树火控中心由塔迪兰电子系统公司负责研制，位于长为 12.1 m 的掩体内，需要 10 名操作人员，最多能同时控制 14 枚导弹，并可通过 Link16 与爱国者火力单元实现互操作。该火控中心采用人工或全自动作战管理模式，具有数据处理、威胁评估、拦截优化和任务控制能力，可提供作战管理、与其他防御系统之间信息的相互提示、任务前的仿真以及任务后的分析。

车载榛子树发射控制中心负责连接香橼树火控中心和发射车，最多可控制 8 辆发射车，可接收香橼树火控中心输入的数据，并启动发射车。该发射控制中心采用全自动作战管理模式，具有导弹维护和诊断能力以及防止导弹误发射的能力。以色列飞机工业公司 MLM 分部负责研制发射车和榛子树发射控制中心。

发射车为牵曳式拖车，可携带 6 枚处于储运箱内的导弹，6 枚导弹的再装填时间为 1 h。发射车可位于距香橼树火控中心 10 km 处。导弹在发射前处于垂直竖起状态，采用热弹射方式从储运箱弹出，对任何 1 个目标可最多发射 3 枚导弹。

箭-2系统发射车

作战过程

箭-2导弹垂直发射后,转向目标的方向,并通过固体火箭助推器加速。经过一段惯性制导飞行后,固体火箭发动机点火,助推器分离,导弹接近目标。在导引头截获目标后,制导系统使杀伤器飞向拦截点,由引信探测到目标,并起爆战斗部。

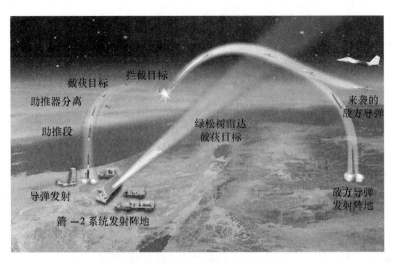

箭-2系统作战过程示意图

发展与改进

箭导弹防御系统自研制至今经历了方案论证与演示论证、系统试验、系统部署和改进4个发展阶段。

第一阶段自1986年开始,以色列与美国签订谅解备忘录,迅速启动弹道导弹防御系统研制计划。1988年7月以色列飞机工业公司开始研制演示验证型箭-1导弹,以此确定导弹的方案,并研制了原型弹和发射装置;总费用为1.58亿美元,美方负担80%,以方负担20%。箭-1导弹主要用于技术演示验证。该导弹为两级导弹,最大作战距离为90 km,最大作战高度为40 km,最大马赫数为9,弹长为10.98 m,弹径为2.1 m,发射质量为2 000 kg,固体火箭发动机长为2.5 m,机动性好,固体火箭助推器和固体火箭发动机采用喷管式推力矢量控制;采用惯性制导,中段采用指令修正,末段采用被动红外导引头;采用具有高能近炸引信的破片式杀伤战斗部。

1990—1994年,对箭-1导弹进行了9次试验,结束演示验证试验后,该系统进入全尺寸开发和预生产阶段。

第二阶段称为箭系统连续试验(ACES)。1991年的海湾战争促使以色列加快了箭系统的研制进程,在箭-1导弹基础上发展更先进的箭-2导弹;总费用为3.3亿美元,美方负担72%,以方负担28%。1995—1998年连续多次进行了系统飞行试验,验证作战能力。

第三阶段称为箭系统部署计划(ADP),旨在将整个箭武器系统(AWS)与规划的用户作战鉴定系统(UOES)结合起来,完成箭武器系统各种不同部件的全部集成。主要试验箭-2导弹与各分系统的集成情况,研究确定箭系统与美国导弹防御系统实现互操作的接口以及杀伤性和可生产性。美国负担2亿美元,以色列负担3亿美元。

1999年11月1日进行的AST-4试验是箭-2系统的全系统首次成功拦截试验,试验中拦截了TM-91战术弹道导弹靶弹,为具备初始作战能力奠定了基础。2000年9月14日进行AST-5试验,拦截了1枚从F-15战斗机投放的模拟射程为300 km战术弹道导弹的黑麻雀靶弹。2001年8月28日进行AST-6试验,同样针对飞向以色列的黑麻雀靶弹。与以往试验不同,这次是在较高的空域和约100 km处成功拦截靶弹。2002年8月进行AST-7试验,拦截飞向箭-2导弹发射阵地的黑麻雀靶弹。2002年11月7日,以色列帕尔马希姆空军基地第一次公开展示了箭-2系统。

第四阶段称为箭系统改进计划(ASIP),旨在进一步改进导弹、雷达和作战管理系统,应对不断增加的威胁。该阶段从2003年开始,为期5年,其中一部分试验在以色列进行,另一部分则在美国进行。

2003年1月5日进行了该阶段的第一次试验,从1辆发射车上发射了1枚箭-2导弹和3枚齐射的仅采用助推飞行的箭-2导弹,拦截目标为计算机模拟的靶弹。箭-2系统已具备有效防御飞毛腿-B和飞毛腿-C近程战术弹道导弹的能力。2003年12月16日进行AST-8试验,针对高空飞行的模拟射程为700 km弹道导弹的黑麻雀靶弹,拦截高度为

60km。2004年7月29日进行AST-9试验，箭-2系统首次在美国进行试验，拦截目标为飞毛腿B导弹，拦截高度为40km，斜距为80km。试验中箭-2导弹连首次采用分散部署，发射车距绿松树雷达50km。2004年8月26日进行AST-10试验，在美国首次拦截分离式中程战术弹道导弹，但试验未成功。2005年12月2日进行AST-11试验，首次采用美以联合生产的导弹进行飞行试验，在高空拦截模拟射程为1800km中程弹道导弹的黑麻雀靶弹。

受伊朗弹道导弹和核研究计划的影响以及自身寻求降低成本的需求，以色列逐步开展了箭-2系统改进计划，主要包括箭-2 Block 2、箭-2 Block 3、箭-2 Block 3.5、箭-2 Block 4和箭-2 Block 5系统。

箭-2 Block 2系统（又称M2）是目前在役的箭-2系统主要的结构标准。

箭-2 Block 3系统（又称M3）于2004年8月进行了试验，已装备部队。2006年4月公布的改进之处包括新的导弹、绿松树搜索与火控雷达的改进、新的作战管理中心。导弹的主要部件由美国波音公司生产，然后在以色列进行总装。集中式作战管理中心由以色列空军作战人员操控，从以色列的箭-2导弹连和爱国者导弹连接收信息。

箭-2 Block 3.5系统（又称M3.5）进一步改进了绿松树搜索与火控雷达及其软件，具有防御多个再入飞行器和诱饵的能力。该系统于2007年年初具有作战能力，2008年装备部队。

箭-2 Block 4系统（又称M4）正在开发中，采用新型雷达、改进型导弹和改进型作战管理与通信系统，使箭-2系统从战区弹道导弹防御系统转为一体化国家弹道导弹防御体系。新型雷达由以色列飞机工业公司埃尔塔分公司研制，称为绿松树1（改进型），能控制导弹从任意位置发射。该雷达的作用距离比早期型号要远，约为1000km。

箭-2 Block 5系统（又称M5）是ASIP的结果，也称为箭-3系统。预计该系统能拦截射程为2500km的弹道导弹，能对抗诱饵和机动目标。

箭-2导弹连与爱国者导弹连利用Link16可形成协同作战能力，箭-2系统可将指定的目标传给爱国者火控雷达。美国和以色列已完成有关测试，箭-2系统与以色列和美国的爱国者系统均成功地进行了联网。后续计划将包括与美国的宙斯盾弹道导弹防御系统形成协同作战能力。

箭-3（Arrow-3）

概 述

箭-3是以色列航空航天工业公司与美国波音公司联合研制的大气层外末段高层导弹防御系统，主要用于对付末段飞行的中远程、中程和近程弹道导弹目标。箭-3于2007年

11月开始研制，2013年成功进行首次飞行试验，2015年12月成功进行首次拦截试验后进入低速生产阶段，2017年1月达到初始作战能力，开始正式交付以色列空军。当前箭-3系统主要部署在耶路撒冷与阿什多德之间的塔尔·沙哈尔地区。

箭-3导弹防御系统

主要战术技术性能

对付目标	中远程、中程、近程弹道导弹等
最大作战距离/km	250
最大作战高度/km	100以上
制导体制	惯导＋中段指令修正＋末段红外成像/可见光寻的制导
发射方式	垂直发射
弹长/m	6.4
弹径/mm	530
发射质量/kg	1 700
动力装置	两级火箭发动机
战斗部	直接碰撞动能杀伤

系统组成

箭-3系统主要由EL/M-2080超级绿松有源相控阵雷达、香橼树作战管理中心、榛树发射控制中心、箭-3导弹、发射器等组成。每个发射架可以装载2枚箭-3导弹。

导弹 箭-3导弹采用两级结构，带有尾翼，具有比箭-2导弹更高的性能、更低的成本和更远的拦截距离，主要由助推器和动能杀伤器两部分组成。助推器是带有"裙边"飞行稳定装置的固体火箭发动机。动能杀伤器由红外导引头和姿轨控系统组成，姿轨控发动机为普通双脉冲固体火箭发动机，带有推力矢量喷管；红外导引头装在一个半球覆盖的万向节上，以动能杀伤方式对来袭弹头进行杀伤。箭-3导弹由固体火箭发动机提供动力。

箭-3导弹

探测与跟踪 EL/M-2080超级绿松雷达是绿松雷达第二代版本，为L波段有源相控阵雷达，天线长度为9 m，宽为3 m，探测距离为900 km。2012年首次部署在以色列空军。

发展与改进

箭-3系统发展了陆基和空基两种类型，除地面发射外，可由载机携带发射，实现对弹道导弹的助推段拦截。2007年11月，以色列国防部长埃胡德·巴拉克宣布投入9 800万美元开始研制箭-3系统。2010年7月，美国同以色列签订箭-3系统联合研制协议。2013年2月，箭-3系统首次成功进行飞行试验，验证了导弹的发动机和制导控制系统，以及红外成像导引头和动能弹头的目标捕获识别能力。2015年以色列以改进的银麻雀靶弹为目标，首次成功进行了箭-3导弹的大气层外拦截试验，验证了整套系统从诱饵中探测、跟踪和识别出弹头的能力。随后，箭-3导弹开始进入低速初始生产阶段。2017年1月，箭-3系统达到初始作战能力（IOC），开始交付以色列空军。

在经历2017年12月、2018年1月两次中止试验后，2018年2月和2019年1月，以色列成功进行两次箭-3导弹拦截试验。2019年7月28日，美国导弹防御局与以色列导弹防御组织在美国阿拉斯加成功进行箭-3反导拦截试验，标志着箭-3反导系统发展取得重要进展。

大卫投石器（David's Sling）

概　述

　　大卫投石器是以色列拉斐尔武器发展公司和美国雷声公司联合研制的利用直接碰撞动能杀伤技术拦截近程弹道导弹和远程火箭弹的导弹防御系统，是以色列4层导弹防御系统的第2层。该系统所用的魔棍（Stunner 或称 Magic Wand）导弹是一种新型末段防御动能拦截导弹，基于以色列拉斐尔武器发展公司大蟒空空导弹的双波段红外成像技术和雷声公司的先进低成本战术导弹技术，可从地面和空中发射装置中发射。

　　2008年8月，美国与以色列签署协议，正式启动大卫投石器导弹防御计划。2009年和2011年，以色列成功进行魔棍导弹的飞行试验。2012年1月，雷声公司开始小批量生产魔棍导弹，并交付以色列。2012年11月，以色列在南部内盖夫靶场成功进行大卫投石器导弹防御系统首次拦截试验，拦截一枚中程火箭弹。2017年4月，以色列宣布大卫投石器导弹防御系统投入实战部署，2个大卫投石器导弹连部署在以色列中部的哈索尔空军基地。每枚魔棍导弹价格为30万美元左右。

大卫投石器导弹防御系统

主要战术技术性能

对付目标	射程为 40~300 km 的远程火箭弹和近程弹道导弹
最大作战距离/km	25
最大速度(Ma)	4.7
制导体制	毫米波主动雷达＋红外成像制导
发射方式	箱式垂直发射
弹长/m	5
弹径/mm	第一级助推器 330；第二级助推器 160
发射质量/kg	125
动力装置	固体助推器＋三脉冲火箭发动机
杀伤方式	直接碰撞动能杀伤

系统组成

大卫投石器系统由 EL/M－2084 先进多功能相控阵雷达、金杏作战管理系统、魔棍拦截弹及发射装置组成。

大卫投石器导弹防御系统构成

导弹 魔棍拦截弹弹长约 5 m，采用两级动力装置，第一级采用美国轨道 ATK 公司现有的助推器，第二级采用拉斐尔武器发展公司新研发的三脉冲火箭发动机。导弹有 1 个非对称鼻锥（安装2个末段寻的导引头，为毫米波主动雷达导引头和红外成像导引头），4个鸭式舵面，2对间距很小的＋形配置的尾舵。导弹采用复合双模导引头，弹头最前面为红外导引头，后为雷达导引头，雷达导引头搜索并跟踪目标，在弹道末段，红外导引头开始工作直至摧毁目标。

魔棍拦截弹

探测与跟踪 EL/M-2084雷达是一种集搜索、跟踪与火控于一体的S波段雷达，由以色列埃尔塔系统公司研制，监视范围覆盖巴勒斯坦、加沙、黎巴嫩、约旦等周边国家和地区，可探测跟踪战术导弹、火箭弹和炮弹等较小雷达散射截面目标。EL/M-2084雷达可在地面杂波和电磁干扰的情况下，探测、跟踪和预测包括战术导弹、火箭弹和迫击炮弹在内的、雷达散射截面较小的多种飞行目标，向可能遭受攻击的地点发出警报。EL/M-2084雷达对炮弹类目标的最大探测距离为100 km（50 km的测距精度误差在125 m左右），扫描范围水平方向为120°（固定模式）或360°（旋转模式），垂直方向为±50°。EL/M-2084雷达具备应对饱和攻击的能力，对炮弹类目标的探测上限为200个/min，对飞机和导弹类目标的探测上限为1 100个/min。EL/M-2084雷达也具有高机动性和快速部署能力，展开部署的时间小于20 min。

指控与发射 金杏作战管理系统负责数据处理与管理，预测目标弹道，计算拦截点，分配拦截目标，下达导弹发射指令。大卫投石器系统采用矩形厢式垂直发射车，是一种双轴半拖车的平台，具有较好的机动性。部署时可用大型运输机快速运送到目的地，采用牵引车载方式快速进入部署阵地。系统最少配置4辆发射车，单辆发射车可装载12枚魔棍拦截弹，火力密度较高，能提高抗饱和攻击能力。此外，爱国者系统的发射车也能用于发射魔棍拦截弹。

大卫投石器导弹防御系统发射车

发展与改进

　　大卫投石器系统是美以导弹防御合作项目之一，由以色列拉斐尔武器发展公司牵头，美国雷声公司参与研制，从提出项目计划到开始部署历时12年。2005年3月，美国和以色列提出大卫投石器项目的发展计划，经历18个月完成风险降低阶段研究。2007年2月，选定以色列拉斐尔武器发展公司和美国雷声公司联合研制大卫投石器系统。2008年8月，大卫投石器项目正式启动。2009年和2011年，以色列成功进行魔棍导弹飞行试验。2012年1月，雷声公司开始小批量生产魔棍拦截弹，并交付以色列。2012年12月—2017年1月，大卫投石器系统共进行了5次拦截弹试验，完成了系统试验鉴定。2017年4月2日，大卫投石器系统正式投入使用，标志着该系统进入实战部署。

　　根据2018年《导弹预测》杂志数据，截至2017年年底，魔棍导弹已生产251枚，未来十年总产量可能超过1 500枚。印度、波兰、印度尼西亚、马来西亚已明确表示了对大卫投石器系统的兴趣；韩国、土耳其也有望成为大卫投石器系统的潜在用户。此外，雷声公司和拉斐尔武器发展公司还开展了将魔棍导弹集成到爱国者系统和美国其他作战系统的研发工作，以进一步拓展国际市场。

铁穹（Iron Dome）

概　述

　　铁穹是以色列拉斐尔武器发展公司研制的超近程防空反导系统，主要用于防御火箭弹、炮弹、迫击炮、飞机、直升机、无人机等目标。铁穹系统于 2007 年 2 月开始研制，2008 年开始进行导弹试射，2011 年装备以色列部队并在实战中成功拦截火箭弹。截至 2019 年年初，以色列已装备了 10 套铁穹系统。

　　铁穹系统的型号有 3 种，分别是铁穹 Block 1、Block 2、Block 3。基于铁穹系统，还发展了轻便型的 I-穹和海上发射的 C-穹。截至 2019 年 6 月，铁穹系统未出口到其他国家，但美国、韩国、巴林等国均表达了购买意向。

主要战术技术性能

对付目标		火箭弹、炮弹、迫击炮、飞机、直升机、无人机等
最大作战距离/km		40
最小作战距离/km		2
最大速度(Ma)		2.2
制导体制		中段无线电指令制导、末段主动雷达寻的制导
发射方式		倾斜发射，发射倾角大于 70°
反应时间/s		8～15（从探测到导弹发射）
弹长/m		3
弹径/mm		160
翼展/mm		700
发射质量/kg		90
动力装置		固体火箭发动机
战斗部	类型	高能破片杀伤战斗部
	质量/kg	11
	引信	近炸引信

系统组成

铁穹系统主要由塔米尔导弹、发射架、EL/M-2084 多任务雷达、火控中心等组成。一套铁穹火力单元包括 1 部 EL/M-2084 多任务雷达、1 个火控中心，6 辆发射车，每个发射系统可以装载 20 枚塔米尔导弹，以 5×4 的形式装载。一套铁穹火力单元设计用于防御 150 km² 的区域。铁穹系统安装在卡车或拖车上，机动性较强，可在 12 h 内迅速部署到发射阵地。

导弹 塔米尔导弹采用正常式气动布局，弹翼和尾舵呈×形配置，4 片三角形弹翼安装在弹体前部，4 片尾翼安装在弹体后部。导弹前部安装有主动雷达导引头，导引头覆盖有塑料天线罩，天线罩外部还装有金属保护罩。导弹飞行中段采用无线电指令制导，末段采用主动雷达制导。通过四个可动的尾翼实现高速机动。导弹由固体火箭发动机提供动力。

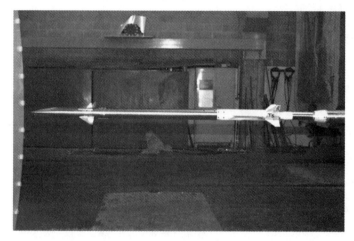

塔米尔导弹

探测与跟踪 铁穹系统使用 EL/M-2084 型雷达进行目标探测与跟踪。该雷达为多功能相控阵雷达，由以色列航空航天工业公司下属的埃尔塔系统公司研制，工作在 S 波段，对迫击炮探测距离为 5 km，对短程火箭弹探测距离为 20 km，对炮弹、远程火箭弹和短程导弹的探测距离达 100 km。雷达对炮弹目标的处理能力为每分钟 200 个（在 50 km 距离上的定位误差为 125 m）；对飞机和导弹目标的处理能力为每分钟 1 200 个，极大地提高了应对饱和攻击的能力。EL/M-2084 型雷达水平方向扫描范围为 120°，扇面可以 30 r/min 的速度旋转，从而覆盖 360°的作用范围，垂直方向扫描范围为±40°。作战时，EL/M-2084 型雷达放置于 6×6 装甲车底盘上，由四根支架固定，天线和支架采用液压安装，部署与拆卸时间约 20 min。

EL/M-2084 雷达基于埃尔塔系统公司 EL/M-2080 雷达预警和火控技术研制，采用氮化镓技术以及模块化和可扩展架构，可与外部指挥控制系统配合使用；装备有电子对抗措施，具备了较高的系统可用性和可靠性；采用了基于地图的界面，可以进行离线分析和图形显示。

指控与发射　战斗管理控制系统是火力单元的作战控制中心，由以色列 Mprest 系统公司研制，为导弹防御操作员提供全面的战场图像。战斗管理控制系统由 5 名操作人员控制。在作战中，战斗管理控制系统主要承担目标识别、敌我识别和拦截方案制定任务。战斗管理控制系统制定拦截方案后，控制发射架发射导弹，并将最新威胁信息上传到导弹，直到导弹上的主动导引头探测到来袭威胁后完成整个拦截过程。

一部铁穹发射架可装载 20 枚导弹，以 5×4 形式配置。导弹采用固定角度倾斜发射，角度大于 70°。作战时，优先使用面向威胁的发射架发射导弹，但在必要时，也可以使用过顶的方式发射导弹。发射车能够与指挥控制车和雷达远距离部署，通过无线电进行通信。

作战过程

当 EL/M-2080 雷达搜索探测到目标后，对其飞行轨迹展开跟踪，并将目标数据传输到战斗管理控制中心。战斗管理控制中心对目标飞行轨迹进行分析，预估目标的落点。如果预期落点在防御区域内构成直接威胁，战斗管理控制中心将在几秒钟内确定拦截方案，选定发射架，将发射前需要的数据、程序传输到导弹；如果来袭威胁预期落点在开阔场地或较小威胁地区，则不会发射导弹。

导弹发射后，通过上行数据链路接收来自战斗管理控制中心的威胁信息数据，引导导弹接近目标。导弹上的主动雷达导引头搜索发现目标后，引导导弹与目标进行交战。导弹在拦截目标前几秒钟内抛掉雷达罩，以动能杀伤的方式撞毁目标；若导弹与目标错过，则在交会瞬间触发近炸引信以破片杀伤的方式摧毁目标。

铁穹系统

发展与改进

铁穹系统主要有 Block 1、Block 2、Block 3 三种型号，后来又发展了将雷达、指挥控制系统和导弹集成至一辆装甲车的轻便型 I-穹，以及可以装载在海军舰船上的 C-穹等。

2007 年 1 月，当时的拉斐尔军备发展局（现为拉斐尔武器发展公司）向以色列国防部提出开发铁穹系统的建议，以便开发一种可以防御巴勒斯坦卡萨姆火箭弹袭击的火箭弹防御系统。2007 年 2 月，以色列国防部正式批准开展铁穹项目研制。2008 年 3 月，铁穹系统进行首次塔米尔导弹发射试验，2008 年 7 月再次试射，随后拉斐尔武器发展公司在当年举行的欧洲防务展上首次展示了铁穹系统全尺寸模型；2009 年 3 月，铁穹系统成功进行首次实弹拦截试验；2009 年 10 月，以色列国防部宣布已完成铁穹系统全部研制工作；2010 年 6 月，铁穹系统在通过 6 月 11 日—14 日进行的一系列最终测试后投入使用。

2011 年年初，以色列在加沙地带部署 3 套铁穹系统。2012 年 6 月，以色列国防部开始对铁穹系统进行升级和改进，推动将铁穹升级为 Block 2 和 Block 3 型号。2012 年 11 月以色列国防军宣布，在防务支柱行动中，铁穹对巴勒斯坦哈马斯组织发射火箭弹的拦截率达 84%。2014 年 7 月，在护刃行动中，铁穹对巴勒斯坦哈马斯组织发射火箭弹的拦截率达 86%。从 2011 年到 2016 年 4 月，铁穹系统在实战中成功拦截了 1 500 多个目标。

铁穹系统拥有众多潜在买家。2012 年 2 月，韩国表达了购买铁穹的意愿；2015 年 10 月，巴林外交部长表示，海湾合作委员会成员国中一些国家正与以色列谈判引进铁穹；2019 年 2 月，美国陆军宣布将购买 2 套铁穹，但未公布具体部署时间及部署地点。

铁穹 Block 2、Block 3 2013 年 1 月，以色列国防部宣布，铁穹 Block 2 已完成开发，将在未来几个月内投入使用。铁穹 Block 2 主要提升了应对饱和攻击时的拦截能力，增加了塔米尔导弹的射程，改进了指挥控制系统的决策能力。2014 年 4 月，以色列国防部宣布开始进行铁穹 Block 3 的升级改进工作。2018 年 7 月，以色列国防部宣布完成铁穹 Block 3 拦截火箭弹试验。铁穹 Block 3 在 Block 2 型的基础上，重点提升了指挥控制能力。

C-穹、I-穹 由于以色列周边环境复杂、恶劣，为扩大火箭弹防御范围、提升海上火箭弹防御能力，以色列将铁穹上舰，发展了 C-穹系统。为提升铁穹保护机动部队能力，以色列又发展了轻便型铁穹，称为 I-穹。I-穹系统将雷达、指挥控制系统和发射架、导弹整合到一辆大型装甲车上，重点提升了铁穹系统的快速反应、灵活机动部署能力。相比铁穹系统，I-穹防御能力没有明显变化，只是将发射装置的载弹数量由原来的 20 枚缩减到了 10 枚。

印 度

先进防空导弹（AAD）

概　述

先进防空导弹（Advanced Air Defence，AAD）是印度国防研究与发展组织研制的弹道导弹防御系统拦截弹，可用于在大气层内拦截弹道导弹同时兼具防空能力。2007年12月6日，先进防空导弹成功进行了首次拦截试验，目前仍处于研制中。AAD导弹是印度研制的一种全新型拦截弹，不是现役导弹的改进型号。导弹采用单级固体火箭推进，飞行中段采用惯性导航系统制导，末段采用主动雷达寻的制导，可拦截射程不超过1 000 km的弹道导弹。

2007年至今，AAD导弹已进行了11次拦截试验，其中2次失败，9次成功。2007年12月6日进行的首次拦截试验中，一枚改装后的普里特维-2弹道导弹作为靶弹从昌迪普尔综合试验场发射升空，随后远程跟踪雷达系统（由部署在不同地域的2部剑鱼雷达组成）探测到这枚导弹并对其进行连续跟踪，一个机动发射台发射了一枚AAD拦截弹，在孟加拉湾上空15 km处以马赫数为4的速度对靶弹实施了拦截。之后，AAD进行了多次拦截试验，相比之下，2018年的试验场景设定相对复杂，2018年8月2日，印度国防研究与发展组织在迪萨海岸附近的阿卜杜·卡拉姆岛试验场成功

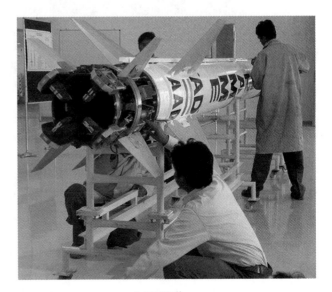

AAD 导弹

试验 AAD 低层弹道导弹防御系统。试验中，雷达从多个同时进入的目标中实时选择其中一个目标进行跟踪，导弹锁定目标后以高精度拦截目标。

主要战术技术性能

对付目标	近程弹道导弹
最大作战距离/km	50
最小作战距离/km	3
最大作战高度/km	30
制导体制	惯导＋中段指令修正＋末段主动雷达寻的制导
弹长/m	7.5
弹径/mm	500
发射质量/kg	1 200
动力装置	1 台固体火箭发动机
战斗部	破片式杀伤战斗部

AAD 导弹发射

大地防空导弹（PAD）/ 大地防御拦截弹（PDV）

概 述

大地防空导弹（Prithvi Air Defence，PAD）/大地防御拦截弹（PDV）是印度于 1996 年开始提出发展的双层弹道导弹防御系统的高层拦截弹，由印度国防研究与发展组织研制。其中，PAD 又称帕端纳（Pradyumna），用于在大气层外拦截弹道导弹，是在大地近程弹道导弹基础上改进的，2006 年 11 月和 2009 年 3 月分别成功进行了拦截试验。PDV 导弹是印度于 2009 年开始研发的新型拦截弹，计划用于取代 PAD 导弹，设计拦截高度达 150 km，主要用于拦截大气层外来袭弹道导弹目标。2017 年 2 月 11 日，印度首次在卡拉姆岛成功利用 PDV 拦截弹在大约 97 km 高空击落一枚模拟的中程弹道导弹靶弹，验证了其能力。印度计划于 2020 年开始装备部署由 AAD（低层拦截弹）/PDV 组成的双层导弹防御系统。

PAD 导弹

PDV 导弹

主要战术技术性能

型号	PAD	PDV
对付目标	300～2 000 km 弹道导弹	2 500 km 弹道导弹
最大作战高度/km	80～85	150

续表

制导体制	惯导＋中段指令修正＋末段主动雷达寻的制导	惯导＋中段指令修正＋末段红外制导
发射质量/kg	5 000	5 000
动力装置	1台液态火箭助推器，1台固体火箭主发动机	两级固体火箭发动机
杀伤方式	破片式杀伤战斗部	多爆炸成型弹丸定向战斗部（MEFP）
引信	无线电近炸引信	无线电近炸引信
弹长/m	10	10
弹径/mm	900	1 000
研制部署时间	原定2010年研制与试验完成，2015年形成作战能力	计划2019年部署

系统组成

印度弹道导弹防御系统主要由导弹预警探测系统、指挥控制系统和拦截弹等组成。预警探测系统主要依靠地基远程预警雷达，不具备卫星预警能力。地基远程预警雷达主要包括：引进的以色列绿松石雷达，印以合作研制的剑鱼雷达和马斯特-A雷达等。

PAD拦截弹 由大地-2导弹改进而成。推进系统采用液固两级组合火箭发动机，第一级为液体火箭发动机，第二级为固体火箭发动机。拦截弹制导体制为初始段惯性导航、中段指令修正与末段主动雷达寻的制导。拦截弹杀伤方式为定向破片杀伤。

PDV拦截弹 正在研制，也是在大地近程弹道导弹基础上研制的，将替代PAD拦截弹。弹体短粗、拥有4个大型边条翼和4片尾翼，可在大气层内外拦截弹道导弹。推进系统采用两级固体火箭发动机，制导体制为惯导、指令修正与红外成像末制导，战斗部为多爆炸成型弹丸定向战斗部。

发展与改进

印度于1996年首次提出研制弹道导弹防御系统，2006年公开弹道导弹防御系统发展计划。印度弹道导弹防御系统以巴基斯坦弹道导弹为主要目标，主要任务是拦截中近程弹道导弹，借鉴美国弹道导弹防御系统末段拦截系统架构，形成末段高低两层拦截系统。目前正在研制发展的拦截弹包括用于末段低层拦截的先进防空导弹（AAD），用于末段高层拦截的大地防空导弹（PAD）和大地防御拦截弹（PDV）。

PAD导弹于2006年11月开始进行首次试验，此后于2009年3月进行了第二次试验，均取得成功。

PDV 导弹是印度于 2009 年开始研发的新型拦截弹，用于取代 PAD 导弹。PDV 拦截弹改用末段红外成像制导，印度希望发展该型导弹的最大拦截高度达 150 km。据印度国防研究与发展组织的消息，PDV 导弹从 2014 年 4 月开始进行了首次拦截试验，但试验只进行了导弹发射，没有进行目标拦截。之后，PDV 导弹又于 2017 年 2 月、2018 年 8 月、9 月和 2019 年 2 月进行了 4 次导弹拦截试验，均取得成功。其中，2019 年 3 月 27 日，印度于当地时间 11 时从奥里萨邦阿卜杜·卡拉姆岛发射中心发射一枚 PDV 拦截弹，以碰撞杀伤模式击毁了一颗在约 300 km 高度运行的印度低地球轨道卫星。按照计划，印度将于 2025 年使 PDV 拦截弹具备初始作战能力。

附 录

附录1 地空导弹系统主要战术技术性能表

国别	中文名称（外文名称）	作战距离/km	作战高度/km	最大速度/(Ma)	制导体制	发射方式	弹长/m	弹径/mm	翼展/mm	发射质量/kg	动力装置	战斗部与引信
朝鲜	闪电-5(Pon gae-5)	150(最大)				垂直冷发射	7.25	500		1 700	1台固体火箭发动机	破片式杀伤战斗部，近炸或触发引信
德国	低空防空系统(LLADS)	0.2~4.5	3.8(最大)	2.2	被动红外导的	车载发射	1.52	70		10	1台固体火箭助推器，1台固体火箭主发动机	高爆破片式杀伤战斗部
	NG leFla	10(最大)		780(m/s)	惯导+红外成像	垂直发射	1.78	93	91	21.5	双脉冲固体火箭发动机	高能破片杀伤和穿透式战斗部
俄罗斯	金雕(Беркут) С-25/SA-1	32~40	2~20			固定式垂直发射	12	710	2 700	3 500	1台预储液发动机,后改装成1台双推力固体火箭发动机	破片式杀伤战斗部，质量250 kg；无线电炸引信
	德维纳(Двина) С-75/SA-2 SA-2A	8~30	3~22	3.5			10.6			2 287		高能破片式杀伤战斗部，质量295 kg；近炸和触发引信
	SA-2B	10~30	0.5~30	3.5			10.8			2 287		
	SA-2C	9.3~43	0.4~30	3.5		无线电指令	10.8			2 287	1台固体火箭助推器，1台液体火箭发动机	
	SA-2D	7~43	0.4~30	3.5			10.8	500（弹体）	1 700（主翼）	2 450		核装药，质量295 kg；近炸和触发引信
	SA-2E	7~43	0.4~30	3.5			11.2			2 450		
	SA-2F	6~58	0.1~30	3.5			10.8			2 395		高能破片式杀伤战斗部，质量195 kg；近炸和触发引信
	涅瓦(Нева) С-125/SA-3 5B24	2.5~15	0.2~10	3.5	全程无线电指令	双联装或4联装倾斜发射	5.88	390	1 220	933	1台固体火箭助推器，1台固体火箭主发动机	高能破片式杀伤战斗部，雷达脉冲多普勒近炸和触发引信
	5B27	3.5~25	0.1~14	3.5			5.95		1 220	953		
	维加(Вега) С-200/SA-5	17~300	0.3~40	5	无线电指令+连续波半主动雷达寻的	半固定阵地，45°固定俯仰角倾斜发射，方位随动	10.8	860	2 850	7 000	4台并联式固体火箭助推器，1台液体火箭主发动机	破片式杀伤战斗部，质量217 kg；无线电多普勒近炸引信

续表

国别		中文名称（外文名称）	作战距离/km	作战高度/km	最大速度/(Ma)	制导体制	发射方式	弹长/m	弹径/mm	翼展/mm	发射质量/kg	动力装置	战斗部与引信
俄罗斯	滴水兽 C-300 ПМУ-1/2/ SA-20	5B55P	90（最大）	25（最大）				7.25	508	1 124	1 664	单级单推力高能固体火箭发动机	破片式杀伤战斗部，质量130 kg；无线电近炸引信
		48H6E	150（最大）	0.025~27	8.2	无线电指令修正+末段TVM	4联装筒式垂直冷发射	7.5	519	1 134	1 800		破片式杀伤战斗部，质量143 kg；无线电近炸引信
		48H6E2	200（最大）	0.01~27	8.2			7.5	519	1 134	1 840		破片式杀伤战斗部，质量180 kg；无线电近炸引信
	勇士 C-350 (MRADS)		1.5~120	0.01~30	2.6~3.5（平均）	惯导+无线电指令修正+主动雷达寻的		5.65	240		420	固体火箭发动机	定向破片式杀伤战斗部，质量24kg
	凯旋 (Триумф) C-400	9M96E	1~40	0.005~20	2.2（平均）	惯导+指令修正+主动雷达寻的		4.3	240		333		定向破片式杀伤战斗部，质量24 kg；无线电近炸引信
		9M96E2	1.5~120	0.01~30	2.6~3.5（平均）			5.65	240		420		
		48H6E2	3~200	0.01~27	5.9	惯导+指令修正+末段TVM		7.5	519		1 800		定向破片式杀伤战斗部，质量180 kg；无线电近炸引信
		40H6E3	250（最大）	0.01~27	5.9	惯导+指令修正+主动和半主动雷达寻的		7.5	519		1 835		定向破片式杀伤战斗部，质量145.5 kg；无线电近炸引信
		40H6E	5~380	0.01~30	3.5（平均）	惯导+指令修正+主动雷达寻的		8.4	515		1 893		
		40H6M	450（最大）	30（最大）		惯导+指令修正+主动雷达寻的	倾斜发射	8.7	0.575		2 500		定向破片式杀伤战斗部
	普罗米修斯 (Прометей) C-500/ SA-X-26	77H6-H	150（最大）	165（最大）	10.6	惯导+指令修正+末段雷达制导	垂直发射	10.7	1.12		5 200	固体推进火箭发动机	
		77H6-H1	700（最大）	200（最大）		惯导+指令修正+红外寻的	垂直发射	10.7	1.12		5 200		动能战斗部

附录1 地空导弹系统主要战术技术性能表

续表

国别	中文名称（外文名称）	作战距离/km	作战高度/km	最大速度（Ma）	制导体制	发射方式	弹长/m	弹径/mm	翼展/mm	发射质量/kg	动力装置	战斗部与引信
俄罗斯	C-300B 9K81/SA-12 9M82	13~100	0.025~30	7.1	惯导+无线电指令修正+末段半主动雷达寻的	4联装筒式垂直冷发射	9.918	850		4690	1台固体火箭助推器,1台固体火箭主发动机	定向破片杀伤战斗部;无线电近炸引信
	9M83	8~75	0.025~25	5	惯导+无线电指令修正+末段半主动雷达寻的		7.5	500		2318		定向破片式战斗部,质量150 kg;无线电近炸引信
	安泰-2500（Антей-2500）	200(最大)	0.025~30									
	圆圈（Круг）2K11/SA-4 3M8M1	8~55	0.3~27	2.5	无线电指令+末段半主动雷达寻的	双联装倾斜发射	8.8	860	2300	2500	4台并联固体火箭助推器,1台液体冲压喷气主发动机	烈性炸药破片式杀伤战斗部,质量135 kg;无线电近炸引信
	3M8M2	9.3~72	0.1~24	2.5			8.3	860	2700	2500		破片式杀伤战斗部;无线电近炸引信
	立方（Куб）2K12/SA-6	6~22	0.1~12	2.2	全程半主动雷达寻的	3联装无发射筒倾斜发射	5.85	335	932	604	固体冲压组合发动机	破片式战斗部,质量57kg;无线电脉冲式近炸和触发引信
	布克（Бук）9K37/SA-11	3~35	0.015~22	2.5	无线电指令修正+末段半主动雷达寻的	4联装无发射筒倾斜发射	5.55	400	860	690	单室双推力固体火箭主发动机	破片式战斗部,质量70 kg;无线电近炸和触发引信
	布克-M1（Бук-M1）9K37-M1/SA-11	3~32	0.015~22	2.5	无线电指令修正+末段半主动雷达寻的	4联装无发射筒倾斜发射	5.55	400	860	690	单室双推力固体火箭主发动机	破片式战斗部,质量70 kg;无线电近炸和触发引信
	布克-M2（Бук-M2）9K317/SA-17	3~50	0.015~25	3.5	无线电指令修正+末段半主动雷达寻的	4联装无发射筒倾斜发射	5.55	400	860	715	单室双推力固体火箭主发动机	高爆破片式战斗部,质量70 kg;无线电脉冲式近炸和触发引信
	布克-M3（Бук-M3）9K317/Viking	2.5~70	0.015~25	4.6	惯导+无线电指令修正+末段主动雷达寻的制导	6联装带发射筒倾斜发射	5.18	360		581	单室双推力固体火箭主发动机	高爆破片式战斗部,质量62 kg;无线电脉冲式近炸和触发引信

续表

国别	中文名称（外文名称）	作战距离/km	作战高度/km	最大速度（Ma）	制导体制	发射方式	弹长/m	弹径/mm	翼展/mm	发射质量/kg	动力装置	战斗部与引信
俄罗斯	黄蜂（Оса）9K33/SA-8	2~9	0.05~5	1.5	雷达或光学跟踪+无线电指令	4联装倾斜发射	3.153	208	650	127	1台双推力固体火箭发动机	烈性炸药破片式杀伤战斗部，质量14.5 kg；无线电近炸引信
	黄蜂-AK	1.5~10	0.025~5	1.6		6联装倾斜发射	3.158	209.6	650	126		烈性炸药破片式杀伤战斗部，质量15 kg；无线电近炸和触发引信
	箭-1（Стрела-1）9K31/SA-9	0.8~4.2	0.03~3.5	1.5	1~3 μm非制冷硫化铅被动红外寻的	4联装倾斜发射	1.803	120	360	30	单级固体火箭发动机	高爆破片式杀伤战斗部，质量6.7 kg；近发和触发引信
	9M31M	0.56~8	0.01~6.1	1.5	1~5 μm非制冷硫化铅被动红外寻的		1.803	120	360	30		
	箭-10（Стрела-10）9K35/SA-13	0.5~5	0.025~3	1.5	被动红外	4联装筒式倾斜发射	2.19	120	360	40	单级固体火箭发动机	破片式杀伤战斗部，质量3 kg；无线电近炸引信
	9M37M	0.5~5	0.025~3	1.5	被动红外		2.19	120	360	40		
	9M37MД	0.5~5	0.025~3	1.6	被动红外+红外寻的		2.19	120	360	41		破片式杀伤战斗部，质量5 kg；无线电近炸引信
	9M333	0.5~5	0.01~3	1.6	被动红外+红外寻的		2.223	120	360	41		
	道尔-M1（Top-M1）9K331/SA-15	1.5~12	0.01~9	2.5	无线电指令	垂直冷发射	2.9	230		165	双推力固体火箭发动机	高能炸药破片式杀伤战斗部，质量15 kg；无线电近炸引信
	9M331	1.5~12	0.01~9	2.5	无线电指令	垂直冷发射	2.9	230		165	双推力固体火箭发动机	高能炸药破片式杀伤战斗部，质量15 kg；无线电近炸引信
	道尔-M2（Top-M2）9K332/SA-15	1.5~16	0.01~12	2.9			2.9	240		163		
	9M338	1.5~16	0.01~12	2.9			2.9	240		163		

附录1 地空导弹系统主要战术技术性能表

续表

国别	中文名称(外文名称)	作战距离/km	作战高度/km	最大速度(Ma)	制导体制	发射方式	弹长/m	弹径/mm	翼展/mm	发射质量/kg	动力装置	战斗部与引信
俄罗斯	通古斯卡-M(Тунгуска-M) 2K22M/SA-19 导弹	2.5~8	0.015~3.5	2.6	无线电指令	8联装倾斜发射	2.56	152(一级),76(二级)	30(一级),15(二级)	42	1台固体火箭发动机	破片和连杆式杀伤战斗部,质量9 kg;触发和激光近炸引信
	火炮	0.2~4	3(最大)									
	松树-P(Сосна-P)	1.3~8	0.2~5	3.5	无线电指令+激光驾束		2.317	72		30	可分离固体火箭发动机	破片式杀伤战斗部,质量5 kg;12通道激光近炸引信
	铠甲-C1(Панцирь-C1) 9M335导弹	1.2~20	0.015~15	3.8	光学跟踪+无线电指令	2套6联装(或4联装)倾斜发射	3.2	90		74.5	1台固体火箭发动机	高能破片和连杆式杀伤战斗部,质量20 kg;近炸和触发引信
	火炮	0.2~4	3(最大)									
	赫尔墨斯-A	25(最大)		3.8	红外+单向数据链		3.5	130		110	固体推进剂	高爆破片式杀伤战斗部,质量28 kg
	赫尔墨斯-K	20(最大)		3.8				130		110		高爆破片式杀伤战斗部,质量28 kg
	赫尔墨斯-K(ER)	100(最大)		3.8						130		高爆破片式杀伤战斗部,质量30 kg
	赫尔墨斯(Гермес)	100(最大)		3.8				130		130		高爆破片式杀伤战斗部,质量28 kg
	莫尔菲42C6(Морфей)	5(最大)	<5		红外被动寻的	垂直发射	2.5	170		70	固体推进剂火箭	高爆破片式杀伤战斗部;触发和近炸引信
	箭-2(Стрела-2)	0.8~3.4	0.05~1.5	1.3		肩射/车载发射	1.438	72		9.15	1台固体火箭助推器,1台双推力固体火箭主发动机	高爆破片式杀伤战斗部,质量1.17 kg;触发引信
	箭-2M 9K32/SA-7	0.3~4.2	0.015~2.3	1.7						9.6		
	箭-3(Стрела-3) 9K34/SA-14	0.5~4.5	0.015~3	1.4	红外寻的	单兵肩射	1.42	72	0.3	10.3	1台固体火箭助推器,1台双推力固体火箭主发动机	破片式杀伤战斗部,质量1 kg;触发引信

续表

国别	中文名称（外文名称）	作战距离/km	作战高度/km	最大速度（Ma）	制导体制	发射方式	弹长/m	弹径/mm	翼展/mm	发射质量/kg	动力装置	战斗部与引信
俄罗斯	针-1（Игла-1）9K310/SA-16	0.5~5.2	0.01~3.5	1.8	单通道制冷式被动红外寻的	肩射或架射	1.673	72	250	10.8	1台固体火箭助推器,1台单室双推力固体火箭主发动机	半预制破片式杀伤战斗部,质量1.27 kg；触发和引信
	针（Игла）9K38/SA-18	0.5~5.2	0.01~3.5	1.8	双通道制冷式被动红外寻的	肩射或架射	1.7	72.2	250	10.6	1台固体火箭助推器,1台单室双推力固体火箭主发动机	半预制破片式杀伤战斗部,质量1.27 kg；触发和引信
	针-C（Игла-C）9K338/SA-24	6（最大）	0.01~3.5	1.2	双波段红外寻的		1.635	72.2		11.7	双推力固体推进剂	高爆破片式杀伤战斗部,质量2.5 kg；触发和近炸引信
	银柳（Верба）9K333	0.05~6.4	0.1~4.5	1.5	3波段（紫外、近红外和中红外）被动寻的			72		17.25	固体推进火箭发动机	高爆破片式杀伤战斗部,质量2.5 kg；触发和近炸引信
法国	响尾蛇（Crotale）	0.5~8.5	0.05~3	2.2	无线电指令	4联装式倾斜发射	2.94	156	547	84	1台固体火箭发动机	聚能破片式杀伤战斗部,质量15 kg；红外近炸引信
	沙伊纳（Shahine）TSE5100	0.5~13	0.015~6	2.8	雷达或电视跟踪+无线电指令	筒式倾斜发射	3.12	156	592	105	1台固体火箭发动机	聚能破片式近炸引信（沙伊纳-1）,雷达近炸引信（沙伊纳-2）
	新一代响尾蛇（Crotale NG）	0.5~11	6（最大）	3.5	光电复合	筒式倾斜发射	2.29	165		75	1台固体火箭发动机	聚能破片式杀伤战斗部,质量14 kg；电磁近炸引信
	米卡垂直发射型（VL-MICA）	20（最大）	10（最大）	3	惯导+指令修正+末段主动雷达（米卡-RF），惯导+末段红外成像寻的（米卡-IR）	垂直发射	3.1	160	480	112	1台双推力固体火箭主发动机	高爆破片式杀伤战斗部,质量12 kg；雷达近炸引信
	西北风（Mistral） 西北风-1	0.3~6	0.005~3	2.5	被动红外寻的	三角架筒式发射、车载发射	1.86	92.5	200	19	1台固体火箭助推器,1台固体火箭主发动机	高爆破片式杀伤战斗部,质量3 kg；主动激光近炸和触发引信
	西北风-2	6（最大）	3（最大）	2.6			1.86	92.5		19		

续表

国别	中文名称(外文名称)		作战距离/km	作战高度/km	最大速度(Ma)	制导体制	发射方式	弹长/m	弹径/mm	翼展/mm	发射质量/kg	动力装置	战斗部与引信
国际合作	未来防空导弹系列(FSAF)	阿斯特-15	1.7~30	10(最大)	2.9	惯导+指令修正+主动雷达导的	多联装垂直发射	4.2	180(二级),320(助推器)		350	1台固体火箭助推器,1台固体火箭发动机	聚能高爆破片式杀伤战斗部,质量10~15 kg,无线电近炸引信
		阿斯特-30	3~100	25(最大)	4.1			5.2	180(二级),380(助推器)		510		
	地空型彩虹(IRIS-T-SLM/SLS)	IRIS-T-SLM	30(最大)	12.5(最大)	2.5	指令修正+红外成像	8联装垂直发射	3.4	150			固体火箭发动机	高能破片和聚能破甲战斗部,质量12.5 kg;激光近炸和触发引信
		IRIS-T-SLS	20(最大)			红外成像		3	130				
	阿达茨(ADATS)		0.5~8	7(最大)	3	瞄推线指令+激光电驾束	筒式倾斜发射	2.05	152			1台无烟双基固体火箭发动机	多效应空芯装药战斗部,质量6.5 kg;无线电近炸和触发引信
	罗兰特(Roland)	罗兰特-1	0.5~6	0.015~4.5	1.5	光学跟踪+无线电指令	筒式倾斜发射	2.40	160	500	66.5	1台固体火箭助推器,1台固体火箭主发动机	高能装药战斗部,质量9.1 kg;电磁近炸引信
		罗兰特-2	0.5~6.3	0.01~5.5	1.5	光电复合+无线电指令		2.40	160	500	67.2		
		罗兰特-3	0.5~8	0.01~6.0	1.8			2.40	160	500	75		
	麦特里(Maitri)		20(最大)				垂直发射					固体火箭发动机	
	防空卫士(Skyguard/Sparrow)	麻雀导弹(AIM-7F)	13(最大)	5(最大)	2.5	半主动雷达导引	4联装箱式倾斜发射	3.66	203	1 020		单级固体火箭发动机	高爆破片式杀伤战斗部;触发和近炸引信
		35 mm口径奥利康双管高炮	4(最大)	3(最大)									

续表

国别	中文名称(外文名称)	作战距离/km	作战高度/km	最大速度(Ma)	制导体制	发射方式	弹长/m	弹径/mm	翼展/mm	发射质量/kg	动力装置	战斗部与引信
韩国	飞马(Pegasus)	10.5(最大)	6(最大)	2.6	光电复合	筒式倾斜发射	2.17	150		86.2	1台固体火箭发动机	高爆聚能破片式杀伤战斗部;激光近炸引信
	喀戎(Chiron)	7(最大)	3.5(最大)		双色红外寻的	三角架发射或车载发射	1.68	80		14	双推力固体火箭发动机	近炸和触发引信
	铁鹰-2(Iron Hawk II)	40(最大)	0.015~18		惯导+指令修正+末段主动雷达寻的	8联装垂直发射	4.61	275		400	固体推进剂火箭发动机	定向破片式杀伤战斗部
捷克	箭-S 10M(Strela-S 10M)	1.5~10	0.01~5	1.6	红外寻的	4联装倾斜发射	2.2	120	360	55	固体推进剂火箭发动机	高爆破片式杀伤战斗部,质量6 kg;无线电近炸引信
克罗地亚	里杰拉(Strijela 10 CRO)	5(最大)	0.025~3.5	1.4	红外被动寻的	2组两联装倾斜发射	2.19	120				高能破片式杀伤战斗部,质量3~5 kg;激光和触发引信
罗马尼亚	CA-94M	0.5~4.6	0.03~2.3	1.4	红外寻的					15	固体火箭发动机	高爆破片式杀伤战斗部;近炸和触发引信
	CA-95M	0.8~4.2	0.05~3.5	1.47	1.2~2.5 μm被动红外		1.803	120	360	30	两级固体火箭发动机	近炸和触发引信
	A-95	0.5~4.2	0.03~2.8				1.803	120		30.5		高爆破片式杀伤战斗部,质量2.8 kg
	波马克(Bomarc) 波马克-A	320(最大)	0.3~18	2.5	预定程序+指令+主动雷达寻的	固定阵地垂直发射	14.43	910	5 500	6 800	1台液体助推器,2台冲压发动机	连杆条式战斗部或核战斗部,质量135 kg;近炸引信
	波马克-B	741(最大)	0.3~24	2.5			13.72	884	5 550	7 264	1台固体助推器,2台冲压发动机	
美国	奈基-2(Nike-Hercules)	145(最大)	1~45.7	3.35(MIM-14A),3.65(MIM-14B/C)	无线电指令	固定和野战发射方式,近似垂直(85°)发射	12.14	800(最大)538(最小)	2 280	4 858	4固体火箭助推器,1台固体火箭主发动机	烈性炸药战斗部或核装药战斗部;近炸引信

附录1 地空导弹系统主要战术技术性能表

续表

国别	中文名称（外文名称）		作战距离/km	作战高度/km	最大速度(Ma)	制导体制	发射方式	弹长/m	弹径/mm	翼展/mm	发射质量/kg	动力装置	战斗部与引信
美国	霍克（HAWK）	霍克	2~32	0.06~13.7	2.5	全程半主动雷达寻的	3联装倾斜发射	5.08	370	1190	584	1台M22E8型单室双推力固体火箭发动机	破片式杀伤战斗部，质量45 kg；无线电和触发引信
		改进型霍克	1.5~40	0.06~17.7	2.7			5.03	370	1190	638	1台M112型双推力固体火箭发动机	高爆破片式杀伤战斗部，质量54 kg；无线电近炸和触发引信
	爱国者（Patriot）		3~80	0.3~24	5	程序+指令+TVM	4联装箱式倾斜发射	5.20	410	870	914	TX-486型高能固体火箭发动机	破片式杀伤战斗部，质量68 kg；近炸和触发引信
	小槲树（Chaparral）	MIM-72A	1.5~5	0.05~2.5	2.5	光学瞄准+红外寻的	倾斜发射	2.91	127	715	86.9	1台固体火箭发动机	高爆破片式杀伤战斗部，质量11.5 kg；无线电引信
		MIM-72C/F	1.5~8	0.05~2.5	2.5			2.91	127	715	85.7		高爆破片式杀伤战斗部，质量12.6 kg；近炸和触发引信
		MIM-72G	0.5~9	0.015~3	2.5			2.91	127	715	86.2		
	斯拉姆拉姆（SLAMRAAM）		40(最大)		4	惯导+主动雷达寻的	倾斜发射	3.65	178	530	152	双推力低烟固体火箭发动机	高能炸药预制破片式定向战斗部；主动雷达近炸引信
	红眼睛（Redeye）		0.5~4.5	0.15~2.74	1.7	红外寻的	单兵肩射	1.20	70	140	8.3	M115型两级固体火箭发动机	破片式杀伤战斗部，质量1.06 kg；触发引信
	军刀（Saber）					激光驾束	单兵肩射	1.09	120		11.3		聚能装药战斗部
	毒刺（Stinger）	基本型毒刺	0.2~4	3.5(最大)	2.2	被动红外寻的	单兵肩射	1.47	69	91	10.4	1台固体火箭助推器，1台Mk 27型固体火箭主发动机	预制破片式杀伤战斗部，质量3 kg；触发引信
		毒刺POST/RMP	0.2~4.8	3.8(最大)	2.2	被动红外/紫外寻的		1.47	69	91	10.4		
	微型直接碰撞杀伤导弹（MHTK）		3(最大)			半主动射频导引头+主动激光或半主动激光	箱式垂直发射或发射车倾斜发射	0.72	40	76	5	固体火箭发动机	直接碰撞杀伤

续表

国别	中文名称（外文名称）	作战距离/km	作战高度/km	最大速度(Ma)	制导体制	发射方式	弹长/m	弹径/mm	翼展/mm	发射质量/kg	动力装置	战斗部与引信
南非	SAHV-3 (SAHV-3)	14(最大)	0.03~6	3.5	指令制导	倾斜发射	3.08	180	400	123	单级无烟固体火箭发动机	高爆破片式杀伤战斗部,质量20 kg;主动雷达近炸引信
南非	SAHV-IR	10(最大)	0.03~6	3.5	红外被动寻的	倾斜发射	3.28	180	400	130	单级无烟固体火箭发动机	高爆破片式杀伤战斗部,质量20 kg;激光近炸引信
南非	SAHV-RS	13(最大)	0.03~6	3.5	惯导+主动雷达寻的	倾斜发射	3.6	180	400	137	单级无烟固体火箭发动机	高爆破片式杀伤战斗部,质量20 kg;主动雷达近炸引信
南非	ZA-HVM	0.8~12	0.03~7.5	3.5	指令制导	倾斜发射	3.08	180	400	123	1台无烟固体火箭发动机	高爆破片式杀伤战斗部,质量20 kg;主动雷达近炸引信
挪威	国家先进面空导弹系统(NASAMS)	20(最大)	—	2~3	—	倾斜发射	3.65	178	530	156	固体火箭发动机	高能定向式战斗部,质量24 kg;主动雷达近炸引信
挪威	Chu-SAM	50(最大)	10(最大)	2.5	预置程序+指令修正+主动雷达寻的	车载垂直发射	4.9	300	600	580	1台固体火箭发动机	高爆战斗部;近炸引信
日本	短萨姆(Tan SAM Type 81)	0.5~7	0.015~3	2.4	红外寻的	4联装倾斜发射	2.7	160	600	100	1台固体火箭发动机	破片杀伤战斗部,质量9.7 kg;近炸或触发引信
日本	凯科(KeiKo Type 91)	0.3~5	1.5(最大)	1.7	可见光与红外双波段成像寻的	单兵肩射或车载发射	1.43	80	—	11.5	1台固体火箭助推器,1台固体火箭发动机	高爆破片式杀伤战斗部,触发和近炸引信
日本	近萨姆93式(Kin-SAM)	3~5(最大)	1.5(最大)	1.7	红外双波段成像寻的	车载倾斜发射	1.43	80	—	11.5	固体助推器,固体火箭发动机	高爆破片式杀伤战斗部;碰炸/近炸引信

附录1 地空导弹系统主要战术技术性能表   707

续表

国别	中文名称(外文名称)	作战距离/km	作战高度/km	最大速度(Ma)	制导体制	发射方式	弹长/m	弹径/mm	翼展/mm	发射质量/kg	动力装置	战斗部与引信
瑞典	RBS 70 Rb 70	0.2~5	3(最大)	1.5						15		预制破片式杀伤战斗部,质量1 kg;触发和主动激光近炸引信
	RBS 70 Rb 70 MK 1	0.2~5	3(最大)	1.6	激光驾束	三角架筒式发射	1.318	106	320	16.5	1台固体火箭助推器,1台固体火箭主发动机	预制破片式杀伤战斗部,质量1 kg;触发和主动激光近炸引信
	RBS 70 Rb 70 MK 2	0.2~7	4(最大)	1.7			1.318	106	320	16.5		预制破片式杀伤战斗部,质量1.6 kg;触发和主动激光近炸引信
	RBS 70NG	0.2~8	5(最大)	2	激光驾束		1.32	105	320	17	固体火箭发动机	聚能装药和激光近炸战斗部;主动激光近炸引信
	火流星(BOLIDE)	0.25~8	5(最大)	2	激光驾束	三角架筒式发射	1.32	106	320	16.5		预制破片式杀伤战斗部,质量1.6 kg;主动激光近炸引信
	RBS 23	1~15	0.025~15	3			2.5	110	600	85	1台固体火箭助推器,1台固体火箭主发动机	聚能破片式杀伤战斗部;主动激光近炸和触发引信
瑞士	奥利康(Oerlikon)	3~35	30最大	3			5.7	360	3 000	100	1台固体火箭助推器,1台固体火箭主发动机	高爆破片式杀伤战斗部,质量40 kg;近炸引信
	米康(Micon)	3~35	22(最大)	3			5.4	420	3 000	800	1台双推力固体火箭发动机	高爆破片式杀伤战斗部,质量70 kg;红外近炸或触发引信
土耳其	希萨尔-A(HiSAR-A)	2~15	0.03~5		惯导+数据链指令修正+红外成像						双脉冲固体火箭发动机	高爆破片式杀伤战斗部;近炸或触发引信
	希萨尔-O(HiSAR-O)	3~25	0.05~15		惯导+数据链指令修正+红外成像						双脉冲固体火箭发动机	高爆破片式杀伤战斗部;近炸或触发引信

续表

国别	中文名称（外文名称）	作战距离/km	作战高度/km	最大速度（Ma）	制导体制	发射方式	弹长/m	弹径/mm	翼展/mm	发射质量/kg	动力装置	战斗部与引信
伊朗	信仰-373（Bavar-373）	200（最大）	27（最大）									
伊朗	雷电（Ra'ad）	1~50	22（最大）	1.7	末段雷达						固体火箭发动机	
伊朗	亚扎哈拉（Ya-zahra）	12（最大）	5.5（最大）	2.18	雷达+电视+红外指令	倾斜发射	2.93	154		85.1	单级固体火箭发动机	高爆破片式战斗部，质量13.5 kg；红外近炸引信
伊朗	米萨格-1（Misagh-1）	0.5~5	0.03~4	1.74	红外		1.477	71		10.86	固体火箭发动机	高爆破片式战斗部，质量1.42 kg；触发引信
伊朗	米萨格-2（Misagh-2）	5（最大）	3.5（最大）	2	红外			71		12.74	固体火箭发动机	高爆破片式战斗部，1.42 kg
以色列	阿达姆斯（ADAMS）	0.5~12	0.03~10	2	视线指令	垂直发射						
以色列	斯拜德尔（SPYDER）德比	1~15	0.02~9	2.5	惯导+数据链指令修正+末段主动雷达寻的	4联装倾斜发射	3.621	160	640	118	固体火箭发动机	高能破片式战斗部；近炸引信
以色列	斯拜德尔（SPYDER）怪蛇-5				双波段红外成像		3.0		350	105		高能破片式战斗部；主动激光引信
意大利	靛青（Indigo）	1~10	0.015~5	2.5	雷达光学跟踪+无线电指令	箱式倾斜发射	3.3	195	813	120	1台固体火箭发动机	破片式杀伤战斗部，质量21 kg；无线电近炸引信
意大利	斯帕达（Spada）	1~15	0.018~6	2.5	半主动雷达寻的	箱式倾斜发射	3.7	203	800	220	1台固体火箭发动机	破片式杀伤战斗部，质量32.8 kg；无线电近炸和触发引信
意大利	区域多目标拦截系统（ARAMIS）	24（最大）	0.01~8	2.5	半主动雷达寻的	6联装箱式倾斜发射	3.70	203	680	241	单级固体火箭发动机	高能破片式战斗部；无线电近炸和触发引信

附录1 地空导弹系统主要战术技术性能表

续表

国别	中文名称(外文名称)	作战距离/km	作战高度/km	最大速度(Ma)	制导体制	发射方式	弹长/m	弹径/mm	翼展/mm	发射质量/kg	动力装置	战斗部与引信
印度	特里舒尔(Trishul)	0.5~9	5(最大)		无线电指令	6联装倾斜发射	3.1(DMS), 3.4(Janes)	335(DMS), 210(Janes)		130~230(DMS), 125(Janes)	二级双推力固体火箭发动机	高爆破片式杀伤战斗部,质量15 kg;近炸引信
印度	阿卡什(Akash)	3~30	0.03~18	2~3.5	惯导+无线电指令修正+末段主动雷达寻的	3联装倾斜发射	5.82	350		720	1台固体火箭助推器,1台冲压发动机	破片式杀伤战斗部,质量55 kg;无线电近炸引信
英国	警犬MK1 (Bloodhound)	30(最大)	24(最大)	2.2	半主动雷达寻的	固定平台仰角倾斜发射	7.7	530	2830	2000	4台固体火箭助推器,2台雷神BT-1冲压发动机	烈性炸药战斗部,近炸引信
英国	警犬MK2	85(最大)	0.3~27	2.7	全程单脉冲半主动雷达寻的		8.46	546	2830	2270	4台固体火箭助推器,2台改进雷神BRJ-801冲压发动机	烈性炸药或核装药战斗部;近炸引信
英国	雷鸟-1 (Thunderbird)	56(最大)	20(最大)	2.3	连续波半主动雷达寻的	倾斜发射	6.4	530	1700	1800	4台固体火箭助推器,1台固体火箭主发动机	破片式杀伤战斗部,无线电近炸引信
英国	雷鸟-2	75(最大)	20(最大)	3.0			6.35	530	1630			
英国	山猫(Tiger Cat)	0.3~5.5	0.03~4	0.9	光学或雷达(电视)跟踪+无线电指令	3联装发射架倾斜发射	1.48	190	650	62.7	1台固体助推器,1台固体火箭主发动机	连杆式战斗部(装烈性炸药,质量17.2 kg;近炸和触发引信
英国	长剑(Rapier)	0.5~7	0.015~3	2.0	光电跟踪+无线电指令	倾斜发射	2.24	133	381	42.6	两级双推力固体火箭发动机	半穿甲型战斗部,质量1.4 kg;压电触发引信
英国	长剑2000 (Rapier 2000)	8(最大)	5(最大)	2.5	被动红外跟踪+指令制导/主动雷达跟踪+无线电指令	倾斜发射	2.24	130	381	42.6	两级双推力固体火箭发动机	MK2A为半穿甲型战斗部;触发引信。MK2B为破片式杀伤战斗部,智能红外近炸和触发引信

续表

国别	中文名称（外文名称）	作战距离/km	作战高度/km	最大速度(Ma)	制导体制	发射方式	弹长/m	弹径/mm	翼展/mm	发射质量/kg	动力装置	战斗部与引信
英国	通用模块化防空导弹（CAMM）	25（最大）		3.2	主动雷达寻的	垂直冷发射		166		99	低烟固体火箭发动机	破片式杀伤战斗部；激光近炸和触发引信
	增程型模块化防空导弹	45（最大）						190		160		
	陆地拦截者（Land Ceptor）	25（最大）		3	主动雷达		3.2	166	450	99	固体火箭发动机	高爆破片式杀伤战斗部；近炸和触发引信
	吹管（Blowpipe）	0.5~3.5	0.01~2	1	红外跟踪+无线电指令	单兵肩射	1.35	76	275	11	1台固体火箭助推器，1台固体火箭主发动机	空心装药杀伤战斗部或破片式杀伤战斗部，质量2.2 kg；触发和近炸引信
	标枪（Javelin）	0.3~5.5	0.01~3	1	半主动视线指令	肩射、3联装发射、车载发射	1.39	76	275	12.7	1台固体火箭助推器，1台固体火箭主发动机	高能破片式杀伤战斗部，质量2.74 kg；红外近炸引信
	星光（Starstreak）	0.3~7		3	激光驾束	单兵肩射、三脚架发射、车载或舰载发射	1.397	127		20	两级固体火箭发动机	3个标枪形状子弹头（每个质量1 kg），内装高速动能穿甲弹头和小型爆破战斗部；触发和近炸引信
	星爆（Starburst）	0.5~4	3（最大）	1	激光驾束	单兵肩射或从三脚架发射	1.394	197		15.2	两级固体火箭发动机	预制破片性炸战斗部或破片式杀伤战斗部，质量1.81 kg；触发引信
	低空自行高速导弹系统（SP-HVM）	0.3~7		3.5	激光驾束	车载发射	1.397	127	274	20	两级固体火箭发动机	3个标枪形状子弹头（每个质量1 kg），内装高速动能穿甲弹头和小型爆破战斗部；触发和近炸引信

附录1 地空导弹系统主要战术技术性能表

续表

国别	中文名称(外文名称)	作战距离/km	作战高度/km	最大速度(Ma)	制导体制	发射方式	弹长/m	弹径/mm	翼展/mm	发射质量/kg	动力装置	战斗部与引信
英国	轻型多任务导弹(LMM)	0.4~8		1.5~1.6	模式A:半主动激光导引头;激光驾束;模式B:红外;模式C:红外成像;模式D:惯导+GPS		1.3	76	260	13	1台两级固体火箭发动机	高能爆炸碎片,聚能装药,质量3.9 kg;激光近炸(多孔径)引信
中国台湾	天弓-1(Tien Kung 1)	100(最大)	0.01~24	3.5	中段指令+末段半主动雷达寻的	4联装箱式倾斜发射	5.3	410		900	单级固体火箭发动机	破片式杀伤战斗部,质量90 kg;近炸和触发引信
	天弓-2(Tien Kung 2)	150(最大)	30(最大)	4.5	初段惯导+中段指令修正+末段主动雷达寻的	固定式垂直发射或机动式4联装箱式倾斜发射	8.1	570		1 115	单级固体火箭发动机	破片式杀伤战斗部,质量90 kg;近炸和触发引信
	天弓-3(Tien Kung 3)	200(最大)	25(最大)	>4	初段惯导+中段指令修正+末段主动雷达寻的	固定式或机动式4联装箱式垂直发射	5.6	420		1 200	单级固体火箭发动机	
	捷羚(Antelope)	9(最大)	0.015~3	1	被动红外寻的	倾斜发射	2.87	127	640	90	1台低烟固体火箭发动机	高爆破片式杀伤战斗部;激光近炸和触发引信

附录 2　舰空导弹系统主要战术技术性能表

国别	名称	作战距离/km	作战高度/km	最大速度(Ma)	制导体制	发射方式	弹长/m	弹径/mm	翼展/mm	发射质量/kg	动力装置	战斗部与引信
俄罗斯	波浪(Волна) М-1/SA-N-1 B600	4~15	0.1~10	1.75	无线电指令	双联装倾斜发射	5.88	390	1 200	923	固体火箭发动机	破片式杀伤战斗部,质量70 kg
	B601	4~24	0.1~18	2.15			5.95	390	1 200	980		
	沃尔霍夫-М(Волхов-М) М-2/SA-N-2	50(最大)	1~28	3.5	无线电指令	双联装倾斜发射	10.7		1 800	2 300	1台固体火箭助推器,2台液体火箭发动机	高爆破片式杀伤战斗部,质量120 kg
	风暴(Шторм) 4К60/SA-N-3	7~32	0.1~25	2.5	无线电指令+半主动寻的	B189双臂发射架	6.1	600	1 400	845	双推力固体火箭发动机	高爆破片式杀伤战斗部,质量80 kg;近炸和触发引信
	里夫(Риф) С-300ф/SA-N-6	8~120	0.01~25	2.35	无线电指令修正+TVM	垂直冷发射	7.5	519	1 134	1 800	1台单推力高能固体火箭发动机	破片式杀伤战斗部,质量143 kg;近炸引信
	黄蜂-М(Оса-М) SA-N-4	1.2~10	0.025~5	2.5	雷达或激光跟踪+无线电指令	双联装发射	3.16	210	640	126	1台双推力固体火箭发动机	高能杀伤战斗部,质量18 kg;近炸引信
	剑(Клинок) 3К95/SA-N-9	1.5~12	0.01~6	2.6	无线电指令	垂直发射	2.9	230	650	165	双推力固体火箭发动机	高爆破片式杀伤战斗部,质量15 kg;无线电近炸引信
	嘎什坦(Каштан)/SA-N-11 导弹	1.5~8	0.015~3		无线电或光指令	倾斜发射	2.56	152		42	1台固体火箭发动机	定向破片式杀伤战斗部,质量9 kg;无线电近炸引信
	火炮	0.5~4	0.005~3									
	施塞里(Штиль) М-22/SA-N-7	3.5~25	0.015~15	3.5	无线电指令修正+末段半主动的雷达寻的	无筒单臂倾斜发射	5.55	340	720	690	单室双推力固体火箭发动机	破片式杀伤战斗部,质量70 kg;无线电脉冲式近炸和触发引信

附录2 舰空导弹系统主要战术技术性能表

续表

国别	名称	作战距离/km	作战高度/km	最大速度(Ma)	制导体制	发射方式	弹长/m	弹径/mm	翼展/mm	发射质量/kg	动力装置	战斗部型号与引信
俄罗斯	施基里-1 9K37 (Шторм-1) / SA-N-12 9M38M2	3.5~30	0.03~22	3.5	无线电指令修正+末段半主动雷达寻的		5.5	400	860	710	1台单室双推力固体火箭发动机	高能破片式杀伤战斗部,质量70 kg;无线电脉冲式近炸和触发引信
俄罗斯	9M317 SA-N-12	3.5~32	0.005~15	3	无线电指令修正+末段半主动雷达寻的	无筒单臂倾斜发射	5.55	400	860	715	1台单室双推力固体火箭发动机	高能破片式杀伤战斗部,质量70 kg;或高爆炸药战斗部,质量50 kg;无线电脉冲式近炸和触发引信
俄罗斯	箭-2 (Стрела-2)/ SA-N-5	0.8~4.2	0.05~2.3	1.7	红外被动寻的	肩射	1.44	72	300	9.85	1台固体火箭推器,1台固体双推力固体火箭主发动机	高爆战斗部
俄罗斯	盖普卡 (Гюрза)/ SA-N-10	0.01~5	0.01~3.5	1.8	被动红外寻的	肩射或发射架发射	1.68	72		10.8	1台固体火箭推器,1台单室双推力固体火箭主发动机	半预制破片式战斗部,质量1.27 kg;近炸和触发引信
俄罗斯	海响尾蛇 (Naval Crotale)	0.7~13	0.7~4	2.2	光电复合+无线电指令	筒式倾斜发射	2.94	156	540	87	单级固体火箭发动机	聚能破片式杀伤战斗部,质量14 kg;无线电近炸引信
法国	玛舒卡 (Masurca) MK2-2	55(最大)	23(最大)	3.0	无线电指令	双联装倾斜发射	8.60	410	770	1 850	1台固体火箭推器,1台固体火箭主发动机	烈性炸药连杆战斗部,质量120 kg;无线电近炸引信
法国	MK2-3	55(最大)	23(最大)	3.0	全程半主动雷达寻的	双联装倾斜发射	8.60	410	770	2 098	1台固体火箭推器,1台固体火箭主发动机	烈性炸药连杆战斗部,质量120 kg;无线电近炸引信
国际合作	海麻雀 (ESSM) 基本型 ESSM	50(最大)	3.6(最大)		惯导+指令+半主动雷达寻的	垂直或倾斜发射	3.66	254	1 016	297	1台Mk134 Mod 0 固体火箭发动机	高爆破片式杀伤战斗部,质量39 kg;触发引信
国际合作	改进型 ESSM Block 1	55(最大)			惯导+中段指令修正+半主动雷达	MK41垂直发射	3.83	254		297		高爆破片式杀伤战斗部,质量39 kg
国际合作	ESSM Block 2				惯导+中段指令修正+主动/半主动双模	MK41垂直发射	4.57	254				高爆破片式杀伤战斗部,质量39 kg

续表

国别		名称	作战距离/km	作战高度/km	最大速度/(Ma)	制导体制	发射方式	弹长/m	弹径/mm	翼展/mm	发射质量/kg	动力装置	战斗部与引信
国际合作		潜艇交互式防御系统(IDAS)	15(最大)		0.59	光纤+红外成像	4联装水下水平发射	2.45	180		118	三级固体火箭发动机	破片式杀伤战斗部
		海神(Triton)	15(最大)		0.58	光纤+红外成像	标准鱼雷管水平发射	2.0	230		120	1台固体火箭助推器,1台固体火箭发动机	破片杀伤战斗部,质量20 kg;智能引信
	小猎犬(Terrier)	基本型小猎犬	16(最大)	0.6~12	2.5	雷达波束	双联装倾斜发射	8.23	300	1 250	1 360	1台固体火箭助推器,1台液体火箭发动机	连杆条式装药战斗部,装烈性炸药 100 kg;无线电近炸引信
		高级小猎犬	35(最大)	0.6~20	2.5	雷达波束+雷达寻的	双联装倾斜发射	8	300	520	1 393	1台固体火箭助推器,1台固体火箭发动机	核装药战斗部;无线电近炸引信
美国		鞑靼人(Tartar)	16(最大)		2	全程半主动雷达寻的	双联装或单联装倾斜发射	4.6	300	520	680	1台双推力固体火箭发动机	连杆式烈性装药战斗部,质量52 kg;无线电近炸和触发引信
		黄铜骑士(Talos)	120(最大)	3~26.5	2.5	雷达波束+半主动雷达寻的	双联装倾斜发射	9.53	760	2 900	3 175	1台固体冲压发动机,1台固体火箭助推器	连杆式烈性装药战斗部、核装药战斗部;无线电复合引信
		海小槲树(Sea Chaparral)	5(最大)	2.5(最大)	1.5	光学瞄准+被动红外寻的	4联装倾斜发射	2.91	130	640	86	1台双推力固体火箭发动机	连杆式与无线电复合战斗部,红外与无线电复合近炸引信
		海麻雀(Sea Sparrow)	15(最大)	5(最大)	2.5	全程半主动雷达寻的	箱式倾斜或垂直发射	3.8	200	1 020	227	1台固体火箭助推器,1台固体火箭发动机	高能聚焦爆破战斗部,质量40 kg;主动雷达和触发引信
		西埃姆(SIAM)				雷达/红外双模寻的	潜艇垂直发射	3.25	114		67.5	1台固体火箭助推器,1台固体火箭发动机	破片式杀伤战斗部;近炸引信

附录2 舰空导弹系统主要战术技术性能表

续表

国别	名称	作战距离/km	作战高度/km	最大速度/(Ma)	制导体制	发射方式	弹长/m	弹径/mm	翼展/mm	发射质量/kg	动力装置	战斗部与引信
美国	拉姆Block0(RIM-116A)	0.926~9.26	12	2.5	被动雷达+红外寻的或全程被动雷达寻的		2.79	127	261.6	73.5	Mk36 Mod 8 固体火箭发动机	WDU-17B环形爆破破片式杀伤战斗部,质量9.3kg;激光近炸和触发引信
	拉姆Block1(RIM-116B)	0.926~9.26	12	2.5	被动雷达+红外成像或全程红外成像	箱式倾斜发射	2.79	127	261.6	73.5	Mk112 Mod 1 低烟固体火箭发动机	
拉姆(RAM)	拉姆Block2(RIM-116C)	>10(最大)			被动雷达制导全程或红外成像、红外成像		2.9	160		88		
	标准-1(中程)(Standard Missile-1 Medium Range)	38(最大)	19.8(最大)	2	半主动雷达寻的	倾斜发射	4.48	343	1080	642	1台Mk56 Mod 0双推力固体火箭发动机	Mk90 高爆破片式杀伤战斗部,无线电近炸和触发引信
	标准-1(增程)(Standard Missile-1 Extended Range)	64(最大)	20(最大)	2.5	半主动雷达寻的	倾斜发射	7.98	343	1570	1341	1台Mk12固体火箭助推器,1台Mk30 Mod 1固体火箭主发动机	Mk90 高爆破片式杀伤战斗部,无线电近炸和触发引信
	标准-2(中程)(Standard Missile-2 Medium Range)	70(最大)	19.8(最大)	2.5	惯导+中段指令修正+末段半主动雷达寻的	倾斜或垂直发射	4.72	343	1080	708	1台Mk56双推力固体火箭发动机	Mk115 高爆破片式杀伤战斗部,质量115kg;主动雷达近炸和触发引信
	标准-2(增程)(Standard Missile-2 Extended Range)	120(最大)	24(最大)	2.5	惯导+中段指令修正+末段半主动雷达寻的	倾斜或垂直发射	7.98	343	1570	1509	1台Mk12固体火箭助推器,1台Mk30 Mod 2固体火箭主发动机	Mk125高爆破片式杀伤战斗部;主动雷达近炸和触发引信
	标准-2 Block4(Standard Missile-2 Block 4)	150(最大)		3	惯导+中段指令修正+末段半主动雷达寻的	垂直发射	6.58	343	1080	1398	1台Mk72固体火箭助推器,1台Mk104双推力固体火箭发动机	Mk125高爆破片式杀伤战斗部;主动触发和引信

续表

国别	名称	作战距离/km	作战高度/km	最大速度(Ma)	制导体制	发射方式	弹长/m	弹径/mm	翼展/mm	发射质量/kg	动力装置	战斗部与引信
美国	标准-6 (Standard Missile-6)	370(最大)	25(最大)	4.5	惯导+中段无线电指令修正+末段主动雷达/半主动雷达寻的	垂直发射	6.58	343	1 080	1 497	1台Mk72固体火箭助推器,1台Mk104双推力固体火箭发动机	Mk125高爆破片式杀伤战斗部
南非	矛-IR (Umkhonto)	0.8~12	0.01~10	2.5	惯导+双色红外成像	垂直发射	3.3	180	500	130	高能低烟固体火箭发动机	高能破片式杀伤战斗部,质量23 kg;激光近炸引信
	矛-R	0.8~25	0.01~12		惯导+主动雷达寻的		4.3	180	500	195		高能破片式杀伤战斗部,质量23 kg;雷达近炸和触发引信
	巴拉克 (Barak)	0.5~12	0.003~10	2	雷达跟踪+瞄准线指令	垂直发射	2.175	170	685	98	1台双推力固体火箭发动机	高能破片式杀伤战斗部,质量23 kg;激光近炸引信
	增程型巴拉克	0.5~70	20(最大)	2	惯性/GPS+双向数据链指令修正+主动雷达寻的	垂直发射	4.5	260	790	275	两级固体火箭发动机	高能破片式杀伤战斗部,质量30 kg
以色列	巴拉克-8 (Barak-8)	150(最大)	20(最大)				5.8	260	790	400		
	巴拉克-8中程	35(最大)	20(最大)		中段无线电指令+末段主动雷达寻的						单脉冲固体火箭发动机	破片式杀伤战斗部
	巴拉克-MX (Barak-MX)远程	70(最大)	30(最大)								双脉冲固体火箭发动机	
	巴拉克-MX增程	150(最大)	30(最大)								双脉冲固体火箭发动机+助推装置	
	C-号 (C-Dome)	4~17		2.2	中段无线电指令+末段主动雷达寻的/光电制导	垂直发射	3	160		90	固体火箭发动机	高能破片式杀伤战斗部,质量11 kg;激光近炸引信

附录 2 舰空导弹系统主要战术技术性能表

续表

国别	名称		作战距离/km	作战高度/km	最大速度(Ma)	制导体制	发射方式	弹长/m	弹径/mm	翼展/mm	发射质量/kg	动力装置	战斗部与引信
意大利	海靛青(Sea Indigo)		1~10	0.015~5	2.5	雷达或光学跟踪+无线电指令	箱式倾斜发射	3.3	195	813	120	1台固体火箭发动机	破片式杀伤战斗部,质量21 kg;触发和红外近炸引信
	信天翁(Albatro)		0.3~13	0.015~6		全程半主动雷达寻的	箱式倾斜发射						
	海蛇(Seaslug)	海蛇MK1	15~27	16(最大)	3.0	雷达波束制导+末段半主动雷达寻的	倾斜发射	6	420	1 600	1 100	4台固体火箭助推器,1台固体火箭发动机	高能破片式杀伤战斗部,质量90 kg;无线电近炸引信
		海蛇MK2	15~32	19(最大)	3.0			6.1	410	1 600	1 815		连杆式战斗部,质量25 kg;红外与无线电复合近炸引信
	海猫(Sea Cat)		0.3~5.5	2~5	0.9	光电、视频跟踪或无线电指令	4联装或3联装倾斜发射	1.48	190	650	63	1台固体火箭助推器,1台固体火箭发动机	高能炸药连杆战斗部,质量15 kg;近炸和触发引信
	海标枪(Sea Dart)		4.5~40	0.03~25	3.5	全程半主动雷达寻的	双联装/4联装倾斜发射	4.36	420	910	550	1台改性双基药固体火箭助推器,1台可变推力液体冲压主发动机	高能破片式杀伤战斗部,质量55.7 kg;无线电近炸引信
英国	海狼(Seawolf)	基本型海狼	5(最大)	0.047~5	2.0	光电跟踪+全程指令	箱式倾斜发射	2	180	700	135	1台固体火箭发动机	高能炸药破片式战斗部,质量14 kg;无线电近炸引信
		垂直发射型海狼	6(最大)	0.047~3	2.0		垂直发射	3	180	700	140		
	海上拦截者(Sea Ceptor)		25(最大)		3	雷达主动寻的		3.2	166	450	99	固体火箭发动机	高爆炸药破片式杀伤战斗部;近炸和触发引信
	斯拉姆(SLAM)		0.3~4.8	1.8(最大)	1.5	光学跟踪+无线电指令	6联装倾斜发射或10联装倾斜发射(潜艇、舰船)	1.35	76	274	11	1台固体火箭助推器,1台固体火箭发动机	烈性炸药破片式杀伤战斗部;红外近炸和触发引信
	海光(Seastreak)		0.3~7			激光驾束	12联装支架式发射	1.397	127			固体火箭发动机	3个标枪形状的子弹头,内装高速动能穿甲弹头和小型爆破战斗部

续表

国别	名称	作战距离/km	作战高度/km	最大速度/(Ma)	制导体制	发射方式	弹长/m	弹径/mm	翼展/mm	发射质量/kg	动力装置	战斗部与引信
中国台湾	天剑-2N (Tien Chien 2N)	40(最大)		3	惯导＋主动雷达寻的	倾斜/垂直冷发射	3.6	190	620	180	低烟固体火箭发动机	高爆破片式杀伤战斗部；光学近炸＋触发引信
	海猞羊 (Sea Oryx)	8(最大)			惯导＋红外寻的	(冷)倾斜发射	2.9	127	380	90	固体火箭发动机	高爆破片式杀伤战斗部；触发和激光近炸引信

附录 3　反导导弹系统主要战术技术性能表

国别	名称	作战距离/km	作战高度/km	最大速度(Ma)	制导体制	发射方式	弹长/m	弹径/mm	翼展/mm	发射质量/kg	动力装置	战斗部与引信
俄罗斯	A-35/ABM-1	350~640	320(最大)	10(平均)	无线电指令	高仰角筒式倾斜发射	15.5	2 040		33 000	固体火箭助推器,2台液体火箭主发动机	核战斗部,1~2 Mt TNT当量;无线电引信
	A-135/ABM-3 51T6	350(最大)	120(最大)		无线电指令	地下井发射	22	1 800		45 000	1台固体火箭助推器,2台液体火箭发动机	核战斗部,1 Mt TNT当量;无线电引信
	A-135/ABM-3 53T6	80(最大)	5~30				10	1 000		10 000	2台火箭发动机	核战斗部,10 kt TNT当量
	A-235 远程拦截弹(改进型 51T6)	250~2 000	120~1 500	14.7	初段指令+末段自的	固定发射井	19.8	2.57			复合推进剂固体火箭发动机	核战斗部或定向破片战斗部
	A-235 中程拦截弹(58R6)	220(最大)	40~200	8.8		车载机动式发射	10.7	1.12				动能战斗部
	A-235 近程拦截弹(53T6M)	100(最大)	5~50	11.8		车载机动式发射		1.12				动能战斗部或定向破片战斗部
美国	卫兵(Safeguard)斯帕坦	185~960	160~560	6.5	无线电指令	地下井直发射	16.8	1 100	2 940	13 100	3台固体火箭发动机	核战斗部,2 Mt TNT当量
	卫兵(Safeguard)斯普林特	32~48	15~30	11~12		地下井直发射	8.2	850		4 500	2台固体火箭发动机	核战斗部,1 000 t TNT当量
	地基中段防御系统(GMD)	1 000~5 000	2 500(最大)	24.4	惯性+指令修正+末段可见光与双色红外制导	地下井垂直发射	16.61	1 270		21 600	三级固体火箭发动机(OBV火箭)	外大气层杀伤器(EKV),直接碰撞动能杀伤,质量64 kg
	萨德(THAAD)	200(最大)	40~150	8.45	惯导+指令修正+红外成像	8联装倾斜发射	6.17	370		600	单级固体火箭发动机	直接碰撞动能杀伤
	爱国者-3(PAC-3)	20(最大)	15(最大)	5	惯导+指令修正+毫米波主动雷达寻的	16联装倾斜发射	5.2	255	480	328	单级固体火箭发动机	直接碰撞动能杀伤,带有杀伤增强装置
	爱国者-3 MSE	35(最大)	22(最大)			12联装倾斜发射	5.2	290	920	373	单级固体火箭发动机	

续表

国别	名称	作战距离/km	作战高度/km	最大速度/(Ma)	制导体制	发射方式	弹长/m	弹径/mm	翼展/mm	发射质量/kg	动力装置	战斗部与引信
美国	标准-3 Block 1A (Standard Missile-3)	500(最大)	350(最大)	3.5 km/s	惯导+中段GPS辅助导航与指令修正+末段单色红外成像导引	垂直发射	6.65	343	1570	1501	1台Mk72固体火箭助推器,1台Mk104双推力固体火箭发动机,1台Mk136双脉冲固体火箭发动机	直接碰撞动能杀伤,Mk142动能杀伤器
	标准-3 Block 1B	500(最大)	350(最大)	3.5 km/s	惯导+中段GPS辅助导航与指令修正+末段双色红外成像导引	垂直发射	6.65	343	1570	1501		
	标准-3 Block 2A	1500(最大)	1200(最大)	4.5 km/s	惯导+中段GPS辅助导航与指令修正+末段双色红外成像导引	垂直发射	6.65	534		2075	改进了Mk72助推器	
	网络中心机载防御单元(NCADE)	80(最大)		8	红外成像制导	机载发射	3.66	180		149.82	1台固体火箭发动机	直接碰撞动能杀伤
	动能拦截弹(KEI)	400~1500	100(最大)	18.11	惯导/GPS+天基传感器指令修正+末段被动红外成像	冷发射	11.8			7500	3台固体火箭发动机	直接碰撞动能杀伤
以色列	箭-2 (Arrow-2)	90(最大)	10~50	9	惯导+中段指令修正+末段主动红外/主动雷达寻的	垂直发射	7	800		1300	1台固体火箭助推器,1台固体火箭主发动机	高爆定向破片式战斗部
	箭-3 (Arrow-3)	250(最大)	100以上		惯导+中段指令修正+末段红外/可见光寻的	垂直发射	6.4	530		1700	两级火箭发动机	直接碰撞动能杀伤
	大卫投石器 (David's Sling)	25(最大)		4.7	毫米波主动雷达+红外成像	箱式垂直发射	5	160		125	固体助推器+三脉冲火箭发动机	直接碰撞动能杀伤
	铁穹(Iron Dome)	2~40		2.2	中段无线电指令+末段主动雷达寻的	倾斜发射,发射倾角大于70°	3	160	700	90	固体火箭发动机	高能破片式杀伤战斗部,质量11 kg;近炸引信

附录 3　反导导弹系统主要战术技术性能表

续表

国别	名称	作战距离/km	作战高度/km	最大速度(Ma)	制导体制	发射方式	弹长/m	弹径/mm	翼展/mm	发射质量/kg	动力装置	战斗部与引信
印度	先进防空导弹（AAD）	3~50	30（最大）		惯导＋中段指令修正＋末段主动雷达寻的		7.5	500		1 200	1台固体火箭发动机	破片式杀伤战斗部
	大地防空导弹(PAD)/大地防御拦截弹(PDV) PAD		80~85（最大）		惯导＋中段指令修正＋末段主动雷达寻的		10	900		5 000	1台液体火箭助推器，1台固体火箭主发动机	破片式杀伤战斗部；无线电近炸引信
	PDV		150（最大）		惯导＋中段指令修正＋末段红外		10	1 000		5 000	两级固体火箭发动机	多爆炸成型弹丸定向战斗部(MEFP)

附录 4 世界从事防空反导导弹系统研制的主要承包商

国家和地区	公司中文名称	公司英文名称	公司简写	公司网址	备注
中国台湾	中山科学技术研究院	Chung-shan Institute of Science and Technology	CSIST	http://cs.mnd.gov.tw/	创建于1969年7月,位于台湾省新竹县附近,受台湾"国防部"武器装备局管理
法国	法国航空航天公司	Aérospatiale			1970年由Sud Aviation,Nord Aviation和SEREB三家法国公司合并而成;1998年与Matra Hautes Technologies公司合并为Aerospatiale Matra;2000年与德国戴姆勒·克莱斯勒航空航天公司(DASA)和西班牙航空建造公司(CASA)合并成EADS公司;2014年EADS公司更名为空中客车集团(Airbus Group);2017年空中客车公司更名为空中客车公司(Airbus S.A.S)
	通用机械电气公司	Company of General Applications of Electricity and Mechanics	SAGEM		2005年与SNECMA合并成为SAFRAN
	地面武器工业集团公司	GIAT Industries	GIAT		2006年GIAT Industries更名为Nexter;2015年与德国克劳斯·玛菲-韦格曼公司(KMW)合并成立了KNDS集团
	吕歇尔防务公司	Luchaire Defense SA			1990年加入法国地面武器公司
	马特拉·马努兰防务公司	Matra Manurhin Defence Company			1990年并入法国地面武器工业集团公司;2006年GIAT Industries更名为Nexter;2015年与德国克劳斯·玛菲-韦格曼公司(KMW)合并成立了KNDS集团
	马特拉公司	Mécanique Avion TRAction	Matra		1945年成立;1992年与法国媒体公司Hachette合并为Matra Hautes Technologies;1998年与法国航空航天公司合并为Aerospatiale Matra;2000年与德国戴姆勒·克莱斯勒航空航天公司(DASA)和西班牙航空建造公司(CASA)合并成EADS公司;2014年EADS公司更名为空中客车集团(Airbus Group);2017年空中客车公司更名为空中客车公司(Airbus S.A.S)
	欧洲动力装置公司	Société Européenne de Propulsion	SEP		经并购,现为SAFRAN的一部分
	泰勒斯集团	Thales group		http://www.thalesgroup.com	1968年,由Thomson-Brandt公司(原CFTH公司)和CSF公司的电子业务合并而成;2000年12月更名为泰勒斯集团

附录 4 世界从事防空反导导弹系统研制的主要承包商

续表

国家和地区	公司中文名称	公司英文名称	公司简写	公司网址	备注
法国	泰勒斯防空有限公司	Thales Air Defence Limited	TADL		泰勒斯英国公司的子公司
	泰勒斯光电公司	Thales Optronics			下设三个子公司：Thales Optronics Ltd.（英国），Thales Optronique SA（法国）和 Thales Optronics B.V.
	泰勒斯英国公司	Thales UK		http://www.thalesgroup.com/Countries/United_Kingdom/Thales_UK_Home/	
	汤姆逊-布朗特公司	Thomson - Brandt			原法国 Thomson - Houston(CFTH)公司，CFTH 公司成立于 1918 年，旨在经营美国 Thomson - Houston Electric 公司发电和输电领域的专利
	汤姆逊-CSF 公司	Thomson - CSF			2000 年 12 月改名为泰勒斯集团
德国	戴姆勒·奔驰宇航公司	Daimler - Benz Aerospace			1998 年更名为戴姆勒·克莱斯勒航空航天公司(DASA)，现为空中客车公司的一部分
	德国宇航公司 LFK 分公司	Deutsche Aerospace LFK			1999 年年底成为 EADS/LFK 公司，2006 年 3 月被 MBDA 公司收购
	迪尔博登瑚机械技术防务公司	Diehl BGT Defence GmbH & Co KG		http://www.diehl-bgt-defence.de/	Diehl Stiftung GmbH 的子公司；由 Bodenseewerk Gerätetechnik GmbH(BGT)和 Diehl Munitionssysteme GmbH & Co. KG 于 2004 年合并而成
	梅德赛斯-奔驰公司	Mercedes - Benz		http://www.mercedes-benz.ru	Daimler AG 的分部，其卡车品牌包括 Atego, Axor, Actros, Econic, Unimog 和 Zetros 等
	拉姆系统股份有限公司	RAM - System GmbH	RAMSYS		由 MBDA 德国公司与德国 Diehl 防务公司合资成立，负责欧洲市场 RAM 导弹计划的管理，股权结构为：MBDA 德国公司(50%)、Diehl Stiftung(25%)、Diehl BGT Defence(25%)

续表

国家和地区	公司中文名称	公司英文名称	公司简写	公司网址	备注
德国	莱茵金属防务技术公司	Rheinmetall DeTec AG			1889年Rheinische Metallwaaren - und Maschinenfabrik Actiengesellschaft公司成立；1936年与Borsig公司合并为Rheinmetall - Borsig AG；1950年分拆为Rheinmetall AG和Borsig AG两个子公司；1957年子公司Rheinmetall AG更名为Rheinmetall GmbH；1994年更名为Rheinmetall Industrie GmbH；1999年将其防务技术能力相关业务组建为Rheinmetall DeTec AG，现隶属于莱茵金属公司（Rheinmetall AG）的两大企业部门之一的Rheinmetall Defence
	莱茵金属防务电子公司	Rheinmetall Defence Electronics GmbH			1996年Rheinmetall Industrie GmbH收购STN Atlas Elektronik GmbH 51%的股份；2003年STN Atlas Elektronik GmbH分拆为两部分，其中的Land, Air Systems和Simulation业务组建为Rheinmetall Defence Electronics GmbH，并作为Rheinmetall DeTec AG的所属部门，隶属于莱茵金属公司；2017年更名为Rheinmetall Electronics，现隶属于莱茵金属公司（Rheinmetall AG）的两大企业部门之一的Rheinmetall Defence
	西门子公司	Siemens AG	SIEMENS	http://new.siemens.com/global/en.html	
	STN阿特拉斯电子有限公司	STN ATLAS Elektronik GmbH			1996年12月，STN Atlas Elektronik公司从破产的Bremer Vulkan公司被拆分为两部分。2003年，STN Atlas Elektronik公司被英国航空航天公司接管，其余49%股份由莱茵金属公司运行。地面、空中系统与仿真部门以莱茵金属防务电子公司运行，隶属于莱茵金属防务技术公司；海上系统单元和生产部门移交给BAE系统公司
	TDW公司	TDW GmbH		www.tdw - warhead - systems.com	由MBDA德国子公司100%控股
欧洲	欧洲航空防务航天公司	European Aeronautic Defence and Space Company	EADS	http://www.eads - nv.com	2000年由德国戴姆勒·克莱斯勒航空航天公司（DASA），法国航空航天公司和西班牙航空建造公司（CASA）合并而成，2014年更名为空中客车集团（Airbus Group）；2017年更名为空中客车公司（Airbus S.A.S.）
	欧洲防空导弹公司	EUROSAM		www.eurosam.com	1989年6月成立，股权结构为：MBDA法国和意大利分公司共占66%，泰勒斯集团占33%

附录4 世界从事防空反导导弹系统研制的主要承包商　725

续表

国家和地区	公司中文名称	公司英文名称	公司简写	公司网址	备注
欧洲	休斯·康斯堡公司	Hughes – Kongsberg	HKV		由美国雷声公司和挪威康斯堡防务与航空航天公司1984年1月合资组建
	马特拉·英国航空航天·阿莱尼亚公司	Matra BAe Dynamics Alenia	MBDA	http://www.mbda-system.com	2001年由BAE系统公司,EADS公司和芬梅卡尼卡集团各自的导弹业务整合而成,三者股权比例分别为:37.5%,37.5%和25%,现EADS更名为空中客车公司,芬梅卡尼卡集团更名为莱昂纳多(Leonardo)公司
	马特拉·英国航空航天动力公司	Matra BAe Dynamics	MBD		1996年,由法国马特拉公司的防务部和英国航空航天动力公司合并而成;2001年成为MBDA的一部分
	MBDA德国LFK股份有限公司	MBDA Deutschland LFK GmbH	LFK		MBDA的德国子公司;原隶属于空客集团,2006年3月被MBDA公司收购
	中程扩展防空系统国际公司	Medium Extended Air Defense System International Inc.	MI	http://www.meads-amd.com/	由MBDA意大利分公司、德国LFK分公司和美国洛克希德·马丁公司联合投资成立
	雷声系统公司	Raytheon Systems Limited			1997年12月成立,1999年被雷声公司解散
	洛克西尔公司	Roxel		http://www.roxelgroup.com/	由法国国家火药集团公司(SNPE)和MBDA公司等比例控股
	三星泰勒斯公司	Samsung Thales		http://www.samsungthales.com	韩法合资
	泰勒斯·雷声系统公司	Thales Raytheon Systems	Thales Raytheon/TRS	http://www.thalesraytheon.com/	由美国雷声公司与法国泰勒斯集团于2001年6月联合投资的公司
印度	国防研究与发展组织	Defense Research & Development Organization	DRDO	http://www.drdo.gov.in	
	国防研究与发展实验室	Defense Research & Development Laboratory	DRDL		隶属于DRDO

续表

国家和地区	公司中文名称	公司英文名称	公司简写	公司网址	备注
以色列	以色列航空航天工业公司	Israel Aerospace Industries Ltd	IAI	http://www.iai.co.il	2006年由以色列飞机工业公司（Israel Aircraft Industries Ltd）更名而来
	以色列航空航天工业公司系统导弹与航天集团MLM分部	Israel Aerospace Industries Systems Missiles and Space Group MLM Division	IAI SMS MLM		系统导弹与航天集团是以色列航空航天工业公司的四大集团之一；MLM分部是系统导弹与航天集团的五个分部之一
	以色列军事工业公司	Israel Military Industries Ltd.	IMI	http://www.imi-israel.com	
	以色列军事工业公司火箭系统部	Israel IMI's Rocket Systems Division	RSD	http://www.imi-israel.com/division.aspx?FolderID=77	以色列军事工业公司的分部
	拉斐尔武器发展公司	Rafael Armament Development Authority Ltd	Rafael	http://www.rafael.co.il	
	塔迪兰电子系统公司	Tadiran Electronic Systems Ltd.		http://www.tadsys.com/abouts.htm	以色列埃里斯拉（Elisra）集团的子公司
意大利	阿莱尼亚防务公司	Alenia Difesa S.P.A			经并购，现为MBDA公司的一部分
	芬梅卡尼卡集团	Finmeccanica			2017年1月，更名为莱昂纳多股份公司（Leonardo S.P.a.）
	奥托·梅拉拉公司	Oto Melara		http://www.otomelara.it/	
	塞勒尼亚公司	Selenia			现为莱昂纳多公司的子公司阿莱尼亚航天公司的一部分
日本	日本无线电公司	Japan Radio Co., Ltd.	JRC	http://www.jrcamerica.com	
	川崎重工业株式会社	Kawasaki Heavy Industries Ltd	KHI	http://www.khi.co.jp	
	三菱电气公司	Mitsubishi Electric Corporation		http://www.mitsubishielectric.co.jp/	三菱集团核心企业之一
	三菱重工业株式会社	Mitsubishi Heavy Industries Ltd	MHI	http://www.mhi.co.jp	三菱集团核心企业之一
韩国	国防发展局（也称国防科学研究所）	Agency for Defense Development	ADD	http://www.add.re.kr/	
	大宇重工业公司	Daewoo Heavy Industries Ltd.	DHI	http://www.doosaninfracore.co.kr	2005年4月被Doosan Group收购并改名为Doosan Infracore Co., Ltd
	三星公司	Samsung Group		http://www.samsung.co.kr	
挪威	康斯堡防务与航空航天公司	Kongsberg Defence and Aerosapce	KDA	http://www.kongsberg.com	现隶属于Kongsberg Gruppen ASA(KOG)

附录4 世界从事防空反导导弹系统研制的主要承包商

续表

国家和地区	公司中文名称	公司英文名称	公司简写	公司网址	备注
俄罗斯	安泰集团工业公司	AOOT Antey Concern		http://antey.com.ua/content/about	前身是安泰科研生产联合体,由俄罗斯导航与授时科学研究所、机电科学研究所和印制电路与电子设备厂等15个研究所和工厂组成;2002年与金刚石科研生产联合体合并为金刚石-安泰空天防御集团
	金刚石-安泰空天防御集团	Almaz-Antey Air Defence Corporation, Joint Stock		http://www.almaz-antey.ru	2002年4月由金刚石科研生产联合体与安泰集团工业公司合并而成
	牛郎星国家科研生产联合体	Altair State Science and Production Association		http://shipbuilding.ru/rus/articles/altair/	
	中心科研无线电技术研究所	Central Scientific Research Radiotechnical Institute			
	三角旗试验设计局	Experimental Design Bureau Vympel		http://www.okb-vympel.ru/	
	火炬科研生产联合体	Fakel		http://pvo.guns.ru/producer/fakel.htm	曾称火炬机械制造设计局
	图拉仪器制造设计局	KBP Instrument Design Bureau	KBP	http://www.kbptula.ru/	
	托克马斯精密工程设计局	KB Tochmash Design Bureau of Precision Engineering			前身为OKB-16设计局
	格洛明机械制造设计局	Kolomna Machine-Building Design Bureau	KBM		
	拉沃奇金飞机制造设计局	Lavochkin Aircraft Design Bureau	OKB-301		1971年年底改为拉沃奇金科研生产联合体
	革新家设计局	Novator Close Joint-Stock Company		http://www.testpilot.ru/russia/novator/novator.htm	组建于1922年,国家控股40%,其前身是电子机械科学研究所的试验工厂
	彩虹机械制造设计局	Raduga State Machine-building Design Bureau		http://www.testpilot.ru/russia/raduga/raduga.htm	
	金刚石科研生产联合体	Scientific and Production Association Almaz			其前身为金刚石中央设计局,1998年12月9日在金刚石中央设计局基础上组建为金刚石科研生产联合体;2002年与安泰集团工业公司合并为金刚石-安泰空天防御集团

续表

国家和地区	公司中文名称	公司英文名称	公司简写	公司网址	备注
俄罗斯	机电科学研究所	Scientific Research Electromechanical Institute	NIMI		隶属于金刚石-安泰空天防御集团
	旗帜设计局				现为无线电仪表科学研究所
	机械制造科研生产联合体	NPO Mashinostroyeniya	NPOMash	http://www.testpilot.ru/russia/chelomei/chelomei.htm	曾称52试验设计局,切洛梅设计局和中央机械制造设计局
南非	杰格佳廖夫厂	Degtyaryova			
	肯特隆公司	Kentron		http://www.deneldynamics.co.za/	Denel (Pty) Ltd 的分部
	阿尔维斯公司	Alvis plc			现成为BAE系统公司地面装备部的一部分
	博福斯公司	Bofors			2005年被BAE系统公司收购并改名为BAE Systems Bofors公司
瑞典	萨伯·博福斯动力公司	Saab Bofors Dynamics		http://www.saabgroup.com/en/AboutSaab/Organisation/SaabBoforsDynamics/bu_portalpage.htm	萨伯集团公司的子公司
	萨伯集团公司	Saab Svenska Aeroplan Aktiebolaget	Saab AB	http://www.saab.com	
瑞士	奥利康-布勒控股公司	Oerlikon-Bührle Holding AG		http://www.oerlikon.com/	2006年公司改名为OC Oerlikon Corporation AG
	奥利康·康特拉夫斯公司	Oerlikon Contraves			2009年1月更名为Rheinmetall Air Defence AG
	阿莱尼亚·马可尼系统公司	Alenia Marconi Systems	AMS		2005年5月解散
英国	英国航空航天系统公司	BAE systems plc	BAE	http://www.baesystems.com	由英国航空公司和马可尼电子系统公司(通用电气公司的防务电子海军造船子公司)于1999年11月合并而成
	英国航空航天电子集成分公司	BAE systems Electronics & Integrated Solutions	EIS	http://baesystems.com/Businesses/EIS/index.htm	是英国航空航天系统公司的子公司
	英国航空航天系统综合系统技术分公司	BAE Systems Integrated Systems Technologies	Insyte	http://www.baesystems.com/Businesses/Insyte/index.htm	是英国航空航天系统公司的子公司
	布里斯托尔-希德里发动机公司	Bristol Siddeley Engines Ltd	BSEL		1966年被Rolls-Royce收购
	英国航空航天公司	British Aerospace	BAe		现为英国BAe系统公司(BAE)

附录 4 世界从事防空反导导弹系统研制的主要承包商

续表

国家和地区	公司中文名称	公司英文名称	公司简写	公司网址	备注
英国	马可尼公司	The Marconi Company Ltd.			1987年改名为GEC-马可尼公司;1998年改名为马可尼电子系统公司;2005年10月马可尼公司品牌及大部分资产被瑞典爱立信公司收购,其余部分改名为Telent plc
	马可尼雷达系统公司	Marconi Radar Systems Limited	MRSL		1969年4月由马可尼公司雷达分部和几家公司合并而成;现为MBDA的一部分
	雷卡雷达防务系统公司	Racal Radar Defence Systems			现为法国泰勒斯集团的一部分
	肖特兄弟公司	Short Brothers plc	Shorts		1993年经并购改称为肖特导弹系统公司(SMS)
	肖特导弹系统公司	Shorts Missile Systems	SMS		2001年改名为泰勒斯防空有限公司
美国	航空喷气公司	Aerojet		http://www.aerojet.com	GenCorp Inc.的一个子公司
	阿连特技术系统公司	Alliant Techsystems Inc.	ATK		2014年12月与轨道科学公司合并为轨道ATK公司;2018年6月被诺斯罗普·格鲁曼公司收购,成为其全资子公司,并作为诺斯罗普·格鲁曼公司创新系统公司,并作为诺斯罗普·格鲁曼公司的第四个业务部门(即创新系统部)
	轨道科学公司	Orbital Sciences Corp	OSC		2014年12月与阿连特技术系统公司合并为轨道ATK公司;2018年6月被诺斯罗普·格鲁曼公司收购,成为其全资子公司,并更名为诺斯罗普·格鲁曼创新系统公司,并作为诺斯罗普·格鲁曼公司的第四个业务部门(即创新系统部)
	波音公司	Boeing Company	Boeing	http://www.boeing.com	波音防务与空间集团现已成为波音公司防务、空间与安全部
	波音防务与空间集团空间与导弹部	Boeing Defense and Space Group, Space and Missile Div.			
	波音公司综合防务系统部	Boeing Integrated Defense Systems	IDS		波音公司的分部,现为防务、空间与安全部
	波音公司洛克达因分部	Boeing Rocketdyne			前身是洛克达因公司(Rocketdyne),现隶属于波音北美公司,是波音公司的子公司
	福特航空航天通信公司	Ford Aerospace & Communications Corp.	FACC		经并购,该公司业务分属于L-3通信公司和洛克希德·马丁公司;2016年L-3通信公司更名为L3技术公司;2019年L3技术公司与Harris公司合并为L3Harris公司
	通用动力公司	General Dynamics Corp.	GD	http://www.gd.com	

续表

国家和地区	公司中文名称	公司英文名称	公司简写	公司网址	备注
美国	通用动力公司波莫纳部	General Dynamics – Pomona			通用动力公司的分部
	通用电气公司	General Electric Company	GE	http://www.ge.com/	
	霍尼韦尔公司	Honeywell Inc.		http://www.honeywell.com	
	霍尼韦尔公司航天防卫与空间电子系统分公司	Honeywell Defense & Space Electric Power Systems			隶属于霍尼韦尔公司航天系统部
	赫克里斯公司	Hercules Inc.			1912年根据美国反垄断法案从DuPont公司分离出来,2008年被Ashland Inc.收购
	休斯导弹系统公司	Hughes Missile Systems Company	HMSC		1998年被雷声公司收购,成为雷声公司的导弹系统部
	凌泰科沃特公司	Ling – Temco – Vought	LTV		现为马克希德·马丁公司导弹与火控分部的一部分
	洛克希德公司	Lockheed Corporation			1995年与马丁·玛丽埃塔公司合并成为洛克希德·马丁公司
	洛克希德·马丁公司导弹与火控部	Lockheed Martin Missiles and Fire Control	LMT	http://www.lockheedmartin.com/mfc/	1995年由马丁·玛丽埃塔公司与马丁公司合并而成
	洛克希德·马丁公司海上系统与传感器部	Lockheed Martin Maritime Systems & Sensors	MS2	http://www.lockheedmartin.com	洛克希德·马丁公司的分部
	玛格奈克斯电子系统公司	Magnavox Electronic Systems			原洛克希德·马丁公司和格鲁曼公司合并而成
	马丁·玛丽埃塔公司	Martin Marietta			其防务业务现已归入雷声技术公司
	诺斯罗普·格鲁曼公司	Northrop Grumman Corporation	NG	http://www.northgrum.com/	1995年同洛克希德公司合并为洛克希德·马丁公司
	美国无线电公司	Radio Corporation of America	RCA		1985年被马丁公司合并,1988年转至汤姆逊磨下,现为洛克希德·马丁公司海上系统与传感器分部
	雷声公司	Raytheon Company			2020年4月3日与美国联合技术公司合并成为雷声技术公司
	雷声综合防御系统部	Raytheon Integrated Defense Systems	IDS		原雷声公司的分部;现为雷声导弹与防务部
	雷声导弹系统部	Raytheon Missile Systems	MS		原雷声公司的分部;现为雷声导弹与防务部

续表

国家和地区	公司中文名称	公司英文名称	公司简写	公司网址	备注
美国	科学应用国际公司	Science Applications International Corp	SAIC	http://www.saic.com/	
	斯佩里陀螺仪公司	Sperry Gyroscope Company			经并购,现为洛克希德·马丁公司的一部分
	锡奥科尔公司	Thiokol Company			2001年被阿连特技术系统(ATK)公司收购,2006年改名为ATK发射系统集团;现为诺斯罗普·格鲁曼公司的一部分
	联合防务工业公司	United Defense Industries	UDI		2005年6月被英国BAE系统公司收购,成为该公司地面装备分部的一部分
	联合技术公司	United Technologies Corp.	UTC		2020年4月3日与美国雷声公司合并成为雷声技术公司
	西方电气公司	Westen Electric Company	WE/WECo		1881年被美国贝尔电话公司收购并改名为西方电气公司,1995年彻底解散

附录 5 中文索引

中文	外文	国别	类型
21 世纪霍克	21 Century HAWK	国际合作	地空
C-穹	C-Dome	以色列	舰空
HFK-L2 超声速导弹	HFK-L2	德国	地空
HFK/KV 超声速地空导弹	HFK/KV	德国	地空
M6 布雷德利/中后卫	Bradley Linebacker	美国	地空
阿达茨	ADATS	国际合作	地空
阿达姆斯	ADAMS	以色列	地空
阿蒂甘	ATILGAN	土耳其	地空
阿卡什	Akash	印度	地空
阿特拉斯近程防空系统	ASRAD	德国	地空
爱国者	Patriot	美国	地空
爱国者-3	PAC-3	美国	反导
安加拉	С-200	俄罗斯	地空
安泰-2500	Антей-2500	俄罗斯	地空
奥利康	Oerlikon	瑞士	地空
巴拉克	Barak	以色列	舰空
巴拉克-8	Barak-8	以色列	舰空
巴拉克-MX	Barak-MX	以色列	舰空
毕乔拉	Печора	俄罗斯	地空
壁虎	Gecko	俄罗斯	地/舰空
标枪	Javelin	英国	地空
标准-1(增程)	Standard Missile-1 Extended Range	美国	舰空
标准-1(中程)	Standard Missile-1 Medium Range	美国	舰空
标准-2 Block4	Standard Missile-2 Block 4	美国	舰空
标准-2(增程)	Standard Missile-2 Extended Range	美国	舰空
标准-2(中程)	Standard Missile-2 Medium Range	美国	舰空
标准-3	Standard Missile-3	美国	反导
标准-6	Standard Missile-6	美国	舰空
波浪	Волна	俄罗斯	舰空
波马克	Bomarc	美国	地空
布克	Бук	俄罗斯	地空
布克-M1	Бук-M1	俄罗斯	地空
布克-M2	Бук-M2	俄罗斯	地空
布克-M3	Бук-M3	俄罗斯	地空

朝鲜便携式地空导弹系列	MANPADS	朝鲜	地空
吹管	Blowpipe	英国	地空
长剑	Rapier	英国	地空
长剑 2000	Rapier 2000	英国	地空
鞑靼人	Tartar	美国	舰空
大地防空导弹	PAD	印度	反导
大地防御拦截弹	PDV	印度	反导
大灰熊	Grizzly	俄罗斯	地/舰空
大卫投石器	David's Sling	以色列	反导
道尔-M1	Top-M1	俄罗斯	地空
道尔-M2	Top-M2	俄罗斯	地空
德维纳	Двина	俄罗斯	地空
灯笼裤	Gaskin	俄罗斯	地空
低成本拦截弹	LCI	美国	地空
低空防空系统	LLADS	德国	地空
低空自行高速导弹系统	SP-HVM	英国	地空
滴水兽	Gargoyle	俄罗斯	地空
地基中段防御系统	GMD	美国	反导
地空型彩虹	IRIS-T-SLM/IRIS-T-SLS	国际合作	地空
第聂伯罗	DNIPRO	乌克兰	地空
靛青	Indigo	意大利	地空
动能拦截弹	KEI	美国	反导
斗士	Gladiator	俄罗斯	地空
毒刺	Stinger	美国	地空
毒刺武器系统项目	SWP	土耳其	地空
短萨姆	Tan SAM Type 81	日本	地空
防空卫士/麻雀	Skyguard/Sparrow	国际合作	地空
飞马	Pegasus	韩国	地空
风暴	Шторм	俄罗斯	舰空
复仇者	Avenger	美国	地空
嘎什坦	Каштан	俄罗斯	舰空
改进型海麻雀	ESSM	国际合作	舰空
盖德莱	Guideline	俄罗斯	地/舰空
盖普卡	Гибка	俄罗斯	舰空
甘格	Ганг	俄罗斯	地空
甘蒙	Gammon	俄罗斯	地空
高脚杯	Goblet	俄罗斯	舰空

高速地空导弹	SAHV-3	南非	地空
格雷尔	Grail	俄罗斯	舰空
格里奇	Grinch	俄罗斯	地空
格龙布	Grumble	俄罗斯	舰空
格森	Grison	俄罗斯	地空
根弗	Gainful	俄罗斯	地空
广场-M	Kvadrat-M	白俄罗斯	地空
滚转弹体导弹	RAM	美国	舰空
国家先进面空导弹系统	NASAMS	挪威	地空
果阿	Goa	俄罗斯	地/舰空
过渡型机动近程防空系统	IM-SHORAD	美国	地空
海标枪	Sea Dart	英国	舰空
海靛青	Sea Indigo	意大利	舰空
海光	Seastreak	英国	舰空
海狼	Seawolf	英国	舰空
海羚羊	Sea Oryx	中国台湾	舰空
海麻雀	Sea Sparrow	美国	舰空
海猫	Sea Cat	英国	舰空
海上拦截者	Sea Ceptor	英国	舰空
海蛇	Seaslug	英国	舰空
海神	Triton	国际合作	舰空
海响尾蛇	Naval Crotale	法国	舰空
海小檞树	Sea Chaparral	美国	舰空
赫尔墨斯	Гермес	俄罗斯	地空
红色天空	Red Sky	以色列	地空
红眼睛	Redeye	美国	地空
护手	Gauntlet	俄罗斯	地空
黄蜂	Оса	俄罗斯	地空
黄蜂-1T	Osa-1T	白俄罗斯	地空
黄蜂-M	Оса-M	俄罗斯	舰空
黄铜骑士	Talos	美国	舰空
火流星	BOLIDE	瑞典	地空
霍克	HAWK	美国	地空
机动防空发射系统	MADLS	德国	地空
吉尔德	Guild	俄罗斯	地空
加涅夫	Ganef	俄罗斯	地空
剑	Клинок	俄罗斯	舰空

箭-1	Стрела-1	俄罗斯	地空
箭-2(反导)	Arrow-2	以色列	反导
箭-2(舰载)	Стрела-2	俄罗斯	舰空
箭-2(陆用)	Стрела-2	俄罗斯	地空
箭-3(反导)	Arrow-3	以色列	反导
箭-3(舰空)	Стрела-3	俄罗斯	舰空
箭-3(陆用)	Стрела-3	俄罗斯	地空
箭-10	Стрела-10	俄罗斯	地空
箭-S 10M	Strela-S 10M	捷克	地空
骄子	фаворит	俄罗斯	地空
捷羚	Antelope	中国台湾	地空
金雕	Беркут	俄罗斯	地空
金花鼠	Gopher	俄罗斯	地空
近萨姆93式	Kin-SAM	日本	地空
警犬	Bloodhound	英国	地空
巨人	Giant	俄罗斯	地空
军刀	Saber	美国	地空
喀戎	Chiron	韩国	地空
凯科	KeiKo Type 91	日本	地空
凯旋	Триумф/Triumf	俄罗斯	地空
铠甲-C1	Панцирь-C1	俄罗斯	地空
科达德-3	Khordad-3	伊朗	地空
克里诺克	Klinok	俄罗斯	舰空
空中盾牌-猎豹	Skyshield-Cheetah	德国	地空
拉姆	RAM	美国	舰空
狼-M3	Volkhov	罗马尼亚	地空
雷电	Ra'ad(Raad)	伊朗	地空
雷鸟	Thunderbird	英国	地空
雷神	Thor	英国	地空
里夫	Риф	俄罗斯	舰空
里杰拉	Strijela 10 CRO	克罗地亚	地空
立方	Куб	俄罗斯	地空
猎豹-1 A2	Gepard 1 A2	德国	地空
陆地拦截者	Land Ceptor	英国	地空
陆基宙斯盾	Aegis Ashore	美国	反导
罗兰特	Roland	国际合作	地空
玛舒卡	Masurca	法国	舰空

中文名	英文名	国家	类型
麦特里	Maitri	国际合作	地空
迈兹	MEADS	国际合作	地空
矛	Umkhonto	南非	舰空
米卡垂直发射型	VL-MICA	法国	地空
米康	Micon	瑞士	地空
米萨格-1	Misagh-1	伊朗	地空
米萨格-2	Misagh-2	伊朗	地空
末段高层区域防御系统	THAAD	美国	反导
莫尔菲	Морфей	俄罗斯	地空
奈基-2	Nike-Hercules	美国	地空
涅瓦	Нева	俄罗斯	地空
涅瓦-SC	Neva-SC	波兰	地空
牛虻	Gadfly	俄罗斯	地/舰空
挪威霍克	NOAH	挪威	地空
帕端纳	Pradyumna	印度	反导
潘泽尔-S1	Pantsyr-S1	俄罗斯	地空
普罗米修斯	Прометей	俄罗斯	地空
齐普金	ZIPKIN	土耳其	地空
潜艇交互式防御系统	IDAS	国际合作	舰空
轻型多任务导弹	LMM	英国	地空
轻型两栖防空车	LAV-AD	美国	地空
区域多目标拦截系统	ARAMIS	意大利	地空
萨德	THAAD	美国	反导
萨德拉尔	SADRAL	法国	舰空
三脚架型毒刺	TAS	德国	地空
沙伊纳	Shahine	法国	地空
山猫	Tiger Cat	英国	地空
山毛榉-M1	Бук-M1	俄罗斯	地空
闪电	Piorun	波兰	地空
闪电-5	Pon'gae-5	朝鲜	地空
圣杯	Grail	俄罗斯	地空
施基里-1	Штиль-1	俄罗斯	舰空
施基里	Штиль	俄罗斯	舰空
手钻	Gimlet	俄罗斯	地/舰空
双联装毒刺	DMS	美国	地空
斯拜德尔	SPYDER	以色列	地空
斯拉姆	SLAM	英国	舰空

斯拉姆拉姆	SLAMRAAM	美国	地空
斯帕达	Spada	意大利	地空
松鸡	Grouse	俄罗斯	地空
松树-P	Сосна-P	俄罗斯	地空
索斯纳-R	Sosna-R	俄罗斯	地空
特里舒尔	Trishul	印度	地空
天弓-1	Tien Kung 1	中国台湾	地空
天弓-2	Tien Kung 2	中国台湾	地空
天弓-3	Tien Kung 3	中国台湾	地空
天剑	Sky Sabre	英国	地空
天剑-2N	Tien Chien 2N	中国台湾	舰空
铁穹	Iron Dome	以色列	反导
铁鹰-2	Iron Hawk II	韩国	地空
通古斯卡-M	Тунгуска-M	俄罗斯	地空
通用模块化防空导弹	CAMM	英国	地空
网络中心机载防御单元	NCADE	美国	反导
微型直接碰撞杀伤导弹	MHTK	美国	地空
韦尔巴	Verba	俄罗斯	地空
维加-C	Bera-C	波兰	地空
维加	Bera	俄罗斯	地空
维京	Viking	俄罗斯	地空
卫兵	Safeguard	美国	反导
未来防空导弹系列	FSAF	国际合作	地空
沃尔霍夫	Волхов	俄罗斯	地空
沃尔霍夫-M	Волхов-M	俄罗斯	舰空
无风		俄罗斯	舰空
西埃姆	SIAM	美国	舰空
西北风	Mistral	法国	地空
希萨尔-A	HiSAR-A	土耳其	地空
希萨尔-O	HiSAR-O	土耳其	地空
先进防空导弹	AAD	印度	反导
响尾蛇	Crotale	法国	地空
小檞树	Chaparral	美国	地空
小猎犬	Terrier	美国	舰空
小妖精	Gremlin	俄罗斯	地/舰空
新一代响尾蛇	Crotale NG	法国	地空
信天翁	Albatros	意大利	舰空

信仰-373	Bavar-373	伊朗	地空
星爆	Starburst	英国	地空
星光	Starstreak	英国	地空
亚扎哈拉	Ya-zahra	伊朗	地空
伊朗长剑	Rapier project-Iran	伊朗	地空
银柳	Верба	俄罗斯	地空
鹰眼	Eagle Eye	以色列	地空
勇士	Витязь	俄罗斯	地空
圆圈	Круг	俄罗斯	地空
运动衫	Blazer	国际合作	地空
增程主动导弹	Extended Range Active Missile	美国	舰空
针	Игла	俄罗斯	地空
针-1	Игла-1	俄罗斯	地空
针-C	Игла-C	俄罗斯	地空
宙斯盾	Aegis	美国	舰空
宙斯盾弹道导弹防御系统	Aegis BMD	美国	反导
锥刺	Stilet	白俄罗斯	地空

附录6　英文索引

英文	中文	北约代号	国别	类型
21 Century HAWK	21世纪霍克		国际合作	地空
A-135			俄罗斯	反导
A-235			俄罗斯	反导
A-95			罗马尼亚	地空
AAD	先进防空导弹		印度	反导
ABM-1			俄罗斯	反导
ABM-3			俄罗斯	反导
ADAMS	阿达姆斯		以色列	地空
ADATS	阿达茨		国际合作	地空
Aegis	宙斯盾		美国	舰空
Aegis Ashore	陆基宙斯盾		美国	反导
Aegis BMD	宙斯盾弹道导弹防御系统		美国	反导
Akash	阿卡什		印度	地空
Albatros	信天翁		意大利	舰空
ALBI			法国	地空
Antelope	捷羚		中国台湾	地空
Antey-2500	安泰-2500		俄罗斯	地空
ARAMIS	区域多目标拦截系统		意大利	地空
Arrow-2	箭-2		以色列	反导
Arrow-3	箭-3		以色列	反导
ASPIC			法国	地空
ASRAD	阿特拉斯近程防空系统		德国	地空
ATILGAN	阿蒂甘		土耳其	地空
Avenger	复仇者		美国	地空
Barak	巴拉克		以色列	舰空
Barak-8	巴拉克-8		以色列	舰空
Barak-MX	巴拉克-MX		以色列	舰空
Bavar-373	信仰-373		伊朗	地空
Blazer	运动衫		国际合作	地空
Bloodhound	警犬		英国	地空
Blowpipe	吹管		英国	地空
BOLIDE	火流星		瑞典	地空
Bomarc	波马克		美国	地空
Bradley Linebacker	M6布雷德利/中后卫		美国	地空

CA-94M			罗马尼亚	地空
CA-95M			罗马尼亚	地空
CAMM	通用模块化防空导弹		英国	地空
CCSLEP			美国	地空
C-Dome	C-穹		以色列	舰空
Chaparral	小槲树		美国	地空
Chiron	喀戎		韩国	地空
Chu-SAM			日本	地空
Crotale	响尾蛇		法国	地空
Crotale NG	新一代响尾蛇		法国	地空
David's Sling	大卫投石器		以色列	反导
DMS	双联装毒刺		美国	地空
DNIPRO	第聂伯罗		乌克兰	地空
Eagle Eye	鹰眼		以色列	地空
ESSM	改进型海麻雀		国际合作	舰空
FSAF	未来防空导弹系列		国际合作	地空
Gadfly	牛虻	SA-11	俄罗斯	地空
Gadfly	牛虻	SA-N-7	俄罗斯	舰空
Gainful	根弗	SA-6	俄罗斯	地空
Gammon	甘蒙	SA-5	俄罗斯	地空
Ganef	加涅夫	SA-4	俄罗斯	地空
Gargoyle	滴水兽	SA-20	俄罗斯	地空
Gaskin	灯笼裤	SA-9	俄罗斯	地空
Gauntlet	护手	SA-15	俄罗斯	地空
Gecko	壁虎	SA-8	俄罗斯	地空
Gecko	壁虎	SA-N-4	俄罗斯	舰空
Gepard 1 A2	猎豹-1 A2		德国	地空
Giant	巨人	SA-12B	俄罗斯	地空
Gimlet	手钻	SA-N-10	俄罗斯	舰空
Gimlet	手钻	SA-16	俄罗斯	地空
Gladiator	斗士	SA-12A	俄罗斯	地空
GMD	地基中段防御系统		美国	反导
Goa	果阿	SA-N-1	俄罗斯	舰空
Goa	果阿	SA-3	俄罗斯	地空
Goblet	高脚杯	SA-N-3	俄罗斯	舰空
Gopher	金花鼠	SA-13	俄罗斯	地空
Grail	圣杯	SA-7	俄罗斯	地空

Grail	格雷尔	SA-N-5	俄罗斯	舰空
Gremlin	小妖精	SA-14	俄罗斯	地空
Gremlin	小妖精	SA-N-8	俄罗斯	舰空
Grinch	格里奇	SA-24	俄罗斯	地空
Grison	格森	SA-19	俄罗斯	地空
Grizzly	大灰熊	SA-17	俄罗斯	地空
Grizzly	大灰熊	SA-N-12	俄罗斯	舰空
Grouse	松鸡	SA-18	俄罗斯	地空
Grumble	格龙布	SA-N-6	俄罗斯	舰空
Guideline	盖德莱	SA-2	俄罗斯	地空
Guideline	盖德莱	SA-N-2	俄罗斯	舰空
Guild	吉尔德	SA-1	俄罗斯	地空
HAWK	霍克		美国	地空
Hermes	赫尔墨斯		俄罗斯	地空
HiSAR-A	希萨尔-A		土耳其	地空
HiSAR-O	希萨尔-O		土耳其	地空
IDAS	潜艇交互式防御系统		国际合作	舰空
IM-SHORAD	过渡型机动近程防空系统		美国	地空
Indigo	靛青		意大利	地空
IRIS-T-SLM	地空型彩虹		国际合作	地空
IRIS-T-SLS	地空型彩虹		国际合作	地空
Iron Dome	铁穹		以色列	反导
Iron Hawk II	铁鹰-2		韩国	地空
Javelin	标枪		英国	地空
Kashtan	嘎什坦		俄罗斯	舰空
KEI	动能拦截弹		美国	反导
KeiKo Type 91	凯科		日本	地空
Khordad-3	科达德-3		伊朗	地空
Kin-SAM	近萨姆93式		日本	地空
Klinok	克里诺克	SA-N-9	俄罗斯	舰空
KN-06	闪电-5		朝鲜	地空
Kvadrat-M	广场-M		白俄罗斯	地空
Land Ceptor	陆地拦截者		英国	地空
LAV-AD	轻型两栖防空车		美国	地空
LCI	低成本拦截弹		美国	地空
LLADS	低空防空系统		德国	地空
LMM	轻型多任务导弹		英国	地空

Lvrbv 701 RBS 70			瑞典	地空
Machbet			以色列	地空
MADLS	机动防空发射系统		德国	地空
Maitri	麦特里		国际合作	地空
MANPADS	朝鲜便携式地空导弹系统		朝鲜	地空
Masurca	玛舒卡		法国	舰空
MEADS	迈兹		国际合作	地空
MHTK	微型直接碰撞杀伤导弹		美国	地空
Micon	米康		瑞士	地空
Misagh-1	米萨格-1		伊朗	地空
Misagh-2	米萨格-2		伊朗	地空
Mistral	西北风		法国	地空
Morfey	莫尔菲		俄罗斯	地空
NASAMS	国家先进面空导弹系统		挪威	地空
Naval Crotale	海响尾蛇		法国	舰空
NCADE	网络中心机载防御单元		美国	反导
Neva-SC	涅瓦-SC		波兰	地空
NG leFla			德国	地空
Nike-Hercules	奈基-2		美国	地空
NOAH	挪威霍克		挪威	地空
Oerlikon	奥利康		瑞士	地空
Osa-1T	黄蜂-1T		白俄罗斯	地空
PAD	大地防空导弹		印度	反导
Pantsyr-S1	潘泽尔-S1	SA-22	俄罗斯	地空
Patriot	爱国者		美国	地空
PDV	大地防御拦截弹		印度	反导
Pegasus	飞马		韩国	地空
Piorun	闪电		波兰	地空
Pon'gae-5	闪电-5	KN-06	朝鲜	地空
Pradyumna	帕端纳(PAD别称)		印度	反导
Ra'ad(Raad)	雷电/小鸟-2		伊朗	地空
RAM	拉姆		美国	舰空
Rapier 2000	长剑 2000		英国	地空
Rapier project-Iran	伊朗长剑		伊朗	地空
Rapier	长剑		英国	地空
RBS 23			瑞典	地空
RBS 70			瑞典	地空

RBS 70/M113A2		瑞典	地空
RBS 90		瑞典	地空
RBS-70NG		瑞典	地空
Red Sky	红色天空	以色列	地空
Redeye	红眼睛	美国	地空
Revati	麦特里(海军型号)	国际合作	
Rohini	麦特里(空军型号)	国际合作	
Roland	罗兰特	国际合作	地空
SA-1	吉尔德	俄罗斯	地空
SA-2	盖德莱	俄罗斯	地空
SA-3	果阿	俄罗斯	地空
SA-4	加涅夫	俄罗斯	地空
SA-5	甘蒙	俄罗斯	地空
SA-6	根弗	俄罗斯	地空
SA-7	圣杯	俄罗斯	地空
SA-8	壁虎	俄罗斯	地空
SA-9	灯笼裤	俄罗斯	地空
SA-11	牛虻	俄罗斯	地空
SA-12A	斗士	俄罗斯	地空
SA-12B	巨人	俄罗斯	地空
SA-13	金花鼠	俄罗斯	地空
SA-14	小妖精	俄罗斯	地空
SA-15	道尔-M1	俄罗斯	地空
SA-15	道尔-M2	俄罗斯	地空
SA-16	手钻	俄罗斯	地空
SA-17	大灰熊	俄罗斯	地空
SA-18	松鸡	俄罗斯	地空
SA-19	格森	俄罗斯	地空
SA-20	滴水兽	俄罗斯	地空
SA-22	潘泽尔-S1	俄罗斯	地空
SA-24	格里奇	俄罗斯	地空
Saber	军刀	美国	地空
SADRAL	萨德拉尔	法国	舰空
Safeguard	卫兵	美国	反导
SAHV-3	高速地空导弹	南非	地空
SA-N-1	果阿	俄罗斯	舰空
SA-N-2	盖德莱	俄罗斯	舰空

SA-N-3	高脚杯		俄罗斯	舰空
SA-N-4	壁虎		俄罗斯	舰空
SA-N-5	格雷尔		俄罗斯	舰空
SA-N-6	格龙布		俄罗斯	舰空
SA-N-7	牛虻		俄罗斯	舰空
SA-N-8	小妖精		俄罗斯	舰空
SA-N-9	克里诺克		俄罗斯	舰空
SA-N-10	手钻		俄罗斯	舰空
SA-N-11	嘎什坦		俄罗斯	舰空
SA-N-12	大灰熊		俄罗斯	舰空
SA-X-26	普罗米修斯		俄罗斯	地空
Sea Cat	海猫		英国	舰空
Sea Ceptor	海上拦截者		英国	舰空
Sea Chaparral	海小檞树		美国	舰空
Sea Dart	海标枪		英国	舰空
Sea Indigo	海靛青		意大利	舰空
Sea Oryx	海羚羊		中国台湾	舰空
Sea Sparrow	海麻雀		美国	舰空
Seaslug	海蛇		英国	舰空
Seastreak	海光		英国	舰空
Seawolf	海狼		英国	舰空
Shahine	沙伊纳	TSE5100	法国	地空
SIAM	西埃姆		美国	舰空
Skyguard/Sparrow	防空卫士/麻雀		国际合作	地空
Sky Sabre	天剑		英国	地空
Skyshield-Cheetah	空中盾牌-猎豹		德国	地空
SLAM	斯拉姆		英国	舰空
SLAMRAAM	斯拉姆拉姆		美国	地空
Sosna-R	索斯纳-R		俄罗斯	地空
Spada	斯帕达		意大利	地空
SP-HVM	低空自行高速导弹系统		英国	地空
SPYDER	斯拜德尔		以色列	地空
Standard Missile-1 Extended Range	标准-1(增程)		美国	舰空
Standard Missile-1 Medium Range	标准-1(中程)		美国	舰空
Standard Missile-2 Block 4	标准-2 Block4		美国	舰空
Standard Missile-2 Extended Range	标准-2(增程)		美国	舰空
Standard Missile-2 Medium Range	标准-2(中程)		美国	舰空

Standard Missile – 3	标准 – 3		美国	反导
Standard Missile – 6	标准 – 6		美国	舰空
Starburst	星爆		英国	地空
Starstreak	星光		英国	地空
Stilet	锥刺		白俄罗斯	地空
Stinger	毒刺		美国	地空
Strela – S 10M	箭 – S 10M		捷克	地空
Strijela 10 CRO	里杰拉		克罗地亚	地空
SWP	毒刺武器系统项目		土耳其	地空
Talos	黄铜骑士		美国	舰空
Tan SAM Type 81	短萨姆		日本	地空
Tartar	鞑靼人		美国	舰空
TAS	三脚架型毒刺		德国	地空
Terrier	小猎犬		美国	舰空
THAAD	萨德		美国	反导
Thor	雷神		英国	地空
Thunderbird	雷鸟		英国	地空
Tien Chien 2N	天剑 – 2N		中国台湾	舰空
Tien Kung 1	天弓 – 1		中国台湾	地空
Tien Kung 2	天弓 – 2		中国台湾	地空
Tien Kung 3	天弓 – 3		中国台湾	地空
Tiger Cat	山猫		英国	地空
Trishul	特里舒尔		印度	地空
Torp – M1	道尔 – M1	SA – 15	俄罗斯	地空
Torp – M2	道尔 – M2	SA – 15	俄罗斯	地空
Triton	海神		国际合作	舰空
Triumf	凯旋		俄罗斯	地空
TSE5100	沙伊纳		法国	地空
Umkhonto	矛		南非	舰空
Verba	韦尔巴		俄罗斯	地空
Viking	维京		俄罗斯	地空
VL – MICA	米卡垂直发射型		法国	地空
Volkhov	狼 – M3		罗马尼亚	地空
Ya – zahra	亚扎哈拉		伊朗	地空
ZA – HVM			南非	地空
ZIPKIN	齐普金		土耳其	地空

附录7 俄文索引

俄文	中文	俄代号	国别	类型
2К11	圆圈		俄罗斯	地空
2К12	立方		俄罗斯	地空
2К22М	通古斯卡-М		俄罗斯	地空
3К95	剑		俄罗斯	舰空
42С6	莫尔菲		俄罗斯	地空
4К60	风暴		俄罗斯	舰空
96К6	铠甲-С1		俄罗斯	地空
9К31	箭-1		俄罗斯	地空
9К32	箭-2		俄罗斯	地/舰空
9К33	黄蜂		俄罗斯	地空
9К34	箭-3		俄罗斯	地/舰空
9К35	箭-10		俄罗斯	地空
9К37	布克		俄罗斯	地空
9К37	施基里-1		俄罗斯	舰空
9К37-М1	布克-М1		俄罗斯	地空
9К38	针		俄罗斯	地空
9К81			俄罗斯	地空
9К310	针-1		俄罗斯	地空
9К317	布克-М2		俄罗斯	地空
9К317	布克-М3		俄罗斯	地空
9К331	道尔-М1		俄罗斯	地空
9К332	道尔-М2		俄罗斯	地空
9К333	银柳		俄罗斯	地空
9К338	针-С		俄罗斯	地空
А-35			俄罗斯	反导
Ангара	安加拉	С-200	俄罗斯	地空
Антей-2500	安泰-2500		俄罗斯	地空
Беркут	金雕	С-25	俄罗斯	地空
Бук	布克 9К37		俄罗斯	地空
Бук-М1	布克-М1	9К37-М1	俄罗斯	地空
Бук-М2	布克-М2	9К317	俄罗斯	地空
Бук-М3	布克-М3	9К317	俄罗斯	地空
Вега	维加	С-200	俄罗斯	地空
Верба	银柳	9К333	俄罗斯	地空

Волна	波浪	М-1	俄罗斯	舰空
Волхов	德维纳/沃尔霍夫	С-75	俄罗斯	地空
Волхов-М	沃尔霍夫-М	М-2	俄罗斯	舰空
Ганг	甘格	9К37	俄罗斯	地空
Гермес	赫尔墨斯		俄罗斯	地空
Гибка	盖普卡		俄罗斯	舰空
Двина	德维纳	С-75	俄罗斯	地空
Игла	针	9К38	俄罗斯	地空
Игла-1	针-1	9К310	俄罗斯	地空
Игла-С	针-С	9К338	俄罗斯	地空
Каштан	嘎什坦		俄罗斯	舰空
Клинок	剑	3К95	俄罗斯	舰空
Круг	圆圈	2К11	俄罗斯	地空
Куб	立方	2К12	俄罗斯	地空
М-1	波浪		俄罗斯	舰空
М-2	沃尔霍夫-М		俄罗斯	舰空
М-22	施基里		俄罗斯	舰空
Морфей	莫尔菲	42С6	俄罗斯	地空
Нева	涅瓦	С-125	俄罗斯	地空
Оса	黄蜂	9К33	俄罗斯	地空
Оса-М	黄蜂-М		俄罗斯	舰空
Панцирь-С1	铠甲-С1	96К6	俄罗斯	地空
Печора	毕乔拉	С-125	俄罗斯	地空
Прометей	普罗米修斯	С-500	俄罗斯	地空
Pechora	毕乔拉	С-125	俄罗斯	地空
Риф	里夫	С-300ф	俄罗斯	舰空
С-25	金雕		俄罗斯	地空
С-75	德维纳		俄罗斯	地空
С-125	涅瓦		俄罗斯	地空
С-200	维加/甘蒙		俄罗斯	地空
С-300В		9К81	俄罗斯	地空
С-300ПМУ-1			俄罗斯	地空
С-300ПМУ-2	骄子		俄罗斯	地空
С-300ф	里夫		俄罗斯	舰空
С-350	勇士		俄罗斯	地空
С-400	凯旋		俄罗斯	地空
С-500	普罗米修斯		俄罗斯	地空

Сосна – Р	松树-P		俄罗斯	地空
Стрела – 1	箭-1	9К31	俄罗斯	地空
Стрела – 2	箭-2	9К32	俄罗斯	地/舰空
Стрела – 3	箭-3	9К34	俄罗斯	地/舰空
Стрела – 10	箭-10	9К35	俄罗斯	地空
Тор – М1	道尔-М1	9К331	俄罗斯	地空
Тор – М2	道尔-М2	9К332	俄罗斯	地空
Триумф	凯旋	С-400	俄罗斯	地空
Тунгуска – М	通古斯卡-М	2К22М	俄罗斯	地空
Штиль	施基里	М-22	俄罗斯	舰空
Штиль – 1	施基里-1	9К37	俄罗斯	舰空
Шторм	风暴	4К60	俄罗斯	舰空

附录 8 缩略语

ABL	Aircraft Based Laser	机载激光器
ACES	Arrow Continuation Experiments Stage	箭系统连续试验
ADA	Air Defense Artillery	防空炮兵
ADAD	Air Defence Alerting Device	防空警报装置
ADP	Arrow Deployability Project	箭系统部署计划
AESA	Active Electronically Scanned Array	有源电扫描阵列
AIAMD	Army Integrated Air and Missile Defense	美陆军一体化防空反导
AKV	Agile Kill Vehicle	灵巧杀伤器
ALHK	Air Launched Hit-to-Kill	空射碰撞杀伤系统
ALTB	Airborne Laser TestBed	机载激光器试验台
ALTBMD	Active Layered Theater Ballistic Missile Defense	主动分层战区弹道导弹防御系统
AMDR	Air and Missile Defense Radar	防空反导雷达
ASAT	Anti-Satellite	反卫星
ASIP	Arrow System Improve Project	箭系统改进计划
ASRAAM	Advanced Short Range Air-to-Air Missile	先进近程空空导弹
ATBM	Anti-Tactical Ballistic Missile	反战术弹道导弹
ATDL	Army Tactical Data Link	陆军战术数据链
ATT	Automatic Target Tracking	自动目标跟踪
AVT	Automatic Video Tracking	自动视频跟踪
AWE	Advanced Warfighting Experiment	先期作战实验
AWS	Arrow Weapon System	箭武器系统
BCP	Battery Command Post	连级指挥所
BMC4I	Battle Management, Command, Control, Communications, Computers and Intelligence	作战管理、指挥、控制、计算、通信和情报
BMD	Ballistic Missile Defense	弹道导弹防御
BMDO	Ballistic Missile Defense Organization	弹道导弹防御组织
BMDR	Ballistic Missile Defense Review	弹道导弹防御评估
BMDS	Ballistic Missile Defense System	弹道导弹防御系统
BP	Brilliant Pebbles	智能卵石
BPI	Boost-Phase Intercept	助推段拦截
C2BMC	Command, Control, Battle Management and Communications	指挥、控制、作战管理和通信
C3I	Command, Control, Communications and Intelligence	指挥、控制、通信与情报
CCD	Charge-Coupled Device	电荷耦合器件
CCU	Command and Control Unit	指挥控制单元
CD/SD	Command Destruct/Self Destruct	指令自毁/预编程自毁
CEC	Cooperative Engagement Capability	协同作战能力

CIWS	Close-in Weapon System	近防武器系统
CLU	Command Launch Unit	指令发射单元
CMD	Cruise Missile Defense	巡航导弹防御
COTS	Commercial Off-the-Shelf	商用现货
CWS	Collision Warning System	外部控制与预警系统
DDF	Decentralized Data Fusion	分布式数据融合
DDS	Data Dissemination System	数据分发系统
DPS	Data Processing System	数据处理系统
DSP	Defense Support Program	国防支援计划
ECCM	Electronic Counter-Counter Measures	电子抗干扰
EKV	Exoatmospheric Kill Vehicle	外大气层拦截器
EMPAR	European Multifunction Phased Array Radar	欧洲多功能相控阵雷达
EO	Engagement Operations	交战
EOR	Engage on Remote	远程交战
EPAA	European Phased Adaptive Approach	欧洲分阶段自适应方法
EPLRS	Enhanced Position Location Reporting System	增强定位报告系统
ERINT	Extended Range Interceptor	增程拦截弹
ESM	Electronic Surveillance and Monitoring	电子侦察测量系统
FAAD	Forward Area Air Defense	前方区域防空
FASGW	Future Anti-Surface Guided Weapon	未来空对地制导武器
FBX-T	Forward-Based X-Band-Transportable	可运输的前置型X波段雷达
FCC	Fire Control Center	火控中心
FCR	Fire Control Radar	火控雷达
FDC	Fire Distribution Center	火力分配中心
FEL	Free Electron Laser	自由电子激光器
FLIR	Forward Looking Infrared Radar	前视红外雷达
FMS	Foreign Military Sales	对外军品销售
GBAD	Ground Based Air Defense	地基防空
GBI	Ground-Based Interceptor	地基拦截弹
GMD	Ground-Based Midcourse Defense	地基中段防御
GMLS	Guided Missile Launch System	导弹发射系统
GMRP	Guided Missile Round Pack	导弹弹药组合
GNC	Guidance Navigation and Control	制导导航与控制
GPS	Global Positioning System	全球定位系统
HAA	High-Altitude Airship	高空飞艇
HDR-H	Homeland Defense Radar-Hawaii	夏威夷国土防御雷达
HEDI	High Endoatmospheric Defense Interceptor	大气层内防御拦截弹

附录8 缩略语

HMMWV	High-Mobility Multipurpose Wheeled Vehicle	高机动多用途轮式车
HTPB	Hydroxyl terminated polybutadiene	端羟基聚丁二烯
HTU	Handheld Thermal Unit	手持式终端装置
HTV	Hypersonic Test Vehicle	高超声速试验飞行器
HWT	Hypersonic Weapon Technology	高超声速武器技术
HyFly	Hypersonic Flight	高超声速飞行(验证计划)
HyTech	Hypersonic Technology	高超声速技术
IADS	Integrated Air Defense System	一体化防空系统
IAMD	Integrated Air and Missile Defense	一体化防空反导
IBCS	Integrated Air and Missile Battle Command System	一体化防空反导作战指挥系统
IFC	Integrated Fire Control	一体化火力控制
IFF	Identification Friend or Foe	敌我识别
IFICS	In-Flight Interceptor Communications System	飞行中拦截弹通信系统
IGMDP	Integrated Guided Missile Development Programme	综合导弹发展计划
IMU	Inertial Measurement Unit	惯性测量装置
IOC	Initial Operational Capability	初始作战能力
IR	Infrared	红外
IRST	Infrared Search and Track	红外搜索与跟踪
ISAR	Inverse Synthetic Aperture Radar	逆合成孔径雷达
ISR	Intelligencen Surveillance and Reconnaissance	情报监视和侦察
IW	Information Warfare	信息战
JADGE	Japan Aerospace Defense Ground Environment	日本空天防御地面环境
JCTD	Joint Capability Technology Demonstrations	联合能力技术演示验证
JIAMDO	Joint Integrated Air and Missile Defense Organization	联合一体化防空反导组织
JLACM	Joint Land Attack Cruise Missile	联合对陆攻击巡航导弹
JLENS	Joint Land Attack Cruise Missile Defense Elevated Netted Sensor	联合对地攻击巡航导弹防御联网传感器系统
JTAGS	Joint Tactical Ground Station	联合战术地面站
JTIDS	Joint Tactical Information Distribution System	联合战术信息分发系统
KAMD	Korea Air and Missile Defense	韩国防空反导系统
KE BPI	Kinetic Energy Boost-Phase Interceptor	动能助推段拦截弹
KE-ASAT	Kinetic Energy-Antisatellite	动能反卫星
KKV	Kinetic Kill Vehicle	动能杀伤器
KV	Kill Vehicle	杀伤器
KW	Kinetic Warhead	动能战斗部
LACMD	Land Attack Cruise Missile Defense	对陆攻击巡航导弹防御
LBR	Laser Beam Rider	激光驾束制导
LCIU	Launcher Control Interface Unit	发射架控制接口单元

LCPK	Low Cost Precision Kill	低成本精确杀伤
LEAP	Lightweight Exoatmospheric Projectile	大气层外轻型射弹
LLNL	Lawrence Livermore National Laboratory	劳伦斯·利弗莫尔国家实验室
LOAL	Lock after launch	发射后锁定
LOBL	Lock before launch	发射前锁定
LOR	Launch on Remote	远程发射
LRASM	Long Range Anti-Ship Missile	远程反舰导弹
LRDR	Long Range Discrimination Radar	远程识别雷达
LRIP	Low Rate Initial Production	低速初始生产
LRPS	Long-Range Precision Strike	远程精确打击
LRS	Long-Range Strike	远程打击
LRS&T	long Range Surveillance and Track	远程搜索跟踪
LR-SAM	Long-Rage Surface-to-Air Missile	远程地对空导弹
LSCU	Launcher Servo Control Unit	发射架伺服控制单元
LWIR	Long-Wavelength Infra-Red	长波红外
MANPADS	Man Portable Air Defence System	便携式防空系统
MD	Missile Defense	导弹防御
MDA	Missile Defense Agency	导弹防御局
MDEB	Missile Defense Executive Board	导弹防御执行委员会
MDIOC	Missile Defense Integration & Operations Center	导弹防御综合运行中心
MDR	Missile Defense Review	导弹防御评估
MEWSG	Multi-Service Electronic Warfare Support Group	多军种电子战支援大队
MFU	Missile Firing Units	导弹发射单元
MITRV	Multiple Independently Targeted Reentry Vehicle	分导式多弹头
MiTEx	Micro-satellite Technology Experiment	微卫星技术试验
MKV	Multiple Kill Vehicle	多杀伤器
MLRS	Multiple Launch Rocket System	多管火箭发射系统
MML	Multi-Mission Launcher	多任务发射架
MRRS	Multi-Role Radar System	多任务雷达系统
MSR	Missile Site Radar	导弹阵地雷达
MTBF	Mean Time Between Failures	平均故障间隔时间
MTHEL	Mobile Tactical High Energy Laser	机动式战术高能激光器
MTI	Moving Target Indicator	动目标指示器
MWIR	Medium Wavelength Infrared	中波红外
NFIRE	Near Field Infrared Experiment	近场红外试验
NIFC-CA	Naval Integrated Fire Control-Counter-Air	美国海军一体化防空火控系统
NMD	National Missile Defense	国家导弹防御

NTDS	Naval Tactical Data System	海军战术数据系统
OA	Open Architecture	开放体系架构
OBV	Orbital Boost Vehicle	轨道助推器
OPIR	Overhead Persistent Infra-Red	过顶持续红外系统
OTH-B	Over the Horizon Backscatter	后向散射超视距
P3I	Pre-Planned Product Improvement	预先筹划产品改进
PAA	Phased Adaptive Approach	分阶段自适应方法
PAF	Pilotage Aerodynamique Fort	气动力控制
PAR	Perimeter Acquisition Radar	环形搜索雷达
PIF	Pilotage enForce	燃气推力矢量控制
PnP	Plug and Play	即插即用
POST	Passive Optical Seeker Technique	被动光学寻的技术
PTSS	Persistent Track and Surveillance System	持续跟踪与监视系统
RCS	Radar Cross Section	雷达散射截面
RDT&E	Research, Development, Test and Evaluation	研究、发展、试验与鉴定
RDT&E	Research, Development, Test and Engineering	研究、发展、试验与工程
RF	Radio Frequency	射频
SAM	Surface to Air Missile	面空导弹
SBIR	Small Business Innovative Research	小企业创新研究计划
SBIRS	Space Based Infrared System	天基红外系统
SBIRS-GEO	Space Based Infrared System-Geostationary	天基红外系统-地球同步轨道
SBIRS-HEO	Space Based Infrared System-Highly Elliptical Orbit	天基红外系统-大椭圆轨道
SBX	Sea-Based X-Band Radar	海基X波段雷达
SDI	Strategic Defense Initiative	战略防御倡议
SEAPAR	Small Extended Advanced Phased-Array Radar	小型增强型先进相控阵雷达
SINCGARS	Single Channel Ground and Airborne Radio Station	单信道地空无线电通信站
SINS	Strapdown Inertial Navigation System	捷联惯性导航系统
SPRITE	Signal Processing in the Element	单元信号处理
SRM	Solid-Rocket Motor	固体火箭发动机
SSDS	Ship Self Defense System	舰艇自卫防御系统
SSI	Sensor System Interface	传感器系统接口
SSR	Solid State Radar	固态雷达
STC	Slew-To-Cue	自动回转跟踪子系统
STIR	Signal Tracking and Illumination Radar	信号跟踪与目标照射雷达
STSS	Space Tracking and Surveillance System	空间跟踪与监视系统
SVL	Soft Vertical Launch	垂直冷发射
SVML	Standard Vehicle Mounted Launcher	标准车载发射装置

SWIR	Short-Wavelength Infra-Red	短波红外
TAG	Target Adaptive Guidance	目标自适应制导
TDACS	Throttleable Divert and Attitude Control System	节流式固体姿轨控系统
TDMA	Time-Division Multiple Access	时分多址
THEL	Tactical High Energy Laser	战术高能激光器
TMD	Theater Missile Defense	战区导弹防御
TNT	Trinitrotoluene	梯恩梯
TOC	Tactical Operations Centers	战术作战中心
TSS	Thermal Sighting System	热瞄准系统
TVC	Thrust Vector Control	推力矢量控制
TVM	Track Via Missile	经由导弹跟踪制导
UAV	Unmanned Aerial Vehicle	无人飞行器
UEWR	Upgraded Early Warning Radar	升级型早期预警雷达
UHF	Ultra High Frequency	超高频
UOES	User Operational Evaluation System	用户作战鉴定系统
UV	Ultraviolet	紫外
VHF	Very High Frequency	甚高频
VLS	Vertical Launching System	垂直发射系统
WCC	Weapon Control Computer	武器控制计算机
WFOV	Wide Field of View	宽视场
WIU	Weapon Interface Unit	武器接口单元
WT	Weapon Terminal	武器终端

参 考 文 献

[1] 航天部导弹总体专业情报网. 世界导弹大全 [M]. 北京：军事科学出版社，1998.

[2] 于本水. 防空导弹总体设计 [M]. 北京：宇航出版社，1995.

[3] 顾照杨. 俄罗斯海军武器装备手册 [M]. 北京：解放军出版社，2000.

[4] 张玉龙. 海军舰空导弹武器手册 [M]. 北京：兵器出版社，1997.

[5] O'HALLORAN J C. Jane's land-based air defence [M]. London：Jane's Information Group Limited，2004-2009.

[6] LENNOX D. Jane's strategic weapon system [M]. London：Jane's Information Group Limited，2004-2009.

[7] HOOTON E R. Jane's naval weapon system [M]. London：Jane's Information Group Limited，2006-2009.

[8] PRETTY R T. Jane's weapon system [M]. London：Jane's Information Group Limited，1983-1988.

[9] SERGEY I. Rusia's arms and technologies：the XXI century encyclopedia Vol. 9：air and ballistic missile defense [M]. Moscow：A & T Publishing House，2004.

[10] IHS Jane's，IHS (Global) Limited. Jane's defence weekly [J]. 2005，42 (48) -2009，47 (30). London：IHS Jane's，IHS (Global) Limited，2005-2009.

[11] IHS Jane's，IHS (Global) Limited. Jane's missile & rockets [J]. 2006，10 (1) -2009，13 (6). London：IHS Jane's，IHS (Global) Limited，2006-2009.

[12] IHS Jane's，IHS (Global) Limited. Jane's navy international [J]. 2006，111 (1) -2009，114 (8). London：IHS Jane's，IHS (Global) Limited，2006-2009.

[13] IHS Jane's，IHS (Global) Limited. Jane's international defense review [J]. 2006，39 (1) -2009，42 (2). London：IHS Jane's，IHS (Global) Limited，2006-2009.

[14] Mönch Pubishing Group. Military technology [J]. 2005，30 (1) -2009，33 (10). Bonn，Germany：Mönch Publishing Group，2005-2009.

[15] McGraw-Hill Companies. Aviation week & space technology [J]. 2006，164 (1) -2009，171 (12). Washington，DC：McCraw-Hill Companies，2006-2009.

[16] SHP Media Sdn. Bhd. Asian defence journal [J]. 2005 (1) -2009 (6). Kuala Lumpur，Malaysia：SHP Media Sdn. Bhd，2005-2009.

[17] International Armada AG. Armada international [J]. 2005，29 (1) -2009，33 (4). Zurich，Switzerland：International Armada AG，2005-2009.

[18] Military Parade Ltd. Military parade [J]. 2005 (1) -2009 (3). Moscow：Military Parade Ltd，2005-2009.

[19] Teal Group Corp. World missile briefing [J]. 2005 (1) -2008 (12). Fairfax，VA，USA：Teal Group Corp，2005-2008.

[20] Forecast International. Missile forecast [J]. 2004 (1) -2008 (12). Newtown，USA：Forecast In-

ternational，2004－2008.

[21] 吴伟仁. 世界国防科技工业概览 [M]. 北京：航空工业出版社，2004.

[22] 黄秀珍. 世界军工企业100强 [M]. 北京：国防工业出版社，2001.

[23] 斯维特洛夫 B T，戈卢别夫 N C，等. 防空导弹设计 [M]. 本书编译委员会译. 北京：中国宇航出版社，2004.

[24] 中国航天编辑部. 中国航天 [J]. 2005（1）－2009（10）. 北京：航天信息中心，2005－2009.

[25] 飞航导弹编辑部. 飞航导弹 [J]. 2005（1）－2009（6）. 北京：中国航天科工集团第三研究院310所，2005－2009.

[26] 现代军事编辑部. 现代军事 [J]. 2005（1）－2009（10）. 北京：中国国防科技信息中心，2005－2009.

[27] 现代防御技术编辑部. 现代防御技术 [J]. 2005，33（1）－2009，37（3）. 北京：北京电子工程总体研究所，2005－2009.

[28] 尖端科技军事杂志社. 尖端科技军事杂志 [J]. 2004（1）－2009（8）. 台北：尖端科技军事杂志社，2004－2009.

[29] Federation of American Scientists. Military analysis network [EB/OL]. http：//www. fas. org/about/ index. html.

[30] Ordnanee & guns archive by category missiles surface－to－air [EB/OL]. http：//www. defense-industrydaily. com/cat/ordnance－guns/ missiles－surfaceair.

[31] US missiles [EB/OL]. http：//www. globalsecurity. org/ military/systems/munitions/missile. htm.

[32] Net Resources International. Industry projects [EB/OL]. http：//www. army－technology. com/ projects.

[33] 魏毅寅. 世界导弹大全（第三版）[M]. 北京：军事科学出版社，2011.

[34] 栾恩杰. 国防科技名词大典：航天 [M]. 北京：航空工业出版社，2002.

[35] 张忠阳，张维刚，等. 精确制导技术应用丛书——防空反导导弹 [M]. 北京：国防工业出版社，2012.

[36] 中国航天科工集团第二研究院二〇八所. 世界国防科技年度发展报告（2018）——先进防御领域科技发展报告 [M]. 北京：国防工业出版社，2019.

[37] 北京航天情报与信息研究所. 2017年度世界导弹装备与技术发展报告 [M]. 北京：中国原子能出版社，2018.

[38] 北京航天情报与信息研究所. 2018年度世界导弹装备与技术发展报告 [M]. 北京：中国原子能出版社，2019.

[39] 北京航天情报与信息研究所. 2019年度世界导弹装备与技术发展报告 [M]. 北京：中国原子能出版社，2020.

[40] Christopher F Foss, James C O'Halloran. Jane's land warfare platforms artillery & air defence 2017—2018 [M]. IHS Markit.

[41] LENNOX D. Jane's strategic weapon system [M]. London：Jane's Information Group Limited，2019.

[42] HOOTON E R. Jane's naval weapon system [M]. London：Jane's Information Group Limited，2019.

[43] Steren J Zaloga. Air defense missile digest [J]. World Missile Briefing. Teal Group Corporation，2019.

[44] IHS Jane's，IHS (Global) Limited. Jane's defence weekly [J]. 2015，52（48）－2019，57（30）. London：IHS Jane's，IHS (Global) Limited，2015－2019.

[45] IHS Jane's，IHS (Global) Limited. Jane's missile & rockets [J]. 2016.20（1）－2019，23（6）.

London: IHS Jane's, IHS (Global) Limited, 2016 - 2009.

[46] IHS Jane's, IHS (Global) Limited. Jane's navy international [J]. 2016, 121 (1) - 2019, 124 (8). London: IHS Jane's, HIS (Global) Limited, 2016 - 2019.

[47] IHS Jane's, IHS (Global) Limited. Jane's international defense review [J]. 2016, 49 (1) - 2019, 42 (2). London: IHS Jane's, IHS (Global) Limited, 2016 - 2019.

[48] Mönch Publishing Group. Military technology [J]. 2016, 40 (1) - 2019, 43 (12). Bonn, Germany: Mönch Publishing Group, 2016 - 2019.

[49] McGraw - Hill Companies, Aviation week & space technology [J]. 2015, 177 (1) - 2019, 181 (12). Washington, DC: McGraw - Hill Companies, 2015 - 2019.

[50] Asian Defence Journal [J]. 2015 (1) - 2019 (6). Kuala Lumpur, Malaysia: SHP Media Sdn. Bhd, 2015 - 2019.

[51] International Armada AG. Armada international [J]. 2016, 40 (1) - 2020, 44 (2). Zurich, Switzerland: International Armada AG, 2016 - 2020.

[52] Military & Aerospace Electronics Magazine [J]. 2017, 28 (1) - 2020, 31 (5).

[53] Aerospace America [J]. 2018, 56 (1) - 2020, 58 (8).

[54] Forecast International. Missile forecast [J]. 2018. Newtown, USA: Forecast International, 2018.

[55] The Market for Surface - to - Air Missiles 2019 - 2028 [J]. Forecast International. Missile forecast, 2019. Newtown, USA: Forecast International, 2019.

[56] 飞航导弹编辑部. 飞航导弹 [J]. 2015 (1) - 2020 (6). 北京: 北京海鹰科技情报研究所, 2015 - 2020.

[57] 现代防御技术编辑部. 现代防御技术 [J]. 2015, 43 (1) - 2019, 47 (6). 北京: 北京电子工程总体研究所, 2015 - 2019.

[58] 尖端科技军事杂志社. 尖端科技 [J]. 2012 (1) - 2015 (12). 台北: 尖端科技军事杂志社, 2012 - 2015.

[59] Paolo Valpolini. Anti - aircraft and more [J]. Armada International, 2015 (2).

[60] Nick Brown. Raytheon Kongsberg plan AMRAAM - ER test [J]. Jane's International Defence Review, 2015 (3).

[61] Raytheon completes lab testing on AMRAAM - ER, NASAMS integration. [EB/OL]. http://www.raytheon.com, 2015 - 06 - 10.

[62] FLAADS datasheet [EB/OL]. http://www.mbda - systems.com, 2010 - 06 - 15.

[63] Advanced air defence: Thales from air to ground comprehensive air defence solutions [EB/OL]. https://www.thalesgroup.com/en/activities/defence/air - forces/advanced - air - defence.

[64] Land Missile Systems MSHORAD [EB/OL]. https://www.saab.com/products/land/missile - systems.

[65] Air & missile defense systems [EB/OL]. https://www.iai.co.il/defense/air/air - defense - systems [2019 - 06].

[66] MBDA missile systems solutions and services [EB/OL]. https://www.mbda - systems.com/solutions - and - services/#ground_based_air_defence [2019 - 04].

[67] Richard Scott. CAMM - ER missile concept [J]. Jane's International Defence Review, 2014 (9).

[68] Tony Osborne. MBDA test fires CAMM missiles. [EB/OL]. https://aviationweek.com/mbda - test - fires - camm - missiles July 09, 2014.

[69] Hansard. Future local air defence system [EB/OL]. http: //www. parliament. uk, 2012 - 05 - 07.

[70] Medium Extended Air Defense System World - Class Theater Air & Missile Defense [EB/OL]. https: //lockheedmartin. com/en - us/products/meads. html.

[71] Patriot missile long - range air - defence system [EB/OL]. http: //www. army - technology. com/projects/patriot/.

[72] SM - 6 Missile [EB/OL]. https: //www. raytheonmissilesanddefense. com/capabilities/products/sm6 - missile. [2020 - 03 - 24].

[73] Standard Missile - 3: Beating ballistic missiles on land and at sea [EB/OL]. https: //www. raytheonmissilesanddefense. com/capabilities/products/sm3 - interceptor. [2020 - 05 - 10].

[74] Ben Werner. Aegis Combat System Baseline 10 Set to IOC in 2023 [EB/OL]. (2019 - 01 - 15). https: //news. usni. org/2019/01/15/40397 [20200220].

[75] Aegis Combat System: The World's Most Advanced Combat System [EB/OL]. https: //www. lockheedmartin. com/en - us/products/aegis - combat - system. html [2020 - 08 - 24].

[76] Congressional Research Service. Navy Aegis Ballistic Missile Defense (BMD) Program: Background and Issues for Congress [EB/OL]. https: //crsreports. congress. gov RL33745 [20200318]. 35p.

[77] Alliant Techsystems Inc. 2008. ATK space propulsion products catalog [EB/OL]. http: //www. ltasvis. ulg. ac. be/cmsms/uploads/File/DataSheetSolidATK. pdf.

[78] Ballistic Missile Defense Intercept Flight Test Record [EB/OL]. https: //www. defense. gov/Portals/1/Interactive/2018/11 - 2019 - Missile - Defense - Review/Fact - Sheet - Test - Dec - 2018. pdf.

[79] Dan Shanahan. Ground - based Midcourse Defense (GMD) Global Sales & Marketing Missile & Weapon Systems Division September 2018 [EB/OL]. http: //michman. org/resources/Documents/Shanahan%20 - %20MAMA%20HMD%20Briefing%20. pdf.

[80] Tom Karako, Ian Williams, ect. Missile Defense 2020: Next Steps for Defending the Homeland [EB/OL] https: //csis - website - prod. s3. amazonaws. com/s3fs - public/publication/170406 _ Karako _ MissileDefense2020 _ Web. pdf.

[81] Missile Defense: mixed progress in achieving acquisition goals and improving accountability [EB/OL]. GAO - 14 - 351 https: //www. gao. gov/assets/670/662194. pdf.

[82] MISSILE DEFENSE: Delivery Delays Provide Opportunity for Increased Testing to Better Understand Capability Report to Congressional Committees [EB/OL]. June 2019 GAO - 19 - 387 https: //www. gao. gov/assets/700/699546. pdf.

[83] MISSILE DEFENSE: Lessons Learned From Acquisition Efforts [EB/OL]. GAO - 20 - 490T https: //www. gao. gov/assets/710/705303. pdf.

[84] MISSILE DEFENSE: Assessment of Testing Approach Needed as Delays and Changes Persist Report to Congressional Committees [EB/OL]. July 2020 GAO - 20 - 432 https: //www. gao. gov/assets/710/708330. pdf.

[85] Gronlund, L, D. , ect. Technical realities: An analysis of the 2004 deployment of a U. S. National Missile Defense system. [EB/OL]. Cambridge, MA: Union of Concerned Scientists. (2019—04—10). http: //www. ucsusa. org/sites/default/files/legacy/assets/documents/nw gs/technicalrealities _ fullreport. pdf.

[86] MISSILE DEFENSE: Some Progress Delivering Capabilities, but Challenges with Testing Transparency and Requirements Development Need to Be Addressed [EB/OL]. GAO - 17 - 381 ht-

tps：//www. gao. gov/assets/690/684963. pdf．

[87] MISSILE DEFENSE：The Warfighter and Decision Makers Would Benefit from Better Communication about the System's Capabilities and Limitations［EB/OL］. GAO – 18 – 324 https：//www. gao. gov/assets/700/692589. pdf.

[88] Missile Defense Products［EB/OL］. http：//www. boeing. com/defense/missile – defense/.

[89] Next Generation Interceptor：the Future of Homeland Missile Defense［EB/OL］. http：//www. boeing. com/resources/boeingdotcom/defense/ngi/ngi – card. pdf.

[90] Missile Products：Tactical Propulsion Systems［EB/OL］. https：//www. northropgrumman. com/land/missile – products/.

[91] Providing Proven，Reliable interceptors and target rockets［EB/OL］. https：//www. northropgrumman. com/space/missile – defense/.

[92] 盖敏慧，张蕾，张卓. 俄罗斯铠甲 – S1 弹炮结合防空系统新发展［J］. 飞航导弹，2019（7）：31 – 36.

[93] 戴卫青，刘杰，刘康. 浅析俄罗斯空天防御体系发展策略［J］. 空天防御，2018（1）.

[94] Sergey S. The S – 400 Panstir 'Tandem'：the new – old feature of Russian A2/AD capabilities［J］. Eurasia Daily Monitor，2017（14）.

[95] Nikolai N. Russia unveils arctic air defence systems［J］. Jane's Defence Weekly，2017（20）.

[96] Defensetechs. Russian air defense systems Catalog 1［EB/OL］. http：//defensetechs. com/wp – content/uploads/catalogos/EN/Armament％20and％20Defense/air＿def％201％20defensetechs. pdf.

[97] Воздушно – космическая оборона［EB/OL］. http：//www. vko. ru.［2019 – 09］.

[98] Воздушно – космическая оборона［EB/OL］.（2018 – 12 – 26）https：//www. gazeta. ru/army/vko/.［2019 – 09］.

[99] МОДЕРНИЗИРОВАННАЯ ЗРС С – 300ПМ2《ФАВОРИТ – С》［EB/OL］.（2019 – 04 – 20）http：//bastion – karpenko. narod. ru/S – 300PM. html.［2019 – 10］.

[100] 5В55К / 5В55КД / 5В55Р（В – 500К/ КД / Р）– зенитная управляемая ракета ЗРС С – 300П［EB/OL］.（2012 – 09 – 09）. http：//www. russianarms. ru/forum/index. php/topic, 11443. 0. html?PHPSESSID=co2ciqimf0buk5hj6520rv4uj7［2018 – 09］.

[101] Carlo Kopp. Almaz S – 300P/PT/PS/PMU/PMU1/PMU2，Almaz – Antey S – 400 Triumf SA – 10/20/21 Grumble/Gargoyle［R］. Technical Report APA – TR – 2006 – 1201，AFAIAA，SMIEEE，PEng，2012.

[102] ЗЕНИТНАЯ РАКЕТНАЯ СИСТЕМА С – 400《ТРИУМФ》［EB/OL］.（2014 – 08 – 20）. https：//defendingrussia. ru/enc/rakety＿pvo/zenitnaja＿raketnaja＿sistema＿s400＿triumf – 640/.［2018 – 09］.

[103] Модернизация навигационной аппаратуры зенитных ракетных комплексов С – 300 ПМУ1/С – 400 на основе изделия "ГАЛС – Д2М"［EB/OL］.（2012 – 03 – 22）. https：//vpk. name/news/66611＿modernizaciya＿navigacionnoi＿apparatury＿zenitnyh＿raketnyh＿kompleksov＿s – 300＿pmu1c – 400＿na＿osnove＿izdeliya＿gals – d2m. html［2018 – 09］.

[104] Зенитная ракетная система большой и средней дальности С – 400《Триумф》［EB/OL］. https：//vpk. name/library/f/c – 400. html［2018 – 09］.

[105] Подписан контракт на поставку в Китай российских зенитно – ракетных систем С – 400［EB/OL］.（2014 – 11 – 26）. https：//www. vedomosti. ru/politics/articles/2014/11/26/triumf – budet – kita-

jskim. [2018 – 09].

[106] С компании – перевозчика ракет к С – 400 для Китая потребовали компенсацию [EB/OL]. (2019 – 02 – 21). https://topwar.ru/154390 – s – kompanii – perevozchika – raket – k – s – 400 – dlja – kitaja – potrebovali – kompensaciju.html [2019 – 04].

[107] С – 500 《Прометей》 подготовили к выпуску [EB/OL]. (2019 – 05 – 02). https://lenta.ru/news/2019/09/16/c500/. [2019 – 09].

[108] С – 500 《Прометей》, российский ЗРК будущего [EB/OL]. (2015 – 11 – 26). https://avia.pro/c – 500. [2019 – 09].

[109] С – 500 "Прометей" ще ликвидира цели, летящи със скорост от 15, 6 Маха на височина от 250 км [EB/OL]. (2018 – 04 – 09). https://bg.rbth.com/science/327138 – s – 500 – prometey – sistemi – za – zashtita. [2019 – 09].

[110] МАКС – 2017. Средства ПВО [EB/OL]. (2017 – 08 – 27) https://saidpvo.livejournal.com/623741.html. [2019 – 09].

[111] С – 350 (50Р6)《Витязь》– зенитная ракетная система [EB/OL]. (2013 – 06 – 19). http://www.russianarms.ru/forum/index.php?topic=11945.0 [2019 – 09].

[112] Первый комплект зенитной ракетной системы С – 350《Витязь》передан Министерству обороны РФ [EB/OL]. (2020 – 08). https://oborona.ru/includes/periodics/defense/2020/0115/173828512/detail.shtml. [2020 – 08].

[113] Эшелонированная территориальная система противоракетной обороны РТЦ – 181М "А – 235" (PL – 19) [EB/OL]. (2015 – 03 – 14) https://vpk.name/library/f/a – 235.html [2019 – 08 – 23].

[114] Система ПРО А – 235 (ОКР《Нудоль》) [EB/OL]. (2015 – 03 – 14) https://topwar.ru/74866 – sistema – pro – a – 235 – okr – nudol.html [2018 – 06 – 07].

[115] Система А – 235 / РТЦ – 181М, комплекс 14Ц033 Нудоль [EB/OL]. (2014 – 05 – 10) https://tehnowar.ru/7933 – sistema – a – 235 – rtc – 181m – nudol.html [2019 – 10 – 26].

[116] Противоракета ПРС – 1/53Т6 комплекса ПРО А – 135/РТЦ – 181 "Амур" /5Ж60, [EB/OL]. http://warrior – elite.tk/raketnay/protivoraketa – prs – 1 – 53t6 – kompleks – a – pro – a – 135 – rtc – 181 – amur – 5zh60.php [2017 – 08 – 12].

[117] Первое успешное испытание противоспутниковой ракеты системы "Нудоль", Александр Поздняков перепечатал из [EB/OL]. http://www.bmpd.livejournal.com. [2015 – 12 – 04].

地基中段防御系统

主承包商　　波音公司
研发时间　　1993年
部署时间　　2004年
使命任务　　保卫美国本土免遭远程和洲际弹道导弹攻击

系统组成

国防支援计划卫星/天基红外系统

前置型AN/TPY-2 X波段雷达

丹麦眼镜蛇雷达

海基X波段雷达

改进的早期预警雷达

火控和通信网络

地基拦截弹

外大气层杀伤器

对付目标

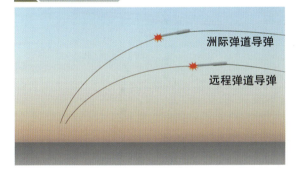
洲际弹道导弹
远程弹道导弹

技术指标

火箭型号	射程	射高	最大速度
OBV	5 000 km	2 500 km	24.4(Ma)

制导体制

惯导+指令修正+红外/光学末制导

主要特点

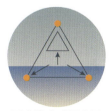
国家战略威慑力量
重要组成部分

采用外大气层杀伤器（EKV）
直接碰撞动能杀伤

系统构成复杂，全球部署

边研发、边试验、
边部署、边升级

作战过程

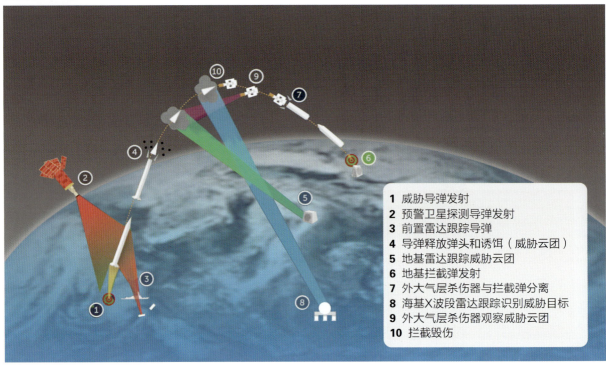

1 威胁导弹发射
2 预警卫星探测导弹发射
3 前置雷达跟踪导弹
4 导弹释放弹头和诱饵（威胁云团）
5 地基雷达跟踪威胁云团
6 地基拦截弹发射
7 外大气层杀伤器与拦截弹分离
8 海基X波段雷达跟踪识别威胁目标
9 外大气层杀伤器观察威胁云团
10 拦截毁伤

地基中段防御系统部署情况

拦截弹	导弹发射阵地	火控和发射支持系统	飞行中拦截弹通信系统数据终端（IDTs）	传感器
初始作战能力（2004年） ●地基拦截弹	**初始作战能力（2004年）** ●阿拉斯加格里利堡：6个发射井 ●加利福尼亚范登堡空军基地：2个发射井	**初始作战能力（2004年）** ●地基中段火控系统 ●指挥发射设备	**初始作战能力（2004年）** ●位于阿拉斯加格里利堡的IDTs试验床 ●位于加利福尼亚范登堡空军基地的IDTs试验床	**初始作战能力（2004年）** ●国防支援计划卫星 ●早期预警雷达 ●丹麦眼镜蛇雷达 ●宙斯盾舰载AN/SPY-1雷达
当前作战能力（2020年） ●18枚地基拦截弹（CE-1型EKV） ●16枚地基拦截弹（CE-2型EKV） ●10枚地基拦截弹（CE-2 Block 1型EKV）	**当前作战能力（2020年）** ●阿拉斯加格里利堡：40个发射井 ●加利福尼亚范登堡空军基地：4个发射井	**当前作战能力（2020年）** ●升级的地基中段火控系统 ●升级的指挥发射设备	**当前作战能力（2020年）** ●位于阿拉斯加格里利堡的IDTs ●位于阿拉斯加艾尔克森的IDTs ●位于加利福尼亚范登堡空军基地的IDTs ●位于纽约德拉姆堡的IDTs	**当前作战能力（2020年）** ●天基红外系统卫星 ●国防支援计划卫星 ●改进的早期预警雷达 ●丹麦眼镜蛇雷达 ●海基X波段雷达 ●前置型AN/TPY-2雷达 ●宙斯盾舰载AN/SPY-1雷达

萨德反导系统

主承包商	洛克希德·马丁公司
研发时间	1987年
部署时间	2008年
使命任务	末段高层弹道导弹防御，拦截射程小于3 500 km的弹道导弹

系统组成

AN/TPY-2雷达
组成：雷达天线、电子设备车、
冷却设备车、电源车
工作频段：X波段

拦截弹
组成：固体火箭发动机、动能杀伤器
杀伤方式：直接碰撞动能杀伤

指控系统
组成：战术操作站、发射控制站

发射车
装弹量：每辆发射车8枚
再装填时间：30 min

对付目标

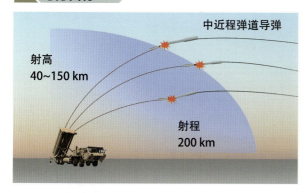

中近程弹道导弹
射高 40~150 km
射程 200 km

技术指标

射程	射高	最大速度	制导体制
200 km	40~150 km	8.45(Ma)	惯导+指令修正+红外成像制导

导弹尺寸	导弹质量
弹长6.17 m 弹径370 mm （杀伤器）340 mm （助推器）	600 kg

主要特点

大气层内外
拦截弹道导弹

既可独立作战，也能与
其他反导系统协同作战

系统机动性高，可通过
空运全球快速部署

扩展性强，改进后具备
防御高超武器能力

作战过程

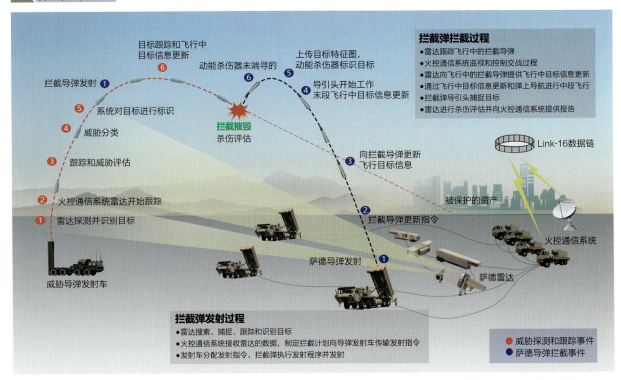

萨德导弹连装备配置

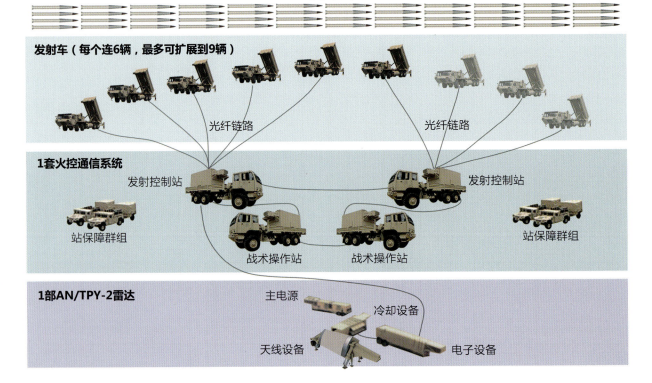

爱国者-3反导系统

主承包商　雷声公司
研发时间　1989年
部署时间　2002年
使命任务　陆基末段低层弹道导弹防御，拦截射程小于1 000 km的弹道导弹

系统组成

雷达
AN/MPQ-65相控阵雷达，工作频段为C波段

拦截弹
毫米波主动导引头，直接碰撞动能杀伤

指控系统
AN/MSQ-104交战与火力控制站，软件版本为PDB-8

发射车
每辆发射车装弹量为16枚，采用固定角倾斜发射

技术指标

型号	射程	射高	最大速度	制导体制	导弹尺寸	导弹质量
爱国者-3导弹	20 km	15 km	5(Ma)	惯导+指令修正+毫米波主动雷达寻的制导	弹长5.2 m 弹径255 mm	328 kg
爱国者-3MSE导弹	35 km	22 km		惯导+指令修正+毫米波主动雷达寻的制导	弹长5.2 m 弹径290 mm	373 kg

对付目标

火力单元构成

作战过程

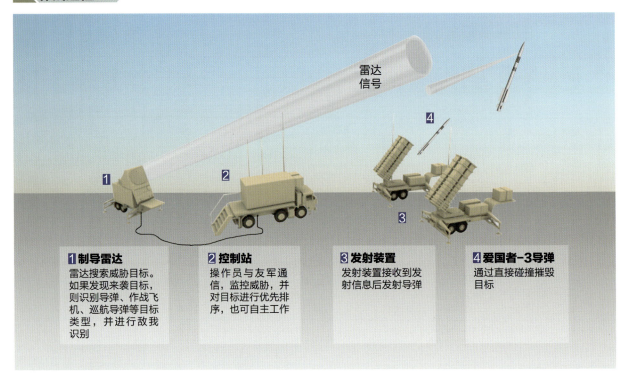

1 制导雷达 雷达搜索威胁目标。如果发现来袭目标，则识别导弹、作战飞机、巡航导弹等目标类型，并进行敌我识别

2 控制站 操作员与友军通信，监控威胁，并对目标进行优先排序，也可自主工作

3 发射装置 发射装置接收到发射信息后发射导弹

4 爱国者-3导弹 通过直接碰撞摧毁目标

主要特点

末段低层反导，兼具反巡航导弹和作战飞机能力　　实战表现出色，多次成功拦截目标　　机动性强，可快速机动部署　　与其他传感器、拦截武器协同实现防空反导一体化作战

出口国家或地区

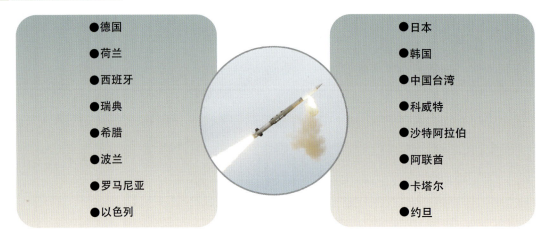

- 德国
- 荷兰
- 西班牙
- 瑞典
- 希腊
- 波兰
- 罗马尼亚
- 以色列

- 日本
- 韩国
- 中国台湾
- 科威特
- 沙特阿拉伯
- 阿联酋
- 卡塔尔
- 约旦

宙斯盾弹道导弹防御系统

主承包商	洛克希德·马丁公司
研发时间	2002年

版本	3.6.X	4.X	5.0/5.0CU	5.1
鉴定使用时间	2006	2012	2014/2015	2018
作战试验和评估时间	2008	2014	2016	2020

使命任务　　近程、中程和中远程弹道导弹防御

作战能力

宙斯盾弹道导弹防御系统版本	3.6.X	4.X	5.0/5.0CU	5.1
鉴定使用时间	2006	2012	2014/2015	2018
作战试验和评估时间	2008	2014	2016	2020
发射标准-3导弹类型				
标准-3 Block 1A	✓	✓	✓	✓
标准-3 Block 1B	✓	✓	✓	✓
标准-3 Block 2A				✓
可否发射标准-2/6导弹				
标准-2 Block 4	✓		✓	
标准-6 Dual 1		✓	✓	✓
标准-6 Dual 2				✓
拦截弹道导弹的种类				
近程弹道导弹	✓	✓	✓	✓
中程弹道导弹	✓	✓	✓	✓
中远程弹道导弹	✓ (有限)	✓	✓	✓ (增强)
洲际弹道导弹	×	×	×	×
是否具备远程发射或者远程交战能力				
远程发射	✓ (初始)	✓ (增强)	✓ (增强)	✓ (增强)
远程交战	×	×	×	✓

系统组成

显示系统
AN/SPY-1雷达
指控和决策系统
火控系统
MK41垂直发射系统
武器控制系统
作战训练系统　　培训测试保障系统
标准-3导弹
标准-6导弹

系统发展

宙斯盾分层防御体系

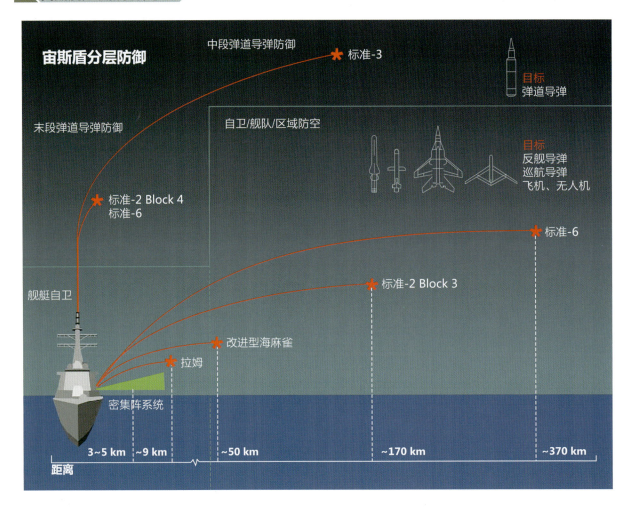

标准-3导弹

主承包商　　雷声公司
研发时间　　1992年（标准-3 Block 1A）
部署时间　　2006年（标准-3 Block 1A）
使命任务　　防御中程、中远程、远程弹道导弹

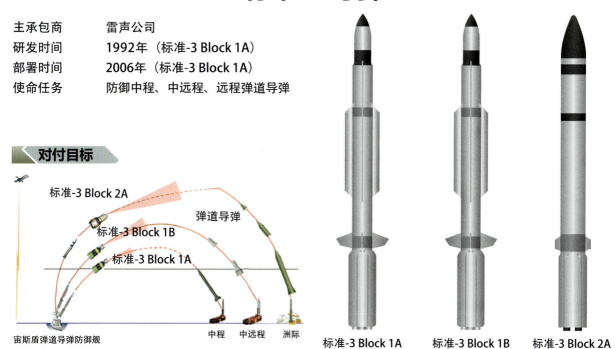

系统组成

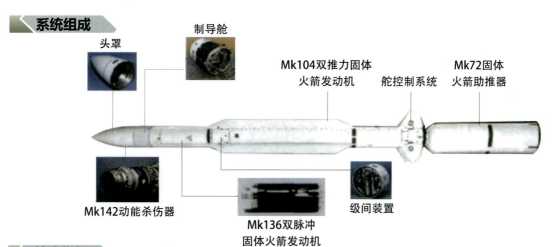

技术指标

型号	射程	射高	最大速度	制导体制	导弹尺寸	导弹质量
标准-3 Block 1A	500 km	350 km	3.5 km/s	惯导+中段GPS辅助导航与指令修正+末段单色红外成像制导	弹长6.65 m 弹径343 mm	1 501 kg
标准-3 Block 1B	500 km	350 km	3.5 km/s	惯导+中段GPS辅助导航与指令修正+末段双色红外成像制导	弹长6.65 m 弹径343 mm	1 501 kg
标准-3 Block 2A	1 500 km	1 200 km	4.5 km/s	惯导+中段GPS辅助导航与指令修正+末段双色红外成像制导	弹长6.65 m 弹径534 mm	2 075 kg

作战过程

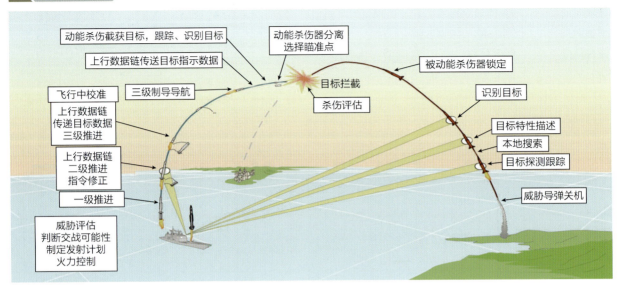

- 动能杀伤截获目标，跟踪、识别目标
- 动能杀伤器分离 选择瞄准点
- 上行数据链传送目标指示数据
- 被动能杀伤器锁定
- 目标拦截
- 杀伤评估
- 识别目标
- 飞行中校准
- 三级制导导航
- 目标特性描述
- 上行数据链 传递目标数据 三级推进
- 本地搜索
- 目标探测跟踪
- 上行数据链 二级推进 指令修正
- 威胁导弹关机
- 一级推进
- 威胁评估 判断交战可能性 制定发射计划 火力控制

主要特点

海陆基中段反导，兼具反卫星能力　　系列化发展，能力提升空间大　　动能杀伤器，实施外大气层拦截　　改进后具备拦截洲际弹道导弹能力

美日联合研发标准-3 Block 2A分工

头罩 🇯🇵
- 钛铝结构
- 蛤壳（clamshell）

动能杀伤器
- 导引头 🇺🇸
  - 光学探测器
  - 低温子系统
  - 图像处理器
- 制导装置
  - 超高频通信中继器
  - 制导处理器
  - 惯性测量装置
- 超高频天线
- 飞行控制系统
- 轨控和姿态控制系统
- 动能杀伤器线束
- 弹射器

制导装置 🇺🇸
- 制导中央处理器
- 惯性测量装置
- 可选择有效反欺骗模块
- GPS接收器
- 电源控制器
- 超高频通信中继链路
- 飞行终端系统
- 波段链路调制解调器
- 天线
  - GPS
  - 超高频链路
  - 通信链接
  - S波段
  - X波段
- G-开关
- 拦截弹信息接收

第三级火箭发动机 🇯🇵
- 端羟基聚丁二烯(HTPB)
- 推进剂
- 点火系统
- 推力矢量控制器
- 推力矢量/喷管系统
- 飞行控制系统
- 第三级火箭发动机电池
- 符合材料壳体

级间分离装配 🇯🇵
- 级间分离系统
- 火工品导火线
- 电气接口

第二级火箭发动机 🇯🇵
- 端羟基聚丁二烯(HTPB)
- 推进剂
- 符合材料壳体

稳定性控制系统 🇯🇵
- 数字控制器
- 内置电池
- 4个折叠翼
- 4个执行机构

上面级硬件
- 整流罩
- 轮毂线束
- 控制界面
🇺🇸 🇯🇵

Mk72助推器 🇺🇸
- 数字控制器
- 助推器电池
- 贮箱
  - 电气接口
- 4个推力矢量控制喷管
- 线束

宙斯盾/垂直发射系统接口
- 机械接口 🇺🇸
- 轻质发射箱
- 电气接口
- 串行数据接口
- 双向
- 机内测试
- +28 V直流电源
- 射频接口
- SPY-1雷达数据链
- 指令
- 飞行控制
- 目标物体地图
- MK99杀伤评估
- 光纤接口
- GPS热启动

标准-6导弹

主承包商　　雷声公司
研发时间　　2004年
部署时间　　2013年
使命任务　　舰队区域防空、海基末段反导、反舰攻击

系统组成

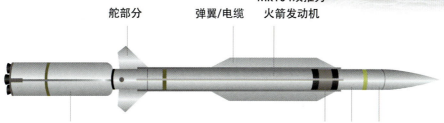

舵部分　　弹翼/电缆　　Mk104双推力火箭发动机
Mk72助推器/推力矢量发动机　　电源控制和遥测部分　　战斗部　　制导部分

对付目标

中近程弹道导弹
作战飞机
掠海反舰导弹
水面舰艇

技术指标

射程	射高	最大速度	制导体制
370 km	25 km	4.5(Ma)	惯导+中段无线电指令修正+末段主动雷达/半主动雷达寻的

导弹尺寸	导弹质量
弹长6.58 m 弹径343 mm	1 497 kg

主要特点

防空、反导、反舰多任务

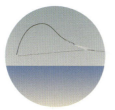
超视距远程防空

主/被动雷达复合末制导，拦截精度高

与其他武器协同有效提升攻防效能

作战示意

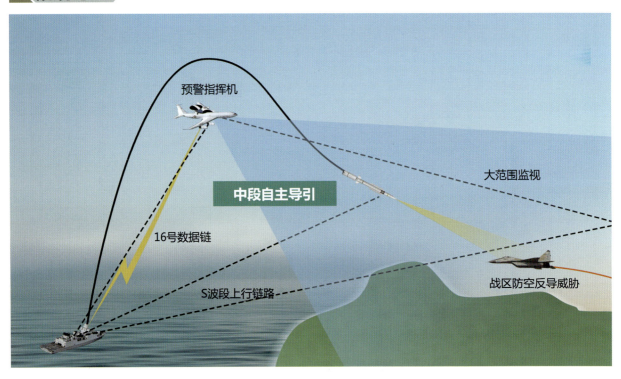

防御区域

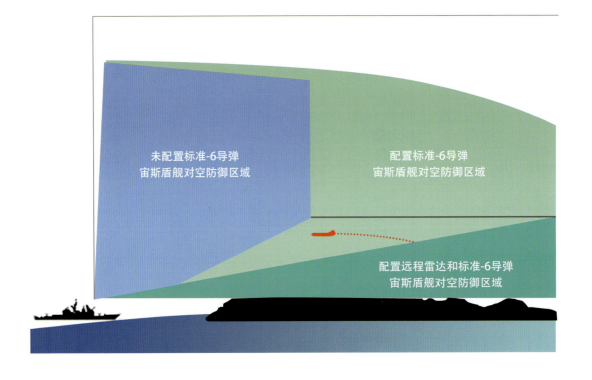